Electromagnetics

개정판

전기자기학

조종덕 · 김경식 공저

신화

머리말

전기자기학은 공학 계열 학과에서는 물리적 특성과 전기적인 특성을 이해하기 위해서 반드시 필요한 학문으로 기본적인 개념과 활용에 대한 예를 필요로 하는 과목이다.

그러나 수학적인 개념이 부족한 현재의 학생들은 전기자기학을 가까이 하는 것을 두려워하고 있는 것이 사실이다. 오죽하면 전기자기학을 자포자기학이라고 할 정도로 학생들 사이에서 수업 시간 혹은 책을 보아도 무엇을 배우는 것인지 얼른 와 닿지 않는다고 한다. 어떤 학문이든 쉽게 접근하고 이해할 수 있기란 간단한 것이 아니지만 안할 수도 없기에 본서에서는 전기자기학에서 기본적으로 필요한 수학적인 응용과 활용을 정리하고 각 장에서 사용되고 있는 전문 용어에 대한 해설을 통하여 독자 여러분이 쉽게 이해할 수 있도록 정리하였다.

저자 입장에서는 잘 정리했다고는 하지만 처음 접하는 학생들에게는 다소 난해할 수 있다는 생각에 이를 극복하는 방법으로 사전적인 정의나 개념보다는 스스로 관련 내용에 대한 충분한 개념파악을 통하여 그 내용이 언제나 머릿속에 남아 있도록 정리하는 것이 가장 이상적이라고 할 수 있다.

본서의 구성을 전체적으로 평가하면 필요로 하는 최소한의 수학적인 배경을 통하여 정리하였으며, 이 내용이 어렵다 생각되는 학생은 고등학교 시간에 공부하였던 수학을 사전형식으로 필요할 때마다 확인하는 방법을 이용하는 것도 하나의 방법이 될 수 있다.

각 장에서는 필요한 용어를 충분히 설명하고 정리하였으며, 각 장에 대한 이해를 돕거나 확인하기 위해 예제 문제 및 연습 문제를 충분한 해설을 통하여 이해를 돕도록 정리하였다.

즉, 전기자기학을 쉽게 이해하고 오래도록 유지하기 위한 방법으로 다양한 문제를 접하여 이를 해결할 수 있는 능력을 배양할 수 있게 되는 것이다.

문제 해결 능력이 우수할 때 이를 응용하고 적용할 수 있는 분야가 넓게 생기게 될 것이다. 그러나 제한된 지면을 통하여 많은 내용을 정리하다보니 많은 문제를 담지 못하고 있다는 아쉬움이 남게 된다. 그래도 최소한 필요로 하는 문제에 대한 해설을 하고 있으므로 이 정도를 이해할 수 있다면 전기자기학에 대한 기본적인 개념은 충분히 파악할 수 있다고 본다.

아무쪼록 제한된 지면에 최대한의 내용을 정리할 수 있도록 도와주신 출판사 관계자 여러분께 감사의 말씀을 드리면서 독자 여러분뿐만 아니라 여러 분 모두가 건강하시고 행복하시기를 마음속으로 기원하는 바이다.

저자 일동

차 례

chapter 10 인덕턴스와 자기회로 401

chapter 11 Maxwell 방정식과 전자파 467

chapter 12 전자파 479

chapter 13 안테나

Chapter 01 벡터 해석

1.1 전자기학의 필요성

1.1.1 전자기학

전자기적인 에너지 또는 신호의 발생, 전송, 수신, 처리 변환, 저장 등의 기본원리를 제공하는 학문으로 전자회로, 전기기기, 발전, 송전, 배전, 제어, 통신, 반도체, 컴퓨터 등에 응용할 수 있다.

1.1.2 전자기 현상

전기, 전자 공학의 모든 현상으로 예를 들면 겨울철에 쇠 손잡이를 잡을 때 느끼는 정전기 쇼크, 발전소에서 만든 전력을 전선으로 가정에 공급하여 각종 가전기기 등을 구동하는 것을 들 수 있다.

1.2 벡터의 정의와 표시 방법

1.2.1 스칼라(scalar)

물체의 질량, 온도, 체적, 시간, 에너지 등과 같이 크기만으로 물리량을 나타내는 것을 스칼라라고 한다.

1.2.2 벡터(vector)

힘, 속도, 가속도, 전류밀도, 전계들과 같이 크기와 방향을 동시에 고려한 물리량을 벡터라고 한다. 여기서 벡터를 나타내는데 이용되는 기본으로 단위 벡터를 이용한다.

(1) 단위벡터(unit vector), $\tilde{a}$

절대값이 1인 벡터를 단위 벡터라고 하며, 주로 방향표시에 이용되고 있다.

여기서 벡터 $\tilde{A}$에 대한 단위 벡터를 $\tilde{a}$라고 하면

$$\tilde{A} = A\,\tilde{a}$$

으로 표시되며, 여기서 A를 벡터 $\tilde{A}$의 $\tilde{a}$ 방향의 성분(component)이라고 한다.

따라서 단위 벡터 $\tilde{a}$의 크기는

$$\tilde{a} = \frac{\tilde{A}}{|\tilde{A}|}$$

으로 구해지며 여기서 벡터 $\tilde{A}$를 직각 좌표 축 x, y, z를 이용하여 표시할 때 각 축에 대한 성분의 크기를 A_x, A_y, A_z라고 하면 이는 x, y, z축을 가리키며, 크기가 1인 단위 벡터(기본 벡터라고도 한다.)를 각각 $\tilde{a}_x$, $\tilde{a}_y$, $\tilde{a}_z$라고 하면

$$\tilde{A} = A_x\tilde{a}_x + A_y\tilde{a}_y + A_z\tilde{a}_z$$

으로 표시될 수 있다.

(2) 벡터 $\tilde{A}$의 크기

벡터 $\tilde{A}$의 크기는 벡터의 성분의 제곱에 대한 제곱근의 크기로

$$A = |\tilde{A}| = \sqrt{A_x^2 + A_y^2 + A_z^2}$$

처럼 계산된다.

1.2.3 벡터의 덧셈과 뺄셈

(1) 덧셈

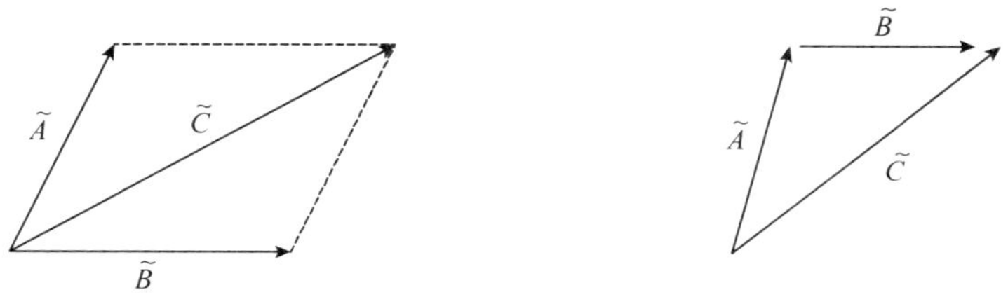

(a) 평형사변형　　　(b) 머리 - 꼬리법칙

그림 1.1 벡터의 덧셈

두 벡터 $\tilde{A}$와 $\tilde{B}$가 다음과 같은 경우

$$\tilde{A} = A_x \tilde{a}_x + A_y \tilde{a}_y + A_z \tilde{a}_z$$
$$\tilde{B} = B_x \tilde{a}_x + B_y \tilde{a}_y + B_z \tilde{a}_z$$

덧셈을 $\tilde{C}$ 라고 하면 $\tilde{C} = \tilde{A} + \tilde{B}$이므로 이를 계산하면

$$\tilde{C} = (A_x + B_x)\tilde{a}_x + (A_y + B_y)\tilde{a}_y + (A_z + B_z)\tilde{a}_z$$

가 된다.

(2) 뺄셈

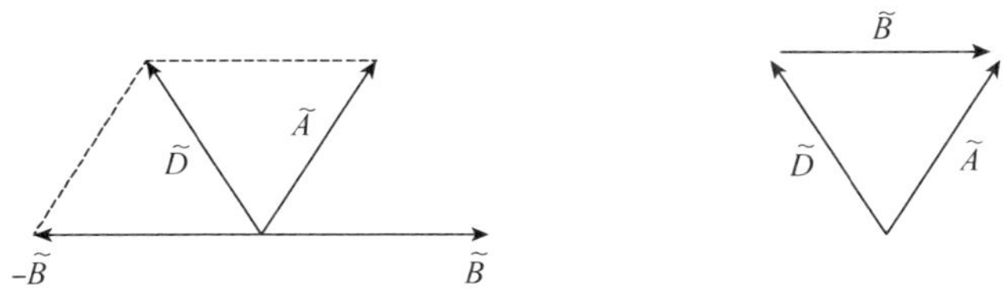

(a)　　　(b)

그림 1.2 벡터의 뺄셈

벡터의 뺄셈은 덧셈과 유사한 방법이다.

$$\widetilde{D} = \widetilde{A} - \widetilde{B} = \widetilde{A} + (-\widetilde{B}) = (A_x - B_x)\widetilde{a}_x + (A_y - B_y)\widetilde{a}_y + (A_z - B_z)\widetilde{a}_z$$

1.2.4 벡터의 곱셈

벡터에 대한 곱셈 형태는 크게 내적과 외적으로 구분될 수 있다.

(1) 벡터의 내적(dot product)

두 벡터 $\widetilde{A}$와 $\widetilde{B}$의 스칼라 곱 또는 내적은 $\widetilde{A} \cdot \widetilde{B}$(A dot B)로 표시되며 스칼라량이다.

$$\widetilde{A} \cdot \widetilde{B} = AB\cos\theta$$

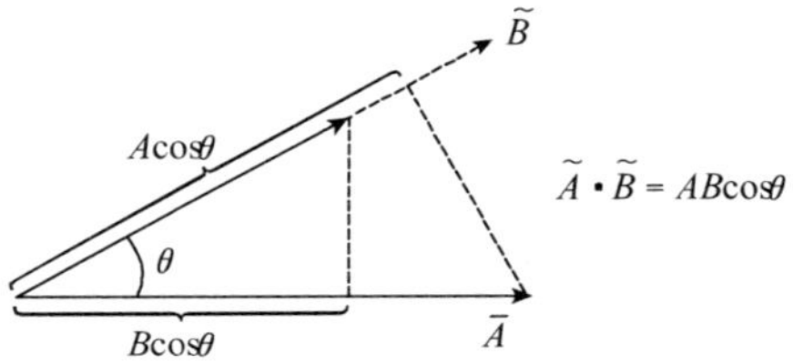

그림 1.3 벡터 $\widetilde{A}$와 $\widetilde{B}$의 내적

두 벡터 $\widetilde{A}$, $\widetilde{B}$가 다음과 같은 경우

$$\widetilde{A} = A_x\widetilde{a}_x + A_y\widetilde{a}_y + A_z\widetilde{a}_z$$
$$\widetilde{B} = B_x\widetilde{a}_x + B_y\widetilde{a}_y + B_z\widetilde{a}_z$$

$\widetilde{A}$, $\widetilde{B}$의 내적 $\widetilde{A} \cdot \widetilde{B}$의 계산은

$$\begin{aligned}\widetilde{A} \cdot \widetilde{B} &= A_x\widetilde{a}_x + A_y\widetilde{a}_y + A_z\widetilde{a}_z \cdot B_x\widetilde{a}_x + B_y\widetilde{a}_y + B_z\widetilde{a}_z \\ &= A_xB_x + A_yB_y + A_zB_z\end{aligned}$$

으로 구해진다. 여기서 벡터 내적에 대한 스칼라 곱 법칙은 다음과 같은 관계를 보인다.

- 교환의 법칙이 성립한다.

$$\widetilde{A} \cdot \widetilde{B} = \widetilde{B} \cdot \widetilde{A}$$

■ 결합법칙이 성립한다.

$$\tilde{A}\cdot(\tilde{B}\cdot\tilde{C}) = (\tilde{A}\cdot\tilde{B})\cdot\tilde{C}$$

■ 분배법칙이 성립한다.

$$\tilde{A}\cdot(\tilde{B}+\tilde{C}) = \tilde{A}\cdot\tilde{B} + \tilde{A}\cdot\tilde{C}$$

예제 1.1

두 벡터 $\tilde{A}$와 $\tilde{B}$가 $\tilde{A} = A_x\tilde{a}_x + 3\tilde{a}_y - \tilde{a}_z$, $\tilde{B} = 3\tilde{a}_x - 2\tilde{a}_y + 3\tilde{a}_z$ 이며, 두 벡터가 직교하기위한 조건과 $\tilde{A}$, $\tilde{B}$가 직교할 때 $\tilde{A}_x$값을 결정하여라.

[풀이] 두 벡터가 직교($\tilde{A}\perp\tilde{B}$)되기 위한 조건은 $\tilde{A}\cdot\tilde{B} = 0$이 되어야 한다.

따라서 $\tilde{A}\cdot\tilde{B} = (A_x\tilde{a}_x + 3\tilde{a}_y - \tilde{a}_z)\cdot(3\tilde{a}_x - 2\tilde{a}_y + 3\tilde{a}_z)$

$= 3A_x - 6 - 3 = 0$

이다. 여기서 $A_x = 3$이 된다.

(2) 벡터의 외적(vector product)

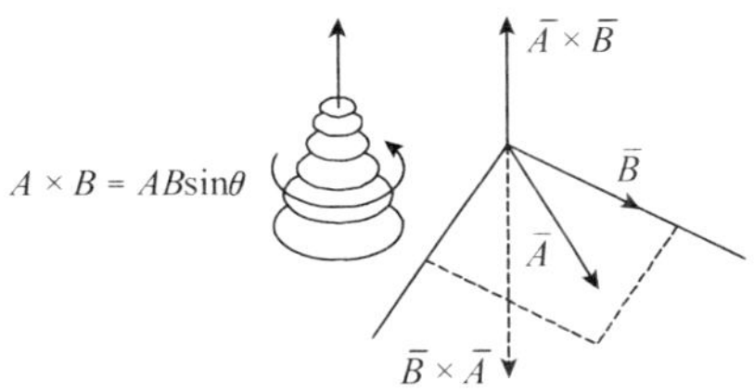

(a) 벡터 $\tilde{A}$와 $\tilde{B}$의 외적 (오른손 나사 법칙)

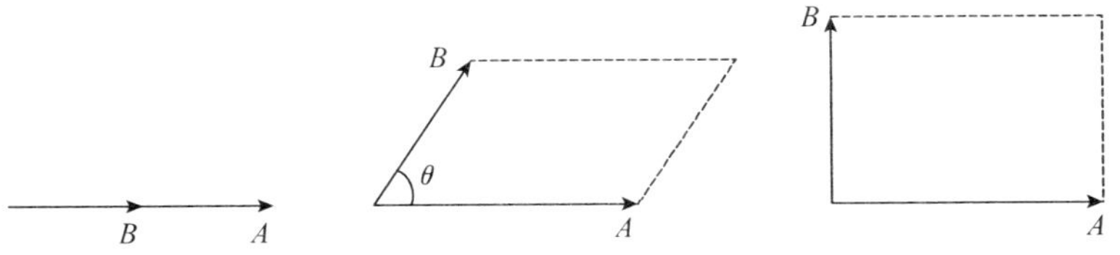

(b) $|A\times B| = 0$ (c) $|A\times B| = |A||B|\sin\theta$ (d) $|A\times B| = |A||B|$

그림 1.4

$$\tilde{A} \times \tilde{B} = AB\ \sin\theta$$

두 벡터의 외적(벡터적) 오직 $\tilde{A} \times \tilde{B}$의 크기는 벡터 $\tilde{A}$와 $\tilde{B}$를 변으로 만드는 평형사변형의 면적과 같으며, 면적에 수직인 방향으로 향한다.

여기서 두 벡터

$$\tilde{A} = A_x \tilde{a}_x + A_y \tilde{a}_y + A_z \tilde{a}_z$$

$$\tilde{B} = B_x \tilde{a}_x + B_y \tilde{a}_y + B_z \tilde{a}_z$$

인 경우에 두 벡터의 외적의 크기를 계산하는 방법을 고려하면

$$\tilde{A} \times \tilde{B} = \begin{vmatrix} \tilde{a}_x & \tilde{a}_y & \tilde{a}_z \\ A_x & A_y & A_z \\ B_x & B_y & B_z \end{vmatrix} = \begin{vmatrix} A_y & A_z \\ B_y & B_z \end{vmatrix} \tilde{a}_x - \begin{vmatrix} A_x & A_z \\ B_x & B_z \end{vmatrix} \tilde{a}_y + \begin{vmatrix} A_x & A_y \\ B_x & B_y \end{vmatrix} \tilde{a}_z$$

$$= (A_y B_z - A_z B_y)\tilde{a}_x + (A_z B_x - A_x B_z)\tilde{a}_y + (A_x B_y - A_y B_x)\tilde{a}_z$$

와 같이 구해진다.

따라서 결과에서 알 수 있듯이 $A_x B_x$, $A_y B_y$, $A_z B_z$ 등과 같이 두 벡터의 같은 성분끼리는 존재하지 않고 서로 다른 성분끼리의 곱 성분만 존재함을 알 수 있다.

여기서 벡터의 외적에 대한 기본 성질을 고려하면 다음과 같은 내용을 들 수 있다.

- 교환법칙이 성립하지 않지만, 역 교환법칙은(곱하는 순서 반대) 성립한다.

$$\tilde{A} \times \tilde{B} \neq \tilde{B} \times \tilde{A}$$

$$A \times B = -\tilde{B} \times \tilde{A}$$

- 결합법칙이 성립하지 않는다.

$$\tilde{A} \times (\tilde{B} \times \tilde{C}) \neq (\tilde{A} \times \tilde{B}) \times \tilde{C}$$

- 분배법칙이 성립한다.

$$\tilde{A} \times (\tilde{B} \times \tilde{C}) = \tilde{A} \times \tilde{B} + \tilde{A} \times \tilde{C}$$

$$\tilde{A} \times \tilde{A} = 0$$

Book Cafe

3중곱 연산

■ 스칼라 3중곱

$\tilde{B} \times \tilde{C}$의 결과는 벡터이며, 여기에 $\tilde{A}$곱하면 스칼라양이 된다.

$$\tilde{A} \cdot (\tilde{B} \times \tilde{C}) = \begin{vmatrix} A_x & A_y & A_z \\ B_x & B_y & B_z \\ C_x & C_y & C_z \end{vmatrix}$$

$$= A_x(B_yC_z - B_zC_y) + A_y(B_zC_x - B_xC_z) + A_z(B_xC_y - B_yC_x)$$

■ 벡터의 3중곱(벡터와 벡터의 스칼라 곱이므로 스칼라량이다.)

$$(\tilde{A} \times \tilde{B}) \cdot \tilde{C} = \tilde{A}\tilde{B}\tilde{C} = \begin{vmatrix} A_x & A_y & A_z \\ B_x & B_y & B_z \\ C_x & C_y & C_z \end{vmatrix} = \tilde{A} \cdot (\tilde{B} \times \tilde{C})$$

■ 동일한 통신회선을 사용해서 서로 다른 주파수로 구성된 신호가 전송될 때 주파수 간의 합과 차로 인해서 새로운 주파수 성분이 발생되는 잡음이다.

예제 1.2

$\tilde{A} = 2\tilde{a}_x + 3\tilde{a}_y + \tilde{a}_z$와 $\tilde{B} = 2\tilde{a}_y - 4\tilde{a}_z$일 때 두 벡터 사이의 각은?

[풀이] 두 벡터에 의한 각을 구하는 방법은 $\tilde{A} \cdot \tilde{B} = AB\cos\theta$와 $\tilde{A} \times \tilde{B} = AB\sin\theta$ 관계를 적용해서 구할 수 있다. 먼저 $\tilde{A} \cdot \tilde{B} = AB\cos\theta$을 이용하면

$$\tilde{A} \cdot \tilde{B} = (2\tilde{a}_x + 3\tilde{a}_y + \tilde{a}_z) \cdot (2\tilde{a}_y - 4\tilde{a}_z) = 0 + 6 - 4 = 2$$

이며, 각 벡터에 대한 크기를 구하면

$$|\tilde{A}| = \sqrt{2^2 + 3^2 + 1^2} = \sqrt{14}$$
$$|\tilde{B}| = \sqrt{2^2 + (-4)^2} = \sqrt{20}$$

이고, 이를 이용하여 두 벡터의 사이 각을 구하면

$$\cos\theta = \frac{\tilde{A} \cdot \tilde{B}}{|\tilde{A}||\tilde{B}|} = \frac{2}{\sqrt{14} \cdot \sqrt{20}} = 0.1195$$
$$\theta = \cos^{-1} 0.1195 = 83.1°$$

가 된다. 그리고 $\tilde{A} \times \tilde{B} = AB\sin\theta$인 관계식을 이용하면

$$\tilde{A} \cdot \tilde{B} = \begin{vmatrix} \tilde{a}_x & \tilde{a}_y & \tilde{a}_z \\ 2 & 3 & 1 \\ 0 & 2 & -4 \end{vmatrix} = (-12 - 2)\tilde{a}_x + (0 + 8)\tilde{a}_y + (4 - 0)\tilde{a}_z$$
$$= -14\tilde{a}_x + 8\tilde{a}_y - 4\tilde{a}_z$$

$$|\tilde{A} \times \tilde{B}| = \sqrt{(-14)^2 + 8^2 + (-4)^2} = 16.6$$

이며 이를 이용하여 두 벡터의 사이 각을 구하면

$$\sin\theta = \frac{\tilde{A} \times \tilde{B}}{|\tilde{A}||\tilde{B}|} = \frac{16.6}{\sqrt{14} \cdot \sqrt{20}} = 0.992$$

$$\theta = \sin^{-1} 0.992 = 82.7°$$

가 된다.

1.2.5 위치 벡터와 거리 벡터

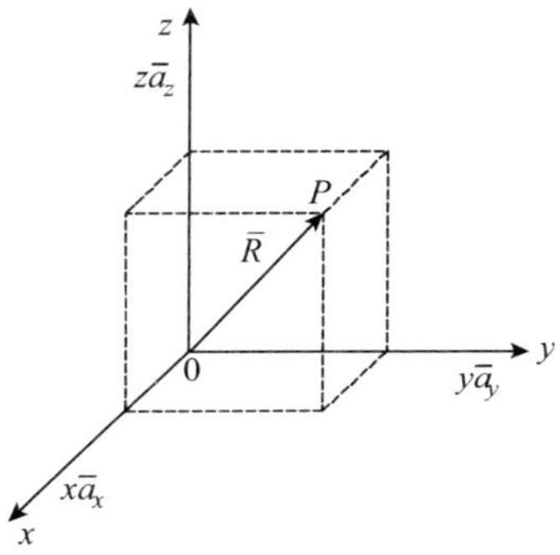

그림 1.5 위치 벡터 $\tilde{R}$

(1) 위치 벡터

점 P의 위치 벡터는 방향성 거리로 정의할 수 있다.

$$\tilde{R} = \overrightarrow{OP} = x\tilde{a}_x + y\tilde{a}_y + z\tilde{a}_z$$

예를 들어 점(1, 2, 3)이라고 하면 위치벡터 $\tilde{R}$은 $\tilde{R} = \tilde{a}_x + 2\tilde{a}_y + 3\tilde{a}_z$ 처럼 나타낼 수 있다.

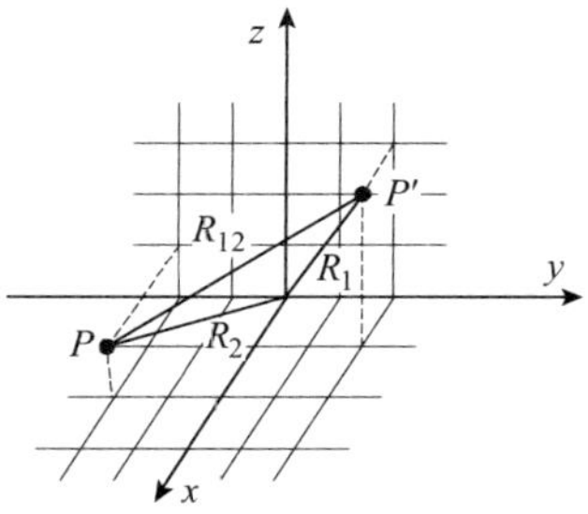

그림 1.6 거리 벡터 $\tilde{R}_{12}$

(2) 거리 벡터

점 P와 P'가 각각 (x_1, y_1, z_1), (x_2, y_2, z_2)라고 하면 P와 P' 사이의 거리를 거리 벡터라고 한다. 여기서 두 점사이의 변위인 R_{12}는

$$R_{12} = R_1 - R_2$$
$$= (x_1 - x_2)\tilde{a}_x + (y_1 - y_2)\tilde{a}_y + (z_1 - z_2)\tilde{a}_z$$

로 구해진다.

예제 1.3

$\tilde{A} = 5\tilde{a}_x - 3\tilde{a}_y + 4\tilde{a}_z$, $\tilde{B} = 3\tilde{a}_x + 2\tilde{a}_y$일 때 $2\tilde{A} - \tilde{B}$ 크기와 $\tilde{A} + 3\tilde{B}$ 방향의 단위 벡터를 나타내어라.

[풀이] $2\tilde{A} - \tilde{B}$의 크기를 구하면

$$2\tilde{A} - \tilde{B} = 2(5\tilde{a}_x - 3\tilde{a}_y + 4\tilde{a}_z) - (3\tilde{a}_x + 2\tilde{a}_y) = 7\tilde{a}_x - 8\tilde{a}_y + 8\tilde{a}_z$$

이며, 여기서 크기 $|2\tilde{A} - \tilde{B}|$는

$$|2\tilde{A} - \tilde{B}| = \sqrt{7^2 + (-8)^2 + 8^2} = \sqrt{177}$$

가 된다. $\tilde{A} + 3\tilde{B}$에 대한 단위 벡터를 구하기 위해

$$\tilde{A} + 3\tilde{B} = (5\tilde{a}_x - 3\tilde{a}_y + 4\tilde{a}_z) + 3(\tilde{a}_x + 2\tilde{a}_y) = 8\tilde{a}_x + 3\tilde{a}_y + 4\tilde{a}_z$$

이며, 여기서 단위 벡터를 $\tilde{a}$라고 하면

$$\tilde{a} = \frac{\tilde{A} + 3\tilde{B}}{|\tilde{A} + 3\tilde{B}|} = \frac{8\tilde{a}_x + 3\tilde{a}_y + 4\tilde{a}_z}{\sqrt{8^2 + 3^2 + 4^2}} = \frac{1}{\sqrt{89}}(8\tilde{a}_x + 3\tilde{a}_y + 4\tilde{a}_z)$$
$$= 0.85\tilde{a}_x + 0.32\tilde{a}_y + 0.43\tilde{a}_z$$

가 된다.

예제 1.4

점 $P(0, 1, 2)$와 점 $P'(-2, -1, 5)$에 대한 위치 벡터와 거리 벡터를 나타내어라.

[풀이] 점 P에 대한 위치 벡터를 $\tilde{R}$라고 하면 $\tilde{R} = \tilde{a}_y + 2\tilde{a}_z$이며, 점 P에 대한 거리벡터를 R_1, 점 P'에 대한 거리 벡터를 R_2라고 하면 점 P와 P'까지의 거리 벡터 $\tilde{R}_{12}$는

$$\tilde{R}_{12} = R_1 - R_2 = (0, 1, 2) - (-2, -1, 5)$$
$$= 2\tilde{a}_x + 2\tilde{a}_y - 3\tilde{a}_z$$

가 된다.

1.2.6 벡터의 성분

임의의 벡터에 대한 투영(projection, 그림자)은 벡터 곱을 이용해서 표현이 가능하다.

벡터에 대한 투영 결과는 스칼라 또는 벡터가 될 수 있는데 이들 내용을 보이기 위해서 스칼라 성분과 벡터 성분을 각각 나타내면

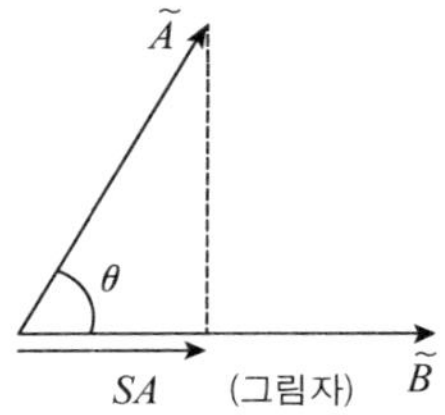

(a) 스칼라 성분

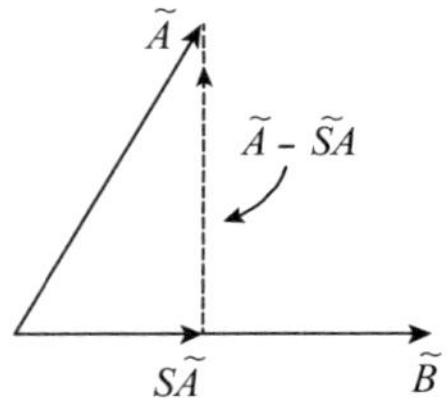

(b) 벡터 성분 $S\tilde{A}$

그림 1.7

이며, 벡터 $\tilde{A}$에 대한 벡터 $\tilde{B}$ 방향의 스칼라 성분 SA는

$$SA = A\cos\theta = |\tilde{A}||\tilde{a}_B|\cos\theta = \tilde{A}\cdot\tilde{a}_B$$

이다. 그리고 $\tilde{A}$와 $\tilde{B}$ 방향 성분 벡터 $S\tilde{A}$를 고려하면

$$S\tilde{A} = SA\,\tilde{a}_B$$

이다. 여기서 $SA = \tilde{A}\cdot\tilde{a}_B$를 적용하면

$$S\tilde{A} = SA\,\tilde{a}_B = (\tilde{A}\cdot\tilde{a}_B)\,\tilde{a}_B$$

이며, 이는 주어진 스칼라 성분에 $\tilde{B}$ 방향의 단위 벡터를 곱한 결과이다.

예제 1.5

두 벡터 $\tilde{A}$와 $\tilde{B}$가 $\tilde{A} = 3\tilde{a}_x - 2\tilde{a}_z$, $\tilde{B} = \tilde{a}_y - 3\tilde{a}_z$ 일 때 $(\tilde{A}+\tilde{B})\times(\tilde{A}-\tilde{B})$를 계산하여라.

[풀이] • $(\tilde{A}+\tilde{B})\times(\tilde{A}-\tilde{B}) = \tilde{A}\times(\tilde{A}-\tilde{B}) \times \tilde{B}\times(\tilde{A}-\tilde{B})$

$$= \tilde{A}\times\tilde{A} - \tilde{A}\times\tilde{B} + \tilde{B}\times\tilde{A} - \tilde{B}\times\tilde{B}$$

이다. 여기서

$$\tilde{A}\times\tilde{A} = 0,\ \tilde{B}\times\tilde{B} = 0,\ -\tilde{A}\times\tilde{B} = \tilde{B}\times\tilde{A}$$

을 이용하면

$$= 2(\widetilde{B} \times \widetilde{A}) = 2 \begin{vmatrix} \widetilde{a}_x & \widetilde{a}_y & \widetilde{a}_z \\ 0 & 1 & -3 \\ 3 & 0 & -2 \end{vmatrix}$$

$$= 2(-2-0)\widetilde{a}_x + 2(-9-0)\widetilde{a}_y + (0-3)\widetilde{a}_z$$

$$= -4\widetilde{a}_x - 18\widetilde{a}_y - 6\widetilde{a}_z$$

1.3 좌표계와 변환

1.3.1 직각 좌표계

직각 좌표계는 3개의 좌표축(x, y, z)이 직각으로 구성되는 좌표계를 말하는 것이다.

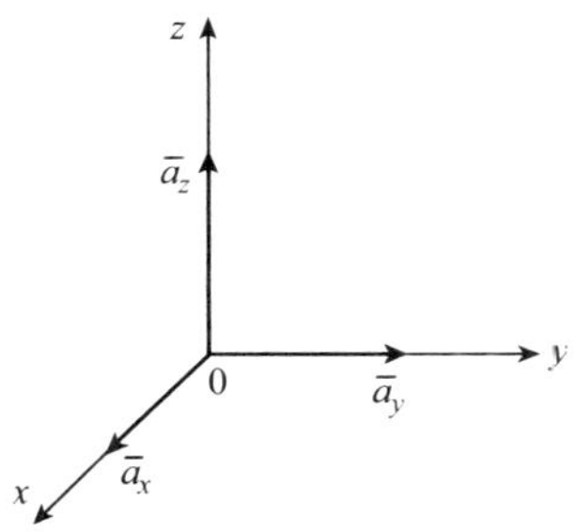

그림 1.8 직각 좌표계

벡터 $\widetilde{A}$를 단위 벡터를 이용하여 직각 좌표계에서 나타내면

$$\widetilde{A} = A_x\widetilde{a}_x + A_y\widetilde{a}_y + A_z\widetilde{a}_z$$

이며, $\widetilde{a}_x$, $\widetilde{a}_y$, $\widetilde{a}_z$는 단위 벡터를 나타나며, 벡터 $\widetilde{A}$의 크기는

$$A = |\widetilde{A}| = \sqrt{A_x^2 + A_y^2 + A_z^2}$$

이다. 직각 좌표계에서 기본 벡터의 관계는 우수계로 표현할 수 있다.

$$\tilde{a}_x \times \tilde{a}_y = -\tilde{a}_y \times \tilde{a}_x = \tilde{a}_z$$
$$\tilde{a}_y \times \tilde{a}_z = -\tilde{a}_z \times \tilde{a}_y = \tilde{a}_x$$
$$\tilde{a}_z \times \tilde{a}_x = -\tilde{a}_x \times \tilde{a}_z = \tilde{a}_y$$
$$\tilde{a}_x \times \tilde{a}_x = \tilde{a}_y \times \tilde{a}_y = \tilde{a}_z \times \tilde{a}_z = 0$$

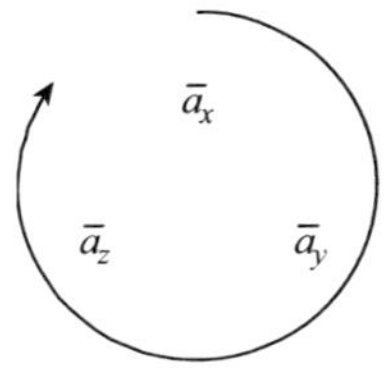

그림 1.9 단위벡터의 우수계 관계

1.3.2 원통 좌표계

직각 좌표계를 이용하여 표현하기가 곤란한 특수한 대칭성을 보이는 경우에 원통 및 구 좌표계를 이용하게 된다.

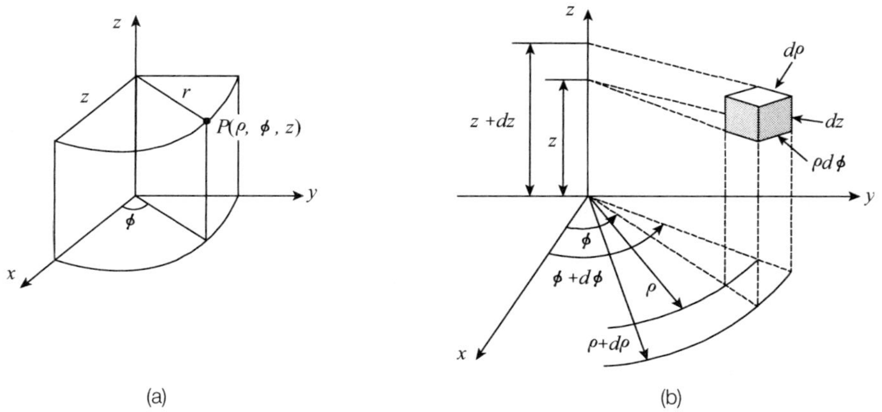

그림 1.10 원통 좌표계

점 P를 원통 좌표를 이용해서 나타내면 (ρ, ϕ, z)로 표현된다. 여기서 ρ는 점 P를 통과하는 반지름을, ϕ는 방위각을 의미한다. 각 변수의 범위는

$$0 \leq \rho < \infty$$
$$0 \leq \phi < 2\pi$$
$$0 < z < \infty$$

이며, 벡터 $\tilde{A}$에 대한 성분을 나타낸 것과 벡터의 크기를 $|\tilde{A}|$라고 하면

$$\tilde{A} = A_\rho \tilde{a}_\rho + A_\phi \tilde{a}_\phi + A_z \tilde{a}_z$$
$$A = |\tilde{A}| = \sqrt{A_\rho^2 + A_\phi^2 + A_z^2}$$

으로 나타낼 수 있다. 여기서 $\tilde{a}_\rho$, $\tilde{a}_\phi$, $\tilde{a}_z$ 는 ρ, ϕ, z 방향에 대한 단위 벡터이며, $\tilde{a}_\rho$는 ρ가 증가하는 방향으로 $\tilde{a}_\phi$는 ϕ가 증가하는 방향 그리고 $\tilde{a}_z$는 $(+)$ 방향이다.

$$\tilde{a}_\rho \times \tilde{a}_\phi = \tilde{a}_z$$
$$\tilde{a}_\phi \times \tilde{a}_z = \tilde{a}_\rho$$
$$\tilde{a}_z \times \tilde{a}_\rho = \tilde{a}_\phi$$
$$\tilde{a}_\rho \times \tilde{a}_\rho = \tilde{a}_\phi \times \tilde{a}_\phi = \tilde{a}_z \times \tilde{a}_z = 1$$
$$\tilde{a}_\rho \cdot \tilde{a}_\phi = \tilde{a}_\phi \cdot \tilde{a}_z = \tilde{a}_z \cdot \tilde{a}_\rho = 0$$

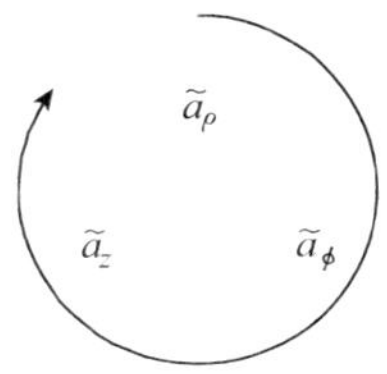

그림 1.11 우수계

한편 원통 좌표계를 구성하는 3개의 좌표 변수 ρ, ϕ, Z에 대한 정의를 고려하면 다음과 같다.

- ρ은 Z축(수직축)으로부터 일정한 거리로 공간상에서 거리 ρ이 결정되면 그림에서처럼 원통 면의 모든 점이 결정된다.
- ϕ는 X축(수평축)으로 부터의 각도로 정의되는 것으로 ϕ가 결정되면 공간상의 임의의 원통을 세로로 절단한 단면상의 모든 점들이 선택된다.
- Z는 수직축상의 값을 나타내는 것으로 직각 좌표계에서의 Z의 변수를 나타내는 것과 동일하다.

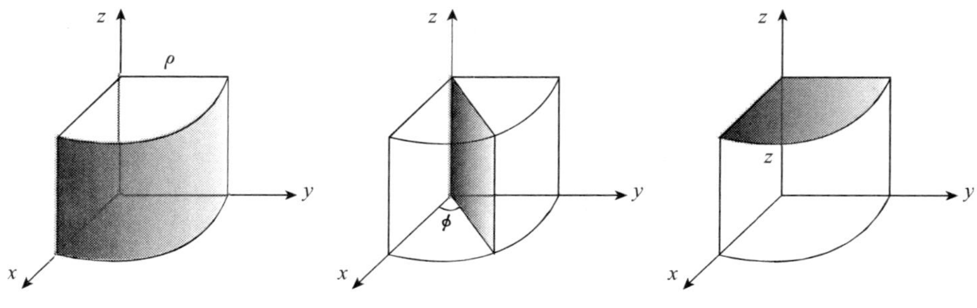

(a) ρ가 일정한 면 (b) ϕ가 일정한 면 (c) z가 일정한 면

그림 1.12

여기서 직각 좌표계와 원통 좌표계의 관계를 고려하면

$$\rho = \sqrt{x^2 + y^2}\ (\rho \geq 0)$$

$$\phi = \tan^{-1}\frac{y}{x}$$

$$z = z$$

이며, 원통 좌표계를 각각 직각 좌표계로 변환하면

$$x = \rho \cos \phi$$

$$y = \rho \sin \phi$$

$$z = z$$

처럼 나타낼 수 있다.

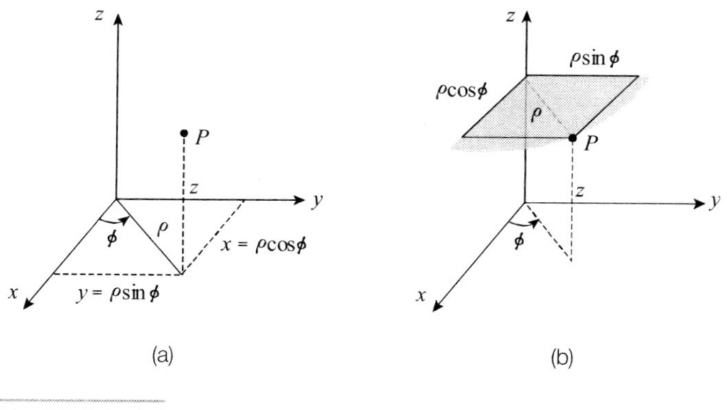

(a) (b)

그림 1.13 직각 및 원통 좌표계의 관계

표 1.1 원통 좌표계와 직각 좌표계의 단위벡터에 대한 스칼라 곱

	$\tilde{a}_\rho$	$\tilde{a}_\phi$	$\tilde{a}_z$
$\tilde{a}_x$	$\cos\phi$	$-\sin\phi$	0
$\tilde{a}_y$	$\sin\phi$	$\cos\phi$	0
$\tilde{a}_z$	0	0	1

예제 1.6

점$(2, 4, -3)$[m]에 대한 원통 좌표계는?

[풀이]
- $\rho = \sqrt{x^2 + y^2} = \sqrt{2^2 + 4^2} = \sqrt{20}$ [m]
- $\phi = \tan^{-1}\dfrac{y}{x} = \tan^{-1}\dfrac{4}{2} = 63.4°$
- $z = -3$ [m]

1.3.3 구 좌표계

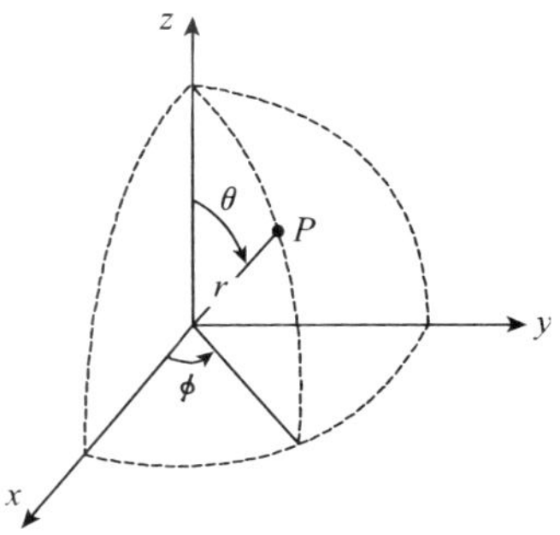

그림 1.14 구 좌표계

정의에 따른 각 변수의 범위는

$$0 \leq r < \infty$$
$$0 \leq \theta \leq 2\pi$$
$$0 \leq \phi < 2\pi$$

구 좌표계에서 벡터 $\tilde{A}$와 크기 $|\tilde{A}|$는

$$\tilde{A} = A_r \tilde{a}_r + A_\theta \tilde{a}_\theta + A_\phi \tilde{a}_\phi$$
$$|\tilde{A}| = \sqrt{A_r + A_\theta + A_\phi}$$

이며, 여기서 $\tilde{a}_r$, $\tilde{a}_\theta$, $\tilde{a}_\phi$ 는 r, θ, ϕ 방향에 대한 단위 벡터를 나타낸다.

여기서 구 좌표계를 직각 좌표계로 변환하면

$$r = \sqrt{x^2 + y^2 + z^2}$$

$$\theta = \tan^{-1}\frac{\sqrt{x^2+y^2}}{z}$$

$$\phi = \tan^{-1}\frac{y}{x}$$

이며, 반대로 직각 좌표계로 변환하여 나타내면 다음과 같다.

$$x = r\sin\theta\cos\phi$$
$$y = r\sin\theta\sin\phi$$
$$z = r\cos\theta$$

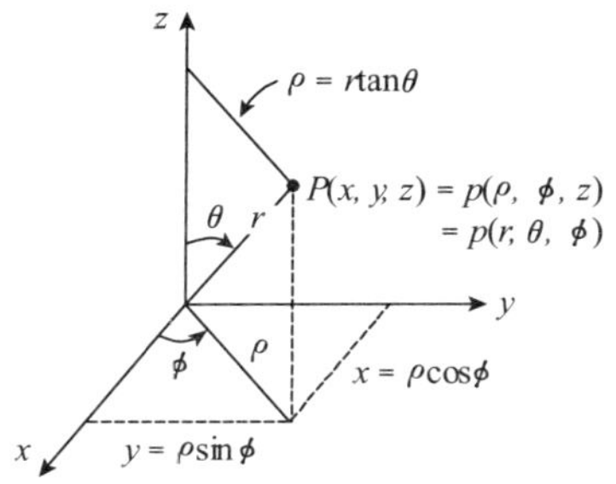

그림 1.15 직각 및 구 좌표계의 관계

구 좌표계의 단위 벡터와 직각 좌표계의 단위 벡터에 대한 스칼라 곱은 구 좌표계 단위 벡터의 직각 좌표계 단위 벡터 방향의 성분을 표시한다. 여기서 예를 들면 $\tilde{a}_z$에 대한 스칼라 곱을 취하면

$$\tilde{a}_z \cdot \tilde{a}_r = \cos\theta$$
$$\tilde{a}_z \cdot \tilde{a}_\theta = -\sin\theta$$
$$\tilde{a}_z \cdot \tilde{a}_\phi = 0$$

가 된다. 그리고 $\tilde{a}_x$, $\tilde{a}_y$에 대한 구 좌표계 단위 벡터 스칼라 곱을 구하기 위해서 먼저 구 좌표계 단위 벡터의 xy 평면에 대한 투영을 구하고 이를 다시 좌표축에 투영을 행한다. 예를 들면 $\tilde{a}_r \cdot \tilde{a}_x$는 먼저 $\tilde{a}_r$의 xy 평면상에 투영하면 $\sin\theta$가 되며 이를 다시 x축에 투영을 행한 $\tilde{a}_r \cdot \tilde{a}_x$는 $\sin\theta\cos\phi$가 된다. 따라서 같은 방법으로 다른 단위 벡터에 대한 스칼라 곱을 계산하면 다음의 표와 같다.

표 1.2 구 좌표계와 직각 좌표계의 단위 벡터에 대한 스칼라 곱

	$\tilde{a}_r$	$\tilde{a}_\theta$	$\tilde{a}_\phi$
$\tilde{a}_x$	$\sin\theta\cos\phi$	$\cos\theta\cos\phi$	$-\sin\theta$
$\tilde{a}_y$	$\sin\theta\sin\phi$	$\cos\theta\sin\phi$	$\cos\phi$
$\tilde{a}_z$	0	$-\sin\theta$	0

1.4 벡터 미분

전기자기학에서 어떤 기본적인 생각을 일반적으로 표현하기 위한 내용이라고 할 수 있으며, 힘과 같이 벡터 값으로 어떤 공간을 벡터 계(vector field), 온도나 에너지 같은 스칼라 값으로 어떤 공간 상태를 표시하는 경우를 스칼라 계(scalar field)라고 한다.

1.4.1 직각 좌표

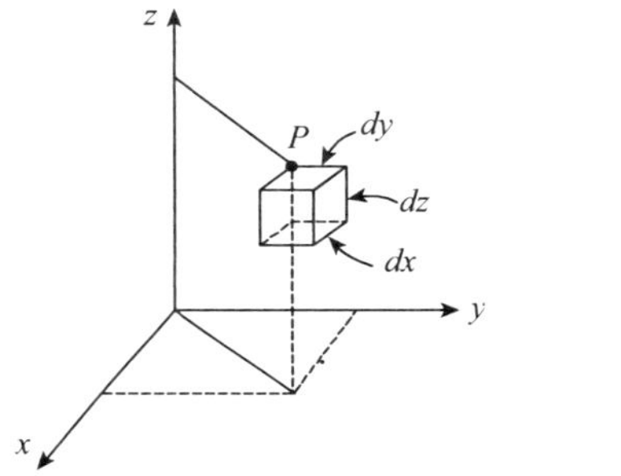

그림 1.16 좌표계에 대한 미분 요소

(1) 미소 변위, $d\tilde{l}$

미소 변위

$$d\tilde{l} = dx\tilde{a}_x + dy\tilde{a}_y$$

이며, 언제나 (+)방향이다.

(2) 법선 방향의 미소 면적, $d\tilde{S}$

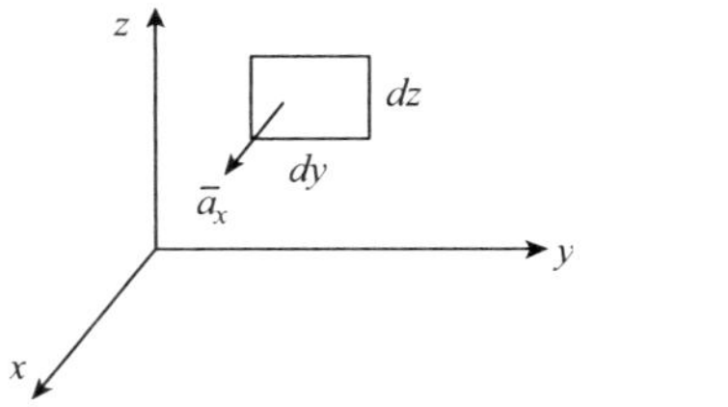

그림 1.17 미소 면적

$d\tilde{S} = dy\,dz\,\tilde{a}_x = dx\,dz\,\tilde{a}_y = dx\,dy\,\tilde{a}_z$이며,

$d\tilde{S} = dl\,dl$이므로 미소 변위 dl을 알면 $d\tilde{S}$, dv를 구할 수 있다.

여기서 $d\tilde{S} = dy\,dz\,\tilde{a}_x$의 의미는 $\tilde{a}_x$에 대한 미소 면적 $d\tilde{S}$는 $\tilde{a}_y$와 $\tilde{a}_z$에 대한 dl 성분을 곱한 것으로 $d\tilde{S} = dy\,dz\,\tilde{a}_x$을 얻을 수 있다.

반대 표면인 경우에는 $d\tilde{S} = -dy\,dz\,\tilde{a}_x$가 된다. 따라서 $d\tilde{S}$을 고려하는 표면에 따라 (+), (−) 방향이 될 수도 있다.

(3) 미소 체적

점 P의 좌표에 대해 각각 dx, dy, dz 만큼 확장한 $x+dx$, $y+dy$, $z+dz$에 대한 미소 체적 $dv = dx\ dy\,dz$가 된다.

여기서 (1), (2)는 벡터이지만 (3)은 스칼라이다.

1.4.2 원통 좌표

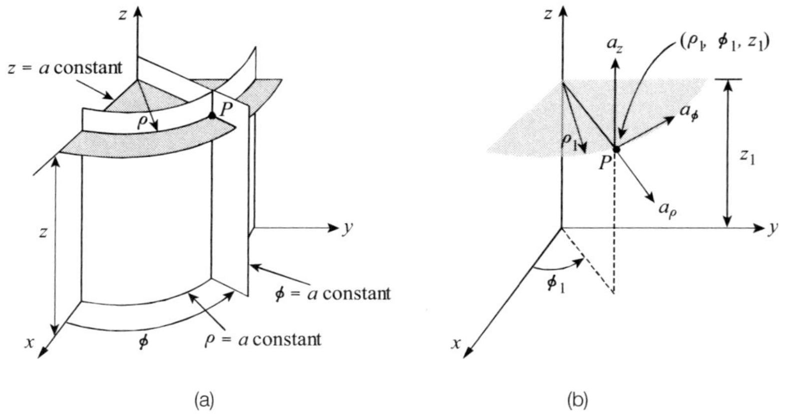

그림 1.18 원통 좌표계

(1) 미소 변위

$$d\tilde{l} = d\rho\tilde{a}_\rho + \rho\, d\phi\, \tilde{a}_\phi + dz\, \tilde{a}_z$$

(2) 법선 방향의 미소 면적

$$d\tilde{S} = \rho d\phi\, dz\tilde{a}_\rho = d\rho dz\, \tilde{a}_\phi = \rho\, d\phi\, d\rho\, \tilde{a}_z$$

여기서 $d\tilde{S} = \rho d\phi\, dz\, \tilde{a}_\rho$의 의미 역시 $\tilde{a}_\rho$에 따른 $d\tilde{S}$는 $\tilde{a}_\phi$와 $\tilde{a}_z$에 따른 $d\tilde{l}$ 성분의 곱을 나타내는 것이다.

(3) 미소 체적

점 P의 미소 체적

$$dv = d\rho\, \rho d\phi\, dz = \rho\, d\rho\, d\phi\, dz$$

처럼 나타나게 된다.

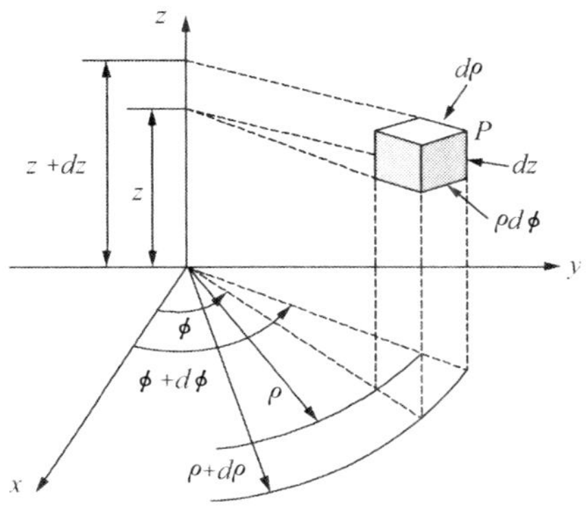

그림 1.19 미소 체적소

1.4.3 구 좌표

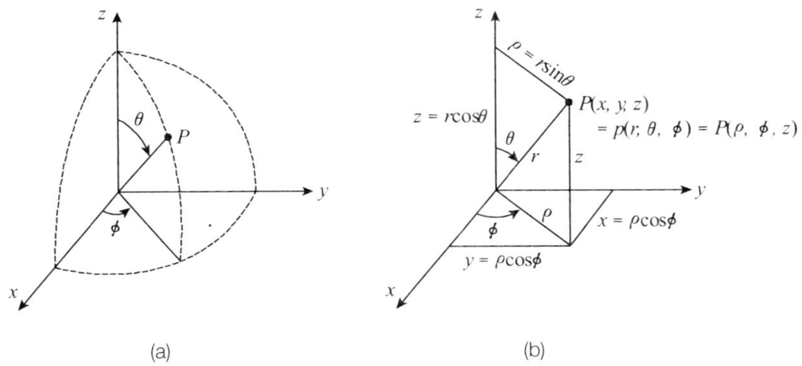

그림 1.20 구 좌표계

구 좌표계에서의 미소 체적 소는 r, θ, ϕ에 대해서 각각 $dr, d\theta, d\phi$ 정도 증가시킨 것이며, 이와 같은 $r+dr$, $\theta+d\theta$, $\phi+d\phi$ 미소 체적소를 이루는 반경 r, $r+dr$인 두 면 사이의 거리는 dr이며, 좌표가 $\theta, \theta+d\theta$인 두 원추면 사이의 거리는 $rd\theta$이다.

(1) 미소 변위

$$d\tilde{l} = dr\tilde{a}_r + rd\theta\tilde{a}_\theta + r\sin\theta\, d\phi\tilde{a}$$

(2) 법선 방향의 미소 면적

좌표가 각각 ϕ, $\phi + d\phi$ 인 두 면 사이의 거리는 $r\sin\theta\, d\phi$가 되며, 이와 같은 체적소 면들의 면적

$$d\tilde{S} = r^2\sin\theta\, d\theta\, d\phi\,\tilde{a}_r = r\sin\theta\, drd\phi\,\tilde{a}_\theta = r\, dr\, d\theta\,\tilde{a}_\phi$$

이다. 여기서 $d\tilde{S} = r^2\sin\theta\, d\theta\, d\phi\,\tilde{a}_r$의 의미는 $\tilde{a}_r$에 따른 $d\tilde{S}$는 $\tilde{a}_\theta$와 $\tilde{a}_\phi$에 대해서 $d\tilde{l}$ 성분의 곱에 의한 결과라고 할 수 있다.

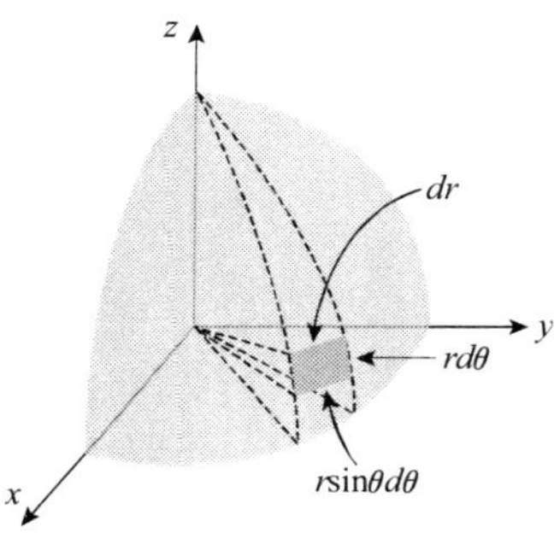

그림 1.21 미소 체적소

(3) 미소 체적

$$dv = dr\; rd\theta\; r\sin\theta\, d\phi = r^2\sin\theta\, dr\, d\theta\, d\phi$$

1.5 벡터의 적분

1.5.1 선 적분

임의의 벡터 $\tilde{A}$는 $\tilde{A} = A_x\tilde{a}_x + A_y\tilde{a}_y + A_z\tilde{a}_z$이다. 선(line)을 따르는 길이의 미소 증가분 $d\tilde{l}$은

$$d\tilde{l} = dx\tilde{a}_x + dy\tilde{a}_y + dz\tilde{a}_z$$

이다. 일반적으로 전기 혹은 물리학에서 흔히 사용되는 선 적분은

$$\int_l \tilde{A} \cdot d\tilde{l} = \int (A_x dx + A_y dy + A_z dz)$$

으로 표현되며, 경로 l에 따르는 벡터 $\tilde{A}$의 선적분이라 한다.

선적분에서 적분경로가 닫힌 경로를 폐경로라고 하며, $\oint_l \tilde{A} \cdot dl$과 같이 나타낼 수 있다. 이 관계식을 경로 l에 따른 $\tilde{A}$의 주회 (순환)적분이라고 한다.

1.5.2 면 적분

벡터 $\tilde{A}$에서 면적S(surface)을 포함하는 영역에서 면적 S를 통한 $\tilde{A}$의 면적 적분은

$$\int_S \tilde{A} \cdot ds = \iint_s \tilde{A} \cdot ds = \iint_s \tilde{A} \cdot \tilde{a}_n ds = \iint |\tilde{A}| \cos\theta \, ds$$

이며, 여기서 $d\tilde{s}$는 면적 S에 대한 미소 면적 벡터를 의미하며, $\tilde{a}_n$은 S표면에 대한 단위법선 벡터이다. 그리고 면적분이 어떤 체적의 표면을 적분하게 되는 경우 폐곡면(닫혀진 표면)일 때는 $\oint \tilde{A} \cdot d\tilde{S}$로 나타낼 수 있다. 이를 폐곡면 S를 통해서 밖으로 나가는 선속이라고 한다.

여기서 닫혀진 경로에 대한 표현으로 유리 컵 처럼 경로가 열린 경우는 표면을, 공처럼 닫혀진 표면의 경우는 체적을 의미한다.

1.5.3 체적 적분

공간에서 체적 v(Volume)를 포함하는 영역에서의 체적 적분을 스칼라 성분으로 나타내면

$$\iiint_v \rho_v dv = \int_v \rho_v dv$$

으로 표현할 수 있으며, 여기서 $dv = dx\ dy\ dz$는 미소 체적을 나타낸다.

1.5.4 벡터의 편미분

임의의 벡터가 하나 이상의 스칼라 변수의 함수 일 때 각 변수에 대해서 편미분이 가능하다. 여기서 벡터 $\widetilde{A}$에 대한 전 미분 $d\widetilde{A}$는

$$d\widetilde{A} = \frac{\partial \widetilde{A}}{\partial x}dx + \frac{\partial \widetilde{A}}{\partial y}dy + \frac{\partial \widetilde{A}}{\partial z}dz = \widetilde{A}\left(\frac{\partial}{\partial x}dx + \frac{\partial}{\partial y}dy + \frac{\partial}{\partial z}dz\right)$$

이다. 여기서 $\left(\frac{\partial}{\partial x}dx + \frac{\partial}{\partial y}dy + \frac{\partial}{\partial z}dz\right)$식을 벡터 $\widetilde{A}$에 걸리는 미분 연산자로 취급하면

$$\frac{\partial}{\partial x}dx + \frac{\partial}{\partial y}dy + \frac{\partial}{\partial z}dz = \left(\frac{\partial}{\partial x}\tilde{a}_x + \frac{\partial}{\partial y}\tilde{a}_y + \frac{\partial}{\partial z}\tilde{a}_z\right)\cdot\left(dx\tilde{a}_x + dy\tilde{a}_y + dz\tilde{a}_z\right)$$

로 표현할 수 있다.

이 때 $\left(\frac{\partial}{\partial x}\tilde{a}_x + \frac{\partial}{\partial y}\tilde{a}_y + \frac{\partial}{\partial z}\tilde{a}_z\right)$식을 벡터의 미분 연산자인 기호 $\widetilde{\nabla}$로 나타내면

$$\widetilde{\nabla} = \frac{\partial}{\partial x}\tilde{a}_x + \frac{\partial}{\partial y}\tilde{a}_y + \frac{\partial}{\partial z}\tilde{a}_z$$

이며, $\widetilde{\nabla}$은 어떤 스칼라 값에 대해서 미분하고 그 결과를 새로운 벡터로 만들기 때문에 벡터 연산자 기호라고 취급하며, del 또는 nabla라고 읽는다.

이와 같은 $\widetilde{\nabla}$는 형식상 스칼라 함수에 작용하여 벡터의 연산, 벡터의 회전 등을 설명하는데 이용하고 있다.

del 연산자(기울기 연산자) $\widetilde{\nabla}$는 벡터 미분 연산자로 그 자체는 벡터가 아니지만 스칼라 함수에 대한 $\widetilde{\nabla}$ 연산자의 정의를 좌표계에 따라 나타내면 다음과 같다.

(1) 직각 좌표계의 경우

$$\widetilde{\nabla} = \frac{\partial}{\partial x}\tilde{a}_x + \frac{\partial}{\partial y}\tilde{a}_y + \frac{\partial}{\partial z}\tilde{a}_z$$

(2) 원통 좌표계의 경우

$\rho = \sqrt{x^2 + y^2}\ (\rho \geq 0),\ \phi = \tan^{-1}\dfrac{y}{x}$ 관계에서

$$\frac{\partial}{\partial x} = \cos\phi \frac{\partial}{\partial \rho} - \frac{\sin\phi}{\rho}\frac{\partial}{\partial \phi},\ \frac{\partial}{\partial y} = \sin\phi\frac{\partial}{\partial \rho} + \frac{\cos\phi}{\rho}\frac{\partial}{\partial \phi}$$

인 관계를 $\widetilde{\nabla}$에 대입하면 원통 좌표계에 대한 $\widetilde{\nabla}$는

$$\widetilde{\nabla} = \frac{\partial}{\partial \rho}\tilde{a}_\rho + \frac{1}{\rho}\frac{\partial}{\partial \phi}\tilde{a}_\phi + \frac{\partial}{\partial z}\tilde{a}_z$$

로 나타낼 수 있다.

(3) 구 좌표계의 경우

$r = \sqrt{x^2 + y^2 + z^2},\ \theta = \tan^{-1}\dfrac{\sqrt{x^2+y^2}}{z},\ \phi = \tan^{-1}\dfrac{y}{x}$ 관계에서

$$\frac{\partial}{\partial x} = \sin\theta\cos\phi\frac{\partial}{\partial r} + \frac{\cos\theta\cos\phi}{r}\frac{\partial}{\partial \theta} - \frac{\sin\phi}{\rho}\frac{\partial}{\partial \phi}$$

$$\frac{\partial}{\partial y} = \sin\theta\cos\phi\frac{\partial}{\partial r} + \frac{\cos\theta\sin\phi}{r}\frac{\partial}{\partial \theta} + \frac{\cos\phi}{\rho}\frac{\partial}{\partial \phi}$$

$$\frac{\partial}{\partial z} = \cos\theta\frac{\partial}{\partial r} - \frac{\sin\theta}{r}\frac{\partial}{\partial \theta}$$

인 관계를 이용해서 정리하면 구 좌표계에 대한 $\widetilde{\nabla}$은

$$\widetilde{\nabla} = \frac{\partial}{\partial r}\tilde{a}_r + \frac{1}{r}\frac{\partial}{\partial \theta}\tilde{a}_\theta + \frac{1}{r\sin\theta}\frac{\partial}{\partial \phi}\tilde{a}_\phi$$

로 나타낼 수 있다.

Book Cafe

$\widetilde{\nabla}$(del)연산의 용도

- 스칼라 V에 대한 경사(기울기, gradiant)로 $\widetilde{\nabla} V$
- 벡터 $\widetilde{A}$의 발산(divergence)으로 $\widetilde{\nabla}\cdot\widetilde{A}$
- 벡터 $\widetilde{A}$에 대한 회전(curl)으로 $\widetilde{\nabla}\times\widetilde{A}$
- 스칼라 V의 Laplacian 으로 $\widetilde{\nabla}^2 V$

1.6 스칼라 기울기(전위 경도, gradient)

임의의 영역 내의 모든 점에 대해서 정해진 물리적 성질을 지닌 양에 대응할 때의 영역을 계(field) 혹은 장이라고 한다.

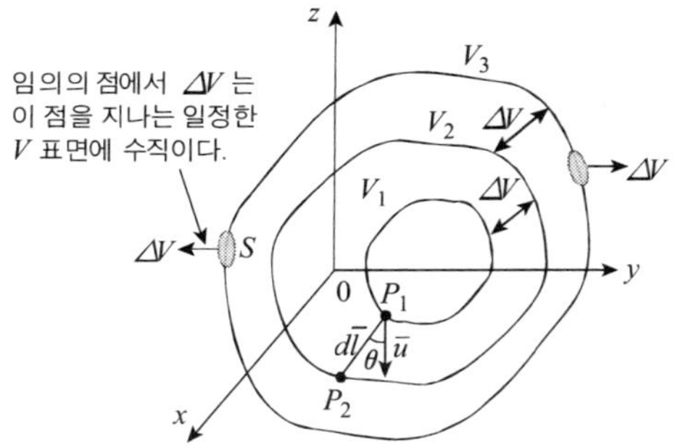

그림 1.22

그림 1.22에서 점 P_1과 P_2 사이를 $\triangle V$라는 계라고 하면 기울기에 대한 수학적 표현은 미분학에 의해서 $\triangle V$를 구하면 얻을 수 있게 된다. 그림 1.22에서 임의의 한 점 S에서의 $\triangle V$는 이 점을 통과하는 일정한 V 표면에 수직임을 알 수 있다.

$$\begin{aligned} dV &= \frac{\partial V}{\partial x}dx + \frac{\partial V}{\partial y}dy + \frac{\partial V}{\partial z}dz \\ &= \left(\frac{\partial V}{\partial x}\tilde{a}_x + \frac{\partial V}{\partial y}\tilde{a}_y + \frac{\partial V}{\partial z}\tilde{a}_z\right)\cdot(dx\tilde{a}_x + dy\tilde{a}_y + dz\tilde{a}_z) \end{aligned}$$

으로 표현할 수 있으며, 해석상의 편의를 위해 첫 번째 항을 $\tilde{U}$라고 가정하면

$$\tilde{U} = \frac{\partial V}{\partial x}\tilde{a}_x + \frac{\partial V}{\partial y}\tilde{a}_y + \frac{\partial V}{\partial z}\tilde{a}_z$$

이며, 그리고 $d\tilde{l} = dx\tilde{a}_x + dy\tilde{a}_y + dz\tilde{a}_z$ 이다. 여기서 $d\tilde{l}$은 점 P_1에서 점 P_2까지 미분범위를 나타낸다.

따라서

$$dV = d\tilde{U}\cdot d\tilde{l} = U\cos\theta\, dl$$

이다. 여기서 단위 체적 당 전압 V는

$$\frac{dV}{d\tilde{l}} = U\cos\theta$$

가 된다. 여기서 $\frac{dV}{d\tilde{l}}$는 그림 1.22에서 P_1, P_2에 대한 V의 방향성 미분임을 나타내는 것이며, θ는 $\tilde{U}$와 $d\tilde{l}$의 사이 각을 나타낸다. 위식에서 $\frac{d\tilde{V}}{d\tilde{l}}$값은 $\theta = 0°$일 때 최대가 되는데 이는 $d\tilde{l}$이 $\tilde{U}$ 방향일 때 즉, $d\tilde{l}$과 $\tilde{U}$가 평행하다는 것을 의미한다.

따라서

$$\left.\frac{dV}{d\tilde{l}}\right|_{\max} = \frac{dV}{dn} = \tilde{U}$$

여기서 $\frac{dV}{dn}$은 법선에 대한 도함수를 나타내며, $\left.\frac{dV}{d\tilde{l}}\right|_{\max} = \tilde{U}$에서 $\tilde{U}$는 $\tilde{V}$의 최대 변화율의 크기와 방향을 갖게 됨을 알 수 있으며, 윗 식에서 $\tilde{U}$는 $\tilde{V}$의 기울기를 나타내므로

$$grad\,V = \tilde{\nabla}\,V = \frac{\partial V}{\partial x}\tilde{a}_x + \frac{\partial V}{\partial y}\tilde{a}_y + \frac{\partial V}{\partial z}\tilde{a}_z$$

로 표현할 수 있다. 여기서 $grad\,V$는 벡터량이다.

이 관계식을 이용한 예를 들면 전계 $\tilde{E}$ 내의 임의의 한 점 P에서의 전위를 V라고 할 때 점 P을 l 만큼 이동했을 경우 단위 길이 당 전위의 변화량 (l방향에 대한 전위 경도)를 다음과 같이 정의하는데 이용된다.

$$\tilde{E} = -\tilde{\nabla}\,V = -\left(\frac{\partial V}{\partial x}\tilde{a}_x + \frac{\partial V}{\partial y}\tilde{a}_y + \frac{\partial V}{\partial z}\tilde{a}_z\right)$$

이 결과식을 이용해서, 원통 및 구 좌표계에 대해 나타내면 다음과 같다.

■ 직각 좌표계의 경우

$$\tilde{\nabla}\,V = \frac{\partial V}{\partial x}\tilde{a}_x + \frac{\partial V}{\partial y}\tilde{a}_y + \frac{\partial V}{\partial z}\tilde{a}_z$$

■ 원통 좌표계의 경우

$$\widetilde{\nabla}\, V = \frac{\partial V}{\partial \rho}\tilde{a}_{\rho} + \frac{1}{\rho}\frac{\partial V}{\partial \phi}\tilde{a}_{\phi} + \frac{\partial V}{\partial z}\tilde{a}_{z}$$

■ 구 좌표계의 경우

$$\widetilde{\nabla}\, V = \frac{\partial V}{\partial r}\tilde{a}_{r} + \frac{1}{r}\frac{\partial V}{\partial \theta}\tilde{a}_{\theta} + \frac{1}{r\sin\theta}\frac{\partial V}{\partial \phi}\tilde{a}_{\phi}$$

예제 1.7

스칼라 함수 $V = x^2yz$ 일 때 점 (1, 2, 1)에서 $grad\ V$ 값은?

[풀이] $grad\ V = \widetilde{\nabla}\, V = \frac{\partial V}{\partial x}\tilde{a}_{x} + \frac{\partial V}{\partial y}\tilde{a}_{y} + \frac{\partial V}{\partial z}\tilde{a}_{z}$

$$= \frac{\partial(x^2yz)}{\partial x}\tilde{a}_{x} + \frac{\partial(x^2yz)}{\partial y}\tilde{a}_{y} + \frac{\partial(x^2yz)}{\partial z}\tilde{a}_{z}$$

$$= 2xyz\,\tilde{a}_{x} + x^2z\,\tilde{a}_{y} + x^2y\,\tilde{a}_{z}$$

에 $x=1,\ y=2,\ z=1$을 대입하면 $grad\ V = 4\tilde{a}_{x} + \tilde{a}_{y} + 2\tilde{a}_{z}$가 된다.

1.7 벡터의 발산(divergence)

공간에서 공간의 각 점에 대해 벡터로 지정할 수 있으면 이 공간을 벡터장이라고 하며 속도, 전장 및 자장 등은 벡터장에 해당한다. 그리고 임의의 영역의 각점이 스칼라로 결정될 때 이 영역을 스칼라장이라고 한다.

일반적으로 미분 연산자와 벡터와의 스칼라 곱에 대한 결과는 스칼라이다.

앞에서 벡터의 면적 적분에서 폐곡면 S을 통해서 벡터 $\widetilde{A}$가 밖으로 나가는 선속의 크기는 $\oint \widetilde{A}\cdot ds$을 이용하여 구할 수 있다. 따라서 벡터 $\widetilde{A}$에 대한 발산은 닫혀진 영역에서 단위 체적 당 밖으로 나가는 선속이라고 할 수 있다.

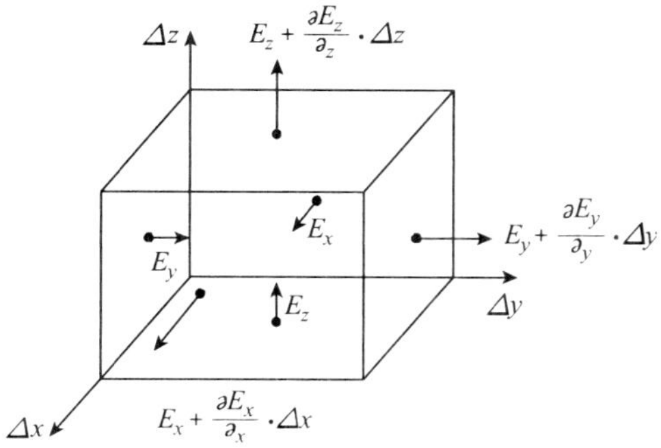

그림 1.23 미소체적의 발산

즉, 발산은 주어진 한 점에서 체적이 주어진 한 점 주변으로 줄어들 때($\lim\limits_{\triangle v \to 0}$) 단위체적당 밖으로 나가는 선속이라고 정의 할 수 있다. 여기서 한 점에 대한 폐곡면 S로 둘러싸인 체적 $\triangle v$를 이용해서 관계식으로 나타내면 $\triangle v$에 포함된 전하량 $\triangle q$는

$$\triangle q = \rho \cdot \triangle v$$

가 되며 미소 체적 $\triangle v$를 폐곡면으로 설정하고 가우스 법칙을 적용하면

$$\oint \widetilde{E} \cdot d\widetilde{S} = \frac{\triangle q}{\varepsilon_0} = \frac{\rho \cdot \triangle v}{\varepsilon_0}$$

$$\frac{\oint \widetilde{E} \cdot d\widetilde{S}}{\triangle v} = \frac{\rho}{\varepsilon_0}$$

이며 여기서 $\lim\limits_{\triangle v \to 0}$ 을 취하면 $\triangle v$는 하나의 점으로 취급할 수 있으므로 가우스 법칙은 그 점에서의 전하와 전계 사이의 관계식으로 나타낼 수 있다.

이를 전계의 발산이라고 하면 $div\ \widetilde{E} = \widetilde{\nabla} \cdot \widetilde{E}$로 나타내면

$$div\ \widetilde{E} = \widetilde{\nabla} \cdot \widetilde{E} = \lim_{\triangle v \to 0} \frac{\oint \widetilde{E} \cdot d\widetilde{S}}{\triangle v} = \frac{\rho}{\varepsilon_0}$$

가 된다. 여기서 벡터 $\widetilde{E}$는 벡터량 이지만 $\widetilde{\nabla} \cdot \widetilde{E}$는 스칼라양이다. 여기서 주어진 한 점에 대한 발산의 물리적 의미는 "한 점에서의 벡터장 $\widetilde{E}$의 발산은 점에서부터 어느 정도의 장이 퍼지는가."를 설명하는 것이다.

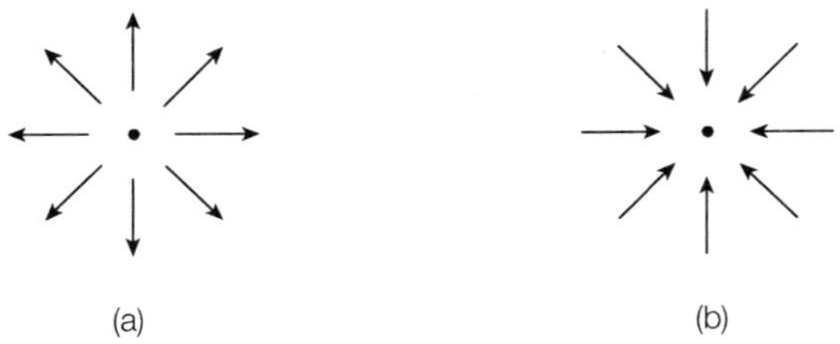

그림 1.24 한 점에서의 발산

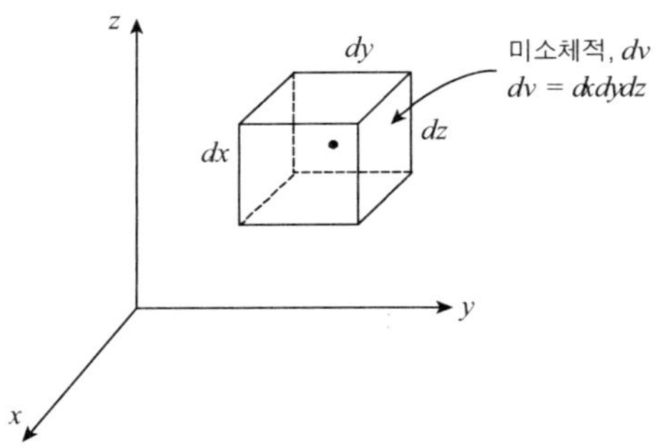

그림 1.25

그림 1.25는 발산을 계산하기 위한 방법으로 미소 체적 내의 한 점에서 미소 체적으로 둘러싸인 경우라고 하면 미소 체적 중심에서 좌표계에 따른 $\widetilde{E}$의 발산을 고려하면

■ **직각 좌표계에 대한 $\widetilde{E}$의 발산은**

$$\widetilde{\nabla} \cdot \widetilde{E} = \frac{\partial E_x}{\partial x} + \frac{\partial E_y}{\partial y} + \frac{\partial E_Z}{\partial z} = \frac{\rho}{\varepsilon_0}$$

으로 전계의 발산은 전계 각 성분에 대한 미분 형태로 나타나게 된다.

■ **원통 좌표계에 대한 $\widetilde{A}$의 발산**

$$\widetilde{\nabla} \cdot \widetilde{E} = \frac{1}{\rho}\frac{\partial}{\partial \rho}(\rho E_\rho) + \frac{1}{\rho}\frac{\partial E_\phi}{\partial \phi} + \frac{\partial E_Z}{\partial z}$$

■ **구 좌표계에 대한 $\widetilde{E}$의 발산**

$$\widetilde{\nabla} \cdot \widetilde{E} = \frac{1}{r^2}\frac{\partial}{\partial r}(r^2 E_r) + \frac{1}{r\sin\theta}\frac{\partial}{\partial \theta}(E_\theta \sin\theta) + \frac{1}{r\sin\theta}\frac{\partial E_\phi}{\partial \phi}$$

가 된다.

따라서 발산의 정리는

"체적 v에 대한 벡터장 $\widetilde{A}$의 체적 적분" = "체적 v을 둘러싸고 있는 폐곡면 S위에서 취한 $\widetilde{A}$의 면적분"

으로 정리할 수 있다.

따라서

$$div\ \tilde{A} = \tilde{\nabla}\cdot\tilde{A} = \lim_{\Delta v \to 0} \frac{\oint \tilde{A}\cdot d\tilde{S}}{\Delta v}$$

라는 $\tilde{A}$의 발산 정의 식으로 부터

$$\iiint_v (\tilde{\nabla}\cdot\tilde{A})\, dv = \iint_s \tilde{A}\cdot d\tilde{S} \ \text{(전계의 발산 정리)}$$

인 관계식으로 나타낼 수 있다. 이 관계식을 전계에서는 전계의 발산정리 또는 Gauss의 선속 정리하고 한다.

이 정리는 폐곡면 S를 통해서 밖으로 나가는 벡터장 $\tilde{A}$에 대한 전체 선속은 $\tilde{A}$의 발산에 대한 체적 적분과 같다는 것을 말하는 것이다.

예제 1.8

$\tilde{A} = xy^2\tilde{a}_x - 3y^2z^3\tilde{a}_y + x^2y^2z\tilde{a}_z$ 일 때 점 $(1, 1, 1)$에서의 $\tilde{\nabla}\cdot\tilde{A}$를 계산하여라.

[풀이] $\tilde{\nabla}\cdot\tilde{A} = \left(\frac{\partial}{\partial x}\tilde{a}_x + \frac{\partial}{\partial y}\tilde{a}_y + \frac{\partial}{\partial z}\tilde{a}_z\right)\cdot\left(xy^2\tilde{a}_x - 3y^2z^3\tilde{a}_y + x^2y^2z\tilde{a}_z\right)$

$$= \frac{\partial}{\partial x}(xy^2) + \frac{\partial}{\partial y}(-3y^2z^3) + \frac{\partial}{\partial z}(x^2y^2z) = y^2 - 6yz^3 + x^2y^2$$

에 $x=1,\ y=1,\ z=1$을 대입하면 -4가 된다.

예제 1.9

$f = xyz$, $\tilde{A} = x\tilde{a}_x + y\tilde{a}_y + z\tilde{a}_z$ 일 때 점 $(1, 2, 3)$에서의 $div(f\tilde{A})$는?

[풀이] $f\tilde{A} = x^2yz\,\tilde{a}_x + xy^2z\,\tilde{a}_y + xyz^2\tilde{a}_z$에 대한 $div(f\tilde{A})$는

$$div(f\tilde{A}) = \frac{\partial}{\partial x}(x^2yz) + \frac{\partial}{\partial y}(xy^2z) + \frac{\partial}{\partial z}(xyz^2) = 2xyz + 2xyz + 2xyz$$

에서 $x=1,\ y=2,\ z=3$이므로 $div(f\tilde{A}) = 36$이 된다.

예제 1.10

벡터 $\widetilde{P} = x^2 y z \widetilde{a}_x + x z^2 \widetilde{a}_z$에 대한 발산의 크기는?

[풀이] $\widetilde{\nabla} \cdot \widetilde{P} = \dfrac{\partial}{\partial x} P_x + \dfrac{\partial}{\partial x} P_y + \dfrac{\partial}{\partial x} P_z$

$= \dfrac{\partial}{\partial x}(x^2 yz) + \dfrac{\partial}{\partial z}(xz^2) = 2xyz + 2xz$

1.8 벡터의 회전(rotation, curl)

앞에서 선적분에 대한 폐 경로 l에 대한 벡터장 $\widetilde{A}$에 대한 회전을 적분 $\oint \widetilde{A} \cdot dl$로 정의할 수 있다. 벡터의 회전은 면적의 크기가 0으로 갈 때 단위 벡터 당 $\widetilde{A}$의 최대 회전을 의미한다. 이와 같은 내용을 관계식으로 나타내면

$$curl\ \widetilde{A} = \widetilde{\nabla} \times \widetilde{A} = \lim_{\Delta S \to 0} \frac{\oint_l \widetilde{A} \cdot d\widetilde{l}}{\Delta S}$$

가 된다. 여기서 미소 면적 ΔS가 법선 방향으로 주어지는 경우 미소 면적 ΔS 주위를 오른 나사 진행 방향으로 회전하면서 진행하는 벡터량을 말한다. 벡터장에 대한 curl의 물리적 의미는 임의의 한 점에서 벡터장 $\widetilde{A}$에 대한 curl은 한 점에서의 회전을 나타내는 척도로서 한 점의 주위로 얼마나 많이 회전하는가를 나타내는 것이라고 할 수 있다.

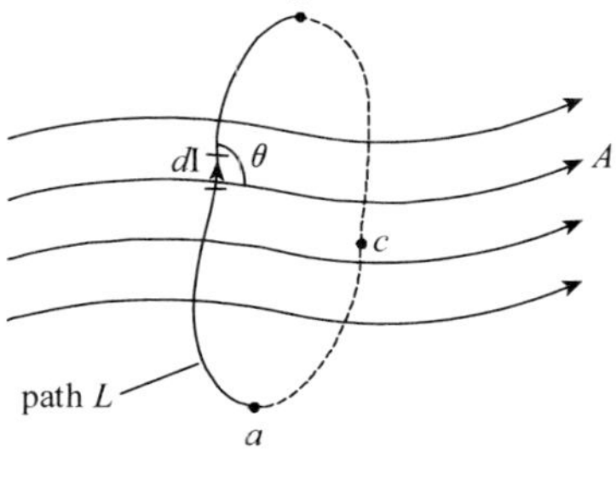

그림 1.26

직각 좌표계에서 $\widetilde{A}$의 회전 연산을 나타내기 위해서 임의의 벡터 $\widetilde{A} = A_x \widetilde{a}_x + A_y \widetilde{a}_y + A_z \widetilde{a}_z$와 $\widetilde{\nabla}$의 벡터적을 계산하는 과정을 고려하면

$$\tilde{\nabla}\times\tilde{A} = \left(\frac{\partial}{\partial x}\tilde{a}_x + \frac{\partial}{\partial y}\tilde{a}_y + \frac{\partial}{\partial z}\tilde{a}_z\right)\times(A_x\tilde{a}_x + A_y\tilde{a}_y + A_z\tilde{a}_z)$$

$$= \left(\frac{\partial A_Z}{\partial y} - \frac{\partial A_y}{\partial z}\right)\tilde{a}_x + \left(\frac{\partial A_x}{\partial z} - \frac{\partial Az}{\partial x}\right)\tilde{a}_y + \left(\frac{\partial A_y}{\partial x} - \frac{\partial A_x}{\partial y}\right)\tilde{a}_z$$

$$= \begin{vmatrix} \tilde{a}_x & \tilde{a}_y & \tilde{a}_z \\ \frac{\partial}{\partial x} & \frac{\partial}{\partial y} & \frac{\partial}{\partial z} \\ A_x & A_y & A_z \end{vmatrix}$$

가 된다. 만일 $\tilde{A}=\tilde{\nabla}\phi$이면

$$\tilde{\nabla}\times\tilde{A} = \tilde{\nabla}\times(\tilde{\nabla}\phi) = \left(\frac{\partial^2\phi}{\partial y\,\partial z} - \frac{\partial^2\phi}{\partial z\,\partial y}\right)\tilde{a}_x + \left(\frac{\partial^2\phi}{\partial y\,\partial z} - \frac{\partial^2\phi}{\partial z\,\partial y}\right)\tilde{a}_y + \left(\frac{\partial^2\phi}{\partial x\,\partial y} - \frac{\partial^2\phi}{\partial y\,\partial x}\right)\tilde{a}_z$$

$$= 0$$

이다. 따라서 $\tilde{A}$가 스칼라 함수의 기울기이면 벡터 $\tilde{A}$에 대한 회전은 0이다.

원통 좌표계에서 $\tilde{A}$의 회전 연산은

$$\tilde{\nabla}\times\tilde{A} = \frac{1}{\rho}\begin{vmatrix} \tilde{a}_\rho & \rho\tilde{a}_\phi & \tilde{a}_z \\ \frac{\partial}{\partial\rho} & \frac{\partial}{\partial\phi} & \frac{\partial}{\partial z} \\ A_\rho & A_\phi & A_z \end{vmatrix}$$

또는

$$\tilde{\nabla}\times\tilde{A} = \left[\frac{1}{\rho}\frac{\partial A_Z}{\partial\phi} - \frac{\partial A_\phi}{\partial z}\right]\tilde{a}_\rho + \left[\frac{\partial A_\rho}{\partial z} - \frac{\partial Az}{\partial\rho}\right]\tilde{a}_\phi + \frac{1}{\rho}\left[\frac{\partial(\rho A_\phi)}{\partial\rho} - \frac{\partial A_\rho}{\partial\phi}\right]\tilde{a}_z$$

이다. 그리고 구 좌표계 경우 계산하는 과정을 고려하면 다음과 같이 표현된다.

$$\tilde{\nabla}\times\tilde{A} = \frac{1}{r^2\sin\theta}\begin{vmatrix} \tilde{a}_r & r\tilde{a}_\theta & r\sin\theta\,\tilde{a}_\phi \\ \frac{\partial}{\partial r} & \frac{\partial}{\partial\theta} & \frac{\partial}{\partial\phi} \\ A_r & rA_\theta & r\sin\theta\,A_\phi \end{vmatrix}$$

$$\tilde{\nabla}\times\tilde{A} = \frac{1}{r\sin\theta}\left[\frac{\partial(A_\phi\sin\theta)}{\partial\theta} - \frac{\partial A_\theta}{\partial\phi}\right]\tilde{a}_r + \frac{1}{r}\left[\frac{1}{\sin\theta}\frac{\partial A_r}{\partial\phi} - \frac{\partial(rA_\phi)}{\partial r}\right]\tilde{a}_\theta + \frac{1}{r}\left[\frac{\partial(rA_\theta)}{\partial r} - \frac{\partial A_r}{\partial\theta}\right]\tilde{a}_\phi$$

Book Cafe

회전 연산에 대한 성질

- 벡터장에 대한 회전 연산(curl)은 다른 벡터장이 된다.
- 스칼라장 V에 대한 curl은 존재하지 않는다.
- 벡터장의 curl에 대한 발산(div)은 0이 된다. ($\tilde{\nabla}\cdot(\tilde{\nabla}\times\overline{A})=0$)
- 스칼라장의 경사(grad)에 대한 curl은 0이 된다. ($\tilde{\nabla}\times\tilde{\nabla}V=0$)

예제 1.11

벡터 $\tilde{A}$가 $\tilde{A}=xy^2\tilde{a}_x-x^2yz\tilde{a}_y+2yz^3\tilde{a}_z$일 때 점 $(1,1,1)$에서의 $\tilde{\nabla}\times\tilde{A}$의 계산 결과는?

[풀이]

$$\tilde{\nabla}\times\tilde{A}=\left(\frac{\partial}{\partial x}\tilde{a}_x+\frac{\partial}{\partial y}\tilde{a}_y+\frac{\partial}{\partial z}\tilde{a}_z\right)\times\left(xz^2\tilde{a}_x-x^2yz\tilde{a}_y+2yz^3\tilde{a}_z\right)$$

$$=\begin{vmatrix}\tilde{a}_x & \tilde{a}_y & \tilde{a}_z\\ \dfrac{\partial}{\partial x} & \dfrac{\partial}{\partial y} & \dfrac{\partial}{\partial z}\\ xz^2 & -x^2yz & 2yz^3\end{vmatrix}$$

$$=\left[\frac{\partial(2yz^3)}{\partial y}-\frac{\partial(-x^2yz)}{\partial z}\right]\tilde{a}_x+\left[\frac{\partial(xz^2)}{\partial z}-\frac{\partial(yz^3)}{\partial x}\right]\tilde{a}_y+\left[\frac{\partial(-x^2yz)}{\partial x}-\frac{\partial(xz^2)}{\partial y}\right]\tilde{a}_z$$

$$=(2z^3+x^2y)\tilde{a}_x+(2xz)\tilde{a}_y+(-2zyz)\tilde{a}_z$$

에 $x=1,\ y=2,\ z=3$을 대입하면 $\tilde{\nabla}\times\tilde{A}=3\tilde{a}_x+2\tilde{a}_y-2\tilde{a}_z$가 된다.

예제 1.12

$\tilde{P}=x^2yz\,\tilde{a}_x+xz^2\tilde{a}_z$에 대한 회전 연산은?

[풀이]

$$\tilde{\nabla}\times\tilde{P}=\left(\frac{\partial P_Z}{\partial y}-\frac{\partial P_y}{\partial z}\right)\tilde{a}_x+\left(\frac{\partial P_x}{\partial z}-\frac{\partial Pz}{\partial x}\right)\tilde{a}_y+\left(\frac{\partial P_y}{\partial x}-\frac{\partial P_x}{\partial y}\right)\tilde{a}_z$$

$$=(0-0)\tilde{a}_x+(x^2y-z^2)\tilde{a}_y+(0-x^2z)\tilde{a}_z$$

$$=(x^2y-z^2)\tilde{a}_y-x^2z\,\tilde{a}_z$$

1.9 스토커스(stokes) 정리

stokes 정리는 선 적분과 면적 적분의 변환 관계를 나타내는 것으로 벡터장 $\widetilde{A}$에 대한 $curl$인

$$curl\ \widetilde{A} = \widetilde{\nabla} \times \widetilde{A} = \lim_{\triangle S \to 0} \frac{\oint_l \widetilde{A} \cdot d\widetilde{l}}{\triangle S} \quad \text{관계식으로부터}$$

$$\oint_l \widetilde{A} \cdot d\widetilde{l} = \int_s (\widetilde{\nabla} \times \widetilde{A})\, ds$$

로 나타낼 수 있는데 이를 stokes 정리라고 한다.

"어떤 표면 S 위에서 벡터 장 $\widetilde{A}$의 회전에 대한 면적" = "그 면적 주위에서 취한 벡터 $\widetilde{A}$의 선 적분($\oint_l \widetilde{A} \cdot d\widetilde{l}$)"

라고 정리할 수 있다.

Book Cafe

발산의 정리 및 stokes 정리

- 발산의 정리 : 닫혀진 표면 적분을 체적 적분으로 연관시키는 것 즉, 선 적분의 크기를 면적 적분의 크기로 변환하는 것을 말한다.
- stokes 정리 : 폐경로에 대한 선 적분을 표면 적분으로 연관시키는 것 즉, 면적 적분의 크기를 체적 적분의 크기로 변환하는 것을 말한다.

1.10 스칼라의 라플라시안(Laplacian)

연산자 Laplacian은 기울기와 발산 연산자를 편의상 복합한 연산자로 스칼라 Laplacian은 $\widetilde{\nabla}^2 V$으로 표시하며, 전위 V에 대한 경사의 발산으로 정의할 수 있다.

1.10.1 Poisson 방정식

전하 밀도가 분포하고 있을 경우 전하 분포 영역 내에서의 한 점에 대한 전위 V를 결정하는 관계식으로

$$\tilde{\nabla}^2 V = -\frac{\rho}{\varepsilon_o}$$

을 이용하는데 여기서 이 관계식을 Poisson 방정식이라고 한다.

1.10.2 Laplace 방정식

전하 분포가 존재하지 않는 공간에서는 $\rho = 0$이므로

$$\tilde{\nabla}^2 V = 0$$

가 된다.

이 식을 Laplace 방정식이라고 한다. $\tilde{\nabla}^2 V = 0$을 만족하는 해는 $\sin$과 $\cosin$함수로 표현되는 고조파(Harmonics)함수이다.

한편 스칼라장에 대한 Laplacian 계산 방법에 필요한 관계식을 정리하면 다음과 같다.

(1) 직각 좌표계를 이용하는 경우 $\tilde{\nabla}^2 V$의 계산 관계식

$$\begin{aligned}\tilde{\nabla}^2 V = \tilde{\nabla} \cdot \tilde{\nabla} V &= \left[\frac{\partial}{\partial x}\tilde{a}_x + \frac{\partial}{\partial y}\tilde{a}_y + \frac{\partial}{\partial z}\tilde{a}_z\right] \cdot \left[\frac{\partial V}{\partial x}\tilde{a}_x + \frac{\partial V}{\partial y}\tilde{a}_y + \frac{\partial V}{\partial z}\tilde{a}_z\right] \\ &= \frac{\partial^2 V}{\partial x^2} + \frac{\partial^2 V}{\partial y^2} + \frac{\partial^2 V}{\partial z^2}\end{aligned}$$

로 표현할 수 있으며, 이는 또 다른 스칼라장이 된다. 따라서 직각 좌표계에서 Laplacian 은 미분을 두 번하여 얻을 수 있음을 알 수 있다.

(2) 원통 좌표계에 대한 $\tilde{\nabla}^2 V$ 계산 관계식

$$\tilde{\nabla}^2 V = \frac{1}{\rho}\frac{\partial}{\partial \rho}\left(\rho \frac{\partial V}{\partial \rho}\right) + \frac{1}{\rho^2}\frac{\partial^2 V}{\partial \phi^2} + \frac{\partial^2 V}{\partial z^2}$$

(3) 구 좌표계에 대한 $\widetilde{\nabla}^2 V$ 계산 관계식

$$\widetilde{\nabla}^2 V = \frac{1}{r^2}\frac{\partial}{\partial r}\left(r^2\frac{\partial V}{\partial r}\right) + \frac{1}{r^2\sin\theta}\frac{\partial V}{\partial\theta}\left(\sin\theta\frac{\partial r}{\partial\theta}\right) + \frac{1}{r^2\sin^2\theta}\frac{\partial^2 V}{\partial\phi^2}$$

예제 1.13

$\widetilde{V} = x^2y + xyz$에 대한 스칼라 장 Laplacian은?

[풀이] 직각 좌표계에서의 $\widetilde{\nabla}^2 V$에 대한 계산 방법은 주어진 전위 V에 대해서 두번 미분을 하는 것으로 그 결과는

$$\widetilde{\nabla}^2 V = \frac{\partial^2 V}{\partial x^2} + \frac{\partial^2 V}{\partial y^2} + \frac{\partial^2 V}{\partial z^2} = 2y + 0 + 0 = 2y$$

가 된다.

▶▶▶ 연습문제

01 벡터 $\tilde{A}$가 $\tilde{A} = 3\tilde{a}_x + 4\tilde{a}_y - 2\tilde{a}_z$ 일 때 $\tilde{a}_x \times \tilde{A}$는?

해설 $\tilde{a}_x \times \tilde{A} = \tilde{a}_y \times (3\tilde{a}_x + 4\tilde{a}_y - 2\tilde{a}_z) = 3(\tilde{a}_y \times \tilde{a}_x) + 4(\tilde{a}_y \times \tilde{a}_y) - 2(\tilde{a}_y \times \tilde{a}_z)$

이다. 여기서 벡터의 곱의 우수계 원리인

$$\tilde{a}_x \times \tilde{a}_y = \tilde{a}_z,\ \ \tilde{a}_y \times \tilde{a}_x = -\tilde{a}_z$$

관계를 적용하면

$$\tilde{a}_x \times \tilde{A} = -3\tilde{a}_x - 2\tilde{a}_z$$

가 된다.

02 두 벡터 $\tilde{A}$와 $\tilde{B}$는 평행 사변형의 두변이다. $\tilde{A} = 5\tilde{a}_x + 5\tilde{a}_y - 3\tilde{a}_z$, $\tilde{B} = 3\tilde{a}_x - \tilde{a}_y + 4\tilde{a}_z$ 일 때 평행 사변형의 면적은?

해설 면적 S는 $S = \tilde{A} \times \tilde{B}$이다. 여기서

$$\tilde{A} \times \tilde{B} = \begin{vmatrix} \tilde{a}_x & \tilde{a}_y & \tilde{a}_z \\ 5 & 5 & -3 \\ 3 & -1 & 4 \end{vmatrix} = 17\tilde{a}_x - 29\tilde{a}_y - 20\tilde{a}_z$$

따라서 평행 사변형의 면적은

$$S = |\tilde{A} \times \tilde{B}| = \sqrt{(17)^2 + (-29)^2 + (-20)^2} = 39.1$$

가 된다.

03 $\tilde{A} = \tilde{a}_x + 7\tilde{a}_y$와 $\tilde{B} = 4\tilde{a}_x + 3\tilde{a}_y$가 이루는 각은?

해설 $\tilde{A} \cdot \tilde{B} = AB\cos\theta$에서

$$\cos\theta = \frac{\overline{A} \cdot \overline{B}}{|\overline{A}||\overline{B}|} = \frac{(1\times 4)+(7\times 3)}{\sqrt{1^2+7^2}\sqrt{4^2+3^2}} = \frac{25}{5\sqrt{50}} = \frac{1}{\sqrt{2}}$$

따라서 $\theta = \cos^{-1}\dfrac{1}{\sqrt{2}} = 45°$가 된다.

04 점 $P(1, 3, 3)$와 점 $Q(-2, 3, 1)$로 향하는 단위 벡터는?

해설 점 $P(1, 3, 3)$에서 점 $Q(-2, 3, 1)$로 향하는 단위 벡터 $\overrightarrow{PQ}$는

$\overrightarrow{PQ} = (-2-1)\tilde{a}_x + (3-3)\tilde{a}_y + (-1-3)\tilde{a}_z = -3\tilde{a}_x - 4\tilde{a}_z$

이다. 여기서 단위 벡터 $\tilde{a}$는

$$\tilde{a} = \frac{\overrightarrow{PQ}}{|\overrightarrow{PQ}|} = \frac{-3\tilde{a}_x - 4\tilde{a}_z}{\sqrt{(-3)^2 + (-4)^2}} = -\frac{3}{5}\tilde{a}_x - \frac{4}{5}\tilde{a}_z$$

가 된다.

05 $F = x^2 + 2y^2 + 3z^2$ 일 때 점 $(2, 0, 1)$에서 기울기는?

해설 $grad\,F = \tilde{\nabla} F = \frac{\partial F}{\partial x}\tilde{a}_x + \frac{\partial F}{\partial y}\tilde{a}_y + \frac{\partial F}{\partial z}\tilde{a}_z = 2x\tilde{a}_x + 2y\tilde{a}_y + 6\tilde{a}_z$

에서 $x = 2$, $y = 0$, $z = 1$을 대입하면 기울기는 $4\tilde{a}_x + 6\tilde{a}_z$가 된다.

06 $\tilde{A} = xy\tilde{a}_x + yz^2\tilde{a}_y + z^2\tilde{a}_z$일 때 $rot\,\tilde{A}$는?

해설 $rot\,\tilde{A} = \tilde{\nabla} \times \tilde{A} = \begin{vmatrix} \tilde{a}_x & \tilde{a}_y & \tilde{a}_z \\ \frac{\partial}{\partial x} & \frac{\partial}{\partial y} & \frac{\partial}{\partial z} \\ xy & yz^2 & z^2 \end{vmatrix}$

$$= \left[\frac{\partial(z^2)}{\partial y} - \frac{\partial(yz^2)}{\partial z}\right]\tilde{a}_x + \left[\frac{\partial(xy)}{\partial z} - \frac{\partial(z^2)}{\partial x}\right]\tilde{a}_y + \left[\frac{\partial(yz^2)}{\partial x} - \frac{\partial(xy)}{\partial y}\right]\tilde{a}_z$$

$$= -2yz\,\tilde{a}_x - x\,\tilde{a}_z$$

07 $\phi = x^2yz$, $\tilde{A} = 2x\tilde{a}_x - y\tilde{a}_y + 3z\tilde{a}_z$일 때 점 $(1, 1, 1)$에서 $div(\phi\tilde{A})$는?

해설 $div(\phi\tilde{A}) = \phi\,div\tilde{A} + \tilde{A}\,grad\,\phi$

이다. 여기서

$$\phi\,div\tilde{A} = x^2yz\left(\frac{\partial}{\partial x}2x - \frac{\partial}{\partial y}y + \frac{\partial}{\partial z}3z\right) = x^2yz(2-1+3) = 4x^2yz = 4$$

$$\tilde{A}\cdot grad\phi = (2x\tilde{a}_x - y\tilde{a}_y + 3z\tilde{a}_z)\left[\frac{\partial}{\partial x}(x^2yz)\tilde{a}_x + \frac{\partial}{\partial y}(x^2yz)\tilde{a}_y + \frac{\partial}{\partial z}(x^2yz)\tilde{a}_z\right]$$

$$= (2x\tilde{a}_x - y\tilde{a}_y + 3z\tilde{a}_z)(2xy\tilde{a}_x + x^2z\tilde{a}_y + x^2y\tilde{a}_z)$$

$$= 4x^2yz - x^2yz + 3x^2yz = 6$$

따라서 $4 + 6 = 10$이 된다.

Chapter 02 정 전계(static electric field)

2.1 대전현상(Electrification phenomena)

2.1.1 마찰 전기

두 물체의 마찰에 의해서 발생하는 전기를 마찰전기(Triboelectricity)라고 하며, 물체가 마찰에 의하여 (+) 또는 (−)전하로 대전하는 현상을 대전(electrification)되었다고 한다. 대전 원자에 마찰이나 빛과 같은 형태로 에너지를 인가하면 최외각 전자가 궤도를 이탈하는 것을 의미한다. 이 때 이탈된 전자를 자유전자(free electron)라고 하며, 음전하를 가지며, 전자가 이탈한 원자는 양전하를 띠게 된다. 이와 같이 대전된 물체를 대전체(charge body)라 하고, 대전체가 갖는 전기를 전하(electric charge)라고 하는데 여기서 일정한 전하 상태에 있는 물질은 일정한 전기량을 갖고 있는 것으로 생각할 때 전기량을 전하(charge)라고 부른다.

전하의 형태는 양전하(positive charge)와 음전하(negative charge)로 분류되며, 전하는 (+), (−)값을 가지게 되며, 공간적인 방향과는 무관하기 때문에 스칼라양이다. 마찰에 의해서 발생하는 전기가 (+) 혹은 (−)인지는 마찰하는 물질의 종류와 상태가 어떤 것이냐에 따라 다르게 나타날 수 있다.

(+) 모피, 유리, 운모, 명주, 무명, 수정, 목재, 호박, 수지, 금속, 유황, 셀룰로이드, 고무 (−)

(+) ⇔ (−)
마찰전기 계열 크기

이를 물질의 대전 계열이라고 하며, 계열의 순서는 실험하는 과정에서 온도, 습도에 의해서 영향을 받으면 순서도 바뀔 수 있다.

전기가 자유롭게 이동할 수 있는 물질을 도체(conduct)라고 하며 대전된 전기를 그대로 유지시키려면 전기의 이동을 허용하지 않는 물질을 절연체(Isolator) 또는 부도체(Non-conductor)라고 한다.

2.1.2 전하(Electric charge)

전하는 물질(금속 및 비금속)이 가지고 있는 전기(량)으로 전하의 단위로 쿨롱[C]을 이용하는데 여기서 1[C]은 두 전하 Q가 1[m] 거리를 두고 존재하는 경우 작용하는 전기력이 9×10^9[N]이 되는 전기량을 의미하는 것이다.

전자 1개가 갖는 전기량이 $e = 1.602 \times 10^{-12}$[C]이므로 1[C]은 6.25×10^{18}개의 전자가 갖는 전기량과 같게 되는 것이다.

2.1.3 정전유도(Electro static induction)

(a) A도체 (b) B도체

그림 2.1 정전 유도

절연된 혹은 중성 된 도체 A에 양(+)으로 대전된 도체 B를 가깝게 접근시키는 경우 A 도체에 가까운 곳에는 (−)전하가, 반대쪽에는 (+)전하가 나타난다. 이와 같이 대전체 접근으로 인해서 물질 내의 전하 분포가 변화되는 현상을 정전유도라고 한다. 이와 같은 정전유도 현상은 금속(도체)뿐만 아니라 모든 물체에서 일어날 수 있다는 것이다.

절연체의 경우는 전자에 대한 원자핵의 구속력이 강하기 때문에 대전체를 가까이 근접시켜도 금속의 경우에서 나타나는 전하가 분명히 분리되지 않고 전자와 원자핵의 위치의 변위만 생기게 되는데 이와 같은 현상을 특히 전기분극(Electric polarization)이라고 한다.

2.2 쿨롱의 법칙(Coulomb's Law)

2.2.1 쿨롱의 힘

하나의 대전체에 또 다른 대전체를 접근하게 되면 두 전하 사이에는 어떤 힘이 존재한다. 이 힘을 쿨롱의 힘이라고 한다. 쿨롱의 작용 원리는 균일 매질 내의 거리 r인 지점에 정전하 Q_1에 의해 거리 r인 지점의 전하량 Q_2인 정전하에 가해지는 힘 즉, 일정한 거리만큼 떨어진 두 개의 전하 사이에 발생하는 전기력은 두 전하의 거리 r의 자승에 비례하고, 두 전하량 Q의 곱에 비례하는데 두 전하의 극성이 같으면 척력(반발력)으로, 두 전하의 극성이 다르면 인력(흡인력)으로 작용한다.

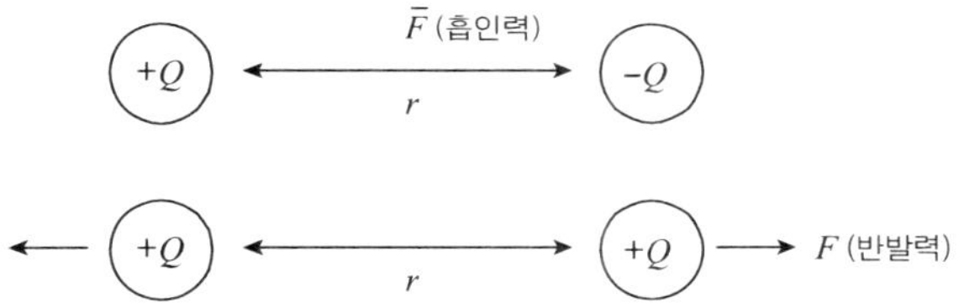

그림 2.2 두 전하 사이의 전기력

$$\widetilde{F} = k\frac{Q_1 Q_2}{r^2}$$

여기서 두 전하 Q_1과 Q_2는 일직선상에 있게 되며, 전기력(electric force) $\widetilde{F}$는 두 전하 사이에서 작용하는 힘[N]을 말하며, 1[C]은 진공 중에서 같은 두 점전하를 1[m] 거리에 놓았을 때 작용하는 힘의 크기가 9×10^9[N] 되는 경우의 전하를 말하는 것으로

$$9 \times 10^9 = k\frac{1\times 1}{1^2} \text{에서 } k = \frac{1}{4\pi\varepsilon_0} = 9\times 10^9$$

이며, 비례 상수 k는 전하 Q, 거리 r, 힘 $\widetilde{F}$에 대해서 사용되는 단위 또는 대전체 사이의 매질에 따라 결정되며, 진공상태에서 이용되는 ε_o의 크기는

$$\varepsilon_0 = \frac{10^7}{4\pi C^2} = \frac{10^{-9}}{36\pi} = 8.854 \times 10^{-12}[\text{Farad/meter}]$$

이며, ε_o을 유전율이라고 하며 C는 광속을 나타낸다.

따라서 쿨롱의 법칙에 대한 일반적인 관계식은

$$\widetilde{F} = \frac{Q_1 Q_2}{4\pi\varepsilon_o r^2} = 9\times 10^9 \times \frac{Q_1 Q_2}{r^2}[\text{N}]$$

으로 나타낼 수 있다.

따라서 쿨롱의 법칙에 대한 특성을 정리하면 다음과 같다.

- 작용하는 힘의 크기는 거리의 제곱에 반비례하여 나타난다.
- 작용하는 힘의 세기는 전하 상호간에 존재하는 물질의 매질에 따라 값이 변하게 된다.
- 작용하는 힘의 단위는 [N]을 이용한다.

2.2.2 유전율 및 비유전율

특정 매질의 유전율을 ε, 진공의 유전율을 ε_o라고 하는 경우 ε와 ε_o의 비를 비유전율 ε_S이라고 한다. 여기서 비유전율 ε_S는 공기에 비해 몇 배가 되는 가를 나타내는 비(례)값이라고 할 수 있다.

$$\varepsilon_s = \frac{\varepsilon}{\varepsilon_0} \text{ 혹은 } \varepsilon = \varepsilon_0\,\varepsilon_S$$

표 2.1 사용되는 k값에 따라 단위계를 달리한다.

MKS	$\widetilde{F} = \frac{1}{4\pi\varepsilon_0}\frac{Q_1 Q_2}{r^2} = 9 \times 10^9 \frac{Q_1 Q_2}{r^2}[\text{N}]$
CGS	진공 중에서 서로 다른 두 전하를 1[m]거리에 놓았을 때 작용한 힘의 크기가 1[dyne]되는 전하량을 1[C.G.S esu]라고 한다. 즉, $Q_1 = Q_2 = 1[\text{esu}]$, $r = 1[\text{cm}]$, $\widetilde{F} = 1[\text{dyne}]$, $k = 1$, $\widetilde{F} = \frac{Q_1 Q_2}{r^2}[\text{dyne}]$

Book Cafe

- ε_0와 μ_0의 의미

$\varepsilon_0 = \dfrac{10^{-9}}{36\pi} = \dfrac{1}{120\pi C} = \dfrac{10^7}{4\pi C^2} = \dfrac{1}{\mu_0 C^2} = 8.854 \times 10^{-12}$ [F/m]으로 단위 길이 당 Capacitance을 의미한다. 즉, 공기 중에 $\varepsilon_0 = \dfrac{10^{-9}}{36\pi}$ [Farad/m] 저항값을 갖는다.

- 투자율 μ_0는 $\mu_0 = 4\pi \times 10^{-7}$[Henry/m]로 단위 길이 당 inductor를 의미한다.

Book Cafe

$\tilde{F} = ma$인 경우에 대한 단위

- $1[\mathrm{N}] = 1[\mathrm{kg \cdot m/s^2}] = 10^3 \times 10^2\ [\mathrm{g \cdot cm/s^2}] = 10^5[\mathrm{dyne}]$
- $1\ [\mathrm{dyne}] = 10^{-5}[\mathrm{N}]$

예제 2.1

점 $P_1(0, 1, 2)$에 전하 $Q_1[20\,\mu\mathrm{C}]$과 점 $P_2(2, 0, 0)$에 전하 $Q_2[-300\,\mu\mathrm{C}]$가 존재할 때 전하 Q_2가 Q_1에 가하는 힘을 구하여라.

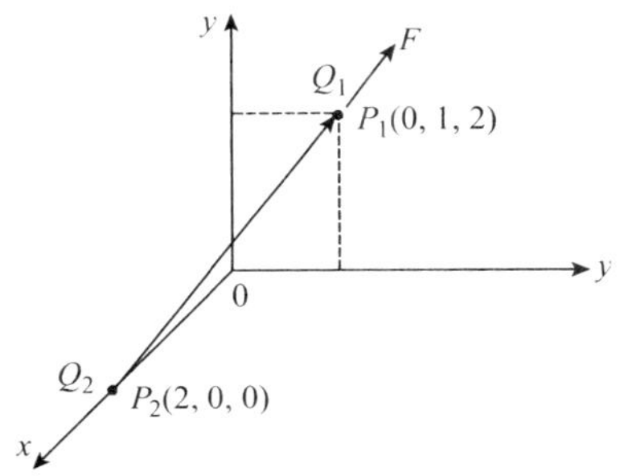

[풀이] 두 점 간의 거리 벡터 $\tilde{R}_{21}$은

$$\tilde{R}_{21} = \tilde{R}_2 - \tilde{R}_1 = (0-2)\tilde{a}_x + (1-0)\tilde{a}_y + (2-0)\tilde{a}_z$$
$$= -2\tilde{a}_x + \tilde{a}_y + 2\tilde{a}_z$$

이며, 여기서 크기 $|\tilde{R}_{21}|$는

$$|\tilde{R}_{21}| = \sqrt{(-2)^2 + (1)^2 + (2)^2} = 3$$

이다. 그리고 단위 벡터의 크기는

$$\tilde{a}_{21} = \frac{1}{3}(-2\tilde{a}_x + \tilde{a}_y + 2\tilde{a}_z)$$

이므로 작용하는 힘은

$$\tilde{F} = 9 \times 10^9 \times \frac{(20 \times 10^{-6})(-300 \times 10^{-6})}{(3)^2}\left(\frac{-2\tilde{a}_x + \tilde{a}_y + 2\tilde{a}_z}{3}\right)$$

$$= 6\left(\frac{2\tilde{a}_x - \tilde{a}_y - 2\tilde{a}_z}{3}\right)[\mathrm{N}]$$

가 된다. 힘의 크기는 6[N]이며, 방향은 전하 Q_1이 Q_2쪽으로 끌려간다. 반대로 Q_2에 의해서 Q_1에 받는 힘의 크기는 같으나 방향이 반대가 된다.

예제 2.2

두 점 A와 B에 전하 Q[C]가 1[m]거리에 존재하고 있다. 일직선상에서 3배의 전하 $3Q$[C]을 놓았을 때 점 B에 작용하는 힘이 평형 되었다. 이 때 전하 $3Q$[C]가 존재하는 위치는?

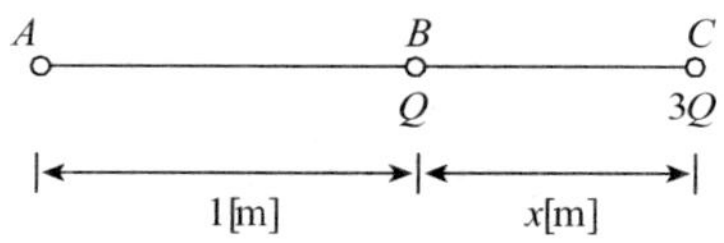

[풀이] 그림에서 두 점 A와 B 사이에 작용하는 힘을 $\tilde{F}_1$, B와 C 사이에 작용하는 힘을 $\tilde{F}_2$라고 하면

$$\tilde{F}_1 = \frac{Q_1 Q_2}{4\pi\varepsilon_o r^2} = \frac{Q^2}{4\pi\varepsilon_o (1)^2}[\mathrm{N}],$$

$$\tilde{F}_2 = \frac{Q_1 Q_2}{4\pi\varepsilon_o r^2} = \frac{3Q^2}{4\pi\varepsilon_o (x)^2}[\mathrm{N}]$$

이다. 평형이 되기 위해서는 $\tilde{F}_1 = \tilde{F}_2$이어야 하므로

$$\frac{Q^2}{4\pi\varepsilon_o (1)^2} = \frac{3Q^2}{4\pi\varepsilon_o (x)^2}$$

에서

$$x^2 = 3, \ x = \sqrt{3} = 1.73$$

이다. 따라서 점 B에서 1.73[m] 되는 곳에 위치할 때 평형이 된다.

예제 2.3

두 개의 같은 점전하가 진공 중에서 1[m] 떨어져 존재하는 경우 작용하는 힘이 9×10^9[N]이라면 이 점전하[C]의 크기를 구하여라.

[풀이] 쿨롱의 정전력의 관계식을 적용하면

$$F = \frac{1}{4\pi\varepsilon_0} \cdot \frac{Q_1 Q_2}{r^2} = 9 \times 10^9 \times \frac{Q^2}{1^2}$$

이다. 따라서 전하량 $Q = 1$[C]이 된다.

2.3 전계(electric field)

2.3.1 정 전계

대전체 주위에 전하를 두게 되면 전하는 쿨롱의 법칙에 의해서 전기적인 힘을 받게 되는데 이와 같이 전하에 의해서 전기력이 전기적 영향을 미치는 공간을 전계(electric field)라고 한다.

특히 전하가 정지하고 있는 경우에 존재하는 전계를 정 전계(electro static fields)라고 한다. 즉, 정 전계는 정전하에 의해 형성된다. 정 전계학은 정지 상태에 있는 전하의 효과를 연구하는 것으로 취급되는 문제는 시간에 따라 변하지 않는다는 것이다.

즉, 전기장에 놓여 있는 단위 전하에 미치는 힘으로 정의되는 전계 내의 전하는 그 자신의 에너지가 최소가 되는 가장 안정된 전하 분포를 가지는 정 전계를 형성하려고 한다.

그리고 도체 내부에서의 전하가 존재하지 않으므로 전계의 세기는 0이다.

여기서 정 전계에 대한 정의를 행하면 다음과 같이 정리할 수 있다.

- 전계의 크기가 시간에 따라 변하지 않은 전계를 정 전계라고 한다.
- 보존장(Conservation field)가 성립하는 전계를 정 전계라고 한다.
- 자신의 에너지(전계 에너지)가 최소가 되는 전하 분포를 보이는 전계를 정 전계라고 한다.

일반적으로 정 전계는 전하에 의해서 발생하는 전계가 시간에 따라 변하지 않는 일정한 전계를 말한다. 여기서 전계 강도 또는 전계의 세기는 전계가 존재하는 공간에 정지 되어있는 매우 작은 시험 전하가 단위 전하 당 받는 힘으로 정의할 수 있다.

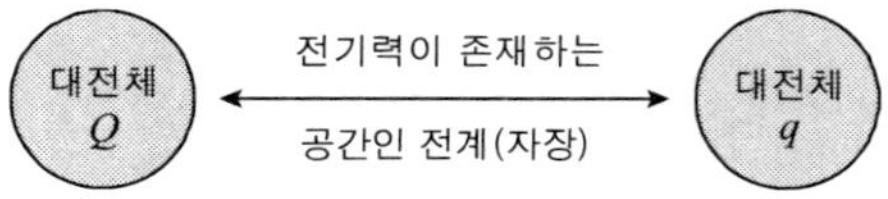

그림 2.3

그림 2.3에서 처럼 하나의 고정된 점전하 Q에 대해 중심이 되는 전하 q를 Q 근처로 이동하게 되면 q에 힘이 작용하게 되는데 이 힘을 쿨롱의 법칙에 적용하면

$$\widetilde{F} = \frac{Q\,q}{4\pi\,\varepsilon_0\,r^2}\,\widetilde{a}_r\,[\mathrm{N}]$$

으로 표현할 수 있으며 이 관계식에서 전하 q의 단위 전하 당 작용하는 힘의 세기를 $\widetilde{F}$ 라고 하면

$$\widetilde{E} = \frac{\widetilde{F}}{q} = \frac{Q}{4\pi\,\varepsilon_0\,r^2}\,\widetilde{a}_r\ [\mathrm{N/C}],[\mathrm{V/m}]$$

또는

$$\widetilde{F} = q\widetilde{E}$$

인 관계를 보이는데 여기서 $\widetilde{E}$을 거리 r 만큼 위치한 곳의 전계의 세기(전계강도)라고 한다.

즉, 전계 내의 한 점에 단위 점전하($+1$[C])를 놓았을 때 작용하는 힘을 그 점에 대한 전계의 세기라고 한다. 전계 강도 $\widetilde{E}$[V/m]는 힘 $\widetilde{F}$에 비례하고 $\widetilde{F}$와 같은 방향이며, 단위는 [N/C] 또는 [V/m]로 주어진다. 전계는 크기와 방향이 갖기 때문에 벡터량으로 보아야 한다.

- 전계의 크기 : 전하의 크기에 비례하고 거리의 자승에 반비례한다.
- 전계의 방향 : 양전하에서는 나가는 방향, 음전하에서는 들어오는 방향

따라서 전계가 $\widetilde{E}$인 공간에 전하 q을 놓을 경우에 전하가 받는 힘 $\widetilde{F}$는

$$\widetilde{F} = q\widetilde{E}$$

이다. 이는 전계의 세기가 $\tilde{E}$ [V/m]인 전계 중에 q[C]의 전하가 놓이면 이 전하는 $\tilde{F} = q\tilde{E}$ 의 힘을 받는 다는 것을 의미하는 것이다. 이 때 힘의 방향은 전계의 방향과 같다. 여기서 전계의 특징을 고려하면 다음과 같다.

- 단위는 [N/C]로 표시하지만 실제로 많이 사용되는 실용 단위로 [V/m]을 이용한다.
- 단위 전하 당 힘으로 만약 전하가 그 지점에 놓인다면 그 전하에 가해질 힘을 발생시킬 잠재 능력을 지닌다.
- 벡터 방향은 양 전하에서는 밖으로 향하고 음 전하에서는 들어오는 방향을 취한다.
- 전계는 높은 전위에서 낮은 전위로 향한다.

2.3.2 전하 분포와 전계

(1) 점전하에 의한 전계

점전하의 경우를 직각 좌표계에서 나타내면 그림 2.4와 같고, 점 $P(x, y, z)$에서 전계의 세기 $\tilde{E}$를 구하기 위해서 먼저 거리 벡터 $\tilde{R}$을 단위 벡터 $\tilde{a}_x$, $\tilde{a}_y$, $\tilde{a}_z$를 이용하는 경우와 단위 벡터 $\tilde{a}_r$를 각각 나타내면

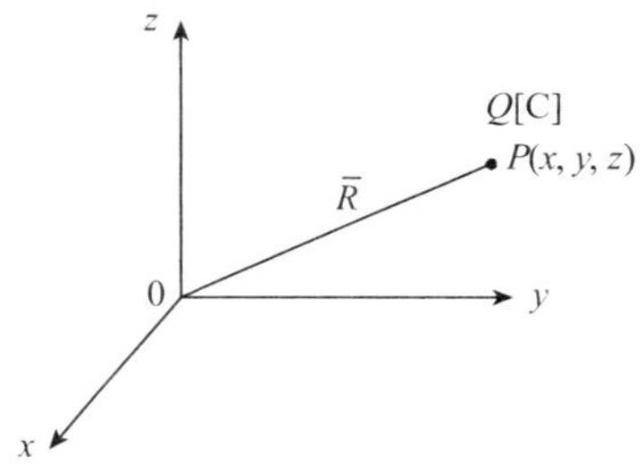

그림 2.4

$$\tilde{R} = x\tilde{a}_x + y\tilde{a}_y + z\tilde{a}_z$$

$$\tilde{a}_r = \frac{x\tilde{a}_x + y\tilde{a}_y + z\tilde{a}_z}{\sqrt{x^2+y^2+z^2}}$$

이며, 이를 전계의 관계식 $\tilde{E} = \dfrac{Q}{4\pi\varepsilon_o r^2}\tilde{a}_r$에 적용하면

$$\tilde{E} = \frac{Q}{4\pi\varepsilon_o(x^2+y^2+z^2)}\left(\frac{x}{\sqrt{x^2+y^2+z^2}}\tilde{a}_x + \frac{y}{\sqrt{x^2+y^2+z^2}}\tilde{a}_y + \frac{z}{\sqrt{x^2+y^2+z^2}}\tilde{a}_z\right)$$
$$= E_x\tilde{a}_x + E_y\tilde{a}_y + E_z\tilde{a}_z$$

으로 표시할 수 있다.

(2) 점전하 분포에 의한 전계

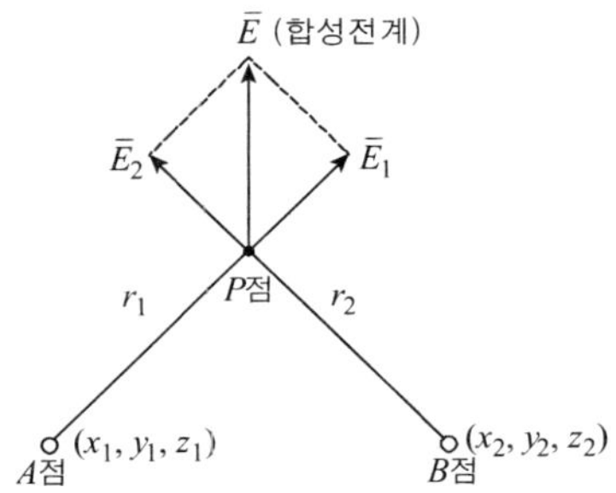

그림 2.5 점전하 관계

다수 개(점A, 점B)의 점전하에 의한 전계는 벡터적 합성으로 나타난다. 여기서 합성 전계의 크기는

$$\tilde{E} = \tilde{E}_1 + \tilde{E}_2$$
$$= (E_{x1}\tilde{a}_x + E_{y1}\tilde{a}_y + E_{z1}\tilde{a}_z) + (E_{x2}\tilde{a}_x + E_{y2}\tilde{a}_y + E_{z2}\tilde{a}_z)$$

이며, 이를 계산식으로 나타내면

$$\tilde{E} = \tilde{E}_1 + \tilde{E}_2$$
$$= \frac{1}{4\pi\varepsilon_o}\frac{Q_1}{r_1^2}\tilde{a}_{r1} + \frac{1}{4\pi\varepsilon_o}\frac{Q_2}{r_2^2}\tilde{a}_{r2} = \frac{1}{4\pi\varepsilon_o}\sum_{i=1}^{n}\frac{Q_i}{r_i^2}\tilde{a}_{ri}$$

으로 나타난다.

예제 2.4

공기 중에 한 변이 20[cm]인 정 삼각형 두 정점에 10^{-6}[C]의 전하가 존재할 때 나머지 한 점에서의 전계의 세기 [V/m]를 구하여라.

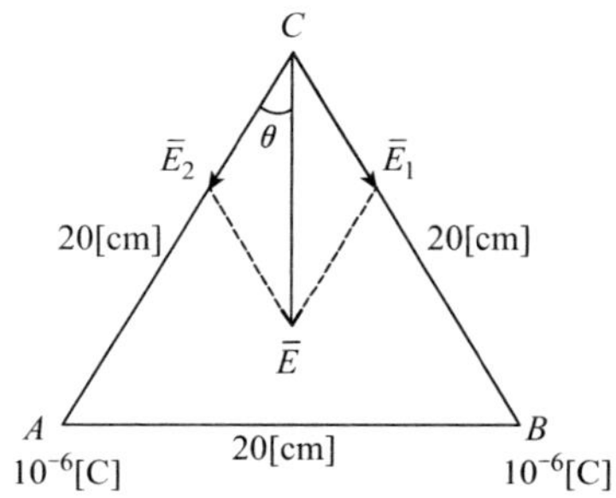

[풀이] 점 A와 C 사이에 작용하는 전계의 세기를 $\tilde{E}_1$, 점 B와 C 사이에 작용하는 전계의 세기를 $\tilde{E}_2$라고 하면

$$\tilde{E}_1 = \frac{Q}{4\pi\varepsilon_0 r^2} = \frac{10^{-6}}{4\pi\varepsilon_0 (0.2)^2} = 9\times10^9\times\frac{10^{-6}}{0.04} = 225\times10^3\ [\mathrm{V/m}]$$

$$\tilde{E}_2 = \frac{Q}{4\pi\varepsilon_0 r^2} = 9\times10^9\times\frac{10^{-6}}{0.04} = 225\times10^3\ [\mathrm{V/m}]$$

이다. 여기서 점 C의 전계의 세기 $\tilde{E}$를 고려하면

$$\tilde{E} = 2E_1 \cos\theta = 2E_1 \cos 30° = 2 \times 225 \times 10^3 \times \sqrt{3}/2 \fallingdotseq 3.89 \times 10^5 [\text{V/m}]$$

가 된다.

예제 2.5

진공 내의 점 $(3, 0, 0)$[m]에 4×10^{-9}[C]의 전하가 있다. 이때에 점$(6, 4, 0)$[m]인 전계의 세기 [V/m]와 전계의 방향을 표시하는 단위 벡터를 각각 나타내어라.

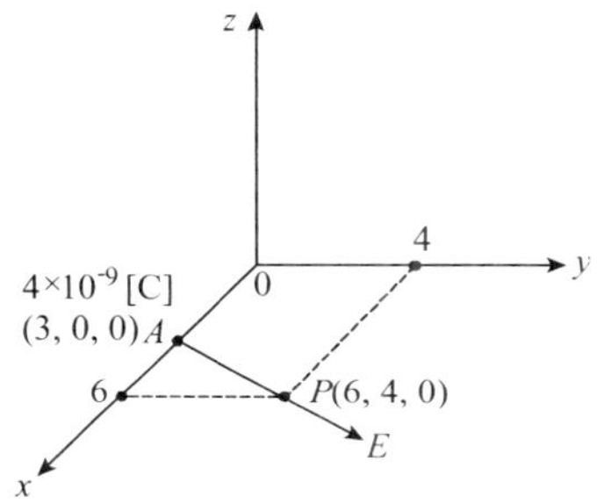

[풀이] 주어진 조건을 이용하여 거리 변위를 구하면

$$\tilde{r} = (6-3)i + (4-0)j + (0-0)k = 3i + 4j$$

이며, 크기는

$$r = \sqrt{3^2 + 4^2} = 5$$

이다. 따라서 전계의 세기는

$$\tilde{E} = \frac{Q}{4\pi\varepsilon_0 r^2} = 9 \times 10^9 \times \frac{4 \times 10^{-9}}{5^2} = \frac{36}{25} [\text{V/m}]$$

가 되며 단위벡터는

$$\tilde{a}_r = \frac{\tilde{r}}{|\tilde{r}|} = \frac{3i + 4j}{5}$$

으로 나타낼 수 있다.

(3) 선 전하 분포에 의한 전계

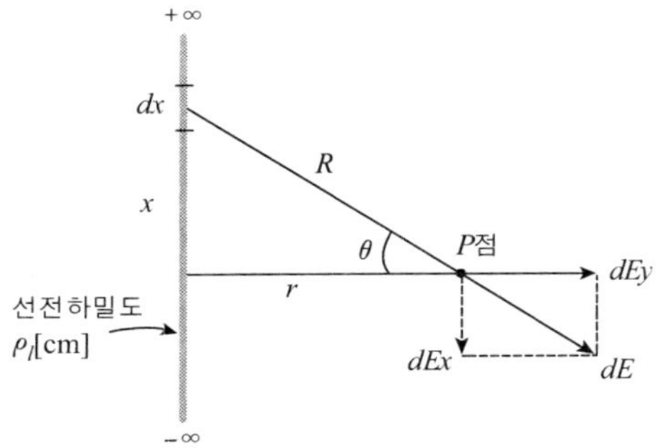

그림 2.6 무한 직선 전하와 전계

점 P에 대한 전계는

$$\widetilde{E} = \frac{1}{4\pi\varepsilon_o}\int \frac{\rho_l dl}{r^2}\tilde{a}_r \text{ [V/m]}$$ 이며

$$d\widetilde{E} = \frac{1}{4\pi\varepsilon_o}\frac{\rho_l dx}{R^2}\tilde{a}_R \text{[V/m]}$$

에서 dE_x 성분은 무한 직선 전하와 평행하기 때문에 전계는 0이므로 수직 성분 dE_y만 고려하면

$$dE_y = \frac{\rho_l dx}{4\pi\varepsilon_o R^2}\cos\theta \text{ [V/m]}$$

이며, 여기서 $\tan\theta = \frac{x}{r}$, $x = r\tan\theta$에서 양변에 대해 미분하고 $\cos\theta = \frac{r}{R}$을 대입하면

$$dx = r\sec^2\theta\, d\theta = \frac{R^2}{r}d\theta$$

가 된다. 따라서 무한 직선 전하에 대한 전계는

$$\begin{aligned}\widetilde{E} &= \int_{-\infty}^{\infty}\frac{\rho_l dl}{4\pi\varepsilon_o}\cos\theta = \int_{-\pi/2}^{\pi/2}\frac{\rho_l}{4\pi\varepsilon_o R^2}\frac{R^2}{r}\cos\theta\, d\theta \\ &= \frac{\rho_l}{4\pi\varepsilon_o r}\int_{-\pi/2}^{\pi/2}\cos\theta\, d\theta \\ &= \frac{\rho_l}{2\pi\varepsilon_o r}\text{[V/m]}\end{aligned}$$

이다. 이 때 전계 $\widetilde{E}$ 방향은 직선 전하에 대해 수직 방향, 거리 r 역시 선 전하에서 관측점까지 수직거리를 나타낸다.

예제 2.6

직각 좌표계에서 원점에 점전하 $Q\,(0.5\,\mu\mathrm{C})$가 위치할 때 점 $(0, 3, 4)[\mathrm{m}]$에서의 전계의 세기를 구하여라.

[풀이] 점(0, 3, 4)에 대한 위치 벡터 $\tilde{R}$과 크기 $|\tilde{R}|$을 구하면

$$\tilde{R} = 3\tilde{a}_x + 4\tilde{a}_z,\ |\tilde{R}| = \sqrt{3^2 + 4^2} = 5$$

이며, 여기서 단위 벡터

$$\tilde{a}_R = \frac{1}{5}(3\tilde{a}_y + 4\tilde{a}_z) = 0.6\,\tilde{a}_y + 0.8\,\tilde{a}_z$$

이다. 따라서 전계는

$$\tilde{E} = 9\times10^9 \times \frac{0.5\times10^{-6}}{(5)^2}(0.6\tilde{a}_y + 0.8\tilde{a}_z)$$

가 된다. 여기서 크기를 고려하면 $|\tilde{E}| = 180\ [\mathrm{V/m}]$이며, 방향은

$$\tilde{a}_R = 0.6\,\tilde{a}_y + 0.8\,\tilde{a}_z$$

이다.

Book Cafe

전계를 구하는 방법

- coulomb's 법칙에 의한 전계 $\tilde{E} = \dfrac{\tilde{F}}{Q}$
- 선 전하에 의한 전계 $\tilde{E} = \dfrac{\rho_l}{2\pi\varepsilon_o r}\ [\mathrm{V/m}]$
- Gauss 법칙에 의한 전계 $Q = \int \tilde{D}\cdot ds = \int \varepsilon_0 \tilde{E}\cdot ds = \int \rho_v\, dv$에서
  $\tilde{D} = \rho_s,\ \varepsilon_o\tilde{E} = \rho_s$이므로
  $\tilde{E} = \dfrac{\rho_s}{\varepsilon_o}$가 된다.
- 평행 도체판의 경우에 대한 전계 $\tilde{E} = \dfrac{V}{d}\ [\mathrm{V/m}]$
- Poisson 방정식이나 Laplace 방정식으로 적분하는 방법 : 전하 분포가 단순하고 기학적으로 주어져서 적분상수를 구하기 용이한 정보를 이용하는 경우에 사용하는 방법이다.
- 전위 V를 알고 있는 경우에 전계의 크기 $\tilde{E} = -\,grad\,V = -\,\tilde{\nabla}\,V$

2.4 전기력선(Line at electric force)

2.4.1 전기력선의 개념

전계의 상태를 육안으로 확인하는 것이 불가능하기 때문에 전계를 받은 전하에 대해 하나의 곡선으로 나타낸 선을 전기력선이라고 한다.

즉, 전기력선은 전계 내에서 전계의 세기 정도를 나타내기 위한 가상적인 선이라고 할 수 있다.

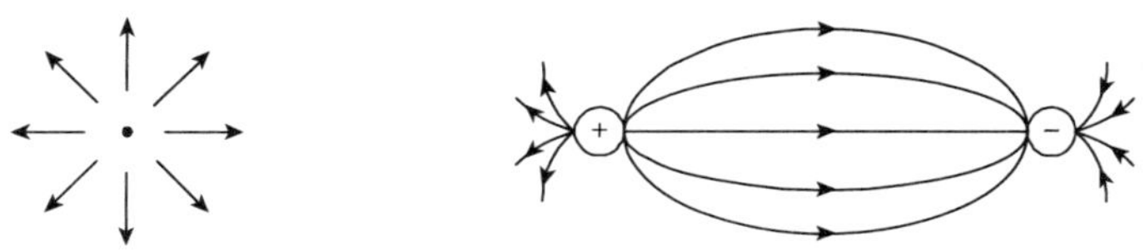

(a) 한 개의 정전하인 경우의 전기력선 (b) 한 개의 정전하와 한 개의 부전하인 경우의 전기력선

그림 2.7 전기력선

전기력선은 전계 영역에서 $+1[\mathrm{C}]$의 전하가 저항 없이 이동할 때 그려지는 가상적인 선이다.

한편 전계 내에서 전기력선의 수에 대해서는 전기력선에 수직이 되는 단위 면적당을 지나는 전기력선 수가 그 점에서의 전계의 세기 $\widetilde{E}\,[\mathrm{V/m}]$, $[\mathrm{N/C}]$와 같도록 정의하고 있다.

전계의 세기 $[\mathrm{V/m}]$ = 단위 면적당의 전기력선의 수 $[개/\mathrm{m}^2]$

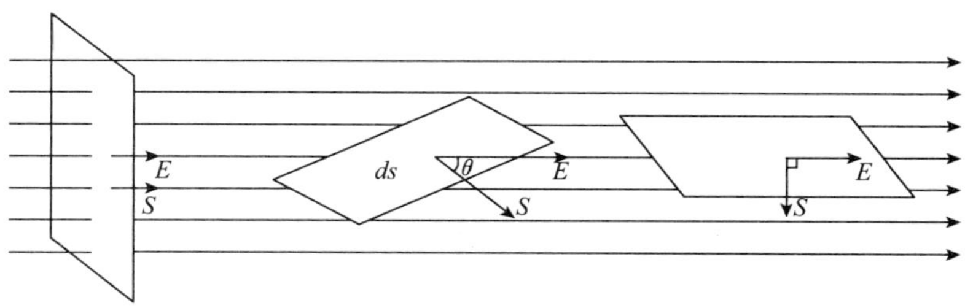

(a) $N = E \cdot S$ (b) $N = E \cdot S = E \cdot S \cdot \cos\theta$ (c) $N = E \cdot S = 0$

그림 2.8 전기력선

그림 2.8에서 균등한 전계 중에 수직인 단면적을 가상하고 그 미소면적 ds를 지나는 전기력선의 수를 dN[Lines]이라고 하면

$$\widetilde{E} = \frac{dN}{dS}\ [개/\mathrm{m}^2]$$

이다. 한편 ds가 $\widetilde{E}$에 대해서 θ 정도 기울어져 있을 경우 면적 dS을 지나는 전기력선 dN은

$$dN = E\,ds\cos\theta = \widetilde{E}\cdot\tilde{n}\ ds$$

으로 정의된다. 전기력선은 전계 $\widetilde{E}$[V/m]인 곳에서 $\widetilde{E}$에 수직이 되는 면적 $ds\,[\mathrm{m}^2]$을 지나는 선을 말하는 것으로 따라서 전체 전기력선의 수 N을 고려하기 위해 dN에 대해 적분하면

$$N = \int dN = \int E\,ds\cos\theta = \int \widetilde{E}\cdot ds$$

가 된다. 여기서 구 중심에 점전하 Q가 존재할 때 구 표면을 지나는 전기력선을 고려하기 위해 먼저 정전하 Q에서 r만큼 떨어진 구면상의 전계의 세기 $\widetilde{E}$의 관계식은

$$\widetilde{E} = \frac{Q}{4\pi\varepsilon_0 r^2}\ [\mathrm{N/C}]$$

이며, 그 점을 에워싸고 있는 구면의 표면적 $S = 4\pi r^2$이고 전계 $\widetilde{E}$와 면적 S에 대해 법선 벡터가 이루는 각 $\theta = 0°$이므로 전기력선의 수 N는

$$N = \int E\,ds\cos\theta = E\int ds\cos\theta = E\,ds\cos\theta = \widetilde{E}\times\widetilde{S}$$

인 관계를 보이며 여기에 $\widetilde{E} = \frac{Q}{4\pi\varepsilon_0 r^2}$, $S = 4\pi r^2$, $\theta = 0°$을 적용하면

$$N = \frac{Q}{4\pi\varepsilon_0 r^2}\times 4\pi r^2\times\cos 0° = \frac{Q}{\varepsilon_0}\ [개]$$

가 됨을 알 수 있다.

Book Cafe

전계 단위의 관계식

$$\widetilde{E} = \frac{Q}{4\pi\varepsilon_0 r^2}\left[\frac{\mathrm{N}}{\mathrm{C}}\right]=\left[\frac{\mathrm{N\cdot m}}{\mathrm{C\cdot m}}\right]=\left[\frac{\mathrm{J}}{\mathrm{C\cdot m}}\right]=\left[\frac{\mathrm{V}}{\mathrm{m}}\right]=\left[\frac{\mathrm{A\cdot\Omega}}{\mathrm{m}}\right]$$

예제 2.7

관계식 $\sum_{i=1}^{n} Q_i \cos\theta_i = C$(일정)가 되는 전기력선 방정식이 성립할 수 있는 조건에 대해서 설명하여라.

[풀이] 전기력선 방정식이 성립할 수 있는 조건으로 균일한 공간의 정 전계에서 점전하가 직선상으로 분포할 때의 전기력선 방정식으로 주위 공간의 유전율이 다르면 굴절 등이 나타난다.

- 점전하 Q_i가 일직선상에 있어야 한다.
- 점전하 Q_i가 시간적으로 불변이어야 한다.
- 점전하의 주위 공간은 유전율이 같아야 한다.

예제 2.8

다음과 같은 구면상에 존재하는 전기력선의 수에 대해 설명하여라.

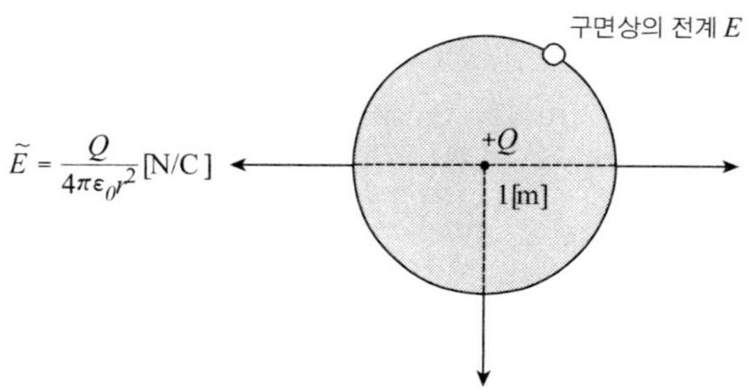

[풀이] 반지름 $r=1$인 경우의 전계의 크기는

$$\widetilde{E} = \frac{Q}{4\pi\varepsilon_0 \times 1^2} = \frac{Q}{4\pi\varepsilon_0}\ [\mathrm{V/m}]$$

이며, 단위 구의 표면적 S는 $S = 4\pi r^2 = 4\pi \times 1 = 4\pi\ [\mathrm{m}^2]$가 된다. 따라서 단위 구면에서 발생하는 전체 전기력선의 수 N은

$$N = \widetilde{E} \times \widetilde{S} = \frac{Q}{4\pi\varepsilon_0} \times 4\pi = \frac{Q}{\varepsilon_0} \text{ [개, 선]}$$

으로 구해진다.

여기서 전기력선이 갖는 성질을 고려하면 다음과 같은 내용을 들 수 있다.

- 정전하 (+)에서 출발하여 부 전하 (−)로 이동한다. 그래서 전기력선은 불연속이다.
- 전계가 0이 아닌 곳에서는 전기력선은 교차하지 않는다.
- 전기력선은 전하가 없는 곳에서는 연속이며, 도체 내부에는 전기력선이 존재하지 않는다.(내부 전계는 0이다.)
- 전기력선은 전하가 없는 곳에서는 발생 혹은 소멸이 없고 연속적이다.
- 전기력선은 전위가 높은 곳에서 낮은 곳으로 향한다.
- 전기력선은 등전위면과 직교하며, 도체 표면에 수직으로 출입한다.
- 전계 내의 어떤 점의 전기력선 밀도는 전계의 세기는 그 점의 세기와 같다.
  즉, 전계가 $\widetilde{E} = 1$[N/C]이라면 전기력선의 밀도는 1[개/m^2]이 된다.
- 전하는 뾰족한 부분에서는 보다 많이 모이려는 성질을 갖는다. 즉, 곡률 반경이 크면 표면 전하밀도가 작고, 곡률 반경이 작으면 표면 전하밀도는 크다.
- 전기력선의 수는 $\frac{Q}{\varepsilon_0}$개이며, 전속 수 ϕ는 전하 Q와 같다.
- 도체에 정(+)의 전하를 주었을 경우
  - 도체 표면에서 수직으로 전기력선이 발산한다.
  - 도체 외측 측면에만 전하가 분포한다.
  - 도체 내에 있는 공동 면에는 전하가 분포하지 않는다. 즉, 전하는 곡률 반지름이 작은 곳, 곡률이 큰 곳에 많이 모이게 된다.

2.4.2 전기력선의 방정식

전기력선을 공간에서 표현하기 위해서 전기력선 방정식을 이용하는데 여기서 전기력선의 표현은 전기력선의 기하학적 정의에 따라 정해진다.

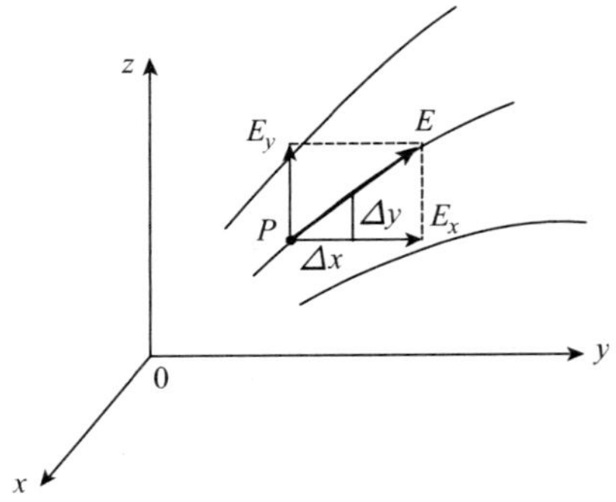

그림 2.9 직각 좌표계에서의 전기력선

전기력선을 수식적으로 나타내는 방법으로 점 P의 전계강도 $\tilde{E}$에 대해서 성분 벡터로 나타내면

$$\tilde{E} = E_x \tilde{a}_x + E_y \tilde{a}_y + E_z \tilde{a}_z$$

이며, 점 P에서의 전기력선의 미소길이 dl에 대한 성분을 고려하면

$$d\tilde{l} = d_x \tilde{a}_x + d_y \tilde{a}_y + d_z \tilde{a}_z$$

가 된다. 공간상에서 전계 $\tilde{E}$와 미소 길이dl의 관계를 거의 평행(=나란한 것)한 것으로 보면 $\tilde{E} \,//\, d\tilde{l}$이며 $\tilde{E} \times d\tilde{l} = 0$인 관계를 보인다.
따라서

$$\tilde{E} \times d\tilde{l} = (E_x \tilde{a}_x + E_y \tilde{a}_y + E_z \tilde{a}_z) \times (d_x \tilde{a}_x + d_y \tilde{a}_y + d_z \tilde{a}_z) = 0$$

가 된다. 여기서

$$E_x\,dy - E_y\,dx = 0$$
$$E_y\,dz - E_z\,dy = 0$$
$$E_z\,dx - E_x\,dz = 0$$

이며, 이들 관계식을 정리하면

$$\frac{dx}{E_x} = \frac{dy}{E_y} = \frac{dz}{E_z}$$

인 미분 방정식을 얻을 수 있는데 이를 전기력선을 일반적으로 나타내는 전기력선의 방정식이라고 한다.

즉, 각 전계의 성분과 전기력선의 미소 길이의 각 성분비는 같다는 것이다.

이와 같은 미분 방정식이 전기력선을 표시하는 일반적인 공식이라고 할 수 있다.

예제 2.9

전계 $\tilde{E} = \frac{2}{x}\tilde{a}_x + \frac{2}{y}\tilde{a}_y$ [V/m] 일 때 점 (2, 4, 0)[m]을 통과하는 전기력선의 방정식을 나타내어라.

[풀이] 전기력선의 방정식의 관계식

$$\frac{dx}{E_x} = \frac{dy}{E_y} = \frac{dz}{E_z}$$

을 이용하고 여기에 성분 크기를 적용하면

$$\frac{x\,dx}{2} = \frac{y\,dy}{2}$$

이며, 이에 대한 해를 구하면

$$x^2 - y^2 = C$$

이며, 점(2, 4, 0)에서 $C = 12$가 된다. 따라서 전기력선의 방정식은

$$y^2 - x^2 = 12$$

인 쌍곡선으로 나타난다.

2.5 전하를 전계 내에서 옮기는데 필요한 일, W[J]

전계 내에 전하가 존재하면 전하에 힘이 발생하게 된다. 이 때 전하 Q가 받는 힘 $\tilde{F}$는 $\tilde{F} = Q\tilde{E}$가 된다.

따라서 전계와 반대방향으로 전하를 이동하려면 전계가 전하에 작용하는 힘을 가해주어야 하고 가해준 힘과 이동한 거리 및 방향에 따르는 일을 해야 한다.

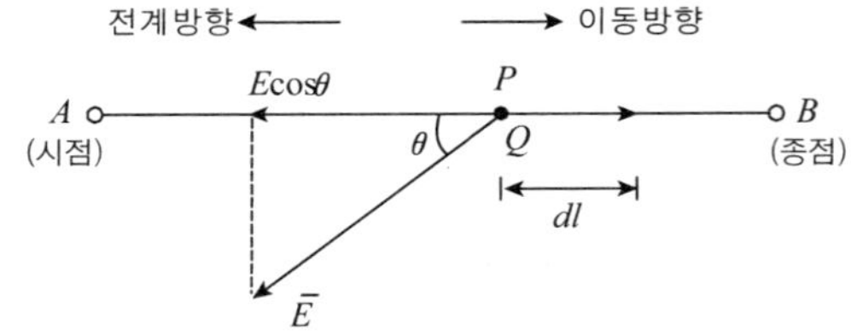

그림 2.10

전하 Q가 점 P에서 거리 $\triangle l$ 만큼 전계에 의한 힘을 거역하는 방향으로 이동하는데 필요로 하는 일을 $\triangle W$라고 하면

$$\triangle W = -\tilde{F}\cdot\triangle l = -QE\triangle l\cos\theta\,[\mathrm{J}]$$

이다. 여기서 (−) 부호는 전하의 이동 방향과 전계가 반대인 것을 의미한다. 따라서 전계 내에서 전하 Q를 전계와 반대방향인 A점에서 B점까지 이동하는데 필요로 하는 W 일은 $W=\tilde{F}l$에 $\tilde{F}=Q\tilde{E}$ 관계를 적용하면

$$\triangle W = -Q\tilde{E}\cdot\triangle l$$

이며, 양변에 대해 적분을 행하면

$$W = -\int_A^B Q\tilde{E}\cdot d\tilde{l} = -Q\int_A^B \tilde{E}\cdot d\tilde{l}\,[\mathrm{J}]$$

으로 표시된다.

예제 2.10 미소전하 q을 A에서 B까지 이동하는데 필요로 하는 일을 계산하여라.

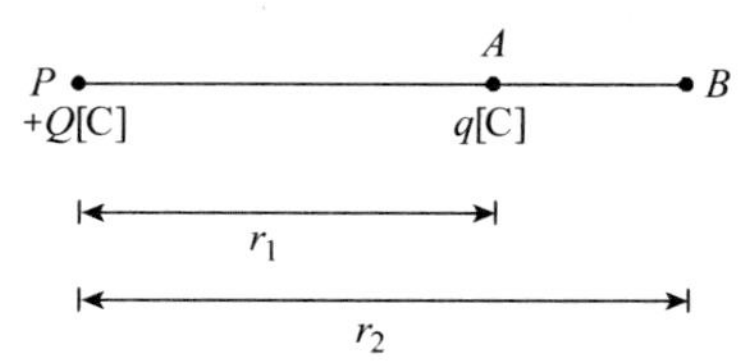

[풀이] $+Q$[C] 과 q[C] 사이에 작용하는 힘 $\tilde{F}$는 $\tilde{F}=\dfrac{Qq}{4\pi\varepsilon r_1^2}$[N]이며, 힘은 반대 방향으로 작용하므로 dr 간의 일의 양은

$$dw = -\tilde{F}dr = -\frac{Qq}{4\pi\varepsilon r_1^2}dr$$

가 된다. 따라서 점 A에서 B까지 q를 이동하는데 필요로 하는 일의 양의 크기는

$$W = \int_{r_1}^{r_2} dw = \int_{r_1}^{r_2} \frac{Qq}{4\pi\varepsilon}\frac{1}{r^2}dr = \frac{Qq}{4\pi\varepsilon}\left(\frac{1}{r_2} - \frac{1}{r_1}\right)$$

가 된다.

2.6 전위(electric potential)와 전위차

2.6.1 전기장에 작용하는 힘

전하 분포에 따라 전계의 세기 $\tilde{E}$는 쿨롱의 법칙을 통해서 구할 수 있으며, 전하의 분포가 대칭적일 때는 다음에 설명하는 Gauss 법칙을 이용해서 구할 수가 있게 된다. 전위는 임의의 전계 $\tilde{E}$ 내에서 단위 전하 당 전기적인 위치 에너지로 초기에서 최종까지 끌어오는데 이 때 억지로 끌어오면 일을 하게 된다. 전계는 힘에 의해서 정의되는 벡터량이지만, 전위는 일에 의해서 정의되는 스칼라량이라고 할 수 있다.
따라서 이 절에서는 또 다른 방법으로 스칼라 전위를 이용하는 방법을 들 수 있는데 경우에 따라서는 벡터 보다는 스칼라를 취급하는 것이 쉬울 경우가 있다.

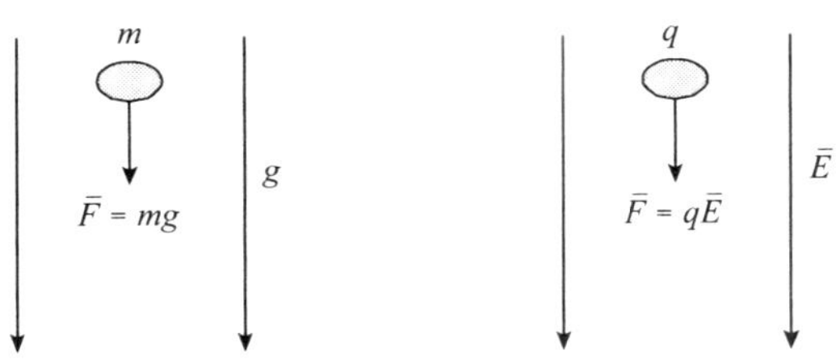

그림 2.11 중력장 및 전기장 내에 작용하는 힘

중력 $\widetilde{F}$[N]이 작용하는 공간에서 Δl 만큼 변화를 시켰을 때 필요한 일은 어떤 위치에 따라 위치 에너지 Δw[J] 만큼 변화하기 때문에 옮기는데 필요한 일은

$$\Delta w = \widetilde{F}\, \Delta l \text{ [J]}$$

이며, 여기서 전기장 내에서 전하 q를 전계의 방향과 반대 방향으로 미소 길이 Δl 만큼 이동시키려면 외부에서 일을 가해 주어야 한다.

이 때 가해지는 힘 $\widetilde{F}$[N]은 전계 $\widetilde{E}$와 반대 방향이 되므로

$$\widetilde{F}\text{ [N]} = -Q\widetilde{E}$$

가 되므로 이를 이용하여 전하를 이동하는 경우에 필요한 일을 나타내면

$$dw = \widetilde{F}\Delta l\text{ [J]} = -Q\widetilde{E}\cdot dl$$

가 된다. 여기서 (−) 부호는 외부에서 일을 행하고 있음을 나타내기 위한 것으로 힘의 방향과 전계의 방향이 반대임을 나타내는 것이다.

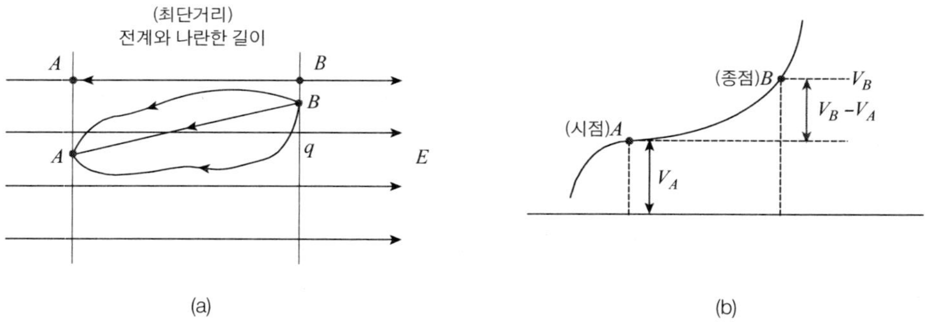

그림 2.12 전위와 전위차를 해석하는 경우

그림 2.12(a)에서 처럼 전계 $\widetilde{E}$ 내에서 전하 q를 A에서 B점으로 이동하는 경우에 필요한 일을 구하면

$$W = \int_B^A dW = -Q\int_{\substack{initial\\(B)}}^{\substack{final\\(A)}} \widetilde{E}\cdot d\widetilde{l}$$

으로 표현된다. 여기서 중요한 요인은 전하를 A 에서 B로 이동시키는 경우 필요한 일의

크기는 적분 경로와는 무관하다는 것이다. 왜냐하면 일의 크기는 스칼라로 과정은 무관하게 결과에 의해서 결정되는 물리량이기 때문이다.

2.6.2 전위와 전위차

한편 점전하에 의한 점 A와 점 B간의 전위차는 역학에서 위치에너지의 개념과 유사한 식으로 점 B와 A사이의 점전하의 전위 에너지 차이로 표현한다.

전기장에서 전하를 이동하는데 필요한 일은

$$W = \int_B^A dW = -Q\int_B^A \tilde{E} \cdot d\tilde{l}$$

이었다. 여기서 전하 $Q = 1[\mathrm{C}]$인 단위 전하를 이동시키는데 필요한 일을 두 점 사이의 전위차라고 하고 두 점 A, B 사이의 전위차 V_{AB}는

$$V_{AB} = -\int_B^A \tilde{E} \cdot d\tilde{l}$$

으로 나타낸다.

(1) 상대 전위

전위가 높은 곳에서 낮은 곳으로 전계가 진행하고 이러한 전계가 존재하는 공간에서 낮은 전위에서 높은 전위로 전하를 이동하는 경우 일을 필요로 하게 되는데 이 때 소요되는 일의 량은 두 점의 전위차와 같음을 나타내는 것이다.

여기서 두 점 사이의 전위차 V_{AB}는 A에 대한 B점의 상대 전위라고 한다.

(2) 절대 전위

한편 전계가 $\tilde{E} = 0$임 무한 원점으로 기준점으로 하는 경우 특정한 P점에 대한 전위를 나타내는 것을 절대 전위라고 하면

$$V_P = -\int_\infty^P \tilde{E} \cdot d\tilde{l}$$

와 같이 나타낼 수 있다.

여기서 점 A, B에 대한 각각 절대 전위 V_A, V_B라고 하고 두 점 사이의 상대전위인 전위차를 고려하면

$$V_{AB} = -\int_B^A \tilde{E} \cdot d\tilde{l} = -\int_\infty^A \tilde{E} \cdot d\tilde{l} + \int_\infty^B \tilde{E} \cdot d\tilde{l} = V_A - V_B$$

가 된다. 즉, 두 점 A, B 사이의 전위차는 적분 경로에 무관하고 두 점의 전위 V_A, V_B에 의해서 결정됨을 알 수 있다.

Book Cafe

일 W을 전하 Q로 나누면 단위 전하 당 전위 위치 에너지를 전위 V(전위)로 표현할 수 있다.

즉, $V_{AB} = V_A - V_B = \dfrac{W}{Q} = -\int_B^A \tilde{E} \cdot d\tilde{l}$ 로 표현되는 것을 얻을 수 있다.

$$[\mathrm{V}] = \left[\frac{\mathrm{J}}{\mathrm{C}}\right]$$ (V_{AB}의 단위는 $\left[\frac{\mathrm{J}}{\mathrm{C}}\right]$이지만 일반적으로 $[\mathrm{V}]$로 표현한다.)

여기서 V_{AB}가 $(-)$ 부호인 것은 A에서 B로 옮길 때 위치 에너지가 감소한다는 것을 의미하며, V_{AB}는 점 A를 기준으로 할 때 B에서의 전위로 전위차(potential difference) 혹은 정 전계 전압을 나타내는 것으로 전계 $\tilde{E}\,[\mathrm{V/m}]$내에서 단위 전하를 운반할 때 소요되는 전기적인 위치 에너지를 말한다.

$+1[\mathrm{C}]$의 전하를 이동하는데 $1[\mathrm{J}]$의 일을 했다면 전위는 $1[\mathrm{V}]$로 나타낼 수 있다.

편의상 점 A의 기준점으로 하는 경우 점 A전위를 0으로 생각하면 이는 마치 영전위를 기준으로 하는 것에 대한 전위차라고 할 수 있다.

이런 경우 0전위 점을 미리 정해 두어야 하는데 일반적으로 0전위 점은 대지면(Ground) 또는 무한 원점 등을 기준으로 이용하고 있다.

예를 들어 임의의 점전하 $Q\,[\mathrm{C}]$가 진공 중에 $r\,[\mathrm{m}]$ 떨어져 존재하는 곳의 전계 $\tilde{E}$는

$$\tilde{E} = \frac{1}{4\pi\varepsilon_o}\frac{Q}{r^2}\tilde{a}_r\,[\mathrm{V/m}]$$

이며, 전계 $\tilde{E}$에서 거리 $r[\mathrm{m}]$에 위치하는 곳의 전위 V는 $V = -\int \tilde{E} \cdot d\tilde{l}$에 적용하면

$$V = -\int_\infty^r \frac{1}{4\pi\varepsilon_o}\frac{Q}{r^2}\tilde{a}_r\,dr = -\frac{Q}{4\pi\varepsilon_o}\int_\infty^r \frac{1}{r^2}\,dr$$

$$= \frac{Q}{4\pi\varepsilon_o}\left[-\frac{1}{r}\right]_\infty^r = \frac{Q}{4\pi\varepsilon_o r}[\mathrm{V}]$$

가 된다. 이 결과식은 점전하일 때는 일반적으로 ∞를 기준으로 한다. 즉, ∞에서의 전위는 0으로 본다.

따라서 $V = -\int_{\infty}^{r}$에서 A점이 ∞에 있으면 A점의 전위는 0이므로 원 점에 있는 점전하 Q에 의해서 발생하는 점 $B \rightarrow r$에서의 전위 V를 나타내는 것이다.

Book Cafe

대전된 도체 내부에 대한 전위 상태는 표면 전위와 같다. 즉, 전하(량)의 경우는 도체 표면에만 주로 존재하기 때문에 도체 내부의 전하량은 0이라고 할 수 있다.
따라서 도체 내부에 전하가 존재하지 않기 때문에 전하에 의해서 발생하게 되는 전계 역시 0이라고 할 수 있다.

2.6.3 보존장(conservation field)

임의의 폐곡선에 대해 선적분한 결과가 0이 되는 벡터계를 보존적인 계 또는 보존장이라고 부르며, 보존적인 전계를 정 전계(Static electric field)라고 한다.
여기서 보존적이란 전계 내에서 단위 점전하를 운반(이동)하는 경우에 소요되는 일(work)은 시점(initial)과 종점(final)의 위치에 의해 결정되게 되며, 이동하는 경로와는 무관한 관계를 보존적이라고 한다.
즉, 전기장 내에서 단위 전하가 임의의 곡선을 따라 일주시키는데 필요한 일은 결국 0이 된다는 사실이다.
따라서 보존적인 관계를 적용하면

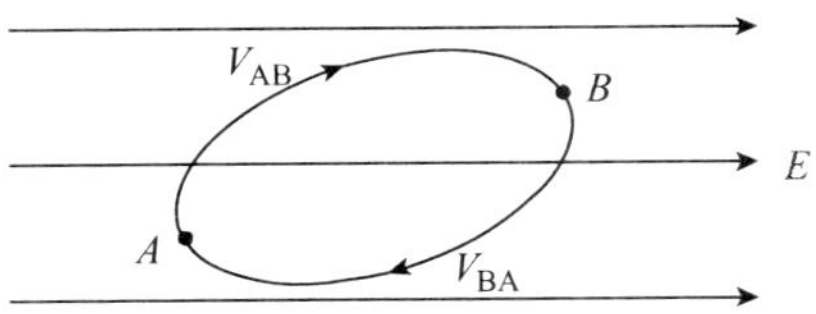

그림 2.13 보존장을 설명하기 위한 그림

점 A에서 B의 전위 V_{AB}와 점 B에서 A의 전위 V_{BA}의 크기는 각각

$$V_{AB} = -\int_{B}^{A} \tilde{E} \cdot d\tilde{l}$$

$$V_{BA} = -\int_{A}^{B} \tilde{E} \cdot d\tilde{l}$$

이며, 이들을 하나의 폐 루프(회로)로 보면

$$V_{AB} + V_{BA} = -\int_{B}^{A} \tilde{E} \cdot dl + \left(-\int_{A}^{B} \tilde{E} \cdot dl\right)$$

이며, 여기서 적분 구간의 상한과 하한을 바꾸면

$$\int_{A}^{B} \tilde{E} \cdot dl - \int_{A}^{B} \tilde{E} \cdot dl = 0$$

가 된다. 따라서 앞에서 설명한 것처럼 점 A와 점 B간의 전위차는 경로와는 무관하므로

$$V_{AB} + V_{BA} = \oint \tilde{E} \cdot d\bar{l} = 0 \ (\text{자유 공간에서})$$

가 된다. 여기서 $\oint \tilde{E} \cdot d\bar{l}$ 항은 전계 $\tilde{E}$ 내에서 단위 전하를 일주시키는데 필요한 일을 나타내며, 이 값이 0이 되는 장을 보존장이라고 한다.

여기서 전위차 V_{AB}는 A점을 기준으로 했을 경우 B점에서의 전위라고 생각할 수 있다. 즉, 단위 전하를 임의의 폐곡선에 따라 일주시키는(움직이는데) 과정에서 유효한 일이 없다는 것을 나타내는 것이다.

$$\oint \tilde{E} \cdot d\bar{l} = 0$$

여기서 $\oint$의 기호는 폐곡선을 따라 일주 적분하는 것을 의미하는 것으로 주회 적분이라고 한다.

따라서 보존장이라고 하는 것은 일종의 에너지보존 법칙으로 전하를 이동시켜 다시 원위치로 돌아오게 하여도 그 점에서의 전기적 에너지는 변하지 않고 보존됨을 나타내는 것이다.

Book Cafe

$\oint \tilde{E}\cdot d\bar{l} = 0$에 대한 물리적 개념은 전계에서 폐곡선에 따라 전하를 운반할 때 전체 과정을 통해서 유효한 일은 존재하지 않는다는 뜻이다.

이 결과에서 정 전계 강도를 그 주위의 임의의 폐 경로를 따라 스칼라 선 적분한 양이 0이다. 이는 임의의 경로를 따라 선적분한 스칼라적 $\tilde{E}\cdot d\bar{l}$은 그 경로를 따르는 전압으로 전압 강하와 상승을 보이게 된다. 따라서 임의의 폐회로 주위를 흐르는 전압 강하 및 상승의 합은 대수적 합으로 0이 된다는 내용을 키르히호프(Kirchhoff)의 전압 법칙이라고 하며, 회로이론 등에서 이용하고 있다.

여기서 $\oint \tilde{E}\cdot d\bar{l}$은 정 전계에서는 성립하지만 시간적으로 변화하는 자계가 있을 경우에는 성립하지 않는다는 것을 페러데이가 실험을 통하여 밝혔으며, 맥스웰은 전계가 시간적으로 변화하면 자계가 생긴다는 사실에서 $\tilde{E}$와 $\tilde{H}$가 시간적으로 변화하는 경우에는 $\oint \tilde{E}\cdot d\bar{l} = 0$은 성립하지 않는다고 설명하고 있다.

Book Cafe

보존성(보존장)

스칼라 3중곱 $\oint \tilde{E}\cdot d\bar{l} = 0$에 stokes정리를 적용하면 $\oint \tilde{E}\cdot d\bar{l} = \oint (\tilde{\nabla}\times\tilde{E})\,ds = 0$에서 $\tilde{\nabla}\times\tilde{E} = 0$가 된다. 따라서 $\oint \tilde{E}\cdot d\bar{l} = 0$ 또는 $\tilde{\nabla}\times\tilde{E} = 0$을 만족하는 벡터장을 보존장 혹은 비회전장이라고 하며, 정전기장은 보존장이라고 할 수 있으며,

$$\oint \tilde{E}\cdot d\bar{l} = 0(\text{적분형}),\quad \tilde{\nabla}\times\tilde{E} = 0(\text{미분형})$$

등을 정전기장에 대한 Maxwell 방정식이라고 한다.

2.6.4 등전위면

두 점 사이의 임의의 적분 경로를 통하여 전계를 선적분한 결과가 0인 경우 두 점 사이의 전위는 같다고 할 수 있다. 이와 같이 전위가 동일한 면을 등전위면이라고 한다. 즉, 도체의 내부에서는 전계가 존재하지 않으므로 전위차가 없어 등전위가 된다.

여기서 등전위면이 같게 되는 성질을 고려하면 다음과 같은 내용을 들 수 있다.

- 도체 표면은 등전위면이다.
- 등전위면은 폐곡선이다. 즉, 등전위면은 상호간에 교차하지 않는다.
- 도체 내부의 전계는 0이다.

■ 등전위면과 전기력선은 서로 수직으로 교차한다.

■ 일반적으로 대지면은 0 전위의 등전위면이다.

■ 등전위면의 사이 간격이 좁을수록 전위차가 커 전계의 세기가 크게 된다.

Book Cafe

$\tilde{E}$가 시간적으로 변화하지 않는 정 전계로 제한 한 상태에서 직류회로를 고려하면 점 A에서 R_2, R_3, B점까지 그리고 점 B에서 R_1, A점까지의 전위차의 합은 0이다. (KVL)

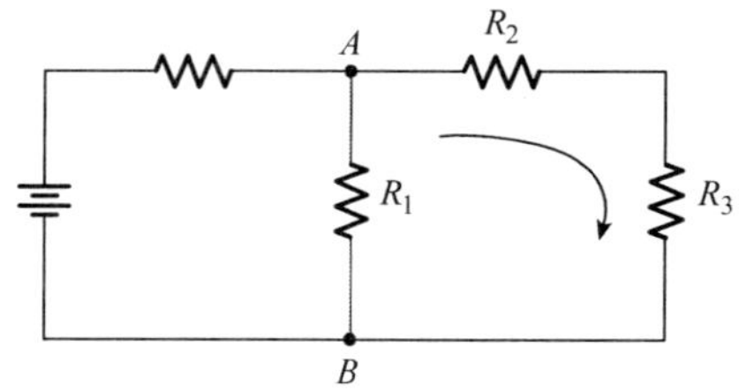

Book Cafe

등전위면을 따라 전하 $Q[\mathrm{C}]$를 운반하는데 필요한 일은

$$W = -Q\int \tilde{E}\cdot d\tilde{l}$$

이다. 여기서 $\tilde{E}\cdot d\tilde{l} = E dl\cos\theta$인 관계에서 등전위면과 전계가 직교하므로 $\theta = 90°$, $\cos 90° = 0$ 이다. 따라서

$$W = -Q\int E\,dl\cos\theta = 0$$

가 된다. 등전위면을 따라 운반하는 경우 일을 하지 않는다.

즉, 등전위면을 따라 전하 $Q[\mathrm{C}]$을 운반하는데 필요한 일 W는 $W=0$이 되는데 왜냐하면 등전위면의 모든 점에서의 전위가 같기 때문이다.

예제 2.11

진공 상태에서 원점에 $10^{-7}[\mathrm{C}]$의 전하가 존재할 때 거리 $6[\mathrm{m}]$에 위치한 곳의 전위를 계산하여라.

[풀이] $V = \dfrac{Q}{4\pi\varepsilon_o r} = \dfrac{10^{-7}}{4\pi\times 8.854\times 10^{-12}\times 6} = 150[\mathrm{V}]$

예제 2.12

진공 상태에서 점 $P(1,1,1)$에 2×10^{-6}[C]의 점전하가 존재할 때 점 $a(2,-1,3)$과 점 $b(3,2,3)$ 간의 전위차를 구하여라.

[풀이] 두점 P와 점 a간의 거리를 $\tilde{R}_1$, 점 P와 점 b간의 거리를 $\tilde{R}_2$라고 하면

$$\tilde{R}_1=(2\tilde{a}_x-\tilde{a}_y+3\tilde{a}_z)-(\tilde{a}_x+\tilde{a}_y+\tilde{a}_z)=\tilde{a}_x-2\tilde{a}_y+2\tilde{a}_z$$

이며, 여기서 크기는

$$|\tilde{R}_1|=\sqrt{1^2+(-2)^2+(2)^2}=3$$

그리고

$$\tilde{R}_2=(3\tilde{a}_x+2\tilde{a}_y+3\tilde{a}_z)-(\tilde{a}_x+\tilde{a}_y+\tilde{a}_z)=2\tilde{a}_x-\tilde{a}_y+2\tilde{a}_z$$

이며, 여기서 크기는

$$|\tilde{R}_2|=\sqrt{2^2+(-1)^2+(2)^2}=3$$

이다. 따라서 두 점 사이의 전위차 V_{ab}는

$$V_{ab}=V_a-V_b=\frac{Q}{4\pi\varepsilon_o R_1}-\frac{Q}{4\pi\varepsilon_o R_2}=\frac{2\times 10^{-6}}{4\pi\varepsilon_o(3)}-\frac{2\times 10^{-6}}{4\pi\varepsilon_o(3)}=0$$

가 된다.

2.7 전하분포에 따른 전계와 전위의 계산

2.7.1 점전하가 분산되어 있는 경우

(1) 점전하에 의한 전위

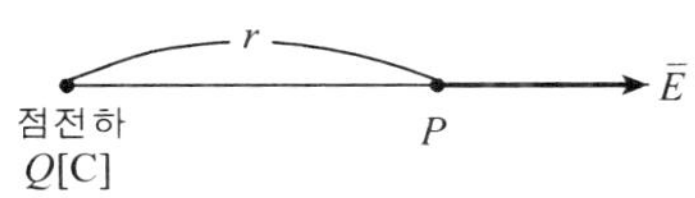

그림 2.14 점전하에 의한 전위

점전하로부터 r[m] 떨어진 점 P의 전계에 대한 관계식은

$$\tilde{E} = \frac{1}{4\pi\varepsilon_o}\frac{Q}{r^2}\tilde{a}_r\,[\mathrm{V/m}]$$

이며, 이를 이용하여 P점의 전위를 구하기 위한 방법으로 무한원점($r=\infty$)으로부터 P점 까지 전계를 선적분해야 한다.

$$V = -\int_{\infty}^{P}\tilde{E}\,dr = -\int_{\infty}^{r}\frac{1}{4\pi\varepsilon_o}\frac{Q}{r^2}\tilde{a}_r\,dr = -\frac{1}{4\pi\varepsilon_o}\int_{\infty}^{r}\frac{1}{r^2}\,dr$$

이며, 이에 대한 적분을 행한 결과는

$$V = \frac{Q}{4\pi\varepsilon_o}\left[-\frac{1}{r}\right]_{\infty}^{r} = \frac{Q}{4\pi\varepsilon_o r}\,[\mathrm{V}]$$

가 된다.

(2) 다수의 점전하에 의한 전위

점전하가 한 곳에 위치하지 않고 분산되어 있는 경우는 마치 n개의 점전하 각각에 의한 전계와 전위를 고려해야 한다. 이와 같이 점전하가 분산되어 있는 경우 전계와 전위를 구하는 방법을 설명하기 위해 다음의 그림 2.15에서 점 P에 대한 전계 $\tilde{E}$는 각 점전하에 의한 합으로 나타난다.

이를 일반항으로 나타내면

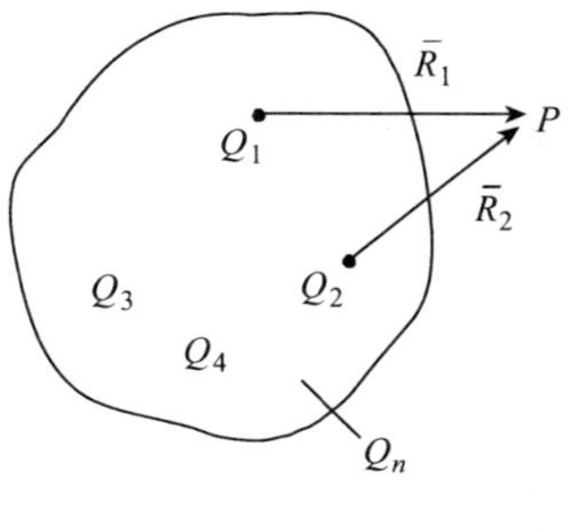

그림 2.15 점전하 분포로 보는 경우

$$\widetilde{E} = \frac{Q_1}{4\pi\varepsilon_0 \widetilde{R}_1^2}\tilde{a}_{R1} + \frac{Q_2}{4\pi\varepsilon_0 \widetilde{R}_2^2}\tilde{a}_{R2} + \cdots\cdots\cdots + \frac{Q_n}{4\pi\varepsilon_0 \widetilde{R}_n^2}\tilde{a}_{Rn}$$

$$= \sum_{m=1}^{n} \frac{Q_m}{4\pi\varepsilon_0 \widetilde{R}_m^2}\tilde{a}_{Rm}$$

가 되며, 같은 방법으로 점 P에 대한 전위 V를 구하면

$$V = \frac{Q_1}{4\pi\varepsilon_0 \widetilde{R}_1} + \frac{Q_2}{4\pi\varepsilon_0 \widetilde{R}_2} + \cdots\cdots\cdots + \frac{Q_n}{4\pi\varepsilon_0 \widetilde{R}_n}$$

$$= \sum_{m=1}^{n} \frac{Q_m}{4\pi\varepsilon_0 \widetilde{R}_m}[\mathrm{V}]$$

가 된다. 따라서 전하가 분산되어 있는 경우 점 P에서의 전계와 전위의 크기는 대수합으로 나타나고 있음을 알 수 있다.

2.7.2 연속적인 체적 전하 분포에 의한 전계

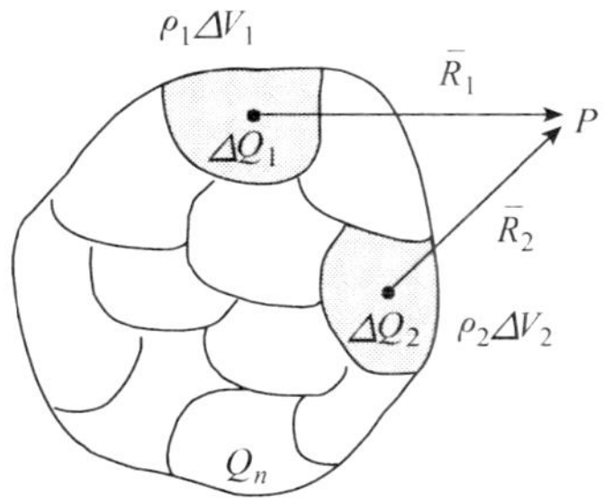

그림 2.16 연속적인 전하 분포인 경우

각 점전하가 분산되어 있지 않고 체적 전하 밀도 ρ가 연속적으로 분포되어 있는 경우 연속적인 체적 전하 분포 각각에 대한 전하 Q_1, Q_2 ....을 고려하면 $Q = \rho v$인 관계식에서 $Q_1 \rightarrow \rho_1 \triangle v_1$, $Q_2 \rightarrow \rho_2 \triangle v_2$ ....가 된다.

이를 이용하여 점 P에 대한 전계와 전위를 나타내면

$$\widetilde{E} = \sum_{m=1}^{n} \frac{\rho_m \triangle v_m}{4\pi\varepsilon_0 \widetilde{R}_m{}^2}\tilde{a}_{Rm}$$

$$V = \sum_{m=1}^{n} \frac{\rho_m \, \triangle v_m}{4\pi\varepsilon_0 \widetilde{R}_m}$$

와 같이 표현된다. 점전하가 분산되어 있는 경우와 연속적인 체적 전하 분포인 경우의 차이는 전하 Q 대신에 ρv를 이용한 것처럼 볼 수 있다. 여기서 n을 무한히 크게(=많이 나눈다.)하면 미소 체적 $\triangle v$는 무한히 작아지므로 전계와 전위는 다음과 같이 적분으로 표시할 수가 있다.

$$\widetilde{E} = \int_v \frac{\rho \, dv}{4\pi\varepsilon_0 R^2} \tilde{a}_R \text{(전계의 세기 } \widetilde{E}\text{가 거리의 제곱 } R^2\text{에 반비례)}$$

$$V = \int_v \frac{\rho \, dv}{4\pi\varepsilon_0 R} \text{(전위 } V\text{는 거리 } R\text{에 반비례)}$$

여기서 직각 좌표계를 이용해서 전계 $\widetilde{E}$를 나타내면

$$\widetilde{E} = \int_V \frac{\rho_V(x, y, z) \, d_x d_y d_z}{4\pi\varepsilon_0 R^2(x, y, z)} \tilde{a}_R(x, y, z)$$

이며, 여기서 체적의 크기 $dx\,dy\,dz\,(= dv)$는 직각 좌표계, 원통 좌표계 그리고 구 좌표계에 따라 변화하게 된다.

2.7.3 선 전하에 의한 전계

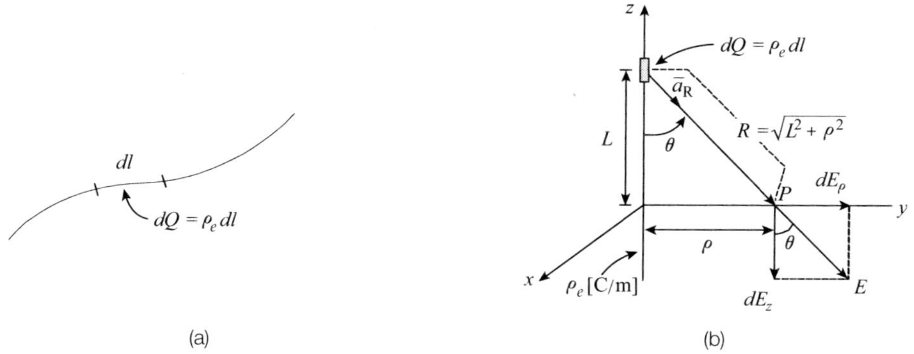

그림 2.17 선 전하에 대한 전계

원통 좌표축 상에 무한히 긴($-\infty$에서 $+\infty$) 전하가 균일하게 분포되어 있는 선 전하에서 일정한 거리에 있는 점에 대한 전계를 구하는 경우에 대해 살펴보기로 한다.

우선 미소 선 전하 $dQ = \rho_l dl$에 의한 미소전계의 세기를 $d\widetilde{E}$라고 하면

$$d\widetilde{E} = \frac{dQ}{4\pi\varepsilon_0 R^2} = \frac{\rho_l dl}{4\pi\varepsilon_0 R^2} \cdot \widetilde{a}_R$$

이며, 양변에 대해 적분을 행하면

$$\widetilde{E} = \int_l \frac{\rho_l dl}{4\pi\varepsilon_0 R^2} \widetilde{a}_R$$

가 된다. 그림 2.17에서 $\sin\theta = \dfrac{dE_\rho}{\widetilde{E}}$, $\sin\theta = \dfrac{y}{R} = \dfrac{\rho}{R}$이므로

$$\begin{aligned} d\widetilde{E}_\rho &= \widetilde{E}\sin\theta = \frac{\rho_l dl}{4\pi\varepsilon_0 R^2}\sin\theta \\ &= \frac{\rho_l dl}{4\pi\varepsilon_0 R^2} \cdot \frac{y}{R} = \frac{\rho_l \rho dl}{4\pi\varepsilon_0 R^3} \end{aligned}$$

이다. 여기에 $R^2 = L^2 + \rho^2$, $L = \rho\cot\theta$인 관계식을 적용하면 모든 미소 선 전하에 의한 전계의 세기 $\widetilde{E}_\rho$을 구하기 위해 적분을 행하면

$$\begin{aligned} \widetilde{E}_\rho &= \int_{-\infty}^{\infty} \frac{\rho_l \rho dl}{4\pi\varepsilon_0 (L^2 + \rho^2)^{3/2}} = \frac{\rho_l}{4\pi\varepsilon_0}\rho \left(\frac{1}{\rho^2} \frac{1}{\sqrt{L^2 + \rho^2}} \right)_{-\infty}^{\infty} \\ &= \frac{\rho_l}{2\pi\varepsilon_0 \rho} \end{aligned}$$

가 된다. 이 결과식

$$\widetilde{E}_\rho = \frac{\rho_l}{2\pi\varepsilon_0 \rho} = 18 \times 10^9 \times \frac{\rho_l}{r}$$

는 선 전하로 부터 거리 r만큼 떨어진 점 P에서의 전계의 세기를 나타내는 것이다. 그리고 거리 R 만큼 위치한 점 P의 전위를 구하기 위해 전위 $V = \dfrac{Q}{4\pi\varepsilon_0 R}$에 대한 미소

전위차 dV는

$$dV = \frac{dQ}{4\pi\varepsilon_0 R}$$

이며, 여기에 $Q = \rho\, dl$인 관계를 적용하면

$$V = \int \frac{\rho_l\, dl}{4\pi\varepsilon_0 R}$$

와 같이 표현된다. 따라서 선 전하에서 거리 R만큼 떨어진 점의 전계와 전위는

$$\widetilde{E}_\rho = \frac{\rho_l}{2\pi\varepsilon_0 \rho}$$

$$V = \int \frac{\rho_l\, dl}{4\pi\varepsilon_0 R}$$

가 된다.

예제 2.13 다음의 그림에서 반지름 $a\,[\mathrm{m}]$인 원 주위에 선 전하 밀도 $\rho_l\, dl$가 존재할 때 점 P의 전위를 구하여라.

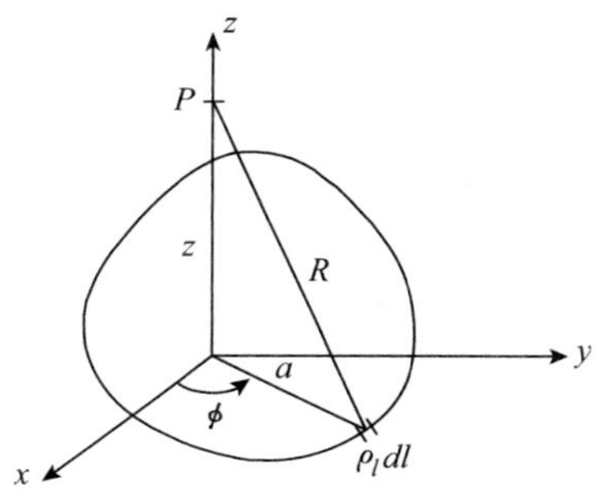

[풀이] $\widetilde{R} = \sqrt{a^2 + z^2}$, $dl = a\, d\phi$이므로 점 P의 전위는

$$V = \int \frac{\rho_l\, dl}{4\pi\varepsilon_0 R} = \int_0^{2\pi} \frac{\rho_l\, a}{4\pi\varepsilon_0 \sqrt{a^2+z^2}}\, d\phi = \frac{\rho_l\, a}{2\varepsilon_0 \sqrt{a^2+z^2}}\ [\mathrm{V}]$$

가 된다.

예제 2.14

Z축 상에 무한히 긴 선 전하로 부터 $3[\mathrm{m}]$ 위치에 있는 점에서의 전계의 세기가 $3.6\times10^4\,[\mathrm{V/m}]$일 때 선 전하 밀도 $[\mu\mathrm{C/m}]$를 구하여라.

[풀이] 선 전하 밀도 ρ_l인 무한히 긴 직선 전하에서 거리 r 만큼 떨어진 곳의 전계 $\tilde{E}$는

$$\tilde{E} = \frac{\rho_l}{2\pi\varepsilon_0 r} = 18\times10^9\times\frac{\rho_l}{r}$$

이다. 여기서 선 전하 밀도 ρ_l 의 크기는

$$\rho_l = \frac{r\tilde{E}}{18\times10^9} = \frac{3\times3.6\times10^4}{18\times10^9} = 6\times10^{-6}[\mathrm{C/m}] = 6[\mu\mathrm{C/m}]$$

가 된다.

예제 2.15

Z축 상에 $z=\pm3[\mathrm{m}]$위치에 선 전하 밀도 ρ_l이 $10[\mu\mathrm{C/m}]$일 때 점$(3, 0, 0)$에서의 전계의 세기 $\tilde{E}$를 계산하여라.

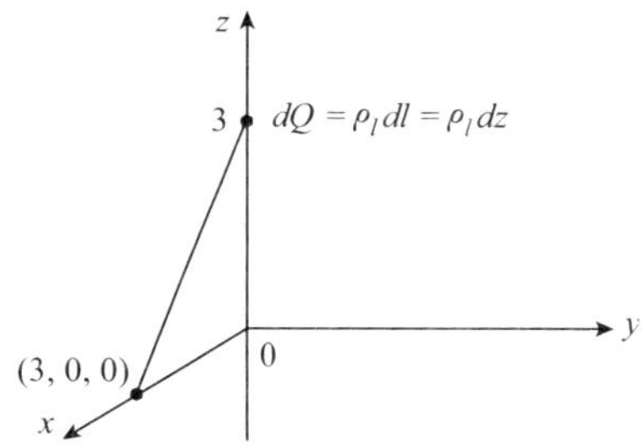

[풀이]

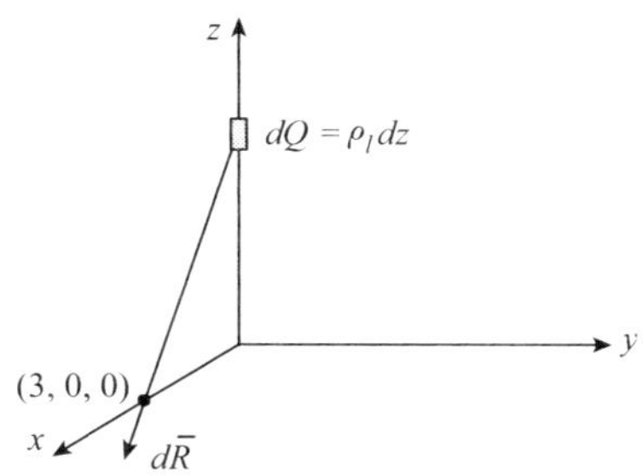

미소 전하 dQ에 의한 점$(3, 0, 0)$에서 전계의 세기 $d\tilde{E}$는

$$d\tilde{E} = \frac{dQ}{4\pi\varepsilon_o R^2}\tilde{a}_R$$

이다. 여기에

$$dQ = \rho_l dz,\ R^2 = 3^2 + Z^2,\ \tilde{R} = 3\tilde{a}_x - z\tilde{a}_z,\ \tilde{a}_R = \frac{\tilde{R}}{|\tilde{R}|} = \frac{3\tilde{a}_x - z\tilde{a}_z}{\sqrt{3^2 + z^2}}$$

을 대입하면

$$d\tilde{E} = 9 \times 10^9 \times \frac{10 \times 10^{-9} dz}{(9 + z^2)} \frac{3\tilde{a}_x - z\tilde{a}_x}{\sqrt{9 + z^2}} \text{ [V/m]}$$

가 된다. 전하 분포가 $z=0$ 평면에 대칭이기 때문에 전계에서 z성분은 0이며, 점 $(3, 0, 0)$에서의 전계 $\tilde{E}$는 $d\tilde{E}$를 양변에 적분을 행하면

$$\tilde{E} = 90\int_{-3}^{3} \frac{3dz}{(9+z^2)^{3/2}} \tilde{a}_x \text{ [V/m]}$$

가 된다.

예제 2.16

그림과 같이 $z=0$인 평면상에 있는 반지름 a인 균일 선 전하에 의한 $z=h$인 점에서 전위 V의 크기를 결정하여라. 단, 주위 (공간의 유전율은 ε_0이며 모든 양의 단위는 MKS 단위를 사용한다.)

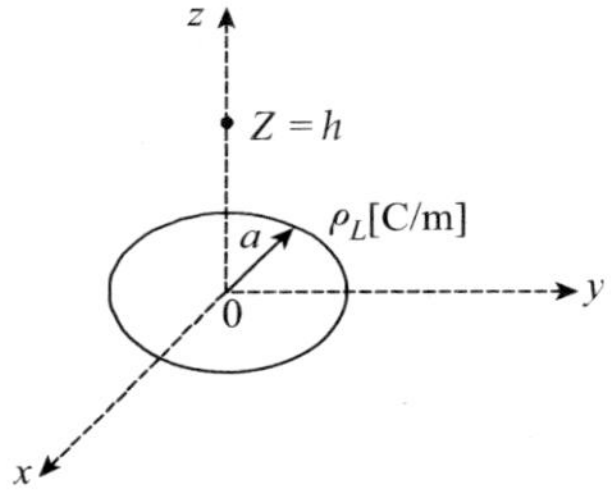

[풀이] h 점에 대한 전위 dV는

$$dV = \frac{\rho_L dl}{4\pi\varepsilon_0\sqrt{a^2 + h^2}}$$

이며, 이를 양변 적분하면 $z=h$인 점의 전위 V는

$$V = \int_0^{2\pi a} \frac{\rho_L dl}{4\pi\varepsilon_0\sqrt{a^2+h^2}} = \frac{\rho_L}{4\pi\varepsilon_0\sqrt{a^2+h^2}} \int_0^{2\pi a} dl$$

$$= \frac{\rho_L}{4\pi\varepsilon_0} \frac{2\pi a}{\sqrt{a^2+h^2}} = \frac{\rho_L a}{2\varepsilon_0\sqrt{a^2+h^2}} \text{ [v]}$$

가 된다.

2.7.4 판(면)전하에 의한 전계

면적 전하 밀도 $\rho_s[\mathrm{C/m^2}]$을 갖는 무한 넓이의 판 전하에 대한 전계와 전위는

$$\tilde{E} = \int_S \frac{\rho_S\, dS}{4\pi\varepsilon_0 R^2}\,\tilde{a}_R$$

$$V = \int_S \frac{\rho_S\, dS}{4\pi\varepsilon_0 R}$$

로 나타난다. 결론적으로 앞의 내용의 관계를 통해서 알 수 있듯이

- 전하 분포를 알 수 있으면 전계와 전위는 $\tilde{E}$, V 관계식을 이용해서 $\tilde{E}$와 V를 구할 수 있으며,
- 전하가 연속적인 경우 분포 모양에 따라 선 전하 밀도 $\rho_l[\mathrm{C/m}]$, 면 전하 밀도 $\rho_s[\mathrm{C/m^2}]$, 체적 전하 밀도 $\rho_v[\mathrm{C/m^3}]$의 전하가 분포되는 경우 각각의 미분 소 $dl\,[\mathrm{m}]$, $ds[\mathrm{m^2}]$, $dv[\mathrm{m^3}]$에 대한 전하 $\rho_l dl$, $\rho_s ds$, $\rho_v dv$을 하나의 전하로 볼 수 있다면

$$\tilde{E} = \int \frac{dQ}{4\pi\varepsilon_0 R^2}\cdot\tilde{a}_R$$

$$V = \int \frac{dQ}{4\pi\varepsilon_0 R}$$

인 관계식을 적용하고 $dQ = \rho dv = \rho_l dl = \rho_S d_S$ 만 선택해서 전계와 전위 $\tilde{E}$, V를 구하는 것이 가능하게 된다.

Book Cafe

기호의 정의

- 점전하 $Q[\mathrm{C}]$는 모든 전하량이 하나의 점에 집중되어 있는 경우의 전하를 말한다.
- 선 전하밀도 $\rho_l[\mathrm{C/m}]$는 도선과 같은 선상에 전하가 균일하게 분포되어 있는 것을 말한다.
- 면 전하밀도 $\rho_s[\mathrm{C/m^2}]$는 도체판과 같이 전하가 면상에 균일하게 분포되어 있는 것을 말한다.
- 체적 전하밀도 $\rho_v[\mathrm{C/m^3}]$는 전하구와 같이 전하가 체적 상에 균일하게 분포되어 있는 것을 말한다.

2.8 전위경도(Gradient)

2.8.1 등전위면

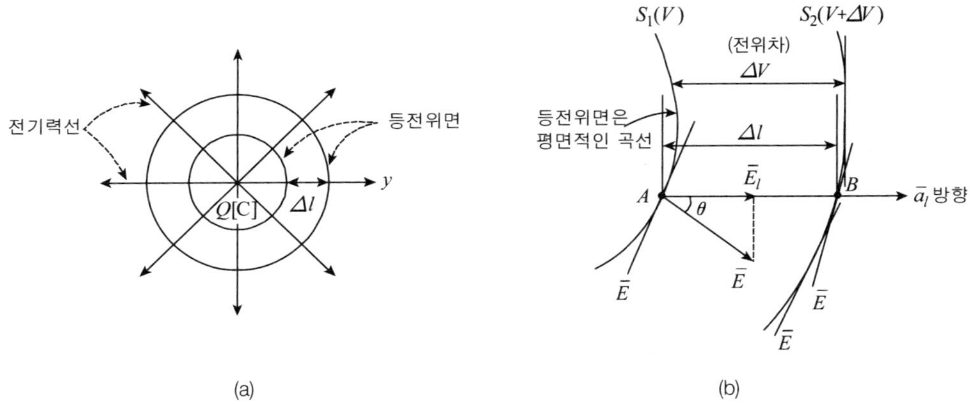

그림 2.18 등전위면

전계 중에서 전위가 동일한 점 끼리를 이어서 구성한 하나의 면 즉, 전계 내에 존재하는 각 점에서 전위가 같은 경우, 같은 전위 점으로 하나의 면을 만들 수 있다면 이 면을 등전위면(Equipotential surface)이라고 한다.

- 이와 같은 등전위면은 무수히 많고 등전위면 상호는 교차하지 않는다.
- 일반적으로 점전하에 의한 등전위면은 점전하를 중심으로 구면이 되지만 전하의 분포에 따라 다양한 모양의 면을 가질 수 있다.
- 그리고 등전위면을 따라 전하가 이동하는 경우 그 면상에서는 전위가 같기 때문에 한 일은 0이 된다. 이는 면상에서 택한 전위차는 0이므로 등전위면 상에서 단위전하를 이동하는데 일을 필요로 하지 않는다는 것을 말한다.

2.8.2 전위 경도

(1) 전위 경도의 정의

그림 2.18(b)에서 Δl이 매우 작은 거리라면 전계 $\widetilde{E}$는 A, B사이에서 거의 일정하다고

보고 전위 V는 $V=-\int \widetilde{E}\cdot d\bar{l}$ 인 관계식에서 전위의 미소 증가분 ΔV를 고려하면

$$\Delta V \fallingdotseq -\widetilde{E}\,\Delta\widetilde{l}$$
$$dV=-\widetilde{E}\cdot d\widetilde{l}=-E\,dl\cos\theta$$

와 같이 나타낼 수 있다. 여기서 전계 $\widetilde{E}$는

$$\widetilde{E}=-\frac{dV}{dl}$$

으로 표시되는데 여기서 전위와 같은 스칼라량을 미분하여 그 결과를 벡터량으로 만들기 위해 이용되는 미분 연산자를 경도(gradient)라고 한다.

따라서 $\widetilde{E}=-dV/dl$을 전위의 경사라고 하며, 한 점에서 임의의 방향에 대한 단위 길이 당 전위의 변화를 전위 경도(Potential gradient)라고 한다. 앞에서 등전위면을 따라 전하를 운반할 때 그 면상에서는 전위가 같으므로 일은 0으로

$$dV=-\widetilde{E}\cdot d\widetilde{l}=-E\,dl\cos\theta=0$$

에서 $\widetilde{E}\neq 0$이면 $l\neq 0$이기 때문에 $\cos\theta=0$ (θ가 $90°$)이 되어야 한다. 따라서 위상차 $\pm 90°$가 될 때 전기력선과 등전위면은 수직으로 교차한다는 것을 알 수가 있다.

따라서 전위 경도는 전계와 전위에 대한 관계를 수식화 한 것으로 임의의 한 점에 대해 전위 분포 $V(x,\ y,\ z)$을 알 수 있다면 그 점에 대한 전계를 구하는데 이용된다.

임의의 한 점에서의 전위를 V라고 할 때 $+1[\mathrm{C}]$의 전하를 x방향 성분인 $\widetilde{E}_x$에 의해서 dx 정도 이동했다면 전위는 dV 만큼 감소하게 되는데 여기서 전위가 감소하게 되는 원인은 전계가 인가 된 것에 대한 일로

$$-dV=\widetilde{E}_x\,dx$$
$$\widetilde{E}_x=-\frac{dV}{dx}[\mathrm{V/m}]$$

으로 나타낼 수 있다. 동일한 방법으로 y, z 방향에 대한 전계 성분 $\widetilde{E}_y, \widetilde{E}_z$를 각각 고려하면

$$\widetilde{E}_y=-\frac{dV}{dy},\ \widetilde{E}_z=-\frac{dV}{dz}$$

가 된다.

따라서 임의의 한 점에서의 전계에 대한 표현식

$\widetilde{E} = E_x \tilde{a}_x + E_y \tilde{a}_y + E_z \tilde{a}_z$에

$\widetilde{E}_x = -\dfrac{dV}{dx}$, $\widetilde{E}_y = -\dfrac{dV}{dy}$, $\widetilde{E}_z = -\dfrac{dV}{dz}$을 각각 대입하면

$$\widetilde{E} = -\left(\frac{\partial V}{\partial x}\tilde{a}_x + \frac{\partial V}{\partial y}\tilde{a}_y + \frac{\partial V}{\partial z}\tilde{a}_z\right)$$

으로 표현 할 수 있다. 이에 대해서 전계 $\widetilde{E}$와 전위차 V의 관계를 벡터 연산자를 이용해서 나타내면

$$\widetilde{E} = -\,\mathrm{grad}\,V = -\widetilde{\nabla}\,V = -\left(\frac{\partial V}{\partial x}\tilde{a}_x + \frac{\partial V}{\partial y}\tilde{a}_y + \frac{\partial V}{\partial z}\tilde{a}_z\right)$$

$$\left(\widetilde{\nabla} = \frac{\partial}{\partial x}\tilde{a}_x + \frac{\partial}{\partial y}\tilde{a}_y + \frac{\partial}{\partial z}\tilde{a}_z\right)$$

으로 나타낼 수 있다.

따라서 $\widetilde{E} = -\widetilde{\nabla}\,V$ 의미는 어떤 점의 부의 전위 경도가 곧 그 점의 전계가 된다는 것으로 coulomb의 법칙이나 Gauss 법칙을 이용하지 않고 전계 $\widetilde{E}$를 구하는 방법 중의 하나이다. 식에서 (−) 부호는 전계와 전위 사이에는 (−)가 존속하기 때문이다.

이는 전계 $\widetilde{E}$는 전위가 증가하는 방향이 아니고 감소하는 방향으로 진행한다는 것을 의미한다. 즉, 전계가 전위의 낮은 방향으로 향하고(혹은 전계의 방향이 전위 V가 증가하는 방향과 반대 방향) 전계의 세기 $\widetilde{E}$는 전위 경도의 크기와 같으며, 방향은 반대임을 나타낸다.

(2) 전위 경도의 의미

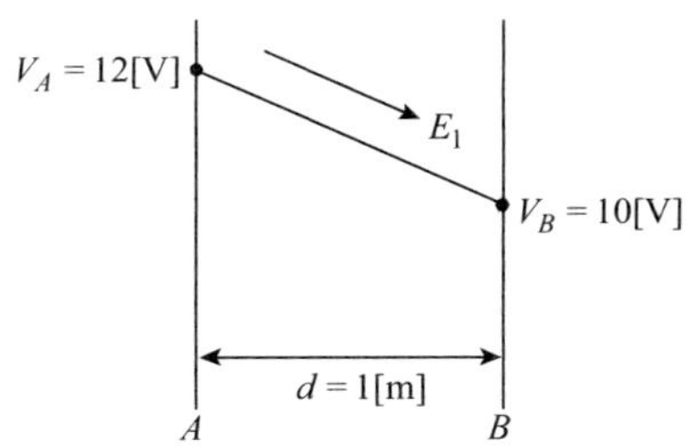

(a) 약 전계

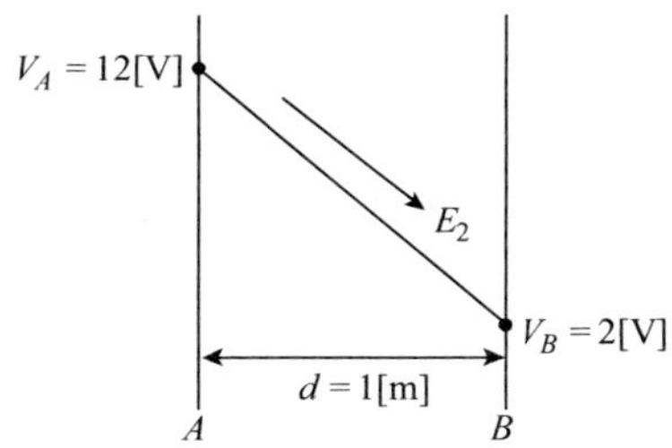

(b) 강 전계

그림 2.19 전위 경도의 의미를 설명하기 위한 그림

동일한 간격에서 두 점의 전위를 각각 V_A, V_B라고 하는 경우 두 점 사이의 전계의 크기는 전위에 대한 기울기를 나타내는 것이 되므로 각 경우에 대한 전계의 크기를 구하면

$$E_1 = -\left(\frac{10-12}{1}\right) = 2[\mathrm{V/m}]$$

$$E_2 = -\left(\frac{2-12}{1}\right) = 10[\mathrm{V/m}]$$

가 된다. 즉, 강 전계의 경우가 급하게 전위의 기울기가 변하고 있음을 알 수 있다.

따라서 전계 $\tilde{E}$와 전위 V사이의 관계를 나타내는 $\tilde{E} = -\tilde{\nabla} V$에 대한 의미를 다음과 같이 설명할 수 있다.

- 전계는 전위가 일정한 면에 수직이다.
- 전계의 방향은 전위가 감소하는 방향으로 향한다.
- 전계의 전기력선은 폐곡면을 이루지 않는다.
- 전계의 전기력선은 (+)전하에서 시작하여 (−)전하에서 끝나기 때문에 불연속적이다.

예제 2.17

무한 직선전하에서 R_1, R_2[m]되는 두 점 사이의 전위차를 구하여라. (단, $R_1 < R_2$)

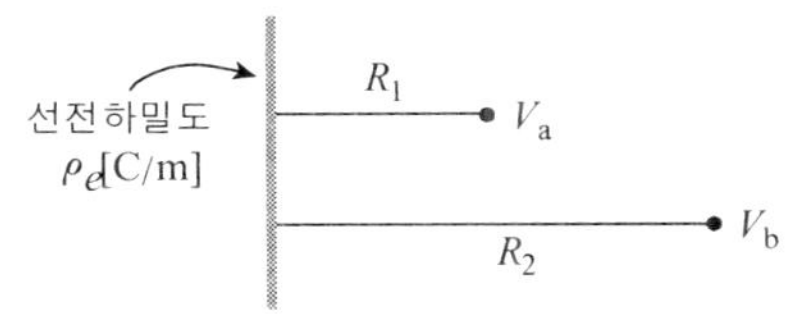

[풀이] 무한 직선 전하에서 거리 r에 위치한 점의 전계 $\tilde{E}$는 $\tilde{E} = \frac{1}{2\pi\varepsilon_o}\frac{\rho_l}{r}\tilde{a}_R$ [V/m]이며,

a와 b 두 점 사이의 전위차 V_{ab}는

$$V_{ab} = V_a - V_b = -\int_b^a \tilde{E}\cdot dl = -\frac{\rho_l}{2\pi\varepsilon_o}\int_{R_2}^{R_1}\frac{dr}{r} = \frac{\rho_l}{2\pi\varepsilon_0}\ln\frac{R_2}{R_1}\ [\mathrm{V}]$$

가 된다.

따라서 $V_a = V_b + V_{ab}$ 에서 점 a의 전위가 점 b의 전위 보다는 V_{ab}[V] 만큼 높게 된다.

예제 2.18

점전하가 100[PC]에 대한 등전위면을 구하여라.

[풀이] 원점에서 거리 r[m]에 위치한 점전하에 대한 전위를 V라고 하면

$$V = \frac{Q}{4\pi\varepsilon_0 r} = 9\times 10^9 \times \frac{Q}{r} = 9\times 10^9 \times \frac{100\times 10^{-12}}{r} = \frac{9\times 10^{-1}}{r}[\text{V}]$$

가 된다.

예제 2.19

전위 함수가 $V=2x+4yz$일 때 점 (1, 1, 0)에서의 전계의 세기 $\tilde{E}$는?

[풀이] $\tilde{E} = -\text{grad}\, V = -\left(\frac{\partial V}{\partial x}\tilde{a}_x + \frac{\partial V}{\partial y}\tilde{a}_y + \frac{\partial V}{\partial z}\tilde{a}_z\right) = -(2\tilde{a}_x + 4z\tilde{a}_y + 4y\tilde{a}_z)$ 이다.

여기서 $x=1$, $y=1$, $z=0$을 대입한 전계의 크기는

$$\tilde{E} = -(2\tilde{a}_x + 4\tilde{a}_z)$$

가 된다.

예제 2.20

전위 분포가 $V=9x+5$[V]일 때 점 (10, 0)[m]에서의 전계의 세기 $\tilde{E}$를 구하여라.

[풀이] $\tilde{E} = \tilde{\nabla} V = -\left(\frac{\partial V}{\partial x}\tilde{a}_x + \frac{\partial V}{\partial y}\tilde{a}_y + \frac{\partial V}{\partial z}\tilde{a}_z\right) = -(9\tilde{a}_x + 0 + 0) = -9\tilde{a}_x$

예제 2.21

점전하에 의한 전위 함수가 $V=\frac{10}{x^2+y^2}$[V]로 주어졌을 때, 점 (2, 1)[m]의 전위 경도[V/m]의 크기를 결정하여라. (단, $\tan^{-1}0.5=26°$, $\tan^{-1}0.73=36°$)

[풀이] 전계의 세기 $\tilde{E} = -\tilde{\nabla} V$인 관계식에서 전위 경도 $\tilde{\nabla} V$는

$$\text{grad}\, V = a_x\frac{\partial V}{\partial x} + a_y\frac{\partial V}{\partial y} + a_z\frac{\partial V}{\partial z}$$

인 관계식이므로 이를 이용해서 각 요소 성분의 크기를 구하면

$$\frac{\partial V}{\partial x} = \frac{\partial}{\partial x}\left(\frac{10}{x^2+y^2}\right) = \frac{-20x}{(x^2+y^2)^2}$$

$$\frac{\partial V}{\partial y} = \frac{\partial}{\partial y}\left(\frac{10}{x^2+y^2}\right) = \frac{-20y}{(x^2+y^2)^2}$$

이다. 따라서

$$\text{grad}\, V = -\frac{20}{(x^2+y^2)^2}(a_x x + a_y y)$$

가 되며 여기에 $x=2$, $y=1$에 대한 전위 경도의 크기를 구하면

$$[\text{grad}\, V]_{\substack{x=2\\y=1}} = \frac{-20}{(2^2+1^2)^2}(a_x 2 + a_y) = -\frac{20}{25}(a_x 2 + a_y)$$

$$= -\frac{20}{25}\sqrt{2^2+1^2}\ \angle \tan^{-1} 0.5 = \frac{20}{25}\sqrt{2^2+1^2}\ \angle \tan^{-1} 0.5 + 180°$$

$$= 1.79 \angle 26° [\text{V/m}]$$

가 된다.

2.9 전속과 전속밀도(Electric flux density), $\widetilde{D}$

전기력선의 묶음 혹은 다발을 전속이라고 하며, 앞에서 전기력선이 전계 상태를 나타내기 위한 일종의 가상적인 선이었다면 전속 역시 전계 중에서 표현되는 가상적인 선이라고 할 수 있다.

전계의 세기는 전하가 놓여 있는 매체에 따라 의존하는 경향이 있는데 지금 부터는 매체에 무관한 새로운 벡터장인 전속 밀도 $\widetilde{D}[\text{C/m}^2]$에 대해서 알아보기로 한다.

페러데이의 실험을 통하여 얻은 결과는 전하는 매질에 관계없이 내구에서 외구로 일종의 변위(displacement)가 일어난다고 알았다.

이는 내부도체의 전하로부터 매질에 무관하게 전하량 Q에 비례하는 어떤 선속 ϕ가 도체에 도달하고 그 선속 수에 비례하는 전하량을 유도시키는 것으로 설명할 수 있다.

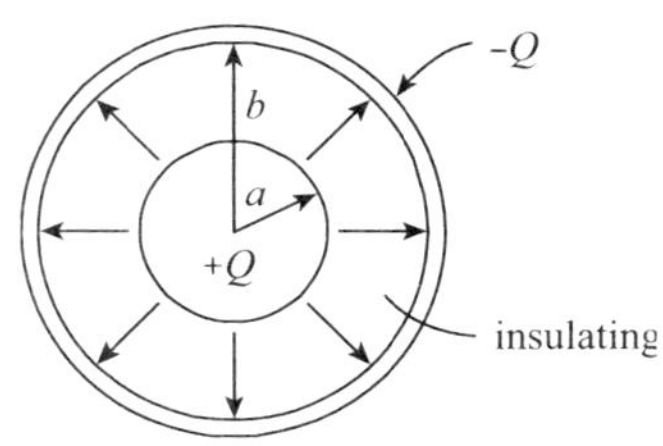

그림 2.20

이때의 선속을 전기변위, 전기변위 속 혹은 전속이라고 하며, 전속은 전계를 나타내는 가상 선으로 매질의 유전체에 무관하게 1[C]의 전하에서 1개의 전기력선이 발생한다.

예를 들면 진공 중에서 1[C]의 점전하에서 발생하는 전기력선의 수는 $1/\varepsilon_o$[개]이며, 이때의 전속의 수 역시 1개라고 할 수 있다.

지금 진공 중에 반경이 r[m]이고 $+Q$[C]의 전하인 구면에서 발생하는 전속을 ϕ라고 하면 페러데이 법칙에 의해서

$$\phi = Q\,[\text{coulomb}]\text{(전하량 } Q\text{은 전속 } \phi\text{에 비례한다.)}$$

으로 됨을 알 수 있다. 여기서 전속 ϕ의 단위가 [coulomb] 되는 이유는 SI 단위계에서는 하나의 전속선이 (+)에서 나와서 (−)에서 끝나기 때문에 전속의 단위로 [coulomb]을 사용한다.

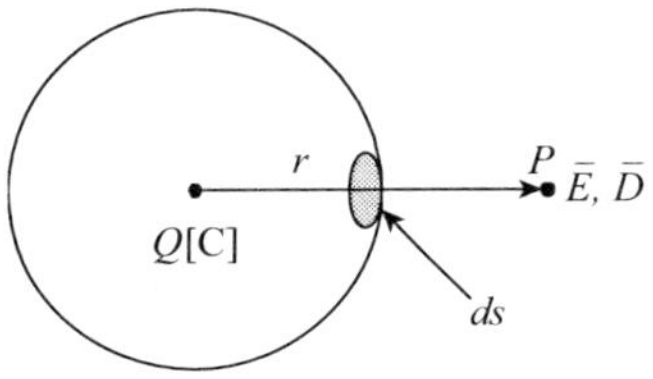

그림 2.21

여기서 단위 면적 당의 전속 수인 전속 밀도를 고려하기 위해서 그림 2.21에서 진공 중의 반경 r[m]인 점전하 Q[C]로부터 구면상의 점 P의 전속밀도 $\widetilde{D}\,[\mathrm{C/m^2}]$는 $\phi = Q$, $S = 4\pi r^2$을 적용하면

$$\widetilde{D} = \frac{\phi}{S}\tilde{a}_r = \frac{Q}{4\pi r^2}\tilde{a}_r$$

가 된다. 여기서 전속 밀도의 단위는 $\rho_s\,[\mathrm{C/m^2}]$와 같이 사용되며, 이 관계식에서 반지름 a, b가 되는 구에 적용하는 경우 내구 a의 전속 밀도 $\widetilde{D}$는

$$\widetilde{D} = \frac{Q}{4\pi a^2}\tilde{a}_r$$

이며, 외구 b의 전속 밀도 $\widetilde{D}$는

$$\widetilde{D} = \frac{Q}{4\pi b^2}\tilde{a}_r$$

가 된다. 그리고 앞에서 점 P에 대한 전계 강도 $\widetilde{E}$는 $\widetilde{E} = \dfrac{Q}{4\pi\varepsilon_0 r^2}\tilde{a}_r$(자유공간 내에 있는 점전하에 대한 전계의 세기)로 표현 되고 있으며, 여기서 자유공간에서 전속 밀도

$\widetilde{D}$와 전계 $\widetilde{E}$를 비교해서 정리하면

$$\widetilde{D} = \varepsilon_0 \widetilde{E}\text{(자유공간 내에 한 한다.)}$$

인 관계식을 얻는다. 따라서 전속 밀도 $\widetilde{D}$의 크기는 coulomb 법칙을 통해서 구한 전계 $\widetilde{E}$ 의 세기에 ε_0만 곱해준 결과로 구해짐을 알 수 있다.

이와 같이 전속 밀도 $\widetilde{D}$의 의미는 전속의 크기가 면적이 큰데 있느냐? 혹은 작은데 있느냐? 을 분석하는데 이용된다고 할 수 있다.

따라서 전속 밀도 $\widetilde{D}$는 전계의 세기 $\widetilde{E}$를 결정하는 중요한 식으로 이는 어떤 점의 전속 밀도 $\widetilde{D}$는 전계의 세기 $\widetilde{E}$을 ε_o배 한 것과 같은 것이라고 할 수 있다.

진공 중에서 전속 밀도와 전계는 비례하며, 여기서 전계 $\widetilde{E}$는 단위 전하에 작용하는 힘의 영역을 의미하며, 전속 밀도 $\widetilde{D}$는 전하에서 발생하는 것으로 전계와 전속 밀도는 본질적으로 차이를 보인다.

예제 2.22

진공 중에 반지름 a가 $1[\mathrm{m}]$인 도체 구에 전하 Q가 존재할 때 표면에서의 전하 밀도$[\mathrm{C/m^2}]$의 크기를 구하여라.

[풀이] 두전속 밀도에 대한 관계식을 이용하여 크기를 구하면

$$\widetilde{D} = \frac{Q}{4\pi r^2} = \frac{Q}{4\pi \times 1^2} = \frac{Q}{4\pi}\,[\mathrm{C/m^2}]$$

이며, 전하 밀도 $\widetilde{D}$의 단위는 면적전하 밀도 $\rho_S[\mathrm{C/m^2}]$와 같은 단위를 사용하고 있다.

2.10 가우스(Gauss) 법칙

Gauss 법칙은 정전기학에서 가장 기본적인 법칙 중의 하나로 근본적으로 Gauss 법칙은 점전하를 기본으로 하는 쿨롱의 법칙을 일반화하여 일반 전하 분포에 의한 전계를 보다 용이하게 구하기 위해 제시된 것이라고 할 수 있다.

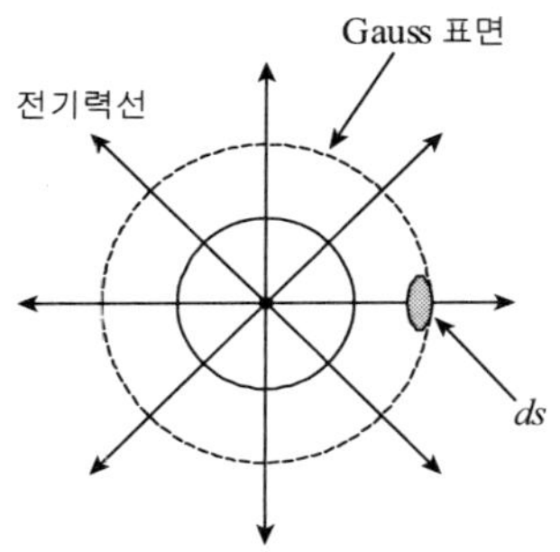

그림 2.22 가우스(Gauss) 표면

1[C]의 전속은 1[C]의 전하에 의해서 생기기 때문에 내부 도체의 형태가 어떤 것이든지 간에 외부 도체 구에 유도되는 전체 전하량은 같다는 것을 페러데이(Faraday)가 실험결과를 통해서 일반화시킨 것이 곧 Gauss 법칙이라고 할 수 있다.

즉, Gauss 법칙은

"임의의 폐곡면을 통과하는 자속 ϕ 은 그 곡면 내에 있는 전체 전하량 Q (폐곡면 안의 전하량)과 같다."

라는 것으로 이를 산술적으로 나타내면

$$\phi = \int \Delta\phi = \int \tilde{D} \cdot d\tilde{S} = Q[\mathrm{C}] \text{(Gauss 법칙)}$$

으로 표현할 수 있다. 이 관계식에서 $\tilde{D} \cdot d\tilde{S}$ 는 밖으로 나오는 수직 성분을 의미한다.

Gauss 법칙에 대해서 $\tilde{D} = \varepsilon_0 \tilde{E}$ 인 관계를 적용하면

$$\int_s \tilde{E} \cdot d\tilde{S} = \frac{Q}{\varepsilon_0} = N$$

로 나타낼 수 있는데 여기서 $\frac{Q}{\varepsilon_o}$ 는 폐곡면 S로 나오는 전기력선의 수 N을 의미하는 것이다.

Gauss 법칙은 자유 공간에서 임의의 폐곡면을 통하며 전계 $\tilde{E}$ 가 외부로 나가는 총 전속은 면으로 둘러싸인 총 전하를 ε_o로 나눈 것과 같다는 것이다.

일반적으로 Gauss은 어떤 대칭 조건을 가진 도체에서 전계 강도의 수직 성분들이 폐곡면에 대해 일정한 전하 분포에 대한 전계 $\tilde{E}$를 결정하는데 유용하게 사용된다.

즉, Gauss 법칙을 적용하면 비교적 간단하게 전계 강도를 구하는데 효과적이라고 할 수 있다. 그러나 대칭조건이 없는 경우에는 Gauss 법칙의 적용을 통한 효과를 볼 수 없다.

따라서 Gauss 법칙을 적용하기에 적합한 기준이라고 할 수 있는 경우를 고려하면 다음의 조건을 만족할 수 있어야 한다.

- 전기력선이 대칭적인 구조를 보여야 한다.
- 주어진 전하 분포에서 발생하는 전계 $\tilde{E}$ 의 수직 성분이 일정하도록 적당한 면(이 면을 통상 가우스 평면이라고 부른다.)을 선택할 수 있어야 한다.

예를 들면 대기 중에서 균일한 밀도를 갖는 무한히 긴 선 전하는 무한히 길기 때문에 전계 $\tilde{E}$는 선 전하에 방사형이며, 동심구일 경우에는 동심 구 중심으로 구 모양의 가상 구면이며, 수직이어야 한다.

따라서 전하 Q는 분포상태가 선 전하, 면 전하 그리고 체적 전하에 따라

$$Q = \sum Q = \int_l \rho_l \, dl = \int \rho_S \, dS = \int_v \rho_v \, dv$$

로 표현할 수 있으며, 여기서 $Q = \int_v \rho_v \, dv$는 폐곡면 안의 총 전하량을 나타낸다.

앞으로 이 관계식을 자주 인용하게 되므로 관심 있게 볼 필요가 있다. 여기서 $\sum Q_n$은 폐곡면 내의 전하들이 점전하인 경우를 의미한다.

따라서 종합적으로 정리하면 전기력선의 수 N의 크기

$$N = \phi \tilde{E} \cdot d\tilde{S} = \frac{Q}{\varepsilon_0} [\text{개}]$$

인 관계에 $Q = \int \rho_v \, dv$를 적용하면

$$N = \phi \tilde{E} \cdot d\tilde{S} = \frac{Q}{\varepsilon_0} = \frac{1}{\varepsilon_0} \int \rho_v dv$$

이며, 여기서 $\frac{\rho_v}{\varepsilon_0}$을 발산으로 보면

$$\frac{\rho_v}{\varepsilon_0} = div \, \tilde{E}$$

인 관계로 나타낼 수 있으며 따라서 전기력선의 수 N은

$$N = \phi \, \tilde{E} \cdot d\tilde{S} = \frac{Q}{\varepsilon_0} = \frac{1}{\varepsilon_0} \int \rho_v dv = \int div \, \tilde{E} \, dv$$

로 표현된다.

여기서 구 좌표계의 원점에 점전하 Q로 하고 원점에서 반경 a인 구면을 가상구면으로 해서 페러데이가 실험적으로 얻은 결과를 확인해보자.

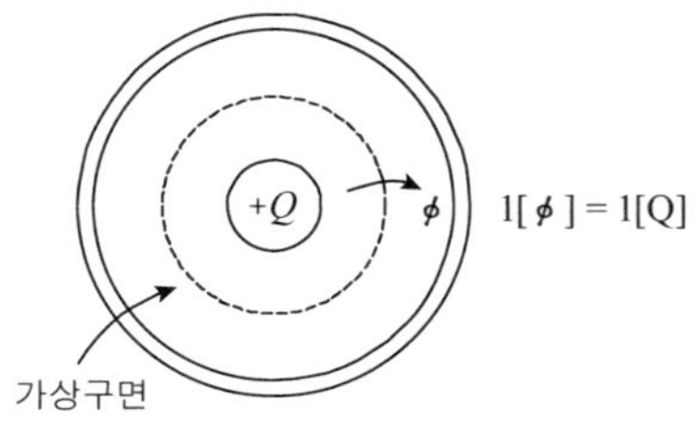

그림 2.23

점전하 Q에 의한 반경 a인 가상 구면상의 전계에 대한 Gauss 법칙을 적용하면 전속 밀도 $\tilde{D}$ 는 구면상의 모든 점에서 일정한 크기와 구면에 수직인 방향으로 존재한다면 점전하에 의한 전계의 세기 $\tilde{E} = \dfrac{Q}{4\pi\varepsilon_0 r^2}\tilde{a}_r$ 관계에서 양변에 ε_0을 곱하면 $\varepsilon_0\tilde{E} = \dfrac{Q}{4\pi r^2}$이므로 $\tilde{D} = \varepsilon_0\tilde{E}$을 적용하면

$$\tilde{D} = \frac{Q}{4\pi r^2}\tilde{a}_r$$

가 된다. 따라서 반지름 a인 구 면상에서 전속 밀도 $\tilde{D}$는 $\tilde{D}_S = \dfrac{Q}{4\pi a^2}\tilde{a}_r$이며, 구면상의 미소 면적 ds는 구 좌표계의 법선 방향의 미소 면적으로

$$dS = r^2 \sin\theta \, d\phi \, d\theta = a^2 \sin\theta \, d\phi \, d\theta$$
$$d\tilde{S} = a^2 \sin\theta \, d\phi \, d\theta \, \tilde{a}_r$$

이며, 여기서 전속 밀도 $\tilde{D}_s = \dfrac{Q}{4\pi a^2}\tilde{a}_r$와 $dS = a^2 \sin\theta \, d\phi \, d\theta$의 피 적분을 행하면

$$\tilde{D}_S \cdot d\tilde{S} = \frac{Q}{4\pi a^2}\tilde{a}_r \cdot a^2 \sin\theta \, d\phi d\theta \, \tilde{a}_r = \frac{Q}{4\pi}\sin\theta \, d\phi \, d\theta$$

가 되며, 다시 폐곡면에 대한 적분을 취하면

$$\int_{\theta=0}^{\pi}\int_{\phi=0}^{2\pi}\frac{Q}{4\pi}\sin\theta \, d\phi \, d\theta = \int_{\theta=0}^{\pi}\frac{Q}{4\pi}\sin\theta \, 2\pi \, d\theta = \frac{Q}{2}(-\cos\theta)_0^{\pi} = Q$$

로 나타나며, 구면을 가상으로 하는 페러데이 실험을 통한 결과를 확인할 수가 있다.

Book Cafe

Gauss 법칙

$$Q = \int \tilde{D} \cdot dS = \int_v \rho_v \, dv \text{ (Gauss 법칙의 적분형)}$$

- $\tilde{\nabla} \cdot \tilde{D} = \rho$ (미분형으로 체적 전하 밀도 ρ는 전속 밀도 $\tilde{D}$의 발산량이다.)
- coulomb 법칙에 발산 정리를 적용하면 Gauss 법칙을 얻게 된다.
- 전하 분포가 대칭적 구조(점전하, 무한 선 전하, 무한 원통형 표면 전하, 구 모양의 전하 등)에 대한 전계 $\tilde{E}$와 전속밀도 $\tilde{D}$를 보다 쉽게 구하는데 이용된다.

예제 2.23 가우스(Gauss) 법칙에 대해 설명하여라.

[풀이] Gauss 법칙은 폐곡면을 통하는 전속과 폐곡면 내부의 전하와의 관계를 나타내는 법칙이다. 즉, 어떤 폐곡면을 통과하는 전속은 폐곡면 내의 전 전하량과 같다.
이와 같은 Gauss 법칙은

$$\int_s \tilde{E} \cdot d\tilde{s} = \int_s E \cos\theta \, ds = \int_s \tilde{E}_n ds = \tilde{E}_n \int_s ds = \frac{Q}{\varepsilon_0}$$

에서 전계의 세기를 구하는데 이용된다.

2.11 Gauss 법칙을 이용한 계산 예

2.11.1 균일하게 대전된 구의 경우

(1) 구 외의 전계 $r\,(r > a)$

균일하게 대전된 구의 반지름이 a이고 중심 0에서 $r\,(r > a)$만큼 떨어진 점 P의 가상 구면(Gauss surface)에 대한 전속 밀도를 $\tilde{D}$라고 하고, 반경 r인 구형 가우스 표면에 대해 Gauss 법칙을 적용시키면 전속 밀도 $\tilde{D}$는

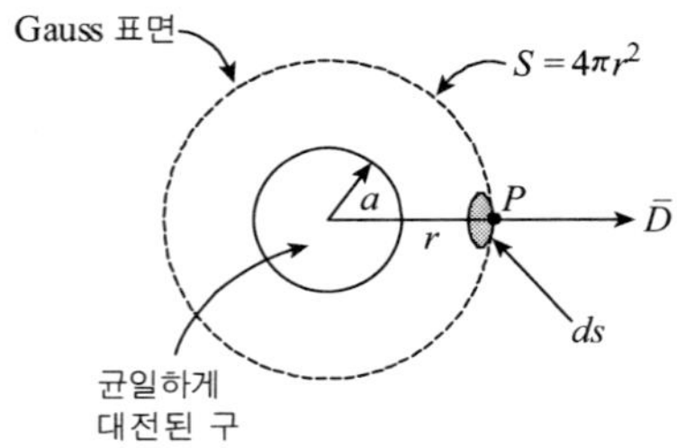

그림 2.24 구와 전계

$$Q = \oint \tilde{D} \cdot dS = \tilde{D}(4\pi r^2) = Q$$

$$\tilde{D} = \frac{Q}{4\pi r^2} \left(\tilde{D} = \frac{Q}{4\pi r^2} \tilde{a}_r \right)$$

가 된다. 여기서 $\tilde{D} = \varepsilon_0 \tilde{E}$ 관계에서 점 P의 전계강도 $\tilde{E}$을 구하면

$$\tilde{E} = \frac{Q}{4\pi\varepsilon_0 r^2} \left(\tilde{E} = \frac{Q}{4\pi\varepsilon_0 r^2} \tilde{a}_r \right)$$

이며, 점 P의 전위 V는 전계 강도 $\tilde{E}$에 대한 관계식에서

$$V = -\int_{-\infty}^{r} \tilde{E} \cdot d\tilde{l} = -\int_{-\infty}^{r} \frac{Q}{4\pi\varepsilon_0 r^2} dr = \frac{Q}{4\pi\varepsilon_0 r}$$

됨을 알 수 있다.

(2) 구면의 전계와 전위 $(r = a)$

점 P가 도체 구 표면에 접근하여 $r \to a$가 되는 경우 도체 구 표면과 같아지므로 도체 구 표면에서의 전계 $\tilde{E}_a$와 전위 V_a는

$$\tilde{E}_a = \frac{Q}{4\pi\varepsilon_0 a^2} \tilde{a}_r$$

$$V_a = \frac{Q}{4\pi\varepsilon_0 a}$$

으로 나타나며, 두 관계식을 이용하면

$$V_a = a\tilde{E}_a$$

인 관계식이 성립함을 알 수 있다.

예제 2.24

공기 중에 위치한 도체구의 전위가 30[KV]일 때 도체 표면의 전계의 세기가 2[KV/cm]이었다면 도체 구에 대전된 전하량[μC]의 크기를 구하여라.

[풀이] 반지름이 a인 도체 구에 대한 전계 $\tilde{E}$는 $\tilde{E} = \dfrac{Q}{4\pi\varepsilon_0 a^2}$이며, 전위 $V = \dfrac{Q}{4\pi\varepsilon_0 a}$에서

V와 $\tilde{E}$를 비교하면 $a = \dfrac{V}{\tilde{E}}$ 관계를 얻게 된다.

따라서 도체 구에 대전된 전하량 Q는 $V = \dfrac{Q}{4\pi\varepsilon_0 a}$에서 전하량 Q의 크기는

$$Q = 4\pi\varepsilon_0 a V = 4\pi\varepsilon_0\left(\frac{V}{\tilde{E}}\right)V = 4\pi\varepsilon_0\frac{V^2}{\tilde{E}}$$
$$= \frac{(30\times 10^3)^2}{9\times 10^9 \times 2\times 10^5} = 0.5\times 10^{-6}\,[\text{C}] = 0.5\,[\mu\text{C}]$$

으로 구해진다.

2.11.2 균일하게 대전된 무한히 긴 원통의 경우

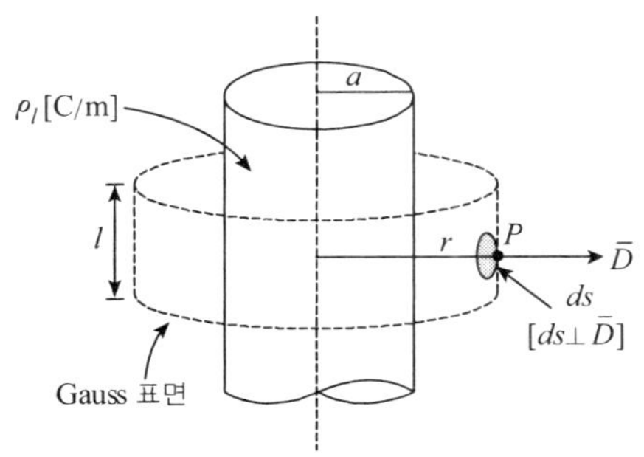

그림 2.25 무한히 긴 원통

반경 a의 원형단면인 무한 길이의 원통에 균일하게 전하가 분포되어 있을 경우 단위 길이에 대한 전하 밀도를 ρ_l [C/m]로 하고 원통 측에서 $r(r > a)$만큼 떨어진 점 P의

전계를 구하기 위해서 원통 주위에 Gauss 표면을 이용하여 Gauss 법칙 $\phi = Q = \oint_S \tilde{D} \cdot dS$인 관계식을 이용하면

$$\phi = \oint_S \tilde{D} \cdot dS = \int_{측면} \tilde{D} \cdot dS + \int_{위,아래} \tilde{D} \cdot dS$$

이며, 여기서 원통 위·아래로 발생하는 자속의 크기와 측면에 발생하는 자속의 크기를 비교하는 경우 측면의 자속 발생 정도는 무시할 정도로 작은 것으로 보면 두 번째 항은 무시할 수가 있다.

따라서 원통 위·아래로 발생하는 자속의 크기만 고려하면

$$\phi = \int_{Z=0}^{l} \int_{\phi=0}^{2\pi} r \, d\phi \, dz = \tilde{D} \int_0^l (2\pi) \, r \, dz = \tilde{D} \, (2\pi r \, l)$$

가며, 여기서 $\phi = \int \tilde{D} \cdot dS = \int \rho_l \, dl = Q$ 관계에서 $\tilde{D} \, (2\pi r \, l) = \rho_l \, l = \phi = Q$ 이므로 전속 밀도 $\tilde{D}$와 전계 $\tilde{E}$는

$$\tilde{D} = \frac{\rho_l}{2\pi r}$$

$$\tilde{E} = \frac{\rho_l}{2\pi \varepsilon_0 r}$$

으로 구해진다. 그리고 그림 2.26에서 처럼 축으로 부터 거리 r_1 및 r_2 떨어져 있는 원통 밖의 두 점사이의 전위차를 V_{12}라고 하면

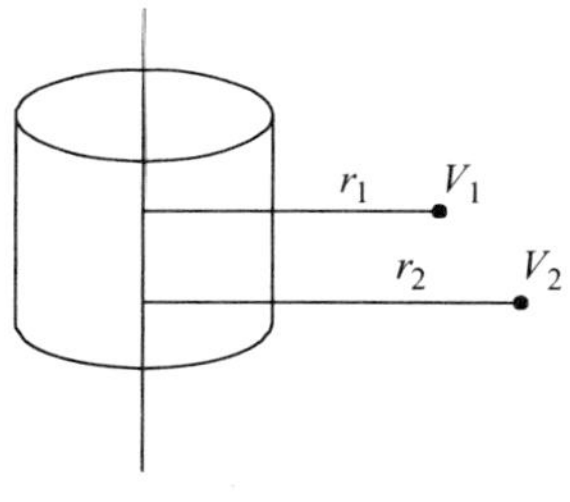

그림 2.26

$$V_{12} = -\int_{r_2}^{r_1} \tilde{E} \cdot d\tilde{l} = -\int_{r_2}^{r_1} \frac{\rho_l}{2\pi \varepsilon_0 r} \, dr$$

$$= -\frac{\rho_l}{2\pi \varepsilon_0 r} [\ln r]_{r_2}^{r_1}$$

$$= \frac{\rho_l}{2\pi \varepsilon_0} \ln \frac{r_2}{r_1} [\mathrm{V}]$$

으로 나타낼 수 있다.

예제 2.25

진공 내에 존재하는 도체 표면에서 전계가 $\tilde{E} = 4\tilde{a}_x + 3\tilde{a}_y$[V/m]이었다면 도체 표면상의 전하 밀도 ρ_S[C/m^2]의 크기를 구하여라.

[풀이] $Q = \int \tilde{D} \cdot dS = \int \rho_S \cdot dS$ 관계에서 $\tilde{D} = \rho_S$이므로

$$\rho_S = \tilde{D} = \varepsilon_0 \tilde{E} = 8.854 \times 10^{-12} \times \sqrt{4^2 + 3^2} = 0.44 \times 10^{-10} [\mathrm{C/m^2}]$$

가 된다.

2.11.3 무한 평판에 대한 전하 분포와 전계

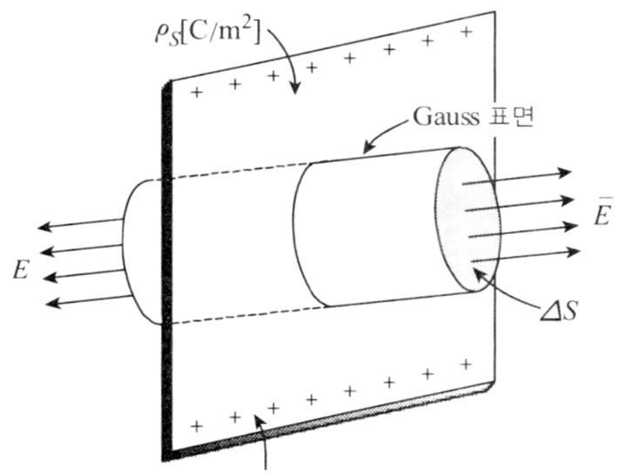

그림 2.27 균일하게 대전된 평판 도체

무한히 넓은 평판에 균일하게 대전된 단위 면적당 ρ_S[C/m^2]의 전하를 주면 전속은 무한 평판에 대해 수직으로 방사되는데 그림 2.27에서 처럼 원통형의 Gauss 평면을 고려하면 원통의 단면적 ΔS를 취하는 경우 원통의 측면을 통과하는 전속은 거의 없다고 보고 ΔS를 수직으로 통과하는 전속만 고려하면 된다.

따라서 원통 단면 ΔS의 원통 내에 분포되어 있는 전하 Gauss 법칙을 적용하면

$$Q = \int \tilde{D}_n \cdot dS = \rho_S \Delta S$$

이며, 전속을 통과하는 부분은 원통의 양 단면($2\Delta S$)이므로 $2\Delta S$로 하면 전하량 Q의

크기는

$$Q = \varepsilon_0 \widetilde{E}_n \times 2\,\triangle S = \rho_S \triangle S$$

이며, 여기서 전계 $\widetilde{E}_n$의 크기는

$$\widetilde{E}_n = \frac{\rho_S}{2\,\varepsilon_0} = 18\pi \times 10^9 \rho_S [\mathrm{V/m}]$$

가 된다. 평판 분포에 의한 전계 $\widetilde{E}$의 크기를 고려하면 전계는 거리 r에 무관함을 알 수 있다. 이와 같이 전계 $\widetilde{E}$가 위치에 관계없이 크기와 방향이 일정한 전계를 평등전계라고 한다.

예제 2.26 다음과 같은 무한 평판 도체에 대한 전계의 세기[V/m]를 나타내어라.

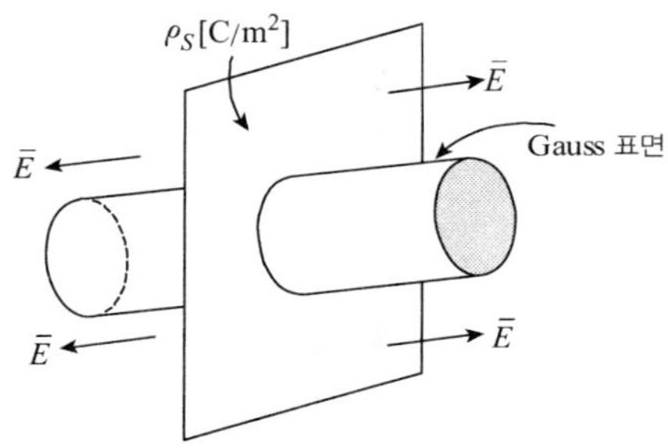

[풀이] 무한 평면에 수직으로 고려한 가우스 평면을 가우스 정리로 적용하면

$\oint_s \widetilde{E}\cdot\tilde{n}\,ds = \frac{Q}{\varepsilon_0}$이다. 여기서 $Q = \int \rho_S\,ds = \rho_S S$이므로

$$\oint_s \widetilde{E}\cdot\tilde{n}\,ds = \frac{Q}{\varepsilon_0} = \frac{\rho_S S}{\varepsilon_0},\ \widetilde{E}\,2S = \frac{\rho_S S}{\varepsilon_0}$$

에서

$$\widetilde{E} = \frac{\rho_S}{2\varepsilon_0}[\mathrm{V/m}]$$

이다. 따라서 무한 평면에서의 전계의 세기 $\widetilde{E}$는 거리에 무관함을 알 수 있다.

2.11.4 무한히 넓은 평행 도체에 대한 경우

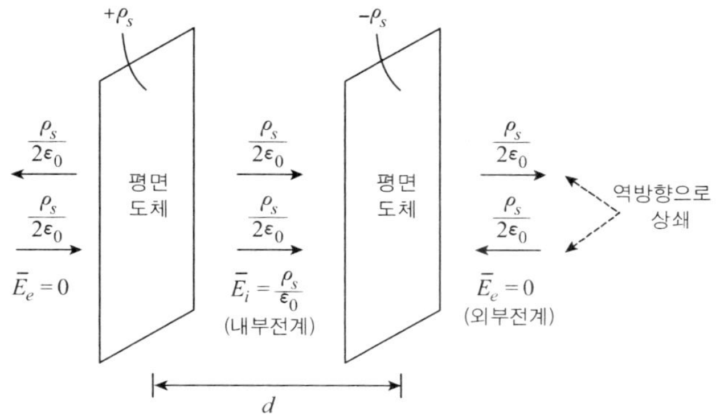

그림 2.28 무한 평행 평면 도체

무한히 넓은 평면 도체에 면적 전하 밀도 $+\rho_S$, $-\rho_S$을 걸면 정·부 전하에 의한 전계의 크기는 평면 양측에서 같다. 따라서 전계의 방향은 무한평면 양측인 외부 자계는 서로 역방향이기 때문에 상쇄된다.

즉, 두 평행 판의 간격이 넓이에 비해서 작은 경우에는 무한 넓이의 대전판과 같이 다룰 수 있고, 두 평행 판 사이에는 평등전계가 되며, 외부공간의 전계 $\widetilde{E}_0$는 0이 된다.

(1) 내부 전계의 크기 $\widetilde{E}_i$는 $+\rho_S$인 극판에서 나온 전기력선이 $-\rho_S$인 극판으로 들어가기 때문에 두 판 사이의 전계의 세기는 거리 r에 무관하게 일정한 평등 전계가 된다.

$$\widetilde{E}_i = \frac{\rho_S}{\varepsilon_0}$$

(2) 두 대전 판 사이의 전위차 V

두 평면 도체 사이의 전위차 V는 $V = -\int_d^0 \widetilde{E}_i \, dl$에서 $\widetilde{E}_i = \frac{\rho_S}{\varepsilon_0}$을 적용하면

$$V = -\int_d^0 \widetilde{E}_i \, dl = -\int_d^0 \frac{\rho_S}{\varepsilon_0} dx = \frac{\rho_S}{\varepsilon_0} d = \widetilde{E}_i d$$

됨을 알 수 있다.

2.11.5 도체 면상에서의 전계

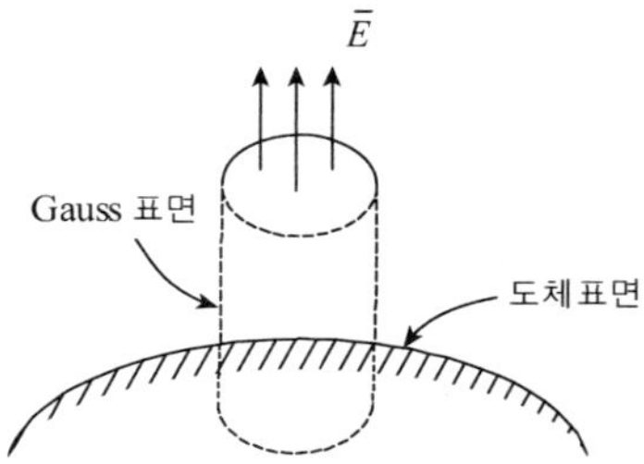

그림 2.29 도체 표면상의 전계

도체 면상에서 원통을 Gauss 폐곡면으로 하는 경우 원통측면을 지나는 전기력선은 없고, 도체 내부의 전계는 0이 되므로 Gauss 법칙을 적용하면 도체 면상의 전계는

$$\widetilde{E} = \frac{\rho_S}{\varepsilon_0}[\mathrm{V/m}]$$

가 된다. 외측에서 도체에 매우 접근하는 경우 전계는 표면에 수직이며, 도체 내부의 전계는 0이다.

예제 2.27

정 전계 내의 도체 표면에서 전계 $\widetilde{E} = \dfrac{\tilde{a}_x - 2\tilde{a}_y + 2\tilde{a}_z}{\varepsilon_0}$ 일 때 도체 표면상의 전하밀도 $\rho_S[\mathrm{C/m^2}]$를 결정하여라.

[풀이] 자유 공간에서 전계 $\widetilde{E}$ 는 $\widetilde{E} = \dfrac{\rho_S}{\varepsilon_0}$ 관계식에서 $\rho_S = \varepsilon_0 \widetilde{E} = \tilde{a}_x - 2\tilde{a}_y + 2\tilde{a}_z$이다. 따라서 전하밀도 ρ_S의 크기는

$$|\rho_S| = \sqrt{1^2 + (-2)^2 + 2^2} = 3[\mathrm{C/m^2}]$$

가 된다.

2.12 대전 도체 면에 작용하는 정전응력

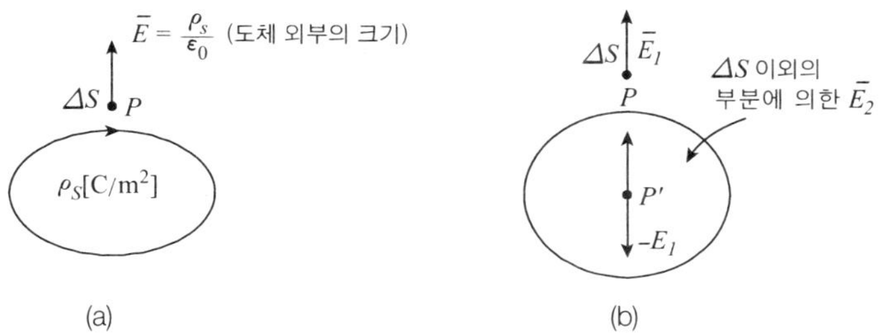

그림 2.30

도체에 전하를 인가하면 전하가 표면에만 분포되어 전계 $\widetilde{E}$가 발생하여 대전 도체 면에는 외부로 밀리는 응력이 작용하게 되는데 이를 정전응력(electro static stress)이라 한다. 여기서 작용하는 응력을 구하기 위해서 그림 2.30(a)에서 처럼 도체 표면의 한 점 P 부근에 미소 면적 $\triangle S$을 취하고 표면 전하 밀도 $\rho_S[\mathrm{C/m^2}]$에 의한 전계 $\widetilde{E}$에 대해서 $\triangle S$에 의한 전계를 $\widetilde{E}_1$, $\triangle S$이외의 부분에 대한 전계를 $\widetilde{E}_2$라고 하면 도체 표면에 대해 수직으로 나타나는 전계의 크기는

$$\widetilde{E}_1 + \widetilde{E}_2 = \widetilde{E} = \frac{\rho_S}{\varepsilon_0}$$

가 된다. 도체 내부에 있는 점 P'에 대한 전계는

$$\widetilde{E}_2 - \widetilde{E}_1 = 0$$

이다. 여기서 위의 두 관계식을 이용하면

$$\widetilde{E}_1 = \widetilde{E}_2 = \frac{\rho_S}{2\varepsilon_0}$$

가 된다. 한편 $\triangle S$이외의 부분의 전하분포에 의해서 $\triangle S$상의 전하 $\rho_S \triangle S$가 받는 힘 $\triangle \widetilde{F}$를 구하기 위해 $\widetilde{F} = Q\widetilde{E}$에 $Q = \rho_S S$, $\widetilde{E} = \dfrac{\rho_S}{2\varepsilon_0}$인 관계식을 적용하면

$$\triangle \widetilde{F} = (\rho_S \ \triangle S)\ \widetilde{E}_2 = \frac{\rho_S^2}{2\varepsilon_0}\triangle S$$

이다. 따라서 대전 도체 표면의 단위면적당($\triangle S = 1\,[\mathrm{m}^2]$)작용하는 힘(정전응력) f는 $f = \frac{\widetilde{F}}{S} = \frac{\rho_S^2}{2\varepsilon_0}$에 $\widetilde{D} = \rho_S$, $\widetilde{D} = \varepsilon_0 \widetilde{E}$인 관계식을 적용하면

$$f = \frac{\rho_S^2}{2\varepsilon_0} = \frac{\widetilde{D}^2}{2\varepsilon_0} = \frac{1}{2}\widetilde{D}\,\widetilde{E} = \frac{1}{2}\varepsilon_0\,\widetilde{E}^2\,[\mathrm{N/m^2}]$$

으로 나타낼 수 있다. 따라서 대전 도체 면에 작용하는 정전력 f는 전하 밀도 ρ_s^2와 전계 $\widetilde{E}^2$에 비례하기 때문에 대전입자의 형태와는 무관하게 항상 (+)을 나타내며, 이와 같은 이유로 도체 표면은 외부로 부터 장력을 받기도 한다.

예제 2.28

평행 판 콘덴서에 비유전율 $\varepsilon_S = 2.5$를 채운 전극 판 사이에 $100\,[\mathrm{V}]$를 인가하는 경우 작용하는 힘[N]을 구하여라. (단, 전극 판의 면적은 $100\,[\mathrm{cm}^2]$, 간격은 $0.2\,[\mathrm{cm}]$이다.)

[풀이] 단위 면적 당 도체 표면에 작용하는 힘을 f라고 하면

$$f = \frac{\rho_S^2}{2\varepsilon_0} = \frac{\widetilde{D}^2}{2\varepsilon_0} = \frac{1}{2}\widetilde{D}\widetilde{E} = \frac{1}{2}\varepsilon_0\,\widetilde{E}^2[\mathrm{N/m^2}]$$

이며, 전체 면적 $S\,[\mathrm{cm}^2]$에 작용하는 힘을 $\widetilde{F}$라고 하면

$$\widetilde{F} = f\,S = \frac{1}{2}\varepsilon\widetilde{E}^2\,S\,[\mathrm{N}]$$

가 된다. 여기에 평행 판 콘덴서의 전계 $\widetilde{E} = \frac{V}{d}$을 대입해서 정리하면 힘 $\widetilde{F}$는

$$\begin{aligned}\widetilde{F} &= \frac{1}{2}\varepsilon\left(\frac{V}{d}\right)^2 S = \frac{1}{2}\varepsilon_0\,\varepsilon_S\left(\frac{V}{d}\right)^2 S \\ &= \frac{1}{2}\times 8.854\times 10^{-12}\times 2.5\times\left(\frac{100}{0.2\times 10^{-2}}\right)^2\times 100\times 10^{-4} \\ &= 5.53\times 10^{-4}[\mathrm{N}]\end{aligned}$$

가 된다.

2.13 전기력선의 발산 (Gauss 법칙의 미분형)

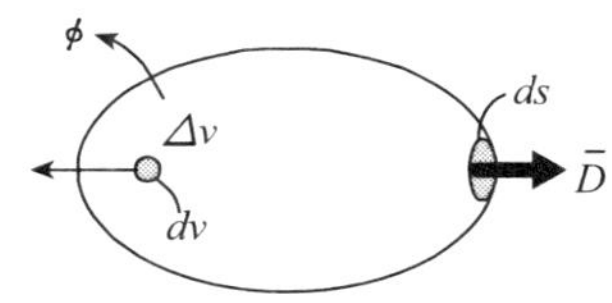

그림 2.31 폐곡면에서 발생하는 전기력선

체적 전하 밀도 ρ_v [C/m^3]의 전하가 분포하는 경우 미소 체적 Δv를 지닌 폐곡면의 표면에 미소 면적 소 dS를 수직 방향으로 뚫고 나가는 전속 밀도 $\tilde{D}$에 대해 Gauss 법칙을 적용하면

$$\phi = \oint \tilde{D} \cdot dS = Q = \int \rho_v \, dv$$

이므로 미소 단위 체적 당 전속 수는

$$\oint \tilde{D} \cdot dS = Q \fallingdotseq \left(\frac{\partial D_x}{\partial x} + \frac{\partial D_y}{\partial y} + \frac{\partial D_z}{\partial z} \right) \Delta v$$

이다. 양변에 대해 Δv로 나누면

$$\frac{\partial D_x}{\partial x} + \frac{\partial D_y}{\partial y} + \frac{\partial D_z}{\partial z} = \frac{\oint \tilde{D} \cdot ds}{\Delta v} = \frac{Q}{\Delta v} = \frac{\int \rho_v dv}{\Delta v}$$

이며, 여기서 미소 체적 Δv을 0으로 하는 극한 $\lim\limits_{\Delta v \to 0}$을 취하게 되면 (즉, Δv을 하나의 점으로 볼 수 있으므로)

$$\frac{\partial D_x}{\partial x} + \frac{\partial D_y}{\partial y} + \frac{\partial D_z}{\partial z} = \lim_{\Delta v \to 0} \frac{\oint \tilde{D} \cdot dS}{\Delta v} = \lim_{\Delta v \to 0} \frac{\oint \rho_v \, dv}{\Delta v} = \rho(\text{체적전하밀도})$$

와 같이 나타낼 수 있다. 이것은

> **"미소체적의 크기를 0에 가까운 극한치로 할 때 그 폐곡면으로부터 바깥으로 나오는 전속 수 $\tilde{\nabla} \cdot \tilde{D}$는 체적전하 밀도 ρ와 같다."**

이를 전속밀도의 발산(Divergence)이라고 하며, $div\, \tilde{D}$로 표시한다.
즉, 벡터 연산자를 이용해서 나타내면

$$\lim_{\Delta v \to 0} \frac{\oint \widetilde{D} \cdot dS}{\Delta v} = div \widetilde{D} = \widetilde{\nabla} \cdot \widetilde{D} = \rho$$

가 된다. 이와 같은 관계를 전계의 발산정리 또는 Gauss의 선속정리 및 Green 정리라고 한다.

한편 그림 2.32의 경우에서처럼 점전하가 아니고 체적밀도 $\rho\,[\mathrm{C/m^3}]$로 분포되어 있는 경우 연속적인 미소 체적으로 보고 각각의 미소체적 중심에 $\rho\, dv$인 점전하가 있다고 가정하고 Gauss 법칙을 적용하면

$$\oint \widetilde{D} \cdot dS = Q = \int \rho_v \, dv$$

$$\oint \widetilde{E} \cdot dS = \frac{\rho_v \, dv}{\varepsilon_0}$$

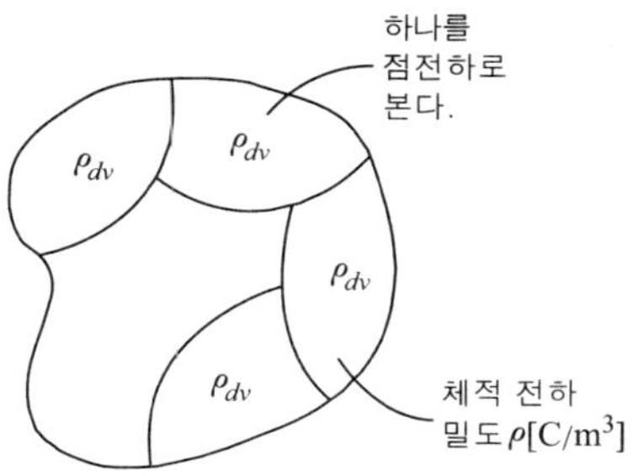

그림 2.32 체적 전하분포

이며, 미소 체적 Δv을 하나의 점이라 볼 수 있을 정도로 작게 취하면 그 폐곡면을 통해 나오는 전기력선의 수는 $\oint \widetilde{E} \cdot dS = \frac{\rho_v \, dv}{\varepsilon_0}$에 대해 Δv로 나누면

$$\frac{\oint \widetilde{E} \cdot dS}{\Delta v} = \frac{\rho_v}{\varepsilon_0}$$

이며, 이 식에서 Δv에 대한 극한 $\lim_{\Delta v \to 0}$을 취하면

$$\lim_{\Delta v \to 0} \frac{\oint \widetilde{E} \cdot dS}{\Delta v} = \frac{\rho_v}{\varepsilon_0}$$

이다. 여기서 $\lim_{\Delta v \to 0} \frac{1}{\Delta v} \int \widetilde{E} \cdot dS = \overline{\nabla} \cdot \overline{D} = \rho$인 관계식을 이용하면

$$\lim_{\Delta v \to 0} \frac{1}{\Delta v} \int \widetilde{E} \cdot dS = div \widetilde{E} = \widetilde{\nabla} \cdot \widetilde{E} = \frac{\rho}{\varepsilon_0} [\text{개}/\mathrm{m^3}]$$

가 된다. 따라서 이 관계식의 의미는 단위 체적에서 발산되는 전기력선은 전하밀도 ρ의 $\frac{1}{\varepsilon_0}$ 배와 같게 된다는 것이다.

만일 전하가 존재하지 않는다면 $\rho = 0$이므로

$$div\,\widetilde{E} = \widetilde{\nabla}\cdot\widetilde{E} = 0$$

가 된다. 여기서 $\rho = 0$의 의미는 전기력선이 새로 발생하지 않음을 의미하고 전하가 존재하지 않는 곳에서는 전기력선이 연속이라는 뜻이다. 그리고 연속이라는 의미는 발산이 없다는 것을 의미한다.

Book Cafe

발산정리(=Gauss의 선속정리, Green정리)

일반적인 벡터 계에서 성립하는 면적 적분을 체적 적분으로 바꾸는 공식에 대해 알아보자.

전계 중에 체적 v내에 미소 체적 dv를 가정하고, 그 점에서 전하의 체적 밀도를 $\rho[\mathrm{C/m^3}]$라고 하면 체적 v의 전체 전하량은

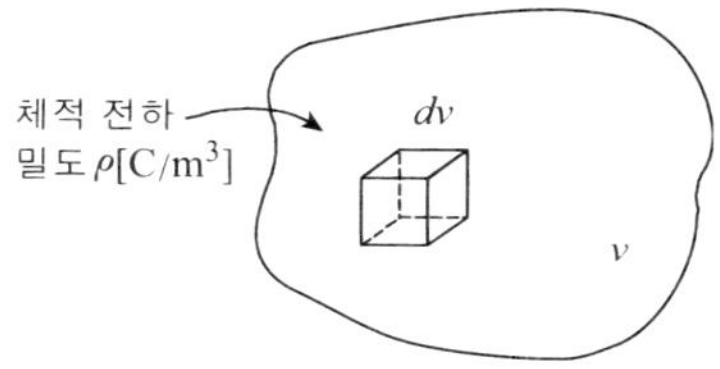

$$Q = \int \rho_v\, dv[\mathrm{C}]$$

이며, 여기에 $div\,\widetilde{E} = \dfrac{\rho}{\varepsilon_0}$, $\rho = \varepsilon_0\, div\,\widetilde{E}$인 관계를 적용하면 전하량은

$$Q = \int \varepsilon_0\, div\,\widetilde{E}\, dv[\mathrm{C}]$$

가 된다. 한편 체적을 포함하는 폐곡면 S상에 미소면적 dS에서의 전계의 세기 $\widetilde{E}$라고 하면 Gauss 법칙에 의해서

$$Q = \oint \widetilde{D}\cdot dS = \int \varepsilon_0 \widetilde{E}\cdot dS = \int \rho_v\, dv[\mathrm{C}]$$

가 된다. 여기서 전하 Q에 대해 위의 두 관계식에 대해서 정리하면

즉, $Q = \oint \widetilde{D}\cdot dS = \int \varepsilon_0\widetilde{E}\cdot dS = \int \varepsilon_0(\widetilde{\nabla}\cdot\widetilde{E})\, dv$ 에서

$$\int \widetilde{E}\cdot dS = \int \widetilde{\nabla}\cdot\widetilde{E}\, dv$$

인 관계식을 나타낼 수 있다. 이를 발산(divergence)의 정리라고 한다. 발산의 정리는 앞에서 정의한 것처럼 면적 적분을 체적적분으로 변환하는 개념이다.

이와 같은 발산 정리는 다음과 같이 어떠한 벡터에 의한 벡터 계에도 성립하게 된다.

$$\oint \widetilde{A}\, dS = \int_v \widetilde{\nabla}\cdot\widetilde{A}\, dv \quad \text{(발산의 정리)}$$

여기서 좌변 항은 폐곡선 자체에 대한 벡터의 법선의 면적 적분을, 우변 항은 폐곡면 내의 체적 전체에 대한 벡터의 발산 체적 적분을 나타내는 것으로 좌변 항과 우변 항이 서로 같게 됨을 알 수 있다.

Book Cafe

맥스웰의 제 1방정식(정 전계)

■ 발산의 정의 : 한 점에서 벡터 $\widetilde{D}$의 발산($div\,\widetilde{D}$)을 미소 체적소의 크기가 영으로 접근할 때 단위 체적당에서 유출되는 순수 유속량으로 정의 할 수 있다.

$$div\,\widetilde{D} = \lim_{\Delta v \to 0} \frac{\oint \widetilde{D} \cdot dS}{\Delta v} \text{(단위 체적 당 나가는 flux)}$$

■ 실제 계산에 이용

• 직각 좌표계의 경우

$$div\,\widetilde{D} = \frac{\partial D_x}{\partial x} + \frac{\partial D_y}{\partial y} + \frac{\partial D_z}{\partial z} \text{ (직각좌표계)}$$

이 정의 식을 직각 좌표계의 미소체적소에 적용하여 벡터의 발산을 계산할 수 있도록 한 것이다. 같은 방법으로 원통 좌표계와 구 좌표계에 대한 정의는 다음과 같다.

• 원통 좌표계의 경우

$$div\,\widetilde{D} = \frac{1}{\rho}\frac{\partial}{\partial \rho}(\rho D_\rho) + \frac{1}{\rho}\frac{\partial}{\partial \phi}D_\phi + \frac{\partial}{\partial z}D_z$$

• 구 좌표계의 경우

$$div\,\widetilde{D} = \frac{1}{r^2}\frac{\partial}{\partial r}(r^2 D_r) + \frac{1}{r\sin\theta}\frac{\partial}{\partial \theta}(\sin\theta D_\theta) + \frac{1}{r\sin\theta}\frac{\partial D_\phi}{\partial \phi}$$

■ $div\,\widetilde{D} = \rho$

전속 밀도의 발산은 전하 밀도와 같다.

2.14 Poisson 방정식과 Laplace 방정식

앞에서 공간상에 전하 Q가 존재하면 그 주위에 전계 $\widetilde{E}$가 발생한다. 이 때 전하 Q에 의해서 전계 $\widetilde{E}$를 구하는 방법으로 Gauss 법칙을 이용하였다.

일반적으로 전계는 높은 전위에서 낮은 전위로 진행하므로 전계가 존재하는 공간에는 전위차가 나타나게 된다.

즉, 전하분포에 따르는 전계 $\widetilde{E}$을 해결하는 방법으로

- 첫 번째 전하 분포가 주어 졌을 때 쿨롱의 법칙, Gauss 법칙 그리고 $\tilde{E} = -\tilde{\nabla} V$ 등을 이용해서 전계를 결정할 수 있었다.
- 그러나 실제 대부분에서는 전위 분포를 알 수 없는 경우가 더 많다.

여기서는 Gauss 법칙을 이용하지 않고 Poisson 방정식, Laplace 방정식 그리고 다음 장에서 설명하는 전기 영상법을 이용해서 전 영역에 걸쳐서 전계와 전위를 구하는 것이 가능한 것을 설명하고자 한다. 따라서 Poisson 방정식 및 Laplace 방정식의 경우는 Gauss 법칙을 이용하여 간단히 유도할 수 있다.

즉, 앞에서 전하분포 상태를 고려해서 얻은 결과인 다음과 같은 관계식을 고려하기로 한다.

- 전위와 관계, $\tilde{E} = -\tilde{\nabla} V$
- 전속 밀도의 발산으로부터, $\tilde{\nabla} \cdot \tilde{D} = \rho$
- 전속 밀도와 전계의 관계, $\tilde{D} = \varepsilon_0 \tilde{E}$

이들 관계를 결합시켜보면

$$\tilde{\nabla} \cdot \tilde{D} = \tilde{\nabla} \cdot (\varepsilon_0 \tilde{E}) = \varepsilon_0 \tilde{\nabla} \cdot (-\tilde{\nabla} V) = -\varepsilon_0 \tilde{\nabla} \cdot \tilde{\nabla} V = \rho$$

가 된다. 여기서 직각 좌표계를 이용하는 경우 $\tilde{\nabla} \cdot \tilde{\nabla} V$에 대한 연산 결과는

$$\begin{aligned} \tilde{\nabla} \cdot \tilde{\nabla} V &= \left(\frac{\partial V}{\partial x} \tilde{a}_x + \frac{\partial V}{\partial y} \tilde{a}_y + \frac{\partial V}{\partial z} \tilde{a}_z \right) \cdot \left(\frac{\partial V}{\partial x} \tilde{a}_x + \frac{\partial V}{\partial y} \tilde{a}_y + \frac{\partial V}{\partial z} \tilde{a}_z \right) \\ &= \frac{\partial^2 V}{\partial x^2} + \frac{\partial^2 V}{\partial y^2} + \frac{\partial^2 V}{\partial z^2} = \tilde{\nabla}^2 V \end{aligned}$$

으로 나타낼 수 있으며, 여기서 $\tilde{\nabla}^2$을 라플라시안(Laplacian)이라고 읽고, 이 값의 표현은

$$\tilde{\nabla}^2 = \frac{\partial^2}{\partial x^2} + \frac{\partial^2}{\partial y^2} + \frac{\partial^2}{\partial z^2}$$

으로 나타낸다. 이는 두 번 미분한 결과로 표현된다. 여기서 $\tilde{\nabla}^2$는 미분 연산자를 나타내는 것으로 경도 $\tilde{\nabla}$와 발산 $\tilde{\nabla} \cdot$을 연속으로 동작하는 연산자를 나타낸다.

2.14.1 포아송(Poisson) 방정식

$\widetilde{\nabla} \cdot \widetilde{D} = -\varepsilon_0 \widetilde{\nabla} \cdot \widetilde{\nabla} V = \rho$ 관계식에서 $-\varepsilon_0 \widetilde{\nabla}^2 V = \rho$이며, 이 관계식을 정리하면

$$\widetilde{\nabla}^2 V = -\frac{\rho}{\varepsilon_0}$$

가 된다. 이를 Poisson 방정식이라고 한다.

이 Poisson 방정식의 응용은 $\rho[\mathrm{c/m^3}]$의 체적 전하가 분포되어 있는 공간 내의 전위 V의 크기를 구하는 경우에 적용하게 된다.

일반적인 수학에서 $y = 3x$에서 y를 구하는 것처럼 $\widetilde{\nabla}^2 V = -\frac{\rho}{\varepsilon_0}$(2계 미분방정식)에서는 전위 V(미분방정식의 해)를 구하는 것이 된다.

2.14.2 라플라스(Laplace) 방정식

$$\widetilde{\nabla}^2 V = -\frac{\rho}{\varepsilon_0}$$

을 만족하는 Poisson 관계식에서 전하가 없는 곳 즉, 전계가 지나가는 공간에서 전하 분포가 없는 경우에는 $\rho = 0$이므로

$$\widetilde{\nabla}^2 V = 0$$

으로 나타낼 수 있다. 이를 Laplace 방정식라고 한다.

그림 2.33의 경우는 Poisson 방정식, Laplace 방정식에 대한 적용 예를 고려한 것으로

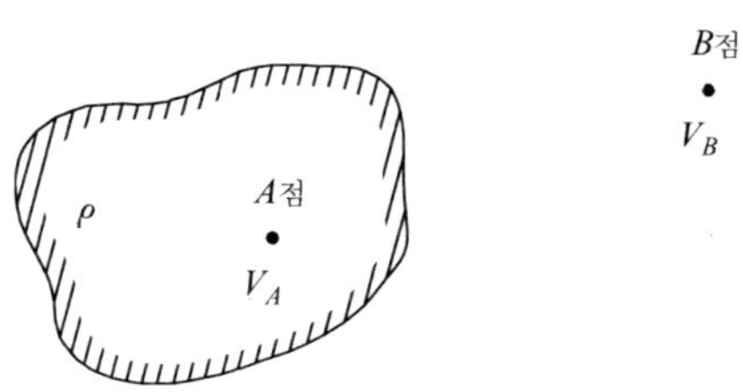

그림 2.33

그림 2.33에서 처럼 전하밀도 ρ로 분포된 공간 내의 점 A의 전위 V_A는 Poisson 방정식을 이용하면

$$\widetilde{\nabla}^2 V = -\frac{\rho}{\varepsilon_0}$$

가 되며, 전하분포($\rho = 0$)가 없는 점 B의 전위 V_B는 Laplace 방정식을 이용하면

$$\widetilde{\nabla}^2 V = 0$$

가 된다.

이는 전위가 서로 다른 다수 개의 도체에 대한 정전기 문제를 해결하는데 중요하게 적용된다. 한편 Poisson 및 Laplace 방정식을 직각 좌표계에서 나타내면

$$\frac{\partial^2 V}{\partial x^2} + \frac{\partial^2 V}{\partial y^2} + \frac{\partial^2 V}{\partial z^2} = -\frac{\rho}{\varepsilon_0}$$

$$\frac{\partial^2 V}{\partial x^2} + \frac{\partial^2 V}{\partial y^2} + \frac{\partial^2 V}{\partial z^2} = 0$$

가 된다. 따라서 정 전계가 되기 위해서는 이들 방정식은 다음과 같은 두 가지 성질을 만족해야 한다.

- 정 전계는 보존적이다.(전계는 전위를 갖는다.)
- 전기력선의 발산은 $\frac{\rho}{\varepsilon_o}$와 같으며, $\rho = 0$일 경우 발산은 0이 된다.

Book Cafe

- 원통 좌표계에서의 Laplace 방정식

$$\frac{1}{\rho}\frac{\partial}{\partial \rho}\left(\rho\frac{\partial V}{\partial \rho}\right) + \frac{1}{\rho^2}\frac{\partial^2 V}{\partial \phi^2} + \frac{\partial^2 V}{\partial z^2} = 0$$

- 구 좌표계에서의 Laplace 방정식

$$\frac{1}{r^2}\frac{\partial}{\partial r}\left(r^2\frac{\partial V}{\partial r}\right) + \frac{1}{r^2 \sin\theta}\frac{\partial}{\partial \theta}\left(\sin\theta\frac{\partial V}{\partial \theta}\right) + \frac{1}{r^2 \sin^2\theta}\frac{\partial^2 V}{\partial \phi^2} = 0$$

예제 2.29

자유공간에서 전위의 분포가 $V=2x^2y-3xy+5z$으로 주어지는 경우 점 $P(-2, 3, 7)$에서의 체적 전하밀도 ρ_S $[\mathrm{C/m^3}]$의 크기를 구하여라.

[풀이] 체적 전하 밀도에 관련된 관계식으로 Poisson 방정식 $\tilde{\nabla}^2 V = -\dfrac{\rho}{\varepsilon_0}$을 이용하기 위해서 먼저 $\tilde{E} = -\tilde{\nabla} V$인 관계를 적용하면

$$\nabla \cdot E = \nabla \cdot (-\nabla V) = -\nabla^2 V = -\left(\frac{\partial^2 V}{\partial x^2} + \frac{\partial^2 V}{\partial y^2} + \frac{\partial^2 V}{\partial z^2}\right)$$

가 되며, 이를 이용해서 전하밀도 ρ_S의 크기를 구하면

$$\nabla \cdot E = -\left(\frac{\partial^2 V}{\partial x^2} + \frac{\partial^2 V}{\partial y^2} + \frac{\partial^2 V}{\partial z^2}\right) = -4y$$

가 된다. 여기에 $y=3$을 적용하면 $-4\times 3 = \dfrac{\rho_S}{\varepsilon_0}$이며 체적 전하밀도 ρ_S의 크기는

$$\rho_S = -12\varepsilon_0$$

가 된다.

예제 2.30

전위 V가 단지 x만의 함수이며 $x=0$에서 $V=0$이고, $x=d$일 때 $V=V_0$인 경계 조건을 갖는다고 한다. Laplace 방정식에 의한 전위 V의 해를 구하여라.

[풀이] Laplace 방정식 $\tilde{\nabla}^2 V = 0$은 전위 V가 x만의 함수이므로

$$\nabla^2 V = \frac{\partial^2 V}{\partial x^2} = 0 \,(V\text{는 } x\text{의 1차 함수})$$

가 된다. 여기서 전위 함수를 1차 함수 $V=Ax+B$라고 하는 경우

- $x=0$일 때 $V=0$이므로 $B=0$가 된다.
- $x=d$일 때 $V=V_0$에서 $A=\dfrac{V_0}{d}$이므로

따라서 전위에 관련된 함수는 $V=\dfrac{V_0}{d}x$으로 나타난다.

예제 2.31

전위함수가 $V = x^2 + y^2$로 주어지는 자유 공간에서의 전하밀도[$\mathrm{C/m^3}$]의 크기를 결정하여라.

[풀이] Poisson 방정식인 $\widetilde{\nabla}^2 V = \dfrac{\partial^2 V}{\partial x^2} + \dfrac{\partial^2 V}{\partial y^2} + \dfrac{\partial^2 V}{\partial z^2} = -\dfrac{\rho}{\varepsilon_0}$ 관계식에서

$$\widetilde{\nabla}^2 V = \frac{\partial^2}{\partial x^2}(x^2+y^2) + \frac{\partial^2}{\partial y^2}(x^2+y^2) + \frac{\partial^2}{\partial z^2}(x^2+y^2) = 2+2 = -\frac{\rho}{\varepsilon_0}$$

이며, 여기서 전하밀도의 크기는

$$\rho = -4\,\varepsilon_0 = -4 \times 8.854 \times 10^{-12}[\mathrm{C/m^3}]$$

가 된다.

2.15 전기 쌍극자(Electric dipole, Electric doublet)

2.15.1 전기 쌍극자의 개요

전기 쌍극자는 크기가 같고(실제로 크기는 무시할 정도로 작다.) 부호가 다른 2개의 점전하 $+Q$, $-Q$가 미소거리 만큼 떨어져 존재하는 것을 전기 쌍극자라고 한다.

이와같은 전기 쌍극자를 이용하여 임의의 한 점에 대한 전계를 구할 수 있는 또 다른 방법의 하나라고 할 수 있다.

전기 쌍극자의 양극 $+Q$, $-Q$에서 각각 거리 R_1, R_2[m]인 점 P의 전계와 전위를 고려하기 위한 것으로 먼저 고찰해야 할 내용으로

- 쌍극자 전체에 의한 전계를 구하고 전위를 구할 것인지?
- 아니면 쌍극자 전체에 의한 전위를 구하고 전계를 구하는 것이 쉬운 방법인지?

어느 경우든지 전계와 전위 $\widetilde{E}, V$를 구하고 다른 하나를 구하는 방법에 이용 할 수 있다는 것이다.

여기서 전계를 구하는 절차과정을 고려하면

- 먼저 전계 $\widetilde{E}$를 구하고 이를 이용해서 전위 V를 구하는 방법이 있다면

■ 전기 쌍극자 경우에서는 반대로 임의의 한 점에 대해 전위 V를 알고 이를 활용하여 전계 $\widetilde{E}$를 구하는 방법이라고 할 수 있다.

2.15.2 전기 쌍극자에 대한 해석

(1) 전기 쌍극자를 이용한 전위 V 구하기

임의의 한 점 P에 대해 전위 V를 구하는 경우에 대해서 알아보기 위해서 그림 2.34에 대해 고찰하면 다음과 같다.

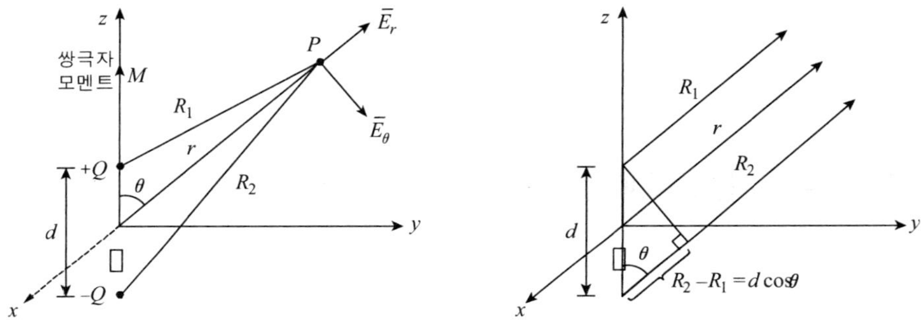

(a) $r \gg d$ (b) 점 P가 멀리 떨어져 있는 경우 : R_1과 R_2는 평행($R_1 // R_2$)

그림 2.34 전기 쌍극자

지금 전하 $+Q$, $-Q$에서 점 P까지 거리를 각각 R_1, R_2로 하는 경우 이들 전하에 의한 전위 V의 크기는

$$V = \frac{Q}{4\pi\varepsilon_0 R_1} + \frac{-Q}{4\pi\varepsilon_0 R_2} = \frac{Q}{4\pi\varepsilon_0}\left(\frac{1}{R_1} - \frac{1}{R_2}\right) = \frac{Q}{4\pi\varepsilon_0}\left(\frac{R_2 - R_1}{R_1 R_2}\right)$$

으로 나타낼 수 있는데 이는 앞에서 설명한 내용으로 n개의 전하에서 점 P점에 대한 전계와 전위 $\widetilde{E}, V$를

$$\widetilde{E} = \sum_{m=1}^{n} \frac{Q_m}{4\pi\varepsilon_0 r_m^2}$$

$$V = \sum_{m=1}^{n} \frac{Q_m}{4\pi\varepsilon_0 r_m}$$

으로 구했듯이 여기서는 n개 대신에 두 점 전하 2개를 고려한 것으로 보고 해석하는 것으로 취급하여도 된다.

따라서 멀리 떨어져 있는 점($d \ll R_1$, $d \ll R_2$)에서는

$$R_1 R_2 = r^2$$

인 관계에 있으며, R_1과 R_2가 평행이라고 가정하면 근사적으로

$$R_2 - R_1 = d\cos\theta$$

로 나타나며, 이 관계식을 $V = \dfrac{Q}{4\pi\varepsilon_0}\left(\dfrac{R_2 - R_1}{R_1 R_2}\right)$에 적용하면

$$V = \frac{Q}{4\pi\varepsilon_0}\left(\frac{R_2 - R_1}{R_2 R_1}\right) = \frac{Q\,d\cos\theta}{4\pi\varepsilon_0 r^2}$$

가 된다. 여기에 쌍극자 모멘트(dipole moment) $\widetilde{M}$의 관계식

$$\widetilde{M} = Q \cdot \tilde{d}\ [\mathrm{C \cdot m}]$$

을 전위식인 관계인 $V = \dfrac{Q\,d\cos\theta}{4\pi\varepsilon_0 r^2}$에 적용하면

$$V = \frac{\widetilde{M}\cos\theta}{4\pi\varepsilon_0 r^2}\,[\mathrm{V}]$$

으로 나타낼 수 있다.

(2) 전기 쌍극자를 이용하여 전계의 세기 $\widetilde{E}$ 구하기

여기서 전기 쌍극자를 통해서 얻은 전위 V를 이용하여 전계의 세기 $\widetilde{E}$를 구하기(구 좌표계의 스칼라 계를 이용)위해서 $\widetilde{E} = -\widetilde{\nabla} V$ 관계식을 이용하는데 구 좌표계를 이용한 관계식으로 나타내면

$$\widetilde{E} = -\widetilde{\nabla} V = -\left(\frac{\partial V}{\partial r}\tilde{a}_r + \frac{1}{r}\frac{\partial V}{\partial \theta}\tilde{a}_\theta + \frac{1}{r\sin\theta}\frac{\partial V}{\partial \phi}\tilde{a}_\phi\right)$$

이며, 이를 이용하여 전계의 성분을 구하는데 여기서 ϕ 방향 성분은 나타나지 않으므로 (　　)안의 세 번째 항을 무시할 수 있다. 따라서 $\tilde{E} = E_r \tilde{a}_r + E_\theta \tilde{a}_\theta + E_\phi \tilde{a}_\phi$에서 ϕ 성분을 제외한 $\tilde{E} = E_r \tilde{a}_r + E_\theta \tilde{a}_\theta$에 대해서만 고려한다. 그래서 각 전계 E_r, E_θ 방향에 대한 성분의 크기를 구하면

$$E_r = -\frac{\partial V}{\partial r} = +\frac{M\cos\theta}{2\pi\varepsilon_0 r^3}$$

$$E_\theta = -\frac{1}{r}\frac{\partial V}{\partial \theta} = +\frac{M\sin\theta}{4\pi\varepsilon_0 r^3}$$

가 된다.

따라서 쌍극자로부터 거리 r만큼 떨어져 있는 점의 전계의 세기 $\tilde{E}$는

$$\tilde{E} = \frac{\tilde{M}}{4\pi\varepsilon_0 r^3}(2\cos\theta\tilde{a}_r + \sin\theta\tilde{a}_\theta)$$

으로 구해진다.

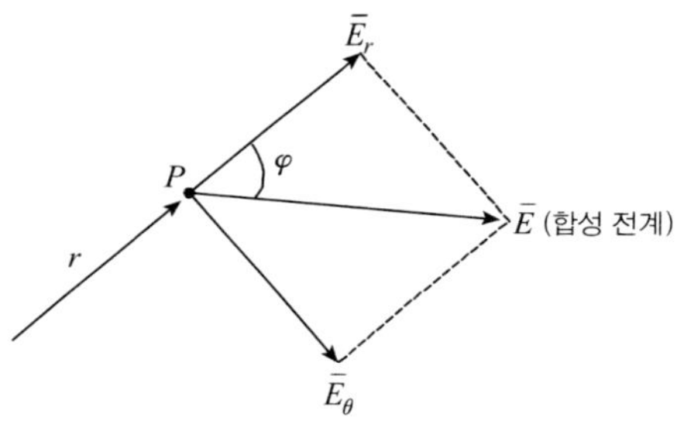

그림 2.35

따라서 점 P에서의 합성전계의 크기 $\tilde{E}$의 크기는 전계 성분 E_r, E_θ의 합성의 크기가 되므로

$$\tilde{E} = \sqrt{E_r^2 + E_\theta^2} = \frac{\tilde{M}}{4\pi\varepsilon_0 r^3}\sqrt{(2\cos\theta)^2 + \sin^2\theta}$$

$$= \frac{\tilde{M}}{4\pi\varepsilon_0 r^3}\sqrt{1 + 3\cos^2\theta}\ [\text{V/m}]$$

으로 구할 수 있다. 이 결과식은 쌍극자로부터 멀리 떨어져 있는 한 점에 대한 전계의 세기를 구하는 경우에 활용할 수 있는 식이다.

여기서 r방향에 대한 $\widetilde{E}$의 방향을 φ라고 하면 다음과 같다.

$$\tan\varphi = \frac{E_\theta}{E_r} = \frac{1}{2}\tan\theta$$

Book Cafe

전계의 세기에 관련된 식

- 점 전하에 의한 전계 $\widetilde{E} = \dfrac{Q}{4\pi\varepsilon_0 r^2}$
- 구 전하에 의한 전계 $\widetilde{E} = \dfrac{Q}{4\pi\varepsilon_0 r^2}$

  원점(도체 구)에서 거리 r에 있는 점전하 Q에 의한 전계는 $\widetilde{E} = \dfrac{Q}{4\pi\varepsilon_0 r^2}$이며, 전위는 $V = \dfrac{Q}{4\pi\varepsilon_0 r}$이다.

  따라서 전계는 거리 r^2에 반비례하고, 전위는 r에 반비례 한다.
- 선 전하에 의한 전계 $\widetilde{E} = \dfrac{\rho_l}{2\pi\varepsilon_0 r}$
- 전기 쌍극자에 의한 전계 $\widetilde{E} = \dfrac{\widetilde{M}}{4\pi\varepsilon_0 r^3}\sqrt{1+3\cos^2\theta}$, $V = \dfrac{\widetilde{M}\cos\theta}{4\pi\varepsilon_0 r^2}$

  쌍극자를 통해서 구한 결과에서 전계는 거리 r^3에 반비례하고, 전위는 r^2에 반비례 함을 알 수 있다.

예제 2.32

쌍극자 모멘트가 $\widetilde{M}$[C·m]인 전기 쌍극자가 있다. 전기 쌍극자의 중심에서 축 방향과 한 점을 잇는 선분의 사이 각을 θ라고 할 때 임의의 한 점에서 전계 값이 최대와 최소가 되는 경우에 대해서 설명하여라.

[풀이] 전기 쌍극자에 의한 전계 $\widetilde{E} = \dfrac{\widetilde{M}}{4\pi\varepsilon_0 r^3}\sqrt{1+3\cos^2\theta}$이다.

- 여기서 $\theta = 90°$일 때 $\cos 90° = 0$이므로 전계의 세기는 $\widetilde{E} = \dfrac{\widetilde{M}}{4\pi\varepsilon_0 r^3}$[V/m]

  으로 최소값을 가진다.
- 그리고 $\theta = 0°$일 때 $\cos 0° = 1$이므로 전계의 세기는 $\widetilde{E} = \dfrac{\widetilde{M}}{2\pi\varepsilon_0 r^3}$[V/m]

  으로 최대값을 가진다.

예제 2.33

다음과 같은 전기 쌍극자에서 P점에 위치하는 곳의 전계의 세기[V/m]를 구하여라.

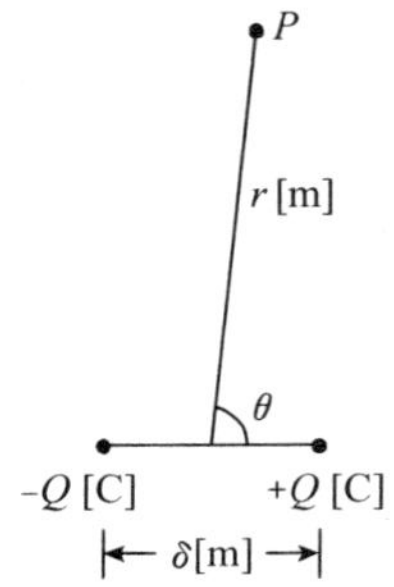

[풀이] 전계를 구하는 관계식 $\widetilde{E} = -\widetilde{\nabla} V$를 이용해서 전계를 구하면

$$\widetilde{E} = -\nabla V = -\left(\frac{\partial V}{\partial r}a_r + \frac{1}{r}\frac{\partial V}{\partial \theta}a_\theta + \frac{1}{r\sin\theta}\frac{\partial V}{\partial \phi}a_\phi\right)$$

$$= -\left[\frac{-2M\cos\theta}{4\pi\varepsilon_0 r^3}a_r + \frac{1}{r}\frac{(-M\sin\theta)}{4\pi\varepsilon_0 r^2}a_\theta + 0\right]$$

$$= \frac{2M\cos\theta}{4\pi\varepsilon_0 r^3}a_r + \frac{M\sin\theta}{4\pi\varepsilon_0 r^3}a_\theta$$

$$= \frac{Q\delta}{2\pi\varepsilon_0 r^3}\cos\theta a_r + \frac{Q\delta}{4\pi\varepsilon_0 r^3}\sin\theta\, a_\theta \,[\mathrm{V/m}]$$

인 각 성분의 크기로 나타낼 수 있다.

2.16 전기 2중층(electric double layer)의 전위

2.16.1 전기 2중층의 개요

얇은 판상에서 한 면에는 정전하를 다른 면에는 부전하가 존재하는 것은 전기 2중층이라고 한다.

즉, 전기 쌍극자가 연속적으로 모여 2개의 정・부의 면을 만든 것이라고 볼 수 있다.

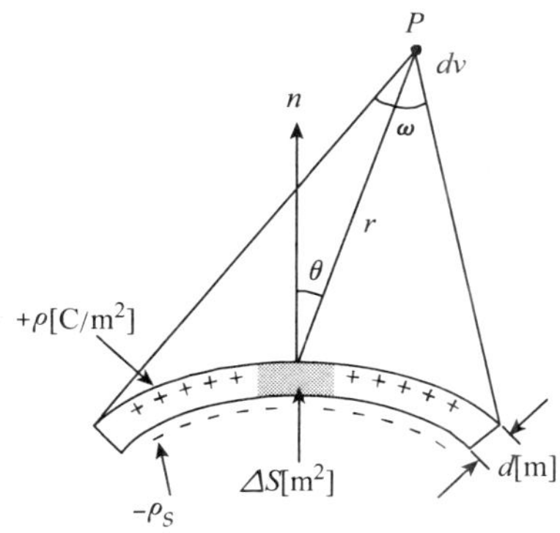

ΔS 부분의 미소 전하를 전기 쌍극자로 본다.

그림 2.36 전기 2중층

2.16.2 전기 2중층을 이용한 전위

면적 $\triangle S\,[\mathrm{m}^2]$부분의 미소전하를 전기 쌍극자로 볼 수 있으므로 전위

$$V = \frac{Q\,l\cos\theta}{4\pi\varepsilon_0 r^2}$$

관계식에 대해 앞에서 정리한 전하밀도 $\rho_S = \dfrac{Q}{S}$, $Q = \rho_S S$, $l = d$(두께)를 적용하면

$$\triangle V = \frac{1}{4\pi\varepsilon_0}\frac{(\rho_S \triangle S)d}{r^2}\cos\theta = \frac{\rho_S d}{4\pi\varepsilon_0}\frac{\triangle S\cos\theta}{r^2}$$

이다. 여기서 $\dfrac{\triangle S\cos\theta}{r^2}$을 입체각 $\triangle w$로 보면 전위는

$$\triangle V = \frac{\rho_S d}{4\pi\varepsilon_0}\triangle w$$

가 된다.

Book Cafe

전기 2중층에 의한 전위는 전기 2중층을 본 입체각 w에 의해 결정된다.
여기에 입체각 Δw을 고려하면

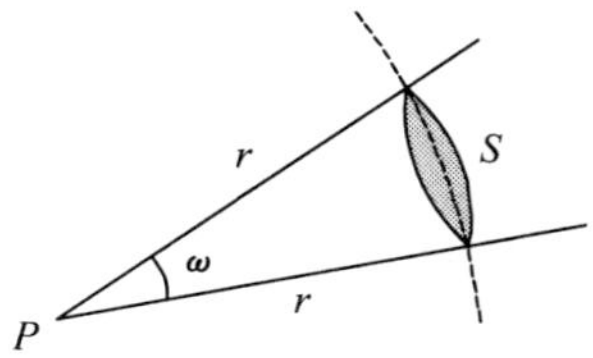

$$w = \frac{S}{r^2}[\mathrm{sr,\ steradian}]$$

여기서 w의 의미는 점 P에서 면적 S를 바라보는 입체각(한 직선이 임의 점을 정점으로 회전했을 때 형성되는 원추 각을 입체각(solid angle)이라고 한다.)을 나타낸다. 입체각은 입체적 공간의 각을 측정하는데 이용된다. 만일 S가 전 구면이 될 경우 $S = 4\pi r^2$이 되므로 전 공간 및 반 공간이 한 점에 대하여 이루는 입체각은 각각 다음과 같다.

전 공간(전구의 입체각) : $w = \dfrac{4\pi r^2}{r^2} = 4\pi[\mathrm{sr}]$

반 공간(반구의 입체각) : $w = 2\pi[\mathrm{sr}]$

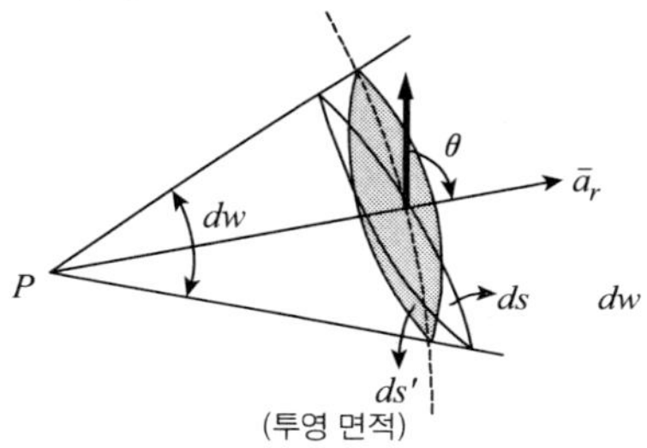

임의의 면적 dS가 구면에 대해 θ 만큼 기울어져 있을 때 구면상의 투영 면적을 dS' 라고 하면

$$dw = \frac{dS'}{r^2}$$

이며, 여기에 $dS' = dS\cos\theta$ 관계식을 이용하면

$$dw = \frac{dS\cos\theta}{r^2}$$

가 된다.

따라서 $\Delta V = \dfrac{\rho_S d}{4\pi\varepsilon_0}\Delta w$ 관계식에 쌍극자 모멘트 $\widetilde{M} = \sigma d$을 적용하면

$$\Delta V = \frac{\widetilde{M}}{4\pi\varepsilon_0}\Delta w$$

가 된다.

Book Cafe

반경이 a[m]인 원판에서 중심으로부터 수직축 상의 한 점 P일 때 점 P에서 이루는 입체각 w의 크기는

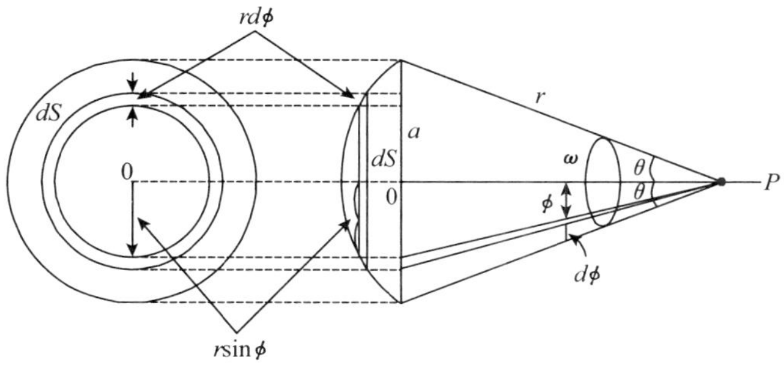

구면상에서 바라본 원판의 반경을 $r\sin\phi$, 폭 $r\,d\phi$를 고려하여 미소 면적 dS를 나타내면

$$dS = 2\pi \times r\sin\phi \times r\,d\phi = 2\pi r^2 \sin\phi\, d\phi$$

가 된다. 여기서 구의 면적의 크기는 dS를 적분한 것으로

$$S = \int_0^\theta ds = \int_0^\theta 2\pi r^2 \sin\phi\, d\phi = 2\pi r^2 \int_0^\theta \sin\phi\, d\phi = 2\pi r^2 (1-\cos\theta)$$

으로 구해진다. 여기서 원판의 한 점 P에서 바라본 입체각을 w라고 하면

$$w = \frac{S}{r^2} = 2\pi(1-\cos\theta)\,[\mathrm{sr}]$$

가 된다.

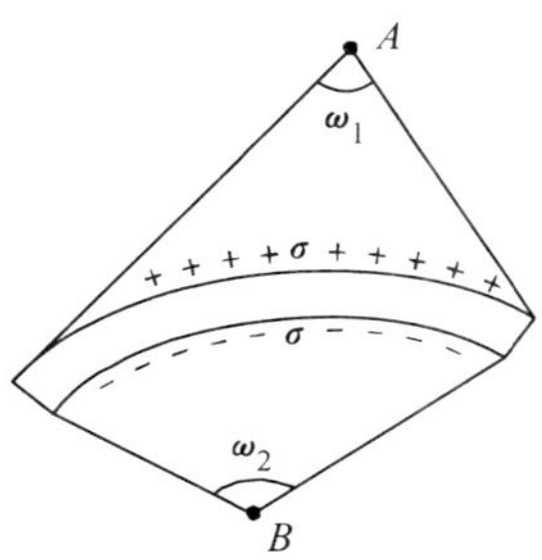

그림 2.37 전기 2중층 양측의 전위

그림 2.37에서 점 A에서 전기 2중층을 본 전체 입체각을 w라고 할 때 점 A의 전위 V_A을 구하기 위해 ΔV에 대해서 양변 적분을 행하면

$$V_A = \frac{\widetilde{M}}{4\pi\varepsilon_0}\int dw = \frac{M}{4\pi\varepsilon_0} w\,[\mathrm{V}]$$

가 된다. 따라서 점 A는 정전하측에 있으므로 전위 V_A는

$$V_A = \frac{\widetilde{M}}{4\pi\varepsilon_0} w_1\,[\mathrm{V}]$$

점 B는 부 전하 측에서 본 전위 V_B는

$$V_B = \frac{\widetilde{M}}{4\pi\varepsilon_0}(-w_2)\,[\mathrm{V}]$$

가 된다. 두 점간의 전위차($V_A -$ V_B)는

$$V_A - V_B = \frac{\widetilde{M}}{4\pi\varepsilon_0}(w_1 + w_2)$$

이며, 여기서 $w_1 = 2\pi$, $w_2 = 2\pi$, $w_1 + w_2 = 4\pi$의 관계를 이용하면

$$V_A - V_B = \frac{\widetilde{M}}{\varepsilon_0}\,[\mathrm{V}]$$

가 된다. 여기서 $\frac{M}{\varepsilon_o}$는 정 전하 면과 뒷면 사이에는 위치(A 또는 B)에 무관하게 항상 $\frac{M}{\varepsilon_o}$ 만큼의 전위차가 발생한다는 것을 의미한다.

▶▶▶ 연습문제

01 정 전계에 대해서 설명하여라.

해설 정 전계는 전계 내에서 단위 전하를 운반할 때 필요한 일은 운반 경로에 무관하게 일정하며, 정전 에너지가 최소인 분포이다. 그리고 전기력선과 등전위면은 서로 직교하며, 도체 내에서의 전계의 세기는 0이다.

02 진공 중에 크기가 2×10^{-5}[C]인 두 개의 점전하 사이에서 4×10^{-3}[N]의 힘이 작용할 때 점전하 사이의 거리는?

해설 $F = 4 \times 10^{-3}$[N]이며, $Q_1 = Q_2 = 2 \times 10^{-5}$[C]이므로 쿨롱의 힘

$$\tilde{F} = \frac{Q_1 Q_2}{4\pi\varepsilon_o r^2} = 9 \times 10^9 \times \frac{Q_1 Q_2}{r^2} \text{ [N]}$$

을 적용해서 거리를 구하면

$$r^2 = \frac{Q_1 Q_2}{4\pi\varepsilon_o F} = 9 \times 10^9 \times \frac{(2 \times 10^{-5})}{4 \times 10^{-3}}$$

에서

$$r = 30 \text{ [m]}$$

가 된다.

03 진공 중에 10^{-7}[C]의 점전하가 점(2 , 2 , 3) [m]에 존재할 때 점(4 , 0 , 4) [m]에서의 전계의 세기는?

해설 두 점 사이의 거리를 r이라고 하면

$$\tilde{r} = (4\tilde{a}_x + 4\tilde{a}_z) - (2\tilde{a}_x + 2\tilde{a}_y + 3\tilde{a}_z) = 2\tilde{a}_x - 2\tilde{a}_y + \tilde{a}_z,$$

$$|\tilde{r}| = \sqrt{2^2 + (-2)^2 + 1^2} = 3 \text{[m]}$$

따라서 전계 $\tilde{E}$의 크기는

$$\tilde{E} = \frac{Q}{4\pi\varepsilon_o r^2} = 9 \times 10^9 \times \frac{10^{-7}}{3^2} = 10^2 \text{ [V/m]}$$

가 된다.

04 공기 중에 점전하 간에 10[N] 이었는데 두 전하 간에 어떤 유전체를 삽입하였더니 힘이 4[N]으로 변했다. 이 때의 비유전율 ε_S는?

해설 두 전하 간에 작용하는 힘 $\widetilde{F}$에서 공기 중에 힘을 $\widetilde{F_1}$, 유전체를 삽입한 경우의 힘을 $\widetilde{F_2}$라고 하면

$$\widetilde{F_1} = \frac{Q_1 Q_2}{4\pi \varepsilon_o r^2} = 10\,[\mathrm{N}],\ \widetilde{F_2} = \frac{Q_1 Q_2}{4\pi \varepsilon_o \varepsilon_S r^2} = 4\,[\mathrm{N}]\text{이다.}$$

여기서 비유전율 ε_S는

$$\frac{\widetilde{F_1}}{\widetilde{F_2}} = \varepsilon_S = \frac{10}{4} = 2.5$$

가 된다.

05 점 A의 10^{-6}[C]에서 3[m]에 위치한 곳 점 B에 2×10^{-6}[C]의 전하가 존재할 때 진공 중에서 B점에서의 전계의 세기는?

해설 점 B에서의 전계의 세기 $\widetilde{E}$는

$$\widetilde{E} = \frac{Q}{4\pi\varepsilon_o r^2} = 9 \times 10^9 \times \frac{2 \times 10^{-6}}{3^2} = 2 \times 10^3\ [\mathrm{N/C}]$$

가 된다.

06 전계 중에 단위 전하를 놓았을 때 전하에 작용하는 힘에 대해 설명하여라.

해설 전하에 작용하는 힘을 그 점에서의 전계의 세기라고 한다. 전계의 세기는 +1[C]당 작용하는 힘[N/C]을 나타내며, 수직 단면을 관통하는 전기력선의 밀도[개/m^2] 또는 $\widetilde{E} = -\dfrac{dV}{dl}$[V/m]로 나타낸다.

07 원점에 10^{-7}[C]의 전하가 존재할 때 점 $P(2, 2, 1)$[m]에서 전계의 세기는?

해설 원점과 점 P 사이의 거리를 r이라고 하면

$$|\widetilde{r}| = \sqrt{2^2 + 2^2 + 1^2} = 3$$

이며, 전계의 크기는

$$\widetilde{E} = \frac{Q}{4\pi\varepsilon_o r^2} = 9 \times 10^9 \times \frac{10^{-7}}{3^2} = 10^2\ [\mathrm{V/m}]$$

가 된다.

08 전계 내에서 폐회로를 따라 전하를 일주시키는 경우에 대한 일에 대해 설명하여라.

해설 정 전계는 에너지 보존적이다. $\oint \tilde{E} \cdot d\bar{l} = 0$ 즉, 폐회로를 따라 단위 정전하를 일주시킬 경우 전계가 하는 일은 0이다.

09 다음과 같이 한 변의 길이가 a [m]이고 각 위치에 Q [C]의 전하가 존재하는 정 6면체 중심에서의 전계의 세기는?

해설

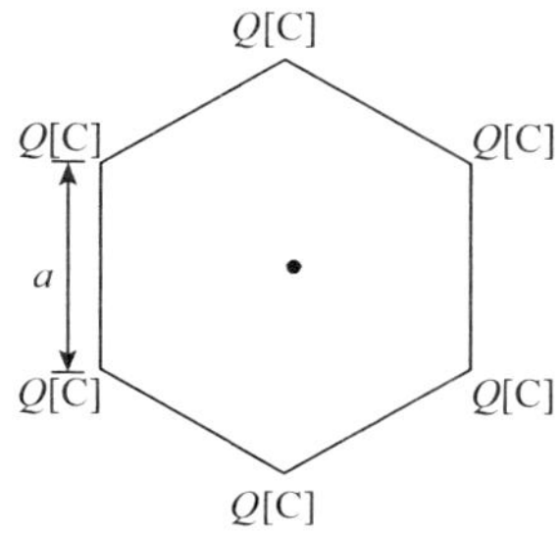

그림과 같은 정 6면체 중심과 각 꼭지점 간의 전계 $\tilde{E}$ 는 $\tilde{E} = \dfrac{Q}{4\pi\varepsilon_o a^2}$ 이다. 그러나 6면체 내에는 전계가 서로 상쇄되기 때문에 중심에서의 합성 전계는 0으로 나타난다.

10 두 점전하의 크기가 각각 $+1$ [C]과 $+3$ [C]일 때 전하간의 거리는 1[m]이다. 두 전하가 직선상에 존재하는 경우 전계의 세기가 0이 되는 지점은?

해설

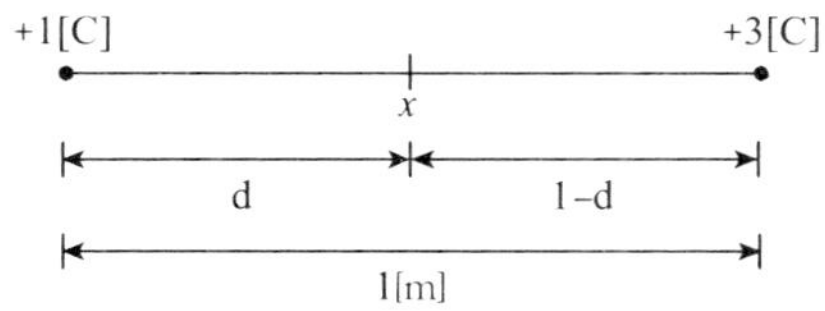

전하의 부호가 동일할 때의 전계의 세기가 0인 위치는 두 점 전하 사이에 존재하기 때문에 그림에서 x가 되는 위치에서 전계의 세기가 0이라고 하면 $\dfrac{1 \times 10^{-6}}{4\pi\varepsilon_o d^2} = \dfrac{3 \times 10^{-6}}{4\pi\varepsilon_o (1-d)^2}$ 이다. 여기서 d을 구하면 $d = \dfrac{1}{\sqrt{3}+1} = (\sqrt{3}-1)$ [m]이므로 $+1$ [C]로부터 $(\sqrt{3}-1)$ [m]에 위치한 점에서 전계의 세기가 0이 된다.

11 진공 내에서 반지름 d [m]인 전하가 분포할 때 구의 중심에서 $\dfrac{r}{2}$가 되는 위치에서의 전계의 세기는?

해설

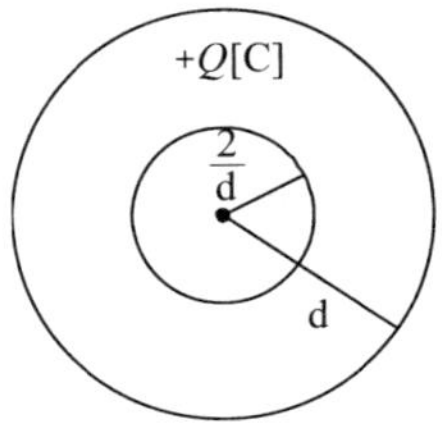

$r = \dfrac{d}{2}$인 구 내부의 전체 전하를 Q_T라고 하면 Q_T는 부호에 따라 차이가 날 수 있다.

따라서 Q_T에 관련된 식으로 나타내면 $Q_T = \dfrac{\frac{4}{3}\pi\left(\frac{d}{2}\right)^3}{\frac{4}{3}\pi(d)^3} = \dfrac{1}{8}Q$ 이다. 여기서 $r = \dfrac{d}{2}$ 되는 위치에 대한 전계는

$$\tilde{E} = \frac{\frac{1}{8}Q}{4\pi\varepsilon_o\left(\frac{d}{2}\right)^2} = \frac{Q}{8\pi\varepsilon_o d^2}\,[\mathrm{V/m}]$$

가 된다.

12 **$V = 3x^2 + 2y^2\,[\mathrm{V}]$의 전위를 갖는 경우에 대한 전기력선의 방정식을 나타내어라.**

해설 주어진 전위에 대한 전계의 세기는

$$\tilde{E} = -\,\mathrm{grad}\,V = -\tilde{\nabla}V = -\left(\frac{\partial V}{\partial x}\tilde{a}_x + \frac{\partial V}{\partial y}\tilde{a}_y + \frac{\partial V}{\partial z}\tilde{a}_z\right) = -(6x\tilde{a}_x + 4y\tilde{a}_y)$$

이며, 여기서 전기력선 방정식을 이용하면 $\dfrac{dx}{E_x} = \dfrac{dy}{E_y} = \dfrac{dz}{E_z}$에서

$E_x = -6x$, $E_y = -4y$이므로 전기력선의 방정식은

$$-\frac{dx}{6x} = -\frac{dy}{4y}$$

이며, 이를 변수 분리를 이용하여 해를 구하면

$$\log x^2 = \log y^3 + C$$

이다. 따라서 전기력선의 방정식은

$$\frac{x^2}{y^3} = C \ (C\text{는 상수이다.})$$

로 구해진다.

13 진공 중에서 반지름이 2 [m]인 구 내부의 전하 분포가 $\tilde{E} = 4x\,\tilde{a}_x + 3y\tilde{a}_y + 2z\tilde{a}_z$ 일 때 구 표면으로 나오는 전기력선의 수는?

해설 전기력선의 총수 $= \int_s \tilde{E}\cdot d\tilde{S} = \int \tilde{\nabla}\cdot\tilde{E}\,dv$이다. 여기서 $\tilde{\nabla}\cdot\tilde{E}$을 구하면

$$\tilde{\nabla}\cdot\tilde{E} = \frac{\partial E_x}{\partial x} + \frac{\partial E_y}{\partial y} + \frac{\partial E_z}{\partial z} = 4 + 3 + 2 = 9$$

가 된다. 따라서

$$\int \tilde{\nabla}\cdot\tilde{E}\,dv = 9\int dv = 6\times\frac{4}{3}\pi r^3 = 6\times\frac{4}{3}\pi\times(2)^3 = 64\pi$$

로 구해진다.

14 등전위면을 따라서 Q [C]의 전하가 운반하는데 필요한 일에 대해 설명하여라.

해설 등전위면을 따라 전하를 운반하는 경우에는 일을 필요로 하지 않는다.

$$\oint \tilde{E}\cdot d\tilde{l} = 0$$

15 정 전계 반대 방향으로 전하를 3 [m] 이동하는데 300 [J]의 에너지가 소모되었다. 이 때 두 점 사이의 전위차가 50 [V]라면 전하의 전기량은?

해설 전하 Q[C]을 움직이는데 필요한 일 W는 $W = QV$ 관계식에서

$$Q = \frac{W}{V} = \frac{300}{50} = 6\ [\mathrm{C}]$$

가 된다.

16 100 [V/m]의 평등 전계에서 120 [V] 되는 한 점 P에서 전계 방향으로 50 [cm] 떨어진 점 Q에 대한 전위를 구하여라.

해설 점 P와 점 Q의 전위차를 고려하면

$$V_{PQ} = V_P - V_Q = -\int_Q^P \tilde{E}\cdot d\tilde{l} = El = 100\times 0.5 = 50\ [\mathrm{V}]$$

이며, 전기력선은 전위가 높은 곳에서 낮은 점으로 존재하기 때문에 점 Q의 전위가 점 P보다 낮다. 따라서 Q의 전위 V_Q는

$$V_Q = V_P - 50 = 120 - 50 = 70\ [\mathrm{V}]$$

가 된다.

17 전계 내의 한 점 A에서 Q[C]의 전하를 전계 방향으로 l[m] 이동하였다면 이동한 점 A의 전위 [V]는?

해설 전위를 구하는 이론에서 전위 [V]는 전계에 대항하여 1 [C]의 전하를 이동하는데 필요한 일 $V = -\int_{\infty}^{r} \tilde{E} \cdot d\tilde{l}$ 로 정의 하였다. 점 A의 전위를 V_A, 전계 방향으로 l [m] 만큼 이동한 점의 전위를 V_l 이라고 하면 $V_A - V_l = -\int_{l}^{A} \tilde{E} \cdot d\tilde{l} = El$이다.

따라서 $V_l = V_A - El$ [V]이며, 이때의 전위 V_l은 V_A보다 낮다.

18 공기 중에 점전하로 부터 a[m] 위치한 점의 전위가 10[V]이며, 이때의 전위 경도가 10[V/m]라면 점전하의 크기는?

해설 전계 $\tilde{E}$는 $\tilde{E} = \dfrac{V}{a}$에서 $a = \dfrac{V}{\tilde{E}}$이며, 전위 V는 $V = \dfrac{Q}{4\pi\varepsilon_o a}$ 에서

$$Q = 4\pi\varepsilon_o a V \ = 4\pi\varepsilon_o \left(\frac{V}{\tilde{E}}\right) V$$가 되며, 따라서 전하의 크기는

$$Q = 4\pi\varepsilon_o \left(\frac{V}{\tilde{E}}\right) V = \frac{1}{9 \times 10^9} \times \frac{10 \times 10}{10} = \frac{1}{9} \times 10^{-8} \text{ [C]}$$

가 된다.

19 다음의 그림에서 점 P에서의 전계 세기 $\tilde{E}$ [V/m]와 전위 V [V]를 각각 구하여라.

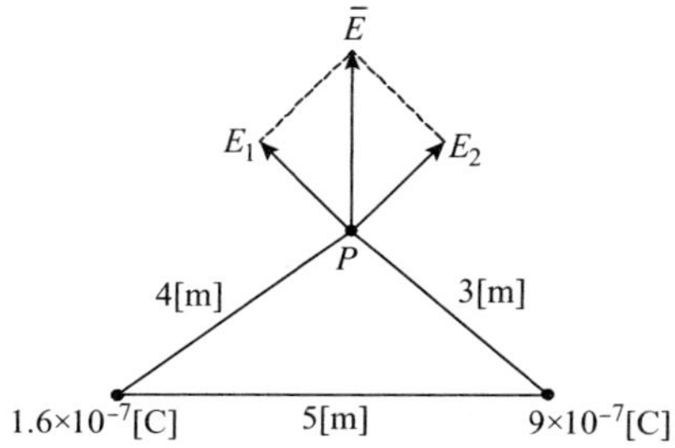

해설 점 P에서의 전계를 각각 $\tilde{E}_1, \tilde{E}_2$ ($\tilde{E}_1$과 $\tilde{E}_2$는 90°)라고 하면

$$\tilde{E}_1 = \frac{Q}{4\pi\varepsilon_o r^2} = 9 \times 10^9 \times \frac{1.6 \times 10^{-7}}{4^2} = 90 \text{ [V/m]}$$

$$\tilde{E}_2 = \frac{Q}{4\pi\varepsilon_o r^2} = 9 \times 10^9 \times \frac{9 \times 10^{-7}}{3^2} = 900 \text{ [V/m]}$$

점 P에서의 합성 전계 $\tilde{E}$는

$$\tilde{E} = \sqrt{\tilde{E}_1 + \tilde{E}_2} = \sqrt{90^2 + 900^2} = 904.5\,[\mathrm{V/m}]$$

이며, 점 P에서의 전위를 각각 V_1, V_2 라고 하면

$$V = V_1 + V_2 = \frac{Q}{4\pi\varepsilon_o}\left(\frac{1}{r_1} + \frac{1}{r_2}\right)$$

$$= 9 \times 10^9 \times \left(\frac{1.6 \times 10^{-7}}{4} + \frac{9 \times 10^{-7}}{3}\right) = 360 + 2700 = 3060\,[\mathrm{V}]$$

가 된다.

20 반지름 a [m]인 두 개의 무한히 긴 직선 도체가 중심 사이의 거리가 l [m] 일 때 각 직선 도체의 단위 길이 당 선 전하 밀도는 ρ_l [C/m]이라면 두 도체 사이의 전위차 [V]는?

해설

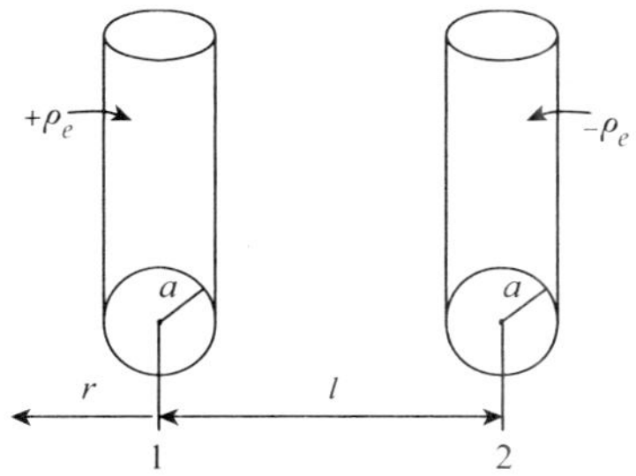

선 전하 밀도가 $\pm\rho_l$ 인 직선 도체에서 r [m] 떨어진 곳의 전계 $\tilde{E}$는 $\tilde{E} = \dfrac{\rho_l}{2\pi\varepsilon r}$ [V/m]

이다. 이 전계에 대항하여 점 1에서 점 2까지 1 [C]을 옮기는데 필요한 일을 두 도체 사이의 전위차라고 한다면

$$V = -\int_1^2 \tilde{E}\cdot d\tilde{l} = -\int_{d-a}^{a} \frac{\rho_l}{2\pi\varepsilon}\left(\frac{1}{r} + \frac{1}{l-r}\right)dr = \frac{\rho_l}{\pi\varepsilon}\log\frac{d-a}{a}$$

이다. 여기서 $l \gg a$ 이라면

$$V = \frac{\rho_l}{\pi\varepsilon}\log\frac{l}{a}\,[\mathrm{V}]$$

가 된다.

21 전위 분포 함수 $V = 3x^2y + 2z + 1$ [V]일 때 점(2, −2, 2)에서의 전계의 세기는?

해설 $\tilde{E} = -\tilde{\nabla} V = -\left(\dfrac{\partial}{\partial x}\tilde{a}_x + \dfrac{\partial}{\partial y}\tilde{a}_y + \dfrac{\partial}{\partial z}\tilde{a}_z\right)(3x^2y + 2z + 1)$

$$= -(6xy\tilde{a}_x + 3x^2\tilde{a}_y + 2\tilde{a}_z)$$

이며, 여기에 $x=2$, $y=-2$, $z=2$를 대입하면

$$\tilde{E} = 24\tilde{a}_x - 12\tilde{a}_y - 2\tilde{a}_z$$

가 된다.

22 직각 좌표계에서 반지름 a[m]인 원 주위에 ρ_l[C/m]의 선 전하가 분포할 때 점 $P(0, 0, z)$에서의 전위[V]는?

해설

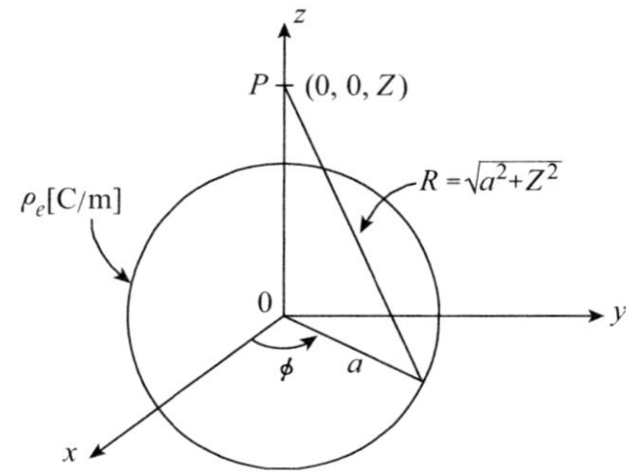

점 P에서의 전위 V_P는

$$V_P = \int \frac{\rho_l dl}{4\pi\varepsilon_0 r} = \int_0^{2\pi} \frac{\rho_l a\, d\phi}{4\pi\varepsilon_0 \sqrt{a^2+z^2}} = \frac{2\pi a \rho_l}{4\pi\varepsilon_0 \sqrt{a^2+z^2}} = \frac{a\,\rho_l}{2\varepsilon_0 \sqrt{a^2+z^2}} \text{[V]}$$

가 된다.

23 체적이 15[cm^3] 내에 3[μC/m^3]의 전하 분포를 갖게 될 때 체적에서 발산하는 전속은?

해설 진공 중에 위치한 전하 Q[C]에서 나오는 전속 수는 주위 공간에 존재하는 매질에 무관하게 항상 Q가 된다. 따라서 체적 전하 밀도 $\rho[\text{C/m}^3] = \dfrac{Q}{V}$에서 전속은

$$Q = \rho V = 3[\mu\text{C/m}^3] \times 15[\text{cm}^3] = 45\ [\mu\text{C}]$$

가 된다.

24 전기 쌍극자 모멘트에 대해 설명하여라.

해설 전기 쌍극자 모멘트는 크기가 같고, 부호가 반대인 두 개의 전하가 미소한 거리 Δr을 두고 있을 때 한 쌍을 전기 쌍극자라고 한다. 이들 한 쌍의 전기 쌍극자에 대한 전기 쌍극자 모멘트를 $\tilde{M}$이라고 하면 $\tilde{M} = Q \cdot \Delta r$[C·m]로 표현된다.

25 자유 공간에서 점(4, −1, 3)가 도체 면상에 존재할 때 이 점에서의 전계가 $\tilde{E} = 6\tilde{a}_x - 3\tilde{a}_y + 2\tilde{a}_z$[V/m]라면 면 전하 밀도 ρ[C/m^2]는?

해설 $\tilde{E} = \dfrac{\rho}{\varepsilon_0}$ 관계식에서 전하밀도의 크기는

$$\rho = \varepsilon_0 \tilde{E} = \varepsilon_0(6\tilde{a}_x - 3\tilde{a}_y + 2\tilde{a}_z) = \varepsilon_0\sqrt{6^2 + (-3)^2 + 2^2} = 7\varepsilon_0[\text{C/m}^2]$$

가 된다.

26 반지름 r[m]와 $4r$[m]인 각각의 도체 구에 전하 Q[C]을 동시에 주는 경우 이들 구에서 발생하는 전위에 대한 관계는?

해설 반지름 r[m]인 경우 원주 상의 한 점에서의 전위를 V_1이라고 하면 $V_1 = \dfrac{Q}{4\pi\varepsilon_o r}$이며, 같은 방법으로 반지름 $4r$[m]인 경우 전위를 $V_2 = \dfrac{Q}{4\pi\varepsilon_o(4r)}$라고 하면 $V_1 = 4V_2$, $V_2 = \dfrac{1}{4}V_1$인 관계식을 보이게 된다. 즉, 구의 반지름 $4r$[m]의 전위는 반지름 r[m]의 $\dfrac{1}{4}$배가 된다.

27 진공 중에 Q[C]와 $-4Q$[C]의 두 전하가 거리 r[m]을 두고 있을 때 두 전하를 직선상에서 볼 때 전위가 0이 되는 위치는 Q[C] 전하에서 어느 정도의 거리에 있게 되는가?

해설 Q[C]와 $-4Q$[C]의 두 전하에 대한 전위를 각각 V_1, V_2라고 하면

$$V_1 = \frac{Q}{4\pi\varepsilon_o r_1}, \quad V_2 = \frac{Q}{4\pi\varepsilon_o r_2}$$

이며, 전위가 0되기 위해서는 $V_1 + V_2 = 0$을 만족하는 거리 r을 구하면

$$\frac{Q}{4\pi\varepsilon_o}\left(\frac{1}{r_1} - \frac{1}{r_2}\right) = 0$$

이다. 여기서 $r_1 + r_2 = r$이므로 $r_2 = r - r_1$을 대입하면 $\dfrac{1}{r_1} = \dfrac{4}{r - r_1}$에서

$$r_1 = \frac{r}{5}$$

가 된다. 즉, 두 전하를 직선상에서 볼 때 전위가 0이 되는 위치는 두 전하 사이 r[m]의 $\dfrac{1}{5}$이 되는 지점에 있다.

28 점전하에서 발생한 전위의 크기가 V[V]일 때 전위를 $\frac{1}{2}V$[V]로 되기 위해서는 점전하로부터 거리를 어느 정도로 해야 하는가?

해설 처음 발생한 전위를 V, 거리를 r이라고 하면 $V = \frac{Q}{4\pi\varepsilon_o r}$이다. 여기서 전위를 $\frac{1}{2}V$[V]으로 되기 위해서는

$$\frac{1}{2}V = \frac{Q}{4\pi\varepsilon_o x}$$

이며, 여기에 전위 V 관계식을 적용하면

$$\frac{1}{2}\frac{Q}{4\pi\varepsilon_o r} = \frac{Q}{4\pi\varepsilon_o x}$$

에서 $x = 2r$가 된다. 따라서 거리를 2배로 하면 전위는 $\frac{1}{2}V$[V]이 되게 된다.

29 공기 중에 대전된 도체 표면에서 전위 경도가 36×10^6[V/m]일 때 방전이 발생한다면 도체 표면에 작용하는 힘[N/m^2]은?

해설 진공 중에서 대전 도체의 면 전하 밀도 ρ_S[C/m^2]일 때 도체 표면에 작용하는 정전응력은

$$f = \frac{\rho_S^2}{2\varepsilon_0} = \frac{\tilde{D}^2}{2\varepsilon_0} = \frac{1}{2}\tilde{D}\,\tilde{E} = \frac{1}{2}\varepsilon_0\,\tilde{E}^{\,2}[\text{N/m}^2]$$

으로 정전응력 f은 σ^2에 비례하며, 이를 이용하기 위해서 $\frac{1}{4\pi\varepsilon_o} = 9\times 10^9$ 관계에서 $\varepsilon_o = \frac{1}{4\pi\times 9\times 10^9}$ 이므로 힘(정전 응력)의 크기는

$$f = \frac{1}{2}\varepsilon_0\,\tilde{E}^{\,2} = \frac{1}{2}\times\frac{1}{4\pi\times 9\times 10^9}\times(36\times 10^6)^2 = \frac{18}{\pi}\times 10^3[\text{N/m}^2]$$

가 된다.

30 전위 분포 함수가 $V = 2x^2 + 3y^2$[V]인 자유 공간 내의 전하밀도 [C/m^3]은?

해설 전하밀도 ρ를 구하기 위해서 포아송 방정식

$$\tilde{\nabla}^2 V = \frac{\partial^2 V}{\partial x^2} + \frac{\partial^2 V}{\partial y^2} + \frac{\partial^2 V}{\partial z^2} = -\frac{\rho}{\varepsilon_0}$$

의 관계를 이용하면 $\tilde{\nabla}^2 V = 4 + 6 = -\frac{\rho}{\varepsilon_0}$이며, 여기서 전하 밀도 ρ의 크기는

$$\rho = -10\varepsilon_0 = -10 \times 8.854 \times 10^{-12} = -8.854 \times 10^{-11} [\mathrm{C/m^3}]$$

가 된다.

31 전하가 존재하지 않는 점에서의 전계의 세기 $\tilde{E}$가 $\tilde{E} = x^2 \tilde{a}_x - 3y\tilde{a}_y + kf(x,y)\tilde{a}_z [\mathrm{V/m}]$ 라면 $f(x, y)$ 값은?

해설 전하가 분포하지 않은 곳은 $\rho = 0$ 이므로 라플라스 방정식에 $\tilde{\nabla}^2 V = 0$이다.

즉, $\tilde{\nabla}^2 V = \tilde{\nabla} \cdot \tilde{E} = 0$가 된다.

따라서

$$\tilde{\nabla}^2 V = \tilde{\nabla} \cdot \tilde{E} = \frac{\partial E_x}{\partial x} + \frac{\partial E_y}{\partial y} + \frac{\partial E_z}{\partial z} = 2x - 3 + k'(x,y) = 0$$

이므로 $f(x, y)$는

$$f(x, y) = -2x + 3$$

이다.

32 임의의 공간에서 전계 강도 $\tilde{E}$가 $\tilde{E} = (4x^2 + 6x)\tilde{a}_x [\mathrm{V/m}]$일 때 전하가 없는 점은?

해설 전하가 분포하지 않은 곳은 라플라스 방정식에 의해 $\tilde{\nabla}^2 V = 0$을 만족해야 한다.

즉, $\tilde{\nabla}^2 V = \frac{\partial^2 V}{\partial x^2} + \frac{\partial^2 V}{\partial y^2} + \frac{\partial^2 V}{\partial z^2} = 0$가 되어야 한다. 이를 위해서는

$\tilde{E} = -\tilde{\nabla} V = -\left(\frac{\partial V}{\partial x}\tilde{a}_x + \frac{\partial V}{\partial y}\tilde{a}_y + \frac{\partial V}{\partial z}\tilde{a}_z\right)$을 고려하면

$\tilde{E} = -\left(\frac{\partial V}{\partial x}\tilde{a}_x + \frac{\partial V}{\partial y}\tilde{a}_y + \frac{\partial V}{\partial z}\tilde{a}_z\right) = (4x^2 + 6x)\tilde{a}_x$ 이므로

$\frac{\partial V}{\partial x} = -(4x^2 + 6x)$에서 전위 V는

$V = -(\frac{4}{3}x^3 + 3x^2) + C$ (적분 상수)가 된다.

따라서 $\tilde{\nabla}^2 V = 0$을 만족하기 위해서

$$\tilde{\nabla}^2 V = \frac{\partial^2 V}{\partial x^2} + \frac{\partial^2 V}{\partial y^2} + \frac{\partial^2 V}{\partial z^2} = -(8x + 6) = 0$$

이므로 $x = -\frac{3}{4}$으로 구해진다.

33 반지름 a인 원형판 형태의 전기 2중층의 축 상에서 거리 r 만큼 떨어져 존재하는 점전하의 전위는?

해설

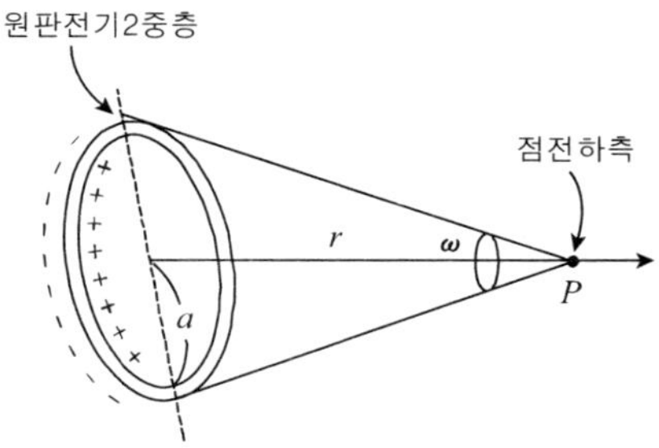

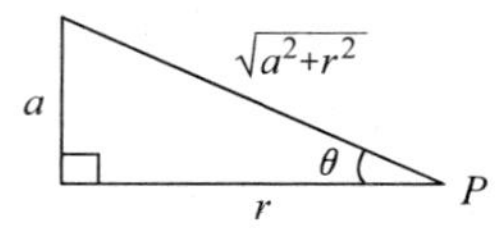

점P의 원판 도체를 바라본 입체각 w은 $w = 2\pi(1-\cos\theta) = 2\pi\left(1 - \dfrac{r}{\sqrt{a^2+r^2}}\right)$이다.

여기서 점 P의 전위 V_P을 고려하면 전기 2중층에 의해서

$$V_P = \frac{M}{4\pi\varepsilon_0} w \text{ [V]}$$

이다. 따라서 입체각을 대입해서 정리하면 점전하의 전위는

$$V_P = \frac{M}{4\pi\varepsilon_0} \times 2\pi\left(1 - \frac{r}{\sqrt{a^2+r^2}}\right) = \frac{M}{2\varepsilon_0}\left(1 - \frac{r}{\sqrt{a^2+r^2}}\right)$$

가 된다.

Chapter 03 도체계와 정전용량(에너지)

3.1 도체계의 개요

3.1.1 도체계의 개념

다수 개의 도체로 구성된 도체계에서 특정한 도체에 대해서 전위를 인가하면 도체면상에 전하가 축적되는데 이 때 도체가 전하를 축적할 수 있는 능력을 나타내는 정전용량의 크기를 구하고 전하가 축적된 도체가 갖는 정전 에너지에 대해서 정리하기로 한다.

3.1.2 도체계의 대전

도체내에서 전하는 자유롭게 이동할 수 있기 때문에 도체내의 전하에 대해서는 쿨롱의 법칙이 작용하지 않는다.

일반적으로 대전된 도체가 보이는 특징을 고려하면 다음과 같다.

- 도체에 인가된 전하는 도체 표면에만 분포하게 된다. 이는 도체 내부에는 전계가 존재하지 않기 때문에 Gauss 법칙에 의해서 도체 내부에는 전하가 존재하지 않으면서 도체의 표면에만 전하가 존재하게 되는 것이다.

Book Cafe

전기적으로 중성인 도체구(반지름 a) 속을 다음과 같이 임의의 모양으로 도려내고 그 속에 점전하 Q를 넣는 순간 도체구 표면에 모이는 전하량은 $+Q$이다.
즉, 전하량은 도체 표면에만 존재한다.

- 도체 표면은 등전위면이 도체 표면에서 발생된 전계는 도체 표면에 수직인 방향으로 진행하게 된다.
- 도체 면상에서 전속 밀도 $\widetilde{D}$는 도체면의 면 전하 밀도 ρ_s와 같다.
- 도체내에는 전기력선이 없다.
- 정전유도에 의해 도체에 전하를 주면, 반대면에는 반대부호의 전하가 나타난다.

3.2 전위계수(coefficient of potential)

3.2.1 전위 계수의 정의

다수 개로 구성되는 도체가 근접해 있는 경우를 도체계(system of conductor)라고 하는데 도체계에 있어서 각 도체에는 전하 및 전위가 하나의 값으로 결정되며, 이들 상호간에는 어떤 비례적인 요소를 보이기 때문에 도체계에 발생하는 문제에 대한 해결이 가능할 수 있다.

도체계 중에서 특정 도체에 $+1[\mathrm{C}]$의 전하를 인가했을 때 각 도체에 유기되는 전위를 전위계수(coefficient of potential)라고 한다. 전위계수는 정전 유도계수, 정전용량계수 등과 같이 정전기학을 평가하는데 이용되는 매우 중요한 계수이다. 도체계의 각 전하(전위)가 정해지면 각 도체의 전위(전하)는 자연적으로 정해지게 된다.

여기서 n개의 도체가 배열된 경우 임의의 도체에 대해서 전하를 인가하는 경우 이웃하고 있는 도체에서 나타나는 현상을 설명하기로 한다.

- 인가되는 전하에 의해서 다른 전하에 전위를 발생하게 된다.
- 다른 도체에 전위가 상승하는데 상승 값은 각 도체의 모양, 크기 그리고 기하학적 상호 위치에 따라 결정된다.
- 전위계수는 전하에 의해서 어느 정도 전위를 주어지는가를 나타내는 계수이다.
- 임의의 도체에 전하를 인가하면 다른 도체에 전위가 상승하게 된다. 이 때 전하에 의해서 전위가 상승하는 정도를 전위계수라고 한다.

- 전위계수는 $+1[\mathrm{C}]$이 만드는 전위로 $P=\dfrac{V}{Q}$이며, 사용되는 단위로 $\left[\dfrac{\mathrm{V}}{\mathrm{C}}\right]$, $\left[\dfrac{1}{\mathrm{F}}\right]$, $[\mathrm{daraf}]$ 등을 사용하게 된다.

따라서 일정 위치에 배치된 도체계에서 각 도체의 전위 V는 전하량 Q와 비례 관계에 있으며, 이때의 전위계수 P를 고려하기 위해 예를 들어 다음과 같이 도체에 전하를 주는 방법에 대해서 설명하려고 한다.

3.2.2 전위 계수에 대한 예

(1) A도체에만 전하 Q_A를 인가한 경우

그림 3.1 A도체에 전하 Q_A를 주는 경우

일정한 위치에 n개의 도체가 배열되어 있는 경우에 특정의 도체에 전하를 인가하면 도체의 전기력선 영향으로 이웃하고 있는 도체의 전위가 상승하게 되는데 이 때 도체에서 발생하는 전위의 상승 정도는 각 도체의 모양, 크기, 상호위치 등의 기하학적 형태와 매질의 유전율 등에 따라서 전위의 크기가 결정된다.

여기서 전하에 의해서 전위의 변화 정도를 구하는 방법으로 전위 V는 전하 Q에 비례하므로 비례상수 P를 이용하여 각각의 전위의 크기를 나타내면

$$V_{AA}=P_{AA}\,Q_A$$

으로 나타낼 수 있는데 여기서 P_{AA}는 $Q_A=+1[\mathrm{C}]$일 때 A도체의 전위를 주는 정도를 나타내는 전위계수를 의미하는 것이다.

그리고 A도체에 의한 B도체의 전위를 P_{BA}라고 하면

$$V_{BA}=P_{BA}\,Q_A$$

인 관계가 존재하게 된다. 여기서 계수 P_{BA}는 A도체에 의해서 B도체에 유도되는 전위를 나타내는 전위 계수로 나타내는 것으로

- 첨자 A는 전위를 일으키는 원인을,
- 첨자 B는 결과(얼마나 생겼나) 즉, 대전되는 도체의 번호를 나타내는 것이다.

즉, P_{BA}는 A도체에 $+1$[C]의 전하를 인가하는 경우 B도체의 전위를 의미하는 것이 된다.

도체 A에만 전하를 주는 경우 다른 도체(B도체)는 0으로 하면 도체 A에서 나오는 전기력선의 일부가 B도체에 전달되거나 도체가 여러 개일 때는 무한히 먼 곳으로 전달된다. A도체는 전기력선을 발생하는 시점이 되기 때문에 전위가 가장 높다.

즉,

$$P_{AA} > 0$$

인 관계가 존재하게 된다. 따라서 전위 계수 P는 전하 Q에 의해서 전위 V가 어느 정도 주어지는가를 나타내는 계수이다.

$$P_{AA} > P_{BA}$$

Book Cafe

작은 도체 구 1, 2의 반지름을 각각 a_1, a_2라고 하고 거리 r만큼 떨어져 존재하는 경우 대전된 전하량이 Q_1, Q_2이고 전위가 각각 V_1, V_2라고 하면 각 도체의 전위는 중첩의 원리에 의해서

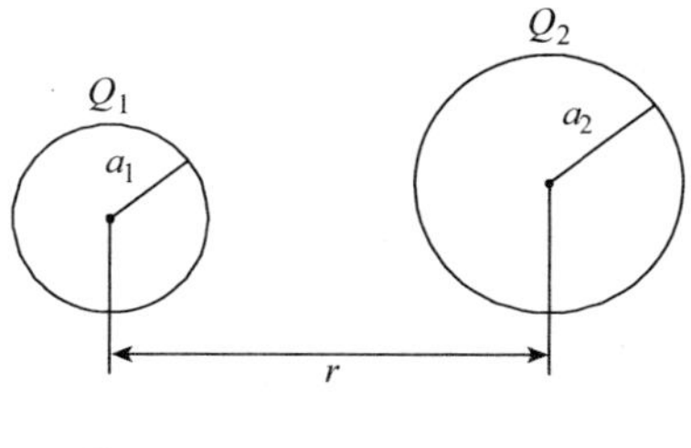

$$V_1 = V_{11} + V_{12} = \frac{Q_1}{4\pi\varepsilon_0 a_1} + \frac{Q_2}{4\pi\varepsilon_0 r} = P_{11}Q_1 + P_{12}Q_2$$

$$V_2 = V_{21} + V_{22} = \frac{Q_1}{4\pi\varepsilon_0 r} + \frac{Q_2}{4\pi\varepsilon_0 a_2} = P_{21}Q_1 + P_{22}Q_2$$

가 된다.

점 P의 전계 $\widetilde{E}$와 전위 V를 구했듯이 $+Q$를 A도체로 P점을 B도체로 취급하면 된다.

(2) B도체에만 전하 Q_B를 인가한 경우

그림 3.2 B도체에 전하 Q_B를 주는 경우

A도체에만 전하 Q_A를 주는 경우와 같이 B도체에 전하 Q_B를 인가하는 경우에 B 도체에 나타나는 전위와 관련된 전위계수를 고려하면

$$V_{BB} = P_{BB} Q_B$$
$$V_{AB} = P_{AB} Q_B$$

와 같이 나타낼 수 있다.

(3) A, B도체 모두에 전하를 인가하는 경우

그림 3.3 A, B도체 모두에 전하를 주는 경우

각 도체에 전하를 인가하는 경우 전계는 도체 상호간에 영향을 주기 때문에 각 도체의 전하 및 전위는 도체계의 전체에 대해 동시에 고려해야 한다.

즉, 도체가 다수 개 존재할 경우에는 상호 간에는 중첩의 원리(principle of super-position)에 의해서 구해지게 된다.

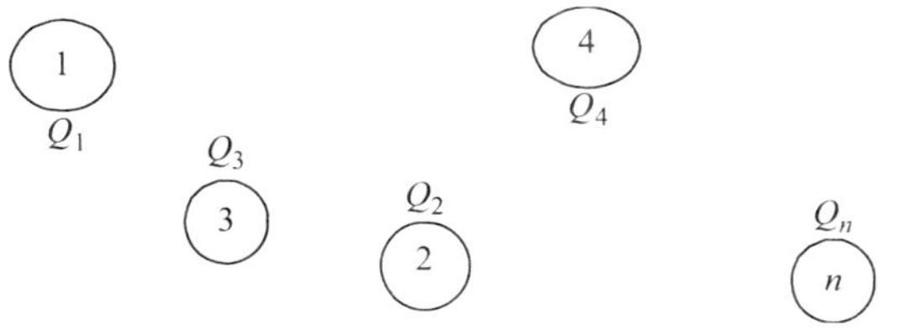

그림 3.4 n개로 형성된 도체계

n개의 도체로 형성된 도체계를 구성하는 경우 각 도체에 $Q_1, Q_2, Q_3, \cdots\cdots, Q_n$의 전하를 주면 각 도체의 전위는

$$\begin{bmatrix} V_1 = P_{11}Q_1 + P_{12}Q_2 + P_{13}Q_3 + \cdots\cdots\cdots + P_{1n}Q_n \\ V_2 = P_{21}Q_1 + P_{22}Q_2 + P_{23}Q_3 + \cdots\cdots\cdots + P_{2n}Q_n \\ \vdots \\ V_n = P_{n1}Q_1 + P_{n2}Q_2 + P_{n3}Q_3 + \cdots\cdots\cdots + P_{nn}Q_n \end{bmatrix}$$

와 같이 표시할 수 있는데 이를 전위 방정식이라고 한다. 이와 같은 전위 방정식에 대해서 행렬로 나타내면

$$\begin{bmatrix} V_1 \\ V_2 \\ \vdots \\ V_n \end{bmatrix} = \begin{bmatrix} P_{11}P_{12} \cdots P_{1n} \\ P_{21}P_{22} \cdots P_{2n} \\ \vdots \\ P_{n1}P_{n2} \cdots P_{nn} \end{bmatrix} \begin{bmatrix} Q_1 \\ Q_2 \\ \vdots \\ Q_n \end{bmatrix}$$

으로 표현할 수 있다. 그리고 전위 방정식을 일반항으로 나타내면

$$V_i = \sum_{i=1}^{n} \sum_{j=1}^{n} P_{ij} \ Q_j$$

이며, 여기서 비례계수 P_{ij}는 전위 계수이며, [1/F]의 단위를 갖는다.

전위 계수 $(P)\times$ 전하 (Q) = 전위 (V) 관계에서 한 쪽 도체에만 단위 전하$(+1[\mathrm{C}])$을 주고 나머지 도체에는 전하를 주지 않았을 때의 전위 계수 P는

$$P = \frac{V}{Q}\left[\frac{\mathrm{V}}{\mathrm{C}}\right]$$

으로 나타낼 수 있으며, 전위 계수의 단위는

$$\text{전위계수}(P) = \frac{1}{[\mathrm{F}]}\left[\frac{\mathrm{V}}{\mathrm{C}}\right]$$

이며, 이는 콘덴서 용량의 역수(daraf)로 나타낸다.

Book Cafe

Elastance는 정전용량(C)의 역수로

$$\text{elastance} = \frac{1}{C} = \frac{V}{Q}\left[\frac{\text{전위차}}{\text{전기량}}\right]\left[\frac{\text{V}}{\text{C}}\right] = \frac{1}{[\text{F}]}$$

예제 3.1

점전하 Q[C]로 대전된 도체 1과 도체 2를 접속하는 경우 도체 2가 얻게 되는 전위 계수를 나타내어라.

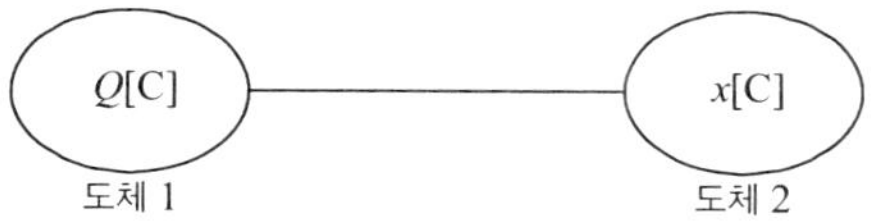

[풀이] 도체 1에 도체 2를 접속하게 되면 도체 2에는 x [C] 만큼 전하를 얻게 된다. 이로 인해 도체 1의 전하는 Q[C]에서 $Q-x$[C] 만큼 감소하게 된다.

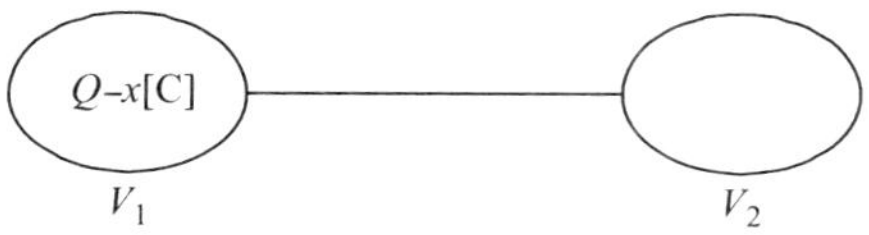

도체 1과 도체 2가 접속되어 있으므로 전위 $V_1 = V_2 = V$로 같게 된다. 따라서

$$V = P_{11}(Q-x) + P_{12}\,x, \quad V = P_{21}(Q-x) + P_{22}\,x$$

관계식에서 도체 2가 얻게 되는 전하 x를 구하면

$$x = \frac{P_{11} - P_{12}}{P_{11} - 2P_{12} + P_{22}}Q$$

가 된다.

3.3 전위계수와 정전용량

3.3.1 동심 구도체에서 A도체에만 전하 Q_A를 준 경우

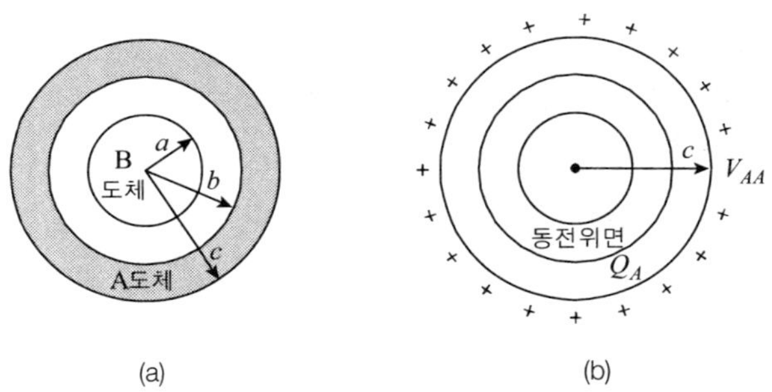

그림 3.5 동심 구 도체

동심 구를 구성하는 경우 A도체에 전하 Q_A를 주는 경우 인가 된 전하에 의해서 A도체에 전위 V_{AA}를 가지게 되며, 이와 같이 A도체의 전하에 의한 전계 영향으로 B도체에 전위 V_{BA}를 주게 된다.

여기서 동심 구 도체에 대한 전위 계수를 구하는 경우에 대해 정리해보기로 한다. 먼저 구 표면의 전위 V_{AA}의 크기는

$$V_{AA} = P_{AA}\, Q_A$$

이며, 여기에 앞에서 정리한 $\widetilde{E} = \dfrac{Q}{4\pi\varepsilon_0 r^2} = \dfrac{V}{d}$, $V = \widetilde{E}d = \dfrac{Q}{4\pi\varepsilon_0 r}$ 관계식을 적용하면

$$V_{AA} = P_{AA}\, Q_A = \frac{Q_A}{4\pi\varepsilon_0 c}$$

가 되며, 여기서 c는 반지름 혹은 거리를 의미한다. 그리고 A도체에 $Q_A = 1[\mathrm{C}]$ 주었을 때 전압 V_A에 대한 전위 계수 P_{AA}의 크기는

$$P_{AA} = \frac{V_A}{Q_A} = \frac{1}{4\pi\varepsilon_0 c}\left[\frac{1}{\mathrm{F}}\right]$$

가 된다. 여기서 P_{AA}는 어떤 도체에 전하 Q_A를 주면 전위가 V[V]이고, 정전용량이 C[F]일 때 도체의 전위계수를 나타내는 것이다.

한편 두 도체 사이의 공동(Cavity)에는 전계가 없기 때문에 두 도체 사이의 전위차가 존재하지 않는다.

즉, 등 전위상태가 된다. 따라서 전위차가 없기 때문에 $V_{AA} = V_{BA}$라고 할 수 있다.

따라서

$$V_{AA} = V_{BA} = P_{BA} Q_A = \frac{Q_A}{4\pi\varepsilon_0 c} \text{ [V]}$$

$$P_{BA} = \frac{V_{BA}}{Q_A} = \frac{1}{4\pi\varepsilon_0 c} \left[\frac{1}{\text{F}}\right]$$

가 된다. 여기서 P_{BA}은 A도체의 전하 Q_A이 B도체에 영향을 주는 전위계수이다.

따라서 전위 계수가 갖게 되는 성질을 고려하면 다음과 같은 내용을 들 수 있다.

- $P_{AA} > 0$: 도체 A에 전하를 주었을 때 도체 A의 전위이며, 도체계 중에서 최고의 전위이므로 $P_{AA} > 0$이 된다.
- $P_{AB} \geq 0$
- $P_{AA} \geq P_{BA}$: 도체 $\widetilde{B}$가 도체 $\widetilde{A}$에 포위 되었을 때 $P_{AA} \geq P_{BA}$이며, 도체 $\widetilde{B}$가 무한히 떨어진 도체와 같이 영전위라면 $P_{BA} = 0$이 된다.
- $P_{AB} = P_{BA}$

3.3.2 B도체에만 전하 Q_B를 주는 경우

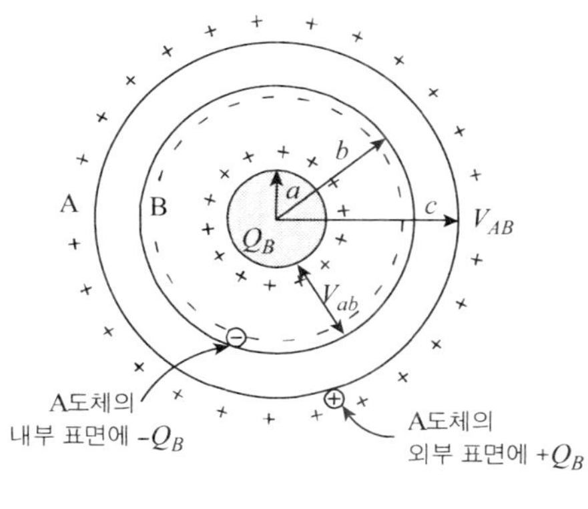

그림 3.6

동심 구에서 B도체에만 전하 Q_B을 주는 경우 A도체 표면의 전위 V_{AB}의 크기는

$$V_{AB} = \frac{Q_B}{4\pi\varepsilon_0 c} = P_{AB} Q_B$$

이다. A도체는 어느 곳이나 등 전위가 되어야 하므로 반경 c인 구면과 반경 b인 구면은 같은 전위 V_{AB}이다. 내부 도체 전위 V_{BB}와 외부 도체에 의한 전위 V_{AB}의 관계는 $V_{BB} = V_{AB} + V_{ab}$이며, 여기서 V_{ab}는 a구면과 b구면 사이의 전위차를 나타내는 것이다.

따라서

$$V_{BB} = V_{AB} + V_{ab} = V_{AB} + \left(-\int_b^a \widetilde{E} \cdot dl\right) [\mathrm{V}]$$

으로 표현되며, 여기서 괄호 안(　　)의 적분을 풀면

$$\begin{aligned} V_{ab} &= -\int_b^a \widetilde{E} \cdot d\tilde{l} = -\int_b^a \frac{Q}{4\pi\varepsilon_0 r^2} dr = \left[\frac{Q}{4\pi\varepsilon_0} \frac{1}{r}\right]_b^a \\ &= \frac{Q}{4\pi\varepsilon_0}\left(\frac{1}{a} - \frac{1}{b}\right) \end{aligned}$$

가 되며, 여기서 $V_{AB} = \dfrac{Q_B}{4\pi\varepsilon_0 c}$와 구해진 V_{ab}를 이용해서 V_{BB}에 대한 크기를 나타내면

$$V_{BB} = \frac{Q_B}{4\pi\varepsilon_0 c} + \frac{Q_B}{4\pi\varepsilon_0}\left(\frac{1}{a} - \frac{1}{b}\right) = \frac{Q_B}{4\pi\varepsilon_0}\left(\frac{1}{a} - \frac{1}{b} + \frac{1}{c}\right)$$

가 된다. 여기서 $\dfrac{Q_B}{4\pi\varepsilon_0}\left(\dfrac{1}{a} - \dfrac{1}{b} + \dfrac{1}{c}\right)$의 의미는 $Q_B = 1[\mathrm{C}]$, $\mathrm{Q_A} = 0$일 때의 내부 도체의 전위를 말하는 것이다.

여기서 $V_{BB} = P_{BB} Q_B$ 관계식에서 전위계수 P_{BB}는

$$P_{BB} = \frac{V_{BB}}{Q_B} = \frac{1}{4\pi\varepsilon_0}\left(\frac{1}{a} - \frac{1}{b} + \frac{1}{c}\right)$$

이다. P_{BB}는 B도체의 전하에 의해서 B도체가 얻게 되는 전위의 크기를 나타내는 전위계수이다.

따라서

$$P_{BA} = P_{AB}$$

인 관계를 보이는데 $P_{BA} = P_{AB}$인 전위계수는 전하 또는 전위와는 관계없고 도체 상호 간의 가하학적인 구조와 매질에 관계되는 량이라는 것을 의미하는 것이다.

Book Cafe

전위계수에 있어서 $P_{11} = P_{21}$의 관계는 도체 2가 도체 1속에 있다는 의미하며, 도체 2가 무한 원점까지 떨어져 있는 도체의 경우와 같이 0 전위라고 하면 $P_{21} = 0$이 되며, 일반적으로 $P_{11} \geq P_{21} > 0$이 된다.

3.3.3 A, B도체에 전하를 주는 경우

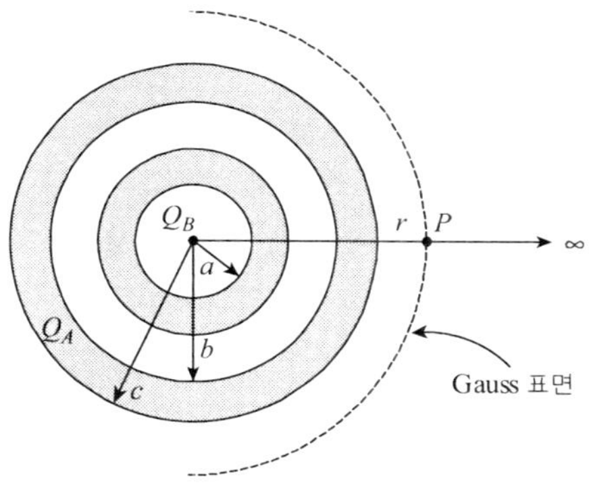

그림 3.7 동심 구 A, B에 전하를 준 경우

A도체 내면에는 도체 B의 전하에 의해서 $-Q_B$[C]가 유도되며, 도체 A의 표면에는 Q_A[C], Q_B[C]가 나타난다.

도체 B의 전하에 의해서 도체 A의 표면에 유도된 전위 계수 P_{AB}는

$$V_{AB} = P_{AB} Q_B = \frac{Q_B}{4\pi\varepsilon c} \, [\mathrm{V}]$$

관계에서 P_{AB}의 크기는

$$P_{AB} = \frac{1}{4\pi\varepsilon c}$$

가 되며, 도체 A의 전하에 의해서 도체 A가 얻은 전위 계수 P_{AA}는

$$V_{AA} = P_{AA} Q_A = \frac{Q_A}{4\pi\varepsilon c} \text{[V]}$$

인 관계를 통해서

$$P_{AA} = \frac{1}{4\pi\varepsilon c}$$

이다. 따라서 외부의 전위 V_A의 크기는

$$V_A = V_{AB} + V_{AA} = \frac{1}{4\pi\varepsilon c}(Q_A + Q_B)$$

가 된다.

예제 3.2

어떤 도체계에서 발생하는 전위 계수의 성질에 대해서 설명하여라.

[풀이] P_{rr} 은 r 도체에 1[C]을 줄 때의 r 도체 자신의 전위이므로 $P_{rr} > 0$ 이어야 한다.

- $P_{rr} \geqq P_{rs}$
- $P_{rs} \geqq 0$
- $P_{rs} = P_{sr}$

3.4 용량계수와 유도계수

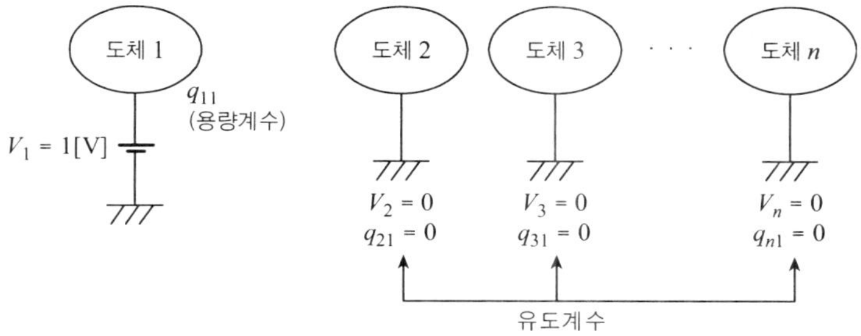

그림 3.8 n개의 도체 군

n개의 도체가 존재할 때 도체 1의 전위를 $V_1 = 1[\mathrm{V}]$로 하고 나머지 도체는 접지 상태라면 $V_2 = 0$, $V_3 = 0$, $\cdots$, $V_n = 0$이다.

그림 3.8에서 도체 1에 주어진 전하를 q_{11}, 도체 2, 3, ..., n에 유도된 전하의 크기를 각각 q_{21}, q_{31}, ..., q_{n1} 이라고 하면 각 도체의 전하량을 Q_1, Q_2, Q_3, $\cdots$, Q_n 는

$$Q_1 = q_{11} + q_{12} + q_{13} + \cdots + q_{1n}$$
$$Q_2 = q_{21} + q_{22} + q_{23} + \cdots + q_{2n}$$
$$\cdots\cdots$$
$$\cdots\cdots$$
$$Q_n = q_{n1} + q_{n2} + q_{n3} + \cdots + q_{nn}$$

이다. 여기서 각 도체의 전위를 $V_2 = 0$, $V_3 = 0$, $\cdots$, $V_n = 0$이라고 하고 중첩의 원리를 적용하고 각 도체계의 전하량 Q_1, Q_2, $\cdots$ Q_n에 관한 식으로 변형시키면

$$Q_1 = q_{11} V_1 + q_{12} V_2 + \cdots + q_{1n} V_n$$
$$Q_2 = q_{21} V_1 + q_{22} V_2 + \cdots + q_{2n} V_n$$
$$\cdots\cdots$$
$$Q_n = q_{n1} V_1 + q_{n2} V_2 + \cdots + q_{nn} V_n$$

가 된다. 이 식에서 q_{11}은 $Q = CV$ 관계에서 도체 1에 1[V]의 전원을 인가할 때 이 도

체에 전하를 축적할 수 있는 능력을 나타내는 것이다.

(1) 정전용량 계수

정전용량 계수는 자기 자신의 전위를 $+1[V]$로 하기 위한 용량계수(도체 용량을 나타내는 계수)를 나타낸다. 즉, 도체 자신에 의해서 도체 자신이 가지게 되는 전하를 규정하는 비례상수로 q_{11}, q_{22}, q_{33} ...... 등으로 표현한다.

용량 계수는 다수 개의 도체 군에서 임의의 한 도체의 전위를 $+1[V]$로 유지하기 위한 전하이기 때문에 언제나 $(+)$값을 갖게 된다.

따라서 용량 계수에 대한 설명을 추가적으로 정리하면 다음과 같다.

- 자기 자신의 전위를 $+1[V]$로 하기 위한 전하를 용량계수라고 한다.
- 도체 1에서 발생하는 전기력선은 다른 접지 도체에서 끝나거나 무한 원점으로 향한다.
- 도체 1에서 나오는 전기력선을 다른 도체에서 끝나는 도체 전기력선보다 작지 않다.
- 용량 계수 = 유도 계수 = $\dfrac{\text{전하}[C]}{\text{전위}[V]}$인 관계가 성립한다.

(2) 정전 유도 계수

정전 유도 계수는 다른 도체의 전위에 의해서 가지게 되는 전하를 규정하는 비례상수를 유도 계수라고 하며 q_{ij} (q_{12}, q_{21}, q_{13}, q_{31}, q_{14}, q_{41} ......)로 표현한다.

여기서 q_{21}은 도체 1에 단위 전하를 주고 다른 도체는 0 전위라고 하는 경우의 도체 2에 대한 전하를 나타내는 것이다. 유도계수는 다른 도체에 의해서 유기되는 전하이기 때문에 언제나 $(-)$값으로 나타나게 된다.

도체 1에서 발생하는 전기력선은 다른 접지 도체에서 끝나거나 무한 원점으로 향하게 된다.

(3) 용량 계수와 유도 계수의 성질

- $q_{11} + q_{21} + q_{31} + \cdots + q_{n1} \geq 0$ 이므로

$$q_{11} \geq -(q_{21} + q_{31} + \cdots + q_{n1})$$

가 성립하게 된다. 이 관계식은 도체 1에서 나가는 전기력선은 다른 도체에서 끝나는 도체보다 작다는 것을 의미한다.

- $q_{11} > 0$: 자신의 전위를 $+1[V]$로 하기 위한 전하이므로 항상 $(+)$이다.
- $q_{11} \geq -q_{12}$: $q_{11} = -q_{12}$일 때는 도체 1이 도체 2에 포위되어있는 경우이다.
- $q_{12} = q_{21} \leq 0$: 정전유도 현상에 의해서 반대 극성의 전하가 유도된다.

Book Cafe

용량계수와 유도계수의 단위는 모두 [F]가 된다.

- 용량계수는 항상 0보다는 크다. 즉, 언제나 정$(+)$이다.

$$\text{용량계수} = \frac{\text{전하}[C]}{\text{전위}[V]}\,[F]$$

- 유도계수는 항상 0이거나 0보다 작다. 즉, 유도계수는 $(-)$이다. 왜냐하면 정전 유도 현상에 의해서 반대 극성의 전하가 유도 되므로 $(-)$이다.

$$\text{유도계수} = \frac{\text{전하}[C]}{\text{전위}[V]}\,[F]$$

Book Cafe

2개의 도체를 $+Q[C]$로 대전했을 때 이 두 도체간의 정전용량을 전위 계수로 나타내면

$$V_1 = P_{11}Q_1 + P_{12}Q_2$$
$$V_2 = P_{21}Q_1 + P_{22}Q_2$$

관계에서

$$V_1 - V_2 = (P_{11} - 2P_{12} + P_{22})Q$$

이므로 전위 계수 P는

$$P = \frac{Q}{V_1 - V_2} = \frac{1}{P_{11} - 2P_{12} + P_{22}}\,[F]$$

가 된다.

예제 3.3

1[C]의 정전하를 대전시킨 두 개의 도체에서 도체 1의 전위는 10[V], 도체 2의 전위는 15[V]가 되는 도체가 있다. 도체 1에만 1[C]을 대전하였을 때 도체 2의 전위는 0.4[V]가 된다면 도체간의 정전용량[F]을 구하여라.

[풀이] 전하를 주었을 때 도체의 전위를 V_1, V_2라고 하면

$$V_1 = P_{11}Q_1 + P_{12}Q_2$$
$$V_2 = P_{21}Q_1 + P_{22}Q_2$$

이다. 여기서 $Q_1 = Q_2 = 1$ [V]라면

$$V_1 = P_{11} + P_{12} = 10 \text{ [V]}$$
$$V_2 = P_{21} + P_{22} = 15 \text{ [V]}$$

이다. 그리고 문제에서 $Q_1 = 1$, $Q_2 = 0$일 때 $V_2 = P_{21} = 0.4$ [V]이다.
이들 관계식에서 $P_{11} = 9.6$[1/F], $P_{12} = P_{21} = 0.4$[1/F], $P_{22} = 14.5$[1/F]이다.
따라서 정전용량 C는 도체 1과 2의 전위차를 $V_1 - V_2$라고 하면

$$C = \frac{Q}{V_1 - V_2} = \frac{1}{P_{11} - 2P_{12} + P_{22}} \text{ [F]}$$

관계식을 이용하면

$$C = \frac{1}{9.6 - 2 \times 0.4 + 14.5} \fallingdotseq 0.05 \text{ [F]}$$

가 된다.

예제 3.4

진공 중에서 일정한 거리를 두고 도체 A, B가 존재하는 경우 A에만 1[C]의 전하를 줄 때 도체 A, B의 전위가 각각 3, 2[V]라고 하면 지금 A, B에 각각 2, 1[C]의 전하를 주는 경우 도체 A의 전위[V]를 구하여라.

[풀이] 도체 A에 대해서 전하를 인가하는 경우 전위를 V_A라고 하면

$$V_A = P_{AA}Q_A + P_{AB}Q_B$$

이며, 도체 B에 전하를 준 경우의 전위를 V_B라고 하면

$$V_B = P_{BA}Q_A + P_{BB}Q_B$$

으로 나타낼 수 있다.
여기서 $Q_A = 1$[C], $Q_B = 0$인 조건을 이용하면

$$P_{AA} = V_A = 3,\ P_{BA} = 2$$

가 되며, 이를 이용하여 도체 A의 전위를 V_A를 구하면

$$\begin{aligned} V_A &= P_{AA}\,Q_A + P_{AB}\,Q_B = 3Q_A + 2Q_B \\ &= 3\times 2 + 2\times 1 = 8[\mathrm{V}] \end{aligned}$$

으로 구해진다.

예제 3.5

정전용량이 각각 $C_1,\ C_2$ 그 사이의 상호 유도 계수가 M인 절연된 두 도체가 있다. 두 도체를 가는 선으로 연결하는 경우에 나타나는 정전용량의 크기를 구하여라.

[풀이] $Q_1 = q_{11}V_1 + q_{12}V_2,\ \ Q_2 = q_{21}V_1 + q_{22}V_2$ 관계에서 $q_{11} = C_1,\ q_{22} = C_2,\ q_{12} = q_{21} = M$ 이며 연결 후에는 전위가 동일하게 되므로 $V_1 = V_2 = V$가 된다.

따라서 각 전하의 크기는

$$\begin{aligned} Q_1 &= q_{11}V_1 + q_{12}V_2 = (q_{11} + q_{12})V = (C_1 + M)V \\ Q_2 &= q_{21}V_1 + q_{22}V_2 = (q_{21} + q_{22})V = (M + C_2)V \end{aligned}$$

가 된다. 여기서 연결 후의 정전용량의 크기는

$$C = \frac{Q_1 + Q_2}{V} = C_1 + C_2 + 2M$$

으로 구해진다.

Book Cafe

모든 전기 장치에 대해서 접지를 행하는 근본적인 이유는 지구의 용량이 커서 전위가 거의 일정하기 때문이다. 즉, 지구는 정전용량이 크므로 많은 전하가 축적되어도 지구의 전위는 일정하다. 따라서 모든 전기 장치를 접지시키고 대지를 실용상 0 전위로 본다.

Book Cafe

정전 차폐(Shield)

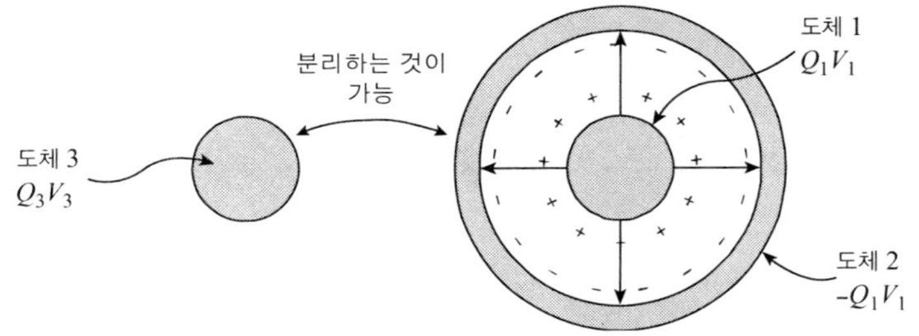

도체 1이 도체 2에 둘러 쌓여 있고 도체 2가 접지된 경우 도체 3에는 영향을 전혀 주지를 않게 된다. 이를 정전 차폐라고 한다.

즉, 도체 1에만 전위 V_1을 주고 다른 도체에 대해서는 $V_2 = 0[\text{V}]$, $V_3 = 0[\text{V}]$라고 하면 도체 1에서 발생하는 전기력선이 모두 도체 2로 들어가기 때문에 도체 3에는 전하가 유도되지 않는다.

따라서 $q_{11} = -q_{21}$, $q_{31} = 0$가 되고 $Q_1 = q_{11}V_1$, $Q_2 = -q_{11}V_1$, $Q_3 = 0$가 되어 도체 3을 도체 1에서 분리하는 것이 가능하다.

예제 3.6

도체 1과 도체 2를 도체 3으로 포위할 때 도체 3의 정전용량을 용량 계수와 유도 계수로 나타내어라.

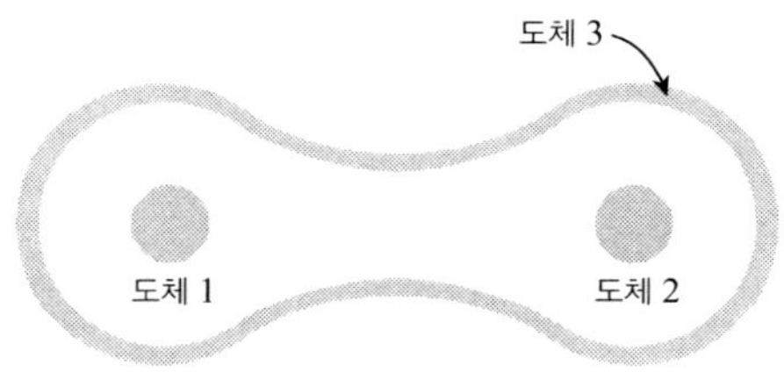

[풀이] 두각 도체의 전하를 Q_1, Q_2, Q_3라고 하고 전위를 V_1, V_2, V_3라고 하면 도체 1, 2는 도체 3에 의해서 포위되어 있으므로 $Q_1 = Q_2 = 0$이 되며 3개의 도체 모두는 등전위로 $V_1 = V_2 = V_3$가 된다.

따라서

$$Q_1 = (q_{11} + q_{12} + q_{13})V_3 = 0 \text{에서 } q_{13} = -(q_{11} + q_{12}) = q_{31}$$

$$Q_2 = (q_{21} + q_{22} + q_{23})V_3 = 0 \text{에서 } q_{23} = -(q_{21} + q_{22}) = q_{32}$$

$$Q_3 = (q_{31} + q_{32} + q_{33})V_3$$

가 되며 여기서 도체의 정전용량 C은

$$C = \frac{Q_3}{V_3} = q_{31} + q_{32} + q_{33} = (-q_{11} - q_{12} - q_{21} - q_{22} + q_{33})$$
$$= q_{33} - (q_{11} + 2q_{12} + q_{22})$$

으로 나타낼 수 있다.

3.5 정전용량의 계산

정전용량(electro static capacity)은 도체가 전하를 축적할 수 있는 능력을 말하는 것으로 여기서 전하를 축적할 수 있는 장치를 축전기(condensor)라고 하며, 앞에서 설명하고 정의한 용량계수 q_{nn}을 도체 n에 대한 정전용량이라고 한다. 정전용량을 크게 하고 축적전하를 크게 하기 위해서는 도체간의 간격을 좁게 할 필요가 있다. 이렇게 되도록 하기 위해서는 양도체 사이에 절연을 유지할 수 있는 절연물을 삽입해야 한다.

여기서 도체 사이의 절연물은 절연을 유지하는 역할이외에 정전용량 값을 증가할 목적으로 사용하는 것이다. 즉, 정전용량이라 함은 다른 도체를 0[V]로 하고 한 도체에만 1[V]로 하기 위한 전하량과 같다는 것이다.

3.5.1 정전용량 C를 구하는 방법

① 주어진 기하 구조에서 적합한 좌표계를 선택한다.

② 도체에서 전하 $+Q$와 $-Q$을 가정하다.

③ 가우스 법칙 혹은 관련된 관계식을 이용하여 전하 Q로부터 전계 $\tilde{E}$을 구한다.

④ $-Q$인 도체로부터 $+Q$인 도체까지의 전위$\left(V_{12} = -\int_2^1 \tilde{E} \cdot d\tilde{l}\right)$를 구한다.

⑤ Q/V의 비례 상수를 구하면 정전용량 C을 구할 수 있다.

3.5.2 정전용량의 계산

하나의 도체가 주어진 전위 V에서 전하 Q를 축적하는 능력을 정전용량 혹은 커패시턴스라고 한다.

(1) 단일 도체 구에 대한 정전용량

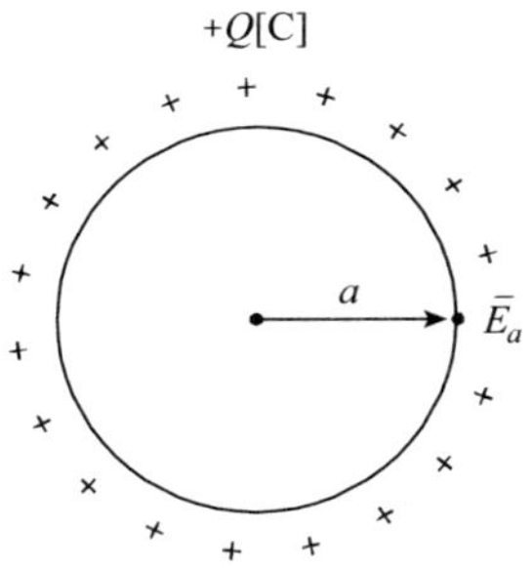

그림 3.9 (고립)도체 구

진공 중에 고립된 반지름 a인 고립 도체 구가 전기를 띠고 있는 경우 전하는 모두 구 표면에만 분포한다고 하면 표면에 대한 전계 $\widetilde{E}_a$는

$$\widetilde{E}_a = \frac{Q}{4\pi\varepsilon_0 a^2}[\mathrm{V/m}]$$

이며, 무한대와 도체 사이의 전위차 즉, 도체 구 전위 V_a는

$$V_a = -\int_{\infty}^{a} \widetilde{E} \cdot dl = \frac{Q}{4\pi\varepsilon_0 a}[\mathrm{V}]$$

가 되며, 여기서 정전용량 C을 구하기 위해서 전하 Q을 이용하고 이 Q에 대해서 전위 V을 구하는 Gauss 법칙을 이용한다. 즉, $Q = CV$에서 C에 대해 정리하면 $C = \frac{Q}{V}$이므로

$$C = \frac{Q}{V_a} = 4\pi\varepsilon_0 a[\mathrm{F}]$$

가 된다. 여기서 비례상수 C는 고립된 도체의 정전용량이라 부르며, SI 단위는 C/V 또는 F(Farad)이다. 따라서 고립된 도체 구에 대한 정전용량은 구 도체의 반지름에 비례하게 된다. 한 도체가 갖는 전하의 크기와 도체 사이의 전위차에 대한 비례값으로 도체가 단독인 경우 보다는 두 개의 도체가 대치하게 되면 정전용량을 크게 할 수 있다.

이와 같은 원리를 이용한 것이 커패시턴스(Capacitance)이다.

한편 일반적인 경우에 정전용량 C를 구하는 방법으로는

$$C = \frac{Q}{V} = \frac{\oint_S \widetilde{D} \cdot dS}{\int \widetilde{E} \cdot dl} = \frac{\oint_S \varepsilon_0 \widetilde{E} \cdot dS}{\int \widetilde{E} \cdot dl} [\mathrm{F}]$$

인 관계식을 이용하는데 분모의 관계식으로 $V = -\int \widetilde{E} \cdot d\widetilde{l}$ 에서 $(-)$부호가 빠진 이유는 전위 V의 절대값만 알기를 원하기 때문이다.

따라서 정전용량 C의 크기는 도체계를 구성하는 기하학적 요인과 유전체의 유전율 ε_S에 의해 결정된다.

Book Cafe

반지름 a인 2개의 도체구가 거리 r만큼 떨어져 있는 경우 도체 구 사이의 정전용량은 동일한 능력을 갖는 2개의 커패시턴스가 마치 직렬로 접속된 것처럼 볼 수 있기 때문에 $\frac{1}{C} = \frac{1}{C_1} + \frac{1}{C_2}$ 관계에서 $C = \frac{C_1 C_2}{C_1 + C_2} = 2\pi\varepsilon_0 a[\mathrm{F}]$로 나타낼 수 있다.

Book Cafe

어떤 도체의 전기량 Q[C], 전위 [V]일 때 정전용량 [C]의 역수를 Elastance 또는 역용량이라고 한다.

$$\frac{1}{C} = \frac{1}{Q/V} = \frac{V}{Q}$$

예제 3.7

공기 중에 반지름 a[m]인 도체구가 있다. 이 도체 구에 반지름이 R[m]까지 유전율이 ε인 유전체로 감싸았을 때 도체구의 정전용량[F]의 크기를 구하여라. (단, $R > a$)

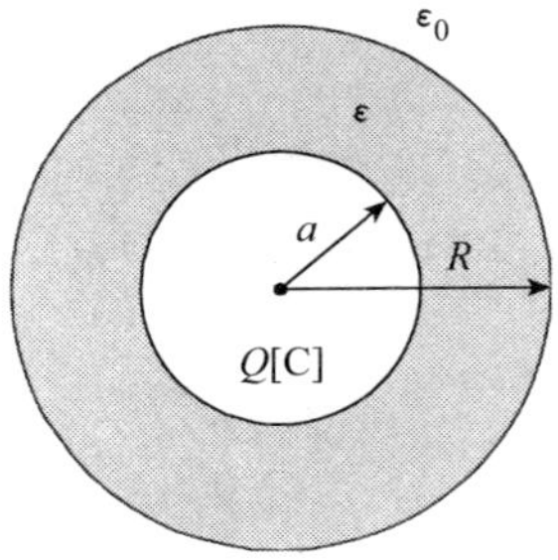

[풀이] 유전체 영역과 공기 영역에 대한 전계를 각각 $\widetilde{E}_1$, $\widetilde{E}_2$라고 하면

$$\widetilde{E}_1 = \frac{Q}{4\pi\varepsilon a^2}, \ \widetilde{E}_2 = \frac{Q}{4\pi\varepsilon_0 R^2}$$

이다. 도체구의 표면의 전위 V는 $V = -\int \widetilde{E} \cdot d\widetilde{l}$ 관계식에서

$$V = -\int_{\infty}^{R} \widetilde{E} \cdot dl + \left(-\int_{R}^{a} \widetilde{E} \cdot dl \right)$$

$$= -\int_{\infty}^{R} \frac{Q}{4\pi\varepsilon_0 R^2} dl + \left(-\int_{R}^{a} \frac{Q}{4\pi\varepsilon a^2} dl \right)$$

$$= \left[\frac{Q}{4\pi\varepsilon_0 l^2} \right]_{\infty}^{R} + \left[\frac{Q}{4\pi\varepsilon l^2} \right]_{R}^{a} = \frac{Q}{4\pi\varepsilon_0 R} + \frac{Q}{4\pi\varepsilon} \left(\frac{1}{a} - \frac{1}{R} \right)$$

$$= \frac{Q}{4\pi\varepsilon_0} \left[\frac{1}{R} + \frac{1}{\varepsilon_S} \left(\frac{1}{a} - \frac{1}{R} \right) \right] = \frac{Q}{4\pi\varepsilon_0} \frac{\varepsilon_S a + R - a}{\varepsilon_S a R} \ [\mathrm{V}]$$

이다. 따라서 도체구의 정전용량 C는

$$C = \frac{Q}{V} = \frac{4\pi\varepsilon a R}{a(\varepsilon_S - 1) + R} \ [\mathrm{F}]$$

가 된다.

(2) 동심 구 도체 사이의 정전용량

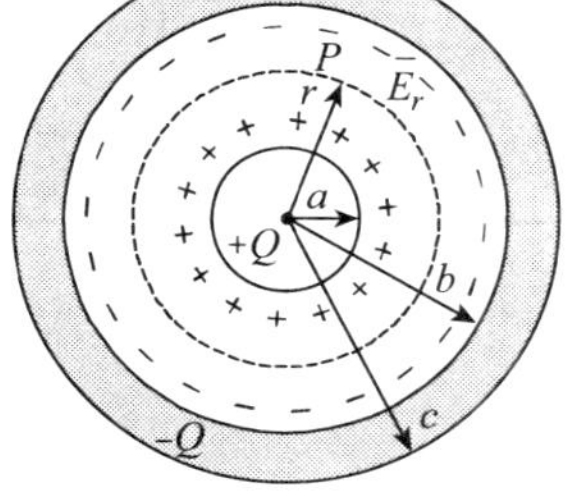

그림 3.10 동심 구 도체

도체 구 A의 반지름 a, 도체 구 B의 반지름 b일 때 동심 구 사이에서 나타나는 정전용량을 구하기 위해 중심이 동일한 두 개의 구형 도체에 전하량 Q와 $-Q$를 갖는다면 점 P $(a \le r \le b)$인 구형에 임의적으로 Gauss 곡면을 고려한 점 P의 전계 $\widetilde{E}_r$은

$$\widetilde{E}_r = \frac{Q}{4\pi\varepsilon_0 r^2} \ [\mathrm{V/m}]$$

이며, 도체 사이의 전위차 V_{ab}는

$$V_{ab} = -\int_b^a \widetilde{E}_r \cdot d\widetilde{l} = -\int_b^a \frac{Q}{4\pi\varepsilon_0 r^2}\,dr$$

$$= \left[\frac{Q}{4\pi\varepsilon_0}\,\frac{1}{r}\right]_b^a = \frac{Q}{4\pi\varepsilon_0}\left(\frac{1}{a} - \frac{1}{b}\right)$$

가 된다. 따라서 동심 구 사이의 정전용량 C의 크기는

$$C = \frac{Q}{V_{ab}} = \frac{4\pi\,\varepsilon_0}{\dfrac{1}{a} - \dfrac{1}{b}} = 4\pi\varepsilon_0\left(\frac{ab}{b-a}\right)[\mathrm{F}]$$

가 된다. 이 관계식에서 정전용량 C는 외부 도체의 외 반경 c의 크기나 모양에 아무런 관계가 없으며, 동심 구 도체의 내외 반지름 a, b에 의해서만 정전용량의 크기가 결정됨을 알 수 있다.

■ 한편 반지름 $b = \infty$라면 $C = 4\pi\varepsilon_0 a$으로 반지름 a[m]의 고립된 구 도체 정전용량과 같게 된다.

■ 주위공간이 공기이면

$$C = 4\pi\varepsilon_0 a = \frac{a}{9\times10^9}\,[\mathrm{F}]$$

이며, 이는 1[F]의 정전용량을 갖는 구의 반지름은 9×10^9 [km]가 되므로 매우 큰 값을 갖는 것을 의미하는 것이다.

예제 3.8

내 반경 a와 외 반경 b을 각각 N배 증가시키는 경우 정전용량의 변화에 대해서 설명하여라.

[풀이] $C = \dfrac{4\pi\varepsilon_0}{\dfrac{1}{a}-\dfrac{1}{b}}$인 관계식에서 각각 N배로 하면 정전용량의 크기는

$$C' = \frac{4\pi\varepsilon_0}{\dfrac{1}{Na}-\dfrac{1}{Nb}} = \frac{N\times 4\pi\varepsilon_0}{\dfrac{1}{a}-\dfrac{1}{b}} = NC$$

가 된다. 즉, 반경을 N배로 하면 정전용량의 크기도 N배가 됨을 알 수 있다.

예제 3.9

그림과 같은 2개의 동심 구에서 내구의 반지름이 a[m], 외구의 안지름이 b[m], 외구의 바깥지름이 c[m]인 경우에 나타나는 전위 계수 P_{11}의 크기를 구하여라.

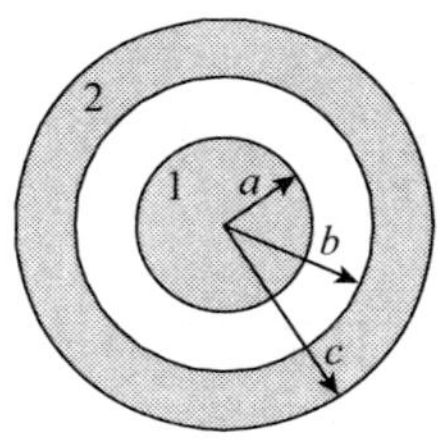

[풀이] 동심 구 사이에 존재하는 전위 관계식을 고려하면

$$V_1 = P_{11}Q_1 + P_{12}Q_2$$
$$V_2 = P_{21}Q_1 + P_{22}Q_2$$

이며, 여기서 $Q_1 = 1$, $Q_2 = 0$인 경우 각 전위의 크기는

$$V_1 = P_{11},\ \ V_2 = P_{21}$$

이며, $Q_1 = 0,\ Q_2 = 1$인 경우의 전위의 크기를 구하면

$$V_2 = P_{22},\ \ V_1 = P_{12}$$

가 된다. 여기서 동심 구 도체 내구에 $Q_1 = 1$을 줄 때 외구에는 $-1,\ +1$의 전하가 내외에 유도되므로 각각의 전위 V_1, V_2는

$$V_1 = P_{11} = \frac{1}{4\pi\varepsilon_0}\left(\frac{1}{a} - \frac{1}{b} + \frac{1}{c}\right)\left[\frac{1}{\mathrm{F}}\right]$$

$$V_2 = P_{21} = \frac{1}{4\pi\varepsilon_0 c}\left[\frac{1}{\mathrm{F}}\right]$$

가 된다. 그리고 외구에 $Q_2 = 1$을 주는 경우의 전위는

$$V_2 = P_{22} = \frac{1}{4\pi\varepsilon_0 c}\left[\frac{1}{\mathrm{F}}\right]$$

가 된다.

(3) 동심원통 도체(동축 케이블) 사이의 정전용량

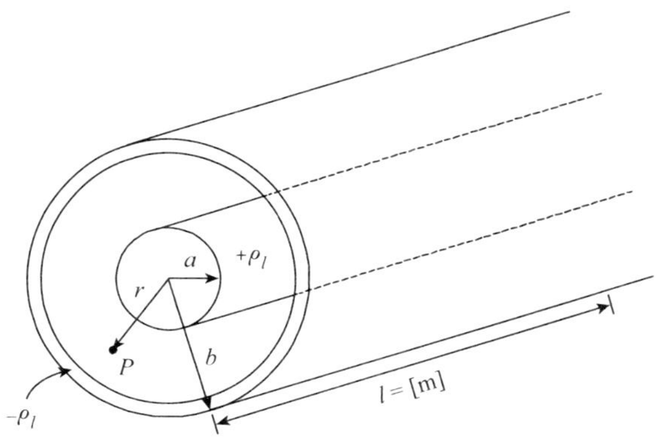

그림 3.11 동축 케이블

내 원통의 반지름 a, 외원통의 반지름 b, 길이가 l인 무한 장 동심 원통 도체에 내부도체에 단위 길이당의 전하밀도 $\rho_l\,[\mathrm{C/m}]$의 전하를 주면 외부도체의 내면에는 $(-)\,\rho_l$의 전하가 유도된다. 이 때 전기력선은 두 도체 사이에서 균일하게 존재하게 된다.

원통 사이의 임의의 점 P에 대해 Gauss 곡면을 적용하는 경우 전계의 세기 $\tilde{E}$는

$$\tilde{E} = \frac{\rho_l}{2\pi\varepsilon_0 r}\tilde{a}_r$$

이며, 양끝에서 밖으로 새어나가는 전기력선이 무시할 정도라면 전위차 V_{ab}는

$$V_{ab} = -\int \tilde{E}\cdot d\tilde{l} = -\int_a^b \frac{\rho_l}{2\pi\varepsilon_0 r}dr$$

$$C = \frac{Q}{V} = \frac{\oint_S \tilde{D}\cdot dS}{\int \tilde{E}\cdot dl} = \frac{\oint_S \varepsilon_0 \tilde{E}\cdot dS}{\int \tilde{E}\cdot dl}[\mathrm{F}]$$

가 된다. 여기서 내부 도체의 전하량 $Q = \rho_l l$이므로 정전용량 C는

$$C = \frac{Q}{V_{ab}} = \frac{\oint \rho_l\, dl}{-\int \tilde{E}\cdot d\tilde{l}} = \frac{\rho_l\, l}{\frac{\rho_l}{2\pi\varepsilon_0}\ln\left(\frac{b}{a}\right)} = \frac{2\pi\varepsilon_0 l}{\ln\left(\frac{b}{a}\right)}[\mathrm{F}]$$

가 되며, 길이가 무한히 긴 동축 원통 사이의 단위 길이($l = 1\,[\mathrm{m}]$)당 정전용량을 C_0라고 하면

$$C_0 = \frac{2\pi\varepsilon_0}{\ln\left(\frac{b}{a}\right)}[\mathrm{F/m}]$$

가 된다. 여기서 정전용량의 크기 $C_0 = \frac{2\pi\varepsilon_0}{\ln\left(\frac{b}{a}\right)}$는 케이블의 내경과 외경의 비인 $\frac{b}{a}$에 의해서 결정됨을 알 수 있다.

Book Cafe

앞에서 정리된 내용을 고려하면

- 구인 경우 $\tilde{E}_P = \frac{Q}{4\pi\varepsilon_0 r^2}$, $V_P = \frac{Q}{4\pi\varepsilon_0 r}$
- 동축인 경우 $\tilde{E}_P = \frac{\rho_l}{2\pi\varepsilon_0 r}$, $V_P = \frac{\rho_l}{2\pi\varepsilon_0}\ln r$

예제 3.10

내부 및 외부 도체의 선 전하 밀도가 ρ_l[C/m]이며, 반지름이 1[cm]와 2[cm]인 동축 케이블이 길이 10[m]일 때 동축 원통의 정전용량 [pF]의 크기를 구하여라.

[풀이] 동심 원통의 내부 반경을 a, 외부 반경을 b라고 할 때 정전용량 C는

$$C = \frac{2\pi\varepsilon_0 l}{\ln\left(\frac{b}{a}\right)}[\mathrm{F}]$$

이다. 이 관계식을 이용하여 정전용량의 크기를 계산하면

$$C = \frac{2\pi\varepsilon_0 l}{\ln_n\left(\frac{b}{a}\right)} = \frac{24.16\times10^{-12}\times10\times10^{-2}}{\log\frac{2}{1}}$$

$$= \frac{24.16\times10^{-13}}{0.301} \fallingdotseq 8.03\times10^{-12} = 8.03[\mathrm{pF}]$$

가 된다.

(4) 평행 도체 판 사이의 정전용량

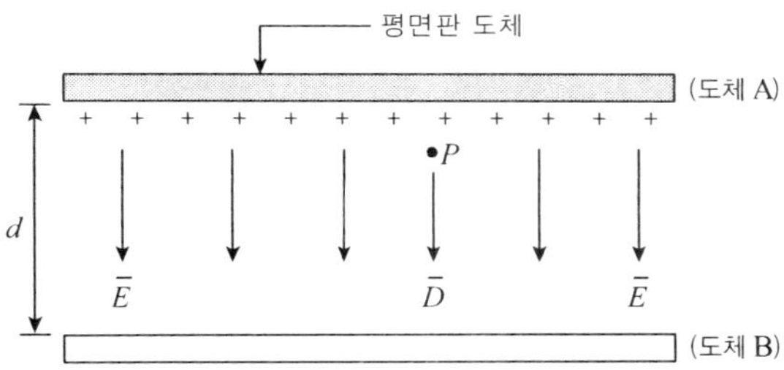

그림 3.12 평행 도체 판

평행 도체 판의 이상적인 구조는 판 넓이는 매우 넓은 것으로 하고 판 사이의 거리는 작은 경우의 구조를 말한다.

도체 A에 단위 면적당 ρ_S[C/m^2]의 전하를 인가하면 도체 내에서의 전속은 A도체에서 B도체로 수직으로 향하고, 간격 d가 좁기 때문에 두 도체 사이의 공간 어디에서나 전속밀도는 동일하다고 할 수 있다.

도체 사이의 한 점 P의 전속밀도 $\widetilde{D} = \rho_S$이므로 $\widetilde{D} = \varepsilon_0\widetilde{E}$ 관계에서

$$\widetilde{E} = \frac{\rho_S}{\varepsilon_0}$$

이며, 전계 $\widetilde{E}$을 이용하여 두 도체 사이의 전위차 V는

$$V = -\int_{-}^{+} \widetilde{E} \cdot d\widetilde{l} = -\int_{\infty}^{0} \frac{\rho_S}{\varepsilon_0} dl = \frac{\rho_S}{\varepsilon_0} d[\mathrm{V}]$$

이다. 따라서 평행 판 콘덴서에서의 정전용량 C는

$$C = \frac{Q}{V} = \frac{\rho_S S}{\frac{\rho_S}{\varepsilon_0} d} = \varepsilon_0 \frac{S}{d}[\mathrm{F}]$$

로 표현된다. 여기서 단위 면적당($S = 1\ [\mathrm{m}^2]$) 정전용량 C_0의 크기는

$$C_0 = \frac{\varepsilon_0}{d}[\mathrm{F/m^2}]$$

가 된다. $C_0 = \varepsilon_o / d$인 관계식에서 일반적으로 간격 d가 커지면 평등 전계는 되지 않는다. 평등전계는 위치에 관계없이 크기와 방향이 일정한 전계를 말한다.

예제 3.11

면적 S, 간격 d인 평행 판 도체에서 도체 사이의 전계 그리고 면적은 n배, 간격을 m배로 하면 정전용량은?

[풀이] 도체 사이의 전계는 $\widetilde{E} = \frac{V}{d}$이며, $C = \varepsilon_0 \frac{S}{d}$을 이용하면 $C = \varepsilon_0 \left(\frac{nS}{md}\right)$이므로 정전용량 C는 $\frac{n}{m}$배가 된다.

예제 3.12

극판 면적이 $0.01[\mathrm{m}^2]$, 금속판 n개를 판 간격 $1[\mathrm{mm}]$로 극성이 교대로 배치되어 약 $260[\mathrm{PF}]$의 공기 콘덴서를 제작하려는 경우 필요한 극판의 수를 계산하여라. ($\varepsilon_0 = 8.854 \times 10^{-12}\ [\mathrm{F/m}]$)

[풀이] $C = \varepsilon_0 \frac{(n-1)S}{d}$인 관계식을 이용하면 극판의 수 n은

$$n-1 = \frac{Cd}{\varepsilon_0 S} = \frac{260\times10^{-12}\times10^{-3}}{8.854\times10^{-12}\times0.01} \fallingdotseq 3$$

이며, 따라서 필요한 극판의 수는 $n=4$를 필요로 하게 된다.

예제 3.13

정전용량 C[F]의 평행판 콘덴서에 Q[C]의 전하가 충전되어 있을 때 극판간격을 $1/n$배로 하면 극판사이의 전위차에 대해서 설명하여라.

[풀이] 극판 간격이 d일 때의 전위차는 $V = \dfrac{Q}{C}$ 여기서 $C = \varepsilon_0\dfrac{S}{d}$인 관계식을 고려하는 경우 극판 간격을 $1/n$로 하면 용량 C'는

$$C' = \varepsilon_0\frac{S}{d/n} = nC$$

이며, 전위차 V'는

$$V' = \frac{Q}{nC} = \frac{1}{n}V$$

가 된다. 따라서 극판 간격을 $1/n$으로 하면 전위차는 $1/n$로 감소하게 된다.

예제 3.14

진공 중 반지름이 a[m]인 원형 도체 판 2매를 써서 극판 거리 d[m]인 콘덴서를 만들었다. 만약 이 콘덴서의 극판 거리를 2배로 하고 정전용량은 일정하게 하려면 이 도체 판의 반지름은 a의 몇 배로 하면 되는가?

[풀이] 원형 도체 판의 반지름을 a_1, 양극판의 거리를 d, 극판 거리를 $2d$로 했을 경우 도체 판 반지름을 a_2라고 하면 정전용량은 $C=\varepsilon\dfrac{S}{d}$이며 여기서 $S=\pi a_1^2$인 관계식을 이용하면 정전용량의 크기는

$$C = \frac{\varepsilon\pi a_1^2}{d} = \frac{\varepsilon\pi a_2^2}{2d}$$

가 된다. 여기서 $a_2^2=2a_1^2$인 관계를 이용하면

$$a_2 = \sqrt{2}\,a_1$$

이므로 따라서 도체 판의 반지름은 a의 $\sqrt{2}$ 배가 된다.

(5) 평행 도선 사이의 정전용량

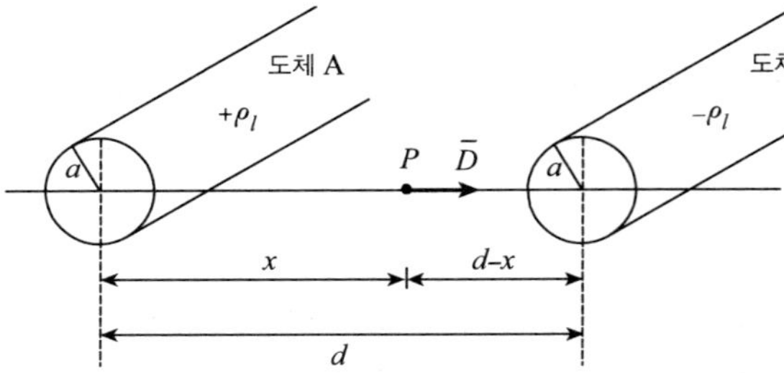

그림 3.13 평행 도선

선로 A와 선로 B가 평행할 때 도체 A에만 정전하를 주는 경우 전속은 방사상으로 발생하여 일부는 도체 B에 들어가거나 무한 원점으로 들어가는 정전유도에 의해서 정전하 및 부 전하를 가지게 된다. 이와 같은 상태에서 전속과 전하의 분포가 복잡하기 때문에 정전용량을 구하는 것이 번거롭다.

그래서 근사적인 해법으로 도체 A, B에 단위 길이 당 선 전하 밀도 $+\rho_l$, $-\rho_l$을 주는 경우 평행 도선 사이의 한 점 P의 전속밀도 $\widetilde{D}$는 $Q = \int \widetilde{D} \cdot dS = \widetilde{D} \cdot (2\pi r l) = \rho_l$관계에서 $\widetilde{D} = \dfrac{\rho_l}{2\pi r}$이며, $+\rho_l$과 $-\rho_l$에 의한 중첩되는 전속밀도 $\widetilde{D}$와 전계 $\widetilde{E}$는

$$\widetilde{D} = \frac{+\rho_l}{2\pi x} + \frac{-\rho_l}{2\pi(d-x)}$$

$$\widetilde{E} = \frac{\rho_l}{2\pi\varepsilon_0}\left(\frac{1}{x} - \frac{1}{d-x}\right)$$

이며, 전위 V는

$$V = -\int_{-}^{+} \widetilde{E} \cdot dl = -\int_{d-a}^{a} \frac{\rho_l}{2\pi\varepsilon_0}\left(\frac{1}{x} - \frac{1}{d-x}\right) dx$$

$$= \frac{\rho_l}{2\pi\varepsilon_0}\left[\ln x - \ln(d-x)\right]_{d-a}^{a}$$

$$= \frac{\rho_l}{\pi\varepsilon_0} \ln\left(\frac{d-a}{a}\right) [\mathrm{V}]$$

가 된다. 여기서 단위 길이 당($l = 1[\mathrm{m}]$) 정전용량 C_0을 고려하면

$$C_0 = \frac{Q}{V} = \frac{\rho_l \, l}{-\oint \widetilde{E} \cdot dl} = \frac{\pi \varepsilon_0}{\ln\left(\frac{d-a}{a}\right)} [\mathrm{F/m}]$$

가 된다. 이 관계식을 이용해서 전송 선로의 선간 정전용량을 구할 수 있다. 그리고 $a \ll d$ 이라면

$$C_0 \fallingdotseq \frac{\pi \varepsilon_0}{\ln \frac{d}{a}} [\mathrm{F/m}]$$

으로 표현된다.

Book Cafe

일반적으로 전기 장치에 대해 접지를 하는 이유는 지구의 용량이 커서 전위가 거의 일정하기 때문이다. 여기서 정전용량이 크다는 것은 전위가 일정할 때 많은 전하를 축적할 수 있다는 것을 의미하는 것이다. 따라서 지구의 정전용량이 크기 때문에 어떠한 전위 조건에서도 보다 많은 전하를 축적하는 것이 가능하게 된다. 결국 지구는 많은 전하를 축적하여도 지구의 전위는 항상 일정하다. 그래서 대지를 0 준위로 보고 전기 장치에 대해 접지를 시킨다고 설명할 수 있다.

Book Cafe

콘덴서의 성질

- 콘덴서는 전압을 담는 그릇이다. 즉, 콘덴서는 두 도체간의 정전용량에 의해서 전하를 축적시키는 장치라고 할 수 있다.
- 콘덴서는 전압이 급변하지 못한다. 즉, 콘덴서의 초기 전압은 0이다.
- 많은 전하를 축적하기 위해서는 도체간의 간격을 좁게 되도록 한다. 극판 면적 $S[\mathrm{m}^2]$, 극판 간격 $d[\mathrm{m}]$라고 할 때 콘덴서에 충전되는 정전용량 C는 $C = \varepsilon \frac{S}{d} [\mathrm{F}]$이다. 이 때 전하량 $Q = CV$ 관계에서 $Q = \varepsilon \frac{S}{d} V [\mathrm{C}]$이므로 전하량 Q는 극판 간격 d에 반비례한다. 따라서 간격이 좁을수록 전하량은 크게 된다.
- 두 도체 간에 삽입되는 절연물은 도체 상호간의 절연을 목적으로 하기도 하지만 정전용량 값을 증가시키게 된다.

3.6 콘덴서의 접속

3.6.1 직렬접속(전하 Q가 일정한 경우)

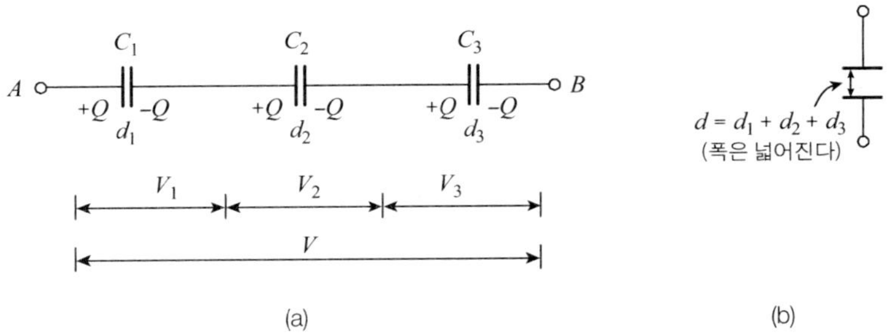

그림 3.14 직렬연결

〈그림 3.14〉 (a)에서 처럼 몇 개의 콘덴서를 직렬로 접속하는 단자 간에 전압 V를 인가하면 각각의 콘덴서의 양극에는 $+Q$, $-Q$가 정전 유도된다.

〈그림 3.14〉 (b)의 등가에서 폭 d가 $d = d_1 + d_2 + d_3$으로 크게 된다.

이와 같은 경우 각 콘덴서에 축적된 전하량은 Q로 같아지게 되므로 각 콘덴서 사이의 전위차 V_1, V_2, V_3 [V]는

$$V_1 = \frac{Q}{C_1},\ V_2 = \frac{Q}{C_2},\ V_3 = \frac{Q}{C_3}$$

가 되며, 전체 전압 V는

$$V = V_1 + V_2 + V_3$$

이므로 단자 AB 간의 합성 정전용량은 $V = \dfrac{Q}{C}$ 관계에서

$$V = \frac{Q}{C} \equiv \frac{Q}{C_1} + \frac{Q}{C_2} + \frac{Q}{C_3}$$

이므로 합성 용량 C_T은

$$\frac{1}{C_T} = \frac{1}{C_1} + \frac{1}{C_2} + \frac{1}{C_3}[\mathrm{F}]$$

으로 직렬접속 시에는 정전용량이 다른 어느 것 보다 작아지게 된다.

이와 같은 내용은 앞으로 임피던스를 변화시키는 경우에 콘덴서를 직렬연결 방법을 통해서 가변 할 수 있다.

3.6.2 병렬접속(전압 V가 일정한 경우)

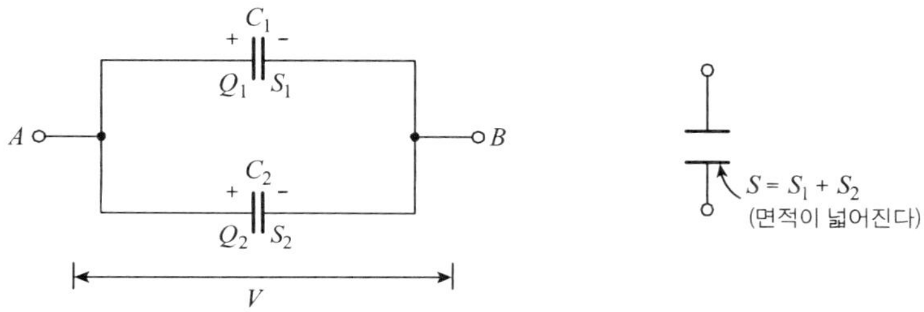

그림 3.15 병렬접속

콘덴서를 병렬로 접속하는 경우에는 〈그림 3.15〉(b)에서처럼 표면의 면적 S가 $S = S_1 + S_2$로 넓어진다.

Q_1으로 대전된 용량 C_1의 콘덴서에 용량 C_2를 병렬로 연결한 경우 C_2가 분배 받는 전기량은 합성 용량 $Q_1 = C_1 V_1$, $Q_2 = C_2 V_2$에서 단자 A, B 사이의 합성 정전용량 C_T는

$$C_T = \frac{Q}{V} = \frac{Q_1 + Q_2}{V} = \frac{C_1 V_1 + C_2 V_2}{V} = C_1 + C_2[\mathrm{F}]$$

으로 각 콘덴서의 어느 정전용량보다 크게 된다. 병렬연결 후의 전위차는 $V = \dfrac{Q}{C_1 + C_2}[\mathrm{V}]$ 이므로 C_2가 분배 받는 전기량 Q_2는

$$Q_2 = \frac{C_2}{C_1 + C_2} Q[\mathrm{C}]$$

이다.

예제 3.15

정전용량이 같은 콘덴서 10개를 병렬로 연결 했을 때의 합성용량은 직렬로 연결했을 때의 합성용량 크기의 몇 배가 되는가?

[풀이] 직렬로 연결된 합성 정전용량의 크기는 $C_S = \dfrac{C_1 \cdot C_2}{C_1 + C_2}$ 이며 이 관계를 이용하면

$$C_S = \frac{C_1 \times C_2}{C_1 + C_2} = \frac{C}{10}$$

이며 병렬접속의 경우는

$$C_P = C_1 + C_2 = 10C$$

이므로 $\dfrac{C_P}{C_S} = 100$배 정도가 된다.

Book Cafe

각각 다른 전위차로 충전되어 있는 콘덴서 2개를 병렬로 접속하는 경우 전위차가 같게 되도록 하기 위해서 전하의 이동이 생긴다. 이 때 전하의 이동으로 에너지 손실이 일어나게 되어 결과적으로 콘덴서를 접속하는 경우에는 에너지가 감소하게 된다.

3.7 도체계의 에너지

3.7.1 정전용량에 축적되는 에너지

동일한 능력을 보이는 전하를 한 곳에 모아 놓는다면 전하 상호간에 반발력에 대한 일을 해야 한다. 따라서 도체계에서 전하를 축적하는 콘덴서에 대한 일을 고려하면 정전용량이 C[F]인 콘덴서의 양단에 전압 V[V]을 인가하는 경우 $Q = CV$의 전하가 축적되는데 이는 도체의 전하량이 초기 0의 상태에서 시간에 따라 점차 증가하여 일정량 Q[C]이 될 때까지 전하가 저장되는 것을 의미하는 것으로 이와 같은 전하를 공급하기 위해서

는 에너지를 필요로 하게 된다.

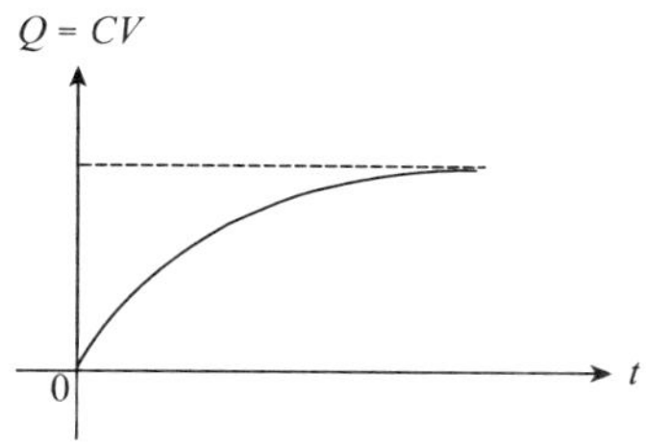

그림 3.16

지금 도체가 q[C]로 대전된 상태의 전위를 V[V]라고 하면 이 전위 V[V]는 단위 정전하를 무한원점에서 이 도체로 운반하는데 필요한 일 V[J/C]가 되는 것을 의미하게 된다.

여기서 미소전하 dq 만큼을 더 증가시키는데 필요한 일 dW는 $V = W/q$ 관계에서

$$dW = V dq[\mathrm{J}]$$

이며, 여기에 정전용량 C는 $C = \dfrac{Q}{V} = \dfrac{q}{V}$에서 변형한 관계식 $V = \dfrac{q}{C}$를 dW에 대입하면

$$dW = \frac{q}{C} dq$$

가 된다. 도체의 전하가 0의 상태에서 조금씩 증가하여 Q[C]까지 충전하는데 필요한 전체 에너지를 구하기 위해서 dW에 대해 적분을 행하면

$$\int dW = \int_0^Q \frac{q}{C} dq$$

$$W = \frac{1}{2}\frac{Q^2}{C} = \frac{1}{2}CV^2 = \frac{1}{2}QV[\mathrm{J}]$$

가 된다. 따라서 콘덴서에 전하를 축적하는데 하는 일 W[J]은 콘덴서의 에너지로 축적되게 된다. 그리고 $W = \dfrac{1}{2}\dfrac{Q^2}{C} = \dfrac{1}{2}CV^2 = \dfrac{1}{2}QV$[J]의 의미는 정전용량 C[F]을

가진 도체가 Q[C]의 전하로 V[V]의 전위를 가질 경우에 이 도체가 가지는 에너지를 나타내는 것이다.

(1) 전압이 일정할 경우

$$W = \frac{1}{2}CV^2 \text{에 } C = \frac{\varepsilon_o S}{d} \text{을 대입하면 } W = \frac{\varepsilon_o S}{2d}V^2 \text{ [J]}$$

여기서 전압이 일정한 경우는 다음과 같다.

- 병렬 연결하는 경우
- 일정한 전압을 인가하는 경우
- 그리고 일정한 전압으로 충전하는 동안이라고 할 수 있다.

(2) 전하량이 일정한 경우

$$W = \frac{1}{2}\frac{Q^2}{C} \text{에서 } C = \frac{\varepsilon_o S}{d} \text{을 대입하면 } W = \frac{d}{2\varepsilon_o S}Q^2 \text{[J]}$$

여기서 전하량이 일정한 경우는 다음과 같다.

- 직렬 연결하는 경우
- 전원을 제거한 후
- 그리고 충전이 종료된 후 라고 할 수 있다.

예제 3.16

콘덴서에 축적된 에너지가 8[J]이고, 콘덴서 양단에 인가한 전압이 200[V]일 때 정전용량 C[μF]를 구하여라.

[풀이] 콘덴서에 축적되는 에너지는 $W = \int_0^Q V\,dq$이며, 여기서 $V = \frac{Q}{C}$인 관계를 적용하면

$$W = \int_0^Q V\,dq = \frac{1}{C}\int_0^Q q\,dq = \frac{Q^2}{2C} = \frac{1}{2}QV = \frac{1}{2}CV^2 \text{ [J]}$$

가 된다. 이를 이용하여 정전용량 C의 크기를 구하면

$$C = 2 \times \frac{W}{V^2} = 2 \times \frac{8}{200^2} = 400[\mu\text{F}]$$

으로 계산된다.

3.7.2 공간 전하계의 에너지(진공의 경우)

$$W_E = \frac{1}{2}\varepsilon \widetilde{E}^2 = \frac{1}{2}\widetilde{D}\widetilde{E} = \frac{1}{2}\frac{\widetilde{D}^2}{\varepsilon}[\mathrm{J/m^3}]$$

Book Cafe

콘덴서의 전위차와 축적되는 에너지 관계는 $W = \frac{1}{2}CV^2$에서 에너지 W와 전위 V^2은 비례하며 포물선으로 나타난다.

Book Cafe

콘덴서에 $Q[\mathrm{C}]$의 전하가 축적되는 정전용량 에너지 $W[\mathrm{J}]$는 $W = \frac{Q^2}{2C} = \frac{1}{2}QV[\mathrm{J}]$이다. 정전 에너지는 Q^2에 비례한다. 따라서 전하와 정전 에너지 사이는 포물선이다. 그리고 충전된 에너지가 저항 등을 통해 열로 발생되는 열량 $1[\mathrm{cal}]$는 $4.2[\mathrm{J}]$인 관계를 이용하면 $\frac{W}{4.2}[\mathrm{cal}]$가 된다.

Book Cafe

에너지에 관련된 공식 암기 요령

- 공간 전하계의 경우 전계가 들어와 전속밀도를 발생하는 경우

$$W_E = \frac{1}{2}\varepsilon\widetilde{E}^2 = \frac{1}{2}\widetilde{D}\widetilde{E} = \frac{1}{2}\frac{\widetilde{D}^2}{\varepsilon}[\mathrm{J/m^3}]$$

- 도체계(콘덴서)의 경우에는 전위에 의해서 전하가 발생하는 경우

$$W = \frac{1}{2}\frac{Q^2}{C} = \frac{1}{2}CV^2 = \frac{1}{2}QV[\mathrm{J}]$$

콘덴서의 축적 에너지

$$W = \int P\,dt = \int VI\,dt = \int V C\frac{dv}{dt}dt = \int VC\,dV = \frac{1}{2}CV^2\ [\mathrm{J}]$$

여기서 $Q = CV$ 관계를 적용하면 $W = \frac{Q^2}{2C} = \frac{1}{2}QV\,[\mathrm{J}]$가 된다.

예제 3.17

여러 개의 도체에서 각 도체의 전하가 Q_1, Q_2, Q_3 [C]일 때 전압을 V_1, V_2, V_3 [V]라고 하면 도체계의 전체 에너지 W는?

[풀이] $W = \frac{1}{2}Q_1V_1 + \frac{1}{2}Q_2V_2 + \frac{1}{2}Q_3V_3 = \frac{1}{2}\sum_{m=1}^{n} Q_mV_m$

예제 3.18

평행판 콘덴서의 양극판에 $+Q$, $-Q$[C]의 전하가 주어지고, 전위 V_1, V_2을 인가하는 경우 저장되는 정전 에너지는?

[풀이] $W = \frac{1}{2}QV_1 + \frac{1}{2}(-Q)V_2 = \frac{1}{2}Q(V_1 - V_2)$

이며, 여기서 두 도체의 전위차를 $V = V_1 - V_2$라고 하면

$$W = \frac{1}{2}QV = \frac{1}{2}CV^2$$

가 된다

3.8 도체계에 작용하는 힘

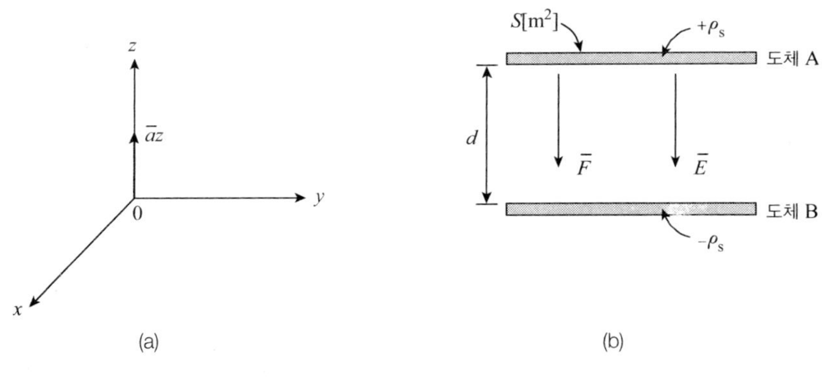

그림 3.17

콘덴서에 전하를 축적하려면 일을 필요로 하는데 이 때 일은 에너지로서 콘덴서에 축적되게 된다. 이와 같이 콘덴서에 축적되는 에너지를 설명하기 위해서 그림에서처럼 평행판의 전극 면적을 $S\,[\mathrm{m}^2]$, 전극간의 거리를 $d[\mathrm{m}]$ 그리고 인가전압을 $V\,[\mathrm{V}]$라고 하면

여기서

$$Q = \int \widetilde{D} \cdot dS = \int \rho_S \, dS, \ \widetilde{D} = \rho_S, \ \varepsilon_0 \widetilde{E} = \rho_S, \ \widetilde{E} = \frac{\rho_S}{\varepsilon_0}$$

인 관계를 $V = \widetilde{E}\,d$에 대입하면 $V = \dfrac{\rho_S}{\varepsilon_0} d$이며, 정전용량 C는 $C = \dfrac{Q}{V}$에 $Q = \rho_S S$

와 $V = \dfrac{\rho_S}{\varepsilon_0} d$을 적용하면 정전용량은

$$C = \frac{Q}{V} = \frac{\rho_s S}{\dfrac{\rho_s}{\varepsilon_o} d} = \frac{\varepsilon_o S}{d}$$

이다. 두 판 사이의 전계는 평등 전계이므로, $\widetilde{E}$에 대한 전위차 V와 정전용량 C의 관계를 고려하면 즉 $C = \varepsilon_0 \dfrac{S}{d}$ 관계를 이용해서 축적되는 정전 에너지 W는

$$W = \frac{1}{2} C V^2 = \frac{1}{2} \left(\frac{\varepsilon_0 S}{d} \right) \left(\frac{\rho_S}{\varepsilon_0} d \right)^2 = \frac{\rho_S^2 S}{2 \varepsilon_0} d$$

가 된다.

그리고 이 콘덴서가 전하 $Q\,[\mathrm{C}]$를 갖고 있을 경우에는 에너지 $W = \dfrac{1}{2} \dfrac{Q^2}{C}\,[\mathrm{J}]$가 축적되게 된다. 따라서 평행판 도체가 직각 좌표계에 위치한 경우라고 가정하면 도체 판 A에 작용하는 힘($W = \widetilde{F}\,l$)의 성분을 각각 고려하면

$$\widetilde{F}_z = \frac{\partial W}{\partial z} = \frac{\partial W}{\partial d} = \frac{\rho_S^2 S}{2 \varepsilon_0}$$

이다. 여기에 대해 $Q = \rho_s S$인 관계를 이용해서 정리하면

$$\widetilde{F}_z = \frac{Q^2}{2 \varepsilon_0 S}$$

가 되어 z 방향의 성분만 나타난다고 볼 수 있다.

즉, z에 의해서 어떻게 변하는가를 알 수 있다면 힘을 구할 수 있다.

$$\widetilde{F}_x = 0$$
$$\widetilde{F}_y = 0$$

그리고 단위 면적당($S = 1[\mathrm{m}^2]$) 힘의 크기를 f라고 하면

$$f = \frac{\rho_S^2}{2\varepsilon_0}[\mathrm{N/m^2}]$$

가 된다. 여기에 전하밀도 $\rho_s = \varepsilon_0 \widetilde{E}$인 관계식을 적용해서 정리하면

$$f \equiv \frac{1}{2}\varepsilon_0 \widetilde{E}^2[\mathrm{N/m^2}]$$

로 표시된다. 여기서 $f \equiv \frac{1}{2}\varepsilon_0 \widetilde{E}^2$는 전극 사이의 단위 면적에 작용하는 정전 응력(힘)이라고 한다. 이 힘은 ρ_S^2 또는 $\widetilde{E}^2$에 비례하고 전하의 부호 또는 전계의 방향과는 무관하게 항상 (+)로 된다. 한편 정전 응력 f의 단위 면적당 축적되는 에너지로서 전계 $\widetilde{E}$에 축적되는 에너지 밀도라고 한다. 그리고 식 $f \equiv \frac{1}{2}\varepsilon_0 \widetilde{E}^2$는 단지 평행 도체판 사이에서만 성립하는 것이 아니고 일반적인 전계에 대해서도 성립하게 된다.

그리고 작용하는 힘의 형태를 경우에 따라 분석하면 다음과 같다.

3.8.1 전압이 일정한 경우

$$\widetilde{F} = \frac{\partial W}{\partial d} = \frac{\partial}{\partial d}\left(\frac{1}{2}CV^2\right) = \frac{\partial}{\partial d}\left(\frac{\varepsilon_o S}{2d^2}\right)V^2 = -\left(\frac{\varepsilon_o S}{2d}\right)V^2[\mathrm{N}]$$

3.8.2 전하량이 일정한 경우

$$\widetilde{F} = \frac{\partial W}{\partial d} = \frac{\partial}{\partial d}\left(\frac{Q^2}{2C}\right) = \frac{\partial}{\partial d}\left(\frac{dQ^2}{2\varepsilon_o S}\right) = \frac{Q^2}{2\varepsilon_o S}[\mathrm{N}]$$

예제 3.19

반지름이 a인 평행 도선 사이의 거리가 d일 때 도선 간의 전위차가 V이었다면 도선 간에 작용하는 정전력 [N]의 크기를 구하여라.

[풀이] 두평행 도선 사이의 정전용량 C는 $C = \dfrac{\pi\varepsilon_0 l}{\ln\left(\dfrac{d-a}{a}\right)}$[F]이다. 여기서 $d \gg a$이고

단위 길이 당 ($l = 1$[m]) 정전용량은 $C = \dfrac{\pi\varepsilon_0}{\ln\dfrac{d}{a}}$[F/m]이다. 그러므로 정전용량 C

에 축적되는 에너지 W는 $W = \dfrac{1}{2}CV^2 = \dfrac{1}{2}\left(\dfrac{\pi\varepsilon_0}{\ln\dfrac{d}{a}}\right)V^2$ [J/m]이다.

따라서 정전력 $\widetilde{F}$의 크기는

$$\widetilde{F} = \frac{\partial W}{\partial d} = \frac{1}{2}\frac{-\dfrac{1}{d/a}\left(\dfrac{1}{a}\pi\varepsilon_0 V^2\right)}{\left(\ln\dfrac{d}{a}\right)^2} = \frac{\pi\varepsilon_0 V^2}{2d\left(\ln\dfrac{d}{a}\right)^2}\ [\text{N/m}]$$

가 된다.

예제 3.20

대전 도체표면의 전하밀도를 σ[C/m^2]이라 할 때, 대전 도체표면의 단위 면적에 받는 정전응력에 대해서 설명하여라.

[풀이] 콘덴서에 축적되는 에너지 $W = \dfrac{1}{2}CV^2 = \dfrac{Q^2}{2C}$인 관계식에 $C = \dfrac{\varepsilon S}{d}$을 적용하면

$$W = \frac{Q^2}{2C} = \frac{Q^2}{2\times\dfrac{\varepsilon_0 S}{d}} = \frac{dQ^2}{2\varepsilon_0 S} = \frac{d\sigma^2 S}{2\varepsilon_0}$$

으로 구해진다. 여기서 대전 도체표면에 받는 정전응력 F에 대한 관련식은

$$F = -\frac{\partial W}{\partial d} = -\frac{S}{2\varepsilon_0}\sigma^2\,[\text{N}]$$

이며, 여기서 단위 면적 당 작용하는 정전응력을 구하면

$$f = \frac{F}{S} = -\frac{\sigma^2}{2\varepsilon_0}[\text{N/m}^2]$$

가 된다. 따라서 정전응력의 크기는 σ^2에 비례함을 알 수 있다.

▶▶▶ 연습문제

01 도체계의 전위 계수의 관계에 대해 설명하여라.

해설 도체 A, B에서 전위 계수를 P_{AA}, P_{AB}, P_{BA}, P_{BB}라고 하면 여기서 P_{AA}는 도체 A에 1[C]의 전하를 줄 때 A도체에 대한 전위이므로 $P_{AA} > 0$이며, $P_{AB} \geq 0$, $P_{AB} = P_{BA}$ 그리고 $P_{AA} \geq P_{AB}$인 관계에 있다. 여기서 전위 계수 $P_{AB} = P_{BA}$에 대한 의미는 도체 B가 도체 A에 속에 있음을 나타내는 것이다.

02 도체 A, B가 존재할 때 도체에만 2[C]의 전하를 주는 경우 도체 A, B에 전위가 각각 6[V], 8[V]이었다. 두 도체를 동일하게 전하 1[C]을 인가할 때 A도체의 전위는?

해설 $V_A = P_{AA}Q_A + P_{AB}Q_B$
$V_B = P_{BA}Q_A + P_{BB}Q_B$

에서 처음에 $Q_A = 2$[C], $Q_B = 0$이므로

$$V_A = P_{AA}Q_A + 0$$
$$V_B = P_{BA}Q_A + 0$$

에서

$$P_{AA} = \frac{V_A}{Q_A} = \frac{1}{2}V_A$$
$$P_{BA} = \frac{V_B}{Q_A} = \frac{1}{2}V_B$$

이다. 여기서 $V_A = 6$[V], $V_B = 8$[V]를 적용하면

$$P_{AA} = \frac{1}{2}V_A = \frac{1}{2}\times 6 = 3[\text{V/C}]$$
$$P_{BA} = \frac{1}{2}V_B = \frac{1}{2}\times 8 = 4[\text{V/C}]$$

가 된다. 따라서 두 도체 A, B에 1[C]의 전하를 인가 할 때 전위는

$$V_A = P_{AA}Q_A + P_{AB}Q_B$$

이다. 도체 A에 대해서 고려하기 위해 여기서 $Q_A = Q_B = 1$[C]을 대입하면

$$V_A = 3\times 1 + 4\times 1 = 7[\text{V}]$$

가 된다. 따라서 도체 A의 전위가 7[V]가 된다.

03 정전용량이 C_1[F], C_2[F]인 절연 상태에 있는 두 도체를 가는 선으로 접속하는 경우 정전용량의 크기는? (단, 두 도체 사이의 상호 유도 결합 계수 M이 존재한다.)

해설 $Q=CV$ 관계식을 적용하면

$$Q_1=C_1V_1+MV_2,\ Q_2=C_2V_2+MV_2$$

이며, 여기서 공동 전위 $V_1=V_2=V$를 적용하면

$$Q_1=(C_1+M)V, Q_2=(C_2+M)V$$

따라서 접속한 정전용량의 크기는

$$C=\frac{Q_1+Q_2}{V}=\frac{(C_1+M)V+(C_2+M)V}{V}=C_1+C_2+2M[\mathrm{F}]$$

가 된다.

04 진공 중에서 반지름 r[m]이고 극판의 간격이 l[m]인 원형 도체 판을 이용한 콘덴서에서 극판 거리를 3배로 하고 정전용량을 일정하게 하려면 원형 도체 판의 반지름은 어느 정도가 되어야 하는가?

해설 처음 도체 판의 반지름을 r_1, 극판 간격을 $3l$로 했을 때 도체 판 반지름을 r_2라고 하면 정전용량 C는 $C=\varepsilon\frac{S}{d}$와 $S=\pi r^2$에서 $C=\varepsilon\frac{\pi r_1^2}{l}=\varepsilon\frac{\pi r_2^2}{3l}$이다. 여기서 $3r_1^2=r_2^2$이므로 간격 $3l$일 때의 반지름 r_2는 $r_2=\sqrt{3}\,r_1$이 된다.

05 평행 판 콘덴서의 면적이 $S[\mathrm{m}^2]$, 간격 d[m]인 상태에서 극판의 면적을 2배, 간격을 $\frac{1}{3}$배로 하는 경우 정전용량의 변화는?

해설 처음에 면적 S_1, 간격 d_1인 평행 콘덴서의 정전용량을 C_1이라고 하면 $C_1=\varepsilon\frac{S_1}{d_1}$이며, 면적을 2배로 한 경우를 S_2, 간격을 $\frac{1}{3}$배로 하는 경우를 d_2라 하고 이때의 정전용량을 C_2라고 하면

$$C_2=\varepsilon\frac{S_2}{d_2}=\varepsilon\frac{2S_1}{\frac{1}{3}d_1}=6\varepsilon\frac{S_1}{d_1}=6C_1$$

이다. 따라서 면적을 2배, 간격을 $\frac{1}{3}$배로 하는 경우 처음 정전용량의 6배가 된다.

06 **정전용량이 10 [μF] 인 도체구의 반지름은?**

해설 지름 a인 도체구의 정정 용량 C는 $C = 4\pi\varepsilon_0 a$[F]이며 여기서 도체구의 반지름의 크기 a는

$$a = \frac{C}{4\pi\varepsilon_0} = 9\times10^9\times10\times10^{-6} = 9\times10^4[\text{m}] = 90[\text{km}]$$

가 된다.

07 **동심 구에서 내외 반지름을 각각 3배로 하는 경우 정전용량의 변화는?**

해설 동심 구에 대한 정전용량 C_1은 $C_1 = 4\pi\varepsilon_0\left(\frac{ab}{b-a}\right)$[F]이다. 여기서 내외 반지름을 3배로 하는 경우의 정전용량을 C_2라고 하면

$$C_2 = 4\pi\varepsilon_0\frac{(3a)(3b)}{(3b-3a)} = 4\pi\varepsilon_0\frac{ab}{b-a}\times3 = 3C_1$$

가 된다. 따라서 반지름을 3배로 하는 경우 정전용량은 처음의 3배가 된다.

08 **선 전하 밀도가 ρ_l[C/m]이면서 원통의 반지름 $a=2$[cm]와 $b=3$[cm]이며, 동심 원통의 길이가 60[cm]인 경우 정전용량은?**

해설 내경을 a, 외경을 b라고 할 때 동심원통에 대한 정전용량 C의 크기는 $C = \frac{2\pi\varepsilon_0 l}{\ln\left(\frac{b}{a}\right)}$[F]이다. 여기에 $a=0.02$[m], $b=0.03$[m], $l=0.60$[m]을 대입하면 정전용량은

$$C = \frac{2\pi\varepsilon_0 l}{\ln\left(\frac{b}{a}\right)} = \frac{33.4}{\ln 1.5}\times10^{-12} = 81.5[\text{pF}]$$

가 된다.

09 **반지름이 3[m]와 5[m]인 두 개의 절연 구에 각각 2[V]와 4[V]를 인가한 후 가는 도선으로 두 구를 연결했다. 연결을 한 후의 전위는?**

해설 반지름 a인 도체구의 정전용량 C는 $C = 4\pi\varepsilon_0 a$ 이며, 전하량 $Q = CV$로 표현된다. 여기서 $a_1 = 3$[m] 일 때 전하를 Q_1, $a_2 = 5$[m] 일 때 전하를 Q_2라고 하면 두 구의 연결 전의 전하를 Q_i라고 하면

$$Q_i = Q_1 + Q_2 = 4\pi\varepsilon_0 a_1 V_1 + 4\pi\varepsilon_0 a_2 V_2$$

가 되며, 연결 후의 전하를 Q_0라고 하면 등 전위가 되므로 $Q_i = Q_0$가 된다. 즉,

$$Q_0 = Q_1 + Q_2 = 4\pi\varepsilon_0 a_1 V + 4\pi\varepsilon_0 a_2 V = 4\pi\varepsilon_0 (a_1 + a_2) V$$

에서 연결 시의 전위 V[V]로 나타내면 $V = \dfrac{Q}{4\pi\varepsilon_0(a_1 + a_2)}$이다. 여기서 $Q_i = Q_0$ 값을 대입하면

$$V = \frac{4\pi\varepsilon_0(a_1 V_1 + a_2 V_2)}{4\pi\varepsilon_0(a_1 + a_2)} = \frac{a_1 V_1 + a_2 V_2}{a_1 + a_2}$$

이다. 여기에 $a_1 = 3$[m], $a_2 = 5$[m], $V_1 = 2$[V], $V_2 = 4$[V]을 대입하면 $V = 3.25$[V]로 구해진다.

10 정전용량 C인 콘덴서에 V라는 전압이 충전되어 있을 때 전원을 제거한 후 극판 간격을 $\dfrac{1}{2}$로 줄이는 경우 전압은?

해설 $V = \dfrac{Q}{C}$에서 $C = \varepsilon \dfrac{S}{d}$을 이용하면 $V = \dfrac{Qd}{\varepsilon S}$이다. 따라서 전압은 거리에 비례한다. 그러므로 전극 간격을 $\dfrac{1}{2}$로 접근시키면 전압 V도 $\dfrac{1}{2}$로 됨을 알 수 있다.

11 직렬로 접속된 콘덴서 C_1과 C_2에 전압 V를 인가 할 때 콘덴서 C_1에 분배 되는 전압은?

해설 직렬에 대한 합성 용량을 C_T 라고 하면 $C_T = \dfrac{C_1 C_2}{C_1 + C_2}$[F]이다. 직렬연결을 하는 경우 각 콘덴서의 전하량은 동일하며, 걸리는 전압은 용량에 비례한다.
따라서

$$Q = Q_1 = Q_2 = C_1 V_1 = C_2 V_2, \quad V = V_1 + V_2$$

이다. 여기서 콘덴서 C_1에 걸리는 전압을 V_1이라고 하면

$$V_1 = \frac{C_T}{C_1} V = \frac{C_1 C_2}{C_1(C_1 + C_2)} V = \frac{C_2}{C_1 + C_2} V$$

로 나타나게 된다.

12 3개의 콘덴서 $C_1 = 2[\mu\text{F}]$, $C_2 = 3[\mu\text{F}]$, $C_3 = 4[\mu\text{F}]$가 직렬로 접속되고 900[V]의 전압을 인가하는 경우 콘덴서 C_1에 걸리는 전압은?

해설 콘덴서가 직렬로 접속되는 경우 합성 용량

$$\frac{1}{C_T} = \frac{1}{C_1} + \frac{1}{C_2} + \frac{1}{C_3} = \frac{1}{2} + \frac{1}{3} + \frac{1}{4} = \frac{13}{12}\,[\mu F]$$

이며, 여기서 $C_T = \frac{12}{13}\,[\mu F]$가 된다. 따라서 콘덴서 C_1에 분배되는 전압 V_1은

$$V_1 = \frac{C_T}{C_1} V = \frac{12}{26} \times 900 = 415\,[V]$$

가 된다.

13 다음의 회로에서 콘덴서 3[μF]에 축적되는 에너지[J]는?

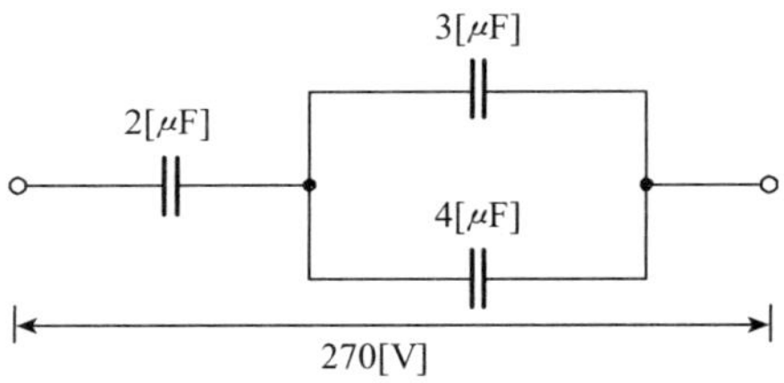

해설 주어진 회로에 대한 등가 회로는 3[μF]과 4[μF]이 병렬이므로

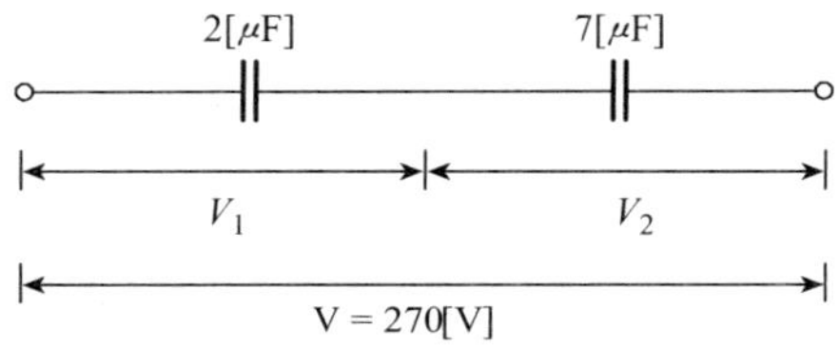

이다. 여기서 3[μF]에 걸리는 전압은 등가 회로에서 7[μF]의 전압과 같기 때문에 $V_2 = \frac{2}{2+7} \times 270 = 60\,[V]$가 된다. 따라서 3[μF]에 축적되는 에너지 W는

$$W = \frac{1}{2} CV^2 = \frac{1}{2} \times 3 \times 10^{-6} \times (60)^2 = 5.4 \times 10^{-3}\,[J]$$

로 구해진다.

14 직류 300[V] 전압으로 충전된 200[μF]의 콘덴서에 저항 5[Ω]을 연결하는 경우 저항을 통해서 방전할 때 저항에서 발생하는 열량[cal]은?

해설 정전용량에 축적되는 에너지 W는 $W = \frac{1}{2} CV^2 = \frac{1}{2} \times 200 \times 10^{-6} \times (300)^2 = 9\,[J]$이다. 여기서 저항에서 발생하는 열량 H[cal]는 1[J] = 0.24[cal]이므로

$$H = 0.24 \times 9 = 2.16\,[cal]$$

가 된다.

15 내압이 1[kV]인 콘덴서 0.1[μF], 0.2[μF], 0.3[μF]을 직렬로 접속하고 양단에서 전압을 상승하는 경우 파괴 정도와 내압의 크기를 결정하여라.

해설

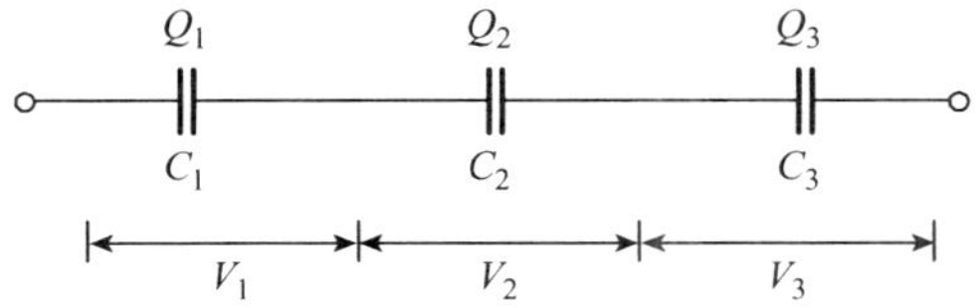

$Q_1 = C_1 V_1 = 100[\mu\text{C}]$, $Q_2 = C_2 V_2 = 200[\mu\text{C}]$, $Q_3 = C_3 V_3 = 300[\mu\text{C}]$ 내압이 동일한 경우 직렬로 접속할 때 콘덴서 양단에 인가하는 전압은 용량에 반비례하기 때문에 용량이 작은 0.1[μF]의 콘덴서가 제일 먼저 파괴되며, 전체 내압을 V라고 하면

$$V = \frac{1/C_1 + 1/C_2 + 1/C_3}{1/C_1} V_1 = \frac{1/1 + 1/2 + 1/3}{1} \times 1000 = 1{,}833\,[\text{V}]$$

가 된다.

16 반지름 a, 도선간의 거리가 d이고 길이가 l인 평행 도선에서 도선 간의 전위차가 일 때 평행 선로 간에 작용하는 정전력[N/m]은?

해설 평행 도선에 대한 정전용량 C는 $C = \dfrac{\pi \varepsilon_0 l}{\ln\left(\dfrac{d-a}{a}\right)}$ 이며, $a \ll d$라면 $C = \dfrac{\pi \varepsilon_0 l}{\ln \dfrac{d}{a}}$ 가 된다.

여기서 전위차 V이므로

$$W = \frac{1}{2} C V^2 = \frac{1}{2}\left(\frac{\pi\varepsilon_0 l}{\ln \dfrac{d}{a}}\right) V^2 \ [\text{J}]$$

가 된다. 전위가 일정할 때 작용하는 정전력 F는

$$\widetilde{F} = \frac{\partial W}{\partial d} = \frac{\pi\varepsilon_0 l V^2}{2} \frac{\partial}{\partial d}\left(\frac{1}{\ln \dfrac{d}{a}}\right)^2 = \frac{\pi\varepsilon_0 l V^2}{2} \frac{-\dfrac{1}{d/a}\dfrac{1}{a}}{\left(\ln \dfrac{d}{a}\right)^2} = -\frac{\pi\varepsilon_0 l V^2}{2d\left(\ln \dfrac{d}{a}\right)^2} \ [\text{N}]$$

이다. 따라서 단위 길이 작용하는 정전력 f은

$$f = -\frac{\pi\varepsilon_0 V^2}{2d\left(\ln \dfrac{d}{a}\right)^2} \ [\text{N/m}]$$

인 흡인력이 된다.

17 면적 $S[\mathrm{m}^2]$, 간격 $d[\mathrm{m}]$인 평행 콘덴서에 전하 $Q[\mathrm{C}]$을 충전 시킬 때 정전 에너지[J]는?

해설 평행 판 콘덴서에서의 정전용량 C는 $C=\varepsilon\dfrac{S}{d}[\mathrm{F}]$이다. 따라서 정전 에너지 W는

$$W=\frac{1}{2}CV^2=\frac{1}{2}\frac{Q^2}{C}=\frac{1}{2}\frac{Q^2}{\dfrac{\varepsilon_0 S}{d}}=\frac{Q^2 d}{2\varepsilon_0 S}\ [\mathrm{J}]$$

로 표현된다.

18 콘덴서의 극판 면적을 5배로 하는 경우 정전용량의 변화는?

해설 평행 판 콘덴서의 정전용량 $C=\varepsilon\dfrac{S}{d}[\mathrm{F}]$에서 정전용량 C는 면적 S에 비례하므로 면적을 5배로 하면 정전용량은 5배로 증가한다.

19 전위차가 다른 두 개의 콘덴서를 병렬로 접속할 때 콘덴서의 에너지 변화에 대해 설명하여라.

해설 전위 V_1일 때 정전용량을 C_1, 에너지를 W_1라고 하고 전위 V_2일 때 정전용량을 C_2, 에너지를 W_2라고 하면 병렬접속 한 후의 전하량을 Q_T, 전위를 V라고 하면 $V=V_1+V_2$이며, $Q_T=Q_1+Q_2=C_1V_1+C_2V_2$, $C_T=C_1+C_2$가 된다. 따라서 $Q=CV$, $V=\dfrac{Q}{C}$에서 $V=\dfrac{Q_T}{C_T}=\dfrac{C_1V_1+C_2V_2}{C_1+C_2}$이다. 병렬접속 후 에너지를 W_T라고 하면

$$W_T=\frac{1}{2}CV^2=\frac{1}{2}(C_1+C_2)\left(\frac{C_1V_1+C_2V_2}{C_1+C_2}\right)^2=\frac{1}{2}\frac{(C_1V_1+C_2V_2)^2}{C_1+C_2}[\mathrm{J}]$$

가 된다. 여기서 처음의 에너지를 W라고 하면 $W=\dfrac{1}{2}(C_1V_1^2+C_2V_2^2)[\mathrm{J}]$으로 나타낼 수 있다.

따라서 에너지 변화를 고려하기 위해 $\triangle W=W_T-W$ 라고 하면

$$\triangle W=\frac{1}{2}\frac{(C_1V_1+C_2V_2)^2}{C_1+C_2}-\frac{1}{2}(C_1V_1^2+C_2V_2^2)=-\frac{C_1C_2(V_1-V_2)^2}{2(C_1+C_2)}\ [\mathrm{J}]<0$$

로 된다. 결국 콘덴서 2개를 병렬로 연결하면 콘덴서의 에너지는 감소하게 된다.

20 공기 중에 지름이 $2[\mathrm{m}]$인 반구 도체에 $10^5\,[\mathrm{V}]$을 충전시킨 후 10^{-4}초 이후에 방전한다고 하면 평균전력[KW]은?

해설 공기 중에 고립된 반구 도체의 지름을 D라고 할 때 정전용량 C는

$C = \dfrac{4\pi\varepsilon_0 D}{2} = 2\pi\varepsilon_0 D$ [F]이다. 여기서 평균 전력을 P라고 하면

$$P = \frac{W}{t} = \frac{\frac{1}{2}CV^2}{t} = \frac{\frac{1}{2}(2\pi\varepsilon_0 D)^2}{t}$$

$$= \frac{\frac{1}{2}\times 2\pi\times 8.854\times 10^{-12}\times 2\times(10^5)^2}{10^{-4}} = 5.560\,[\mathrm{KW}]$$가 된다.

21 면적이 $10\,[\mathrm{cm}^2]$이고, 극판 간격이 $0.2\,[\mathrm{cm}]$ 평판 콘덴서에 $150\,[\mathrm{V}]$의 전위차를 인가할 때 극판 사이에 작용하는 힘[N]은?

해설 극판 사이 간격을 d, 면적을 S라고 할 때 작용하는 힘 $\tilde{F}$은 $\tilde{F} = -\dfrac{\partial W}{\partial d}$이다.

여기서 정전에너지 $W = \dfrac{1}{2}CV^2$ 와 $C = \varepsilon\dfrac{S}{d}$ [F]을 적용하면

$$\tilde{F} = -\frac{\partial W}{\partial d} = -\frac{\partial}{\partial d}\left(\frac{1}{2}CV^2\right)$$

$$= -\frac{\partial}{\partial d}\left(\frac{1}{2}\frac{\varepsilon_0 S}{d}V^2\right) = -\frac{\varepsilon_0 SV^2}{2}\frac{\partial}{\partial d}\left(\frac{1}{d}\right) = \frac{\varepsilon_0 SV^2}{2d^2}$$

이다. 여기서 $S = 10\times 10^{-4}\,[\mathrm{m}^2]$, $d = 0.2\times 10^{-2}\,[\mathrm{m}]$, $V = 150\,[\mathrm{V}]$을 적용하면

$$\tilde{F} = \frac{8.854\times 10^{-12}\times 10\times 10^{-4}\times(150)^2}{2\times(0.2\times 10^{-2})^2} = 2.63\times 10^{-5}\,[\mathrm{N}]$$

가 된다.

22 극판간의 (평등) 전계가 $\tilde{E}$ [V/m], 간격을 d [m], 면적을 $S\,[\mathrm{m}^2]$, 극판간의 유전율 ε [F/m] 일 때 극판 사이의 정전 에너지 W는?

해설 극판 사이의 정전 에너지 W는 $W = \dfrac{1}{2}CV^2$ 이다. 여기에 $C = \varepsilon\dfrac{S}{d}$, $\tilde{E} = \dfrac{V}{d}$ 관계식을 적용하면 극판 사이의 정전 에너지는

$$W = \frac{1}{2}CV^2 = \frac{1}{2}\varepsilon\frac{S}{d}(Ed)^2 = \frac{1}{2}\varepsilon E^2 Sd\,[\mathrm{J}]$$

가 된다. 여기서 $W = \dfrac{1}{2}\varepsilon E^2 Sd$[J]는 극판의 정전 에너지를 말한다.

한편 Sd $[\mathrm{m}^3]$는 평행 판의 체적을 나타내므로 양변을 Sd로 나누면

$$\left(\frac{\text{에너지}}{\text{체적}} = \frac{w}{v} = \text{에너지 밀도} = W_E\right)$$

$$W_E = \frac{W}{Sd} = \frac{1}{2}\varepsilon \widetilde{E}^2 = \frac{1}{2}\widetilde{D}\,\widetilde{E} = \frac{1}{2}\frac{\widetilde{D}^2}{\varepsilon} \ [\text{J/m}^3]$$

이다. 여기서 $W_E = \frac{W}{Sd} = \frac{1}{2}\varepsilon \widetilde{E}^2$의 의미는 평행 판 콘덴서의 전극 사이의 전계에 의해 축적되는 에너지 밀도는 그 점에서의 전계의 세기의 제곱에 비례함을 알 수 있다.

23 연속적인 전하분포를 가진 공간의 전하밀도를 ρ라고 하면 공간의 미소체적 dv가 갖는 전하(Q)는 $\rho_v\, dv$이다. 이 공간의 전위를 V라고 하면 공간 전체가 가지는 정전 에너지 W는?

해설 $W = \frac{1}{2}QV = \frac{1}{2}V\int_v \rho\, dv = \frac{1}{2}\int_v \varepsilon_0\, \widetilde{E}^2 dv = \frac{V}{2}\int_v div\, \widetilde{D}\, dv$ [J]

24 면적 $S\,[\text{m}^2]$, 극판거리 $d\,[\text{m}]$, 유전율 $\varepsilon_0\,[\text{F/m}]$인 평행 판 콘덴서에 $V\,[\text{V}]$의 전압을 인가했을 때의 보유하는 에너지는?

해설 $W_E = \frac{1}{2}CV^2$에 $C = \varepsilon_0 \frac{S}{d}$을 적용하면 $W_E = \frac{1}{2}\left(\varepsilon_0 \frac{S}{d}\right)V^2$ [J]가 된다.

25 반지름 $a\,[\text{m}]$, 전위 $[\text{V}]$인 도체구가 유전율 ε인 기름 속에 위치할 때 도체구가 가진 에너지[J]는?

해설 $W_E = \frac{1}{2}CV^2$의 관계식에서 도체구의 정전용량 C은 $C = 4\pi\varepsilon a$이므로 이를 적용하면

$$W_E = \frac{1}{2}CV^2 = \frac{1}{2}(4\pi\varepsilon a)V^2 = 2\pi\varepsilon a V^2 [\text{J}]$$

가 된다.

26 공기 중에서 면적 $S\,[\text{m}^2]$, 간격 $d\,[\text{m}]$인 평행 판 콘덴서가 $Q\,[\text{C}]$의 전하를 가질 때 전극 판 사이에 작용하는 힘의 크기(정전력)[N]은?

해설 $f = \frac{\partial W}{\partial d} = \frac{\partial}{\partial d}\left(\frac{1}{2}CV^2\right) = \frac{\partial}{\partial d}\left(\frac{Q}{2C}\right)$에 대해 $C = \frac{\varepsilon_0 S}{d}$을 적용하면

$$f = \frac{\partial}{\partial d}\left(\frac{Q^2 d}{2\varepsilon_0 S}\right) = \frac{Q^2}{2\varepsilon_0 S} \ [\text{N}]\text{가 된다.}$$

27 공기 중에서 Q[C]의 전하를 가진 반지름 a[m]의 구 도체 표면에 작용하는 정전응력 [N/m^2]은?

해설 단위 면적에 작용하는 정전응력은 $f = \frac{1}{2}\varepsilon_0 \widetilde{E}^2$ [N/m^2]이므로 여기에 $\widetilde{E} = \frac{Q}{4\pi\varepsilon_0 a^2}$을 대입하면 $f = \frac{1}{2}\varepsilon_0\left(\frac{Q}{4\pi\varepsilon_0 a^2}\right)^2$가 된다.

Chapter 04 유전체(Dielectrics)

4.1 유전체와 유전율

4.1.1 유전체

유전체는 무수히 많은 분자와 원자로 구성된다. 원자의 중심에 무거운 핵이 있고 그 주위에 구름과 같이 가벼운 전자가 감싸고 있다.

이와 같은 유전체가 전계 내에서도 전자를 원자핵으로 부터 완전히 분리하는 것이 곤란하기 때문에 유전체 내에서는 전류가 흐르기 어렵다는 것이다.

물질 내의 전기장을 고려할 때 도전율에 따라 도체와 절연체로 구분할 수 있는데 여기서 도전율은 온도와 주파수에 따른 함수로 나타난다. 일반적으로 도전율이 $\sigma \gg 1$이면 도체, $\sigma \ll 1$이면 절연체로 취급한다. 전기장에서 도체와 절연체를 고려하면 유전체의 경우 전하는 유한한 힘으로 고정되어 있기 때문에 자유스럽게 움직이는 것이 곤란하다.

그러나 이와 같은 유전체에 외부에서 어떤 힘을 인가하면 위치 변화가 일어날 수 있다는 것이다.

즉, 물질의 상태 중 절연체는 물질 내에 자유전자가 움직일 수 없기 때문에 전류의 흐름도 없으며, 저항도 크다.

유전체란 도전율이 극히 나쁜 전기의 불량 도체(절연체)로 Capacitor의 두 전극 판 사이에 절연물을 삽입하는 경우 절연물에 따라 정전용량이 변하게 된다. 여기서 정전용량이 변화하는 것은 절연체가 단순히 전하의 이동을 방해할 뿐 만 아니라 전하를 유도하기 때문에 이를 유전체라고 한다.

즉, 어떤 물질에 외부에서 정 전계를 인가했을 경우에 전도전류는 흐르지 않지만 구속(속박)된 전하에 의해서 변위전류가 흐르게 되는 물질을 유전체라고 할 수 있다. 여기서 전도전류 및 변위전류에 대한 내용은 다음 6장에서 설명하는 것을 참고하기로 한다.

4.1.2 유전율

진공일 때의 정전용량을 C_0, 유전체를 삽입한 경우의 정전용량을 C라고 할 때 진공일 때와 비교하여 얼마나 더 많은 전하를 축적할 할 수 있는가의 능력을 유전체의 비유전율 ε_S라고 한다.

$$\varepsilon_S = \frac{C}{C_0}$$

여기서 C는 절연물을 채웠을 경우의 정전용량을, C_0는 도체 사이의 공간이 진공일 경우의 정전용량을 나타내며, 재료의 성질에 따라 고유의 값을 지니며, Faraday 실험을 통해서 C가 C_0 보다 크다는 것이 밝혀졌다. 그리고 ε_S는 절연물의 비유전율로 재료의 성질에 따라 고유 값을 가지며, ε_S는 1보다는 크다.

예제 4.1

전압 V로 충전되어 있는 정전용량 C_0의 공기 콘덴서 사이에 $\varepsilon_s = 10$의 유전체를 채운 경우 전계의 세기는 공기일 때와 비교하면?

[풀이] 충전 전하는 $Q_0 = VC_0$로 일정하므로 전속밀도 $\widetilde{D}$는 공기일 때와 마찬가지이다. 따라서 전계의 세기 $\widetilde{E}$는 $\widetilde{E} = \frac{\widetilde{D}}{\varepsilon} = \frac{\widetilde{D}}{\varepsilon_0 \varepsilon_S}$에 $\widetilde{D} = \varepsilon_0 \widetilde{E}$을 적용하면 $\widetilde{E} = \frac{\widetilde{E}_0}{\varepsilon_S} = \frac{\widetilde{E}_0}{10}$으로 0.1배가 된다.

Book Cafe

도체와 유전체의 근본적인 차이점은 원자의 최외각 전자가 얼마만큼 전류를 흐릴 수 있느냐에 의한다고 할 수 있다. 유전체내의 전하는 유한한 힘으로 고정되어 있어 자유롭게 움직일 수 없지만 외부에서 힘을 인가할 경우에는 그 위치가 변화할 수 있다고 본다.

예제 4.2

공기 중에 정전하 상호간에 작용하는 힘이 6[N]이고 유전체를 삽입하는 경우 힘은 2[N]이었다면 삽입된 유전체의 비유전율 ε_S 값을 구하여라.

[풀이] 공기 중의 작용 힘을 $\widetilde{F}_1$, 유전체를 삽입할 경우 작용하는 힘을 $\widetilde{F}_2$라고 하면

$$\widetilde{F}_1 = \frac{Q_1 Q_2}{4\pi\varepsilon_0 r^2}[\mathrm{N}], \quad \widetilde{F}_2 = \frac{Q_1 Q_2}{4\pi\varepsilon_0 \varepsilon_S r^2}[\mathrm{N}]$$

이다. 따라서 비유전율은 $\dfrac{\widetilde{F}_1}{\widetilde{F}_2} = \varepsilon_S = \dfrac{6}{2} = 3$가 된다.

Book Cafe

유전체를 삽입하는 경우에 대한 특성

- 도전율이 극히 나쁜 전기의 불량 도체를 유전체라고 한다.
- 전극 사이에 절연물을 삽입하면 절연물 상태에 따라 정전용량이 변화한다.
- 정전용량이 변화하는 것은 단순히 전하의 이동을 방해하는 것뿐만 아니라 전하를 유도하기 때문에 유전체라고 한다.
- 진공일 때 평행 판 콘덴서의 용량이 C_0에 전압 V를 인가하면 전극 판 사이에는 $Q_0 = C_0 V$인 전하가 나타난다. 이 때 정전용량 C_0는

  $$C_0 = \varepsilon_0 \frac{S}{d}\ [\mathrm{F}]$$

  가 된다.

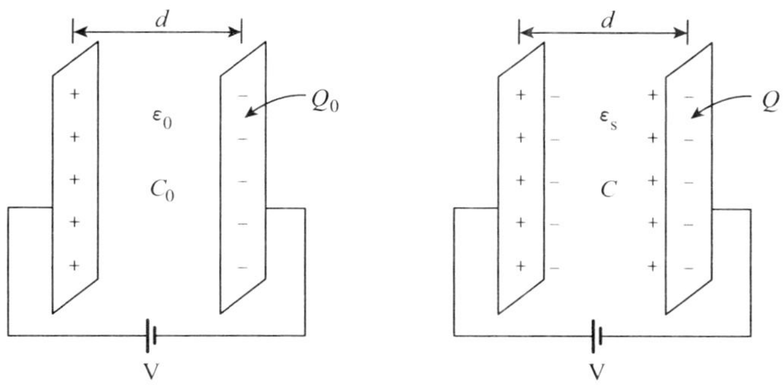

- 유전체를 채우면 절연체에는 정전 유도에 의해서 역 극성의 전하가 발생한다. 이는 전극 판의 전하를 끌어들여 콘덴서에는 더 많은 전하가 축적된다. 따라서 $Q = CV$ 관계에서 Q의 증가는 정전용량 C를 증가시킨다. 따라서 유전체를 삽입하는 경우 $Q > Q_0$, $C > C_0$인 관계가 된다. 따라서 $C = \varepsilon_0 \varepsilon_S \dfrac{S}{d}$ [F]에서처럼 유전체를 넣으면 정전용량은 ε_S 만큼 증가하게 된다.

표 4.1 진공 및 유전율에 대한 정전용량의 비교

진공 상태의 정전용량, C_0	유전체를 채웠을 때의 정전용량, C
$C_0 = \dfrac{\varepsilon_0 S}{d}[\mathrm{F}]$	$C = \varepsilon C_0$에 $\varepsilon = \varepsilon_0 \varepsilon_S$을 적용하면 $C = \varepsilon C_0 = \dfrac{\varepsilon_0 \varepsilon_S S}{d}$가 된다. 따라서 유전율 ε_s을 넣으면 정전용량은 ε_s만큼 증가하게 된다.

4.2 (유전)분극(Electric polarization)

4.2.1 분극 현상과 분극 전하

도체의 경우 외부에서 전계를 인가하면 도체 내의 속박 전자가 궤도를 이탈하여 자유 전자가 되어 전기 전도 현상을 보인다. 그러나 절연체의 경우는 외부에서 전계를 인가하여도 원자핵과의 결합이 매우 강해서 자유 전자를 생성하지 못하지만 절연체 내의 핵, 전자 또는 이온의 위치에 변화를 일으키게 되어 절연체에 새로운 전계를 형성하게 된다. 이와 같이 절연체에 외부에서 인가되는 전계에 의해서 변위가 발생하는 것을 분극이라고 한다.

보통 상태에서의 유전체는 중심에 핵이 있고 주위에 전자가 존재하기 때문에 전기적인 성질을 갖지 못하지만 유전체가 존재하는 콘덴서에 전계를 인가하는 경우 쿨롱의 법칙에 의해 유전체를 구성하는 분자나 원자 중의 정 · 부 전하가 전계의 방향으로 편위 함으로서 전기 쌍극자를 형성하는 현상을 볼 수 있는데 이를 전기 분극이라 한다.

즉, 전계 내에 유전체를 놓으면 그 내부에 분극 현상이 일어나게 된다. 이와 같이 유전체에 전계를 가하면 정전력이 유전체의 정 · 부 전하에 작용하여 각 원자는 전기 쌍극자를 형성한다.

전기 분극에 의해서 유전체 표면에 발생하는 전하를 분극 전하(polarization charge)라고하며, 일반적으로 이들 전하는 밖으로 분리할 수는 없으며, 이에 대해 자유전자와 같이 분리할 수 있는 전하를 진전하(true charge)라고 부른다.

동일한 전계가 인가되었을 때 자유 공간의 전속 밀도와 비교하면 유전체의 전속 밀도가 더 큰 값을 보이게 되는데 이는 유전체가 분극 현상을 보이기 때문이다.

이와 같은 분극 현상이 일어나는 절연체를 유전체라고 하며, 절연체도 전하를 유도하며, 그 내부에서 전기적인 작용이 일어난다.

4.2.2 유전체의 분극 형태

유전체는 전류의 흐름을 방해하면서 새로운 전하를 생성하게 된다. 즉, 동일한 크기의 양전하와 음 전하가 외부의 전계에 의해서 서로 반대 방향으로 미소한 변위를 일으켜서 전기 쌍극자 모멘트(+, −가 분리되는 정도)가 발생하는 현상을 분극이라고 할 수 있다.

여기서 분극의 형태를 고려하면 다음과 같은 것을 들 수 있다.

(1) 전자 분극(electronic polarization)

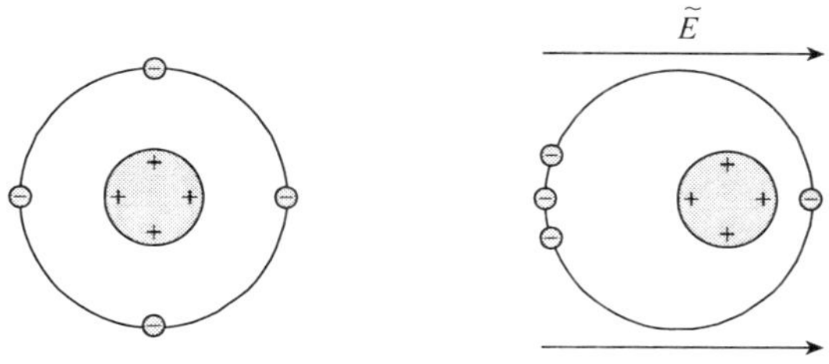

그림 4.1 전자 분극 현상

단 결정 매질 내에서 원자운과 핵의 상대적인 변위에 의한 분극 현상 즉, 외부에서 전계를 인가하는 경우 중성원자 내의 원자핵과 전자가 미소한 변위를 일으켜 쌍극자 모멘트가 생성되는 분극을 전자 분극이라고 한다.

(2) 이온 분극(ion polarization)

(+)이온과 (−)이온 간의 상대적위 변위에 의한 분극 현상 즉, 이온 결합 물질인 염화나트륨(NaCl)에 전계를 인가하는 경우 (+)이온인 N_a^{+}와 (−)이온인 Cl^{-}이 반대 방향으로 변위를 보여 쌍극자 모멘트를 형성하는 것을 이온 분극이라고 한다.

(3) 배향 분극(orientational polarization)

영구 전기 쌍극자 모멘트에 의한 전계 방향의 배열에 의한 분극 현상 즉, 물 분자와 같이 처음부터 영구 쌍극자를 보이는 분자에 전계를 인가하는 경우에 불규칙하게 배열된 영구 쌍극자가 일정한 방향으로 배열하여 외부적으로는 쌍극자 모멘트를 형성하는 것을 배향 분극이라고 한다.

4.2.3 분극의 세기(=분극도, $\widetilde{P}$)

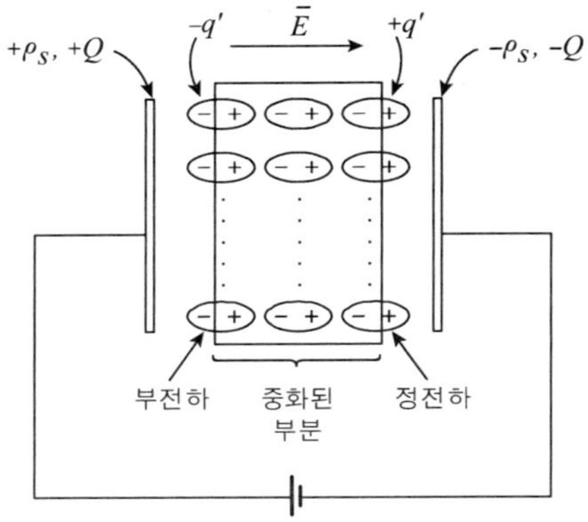

그림 4.2

그림 4.2의 경우처럼 평행판 콘덴서에 직류전압을 인가하면 전극 판에는 전하가 나타나게 되는데 이 전하를 자유전자라고 한다.

그리고 유전체를 삽입하고 전계 $\widetilde{E}$을 인가하는 경우에 유전체 평행 상태에서 벗어나 전계 방향으로 힘에 의해서 이동하게 되어 전극 면에 $-q'$와 $+q'$의 전하가 나타나는데 이를 분극 전하라고 한다. 그림 4.2에서 $-q'$와 $+q'$는 분극 전하를, dl은 $-q'$에서 $+q'$로 향하는 $-q'$와 $+q'$ 간의 미소 거리를 나타낸다. 유전체 내부에서는 $(+, -)$의 전하가 상호간에 상쇄되어 전기적 작용이 나타나지 않지만 유전체 양단에는 분극 된 전하에 의해서 전계가 형성되는데 이를 (유전)분극이라고 한다.

여기서 분극의 정도가 어느 정도인가를 나타내는 분극의 세기를 정의하면 분극 된 유전체의 면적 S 혹은 체적 v당 쌍극자 모멘트 $\widetilde{M}$으로 나타낼 수 있다.

$$\widetilde{P} = \frac{d\widetilde{M}}{dv} \text{ (분극 } \widetilde{P}\text{는 단위 부피당 쌍극자 모멘트)}$$

여기서 $\widetilde{P} = d\widetilde{M}/dv$을 분극 세기의 척도로 분극도 혹은 분극선 밀도라고 하며, 이 관계식은 부피 전체에 걸쳐서 전기 쌍극자 모멘트가 균일하게 연속적으로 분포되어 있다는 가정 하에서 정의 된 것이다. 즉, 다음과 같은 의미는 갖는다.

단위 체적 당 쌍극자 모멘트 = 그 점의 분극도($\widetilde{P}$)

따라서 분극의 세기 $|\widetilde{P}|$에 쌍극자 모멘트 $\widetilde{M} = Q\,l$, 미소 체적 $dv = ds\,dl$을 적용하면

$$|\widetilde{P}| = \frac{dM}{dv} = \frac{d}{dv}(Q\,dl) = \frac{dQ\,dl}{dS\,dl} = \frac{dQ}{dS} = \rho_S{}'\,[\mathrm{C/m^2}]$$

가 된다. 즉, 분극 벡터 $\widetilde{P}$의 크기(절대치)와 분극 전하밀도 $\rho_s{}'$는 수치적으로 동일하게 된다.

여기서 $\rho_s{}'$는 전극 판 내부에서는 상쇄되지만 극판 양단에서는 상쇄되지 않기 때문에 전하 $\rho_s{}'$가 나타나게 됨을 설명하는 것이라고 할 수도 있다.

Book Cafe

분극 현상에 대한 설명

유전체 전계를 인가하면 유전체를 구성하는 분자와 원자 중의 정 · 부 전하가 전계의 방향으로 편위 함으로서 전기쌍극자를 형성하는 현상을 전기 분극이라고 한다.

- 전기 분극에 의해서 유전체 표면에 발생하는 전하를 분극 전하라고 한다.
- 유전체 양단에는 분극 된 전하에 의해서 전계가 형성되는데 이를 유전 분극이라고 한다.
- 분극 벡터의 절대 값과 분극 전하 밀도의 값은 수치적으로 동일하게 된다.
- 자유공간 전속 밀도($\widetilde{D} = \varepsilon_0 \widetilde{E}$) < 유전체의 전속 밀도 ($\widetilde{D} = \varepsilon_0 \varepsilon_S \widetilde{E}$)
- 분극의 세기 $|P| = \frac{dM}{dv} = \frac{d(Q \cdot dl)}{dv} = \frac{dQ \cdot dl}{ds \cdot dl} = \frac{dQ}{ds} = \rho_s$

4.2.4 전계 $\widetilde{E}$와 분극의 세기 $\widetilde{P}$의 관계

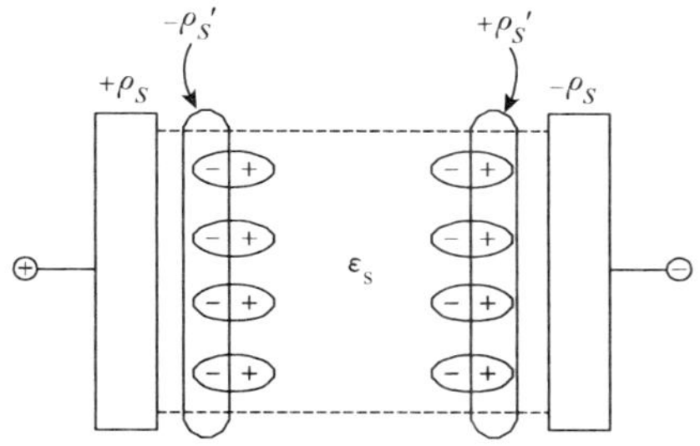

그림 4.3

유전체 내의 전계의 세기를 구하기 위해 먼저

■ 양극판 사이가 진공일 때의 전계 $\widetilde{E}_0$의 크기는 다음과 같다.

$$\widetilde{E}_0 = \frac{\rho_S}{\varepsilon_0} \text{ [V/m]}$$

■ 유전체를 채웠을 경우의 전계는 그림 4.3에서 처럼 유전체에 의해 생긴 유전체 표면의 분극 전하밀도 $-\rho_S{}'$ 때문에 외관상 전하 밀도는 전극 면의 전하가 $\rho_S - \rho_S{}'$로 감소한 효과가 나타나게 되므로 전계의 크기는

$$\widetilde{E} = \frac{\rho_S - \rho_S{}'}{\varepsilon} \text{ [V/m]}$$

처럼 변하게 된다. 이 결과에서 유전체가 존재할 때와 비교하면 $\widetilde{E}_0 > \widetilde{E}$이므로 진공의 경우보다 전계가 약해지며, $\widetilde{E} = \dfrac{\rho_S - \rho_S{}'}{\varepsilon}$에서 처럼 유전체 내의 전계 $\widetilde{E}$의 크기는 주어진 전하 ρ_S와 분극 전하$\rho_S{}'$에 의해서 결정됨을 알 수 있다.

한편 진공의 유전율 ε_0와 ε의 경우에 대한 전계를 비교하면 유전체 ε을 삽입하는 경우 전계는

$$\widetilde{E} = \frac{\rho_S}{\varepsilon} = \frac{\rho_S}{\varepsilon_0 \varepsilon_S} = \frac{\rho_S}{\varepsilon_0} \frac{1}{\varepsilon_S}$$

이다. 따라서 유전체 내의 전계는 진공의 $\dfrac{1}{\varepsilon_S}$이다.

진공, ε_0	유전체, ε
$\widetilde{E} = \dfrac{\rho_S}{\varepsilon_0}$	$\widetilde{E} = \dfrac{\rho_S}{\varepsilon} = \dfrac{\rho_S}{\varepsilon_0} \dfrac{1}{\varepsilon_S}$

여기서 전계 $\widetilde{E}$와 분극의 세기 $\widetilde{P}$의 관계를 조사하기 위해 유전체가 존재할 때 전계 $\widetilde{E} = \dfrac{\rho_S - \rho_S{}'}{\varepsilon_0}$인 관계에 $\rho_S = \varepsilon_0 \varepsilon_S \widetilde{E}$와 $\rho_S{}' = \widetilde{P}$인 관계식을 대입하면

$$\widetilde{E} = \frac{\varepsilon_0 \varepsilon_S \widetilde{E} - \widetilde{P}}{\varepsilon_0}$$

$$\varepsilon_0 \widetilde{E} = \varepsilon_0 \varepsilon_S \widetilde{E} - \widetilde{P}$$

이다. 여기서 분극의 세기 $\widetilde{P}$는

$$\widetilde{P} = \varepsilon_0(\varepsilon_S - 1)\widetilde{E} = \chi\widetilde{E}\ [\mathrm{C/m^2}]$$

로 표현된다. $\chi = \varepsilon_0(\varepsilon_S - 1)$을 chi라고 읽으며, 의미는 물질의 분극률(Polarizability)을 나타내는 것으로 유전체가 전계에 얼마나 민감한지를 나타내는 척도가 된다. 따라서 유전체내의 분극 전하 밀도가 ρ_S'이므로 전계는 $\widetilde{E} = \dfrac{\rho_S'}{\varepsilon_o(\varepsilon_s - 1)}$ [V/m]이다.

여기서 전속 밀도를 구하는 경우 극판의 간격과 면적이 같다고 가정하고 두 평행 판 콘덴서에 동일한 전하를 인가한다면 유전체 내의 전계 $\widetilde{E}$는 진공일 때와 비교해서 $\dfrac{1}{\varepsilon_s}$만큼 감소하게 되어 전계 $\widetilde{E}$는 $\widetilde{E} = \dfrac{\rho_S}{\varepsilon}$[V/m]가 된다.

Book Cafe

분극도에 대한 설명

- 분극력선은 유전 분극에 의해서 발생하는 분극을 설명하는 것으로 전하의 (−)전하에서 나오고 (+)전하에서 끝난다.
- $\widetilde{D} = \varepsilon_0\widetilde{E} + \widetilde{P}$인 관계를 보인다.
- $\widetilde{P} = \varepsilon_0(\varepsilon_s - 1)\widetilde{E}$ 인 관계를 보인다.
- 분극률 $\chi = \varepsilon_0(\varepsilon_s - 1)$은 유전체가 전계에 얼마나 민감한가를 나타내는 척도이다.

Book Cafe

- 등방성 유전체(Isotropic) : 분극의 세기와 전계의 방향과 항상 일정한 방향으로 생기는 유전체로 $\widetilde{P} = \varepsilon_0\ (\varepsilon_S - 1)\ \widetilde{E}$인 관계는 등방성 유전체의 경우에만 성립한다.
- 이방성 유전체(anisotropy) : 분극의 세기와 전계의 방향과 다른 방향으로 생기는 유전체

4.2.5 분극과 전속 밀도

분극과 전속 밀도의 관계식을 고려하기 위한 내용으로 다음과 같은 그림 4.4에서

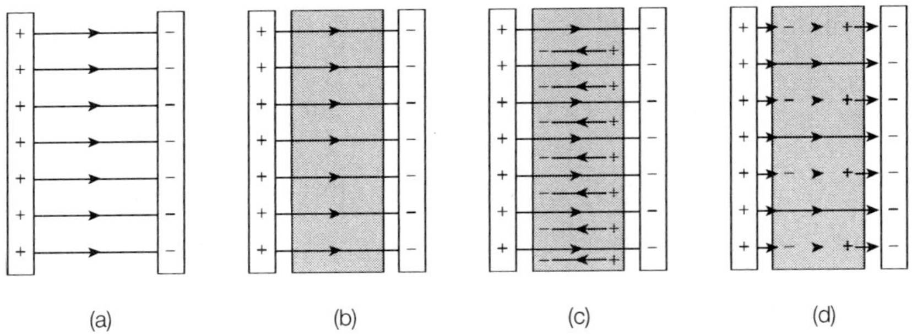

그림 4.4 유전체 내의 변화

- 그림(a)의 경우는 대전된 두 평행 판 사이의 전계를 나타내는 것이다.
- 그림(b)는 평행 판 사이에 유전체를 삽입한 경우를 나타내는 것이다.
- 그림(c)는 유전체에 전계를 인가한 경우 유전체 분극이 발생하여 분극 전하가 생성되고 이것으로 인하여 새로운 전계가 유전체 내에서 발생하는 것을 나타내고 있다.
- 그림(d)는 유전체 내에 합성된 전계를 나타낸 것이다.

Book Cafe

이상적인 유전체는 $(+)$, $(-)$의 완전한 분극으로 전계 $\widetilde{E}$와 분극의 세기 $\widetilde{P}$가 서로 상쇄되어 콘덴서 사이에는 전계가 0이고 이로 인하여 전위차도 0이다.

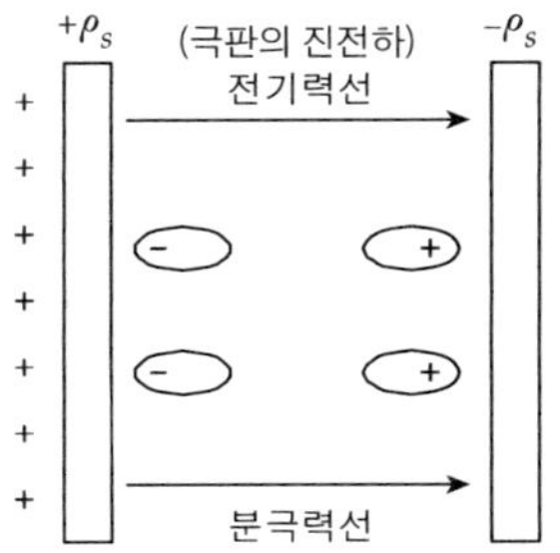

그림 4.5

그림 4.5에서 분극력 선은 유전 분극에 의해서 생긴 분극 전하의 부단위 전하에서 나오고, 정 단위 전하에서 끝난다. 그리고 앞에서 설명한 전기력선은

- 진공 중에서 단위 면적당 $\frac{\rho_S}{\varepsilon_0}$개 나오며,
- 유전체 중에서 단위 면적당 $\frac{\rho_S - \rho_S'}{\varepsilon_0}$개 나온다.

따라서 유전체를 고려한 전계 $\tilde{E} = \frac{\rho_S - \rho_S'}{\varepsilon_0}$ 관계식에서 $\varepsilon_0\tilde{E} = \rho_S - \rho_S'$(전속 밀도 $\tilde{D}$는 전하밀도가 ρ_S이므로 $\tilde{D} = \rho_S$로, 분극 전하 밀도 ρ_S'는 분극 세기와 같으므로 $\rho_S' = \tilde{P}$ 이를 이용해서 정리하면

$$\varepsilon_0\tilde{E} = \tilde{D} - \tilde{P}$$

이며, 유전 내의 전속 밀도 $\tilde{D}$에 대한 관계를 벡터로 나타내면

$$\tilde{D} = \varepsilon_0\tilde{E} + \tilde{P}$$

가 된다. 여기서 $\tilde{D}$는 전속 밀도(전기 변위)를, $\varepsilon_0\tilde{E}$는 전기력선을 그리고 $\tilde{P}$는 분극력선을 각각 나타낸다.

즉, 전속 밀도 $\tilde{D}$는 유전체가 존재하는 경우 전계 $\tilde{E}$가 변화하는 량을 전하량으로 표현 한 것이다.

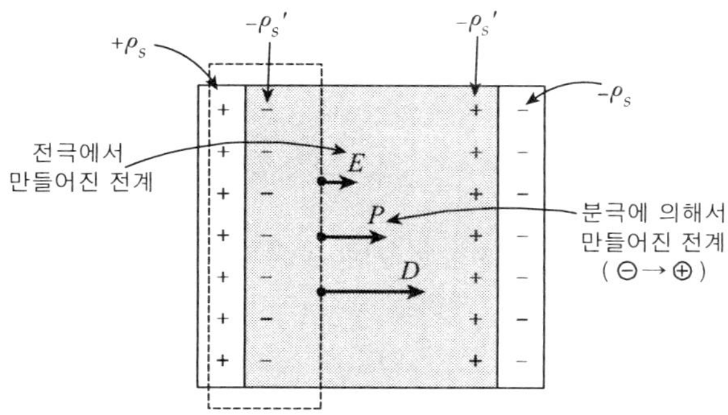

그림 4.6

결국 전기 분극성질이 존재하는 경우 전속 밀도 $\tilde{D}$의 크기는 분극 물질 내의 전계 강도 $\tilde{E}$ 가 자유 공간일 때의 전속 $\varepsilon_0\tilde{E}$와 분극 선 밀도 $\tilde{P}$의 합으로 나타남을 알 수 있다. (합으로 같다.)

따라서 $\widetilde{D} = \varepsilon_0 \widetilde{E} + \widetilde{P}$의 의미는 전계 $\widetilde{E}$가 유전체에 미치는 영향은 유전체 내에서 $\widetilde{D}$을 $\widetilde{P}$ 만큼 증가시키는 것이라고 할 수 있다. 즉, 자유 공간에서 전속 밀도 $\widetilde{D} = \varepsilon_0 \widetilde{E}$ 라면 유전체에서 전계 $\widetilde{E}$을 알면 $\widetilde{D} = \varepsilon_0 \widetilde{E} + \widetilde{P}$로 자유 공간보다 전속 밀도가 증가함을 알 수 있다.

유전체에서의 분극 현상은 외부 전계에 의해 발생하므로 분극의 세기 $\widetilde{P}$는 외부 전계 $\widetilde{E}$에 비례하여 증가하게 된다. 그리고 동일한 외부 전계 $\widetilde{E}$를 인가하는 경우에도 유전체에 따라서 분극 정도가 다르게 되므로

$$\widetilde{P} = \varepsilon_0 (\varepsilon_S - 1)\widetilde{E} = \chi \widetilde{E}$$

으로 나타낼 수 있다.

그리고 분극의 세기를 고려하기 위해 $\widetilde{P} = \varepsilon_0 (\varepsilon_S - 1) \widetilde{E}$ 을 $\widetilde{D} = \varepsilon_0 \widetilde{E} + \widetilde{P}$ 관계식에 대입해서 정리하면

$$\widetilde{D} = \varepsilon_0 \widetilde{E} + \varepsilon_0 (\varepsilon_S - 1)\widetilde{E} = \varepsilon_0 \varepsilon_S \widetilde{E} = \varepsilon \widetilde{E} \ [\mathrm{C/m^2}]$$

처럼 표현할 수 있다.

- 여기서 진공일 때의 전계 강도를 $\widetilde{E}_0$라고 하면 즉, 자유 공간에서는 $\widetilde{P} = 0$이므로

$$\widetilde{D} = \rho_S = \varepsilon_0 \widetilde{E}_0 = \varepsilon \widetilde{E}$$

이며, 전속밀도 $\widetilde{D}$는 진전하 ρ_S에 의해서 결정되며, 전극 사이에 전속 밀도는 유전체 유무에 관계없이 자유전자 밀도와 같다.($\widetilde{D} = \rho_S$)

- 앞에서 정의 된 $\widetilde{E}$와 $\widetilde{P}$에 대한($\widetilde{D} = \varepsilon_0 \widetilde{E} + \widetilde{P}$) 유전체 내에 대한 Gauss 법칙은

$$\int \widetilde{D} \cdot d\widetilde{s} = \int \varepsilon_o \widetilde{E} \cdot d\widetilde{s} + \int \widetilde{P} \cdot d\widetilde{s} = \sum_{i=0}^{n} Q_i \ [\mathrm{C}]$$

으로 나타낼 수 있다. 따라서 진공 중에서 전계 $\widetilde{E}$는 전기력선에 의해서 구할 수 있다면 유전체 내에서는 진전하에서 발생하는 전속을 고려하면 편리함을 알 수 있다.

그리고 전계의 발산의 정리에 의해서

$$\int \widetilde{D} \cdot d\widetilde{s} = \int_v div \widetilde{D}\, dv$$

인 관계가 된다. 유전체가 존재하는 경우 자유전자를 고려하면 즉, 진전하(자유전자) 체적 밀도를 ρ[C/m^3]라 하면 분극 전하밀도 ρ'의 유무에 무관하게 $\int \widetilde{D} \cdot d\widetilde{s} = \int_v div \widetilde{D}\, dv$관계식을 통해서

$$div\, \widetilde{D} = \rho [\mathrm{C/m^3}]$$ (유전체의 유무에 무관하게 성립한다.)

으로 나타낼 수 있다. 이 관계식을 유전체에 대한 Gauss 법칙의 미분형이라고 하며, 이는 임의의 점에 대한 전하밀도 ρ에서 발산하는 전속 수를 나타내는 것이다.

따라서 전속 밀도 $\widetilde{D}$에 대해서만 알고 있는 경우 분극의 세기 $\widetilde{P}$를 구하는 방법은 $\widetilde{D} = \varepsilon_0 \widetilde{E} + \widetilde{P}$에서 분극의 세기 $\widetilde{P}$로 나타내면 $\widetilde{P} = \widetilde{D} - \varepsilon_0 \widetilde{E}$이다.

여기에 $\widetilde{E} = \dfrac{\widetilde{D}}{\varepsilon_o \varepsilon_s}$인 관계를 적용하면

$$\widetilde{P} = \widetilde{D} - \varepsilon_0 \left(\frac{\widetilde{D}}{\varepsilon_o \varepsilon_s} \right) = \left(1 - \frac{1}{\varepsilon_s} \right) \widetilde{D}$$

가 된다. 따라서 이 관계식을 이용해서 분극의 세기 $\widetilde{P}$을 구하는 것이 가능하게 된다.

예제 4.3

유전체의 분극 세기 $\widetilde{P}$에서 비유전율 5인 유전체의 분극률은 진공 유전율 ε_0의 몇 배인가?

[풀이] 유전체 내의 전계의 세기 $\widetilde{E}$와 분극 세기 $\widetilde{P}$의 관계는 $\widetilde{P} = \varepsilon_0 (\varepsilon_S - 1) \widetilde{E} = \chi \widetilde{E}$가 된다. 여기서 비례 상수 χ을 분극률이라고 하며,
$\chi = \varepsilon_0 (\varepsilon_S - 1) = \varepsilon_0 (5-1) = 4\varepsilon_0$이므로 진공 유전율의 4배가 된다.

예제 4.4

유전율 ε_S, 균등 전계 $\widetilde{E}$가 존재할 때 유전체 내의 공동속의 한 점 C에 대한 전계 [V/m]를 구하여라.

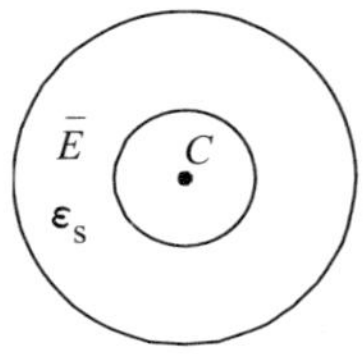

[풀이] 점 C에 대한 전계를 $\tilde{E}_0$라고 하면 전속 밀도 $\tilde{D}=\varepsilon_0\tilde{E}_0$이다. 이를 $\tilde{D}=\varepsilon_0\tilde{E}+\tilde{P}$에 적용하면

$$\tilde{E}_0=\tilde{E}+\frac{\tilde{P}}{\varepsilon_0}\ [\mathrm{V/m}]$$

가 된다.

예제 4.5

비유전율 $\varepsilon_S=5$인 유전체에서 전속 밀도 $\tilde{D}=3.2\times10^{-6}\ [\mathrm{C/m^2}]$인 경우 분극의 세기 $[\mathrm{C/m^2}]$를 구하여라.

[풀이] $\tilde{D}=\varepsilon_0\tilde{E}+\tilde{P}$ 관계식에서 $\tilde{P}=\tilde{D}-\varepsilon_0\tilde{E}$이며, 여기서 전속 밀도 $\tilde{D}$에 관련된 식으로만 나타내면 즉, $\tilde{E}=\dfrac{\tilde{D}}{\varepsilon_0\,\varepsilon_S}$인 관계식을 적용하면

$$\tilde{P}=\tilde{D}-\varepsilon_0\left(\frac{\tilde{D}}{\varepsilon_0\,\varepsilon_S}\right)=\left(1-\frac{1}{\varepsilon_S}\right)\tilde{D}$$

이다. 따라서 분극의 세기는

$$\tilde{P}=\left(1-\frac{1}{5}\right)\times3.2\times10^{-6}=2.56\times10^{-6}\ [\mathrm{C/m^2}]$$

가 된다.

4.3 유전체의 경계조건

정 전계에서의 진공에 대한 유전율 ε_0 대신에 유전체의 유전율 ε을 이용하는데 진공 중에서 성립했던 식들이 유전체에서도 성립하지만 유전율이 서로 다른 경계에서는 문제

가 생긴다.

앞에서 하나의 동일 매질 내에서의 전계나 전속 밀도는 연속적으로 출입됨을 보이고 이 관계에 대해서 설명을 하였다.

전자기학에서는 종종 물리적 특성을 갖는 매질을 포함하고 있으며, 두 매질 간의 경계에서 필드간의 관계를 조사할 필요가 있다. 이와 같은 경계를 통해 전계와 전속 밀도가 어떻게 변화하는지를 알아볼 필요가 있다. 경계 조건에 대한 해석은 두 개의 다른 유전체가 서로 접해 있는 경계면에서의 전계의 성질이 어떠한 변화를 보이고 있는지에 대해 알아보기 위한 내용이라고 할 수 있다.

4.3.1 전속 밀도의 법선(normal) 성분에 대한 경계조건

먼저 경계 조건을 설명하기 위해 유전율이 ε_1과 ε_2로 경계를 이루고 있으며, ε_1에서 전계 $\widetilde{E}_1$가 θ_1 각으로 입사하고 ε_2에서 전계 $\widetilde{E}_2$가 θ_2로 굴절하는 상황을 설정하기로 한다.

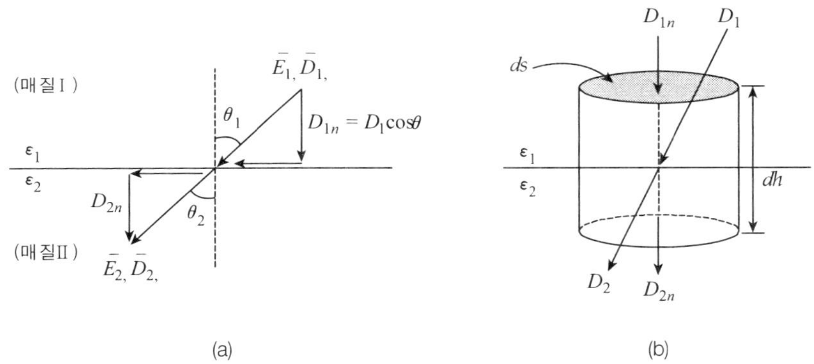

그림 4.7 도체의 경계면

〈그림 4.7〉(a)에서 전속밀도에 대한 법선 방향을 고려하면 $\cos\theta_1 = \dfrac{\widetilde{D}_{1n}}{\widetilde{D}_1}$ 관계식에서

$$\widetilde{D}_{1n} = \widetilde{D}_1 \cos\theta_1$$

가 되며 $\cos\theta_2 = \dfrac{\widetilde{D}_{2n}}{\widetilde{D}_2}$ 관계식에서

$$\widetilde{D}_{2n} = \widetilde{D}_2 \cos\theta_2$$

가 된다. 여기서 θ_1은 입사각, θ_2는 굴절각을 나타낸다. 그림 (b)에서 경계면에서 걸친 미소 원통을 가우스 표면으로 잡고 원통 측면의 길이(dh)를 충분히 작게 하면 원통 측면보다는 상 · 하 면을 통과하는 전속만 생각하면 된다.

경계면에 진전하 ρ_S(표면 전하 밀도)가 있는 경우 $Q = \int \widetilde{D} \cdot d\widetilde{s} = \int \rho_s \, ds$인 가우스 법칙을 적용하면

$$\widetilde{D}_{2n} dS - \widetilde{D}_{1n}\, dS = \rho_S \, dS$$

이며, 여기서 (−) 부호의 의미는 상단 면으로 들어가는 방향으로 취했기 때문에 (−)를 붙인 것이다.

따라서 완전 유전체에서 자유 전하가 없기 때문에 (즉, 경계면에서 전하가 존재하지 않는다면 $\rho_S = 0$이다.)

$$\widetilde{D}_{1n} = \widetilde{D}_{2n}, \ \widetilde{D}_1 \cos\theta_1 = \widetilde{D}_2 \cos\theta_2 [\mathrm{C/m^2}]$$

으로 나타낼 수 있다. 따라서 $\widetilde{D}_1 \cos\theta_1 = \widetilde{D}_2 \cos\theta_2$의 의미는 경계면에서 전속 밀도의 법선(수직) 성분은 같고 서로 연속적이다. 유전율이 서로 다른 두 종류의 경계면에 전속과 전기력선이 수직으로 도달할 때 법선 성분만 존재하므로

$$\widetilde{D}_1 \cos\theta_1 = \widetilde{D}_2 \cos\theta_2$$
$$\varepsilon_1 \widetilde{E}_1 \cos\theta_1 = \varepsilon_2 \widetilde{E}_2 \cos\theta_2$$

에서 $\widetilde{D}_1 = \widetilde{D}_2$가 되면 $\theta_1 = \theta_2 = 0°$($\theta_1 = 0°$이면 $\theta_2 = 0°$이 된다.)이 되므로

$$\varepsilon_1 \widetilde{E}_1 = \varepsilon_2 \widetilde{E}_2$$

가 된다. $\varepsilon_1 \neq \varepsilon_2$인 경우 전계의 세기는 경계면에서 불연속적으로 변화하게 되며, $\varepsilon_2 \to \infty$ 라면 $\theta_1 = 0°$가 되어 전계는 경계면에 대해 수직으로 출입하게 된다.

4.3.2 전계의 접선 성분에 대한 경계조건

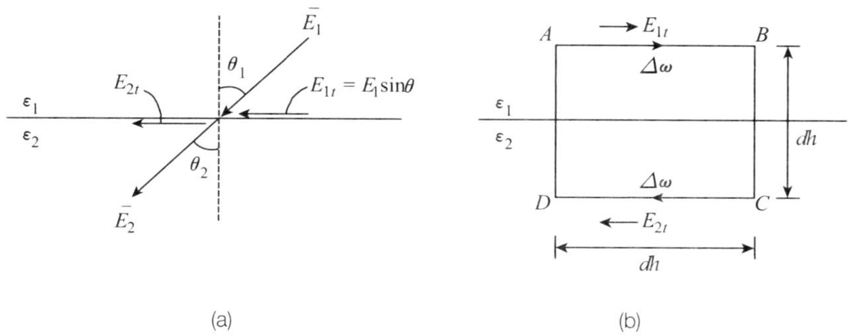

그림 4.8 경계면에서의 전계 및 전속 밀도

〈그림 4.8〉(b)에서 경계면에 걸쳐 있는 폐곡면에 대하여 가우스 법칙 $\oint \tilde{E}\cdot d\tilde{l} = 0$인 관계를 적용하는 경우(즉 단위 정전하를 일주시키는 일) 전계의 접선 성분을 생각하면 면에 수직인 성분은 상하의 직선부를 충분히 면에 접근시키면 즉 BC와 DA를 매우 작게 취하면

$$\oint \tilde{E}\cdot d\tilde{l} = \int_A^B \tilde{E}\cdot d\tilde{l} + \int_B^C \tilde{E}\cdot d\tilde{l} + \int_C^D \tilde{E}\cdot d\tilde{l} + \int_D^A \tilde{E}\cdot d\tilde{l} = 0$$

에서 법선 성분인 두 번째 항과 네 번째 항을 무시하면

$$\oint \tilde{E}\cdot d\tilde{l} = \int_A^B \tilde{E}\cdot d\tilde{l} + \int_C^D \tilde{E}\cdot d\tilde{l} = \tilde{E}_{1t}\cdot dl - \tilde{E}_{2t}\cdot dl = 0$$

가 된다. 따라서 다음과 같은 결과를 얻을 수 있다.

$$\tilde{E}_{1t} = \tilde{E}_{2t}$$
$$\tilde{E}_1 \sin\theta_1 = \tilde{E}_2 \sin\theta_2 \ [\mathrm{V/m}]$$

이는 전계의 세기는 접선 성분은 경계면 양쪽에서 같게 되는 것을 보이는 것이다.

즉, $\tilde{E}_t$는 경계에서 변화 되지 않으므로 경계를 통하여 연속이라는 것을 의미한다.

Book Cafe

유전률이 각각 다른 두 유전체의 경계면에 전계가 수직으로 입사하였을 때 전력선은 굴절하지 않는다. 즉, 두 유전체의 경계면에 전계가 수직으로 입사($\theta_1 = 0°$)하면

- $\theta_2 = 0°$ (전력선은 굴절하지 않는다.)
- $E_1 \neq E_2$ (전계는 불연속이다.)
- $D_1 = D_2$ (전속 밀도는 불변이다.)
- $\varepsilon_1 \neq \varepsilon_2$ (유전율은 각각 다르다.)

4.3.3 전기력선의 굴절 법칙

전계의 법선과 접선에 대한 경계 조건 결과를 고려하면

$$\widetilde{E}_1 \sin\theta_1 = \widetilde{E}_2 \sin\theta_2$$
$$\widetilde{D}_1 \cos\theta_1 = \widetilde{D}_2 \cos\theta_2$$

이며, 여기에 $\widetilde{D}_1 = \varepsilon_1 \widetilde{E}_1$와 $\widetilde{D}_2 = \varepsilon_2 \widetilde{E}_2$의 관계식을 적용하면

$$\frac{\tan\theta_1}{\tan\theta_2} = \frac{\varepsilon_1}{\varepsilon_2}$$

가 되는 결과식을 얻을 수 있는데 이를 자유전자가 없는 경계에서 ($\rho_S = 0$)전계가 만족해야할 굴절 법칙이라고 한다.

예제 4.6

공기 중의 전계 $E_1 = 10[\mathrm{kV/cm}]$이 $30°$의 입사각으로 비 유전율이 3인 기름의 경계면에 닿는 경우 굴절각 θ_2의 크기와 기름 중의 전계 $E_2[\mathrm{V/m}]$의 크기를 구하여라.

[풀이] 굴절의 법칙 관계식 $\dfrac{\tan\theta_1}{\tan\theta_2} = \dfrac{\varepsilon_1}{\varepsilon_2}$을 이용하면

$$\frac{\tan\theta_1}{\tan\theta_2} = \frac{\varepsilon_1}{\varepsilon_2} = \frac{1}{3}$$

이며 이를 정리하면 $3\tan\theta_1 = \tan\theta_2$가 된다. 여기서 굴절각을 구하면

$$\theta_2 = \tan^{-1}(3 \cdot \tan 30°) = \tan^{-1}\left(\frac{3}{\sqrt{3}}\right) = 60°$$

이므로 구해진다. 따라서 기름 중의 전계 E_2의 크기는

$$E_2 = \frac{\sin\theta_1}{\sin\theta_2}E_1 = \frac{\sin 30°}{\sin 60°}E_1 = \frac{\frac{1}{2}}{\frac{\sqrt{3}}{2}} \times 10 \times 10^5 = \frac{10^6}{\sqrt{3}}\,[\text{V/m}]$$

으로 구해진다.

4.3.4 전속 밀도와 전계의 관계

굴절 법칙에 의해서 전속의 굴절 상태를 고려하면 유전율이 $\varepsilon_2 > \varepsilon_1$일 때 $\frac{\varepsilon_2}{\varepsilon_1} > 1$이므로 $\theta_2 > \theta_1$가 된다. 전속은 매질 II의 내부에서 법선으로부터 굴절하게 된다.

따라서 굴절 법칙에 따라

$$\frac{\widetilde{D}_1}{\widetilde{D}_2} = \frac{\cos\theta_2}{\cos\theta_1}$$

$$\frac{\widetilde{E}_1}{\widetilde{E}_2} = \frac{\sin\theta_2}{\sin\theta_1}$$

인 관계가 성립한다.

- $\varepsilon_2 > \varepsilon_1$이면
- $\theta_2 > \theta_1$이므로
- $\widetilde{D}_2 > \widetilde{D}_1$(전속 밀도는 유전율이 큰 유전체에서는 크다)
- $\widetilde{E}_2 < \widetilde{E}_1$(전계의 강도는 유전율이 큰 유전체에서 작다.)가 된다.

따라서 전속과 전계는 작은 유전율에서 큰 유전율로 들어갈 때 굴절각은 증가하고 유전율 ε_2 내에서의 전계는 감소하고 전속 밀도는 증가하는 것을 볼 수 있다.

예제 4.7

공기 중에 전계 12[KV/m]가 입사각 30°로 비 유전율 ε_S 이 3인 매질과 경계를 이룰 때 매질 중의 전계의 세기[V/m]를 구하여라.

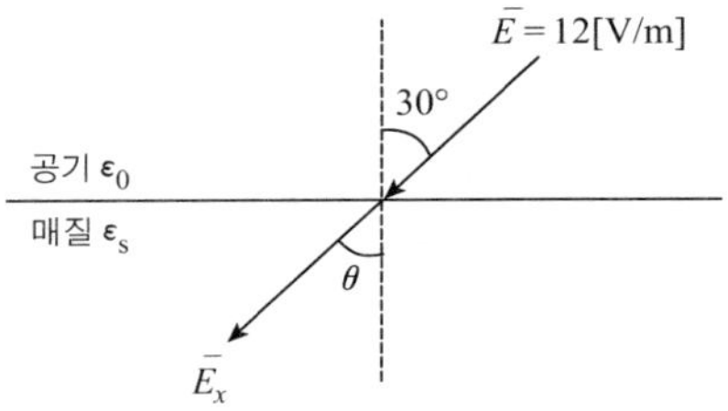

[풀이] 굴절 법칙인 $\dfrac{\tan\theta_1}{\tan\theta_2} = \dfrac{\varepsilon_1}{\varepsilon_2}$ 에 $\theta_1 = 30°$, $\widetilde{E} = 12$, $\varepsilon_1 = \varepsilon_0$, $\varepsilon_2 = \varepsilon_0\varepsilon_S = 3\varepsilon_0$을 적용하면

$$\frac{\tan 30°}{\tan\theta} = \frac{\varepsilon_1}{\varepsilon_2} = \frac{1}{3}$$

이다. 여기서 $\theta = 60°$이므로 ε_S 매질에 대한 전계 $\widetilde{E}$을 구하기 위해서 경계 조건 $\widetilde{E}_{1t}\sin\theta_1 = \widetilde{E}_{2t}\sin\theta_2$을 이용하면

$$\widetilde{E}_x = \widetilde{E}_{2t} = \frac{\sin\theta_1}{\sin\theta_2}\widetilde{E} = \frac{\sin 30°}{\sin 60°} \times 12 \times 10^3 = \frac{12}{\sqrt{3}} \times 10^3 \text{ [V/m]}$$

가 된다.

4.4 복합 유전체에 대한 정전용량

유전체의 경계 조건은 실제 생활에 흔히 적용할 수 있는 것으로 여기서는 유전체 경계 조건의 응용에 대해서 알아보기로 한다. 즉 앞에서 진공 상태에 대한 정전용량을 계산하는 방법을 연습을 충분히 하였다면 본 절에서는 유전체가 다수 개 일 때의 정전용량 문제를 해결하는데 목적이 있다.

4.4.1 점전하에 의한 전계

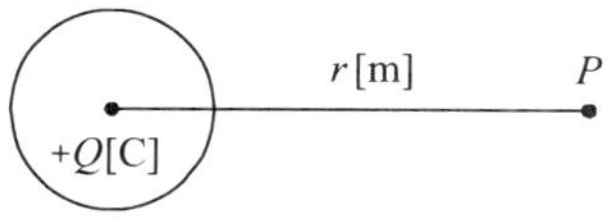

그림 4.9 점전하 도체

유전율 ε인 상태인 $+Q$[C]의 점전하가 거리 r[m]에 위치한 점 P의 전계는 Gauss 법칙 $Q=\int \widetilde{D}\cdot d\widetilde{S}$ (즉, 전하 Q와 전속 $\widetilde{D}$의 합과 같다.), $Q=\widetilde{D}S$에 $S=4\pi r^2$을 적용하면

$$\widetilde{D}(4\pi r^2) = Q$$
$$\widetilde{D} = \frac{Q}{4\pi r^2} = \varepsilon\widetilde{E}\ [\mathrm{C/m^2}]$$

이다. 따라서 점전하 Q에 의한 전계 $\widetilde{E}$와 전위 V는

$$\widetilde{E} = \frac{Q}{4\pi\varepsilon r^2}\ [\mathrm{V/m}]$$
$$V = -\int \widetilde{E}\cdot d\widetilde{l} = \frac{Q}{4\pi\varepsilon r}[\mathrm{V}]$$

이다. 여기서 정전용량 C는 $C=\frac{Q}{V}=4\pi\varepsilon r$[F]가 된다. 그리고 분극 $\widetilde{P}$의 값을 구하면

$$\widetilde{P} = \widetilde{D} - \varepsilon_0\widetilde{E} = \varepsilon_0\varepsilon_S\widetilde{E} - \varepsilon_0\widetilde{E} = \varepsilon_0(\varepsilon_S - 1)\widetilde{E}\ [\mathrm{C/m^2}]$$

이므로

$$\widetilde{P} = \frac{Q}{4\pi r^2}\left(1 - \frac{1}{\varepsilon_S}\right)$$

가 된다. 그리고 분극의 방향은 전계의 방향과는 반대 방향으로 나타난다.

Book Cafe

유전체가 없는 경우($\varepsilon_S=0$)의 정전 용량은 $C=4\pi\varepsilon_0 r$[F]이며, 유전체가 있는 경우에는 $C=4\pi\varepsilon r$[F]로 표현된다.

4.4.2 단일 도체 구에 유전체가 있는 경우

반경 b을 기준으로 유전율 ε_0, ε_1인 두 종류의 매질이 채워진 경우의 정전용량을 고려하면

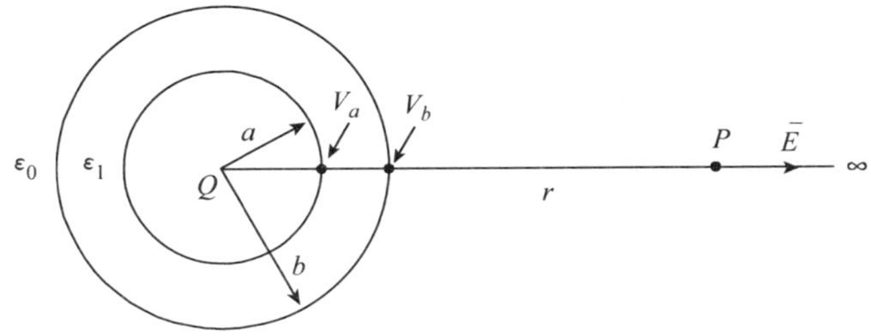

그림 4.10 유전체로 둘러쌓인 구 도체

거리 r인 점 P의 전속밀도 $\widetilde{D} = Q / 4\pi r^2$ 관계식에서

- $r \geq b$인 곳의 전계 $\widetilde{E}_1$ 즉, 진공 ε_o 상태 영역에 대한 전계

$$\widetilde{E}_1 = \frac{\widetilde{D}}{\varepsilon_0} = \frac{Q}{4\pi\varepsilon_0 r^2}$$

- $a \leq r \leq b$인 곳의 전계 $\widetilde{E}_2$ 즉, 유전체 ε_1의 영역에 대한 전계

$$\widetilde{E}_2 = \frac{\widetilde{D}}{\varepsilon_1} = \frac{Q}{4\pi\varepsilon_1 r^2}$$

여기서 반지름 a의 전위 V_a, 반지름 b의 전위 V_b에 대한 전위차 $V_{ab} = V_a - V_b$ 라고 하면 전위 V_a의 크기는

$$V_a = V_{ab} + V_b = -\int_b^a \frac{Q}{4\pi\varepsilon_1 r^2} dr + \left[-\int_\infty^b \frac{Q}{4\pi\varepsilon_0 r^2} dr\right]$$
$$= \frac{Q}{4\pi\varepsilon_1}\left(\frac{1}{a} - \frac{1}{b}\right) + \frac{Q}{4\pi\varepsilon_0}\left(\frac{1}{b}\right)$$

가 된다. 여기서 $\varepsilon_1 = \varepsilon_0 \varepsilon_s$ 관계를 이용하면

$$V_a = \frac{Q}{4\pi\varepsilon_0}\left[\frac{1}{\varepsilon_S\, a} + \frac{1}{b}\left(1 - \frac{1}{\varepsilon_S}\right)\right]$$

가 된다. 따라서 정전용량 C의 크기는

$$C = \frac{Q}{V_a} = \frac{4\pi\varepsilon_0}{\dfrac{1}{\varepsilon_S\, a} + \dfrac{1}{b}\left(1 - \dfrac{1}{\varepsilon_S}\right)} = \frac{4\pi\varepsilon_1}{\dfrac{1}{a} + \dfrac{1}{b}\left(\varepsilon_S - 1\right)}[\mathrm{F}]$$

으로 나타낼 수 있다.

4.4.3 동심구의 정전용량

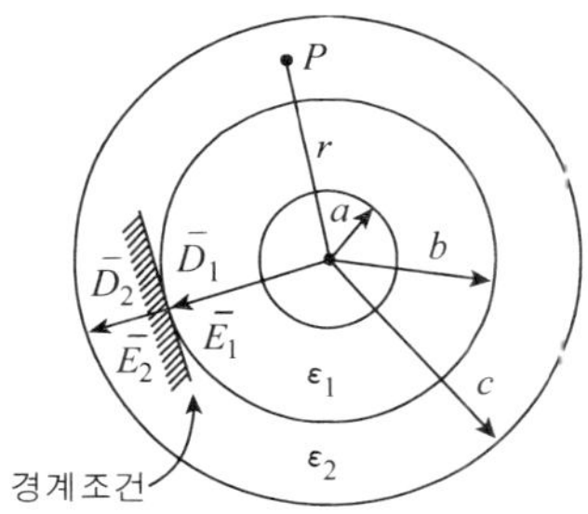

그림 4.11 유전체를 씌운 동심 구

반경 a와 반경 c의 동심 구 사이에 유전율 ε_1과 ε_2인 두 종류의 유전체가 존재하는 경우에 정전용량의 크기를 구하기 위해 ε_1과 ε_2에 대해서 경계조건을 적용하면

$$\widetilde{E}_1 \neq \widetilde{E}_2\ ,\ \widetilde{D}_1 = \widetilde{D}_2$$

이다. 중심에서 거리 r인 점 P의 전속밀도 $\widetilde{D}$는

$$\widetilde{D} = \frac{Q}{S} = \frac{Q}{4\pi r^2}\ [\mathrm{C/m^2}]$$

이며, 각 유전체 중의 전계 $\widetilde{E}_1$, $\widetilde{E}_2$는 $\widetilde{D} = \varepsilon\widetilde{E}$, $\widetilde{E} = \dfrac{\widetilde{D}}{\varepsilon}$에 의해서

$$\widetilde{E}_1 = \frac{\widetilde{D}}{\varepsilon_1} = \frac{Q}{4\pi\varepsilon_1 r^2}\ [\mathrm{V/m}]$$

$$\widetilde{E}_2 = \frac{\widetilde{D}}{\varepsilon_2} = \frac{Q}{4\pi\varepsilon_2 r^2}\ [\mathrm{V/m}]$$

이다. 따라서 동심 구 사이의 전위차 V는 $V = V_{ab} + V_{bc}$이므로

$$V = -\int_b^a \widetilde{E}\cdot d\widetilde{l} + \left[-\int_c^b \widetilde{E}\cdot d\widetilde{l}\right] = \frac{Q}{4\pi}\left[\frac{1}{\varepsilon_1}\left(\frac{1}{a}-\frac{1}{b}\right)+\frac{1}{\varepsilon_2}\left(\frac{1}{b}-\frac{1}{c}\right)\right]$$

가 되며, 여기서 정전용량 C의 크기는

$$C = \frac{Q}{V} = \frac{4\pi}{\frac{1}{\varepsilon_1}\left(\frac{1}{a}-\frac{1}{b}\right)+\frac{1}{\varepsilon_2}\left(\frac{1}{b}-\frac{1}{c}\right)}\ [\mathrm{F}]$$

으로 구해진다.

4.4.4 평행판 사이에 유전체가 있는 경우

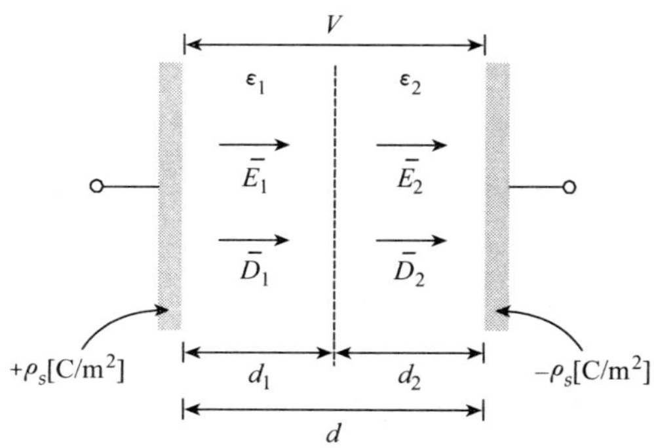

그림 4.12 유전체 중의 평행 판 콘덴서

충분히 넓은 평행 판 콘덴서에 유전율을 각각 $\varepsilon_1, \varepsilon_2$이며, 전하 밀도 ρ_S를 주었을 경우의 전계를 고려하면 $Q = \int \widetilde{D}\cdot d\widetilde{S} = \int \rho_s\, ds$ 관계에서 $\widetilde{D} = \widetilde{D}_1 = \widetilde{D}_2 = \rho_S$이므

로 전하 밀도는 일정하고

$$\widetilde{D}_1 = \varepsilon_1 \widetilde{E}_1,\ \widetilde{D}_2 = \varepsilon_2 \widetilde{E}_2$$

이며, 여기서 각각의 전계 $\widetilde{E}_1$, $\widetilde{E}_2$을 구하면

$$\widetilde{E}_1 = \frac{\widetilde{D}_1}{\varepsilon_1} = \frac{\rho_S}{\varepsilon_1},\ \widetilde{E}_2 = \frac{\widetilde{D}_2}{\varepsilon_2} = \frac{\rho_S}{\varepsilon_2}$$

가 된다. 여기서 간격 d_1과 d_2에 대한 극판 사이의 전위를 V_1, V_2라고 하고 $V = \widetilde{E}\, d$을 적용하면

$$V_1 = \widetilde{E}_1 d_1 = \frac{\rho_S}{\varepsilon_1} d_1$$

$$V_2 = \widetilde{E}_2 d_2 = \frac{\rho_S}{\varepsilon_2} d_2$$

가 되며, 여기에 극판에 인가한 전압 V는 $V = V_1 + V_2$이므로

$$V = V_1 + V_2 = \left(\frac{d_1}{\varepsilon_1} + \frac{d_2}{\varepsilon_2}\right)\rho_S$$

가 된다. 따라서 평행 판 사이의 정전용량 C의 크기는

$$C = \frac{Q}{V} = \frac{\rho_S S}{\dfrac{d_1 S}{\varepsilon_1} + \dfrac{d_2 S}{\varepsilon_2}}\ [\mathrm{F}]$$

가 된다. 여기서 단위 면적당($S = 1[\mathrm{m}^2]$) 정전용량 C_u을 고려하면

$$C_u = \frac{Q}{V} = \frac{\oint \rho_S\, dS}{V} = \frac{\rho_S}{V} = \frac{1}{\dfrac{d_1}{\varepsilon_1} + \dfrac{d_2}{\varepsilon_2}}\ [\mathrm{F/m^2}]$$

가 된다. 한편 단위 면적당($S = 1[\mathrm{m}^2]$) 정전용량은 각각 C_1, C_2라고 하면 $C = \varepsilon \dfrac{S}{d}$ 관

계에서 $C_1 = \frac{\varepsilon_1}{d_1}$, $C_2 = \frac{\varepsilon_2}{d_2}$ 이므로

$$C_u = \frac{1}{\frac{1}{C_1} + \frac{1}{C_2}}$$

로 표현된다. 이는 마치 콘덴서가 직렬 접속시의 합성 용량으로 나타난다. 따라서 평행판 사이에 유전체를 극판과 평행하게 삽입하는 경우는 등가적으로 콘덴서를 직렬로 접속한 경우와 동일한 효과를 보이게 된다.

예제 4.8

다음과 같이 평행 판 콘덴서의 극판 사이에 극판과 평행하게 2층의 유전체를 삽입하는 경우의 정전용량 변화에 대해서 설명하여라.

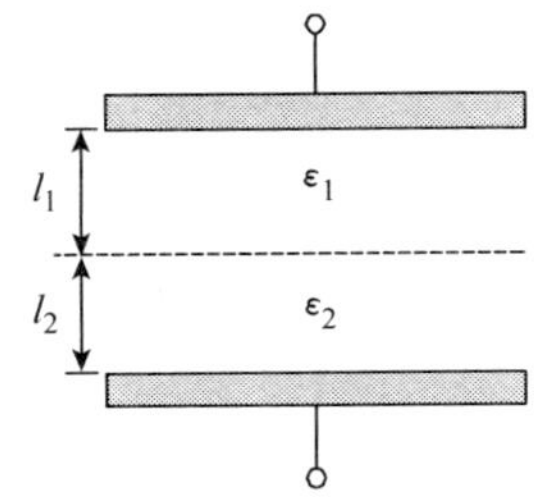

[풀이] ε_1과 ε_2는 정전용량을 직렬로 접속한 결과와 같으므로 ε_1에 대한 정전용량을 C_1, ε_2에 대한 정전용량을 C_2라고 하면 $C = \frac{\varepsilon S}{d}$ 관계에서 $C_1 = \frac{\varepsilon_1 S}{l_1}$, $C_2 = \frac{\varepsilon_2 S}{l_2}$ 가 된다. 따라서 직렬 접속에 대한 정전용량은

$$\frac{1}{C} = \frac{1}{C_1} + \frac{1}{C_2} \text{ 이므로}$$

$$C = \frac{1}{\frac{1}{C_1} + \frac{1}{C_2}} = \frac{C_1 C_2}{C_1 + C_2} = \frac{\varepsilon_1 \varepsilon_2 S}{\varepsilon_2 l_1 + \varepsilon_1 l_2}$$

가 된다.

예제 4.9

정전용량이 C_0[F]인 평행 판 공기 콘덴서가 있다. 이 극판에 평행으로 판 간격 d[m]의 1/2 두께 되는 유리판을 삽입하면 이때의 정전용량[F]의 크기를 결정하여라. (단, 유리판의 유전율은 ε[F/m]이라 한다.)

[풀이] 공기 부분의 정전용량을 C_1이라 하면

$$C_1 = \frac{\varepsilon_0 S}{d/2}\,[\mathrm{F}] = \frac{2S\varepsilon_0}{d}\,[\mathrm{F}]$$

이며, 유리판 부분의 정전용량을 C_2라 하면

$$C_2 = \frac{\varepsilon S}{d/2} = \frac{2S\varepsilon}{d}\,[\mathrm{F}]$$

가 된다. 여기서 극판 간 두께 1/2 상당의 유리판을 넣는 경우 정전용량 C는

$$C = \frac{1}{\dfrac{1}{C_1}+\dfrac{1}{C_2}} = \frac{1}{\dfrac{d}{2S}\left(\dfrac{1}{\varepsilon_0}+\dfrac{1}{\varepsilon}\right)} = \frac{1}{\dfrac{d}{2\varepsilon_0 S}\left(1+\dfrac{\varepsilon_0}{\varepsilon}\right)}$$

$$= \frac{2C_0}{1+\dfrac{\varepsilon_0}{\varepsilon}} = \frac{2C_0}{1+\dfrac{1}{\varepsilon_s}}\,[\mathrm{F}]$$

가 된다.

4.4.5 동심원통 사이에 유전체가 있는 경우

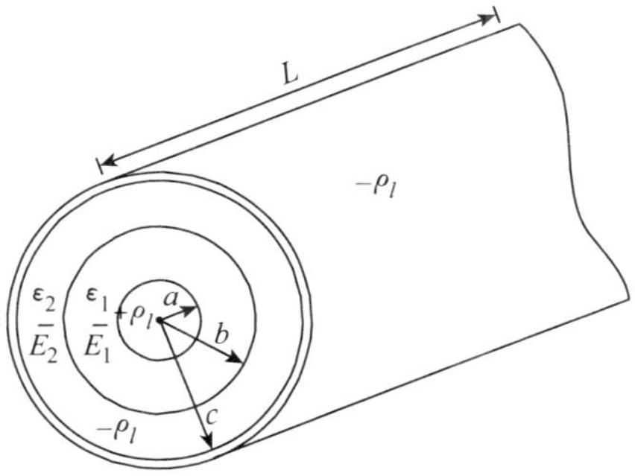

그림 4.13 동심 원통 도체

무한히 긴 동심 원통 사이에 유전율 ε_1과 ε_2의 유전체가 존재하는 경우에 정전용량의 크기를 구하기 위해 $a \le r \le c$인 점 P의 전속밀도 $\widetilde{D}$는 $Q = \int \widetilde{D}\cdot d\widetilde{S} = \int \rho_l\, dl$ 관계에서

$$\widetilde{D} = \frac{\rho_l}{l} = \frac{\rho_l}{2\pi r} \text{ [C/m}^2\text{]}$$

이다. 그리고 유전체 ε_1과 ε_2 내의 전계를 각각 $\widetilde{E}_1$, $\widetilde{E}_2$라고 하면

$$\widetilde{E}_1 = \frac{\widetilde{D}_1}{\varepsilon_1} = \frac{\rho_l}{2\pi\varepsilon_1 r}$$

$$\widetilde{E}_2 = \frac{\widetilde{D}_2}{\varepsilon_2} = \frac{\rho_l}{2\pi\varepsilon_2 r}$$

이며, 두 도체 사이의 (외부와 내부 도체 사이) 전위차 $V_{ac} = V_{bc} + V_{ab}$에서

$$\begin{aligned} V_{ac} &= -\int_C^b \frac{\rho_l}{2\pi\varepsilon_2 r}\,dr + \left[-\int_b^a \frac{\rho_l}{2\pi\varepsilon_1 r}\,dr\right] \\ &= \frac{1}{2\pi\varepsilon_2}\ln\frac{c}{b} + \frac{1}{2\pi\varepsilon_1}\ln\frac{b}{a} \end{aligned}$$

이며, 여기서 ac 사이의 정전용량 C_{ac}의 크기는

$$C_{ac} = \frac{Q}{V_{ac}} = \frac{\oint \rho_l \cdot dl}{V_{ac}} = \frac{\rho_l\, l}{V_{ac}} = \frac{2\pi l}{\dfrac{1}{\varepsilon_1}\ln\dfrac{b}{a} + \dfrac{1}{\varepsilon_2}\ln\dfrac{c}{b}} \text{ [F]}$$

으로 표현된다. 여기서 단위 길이($l = 1$[m]) 당 정전용량을 C_u라고 하면

$$C_u = \frac{2\pi}{\dfrac{1}{\varepsilon_1}\ln\dfrac{b}{a} + \dfrac{1}{\varepsilon_2}\ln\dfrac{c}{b}} \text{ [F/m]}$$

가 된다. 한편 원통 사이에 V_{ab}[V]을 인가하는 경우 각 유전체 내의 전계를 $\widetilde{E}_1$, $\widetilde{E}_2$ 라고 하면

$$\widetilde{E}_1 = \frac{V_{ab}\,C_{ac}}{2\pi\varepsilon_1 r l} \quad (a < r < b)$$

$$\widetilde{E}_2 = \frac{V_{ab}\,C_{ac}}{2\pi\varepsilon_2 r l} \quad (a < r < c)$$

가 된다. 여기서 $\varepsilon_1 = \varepsilon_2$ (원통 사이에 한 종류의 매질을 채웠을 때) 거리 r에 대한 전계 $\widetilde{E}$는 반비례한다.

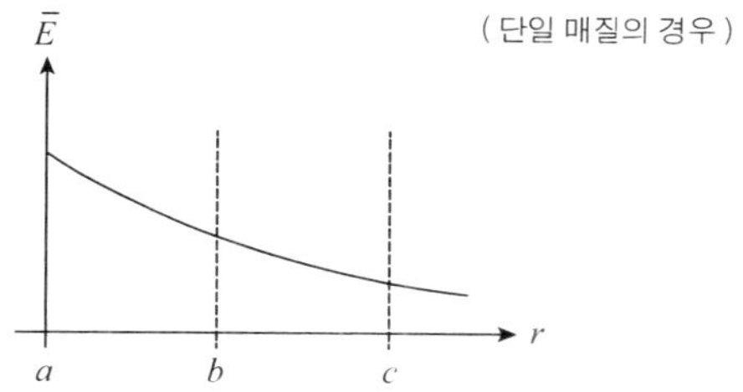

그림 4.14 거리 r과 전계 $\widetilde{E}$ 의 관계

즉, 전계의 강도는 내부 표면에서 가장 크기 때문에 내부 도체의 표면에서 절연 파괴가 발생할 수 있다. 그러나 원통 사이 매질이 다른 경우 $\varepsilon_1 > \varepsilon_2$에서 거리 r에 대한 전계 분포는 다음과 같다.

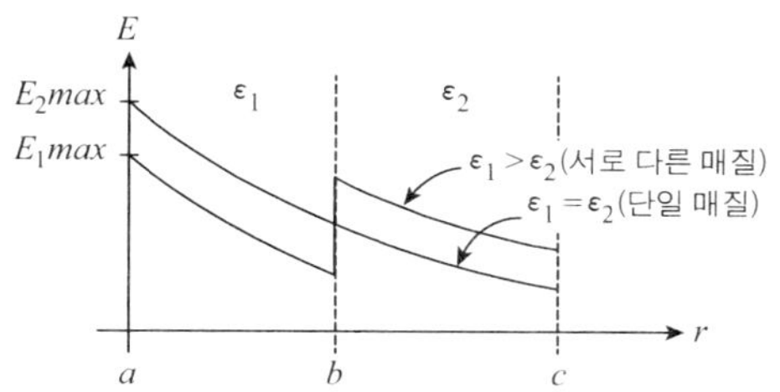

그림 4.15 거리에 대한 전계 변화 특성

단일 매질의 최대 전계 $\widetilde{E}_{2\max}$와 서로 다른 매질의 최대 전계 $\widetilde{E}_{1\max}$을 비교하면 $\widetilde{E}_{2\max} > \widetilde{E}_{1\max}$이다. 따라서 동축 케이블에서 전위차가 동일 할 때 케이블 사이에 서로 다른 매질을 넣는 경우 단일 매질의 경우 보다 전계 강도가 낮아져서 절연 효과를 높일 수 있기 때문에 케이블 사이에 인가하는 전압을 보다 크게 하는 것이 가능하게 된다.

따라서 유전체가 서로 다른 것을 상호적으로 조합해서 전계를 균일하게 하도록 하는 것을 계층절연(graded insulation)이라고 하며, 이의 응용은 고압 케이블에 적용하고 있다.

4.5 페러데이 관(Faraday Tube)

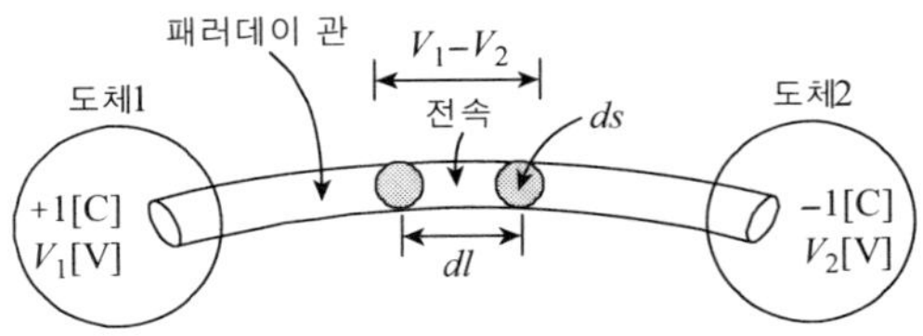

그림 4.16 페러데이 관

대전 도체계가 가지는 에너지에 대해 설명한 것처럼 여기서는 도체 주변에 매질이 존재하는 경우에 대해서 조사해 보면 그림에서 처럼 1[C]의 전하에서 -1[C]의 전하로 끝나는 전속 관을 페러데이 관이라고 하며, 1[C]의 전하에서는 1개의 전속이 나오기 때문에 전속 수와 페러데이(Faraday) 관의 수는 같다고 본다.

즉,

[전속 밀도] = [Faraday관의 밀도]

이 관내에서는 전하에 대한 쿨롱의 법칙의 힘이 작용하기 때문에 전위 V로서 전하 Q가 대전 되었을 때 페러데이 관에 저장되는 에너지는 $W=\frac{1}{2}QV$ 관계에서

$$W=\frac{1}{2}\sum_{i=1}^{n}Q_i Vi=\frac{1}{2}(+1)V_1+\frac{1}{2}(-1)V_2=\frac{1}{2}(V_1-V_2)\,[\mathrm{J}]$$

이다. 여기서 $W=\frac{1}{2}(V_1-V_2)$의 의미는 Faraday관 (+1[C]의 진전하 Q_i에서 나와서 -1[C]의 전하에서 그치는 한 개의 관) 이내의 매질 중에는 단위 전위차(1[V])당 $\frac{1}{2}$[J]의 에너지를 축적한다는 것을 나타낸다.

한편 페러데이의 단위 전위차를 가진 부분을 고려하는 경우 에너지 밀도 w는

$$w=\frac{1}{2}\frac{1}{dl\,dS}\left[\frac{\mathrm{J}}{\mathrm{m}^3}\right]$$

가 된다. 전계 $\widetilde{E}$는 $\widetilde{E} = \frac{V}{d}$ 관계에서 여기서 $\frac{1}{dl}$은 전위경도 $\widetilde{E}$을 의미하며, 밀도 $= \frac{1}{\text{면적}}$인 관계에서 $\frac{1}{ds}$은 페러데이의 전속밀도 $\widetilde{D}$을 나타내므로 에너지 밀도 w는

$$w = \frac{1}{2}\widetilde{E}\widetilde{D} = \frac{1}{2}\frac{\widetilde{D}^2}{\varepsilon} = \frac{1}{2}\varepsilon\widetilde{E}^2\left[\frac{\text{J}}{\text{m}^3}\right]$$

로 나타낼 수 있다.

Book Cafe

페러데이 관의 성질

- 페러데이 관내의 전속 선은 일정하다.
- 진전하가 없는 위치에서는 페러데이 관은 연속이다.
- 페러데이 관에서의 밀도는 전속 밀도와 같다. 페러데이 관에 전속 수가 예를 들어 $3Q$ 개라면 페러데이 관수 역시 $3Q$이다.
- 페러데이 관 양쪽 끝에는 정 · 부의 단위 전하($1[\text{C}]$)가 있다.

Book Cafe

매질이 진공이 아니고 ε인 경우 전계 에너지 W_E 는 $\varepsilon_0 \to \varepsilon$ 대신 적용한다.

$$W_E = \frac{1}{2}\varepsilon_0\widetilde{E}^2 = \frac{1}{2}\frac{\widetilde{D}^2}{\varepsilon_0}[\text{J/m}^3]$$

예제 4.10

페러데이 관에서 전속 선 수가 $3Q$개 이라면 페러데이 관수는?

[풀이] 페러데이 내의 전속 수는 일정하며, 페러데이 관 양단에 정 · 부의 단위 전하가 있어 항상 전속 1개가 출입하므로 그 수는 전속 수와 같다. 그리고 진전하가 없는 점에서 페러데이 관은 연속이며, 관의 밀도는 전속 밀도와 같다. 따라서 전속 수가 $3Q$개이면 페러데이 관 수 역시 $3Q$가 된다.

4.6 유전체 내에 작용하는 힘(축적되는 에너지)

여기서 유전체에 저장된 에너지(유전체 내의 정전 에너지)를 생각하면

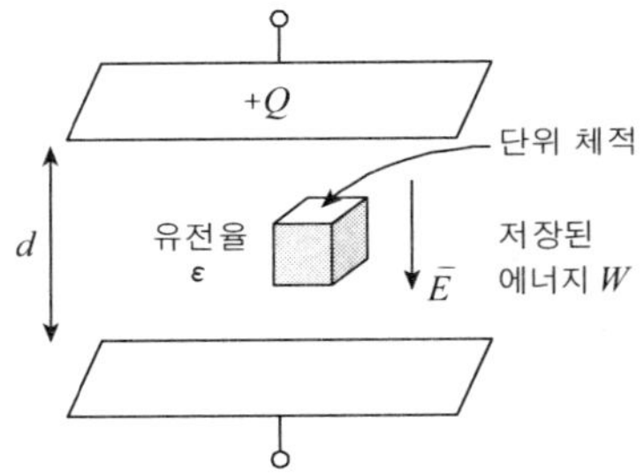

그림 4.17 콘덴서에 저장된 에너지

정전용량 C인 평행 판 콘덴서에 전하 Q을 인가하는 경우 평행 판 양단에서 전위차 V을 얻었다면 전극 판에 미소한 전하 dq을 축적시키는데 필요한 에너지 dW는 $dW= V dq = \frac{q}{c} dq$[J]이다. 여기서 전하 q을 0에서 Q까지 축적하는데 필요한 정전 에너지를 구하기 위해 양변에 대해 적분을 행하면

$$W = \int_0^Q V\, dq = \int_0^Q \frac{q}{c}\, dq = \frac{Q^2}{2C}\,[\mathrm{J}]$$

이다. 여기서 전하 Q일 때 전위차가 V만큼 증가를 한다면 $Q = CV$에서 정전 에너지 W는

$$W = \frac{1}{2} QV = \frac{1}{2} CV^2$$

이다.

유전율 ε인 평행판 콘덴서에 저장된 에너지 W[J]는 $W = \frac{1}{2} CV^2$에서 $V = \widetilde{E} d$ [V], $C = \varepsilon \frac{S}{d}$을 적용하면

$$W = \frac{1}{2}\left(\varepsilon \frac{S}{d}\right)(\widetilde{E}\, d)^2 = \frac{1}{2}\, \varepsilon \widetilde{E}^2 S$$

이며, 단위 체적 당 저장된 에너지 W [J/m^3]은 다음과 같다.

$$W = \frac{1}{2}\widetilde{E}\widetilde{D} = \frac{1}{2}\frac{\widetilde{D}^2}{\varepsilon} = \frac{1}{2}\varepsilon\widetilde{E}^2 = \frac{1}{2}\rho_S\widetilde{E}$$

Book Cafe

에너지 암기 요령

■ 진공인 경우

• 공간 전하계인 경우 : 전계($\widetilde{E}$)가 들어와 전속 밀도($\widetilde{D}$)을 발생

$$W = \frac{1}{2}\widetilde{E}\widetilde{D} = \frac{1}{2}\frac{\widetilde{D}}{\varepsilon} = \frac{1}{2}\varepsilon\widetilde{E}^2 = \frac{1}{2}\rho_S\widetilde{E}$$

• 도체계(콘덴서)의 경우 : 전위(V) 에 의해서 전하(Q)가 발생

$$W = \frac{1}{2}QV = \frac{1}{2}CV^2 = \frac{Q^2}{2C}$$

■ 유전체가 있는 경우 : $\varepsilon_0 \rightarrow \varepsilon$로 대치한다.

$$\widetilde{D} = \varepsilon\widetilde{E} = \varepsilon_0\varepsilon_S\widetilde{E}$$

예제 4.11

전극 판 면적 100[cm^2], 간격이 0.2 [cm]인 평행판 콘덴서에 비유전율 2인 유전체를 삽입했을 때 전극 판 사이에 전압 100[V]을 인가 했다. 극판 사이에 작용하는 흡인력[N]을 계산하여라.

[풀이] 직면적 당 작용하는 힘 f는 $f = \frac{\widetilde{F}}{S}$이다. 여기서 $f = \frac{1}{2}CV^2$, $\widetilde{E} = \frac{V}{d}$, $\varepsilon = \varepsilon_0\varepsilon_S$을 적용하면 흡인력 $\widetilde{F}$는

$$\widetilde{F} = fS = \frac{1}{2}\varepsilon\widetilde{E}^2S = \frac{1}{2}\varepsilon_0\varepsilon_S\left(\frac{V}{d}\right)^2S$$

$$= \frac{1}{2}\times 8.854\times 10^{-12}\times 2\times\left(\frac{100}{0.2\times 10^{-2}}\right)^2\times 100\times 10^{-4}$$

$$= 2.21\times 10^{-8}\,[\text{N}]$$

가 된다.

4.7 유전체 사이에 작용하는 힘

전계 속에 두 종류의 유전체가 경계면을 이루고 있는 경우 유전체가 가지고 있는 에너지 차에 의해서 그 경계면에 힘이 작용하게 된다.

4.7.1 전계가 경계면에 수직인 경우

전계가 ε_1, ε_2의 유전체 경계면에 수직일 때 경계면에 작용하는 힘 f가 단위 면적당 어느 정도인가에 대해 알아보기로 한다.

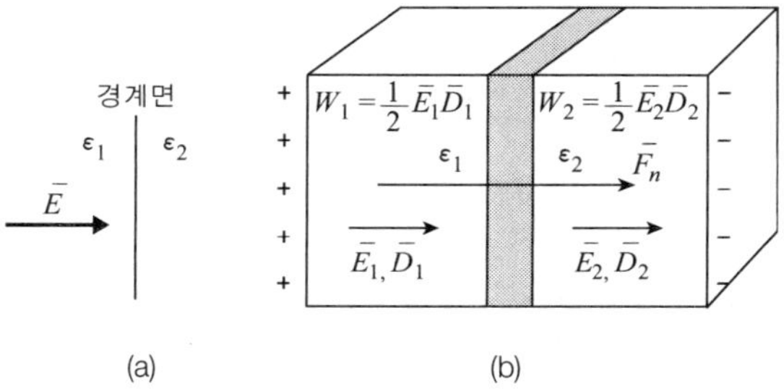

그림 4.18 유전체의 경계 조건에 작용하는 힘

〈그림 4.18〉(b)에서 처럼 f의 힘으로 경계면이 Δx 만큼 이동했다면 여기서 이동의 개념은 앞에서 설명한 페러데이 관 개념으로 볼 수 있다. 전계가 경계면에 수직으로 작용하는 경우 $\theta = 0°$이므로 $\widetilde{D}_1 \cos 0° = \widetilde{D}_2 \cos 0°$에서 $\widetilde{D}_1 = \widetilde{D}_2 = \widetilde{D}$이다. 전계가 수직으로 작용해서 경계면에서 Δx 만큼 경계면이 이동했다면 Δx에서의 에너지 밀도는 처음에 $W_2\,[\mathrm{J/m^3}]$에서 $W_1\,[\mathrm{J/m^3}]$으로 바꾸어 $(W_2 - W_1)$ 만큼의 에너지 밀도 감소를 볼 수 있다. 따라서 경계면에 면적당 전기 에너지 감소 변화량은

$$\widetilde{F}_n \;\Delta x = -\Delta W = -(W_1 - W_2)\Delta x\; S$$

여기서 $\widetilde{F}_n \Delta x$는 Δx 만큼 움직였을 경우 단위 면적(체적)당 한일을, $-\Delta W$은 $\widetilde{F}_n \Delta x$ 양 만큼 전기 에너지 감소를 나타낸다. 따라서 경계면의 단위 면적(체적)당

$(S=1[\mathrm{m}^2])$작용하는 수직력 $\widetilde{F}_n$은

$$\widetilde{F}_n = -\frac{\Delta W}{\Delta x} = -\frac{(W_1 - W_2)\Delta x}{\Delta x}$$

$$= W_2 - W_1 = \frac{1}{2}\widetilde{E}_2\widetilde{D}_2 - \frac{1}{2}\widetilde{E}_2\widetilde{D}_2 \ [\mathrm{N/m^2}]$$

이며, 이 식에서 (−)부호는 힘의 방향이 에너지를 감소시키는 방향으로 향한다는 것을 나타낸다.

$$\widetilde{F} = \frac{1}{2}\widetilde{E}\widetilde{D} = \frac{1}{2}\frac{\widetilde{D}}{\varepsilon} = \frac{1}{2}\varepsilon\widetilde{E}^2 = \frac{1}{2}\rho_S\widetilde{E}$$

인 관계식에서 $\widetilde{D}_1 = \widetilde{D}_2 = \widetilde{D}$가 일정하므로 $\widetilde{F}_n = W_2 - W_1$에 식 $\widetilde{F} = \frac{1}{2}\frac{\widetilde{D}^2}{\varepsilon}$을 이용하면

$$\widetilde{F}_n = \frac{1}{2}\widetilde{E}_2\widetilde{D}_2 - \frac{1}{2}\widetilde{E}_1\widetilde{D}_1 \ [\mathrm{N/m^2}]$$

로 나타낼 수 있다. 이 관계식에서 첫 항 $\frac{1}{2}\widetilde{E}_2\widetilde{D}_2$은 경계면에서 오른쪽으로 작용, 둘째 항 $\frac{1}{2}\widetilde{E}_1\widetilde{D}_1$은 경계면에서 왼쪽으로 작용한 힘을 의미한다.

즉, 전계 중에 두 유전체는 경계면에서 인장 응력을 받게 되는데 이와 같은 변형력을 맥스웰 응력(Maxwell stress)이라고 한다.

따라서 전계가 경계면에 수직으로 나갈 경우 두 유전체의 전속 밀도는 같다. 작용하는 힘 f는 $\widetilde{D}_1 = \widetilde{D}_2 = \widetilde{D}$이므로

$$f = \frac{1}{2}(\widetilde{E}_2 - \widetilde{E}_1)\widetilde{D} = \frac{1}{2}\left(\frac{1}{\varepsilon_2} - \frac{1}{\varepsilon_1}\right)\widetilde{D}^2 \ [\mathrm{N/m^2}]$$

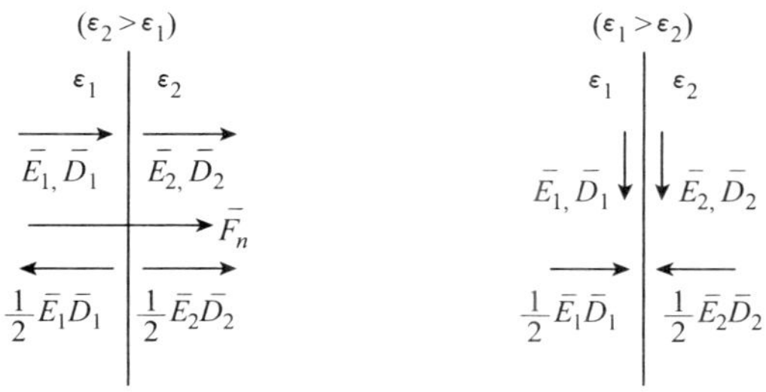

그림 4.19

가 된다. 따라서 결과인 $\frac{1}{2}\left(\frac{1}{\varepsilon_2}-\frac{1}{\varepsilon_1}\right)\widetilde{D}^2$의 의미는 유전율 $\varepsilon_2 > \varepsilon_1$이면 $\widetilde{F}_n < 0$이므로 경계면에 전속이 수직일 때는 ε_2의 유전체에서 ε_1의 유전체 방향으로 작용력이 생긴다.

즉, 경계면에 작용하는 맥스웰 변형력은 유전율이 큰 쪽에서 유전체가 작은 쪽으로 끌려가는 힘을 받으며, 전계나 전속 밀도가 경계면에 수직 입사하면 굴절하지 않는다. 그리고 유전율이 작은 쪽에서 전계가 입사할 때 입사각은 굴절각 보다 작다. 따라서 두 유전체가 경계면에 수직으로 입사하는 경우에 대한 특징을 정리하면 다음과 같다.

- 입사각 $\theta_1 = 0°$이면
- 굴절각 $\theta_2 = 0°$으로 전력선은 굴절하지 않는다.
- $\widetilde{E}_1 \neq \widetilde{E}_2$으로 전계는 불연속이다.
- $\widetilde{D}_1 = \widetilde{D}_2 = \widetilde{D}$으로 전속 밀도는 불변이다.
- $\varepsilon_1 \neq \varepsilon_2$으로 유전율은 각각 다르다.

4.7.2 전계가 경계면에 수평(평행)한 경우

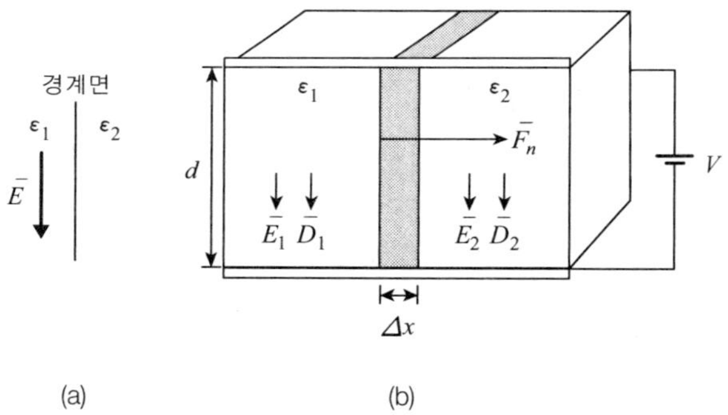

그림 4.20 경계면에 작용하는 힘

두 전극 사이에 가해진 전위차를 V라고 하면, 극판 사이의 전계 $\widetilde{E}$는 전계가 경계면에 평행(수평)하게 작용하는 경우 위상 $\theta = 90°$, $\widetilde{E}_1 \sin 90° = \widetilde{E}_2 \sin 90°$이므로 극판 사이의 전계 강도는

$$\widetilde{E} = \frac{V}{d} = \widetilde{E}_1 = \widetilde{E}_2 \text{ [V/m]}$$

가 된다.

즉, $\widetilde{E}_1$과 $\widetilde{E}_2$의 경계면이 평행이기 때문에 경계조건에 의해서 $\widetilde{E}_1 = \widetilde{E}_2 = \widetilde{E}$ 으로 일정하기 때문에 각 유전체 속을 지나는 전속 밀도와 에너지 밀도를 각각 고려하면 다음과 같다.

(1) 전속 밀도

전계 $\widetilde{E}$가 경계면에 나란하기 때문에 두 유전체를 지나가는 전속 밀도는

$$\widetilde{D}_1 = \varepsilon_1 \widetilde{E}_1$$
$$\widetilde{D}_2 = \varepsilon_2 \widetilde{E}_2$$

가 된다. 즉, 전극 판 사이의 전계는 일정하지만 전속 밀도는 서로 다른 값을 보인다.

(2) 에너지 밀도

각 유전체 내에 축적되는 에너지 밀도는

$$W_1 = \frac{1}{2}\varepsilon_1 \widetilde{E}^2, \quad W_2 = \frac{1}{2}\varepsilon_2 \widetilde{E}^2$$

가 된다. 전계가 경계면에 수평으로 작용하면 ε_1 부분이 ε_2 쪽으로 $\triangle x$ 만큼 이동한다면 $\triangle x$ 구간에서 전속 밀도는 $\widetilde{D}_2$에서 $\widetilde{D}_1$으로 변하기 때문에 전극의 전하밀도 ($\widetilde{D}_2 = \rho_2$, $\widetilde{D}_1 = \rho_1$)도 같이 변하게 되는데 이것은 전원으로부터 충전에 의해서 보충이 된다고 볼 수 있다.

즉,

$$\triangle Q = (\widetilde{D}_1 - \widetilde{D}_2) \triangle x \, S$$

만큼의 전하가 전원으로부터 보충된다. 여기서 보충되는 에너지 $\triangle W_1$은

$$\triangle W_1 = V \triangle Q = V(\widetilde{D}_1 - \widetilde{D}_2) \triangle x \, S \text{[J]}$$

이며, 경계면에서 $\triangle x$에 의한 전체적인 에너지 변화량 $\triangle W$는

$$\triangle W = \triangle W_2 - \triangle W_1 = (W_1 - W_2)\triangle x\, S - (\widetilde{D}_1 - \widetilde{D}_2) V \triangle x\, S$$

여기서 $V = \widetilde{E}d$, $S = d \times$(경계 면 폭, x)이고 단위 면적당에 작용하는 수직력 $\widetilde{F}_n$는

$$\widetilde{F}_n = -\frac{\partial W}{\partial x} = (\widetilde{D}_1 - \widetilde{D}_2)\widetilde{E} - (W_1 - W_2)$$

$$= (\varepsilon_1 - \varepsilon_2)\widetilde{E}^2 - \frac{1}{2}(\varepsilon_1 - \varepsilon_2)\widetilde{E}^2 = \frac{1}{2}(\varepsilon_1 - \varepsilon_2)\widetilde{E}^2\ [\mathrm{N/m^2}]$$

가 된다. 여기서 결과식 $\widetilde{F}_n = \frac{1}{2}(\varepsilon_1 - \varepsilon_2)\widetilde{E}^2$에서 $\varepsilon_1 > \varepsilon_2$이면 $\widetilde{F}_n > 0$이므로 전계 에너지가 유전율이 큰 쪽에서 작은 쪽으로 향하는 힘이 경계면에 작용한다는 의미이다.

4.8 유전체의 특수현상

유전체에서 특수 현상은 유전율 ε이 일정하지 않은 경우로 유전체의 분극이 전계에 비례하지 않기 때문이다.

4.8.1 접촉 전기(contact electricity)

도체사이, 유전체 사이 또는 도체와 유전체를 강하게 접촉시키는 경우 한쪽의 전기가 다른 쪽으로 이동하고 각각 양전하와 음전하로 대전되는 현상이 발생하는데 이때 발생하는 전기를 접촉 전기라고 한다.

- 마찰 전기도 이 접촉 전기의 일종이다.
- 도체와 도체 사이에 접촉 전기가 발생하면 두 개의 도체 사이에 전위차가 발생한다. 이 현상은 볼타 효과(Volta effect)라고 한다.

■ 접촉 전위차는 두 물질의 종류에 따라 결정되며 접촉 면적과는 무관하다.

4.8.2 파이어 전기(Pyro electricity)

결정체(전기석, 수정 로셀염, 혹은 티탄산바륨 등)에 열을 가열하는 경우 한 쪽에서는 (+)전기가 반대쪽에서는 (−)전기가 나타나 분극을 발생하고 반대로 냉각하는 경우에는 반대의 분극이 나타나게 되는데 이때 발생하는 전기를 파이어전기라고 하거나 초전효과(Pyro electric effect)라고 한다.

이와 같은 초전현상의 발생은 분극을 지닌 유전체에서 나타나는데 온도의 변화에 의해서 분극의 크기가 변화하기 때문에 발생하는 것으로 열에너지를 전기적 에너지로 변환하는데 이용한다.

4.8.3 압전기 효과(piezo electric effect)

파이어 전기를 보이는 결정체에 기계적인 압력을 인가하는 경우에도 전기를 발생한다. 즉, 결정체(로셀염, 수정, 전기석, 티탄산바륨 등)의 결정에 대해서 압력을 인가하면 결정의 내부에서 전기분극이 발생하고 결정 단면에 분극전하를 나타나게 한다. 이와 같은 현상을 압전효과 혹은 압전 현상이라고 한다.

4.8.4 큐리 온도(curie temperature)

강유전체에 대해서 온도를 높게 하는 경우 어떤 온도에 도달하면 갑자기 분극이 소멸되 고 유전율이 감소하게 되는데 이때의 온도를 큐리 온도라고 한다.

비유전율은 큐리 온도에서 최대가 된다.

▶▶▶ 연습문제

01 **진공인 평행 판 사이에 유전체를 삽입하여 정전용량을 얻었다면 전계의 변화는?**

해설 진공 상태인 정전용량을 C_0, 유전체를 삽입한 정전용량을 C라고 하면 두 정전용량에 대한 비 C/C_0을 비유전율 ε_S라고 하며, ε_S는 유전체의 종류에 따라 결정되는 상수이다. 여기서 유전체를 삽입한 전계 $\widetilde{E}$와 진공 상태의 전계를 $\widetilde{E}_0$라고 할 때 이들을 비교하면

$$\widetilde{D} = \varepsilon \widetilde{E} = \varepsilon_0 \varepsilon_S \widetilde{E} \text{에서}$$

$$\widetilde{E} = \frac{\widetilde{D}}{\varepsilon_0 \varepsilon_S} = \frac{\sigma}{\varepsilon_0 \varepsilon_S} = \frac{\sigma/\varepsilon_0}{\varepsilon_S} = \frac{\widetilde{E}_0}{\varepsilon_S}$$

가 된다. 따라서 삽입된 유전체의 전계 $\widetilde{E}$ 는 판사이가 진공인 경우의 전계 $\widetilde{E}_0$ 보다 강해진다.

02 **일정한 전하로 충전된 진공 평행 판 사이에 비유전율 ε_S을 채웠을 때 전위차와 전계의 변화에 대해 설명하여라.**

해설 진공 상태인 정전용량을 C_0, 유전체를 삽입한 정전용량을 C라고 할 때 비유전율 $\varepsilon_S = \dfrac{C}{C_0}$, $C = \varepsilon_S C_0$가 되며, 전위차 V는 $V = \dfrac{Q}{C}$에서 $V = \dfrac{Q}{\varepsilon_S C_0} = \dfrac{V_0}{\varepsilon_S}$이다.

따라서 전계의 세기 $\widetilde{E}$는

$$\widetilde{E} = \frac{\sigma}{\varepsilon_0 \varepsilon_S} = \frac{Q/S}{\varepsilon_0 \varepsilon_S} = \frac{1}{\varepsilon_S}\frac{Q}{\varepsilon_0 S} = \frac{\widetilde{E}_0}{\varepsilon_S}$$

가 된다.

03 **비유전율 $\varepsilon_S = 4$인 유전체 내의 한 곳에서 전계의 세기가 $\widetilde{E}_0 = 10^3\,[\mathrm{V/m}]$일 때 이 점에서의 분극의 세기는?**

해설 분극의 세기 $\widetilde{J}$는 $\widetilde{J} = \chi \widetilde{E} = \varepsilon_0(\varepsilon_S - 1)\,\widetilde{E}$ 관계식을 이용하여 구하면

$$\widetilde{J} = \frac{10^{-9}}{36\pi} \times (4-1) \times 10^3 = \frac{10^{-6}}{12\pi}\ [\mathrm{C/m^2}]$$

가 된다.

04 다음과 같이 정사각형 한 변 길이를 l[m]인 평행판 두 장이 간격 d[m]로 존재할 때 ε_S인 유전율을 채웠을 때 평행판의 합성 정전 용량은?

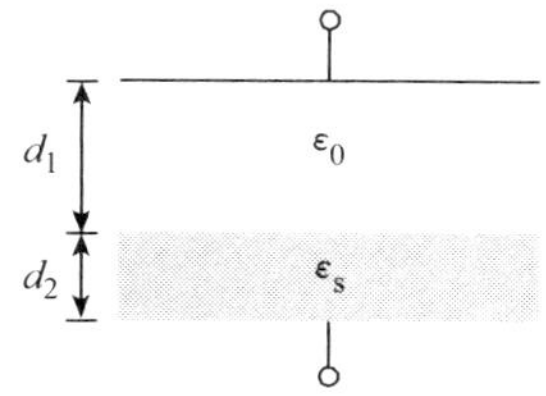

해설 진공 상태의 유전율을 ε_0, 정전용량 C_1, ε_S일 때의 용량을 C_2라고 하면 $C_1 = \varepsilon_0 \dfrac{S}{d_1}$, $C_2 = \varepsilon_0 \varepsilon_S \dfrac{S}{d_2}$ 그리고 $S = l^2$이다. 평행판 내에 수직으로 ε_S가 삽입된 경우는 등가적으로 콘덴서를 직렬 접속한 상태와 같기 때문에 합성 용량 C는

$$C = \frac{1}{\dfrac{1}{C_1} + \dfrac{1}{C_2}} = \frac{1}{\dfrac{d_1}{\varepsilon_0 S} + \dfrac{d_2}{\varepsilon_0 \varepsilon_S S}} = \frac{\varepsilon_0 \varepsilon_S S}{\varepsilon_S d_1 + d_2}$$

가 된다.

05 ε_1, ε_2인 경계면에 수직으로 전계가 작용할 때 경계면의 단위 면적당 작용하는 힘[N/m^2]?

해설 전계가 경계면에 수직인 경우 경계면에서의 단위 면적당 작용하는 수직력 f는

$$f = \frac{1}{2}\widetilde{E}_2 \widetilde{D}_2 - \frac{1}{2}\widetilde{E}_1 \widetilde{D}_1$$

이다. 경계면에서의 자속밀도는 연속적이므로 $\widetilde{D} = \widetilde{D}_1 = \widetilde{D}_2$이다. 따라서 수직력 f는

$$f = \frac{1}{2}(\widetilde{E}_2 - \widetilde{E}_1)\widetilde{D} = \frac{1}{2}\left(\frac{1}{\varepsilon_2} - \frac{1}{\varepsilon_1}\right)\widetilde{D}^2 \ [\text{N/m}^2]$$

가 된다.

06 비유전율 ε_S인 유전체내에 Q[C]의 점전하를 놓았을 때 점전하로부터 거리 r만큼 떨어진 점의 분극의 세기는?

해설 $\widetilde{D} = \varepsilon_0 \widetilde{E} + \widetilde{P}$에서 $\widetilde{P} = \varepsilon_o(\varepsilon_s - 1)\widetilde{E}$이다. 여기에 $\widetilde{E} = \dfrac{Q}{4\pi\varepsilon_o \varepsilon_S r^2}$을 대입하면

$$\widetilde{P} = \varepsilon_0(\varepsilon_s - 1)\frac{Q}{4\pi\varepsilon_0 \varepsilon_S r^2} = \frac{(\varepsilon_s - 1)Q}{4\pi\varepsilon_S r^2}$$

가 된다.

07 다음에서 도체구의 정전용량은?

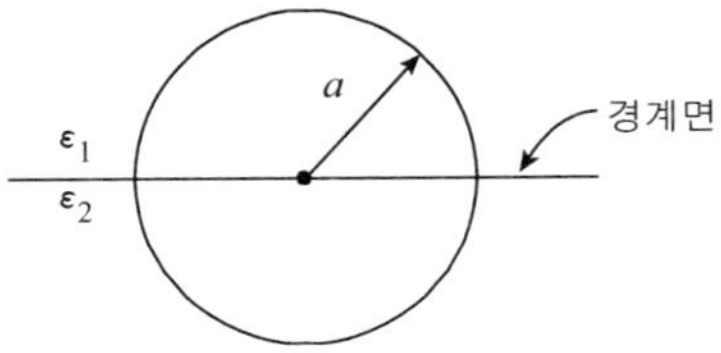

해설 ε_1인 유전체에서의 반구에 대한 정전용량을 C_1, ε_2인 유전체에서의 반구에 대한 정전용량을 C_2라고 하면

$$C_1 = 2\pi\varepsilon_1 a\,[\mathrm{F}],\ \ C_2 = 2\pi\varepsilon_2 a\,[\mathrm{F}]$$

가 된다. 따라서 반지름 a에 대한 정전용량 C는

$$C = C_1 + C_2 = 2\pi a(\varepsilon_1 + \varepsilon_2)\,[\mathrm{F}]$$

가 된다.

08 면적이 200[cm^2], 판 간격이 2[cm]인 평행판 사이에 비유전율 $\varepsilon_S = 3$인 유전체를 삽입하고 30[kV]의 전압을 인가하는 경우 극판사이에 작용하는 정전력[N]은?

해설 도체 표면에 단위 체적 당 작용하는 힘은 단위 체적 당 저장되는 에너지 크기가 동일하다. 면적 S[m^2]에 작용하는 힘을 F라고하면 $F = fS$이며, 여기에

$$f = \frac{1}{2}\tilde{E}\tilde{D} = \frac{1}{2}\frac{\tilde{D}}{\varepsilon} = \frac{1}{2}\varepsilon\tilde{E}^2$$와 $\tilde{E} = \dfrac{V}{d}$을 적용하면

$$F = fS = \frac{1}{2}\varepsilon\tilde{E}^2 S = \frac{1}{2}\varepsilon_0\varepsilon_S\left(\frac{V}{d}\right)^2 S$$

$$= \frac{1}{2}\times 8.854\times 10^{-12}\times 3\times\left(\frac{30\times 10^3}{2\times 10^{-2}}\right)\times 200\times 10^{-4} = 0.59\,[\mathrm{N}]$$

가 된다. 따라서 정전 흡인력은 0.59[N]이다.

09 유전체내의 전속 밀도가 D[C/m^2]인 전계에 축적되는 정전에너지를 W[J/m^3]이라면 유전체의 비유전율은?

해설 유전체에 축적되는 단위 체적 당 정전 에너지는

$$W = \frac{1}{2}\tilde{E}\tilde{D} = \frac{1}{2}\frac{\tilde{D}^2}{\varepsilon} = \frac{1}{2}\frac{\tilde{D}^2}{\varepsilon_0\varepsilon_S}$$

이다. 여기서 비유전율 $\varepsilon_S = \dfrac{1}{2}\dfrac{\tilde{D}^2}{\varepsilon_0 W}$로 구해진다.

10 비유전율(ε_s)인 유전체내에 전하 Q[C]에서 발생하는 전기력선($\widetilde{E}$)와 전속선($\widetilde{D}$)는 공기 중 인것과 비교할 때 어느 정도가 되는가?

해설 전기력선의 비 $= \dfrac{\dfrac{Q}{\varepsilon_o \varepsilon_s}}{\dfrac{Q}{\varepsilon_o}} = \dfrac{1}{\varepsilon_s}$ 배가 되며, 전속은 매질에 무관하게 일정하므로

전속선비 $= \dfrac{Q}{Q} = 1$ 배가 된다

11 평등 전계 내에 수직으로 비유전율 $\varepsilon_S = 3$인 유전체 판을 삽입하는 경우 판 내의 전속 밀도 $\widetilde{D} = 6 \times 10^{-6}$[C/m^2]이었다면 유전체 내의 분극의 세기[C/m^2]는?

해설 $\widetilde{D} = \varepsilon_0 \widetilde{E} + \widetilde{P}$에서 $\widetilde{P} = \widetilde{D} - \varepsilon_0 \widetilde{E}$이다. 여기서 $\widetilde{E} = \dfrac{\widetilde{D}}{\varepsilon_0 \varepsilon_S}$이므로

$$\widetilde{P} = \widetilde{D}\left(1 - \frac{1}{\varepsilon_S}\right) = 6 \times 10^{-6} \times \left(1 - \frac{1}{3}\right) = 4 \times 10^{-6} [\text{c/m}^2]$$

이 된다.

12 매질 $\varepsilon_1 = 1$과 $\varepsilon_2 = 3$의 경계면에서 매질 ε_1에서 전계 $\widetilde{E}$가 30°의 입사각으로 입사할 때 매질 ε_2에서의 전계[V/m]는?

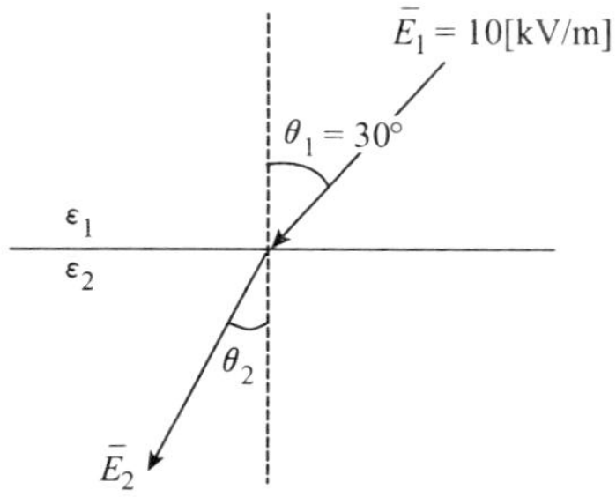

해설 굴절의 법칙에서 $\dfrac{\tan\theta_1}{\tan\theta_2} = \dfrac{\varepsilon_1}{\varepsilon_2} = \dfrac{1}{3}$, $\tan\theta_2 = 3\tan\theta_1$에서 $\theta_2 = \tan^{-1}(3\tan\theta_1)$이다.

$$\theta_1 = 30°,\ \tan 30° = \frac{1}{\sqrt{3}},\ \tan 60° = \sqrt{3} \text{ 이므로}$$

$$\theta_2 = \tan^{-1}(3\tan 30°) = \tan^{-1}\left(3 \times \frac{1}{\sqrt{3}}\right) = \tan^{-1}(\sqrt{3}) = 60°$$

여기서 경계면에서의 전계의 경계 조건인

$$\widetilde{E}_1 \sin\theta_1 = \widetilde{E}_2 \sin\theta_2,\ \ \sin 30° = \frac{1}{2},\ \ \sin 60° = \frac{\sqrt{3}}{2}$$ 을 적용하면

$$\widetilde{E}_2 = \frac{\sin\theta_1}{\sin\theta_2}\widetilde{E}_1 = \frac{\sin 30°}{\sin 60°}\widetilde{E}_1 = \frac{\frac{1}{2}}{\frac{\sqrt{3}}{2}} \times 10 \times 10^3 \times \frac{1}{10^{-2}} = \frac{10^6}{\sqrt{3}}\,[\mathrm{V/m}]$$

가 된다.

13 다음처럼 평행판 콘덴서 내에 비 유전율 ε_1, ε_2를 12와 18로 하는 두 종류의 유전체를 같은 두께로 두었을 때 A에는 어느 정도의 전압[V]을 인가해야 하는가?

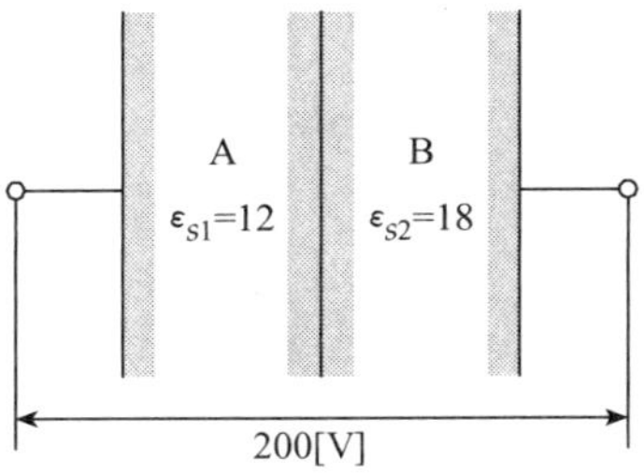

해설 평행판 콘덴서 내에 비유전율 12와 18인 두 종류의 유전체를 삽입한 경우는 콘덴서를 직렬로 접속한 것으로 취급한다. 여기에 콘덴서의 전압분배법칙을 적용하면

$$V_A = \frac{C_B}{C_A + C_B} \cdot V$$

이며 $C = \dfrac{\varepsilon S}{d}$ 관계에서 $C \propto \varepsilon_0 \varepsilon_S$이므로 A에 대한 전위는

$$V_A = \frac{\varepsilon_{s2}}{\varepsilon_{s1} + \varepsilon_{s2}} \times 200 = 120[\mathrm{V}]$$

으로 계산된다.

14 자유 공간에 반지름 a인 도체구가 있고 반지름 $r = a \sim b$ 사이$(b > a)$를 유전율 ε인 유전체로 덮은 경우 정전용량[F]은?

해설 두 도체 사이의 정전용량은 각 도체에 $\pm Q$[C]을 준 경우 전위차를 V_{AB}라 하면

$$V_{AB} = -\int_{\infty}^{b} E_1 \cdot dl - \int_{b}^{a} E_2 \cdot dl\,[\mathrm{V}]$$

에서 $E_1 = \dfrac{Q}{4\pi\varepsilon_0 r^2}$, $E_2 = \dfrac{Q}{4\pi\varepsilon r^2}$ 를 대입하여 정리하면

$$V_{AB} = \frac{Q}{4\pi\varepsilon_0 b} + \frac{Q}{4\pi\varepsilon}\left(\frac{1}{a} - \frac{1}{b}\right) [\text{V}]$$

이며, 여기서 유전율 ε인 유전체로 덮은 경우 정전용량의 크기는

$$C = \frac{Q}{V_{AB}} = \frac{1}{\frac{1}{4\pi}\left[\frac{1}{\varepsilon_0 b} + \frac{1}{\varepsilon}\left(\frac{1}{a} - \frac{1}{b}\right)\right]} = \frac{4\pi}{\frac{1}{\varepsilon_0 b} + \frac{1}{\varepsilon}\left(\frac{1}{a} - \frac{1}{b}\right)} [\text{F}]$$

가 된다.

15 **유전율이 서로 다른 두 종류의 경계면에 전속과 전기력선이 수직으로 도달할 때 나타나는 현상에 대해서 설명하여라.**

해설 유전체 경계조건의 특성

- $E_1\sin\theta_1 = E_2\sin\theta_2$에서 입사각 $\theta_1 = 0°$이므로 $0 = E_2\sin\theta_2$에서 $E_2 \neq 0$가 아닌 경우 $\sin\theta_2 = 0$가 되어야 하므로 $\theta_2 = 0$ 즉, 굴절하지 않는다.
- $\theta_1 = \theta_2 = 0°$이므로 $D_1\cos\theta_1 = D_2\cos\theta_2$에서 $\cos 0° = 1$이므로 $D_1 = D_2$, 즉, 전속 밀도는 불변(연속)이다.
- $D_1 = \varepsilon_1 E_1, D_2 = \varepsilon_2 E_2$이므로 $D_1 = D_2$인 경우 $\varepsilon_1 E_1 = \varepsilon_2 E_2$가 성립하는데 $\varepsilon_1 \neq \varepsilon_2$인 경우 $E_1 \neq E_2$이다.
  즉, 전계의 세기는 크기가 같지 않다(불연속이다).

16 **정전용량이 C_0[F]인 평행판 공기 콘덴서가 있다. 이 극판에 평행으로 판 간격 d[m]의 1/2 두께 되는 유전율은 ε[F/m] 유리판을 삽입하면 이때의 정전용량[F]은?**

해설 공기 부분의 정전용량을 C_1이라 하면

$$C_1 = \frac{\varepsilon_0 S}{d/2} = \frac{2\varepsilon_0 S}{d} [\text{F}]$$

이며, 유리판 부분의 정전용량을 C_2라고 하면

$$C_2 = \frac{\varepsilon S}{d/2} = \frac{2S\varepsilon}{d} [\text{F}]$$

가 된다. 여기서 극판 간 두께 $\frac{1}{2}$상당의 유리판을 넣는 경우 정전용량 C는

$$C = \frac{1}{\frac{1}{C_1} + \frac{1}{C_2}} = \frac{1}{\frac{d}{2S}\left(\frac{1}{\varepsilon_0} + \frac{1}{\varepsilon}\right)} = \frac{1}{\frac{d}{2\varepsilon_0 S}\left(1 + \frac{\varepsilon_0}{\varepsilon}\right)} = \frac{2C_0}{1 + \frac{\varepsilon_0}{\varepsilon}} = \frac{2C_0}{1 + \frac{1}{\varepsilon_s}} [\text{F}]$$

가 된다.

17 0.03[F]인 평행판 공기 콘덴서의 극판 간에 그 간격의 절반 두께에 비유전율 10인 유리판을 평행하게 삽입하는 경우 이 콘덴서의 정전용량 [F]은?

해설 공기 및 유전체를 삽입하는 경우에 대한 정전용량의 크기를 나타내면 다음과 같다.

- 공기 부분의 정전용량 $C_1 = \dfrac{\varepsilon_0 S}{\dfrac{1}{2}d} = 2C_0$
- 유리판 부분의 정전용량 $C_2 = \dfrac{\varepsilon_0 \varepsilon_s S}{\dfrac{1}{2}d} = 2\varepsilon_s C_0$

따라서 합성 정전용량의 크기는 공기 및 유리에 대한 정전용량의 합으로 구해지므로

$$C = \frac{C_1 \cdot C_2}{C_1 + C_2} = \frac{2C_0 \cdot 2\varepsilon_S C_0}{2C_0 + 2\varepsilon_S c + 0} = \frac{2\varepsilon_S C_0}{1 + \varepsilon_S}$$

가 된다.

18 전속 밀도 $D = 3.0 \times 10^{-7}[\mathrm{C/m^2}]$이고 비유전율 $\varepsilon_r = 2.8$인 유전체에 대한 분극의 세기 $P\,[\mathrm{C/m^2}]$는?

해설 분극의 세기의 관계식

$$P = D - \varepsilon_0 E = D(1 - \frac{1}{\varepsilon_r})$$

이며 이 관계식을 이용하여 계산하면

$$P = 3.0 \times 10^{-7}\left(1 - \frac{1}{2.8}\right) = 1.93 \times 10^{-7}[\mathrm{C/m^2}]$$

가 된다.

19 유전율이 9인 유전체 내의 전계의 세기가 100[V/m]인 경우 유전체 내에 저장되는 에너지 밀도 $[\mathrm{J/m^2}]$는?

해설 유전율 ε, 전계의 세기 E일 때 유전체의 단위 체적에 축적되는 에너지 관계식

$$w = \frac{1}{2}ED = \frac{1}{2}\varepsilon E^2 = \frac{1}{2}\frac{D^2}{\varepsilon}[\mathrm{J/m^3}]$$

을 이용하여 계산하면

$$w = \frac{1}{2}\varepsilon E^2 = \frac{1}{2} \times 9 \times (100)^2 = 4.5 \times 10^4[\mathrm{J/m^3}]$$

가 된다.

Chapter 05 전기 영상법(전계의 특수해법)

5.1 전기 영상법(Electric image method)의 개념

5.1.1 전기 영상법의 개요

전기 영상법은 전계의 계산을 보다 간단히 하기 위한 방법으로 균일한 유전체의 공간에서 전하 분포를 알 수 있다면 비교적 전위 분포는 간단히 구할 수 있지만, 전계내의 도체 혹은 다양한 형태의 유전체가 서로 접해 있을 경우에 전위 분포를 간단히 구하는 것이 곤란하다.

따라서 이러한 경우의 문제 해결 방법은 Possion 또는 Laplace의 방정식을 출발점으로 해야 하는데 전기 영상법은 이들 방정식을 이용하지 않고 도체의 표면에 등전위면이라는 사실을 이용해서 해를 얻을 수 있는 방법이라고 할 수 있다.

따라서 전기 영상법은 실제로 존재하지 않는 적당한 전하가 있는 것처럼 가상함으로서 결정하기 힘든 전계를 비교적 간단하게 구하는 방법이라고 할 수 있다.

즉, 영상전하에 의해서 전계를 결정하는 한 방법을 전기 영상법이라고 할 수 있다.

5.1.2 전기 영상법의 경계 조건

전기 영상법에서의 경계 조건을 고려하면 적당한 위치에 전하의 존재를 가상하더라도, 그 가상된 전하에 의해서 실제로 존재하는 전하에 의한 어떤 변화를 주어서는 안 되기 때문에 영상전하를 가상할 경우에는 하나의 도체 표면은 등전위면이어야 하며, 경계면에서의 전속의 수직성분 (법선)은 경계면 양측에서 변화하지 않아야 하며, 경계면에서 전계의 크기의 접선 성분은 경계면 양측에서 변하지 않는다.

즉, 경계면에서 전계의 평행한 선분(접선 성분)은 같아야 하는 등의 조건을 만족해야 한다.

Book Cafe

점 P(영상점)의 전하 Q[C]가 점 P'(image point)에 전부 모이면 영상 전하 $-Q$[C](image charge)가 된다. 다음은 평면 도체와 점전하에 의한 영상을 나타낸 그림이다.

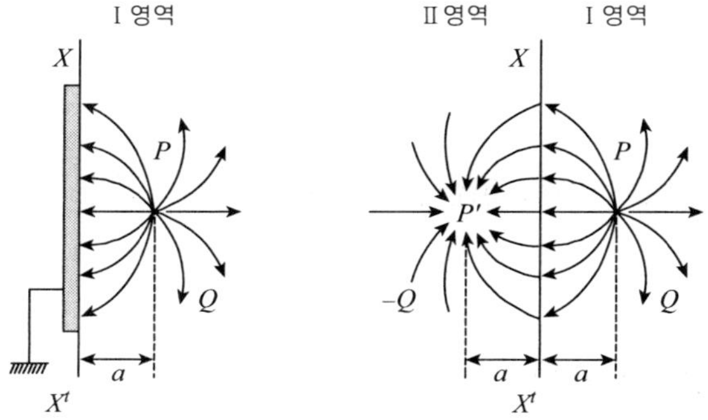

5.2 무한 평면과 전하

5.2.1 전계의 세기

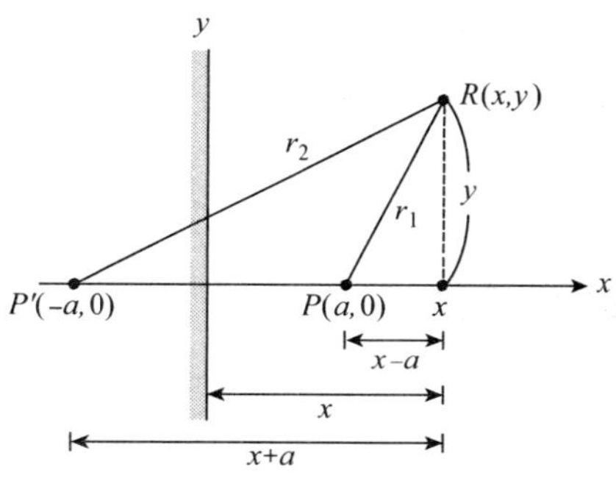

그림 5.1 점전하에 의한 전위

도체 평면에서 거리 a만큼 떨어진 점 P에 점전하가 존재하면 도체 평면 반대 측에 동일한 위치에 영상 전하가 존재하게 된다. 이와 같은 상황에서 점 $R(x,\ y)$에 대한 전위 V의 크기는

$$V = \frac{Q}{4\pi\varepsilon_0}\left(\frac{1}{r_1} - \frac{1}{r_2}\right) = \frac{Q}{4\pi\varepsilon_0}\left(\frac{1}{\sqrt{(x-a)^2+y^2}} - \frac{1}{\sqrt{(x+a)^2+y^2}}\right)[\mathrm{V}]$$

이며, 점 $R(x, y)$의 전계 세기 $\widetilde{E}$을 구하기 위해 $\widetilde{E} = -\widetilde{\nabla}\, V$을 적용하면

$$\widetilde{E} = -\frac{\partial V}{\partial x} = -\frac{Q}{4\pi\varepsilon_0}\frac{\partial}{\partial x}\left\{\frac{1}{\sqrt{(x-a)^2+y^2}} - \frac{1}{\sqrt{(x+a)^2+y^2}}\right\}$$

$$= \frac{Q}{4\pi\varepsilon_0}\left\{\frac{x-a}{\sqrt{((x-a)^2+y^2)^{3/2}}} - \frac{x+a}{\sqrt{((x+a)^2+y^2)^{3/2}}}\right\}[\mathrm{V/m}]$$

가 된다. 도체 표면에 대한 전계 즉, $x = 0$에서의 전계 $\widetilde{E}$는

$$\widetilde{E}_{x=0} = \left(-\frac{\partial V}{\partial x}\right)_{x=0} = \frac{Q}{4\pi\,\varepsilon_0}\left\{\frac{-a}{(a^2+y^2)^{3/2}} - \frac{a}{(a^2+y^2)^{3/2}}\right\}$$

$$= -\frac{2a\,Q}{4\pi\varepsilon_0\,(a^2+y^2)^{3/2}} = -\frac{a\,Q}{2\pi\varepsilon_0\,(a^2+y^2)^{3/2}}[\mathrm{V/m}]$$

이다. 이 결과식에서 $(-)$ 부호의 의미는 전계의 방향이 x축 방향의 반대임을 나타낸다.

5.2.2 표면 전하 밀도(전속 밀도)

점 P에서 발생하는 전속은 거의 평면 도체 표면으로 들어가고 전속 밀도 $\widetilde{D}$와 같기 때문에 즉, $\rho_S = \widetilde{D}$, $\rho_S = \varepsilon_o\,\widetilde{E}$에서 도체 표면상에 유기되는 전하 밀도 ρ_S는 $\widetilde{E} = \dfrac{\rho_S}{\varepsilon_0}$ 관계에서

$$\rho_S = \varepsilon_0\,\widetilde{E}_{x=0} = -\frac{a\,Q}{2\pi\,(a^2+y^2)^{3/2}}[\mathrm{C/m^2}]$$

이다. 여기서 $y = 0$라고 하면 면적 전하 밀도 ρ_S는 최대가 되어

$$|\rho_S|_{\max} = -\frac{Q}{2\pi a^2}[\mathrm{C/m^2}]$$

처럼 표현된다.

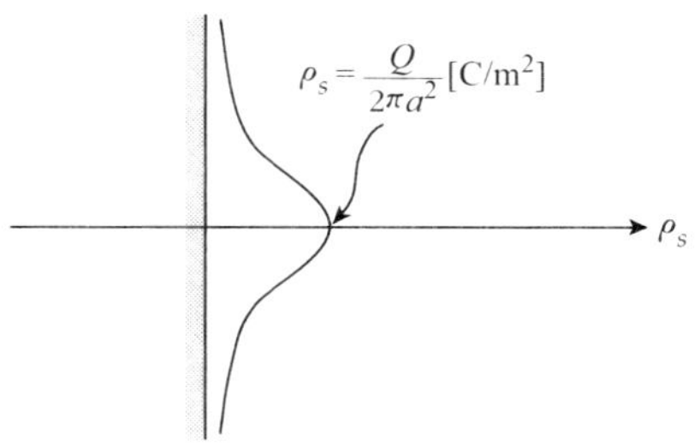

그림 5.2 도체 표면에 유기되는 전하 밀도

5.2.3 전하 간 작용하는 힘

도체 면에 유도된 전하 $-Q$와 점전하 Q 사이 작용하는 힘 $\widetilde{F}$는 영상전하 $-Q$와 점전하 Q간에 작용하는 힘과 같으므로

$$\widetilde{F} = \frac{Q(-Q)}{4\pi\varepsilon_0 (2a)^2} = \frac{-Q^2}{16\pi\varepsilon_0 a^2} [\mathrm{N}]$$

가 된다. 여기서 힘 $\widetilde{F}$을 영상력(image force)이라고 하며, 전하 Q의 부호에 관계없이 항상 흡인력이 된다.

Book Cafe

전기 영상법을 이용하는 경우 정전력과 중력이 같게 되기 위해서는 다음 조건을 만족해야 한다.

$$\widetilde{F} = ma = \frac{Q^2}{16\pi\,\varepsilon_0\, a^2} [\mathrm{N}]$$

예제 5.1

점전하 Q[C]에 의한 무한 평면 도체상의 영상 전하가 $-Q$[C]로 같을 때 무한 평면 도체 상의 전위 V는?

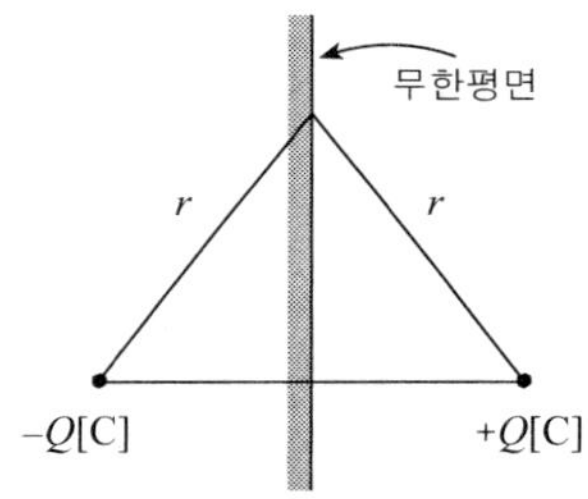

[풀이] 무한 평면 도체는 전위가 0이므로 그 조건에 적합한 영상 전하는 $-Q$[C]이 된다. 따라서 무한 평면 도체에 의한 영상 전하는 점전하의 크기가 같고, 부호는 반대이다. 따라서 무한 평면 도체상의 전위 V는

$$V = \frac{Q}{4\pi\varepsilon_0}\left(\frac{1}{r} - \frac{1}{r}\right) = 0$$

가 된다. 따라서 무한 평면 도체는 전위가 0이므로 그 조건을 만족하는 영상 전하는 $-Q$[C]이고 거리는 $+Q$[C]와는 반대의 방향에 존재한다.

예제 5.2

접지된 무한히 넓은 평면 도체로 부터 거리 r[m]에 위치한 곳에 Q[C]의 점전하가 존재할 때 거리 $2r$[m]인 곳의 전위는?

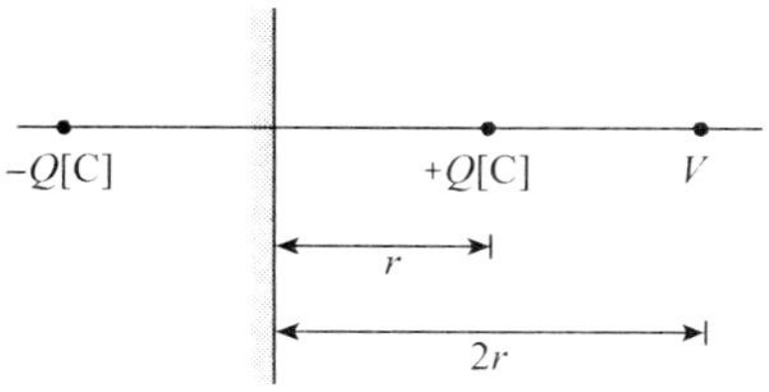

[풀이] 영상 전하 $-Q$[C]으로 존재하기 때문에 V점에서의 전위는

$$V = \frac{Q}{4\pi\varepsilon_o r} + \frac{-Q}{4\pi\varepsilon_o(3r)} = \frac{Q}{6\pi\varepsilon_o r} \text{ [V]}$$

이다.

5.3 전기 영상법을 이용한 계산 예

5.3.1 평면 도체와 점전하

(1) 평면상의 전계

접지된 무한 평면도체에서 거리 a 만큼에 위치한 점전하 $+Q$에 의한 전계 $\widetilde{E}_1$과 영상전하 $-Q$에 의한 전계를 $\widetilde{E}_2$라고 하면 점 T에서의 전계 $\widetilde{E}$는 합성법에 의해

$$\widetilde{E} = \widetilde{E}_1 + \widetilde{E}_2$$

으로 구해지며, 도체 위의 한 점 T 가 $-Q$[C]와 Q[C]인 일직선상에서 원점에서 거리 x라고 할 때 $r^2 = a^2 + x^2$, $\cos\theta = \frac{a}{r}$인 관계를 적용하면

$$|\widetilde{E}_1| = |\widetilde{E}_2| = \frac{Q}{4\pi\varepsilon_0 r^2} = \frac{Q}{4\pi\varepsilon_0(a^2 + x^2)}$$

이므로 합성 전계 $\widetilde{E}$는 $\widetilde{E} = \widetilde{E}_1 + \widetilde{E}_2$에서

$$|\widetilde{E}| = |\widetilde{E}_1|\cos\theta + |\widetilde{E}_2|\cos\theta = \frac{Q}{2\pi\varepsilon_0 r^2}\cos\theta = \frac{Q}{2\pi\varepsilon_0}\cdot\frac{a}{(a^2+x^2)^{3/2}}$$

가 된다. 그림 5.3에서 전계 $\widetilde{E}$는 도체 면에 수직이다.

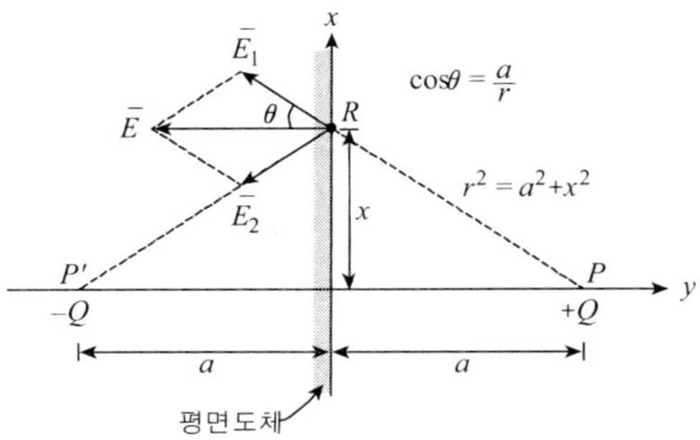

그림 5.3

(2) 평면상의 표면 전하 밀도(전속 밀도)

도체면 위의 전하분포 ρ_S을 고려하면

$$\widetilde{D} = \rho_S = -\varepsilon_0\widetilde{E} = -\frac{Q}{2\pi}\frac{a}{(a^2+x^2)^{3/2}}$$

이며, 여기서 부호 (−)는 영상 전하를 고려한 것이다.

평면상의 표면 전하밀도 ρ_S에 의한 전하 분포를 그림으로 나타낸 것에서 도체 표면의 전하 (ρ_S)는 점 P에서 가장 가까운 0점에서 최대임을 알 수 있다. 전하분포가 최대가 되는 0의 표면전하 밀도는

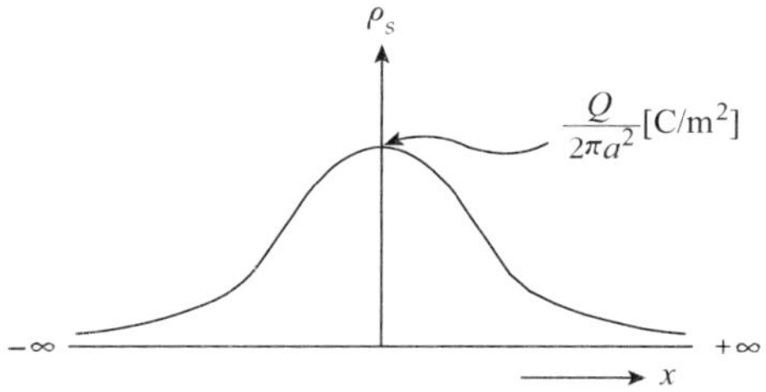

그림 5.4 영상 전하 밀도의 분포

$$|\rho_S|_{max} = \rho_S|_{x=0} = \frac{Q}{2\pi a^2}\,[\mathrm{C/m^2}]$$

일 때 최대가 된다.

Book Cafe

직교 평면도체와 점전하의 관계

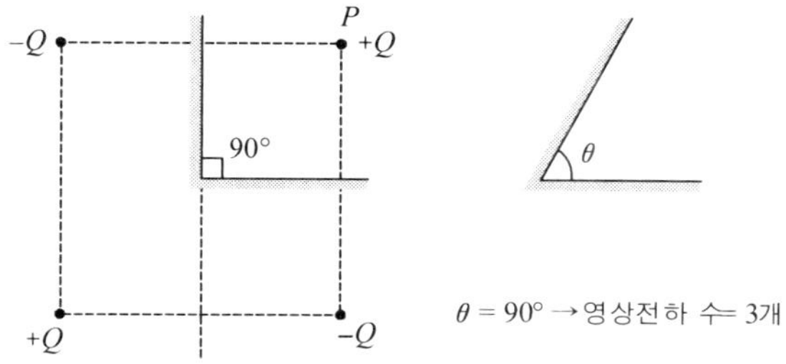

영상 전하의 수는 도체가 이루는 각 θ에 따라서 결절된다.

$$\text{영상 전하의 수} = \frac{360°}{\theta} - 1$$

5.3.2 평면도체에 의해 생긴 영상 점에서의 정전용량

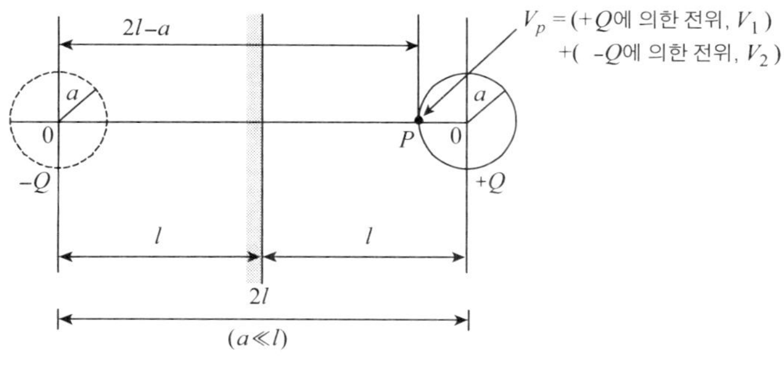

그림 5.5

점 P의 전위 V_P는 $+Q$에 의해 발생하는 전위 V_1, $-Q$에 의한 전위 V_2의 합(중첩)으로 나타난다. 즉 각각의 전위 V_1과 V_2을 고려하면

$$V_1 = \frac{Q}{4\pi\varepsilon_0 a}$$

$$V_2 = \frac{-Q}{4\pi\varepsilon_0 (2l - a)}$$

이며, 여기서 $V_P = V_1 + V_2$이므로

$$V_P = V_1 + V_2 = \frac{Q}{4\pi\varepsilon_0}\left(\frac{1}{a} - \frac{1}{2l - a}\right)$$

가 된다. 도체구와 평면도체간의 정전용량 C는

$$C = \frac{Q}{V_P} = \frac{4\pi\varepsilon_0}{\dfrac{1}{a} - \dfrac{1}{2l - a}}$$

이다. 여기서 $a \ll l$ 을 고려하면 $2l - a \fallingdotseq 2l$이므로

$$C = \frac{4\pi\ \varepsilon_0}{\dfrac{1}{a} - \dfrac{1}{2l}}[\mathrm{F}]$$

처럼 나타난다.

5.3.3 접지 도체구와 점전하

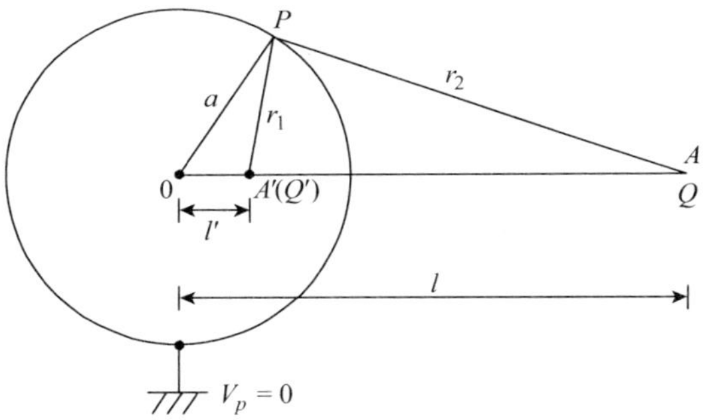

그림 5.6 접지된 도체구와 점전하

접지 도체구와 점전하에는 항상 점전하와 반대 극성인 전하가 유도 되므로 항상 흡인력이 작용하게 된다.

여기서 접지 도체 구 (평면 도체를 감은 것으로 생각한다.)와 영상 전하 중심에서 거리 l 만큼 떨어진 곳에 전하 Q가 있을 때 접지된 도체 구내의 영상 전하의 크기를 구하는

방법으로 먼저 경계 조건으로 구의 표면은 0전위이며, 구의 외측 전하 Q 이외의 전하는 존재하지 않는다고 본다. 여기서 영상 전하 위치(도체 구내의 점 A'에 유도된 전하)로 $\triangle 0PA$와 닮은꼴이 되도록 $\triangle 0A'P$에서 A'점을 잡았다면

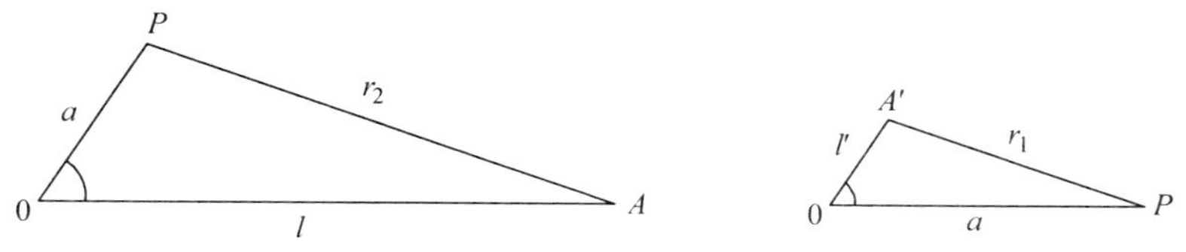

(a) (b)

그림 5.7

구면상의 점 P의 전위 V_P는 0이다. 즉 접지 시에는 $V_P = 0$이므로

$$V_P = \frac{1}{4\pi\varepsilon_0}\left(\frac{Q'}{r_1} + \frac{Q}{r_2}\right) = 0$$

이다. 여기서 ( ) 내용은 양쪽에서 주는 경우로 해석 한 것이다. 그래서 ( )안을 0이라고 하면

$$\frac{Q'}{r_1} + \frac{Q}{r_2} = 0$$

이며, 이를 변형하면

$$\frac{r_1}{r_2} = -\frac{Q'}{Q}$$

처럼 표현할 수 있다. 여기서 영상 전하 위치(도체구의 점 A'에 유도된 전하)로 $\triangle 0PA$와 닮은 꼴이 되도록 $\triangle 0A'P$에서 A'을 잡았다면 삼각형 $\triangle AP0$와 삼각형 $\triangle PA'0$이 닮은꼴이 되도록 A'를 잡으면 각 $\angle P0A$는 공통이므로

$$l : a = a : \overrightarrow{OA'},\ \frac{r_1}{r_2} = \frac{a}{l} = \frac{\overrightarrow{OA'}}{a}$$

인 관계가 된다.

(1) 영상전하의 위치

영상전하 위치는 도체 구내의

$$l' = \overrightarrow{OA'} = \frac{a^2}{l}$$

이며, 여기서 $V_P = 0$이므로 A' 위치에 $-Q'$의 전하가 존재하면 구면상의 전위는 0이 된다.

(2) 영상전하의 크기

$\dfrac{r_1}{r_2} = -\dfrac{Q'}{Q} = \dfrac{a}{l}$ 관계식에서 영상 전하 Q'의 크기는

$$Q' = -\frac{r_1}{r_2}Q = -\frac{a}{l}Q$$

처럼 나타난다. 여기서 $Q'\left(= -\dfrac{a}{l}Q\right)$의 의미는 접지 도체 구에서 거리 $l\,[m]$전하 Q가 있을 때 구 도체에 유기되는 전하량을 의미한다. 이때 $V_P = 0$이 되어 A' 점에 $Q'\left(= -\dfrac{a}{l}Q\right)$의 전하를 놓으면 구면상의 전위는 0이 된다.

이 전하 Q'는 구면에 대한 전하 Q의 영상전하이며 이 영상전하는 도체 구에 나타나는 유도전하와 같다. 그리고 $\overrightarrow{AA'}$(전하 Q와 영상 전하 $-Q$사이의 거리)는

$$\overrightarrow{AA'} = l - \overrightarrow{OA'} = l - \frac{a^2}{l} = \frac{l^2 - a^2}{l}$$

로 구해진다.

(3) 작용하는 힘(정전력)

거리 $\dfrac{l^2 - a^2}{l}$에 존재하는 도체 내의 전하 $Q'\left(= -\dfrac{a}{l}Q\right)$와 점전하 Q에 작용하는 힘 $\tilde{F}$은 $\tilde{F} = \dfrac{Q_1 Q_2}{4\pi\varepsilon_0 r^2}$에 $r = \dfrac{l^2 - a^2}{l}$, $Q_1 = Q' = -\dfrac{a}{l}Q$, $Q_2 = Q$을 각각 적용하면

$$\widetilde{F} = \frac{Q\left(-\frac{a}{l}Q\right)}{4\pi\varepsilon_0\left(\frac{l^2-a^2}{l}\right)^2} = \frac{-a\,l\,Q^2}{4\pi\varepsilon_0(l^2-a^2)^2}\,[\mathrm{N}]$$

가 된다.

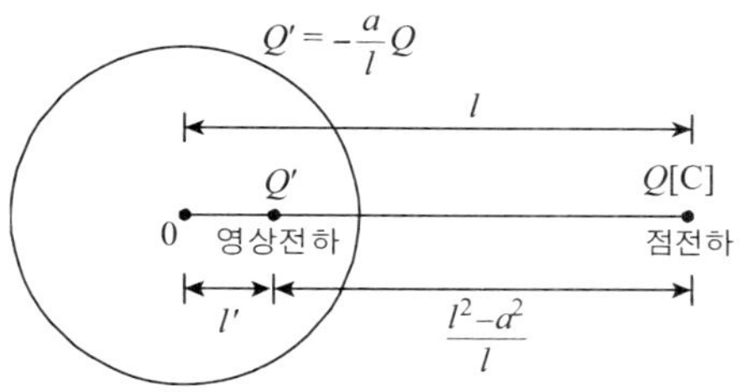

그림 5.8

Book Cafe

$$\overrightarrow{OA'} = l' = \frac{a^2}{l},\ Q' = \frac{a}{l}Q$$

즉, 영상점이 어느 위치에 있든 영상전하는 같다는 것을 의미한다.

한편 점전하 Q와 도체 구 외부의 한 점 P'에 대한 전위를 V'라고 하면

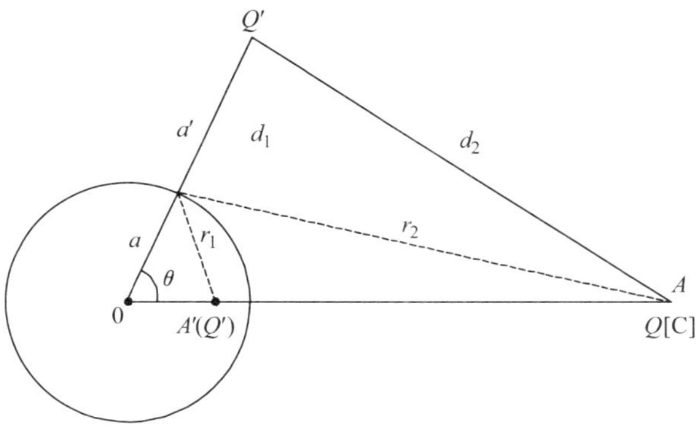

그림 5.9

점전하 A와 점 P'의 전위를 V_{P1}', 영상전하 A'와 점 P'의 전위를 V_{P2}'라고 하면 점 P'의 전위는

$$V_P' = V_{P1}' + V_{P2}'$$

이므로 $V_P' = \dfrac{Q}{4\pi\varepsilon_0 d_2} + \dfrac{Q'}{4\pi\varepsilon_0 d_1}$ 에서 $Q' = -\dfrac{a}{l}Q$을 대입하면

$$V_P' = \frac{Q}{4\pi\varepsilon_0 d_2} + \frac{1}{4\pi\varepsilon_0 d_1}\left(-\frac{a}{l}Q\right) = \frac{Q}{4\pi\varepsilon_0}\left[\frac{1}{d_2} + \frac{1}{d_1}\left(-\frac{a}{l}Q\right)\right] [\mathrm{V}]$$

이다. 여기서 도체구의 중심에 대한 것을 좌표 r, θ로 나타내면

$$V_P' = \frac{Q}{4\pi\,\varepsilon_0}\frac{1}{\sqrt{d^2 + l^2 - 2d\,l\cos\theta}} - \frac{a}{\sqrt{d^2\,l^2 + a^4 - 2d\,l\,a^2\cos\theta}}$$

이다. 도체구면 상의 전하 밀도 ρ_S는

$$\rho_S = -\varepsilon_0\left(\frac{\partial V}{\partial r}\right)_{d=a} = \frac{Q(l^2 - a^2)}{4\pi a(l^2 + a^2 - 2la\cos\theta)^{3/2}} [\mathrm{C/m}]$$

가 된다.

예제 5.3

다음과 같이 무한 도체 판으로 부터 a[m] 떨어진 점에 $+Q$[C]의 점전하가 있을 때 $\frac{1}{2}a$[m]인 P점의 전계의 세기[V/m]를 결정하여라.

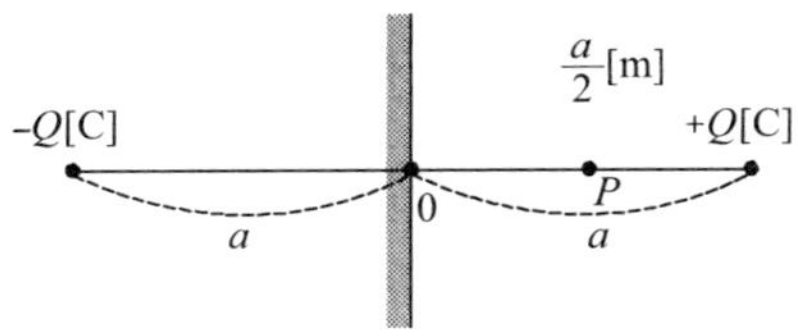

[풀이] 영상전하 $-Q$[C]을 고려하고 P점의 전계를 구하면

$$E_P = \frac{Q}{4\pi\varepsilon_0\left(\frac{a}{2}\right)^2} + \frac{Q}{4\pi\varepsilon_0\left(a + \frac{1}{2}a\right)^2}$$

$$= \frac{Q}{\pi\varepsilon_0 a^2} + \frac{Q}{9\pi\varepsilon_0 a^2} = \frac{10Q}{9\pi\varepsilon_0 a^2} [\mathrm{V/m}]$$

가 된다.

5.3.4 비 접지 도체구와 점전하

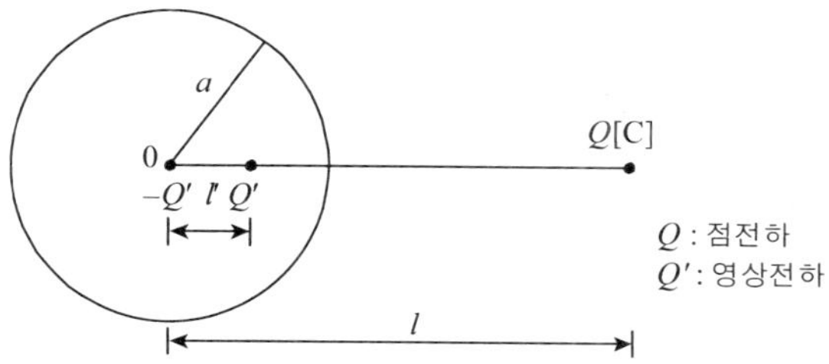

그림 5.10 비 접지된 도체구와 점전하

접지도체구의 경우처럼 점 P'에 $Q' = -\frac{a}{l}Q$인 영상 전하가 발생하면 이 발생된 전하에 의해서 구 도체 표면에 모두 등 전위가 되어야 한다.

이와 같은 조건을 만족하기 위해서는 구의 중심에 $+\frac{a}{l}Q$라는 전하를 고려해야 한다.

여기서 구의 전위 V을 고려하면

$$V = \frac{Q}{4\pi\varepsilon_0(l-a)} + \frac{Q'}{4\pi\varepsilon_0(a-l')} + \frac{Q'}{4\pi\varepsilon_0 a}$$

이다. 다음은 등전위면을 보이기 위한 설명 내용으로 점전하 Q와 도체 구내의 영상 전하 Q'에 의한 구 도체의 전위는 0이 되므로 위 식에서 (첫 번째 항 + 두 번째 항 = 0)이어야 한다.

즉,

$$V = \frac{Q}{4\pi\varepsilon_0(l-a)} + \frac{Q'}{4\pi\varepsilon_0(a-l')} = 0$$

따라서

$$V = \frac{Q}{4\pi\varepsilon_0 l}\ [\mathrm{V}]$$

로 일정한 값으로 구면은 등전위면이 됨을 알 수 있다. 따라서 도체구가 비 접지되어 있는(절연되어 있는 경우) 점전하 Q와 점 P'에 영상 전하 $-Q$ 그리고 구의 중심에 $+Q$의 점전하가 존재하는 것으로 보아야 한다. 이때 전계는 $Q,\ -\frac{a}{l}Q,\ +\frac{a}{l}Q$ 의 세 가지

점전하에 의한 것으로 취급되어야 한다. 따라서 비 접지 도체구와 점전하 사이에 작용하는 힘 $\tilde{F}$ 즉, 전하 Q가 받는 힘은 점 P'와 전하 $Q' = -\frac{a}{l}Q$에 의한 힘 $\tilde{F}_1$과 구의 원점 $-Q' = \frac{a}{l}Q$에 의한 힘 $\tilde{F}_2$의 합으로 여기서

$$\tilde{F}_1 = \frac{Q\left(-\frac{a}{l}Q\right)}{4\pi\varepsilon_0\left(\frac{l^2-a^2}{l}\right)^2}$$

$$\tilde{F}_2 = \frac{Q\left(\frac{a}{l}Q\right)}{4\pi\varepsilon_0 l^2}$$

을 적용하면

$$\tilde{F} = \tilde{F}_1 + \tilde{F}_2 = \frac{a^3Q^2(2l^2-a^2)}{4\pi\varepsilon_0 l^3(l^2-a^2)^2}$$

가 된다. 여기서 접지와 비접지에 대한 힘 $\tilde{F}$을 비교하면 비접지의 경우가 작다.

예제 5.4

반지름 a[m]인 비 접지 구체 구 중심에서 거리 $4a$[m] 위치한 곳에 $-2Q$[C]가 존재할 때 중심에서 $3a$[m]에 있는 점의 전위는?

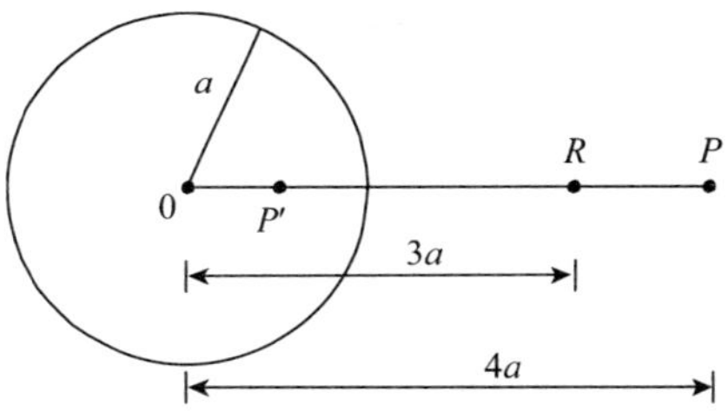

[풀이] 비 접지 구체 구 중심에서 영상전하로 각각 점 P'에 $+\frac{1}{2}Q$, 중심에 $-\frac{1}{2}Q$가 존재한다.

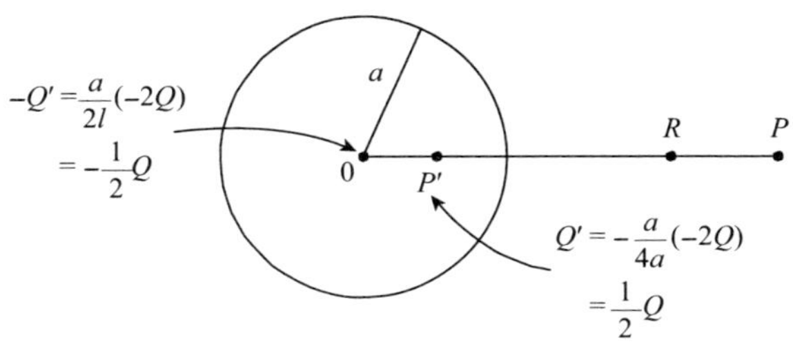

위의 그림을 대략적으로 나타내면

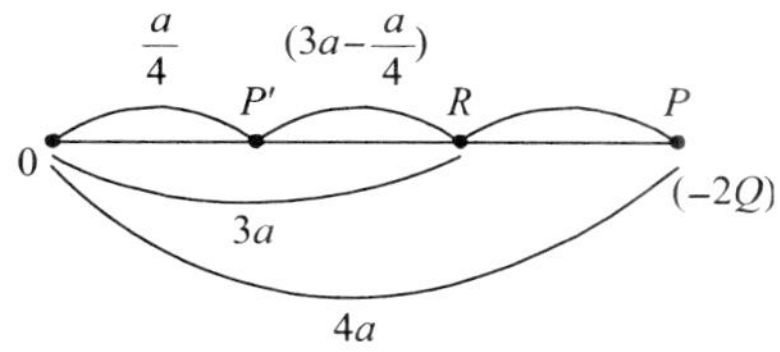

가 된다. 따라서 점 R에서의 전위는

$$V = \frac{-\frac{1}{2}Q}{4\pi\varepsilon(3a)} + \frac{\frac{1}{2}Q}{4\pi\varepsilon\left(3a - \frac{a}{4}\right)} + \frac{-2Q}{4\pi\varepsilon a}$$

가 됨을 알 수 있다.

5.3.5 무한 평면과 선 전하

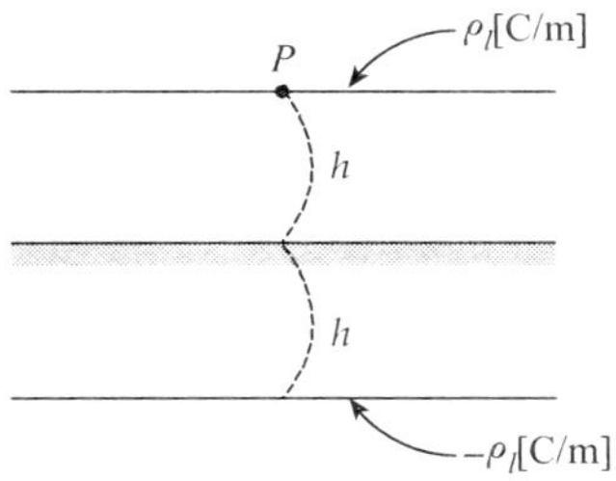

그림 5.11

(1) P점에서의 전계의 세기

$$\widetilde{E} = \frac{-\rho_l}{2\pi\varepsilon_o(2h)} = \frac{-\rho_l}{4\pi\varepsilon_o h}\,[\mathrm{V/m}]$$

(2) 단위 길이 당 힘

$$\widetilde{F} = \rho_l\,\widetilde{E}\,[\mathrm{N/m}] = \frac{-\rho_l^2}{4\pi\varepsilon_o h}\,[\mathrm{N/m}]$$

$$Q = \widetilde{D} \cdot S = \rho_l \cdot l \, [\mathrm{C/m}]$$

$$\text{단위길이 } Q = \rho_l$$

즉, 대지면에 높이 $h\,[\mathrm{m}]$로 평행 가설된 매우 긴 선전하가 지면으로부터 받는 힘을 말한다. 따라서 힘은 높이 h에 반비례함을 알 수 있다.

5.3.6 원형 단면인 도선이 대지와 평행으로 놓여 있는 경우

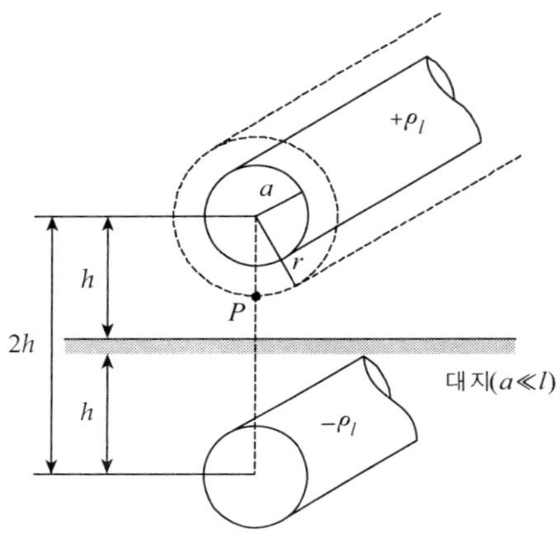

그림 5.12 도선이 대지와 평행인 경우

대지 위의 $h\,[\mathrm{m}]$ 높이에 놓여 있는 도선에 $\rho_l\,[\mathrm{C/m}]$의 전하를 주면 도선으로부터 $2h\,[\mathrm{m}]$에 위치한 장소에 $-\rho_\ell\,[\mathrm{C/m}]$의 영상이 존재한다고 할 때 점 P의 전계 $\widetilde{E}_P$는 ρ_l과 $-\rho_l$에 의한 합성 전계로 나타난다.

$$\widetilde{E}_P = \frac{\rho_l}{2\pi\varepsilon_0 r} + \frac{\rho_l}{2\pi\varepsilon_0 (2h-r)} = \frac{\rho_l}{2\pi\varepsilon_0}\left(\frac{1}{r} + \frac{1}{2h-r}\right) [\mathrm{V/m}]$$

A도체의 전위는 대지의 전위가 0이므로 두 도선의 전위차를 구하면

$$V_A = -\int_h^a \widetilde{E}_P \cdot dr = \int_a^h \frac{\rho_l}{2\pi\varepsilon_0}\left(\frac{1}{r} + \frac{1}{2h-r}\right) dr$$

$$= \frac{\rho_l}{2\pi\varepsilon_0}[\ln r - \ln(2h-r)]_a^h = \frac{\rho_l}{2\pi\varepsilon_o}\ln\left(\frac{2h-a}{a}\right)[\text{V}]$$

가 된다. 여기서 $h \gg a$인 관계를 이용하면

$$V_A \fallingdotseq \frac{\rho_l}{2\pi\varepsilon_0}\ln\frac{2h}{a}[\text{V}]$$

가 된다. 한편 도선과 대지 사이의 단위 길이 당 대지에 대한 정전용량 C크기는

$$C = \frac{Q}{V_A} = \frac{2\pi\varepsilon_0}{\ln\frac{2h}{a}}[\text{F/m}]$$

처럼 표현된다.

▶▶▶ 연습문제

01 전기 영상법의 특징에 대해 설명하여라.

해설 도체 표면에 대한 점전하와 영상전하는 항상 전하량이 같고 부호가 반대이며, 도체 평면과 점전하가 대립하는 경우 점전하 Q와 영상전하 $-Q$가 대립된 것으로 보고 문제를 해석할 수 있다.

02 임의의 각을 이루고 있는 두 평면 도체와 점전하 사이에서 필요한 영상전하의 개수는?

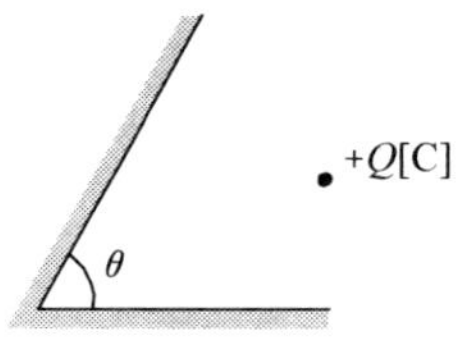

해설 영상전하의 수 $=\left(\dfrac{360°}{\theta}-1\right)$개다. 여기서 각 $\theta=30°$인 경우 영상 전하의 수는 11개이며, $\theta=120°$인 경우에는 2개를 필요로 한다.

03 다음과 같이 무한 평면 도체에서 거리 r[m] 위치에 점전하 Q[C]가 존재할 때 $\dfrac{r}{2}$[m]에 대한 전계의 세기와 전위는?

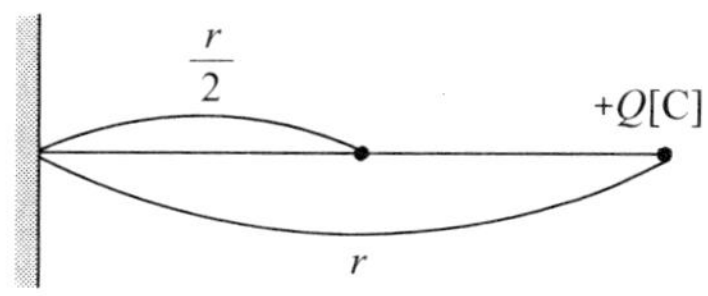

해설 점전하 $+Q$[C]에 대한 영상 전하 $-Q$[C]을 고려하면

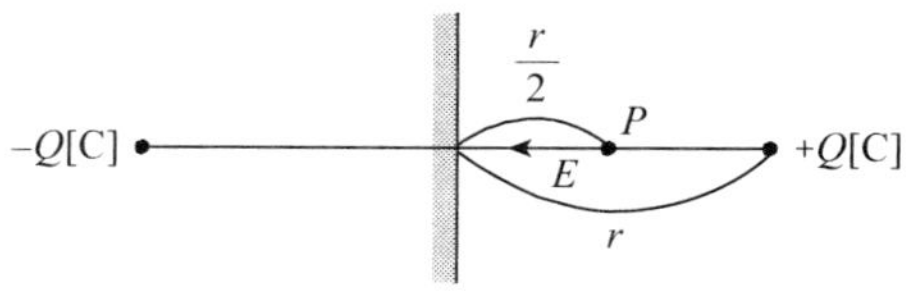

이다. 따라서 점 P에서 전계의 세기를 나타내면

$$\tilde{E}_P=\frac{Q}{4\pi\varepsilon_0\left(\frac{r}{2}\right)^2}+\frac{-Q}{4\pi\varepsilon_0\left(\frac{r}{2}+r\right)^2}=\frac{10Q}{9\pi\varepsilon_0 r^2}\text{[V/m]}$$

이며, 전위 V_P는

$$V_P = \frac{Q}{4\pi\varepsilon_0\left(\frac{r}{2}\right)} + \frac{-Q}{4\pi\varepsilon_0\left(\frac{r}{2}+r\right)} = \frac{Q}{3\pi\varepsilon_0 r}[\text{V}]$$

가 된다.

04 전하 Q[C]의 질량이 10^{-2}[kg]인 물체가 도체 평면 아래 6×10^{-2}[m]에 존재할 때 정전력과 같게 되는데 필요한 전하량을 계산하여라.

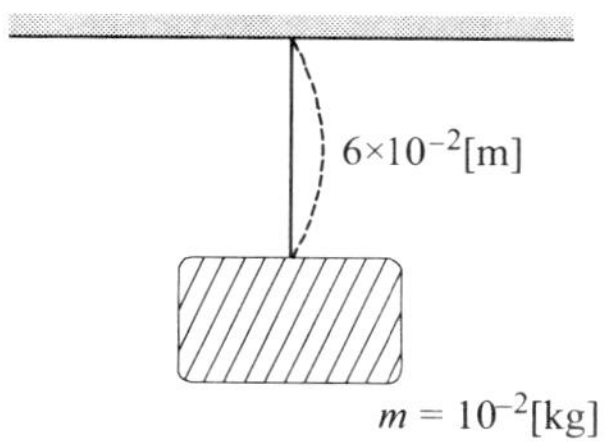

해설 영상 전하를 고려하는 경우 거리는 $2r$이므로 작용하는 힘 $\tilde{F}$는

$$\tilde{F} = \frac{Q^2}{4\pi\varepsilon_0(2r)^2} = mg,\ \ Q^2 = 4\pi\varepsilon_0(2r)^2 mg = 16\pi\varepsilon_0 r^2 mg$$

에서 $m = 10^{-2}, r = 6\times10^{-2}$을 이용하면

$$Q^2 = 16\pi\varepsilon_0\frac{1}{36\pi\times10^{-9}}\times(6\times10^{-2})^2\times10^{-2}\times9.8 = 156\times10^3$$

따라서

$$Q = \sqrt{156\times10^3} = 3.96\times10^2[\text{C}]$$

이 된다.

05 평면 도체 표면에서 거리 r[m]에 점전하 Q[C]가 존재할 때 이 전하를 무한대까지 운반하는데 필요한 일[J]은?

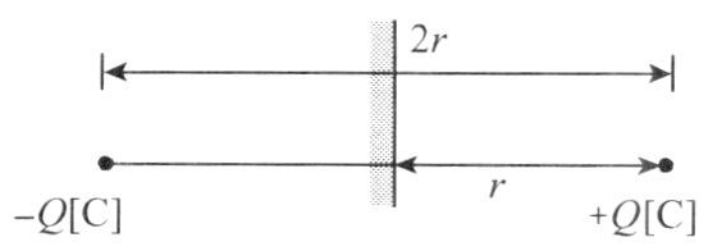

해설 도체 면에서 임의의 한 점 x가 존재할 때 전하 Q[C]을 움직이는데 필요한 힘 $\tilde{F}$는

$\tilde{F} = \dfrac{Q}{4\pi\varepsilon_0(2x)^2}$ 이다.

따라서 r에서 ∞까지 운반하는데 필요한 일 W는

$$W = \int_r^{\infty} \widetilde{F} dx = \int_r^{\infty} \frac{Q}{16\pi\varepsilon_0 x^2} dx = \frac{Q}{16\pi\varepsilon_0}\left[-\frac{1}{x}\right]_r^{\infty} = \frac{Q^2}{16\pi\varepsilon_0 r} [\text{J}]$$

가 된다.

06 무한 평면 도체로부터 r[m] 위치에 점전하 Q[C]가 존재할 때 점전하 Q와 무한 평면 도체 간에 작용하는 힘은?

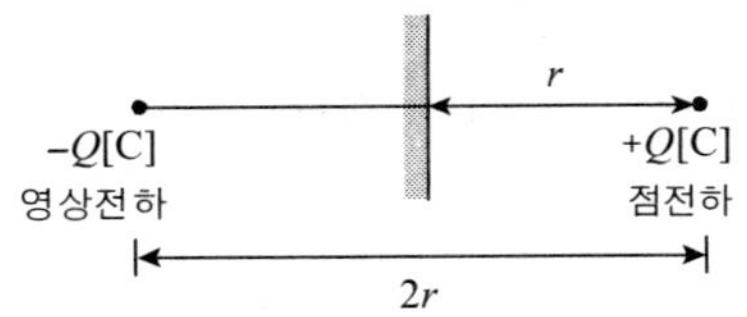

해설 평면 도체 간에 존재하는 힘은

$$\widetilde{F} = \frac{Q^2}{4\pi\varepsilon_0(2r)^2} = \frac{Q^2}{16\pi\varepsilon_0 r^2} [\text{N}]$$

인 흡인력이 존재한다.

07 무한장 평면 도체와 r만큼 떨어진 무한장 직선도체에 ρ_l[c/m]라는 선 전하 밀도를 갖는 경우 선전하가 받는 힘 [N/m]은?

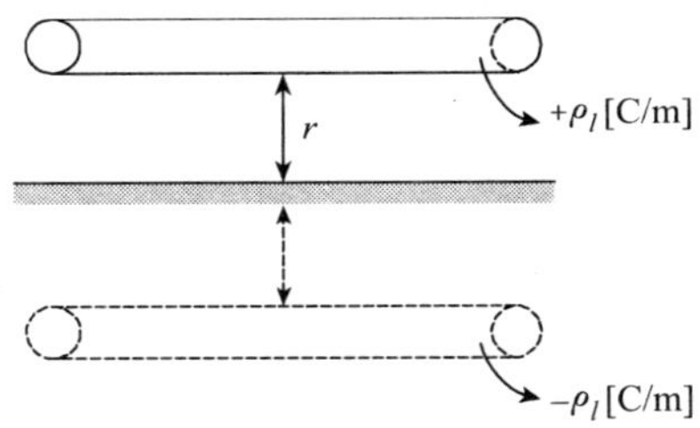

해설 영상 전하를 고려한 선전하간에 작용하는 힘 f는

$$f = -\rho_l \widetilde{E} = -\rho_l \frac{\rho_l}{2\pi\varepsilon(2r)} = -\frac{\rho_l^2}{4\pi\varepsilon r} [\text{N/m}]$$

가 된다

08 다음과 같이 무한 도체판으로 부터 a[m] 떨어진 점에 $+Q$[C]의 점전하가 있을 때 $\frac{1}{2}a$[m]인 P점의 전계의 세기[V/m]는?

해설 도체 판으로 부터 a[m] 떨어진 점에 영상전하 $-Q$[C]을 고려하고 P점의 전계를 구하기 위해서 P점 까지이 거리는 $\frac{a}{2}$이므로 이를 이용하여 전계의 세기를 구하면

$$E_P = \frac{Q}{4\pi\varepsilon_0\left(\frac{a}{2}\right)^2} + \frac{-Q}{4\pi\varepsilon_0\left(a+\frac{1}{2}a\right)^2}$$

$$= \frac{Q}{\pi\varepsilon_0 a^2} + \frac{Q}{9\pi\varepsilon_0 a^2} = \frac{10Q}{9\pi\varepsilon_0 a^2}\ [\mathrm{V/m}]$$

가 된다.

09 지면에서 높이 $h[\mathrm{m}]$에 나란하게 가설된 반지름 $a[\mathrm{m}]$인 직선 도체가 존재할 때 대지 정전용량$[\mathrm{F/m}]$은?

해설

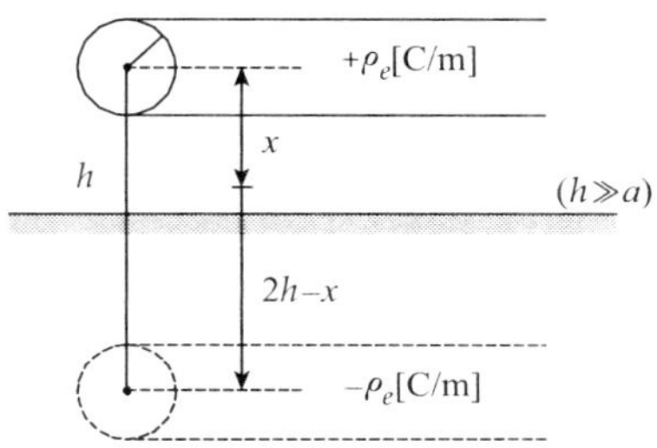

$Q = CV$에서 $C = \frac{Q}{V} = \frac{Q}{\int_h^a \tilde{E}dx}$이다. 여기서

$$\tilde{E} = \frac{Q}{\frac{Q}{2\pi\varepsilon_0}\int_a^h\left(\frac{1}{x}+\frac{1}{2h-x}\right)dx} = \frac{Q}{\frac{Q}{2\pi\varepsilon_0}[\ln x - \ln(2h-x)]_a^h}$$

$$= \frac{Q}{\frac{Q}{2\pi\varepsilon_0}\ln\left(\frac{2h-a}{a}\right)} = \frac{2\pi\varepsilon_0}{\ln\left(\frac{2h-a}{a}\right)}$$

에서 $h \gg a$이면

$$C = \frac{2\pi\varepsilon_0}{\ln\frac{2h}{a}}\ [\mathrm{F/m}]$$

가 된다.

10 대지면에 높이 $h[\mathrm{m}]$로 평행 가설된 매우 긴 선 전하(선 전하 밀도는 $\rho_L[\mathrm{C/m}]$이다.)가 지면으로부터 단위 길이 당 받는 힘$[\mathrm{N/m}]$은?

해설 선 전하 밀도는 ρ_L에 의한 전계의 세기는

$$E = \frac{-\rho_L}{2\pi\varepsilon_0(2h)} = \frac{-\rho_L}{4\pi\varepsilon_0 h}[\mathrm{V/m}]$$

이며 이 때 작용하는 힘은

$$F = qE[\mathrm{N}] = \frac{-\rho_{\mathrm{L}} \cdot \mathrm{q}}{4\pi\varepsilon_0 \mathrm{h}}[\mathrm{N}]$$

이다. 여기서 선 전하 밀도는 $\rho_L = \frac{q}{\ell}[\mathrm{C/m}]$이므로 단위 길이 당 받는 힘 F는

$$F = \frac{-\rho_L^2}{4\pi\varepsilon_0 h}[\mathrm{N/m}] = -9\times10^9 \frac{\rho_L^2}{h}$$

가 된다.

11 **질량이 10^{-3}[kg]인 작은 물체가 전하 Q[C]을 가지고 무한 도체 평면 아래 2×10^{-2}[m]에 있다. 전기 영상법을 이용하여 정전력이 중력과 같게 되는 데 필요한 Q의 값[C]은?**

해설

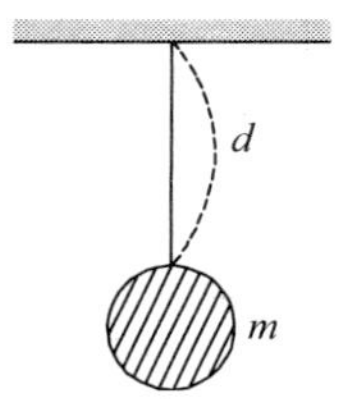

쿨롱의 힘과 중력 가속도에 대한 관계식을 이용하면

$$F = \frac{Q^2}{4\pi\varepsilon_0 r^2} = \frac{Q^2}{4\pi\varepsilon_0 (2d)^2} = mg$$

이며 이 관계를 정리하면

$$\frac{Q^2}{16\pi\varepsilon_0 d^2} = mg$$

가 된다. 여기서 전하의 크기는

$$Q^2 = 16\pi\varepsilon_0 d^2 mg$$

가 된다. 여기서 $m = 10^{-3}$[Kg], $d = 2\times10^{-2}$[m]이므로

$$Q^2 = 16\pi \times \frac{1}{36\pi\times10^{-9}} \times (2\times10^{-2})^2 \times 10^{-3} \times 9.8 = 17.42\times10^{-16}$$

관계에서 정전력이 중력과 같게 되는 데 필요한 Q의 값은

$$Q = \sqrt{17.42\times10^{-16}} \fallingdotseq 4.2\times10^{-8}[\mathrm{C}]$$

가 되는 크기이다.

Chapter 06 전류(Current)

6.1 도체의 전하 분포

지금까지는 전하가 진공이나 매질 중에 정지하고 있는 경우에 그 주위의 공간상에 나타나는 계(field)에 대해서 정리하였다. 앞으로 전개되는 동전기학에서는 이동하는 전하에 대하여 고려하기로 한다. 이는 전기적 도체를 취급하는 것을 의미하는 것이다.

즉, 도체에 전계를 인가하면 전하의 이동이 발생하게 된다. 이에 대한 특성에 대해서 정리하기로 한다.

6.1.1 전압(Voltage)

전자의 이동을 발생하는 전기적인 압력을 전압이라고 한다.

6.1.2 전류(Current)

자유 전자의 이동으로 발생하는 것을 전류라고 하면 전하가 운송하는 과정을 전도라고 한다. 여기서 전류에 대한 형태를 대류전류(convection current)와 전도전류(Conduction current)로 구분하여 설명하면 다음과 같다.

(1) 대류전류(Convection current)

진공이나 가스 등이 희박한 공간에서 양이나 음으로 대전된 입자의 이동에 의한 전류를 말한다. 예를 들면 음극선관에서의 전자 빔 혹은 번개가 치는 경우 대전된 전하 입자의 극심한 이동 등을 들 수 있으며, 질량이동을 포함하는 유체역학적 운동의 결과인 대류전류는 Ohm의 법칙이 성립하지 않는다.

(2) 전도전류(Conduction Current)

도체내의 전계의 작용으로 자유전자의 이동으로 발생하는 전류를 전도전류라고 하는데 전도전류는 오옴의 법칙이 성립한다. 대류전류와 전도전류는 전류 캐리어에 의한 실제적인 전류이다.

(3) 변위전류(Displacement current)

- 교류 전압을 인가하는 경우 콘덴서의 전극 사이에 전류와 같이 전하의 이동에 의하지 않는 전류를 변위전류하고 한다.
- 유전체 경우처럼 전류 캐리어의 이동이 아니고 유전체 내에서 전속의 시간적 변화율에 의한 가상적인 전류를 변위전류라고 한다.

전류에 의해서 자계가 발생하듯이 대류전류, 전도전류 그리고 변위전류에 의해서도 자계가 발생한다.

Book Cafe

전류 형태

- 전도전류 : 전계 작용으로 전자의 이동으로 발생하는 전류
- 대류전류 : 전해액 중에서 이온 등의 하전 입자의 운동에 의한 전류
- 변위전류 : 전도 전자나 구속 전자의 이동에 의해서 발생하지 않는 전류 여기서 유전체 중의 변위전류밀도 i는

$$i = \frac{\partial \widetilde{D}}{\partial t}$$

으로 전속 밀도의 시간적 변화로 표현된다.

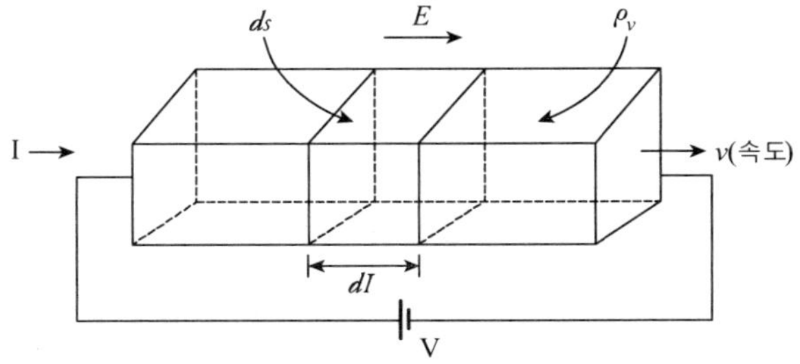

그림 6.1 선에서의 전류

그림 6.1에서처럼 선을 통해서 흐르는 미소 전류 dI는

$$dI = \frac{dQ}{dt}$$

이다. 여기서 $Q = \rho_v dv = \rho_v \, ds \, dl$인 관계를 대입하면

$$dI = \rho_v ds \frac{dl}{dt}$$

가 된다. 여기서 $\frac{dl}{dt} = v$(속도)를 나타낸다.

Book Cafe

전하의 이동에 의하지 않는 전류를 변위전류라고 하며, 진공 내에서 전자, 전해액 중에서의 이온 등과 같은 하전 입자의 운동에 의한 전류를 대류전류라 한다.

6.1.3 연속 도체 내의 (대류) 전류밀도($\tilde{J}$)

도체에 전계를 인가하면 내부의 전자는 쿨롱의 힘을 받게 되는데 이때 힘을 받게 되는 전기력선을 따라 이동하게 된다. 그러므로 전기력선이 곧 전류의 흐름을 의미한다고 할 수 있다. 다시 말하면 전류 I는 전계 $\tilde{E}$ [V/m]에 따라 변화하게 된다. 즉, 전류 I는 전계 $\tilde{E}$가 강하게 되면 커지게 된다는 것이다. 따라서 전류밀도를 $\tilde{J}$라고 하면

$$\tilde{J} = \frac{I}{S} = \frac{V}{RS} = \frac{V}{\frac{l}{\sigma S} S} = \sigma \frac{V}{l} = \sigma \tilde{E} \ [\mathrm{A/m^2}]$$

가 된다. 여기서 비례 상수 σ는 도전율이라고 하며, 도전율은 어떤 물질에 전류를 잘 흘릴 수 있는지의 정도를 나타내는 것이며, 일반적으로 재료의 특성에 따라 고유한 값들을 갖게 된다.

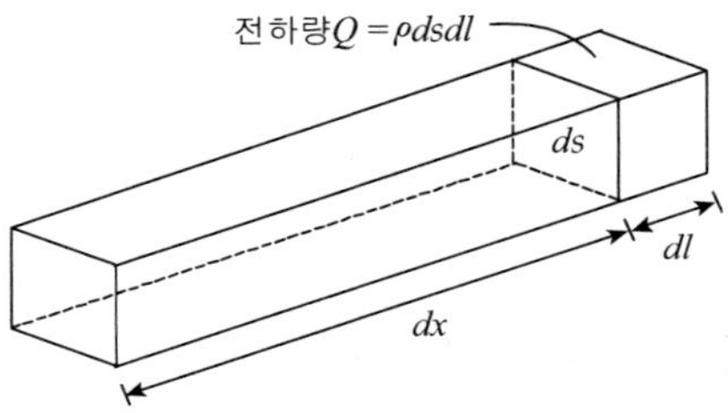

그림 6.2

그림 6.2를 이용하여 구체적으로 전류밀도를 고려하면

$$\tilde{J} = \frac{dI}{dS}[\mathrm{A/m^2}]$$

이며, $dI = \tilde{J}\,dS$에 대해 양변을 적분을 행하면

$$I = \int_S \tilde{J} \cdot dS\,[\mathrm{A}]$$

가 된다. 따라서 전류 I는 임의의 면적 S를 통과하는 전체 전류 I는 S를 통과하는 $\tilde{J}$ 벡터의 유속(flux)이다. 그리고 미소 체적 $dS\,dl(=dv)$체적 전하밀도 ρ가 분포되어 있는 입방체에서 단면 dS가 dt 동안에 면에 수직인 방향으로 dx 방향으로 이동했다면 공간 전하의 변화량 dQ는

$$dQ = \rho dv = \rho\, dS\, dx$$

이며, 통과한 미소전류 dI는 $dI = \frac{dQ}{dt}$에 $dQ = \rho\, dS\, dx$을 대입하면

$$dI = \frac{dQ}{dt} = \rho dS \frac{dx}{dt}$$

이며, 전류밀도 $\tilde{J}_x$는

$$\tilde{J}_x = \frac{dI}{dS} = \frac{\rho\, dS \frac{dx}{dt}}{dS} = \rho \frac{dx}{dt} = \rho \tilde{v}\ [\mathrm{A/m^2}]$$

가 된다. 여기서 $\tilde{v}$는 x 방향으로 전하의 이동 속도이며, 이는 대류전류밀도와 전하 캐리어 속도와의 관계이다. 그리고 전류 I는 $I = \tilde{J}\,S = \rho\,\tilde{v}\,S\,[\mathrm{A}]$이다. 이와 같이 전하가 전

계 방향으로 평균 속도 v을 가지고 이동하는 경우 발생하는 전류를 전도전류라고 한다.

Book Cafe

전류밀도의 단위

$$[\tilde{\mathrm{J}}] = \left[\frac{1}{\mathrm{m}^3}\right][\mathrm{C}]\left[\frac{\mathrm{m}}{\mathrm{sec}}\right] = \left[\frac{\mathrm{C}}{\mathrm{sec}}\right]\left[\frac{1}{\mathrm{m}^2}\right] = \left[\frac{\mathrm{A}}{\mathrm{m}^2}\right]$$

6.1.4 이동도와 도전율

도체 내에 자유전자가 단위 체적 당 $n\,[\text{개}/\mathrm{m}^3]$있을 때 전계 $\tilde{E}\,[\mathrm{V/m}]$에 의해서 $v\,[\mathrm{m/sec}]$의 속도로 $S[\mathrm{m}^2]$의 단면을 통과하는 경우 전류 $[\mathrm{A}]$를 고려하는 방법으로 먼저 단위 체적 내에 전하량 $q[\mathrm{C}]$인 전하가 $n\,[\text{개}/\mathrm{m}^3]$있을 때 전계 $\tilde{E}\,[\mathrm{V/m}]$에 의해서 $v\,[\mathrm{m/sec}]$의 속도로 $S[\mathrm{m}^2]$의 단면을 통과하는 경우 전류밀도는

$$\tilde{J} = \frac{I}{S} = nev\ [\mathrm{A/m^2}]$$

이며, 여기서 전하의 이동 속도 v는 외부 전계의 세기 $\tilde{E}$에 비례하므로

$$v = \mu\tilde{E}$$

이며, 여기서 μ는 전하의 이동도를 나타낸다. 이를 이용하여 정리하면

$$\tilde{J} = \frac{I}{S} = nev\,[\mathrm{A/m^2}] = \mathrm{n e}\mu\tilde{\mathrm{E}} = \sigma\tilde{\mathrm{E}}$$

이며, 비례 상수 σ는 매질의 도전율(conductivity)이라고 불리며, 단위는 $[\mathrm{A/V\cdot m}]$ 또는 $[\mathrm{S/m}]$으로 표현하며, 도전율의 역수를 저항률(electric resistivity)이라고 하며, 단위는 $[\Omega\cdot\mathrm{m}]$이다. 따라서 $I = JS = nevS\,[\mathrm{A}]$에서 단위 체적 당 전하 밀도$[\text{개}/\mathrm{m}^3]$는

$$n = \frac{I}{evS} = \frac{I}{ev\pi r^2}$$

가 된다.

6.2 오옴(ohm)의 법칙과 저항

6.2.1 $\tilde{J}$와 $\tilde{E}$가 균일한 원형 도체에 대한 저항

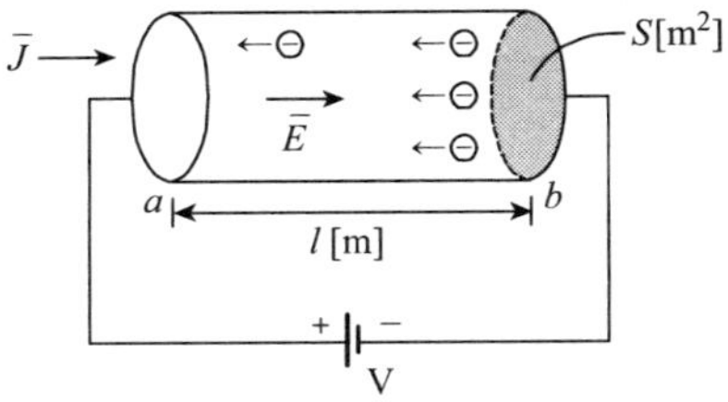

그림 6.3

도체에 전계를 인가하면 도체 내의 전자가 이동하는데 여기서 전자의 평균 표류 속도는 도체에 인가한 전계에 비례하게 된다. $\tilde{J}=\dfrac{dI}{ds}$에서 앞에서 정의한 $dI=\rho dSv$을 대입하면 $\tilde{J}=\rho_v v$가 된다.

그리고 일정한 면적 S, 도체의 길이 l에 전압 V가 인가되었다면 이 때 발생하는 전계의 방향은 양 전하의 흐름 즉, 전류의 방향과 같고 전자 이동 방향은 전류의 방향과는 반대이다. 만약에 가해진 전계가 균일하게 된다면 $\tilde{E}=\dfrac{V}{l}$이며, 도체의 단면이 일정하기 때문에 $\tilde{J}=\dfrac{I}{S}$이므로 전류밀도 $\tilde{J}$에 $\tilde{J}=\sigma\tilde{E}$와 $\tilde{E}=\dfrac{V}{l}$을 대입하면

$$\tilde{J}=\frac{I}{S}=\sigma\tilde{E}=\sigma\frac{V}{l}$$

가 된다. 이를 전위 V로 정리하면

$$V=\frac{l}{\sigma S}I=RI$$

가 된다. 이 결과식으로 부터 다음과 같이 정상 전류에 대해서 일정한 단면을 갖는 균일 직선 부분의 저항(resistance)에 대한 공식으로

$$R=\frac{l}{\sigma S}=\rho\frac{l}{S}[\Omega]$$

을 얻을 수 있다. 이는 단면이 일정한 도체에 대한 저항을 계산하는데 이용되며, 단면이 일정하지 않은 경우에는 적용하기가 곤란하다.

여기서 ρ(비저항, 저항률, 고유저항, $[\Omega \cdot \mathrm{m}]$)는 단위 입방체의 저항으로서 도체의 종류에 의해 정해지는 값으로 물질의 저항률이라고 한다.

즉, ρ는 단면적 $1[\mathrm{m}^2]$으로 길이가 $1[\mathrm{m}]$인 저항에 해당하는 것이라고 할 수 있다.

그리고 σ는 전도도, 도전율(conductivity)이라고 하며, 고유저항의 역수 관계에 있다.

$$\sigma = \frac{1}{\rho}[\mho/\mathrm{m}]$$

그리고 전류를 잘 흐르도록 하는 정도를 컨덕턴스(conductance)라고 하며, 저항의 역수인 콘덕턴스 G는 병렬로 저항들을 합성하는데 이용되며, 콘덕턴스의 단위는 Ω^{-1} 또는 지멘스(S)이다.

$$G = \frac{1}{R}\,[\mho] = \sigma\frac{S}{l}[\mathrm{S}]$$

Book Cafe

지멘스(siemens)는 저항의 역수인 콘덕턴스의 MKS 단위로 $[\mho]$(mho)와 같다.

예제 6.1

굵기가 동일한 원통형의 도체를 체적은 고정하고 길게 늘여 지름이 절반이 되도록 하였다. 이 경우 길게 늘인 도체의 저항의 크기는?

[풀이] 전기 저항에 관련된 식으로

$$R = \rho\frac{d}{S}$$

이며 여기에 $S = \pi r^2$와 지름이 절반이 되도록 한 내용을 적용하면 도체의 저항의 크기는

$$R = \rho\frac{d}{\pi r^2} = \rho\frac{4d_0}{\pi\frac{r_0^2}{4}} = 16R_0[\Omega]$$

가 되어 도체의 처음 저항 값의 16배가 된다.

6.2.2 도체의 단면이 균일하지 않을 때

전계가 균일하지 않을 때 저항은 전위차 V와 전류 I의 비로 정의한다. 즉 단면이 일정하지 않은 도체의 저항을 고려하면

$$R = \frac{V}{I} = \frac{-\int_b^a \tilde{E}\cdot d\tilde{l}}{\int \tilde{J}\cdot dS} = \frac{-\int_b^a \tilde{E}\cdot d\tilde{l}}{\sigma\int \tilde{E}\cdot dS}$$

이다. 여기서 $I > 0$이면 $\int \tilde{E}\cdot d\tilde{l} < 0$이기 때문에 $V = -\int \tilde{E}\cdot d\tilde{l}$에서 (−) 부호가 생략되어야 한다.

그리고 앞에서 정의한 정전용량 C은 전하량 Q와 전위차 V의 비로 정의했다.

여기서 정전용량 C는

$$C = \frac{Q}{V} = \frac{\int \tilde{D}\cdot dS}{-\int_b^a \tilde{E}\cdot d\tilde{l}} = \frac{\varepsilon\int \tilde{E}\cdot dS}{-\int \tilde{E}\cdot d\tilde{l}}$$

와 같이 나타낼 수 있다. 따라서 위의 두 관계식 R과 C를 통해서 다음과 같은 새로운 관계식을 얻을 수 있다.

$$RC = \frac{C}{G} = \frac{\varepsilon}{\sigma} = \rho\varepsilon$$

이 결과식은 매질의 ε와 σ가 동일한 공간을 유지하거나 매질이 균일한 경우에 성립한다. 따라서 이 경우에 도체간의 정전용량을 알 수 있다면 저항 혹은 콘덕턴스는 비례 값인 ε/σ으로 직접구할 수 있다.

예제 6.2

간격 d 면적 S인 평행 판 콘덴서의 용량이 C인 경우 극판 사이의 유전율, 고유저항 ρ일 때 극판 사이의 저항 R은?

[풀이] $C = \varepsilon\dfrac{S}{d}$와 $R = \rho\dfrac{l}{S}$인 관계식을 이용하면

$RC = \varepsilon\rho$이며 여기서 저항은 $R = \dfrac{\varepsilon\rho}{C}$가 된다.

예제 6.3

비유전율 ε_S 가 3.2인 액체 형태인 유전체를 삽입한 콘덴서의 용량이 $20[\mu F]$이다. 여기에 400[kV]의 전압을 인가하는 경우 누설전류는? (단, 고유 저항 $\rho = 10^{10}[\Omega m]$ 이다.)

[풀이] 전기저항 $R = \rho \dfrac{l}{S}$와 평행판 콘덴서 정전용량 $C = \varepsilon \dfrac{S}{d}$ 에서

$$RC = \frac{C}{G} = \frac{\varepsilon}{\sigma} = \rho \varepsilon$$

이다. 여기서 저항은

$$R = \frac{\varepsilon \rho}{C} = \frac{10^{10} \times 8.854 \times 10^{-12} \times 3.2}{20 \times 10^{-6}} = 14.1\ [\mathrm{K\Omega}]$$

이다. 따라서 누설 전류의 크기는

$$I = \frac{V}{R} = \frac{400 \times 10^{3}}{1.41 \times 10^{4}} = 28.4\ [\mathrm{A}]$$

가 된다.

예제 6.4

길이 l[m], 반지름 a[m]인 두 평행 원통 전극을 거리 d[m]로 하고 그 사이에 저항률 $\rho[\Omega \cdot m]$인 매질을 채웠을 때 저항[Ω]은?

[풀이] $RC = \dfrac{\varepsilon}{\sigma} = \rho\varepsilon$ 관계에서 $R = \dfrac{\rho\varepsilon}{C}$ 이며 여기에 평형 원통 사이의 정전용량 $C = \dfrac{\pi\varepsilon l}{\ln\dfrac{d}{a}}$[F]을 적용하면

$$R = \frac{\rho\varepsilon}{C} = \frac{\rho\varepsilon}{\dfrac{\pi\varepsilon l}{\ln\dfrac{d}{a}}} = \frac{\rho}{\pi l}\ln\frac{d}{a}\ [\Omega]$$

으로 표현된다.

Book Cafe

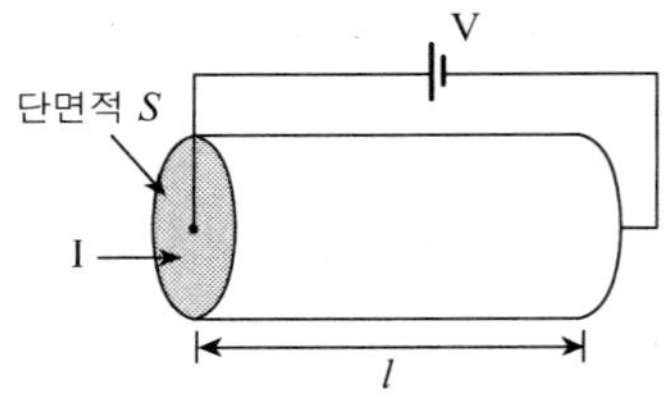

- 저항률 ρ라고 하면 $\rho = \dfrac{V/l}{I/S}$ 이며 여기에 $\widetilde{E} = \dfrac{V}{d}$을 대입하면 $\rho = \dfrac{V/l}{I/S} = \dfrac{\widetilde{E}}{I/S}$가 된다. 저항 $R = \rho\dfrac{l}{S}$ 인 관계에 있게 된다.
- $\widetilde{E} = \rho\dfrac{l}{S} = \dfrac{l}{\sigma S}$ 에서 $\widetilde{J} = \dfrac{I}{S}$을 대입하면 $\widetilde{E} = \rho\dfrac{l}{S} = \dfrac{l}{\sigma S} = \dfrac{\widetilde{J}}{\sigma}$가 된다.
  여기서 전류밀도 $\widetilde{J} = \sigma\widetilde{E}$ 인 관계가 성립한다.

6.2.3 저항과 온도 효과

저항은 도체의 종류, 단면적 그리고 온도 등에 따라 변화를 한다. 일반적으로 금속의 경우는 온도가 상승하게 되면 금속 내의 원자가 열운동을 하게 되어 자유 전자와의 충돌 기회가 많아져 전기 저항이 증가하게 된다. 이와 같이 온도변화에 따라 전기 저항의 저항 값이 어느 정도 변화하는가를 나타내는 비율을 온도계수라고 한다.

여기서 온도 상승으로 인해 저항이 증가하면 (+)온도계수, 저항이 감소하면 (−)온도계수를 보인다.

만일 현재 0[°C]에서 도체가 갖는 저항을 R_0 그리고 온도 t[°C]에서의 저항을 R_t라고 하면

$$R_t = R_0(1 + \alpha_0 t)$$

인 관계가 성립한다. 여기서 α_0는 도체의 종류에 따라 결정되는 상수 값이다. α_0가 0[°C]에서 1[°C] 증가 할 경우 저항의 증가 비율을 나타낸다.

온도가 t_1[°C]에서 t_2[°C]로 변했으며, 각각의 저항을 라고 R_1, R_2라고 하면 $R_1 = R_0(1 + \alpha_0 t_1)$, $R_2 = R_0(1 + \alpha_0 t_2)$인 관계에서

$$R_2 = R_1 \frac{1 + \alpha_0 t_2}{1 + \alpha_0 t_1} = R_1 \frac{1 + \alpha_0 t_2 + \alpha_0 t_1 - \alpha_0 t_1}{1 + \alpha_0 t_1}$$

$$= R_1 \left[1 + \frac{\alpha_0}{1 + \alpha_0 t_1} (t_2 - t_1) \right] [\Omega]$$

가 되며, 한편 t_1[°C]에 대한 온도 계수를 α_1이라고 하면

$$R_2 = R_1 [1 + \alpha_1 (t_2 - t_1)] [\Omega]$$

여기서 위의 두 식을 비교하면

$$\alpha_1 = \frac{\alpha_0}{1 + \alpha_0 t_1}$$

가 된다. 같은 방법으로 t_2[°C]에 대한 온도 계수를 α_2이라고 하면

$$\alpha_2 = \frac{\alpha_0}{1 + \alpha_0 t_2}$$

라고 할 수 있다. 여기서 α_1과 α_2 관계식으로 정리하면

$$\alpha_2 = \frac{\alpha_1}{1 + \alpha_1 (t_2 - t_1)}$$

가 된다. 여기서 $(t_2 - t_1)$에 대한 관계식으로 나타내면

$$t_2 - t_1 = \left(\frac{R_2}{R_1} - 1 \right) \frac{1}{\alpha_1} = \left(\frac{R_2}{R_1} - 1 \right) \left(\frac{1}{\alpha_0} + t_1 \right) [°C]$$

가 된다. 따라서 저항 R_1, R_2을 측정하면 도체의 온도 상승을 알 수 있게 되는데 이와 같은 내용을 이용해서 전기기기의 평균 온도 상승을 측정하는데 이용한다. 일반적으로 전기기기에 이용되는 연동 권선의 경우 온도 계수 α_0는 $\alpha_0 = \frac{1}{234.5}$을 이용하고 있다. 동선에서 저항 온도 계수는

- 0[°C]일 경우 $\alpha_1 = \frac{1}{234.5}$

■ $t[°C]$일 경우 $\alpha_2 = \dfrac{1}{234.5+t}$

이다.

예제 6.5

$20[°C]$에서 저항의 온도 계수 $\alpha = 0.003$인 저항선의 저항이 $100[\Omega]$일 때 온도를 $80[°C]$로 증가 했을 경우 저항은?

[풀이] 처음 저항을 R_1 나중 저항을 R_2 처음 온도를 t_1, 나중 온도를 t_2라고 하면

$$R_2 = R_1[1 + \alpha_1(t_2 - t_1)][\Omega]$$

에서 $R_1 = 100[\Omega]$, $\alpha_1 = 0.003$을 대입하면 온도 일 때의 저항은

$$R_2 = 100[1 + 0.003(80 - 20)] = 118[\Omega]$$

가 된다.

6.3 전류밀도의 발산과 전류의 연속 방정식

전하 보존의 법칙은 물리학에서 가장 기본적인 가정 중의 하나로 이는 전하는 생성되거나 소멸될 수 없다. 이는 모든 전하들이 정지 상태에 있거나 이동하는 상황 등에 상관없이 언제든지 설명할 수 있어야 한다. 예를들어 표면 S로 둘러싸인 임의의 체적 v를 고려하는 경우 이 영역 내에 순 전하 Q가 존재하고 있는데 만일 표면을 통과하여 영역 밖으로 전류 I가 흐른다면 체적 내의 전하는 전류와 동일하게 같은 비율로 감소되어야 한다.

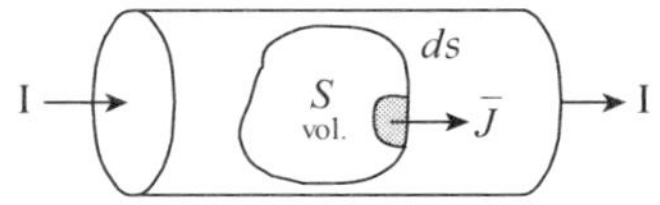

그림 6.4 전도전류

그림 6.4에서 표면적 $S\,[\mathrm{m}^2]$을 갖는 임의의 폐곡면에 단위 시간당 유출되는 전하량에

대해 알아보기 위해 폐곡면 내의 전하 Q_i는 $Q_i = \int_v \rho_v \, dv$가 된다.

즉, 폐곡면 S 내에 전하가 곡면을 지나 바깥쪽으로 이동한다면 내부의 전하는 감소하고 전하의 이동은 곡선을 뚫고 나가는 전류가 된다.

폐곡면 바깥으로 유출하는 전류(I) = 곡면을 지나는 전류밀도(J)

따라서 도체 내의 폐곡면 S에서 나오는 전류 I는 Gauss의 발산 정리를 적용하면

$$I = \int_S \tilde{J} \cdot dS = \int_v div \, \tilde{J} \, dv$$

가 된다. 따라서 체적 v 내의 전하 $Q_i = \int \rho_v dv$가 감소하는 값을 $i(t) = \frac{dQ}{dt}$ 관계식에 적용하면 전류는

$$I = -\frac{dQ_i}{dt} = -\frac{\partial}{\partial t}\left(\int \rho_v \, dv\right) = -\int \frac{\partial \rho_v}{\partial t} dv$$

가 된다. 여기서 (−)의 의미는 전하량의 유입이 없고 단위 체적의 전하 Q가 시간에 따라 감소를 의미한다는 것을 나타내며 위의 두 관계식에서 전류 I는

$$I = \int_v div \, \tilde{J} \, dv = -\int \frac{\partial \rho}{\partial t} dv$$

처럼 나타낼 수 있다. 이 관계식은 폐곡면의 모양에 관계없이 항상 성립하기 때문에 임의의 체적에 대해서 언제든지 피적분 함수 자체가 0이 되지 않으면 안된다.

따라서 미분형의 연속 방정식은

$$div \, \tilde{J} = -\frac{\partial \rho}{\partial t} \; [\mathrm{A/m^3}]$$

로 표현되는 결과식을 얻을 수 있다. 이 결과식이 의미하는 내용은 미소 체적에서 흘러나온 전류는 그 점에서의 단위 체적 당 전하량의 시간적 감소율과 같다는 것을 의미한다.

즉, $div \, \tilde{J} = -\frac{\partial \rho}{\partial t}$가 나타내는 것을 고려하면 전류밀도의 발산은 그 점에서의 체적 전하 밀도의 시간적 감소율과 같다는 것이다.

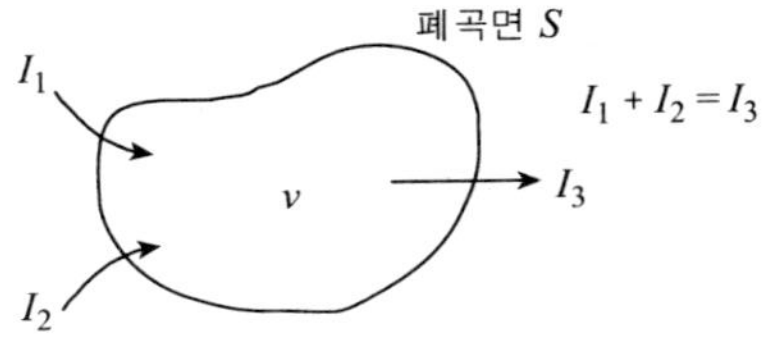

그림 6.5

$$I_1 + I_2 = I_3$$

그림 6.5에서 유입한 전류와 유출 전류가 같기 때문에 폐곡면 S 내의 시간적 변화가 없다고 볼 수 있으며 이 관계를 Kirchhoff 전류 법칙이라고 한다.

정상 전류가 도체 내를 흐르는 경우에는 전하의 축적이나 소멸이 없으므로 즉, 전류밀도는 시간에 따라 변하지 않는 정상 전류에 대하여

$$\frac{\partial \rho}{\partial t} = 0$$

이므로 $div\,\tilde{J} = 0$가 된다. 여기서 $div\,\tilde{J} = 0$의 의미는 전류밀도의 발산은 없다는 것으로 전하의 축적이나 소멸이 없는 곳에서 전류는 새로운 발생이나 소멸이 없이 연속적이라는 것이다.

Book Cafe

전류의 발산

■ 고립 도체의 경우

키르히호프의 전류 법칙으로

$$\sum I = 0 = \int i\,dS = \int div\,i\,dv$$

$$div\ i = -\frac{\partial \rho}{\partial t}$$

전류가 공간적으로 분포하고 있는 경우 발산하는 전류는 체적 전하 밀도 $\rho[\mathrm{C/m^3}]$의 시간적 감소율과 같다.

■ 연속 도체의 경우 : 연속 도체 내에 정상 전류가 흐르고 있는 경우에는 체적 전하 밀도 $\rho[\mathrm{C/m^3}]$가 시간에 대해서 일정하므로 $div\ i = 0$이다.

즉, 연속 도체 내에서는 전류의 새로운 발생이나 소멸이 없이 일정하게 전류가 흐른다는 것을 말한다.

그리고 $div\ i = 0$에 대한 의미를 부여한다면 다음과 같다.

- 도체 내에 흐르는 전류는 연속적(전류의 연속성)이다.
- 도체 내에 흐르는 전류는 일정하다.
- 단위 시간당 전하의 변화는 없다.

한편 오옴 법칙의 미분형 관계를 조사하기 위해서

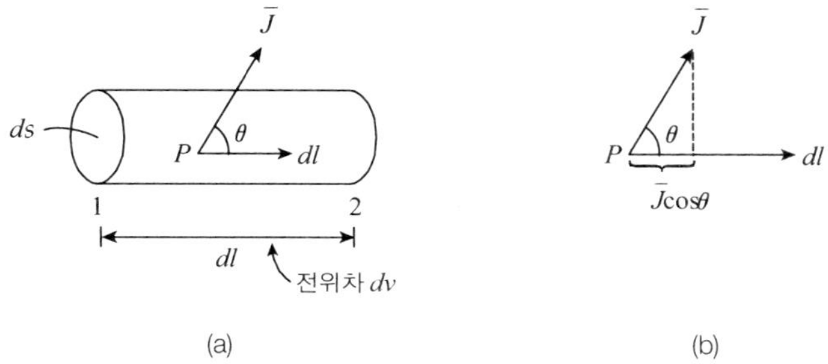

그림 6.6

점 P에서 전류밀도를 $\tilde{J}$, 단면적 dS를 관통하는 전류 dI을 고려하면

$$dI = \tilde{J}ds = J\cos\theta\, ds$$

이며, 미소 길이 dl 사이의 저항을 dR이라고 하면

$$dR = \rho\frac{dl}{ds} = \frac{dV}{dI}$$

이며, 여기서 dV는 $1 \sim 2$ 사이의 전위차를 말하며,

$$dR = \rho\frac{dl}{ds} = \frac{dV}{dI} = \frac{dV}{J\cos\theta\, ds}$$

가 된다. 이식에서 $\tilde{J}//\tilde{S}$ 인 경우에는 $\theta = 0°$이므로 $\cos 0° = 1$이 된다.

따라서 $\rho\frac{dI}{ds} = \frac{dV}{Jds}$이며 이를 $\tilde{J}$로 정리하면

$$\tilde{J} = \frac{1}{\rho}\frac{dV}{dl} = \frac{1}{\rho}\tilde{E} = \sigma\tilde{E}$$

가 된다. 여기서 $\frac{dV}{dl} = \tilde{E}$, $\frac{1}{\rho} = \sigma$인 관계에 있다. 이 식을 Ohm 법칙의 미분형이라고 한다.

Book Cafe

오옴의 법칙을 미분형으로 나타내면 $dI = -\frac{dV}{R} = i\,dS$ 관계에서 $i = -\frac{dV}{RdS}$가 된다. 여기서 $(-)$는 전위가 감소하는 방향으로 전류가 흐른다는 것을 나타내는 것이다.

한편 $R = \rho\frac{l}{S}$에서 $RS = \rho l$이므로 $i = -\frac{dV}{RdS} = -\frac{dV}{\rho l}$가 된다.

여기서 전위에 대한 기울기 $\frac{dV}{dl} = -\tilde{E}$인 관계를 이용해서 정리하면 $i = \frac{1}{\rho}\tilde{E} = K\tilde{E} = \sigma\tilde{E}$ 가 된다.

여기서 K는 도전율 σ를 나타내는 것이다.

즉, 도전율을 σ, 고유 저항을 ρ, 전계의 세기를 $\tilde{E}$라고 하면 오옴의 법칙에 의해서 전류 i는 $i = \sigma\tilde{E}$인 관계가 성립한다.

Book Cafe

정상 전류계와 정 전계의 비교

- 정상 전류계$(\tilde{E},\ \tilde{J})$

  시간에 따른 전하의 변화가 없다. $\left(\frac{\partial\rho}{\partial t} = 0\right)$ 이는 전류의 연속 방정식 $\tilde{\nabla}\cdot\tilde{J} = \frac{\partial\rho}{\partial t} = 0$이 되므로 $\tilde{\nabla}\cdot\tilde{J} = 0$가 된다.

  그리고 $\tilde{J} = \sigma\tilde{E}$, $\tilde{E} = -\tilde{\nabla}V$ 관계식을 이용해서 $\tilde{\nabla}\cdot\tilde{J} = 0$에 대해 정리하면

  $$\tilde{\nabla}\cdot\tilde{J} = \tilde{\nabla}\cdot(\sigma\tilde{E}) = \tilde{\nabla}\cdot(\sigma(-\tilde{\nabla}V)) = -\sigma\tilde{\nabla}^2V = 0$$

  이며, 따라서 $\tilde{\nabla}^2V = 0$인 라플라스 방적식이 성립한다.

- 정 전계$(\tilde{E},\ \tilde{D})$

  정전하가 없는 경우에는 $Q = 0$이므로 Gauss 법칙 $\tilde{\nabla}\cdot\tilde{E} = \frac{\partial\rho}{\partial t}$에서 $\rho = 0$이므로 $\tilde{\nabla}\cdot\tilde{E} = 0$가 된다.

  그리고 $\tilde{D} = \varepsilon\tilde{E}$, $\tilde{E} = -\tilde{\nabla}V$ 인 관계식을 이용해서 $\tilde{\nabla}\cdot\tilde{E} = 0$에 대해 정리하면

  $$\tilde{\nabla}\cdot\tilde{E} = \tilde{\nabla}\cdot(\varepsilon\tilde{E}) = \tilde{\nabla}\cdot(\varepsilon(-\tilde{\nabla}V)) = -\varepsilon\tilde{\nabla}^2V = 0$$

  이며, 따라서 $\tilde{\nabla}^2V = 0$인 라플라스 방적식이 성립한다. 결국 정 전계에서 $\tilde{E}$와 $\tilde{D}$는 전류계에서 σ와 $\tilde{J}$을 대치하는 관계에 있다고 할 수 있다.

6.4 주울열과 전력

저항의 어느 도체 중을 전류가 흐르는 경우 전하는 높은 전위에서 낮은 전위로 이동하기 위하여 에너지의 소비가 발생하여 온도를 상승하게 된다.
즉, 저항이 있는 도체에 전류가 흐르면 열이 발생하는데 이 열을 주울(Joule)열 이라고 한다.

$$W = RI^2 t \ [\mathrm{J}] = 0.24 RI^2 t \ [\mathrm{cal}]$$

Book Cafe

연속 도체에서 주울열 관계식

$W = I^2 R t[\mathrm{J}],\ P = \dfrac{W}{t} = I^2 R[\mathrm{watt}],\ I = \tilde{J} S,\ R = \rho \dfrac{l}{S},\ \tilde{J} = \sigma \tilde{E}$을 적용하면

$$P = I^2 R = [\mathrm{JS}]^2$$

$$\rho \frac{l}{S} = \rho \tilde{J}^2 S l = \rho[\sigma \tilde{\mathrm{E}}]^2 v = \frac{1}{\sigma}\sigma^2 \tilde{E}^2 \int dv = \int \sigma \tilde{E}^2 dv [\mathrm{W}]$$

6.4.1 체적이 큰 도체의 경우에 대한 전력

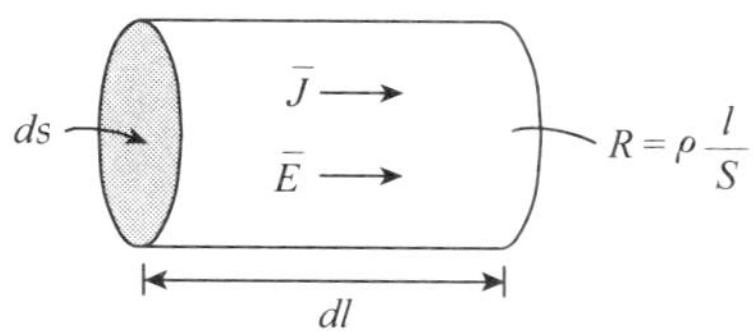

그림 6.7

$P = R I^2$식에 대해 $R = \rho \dfrac{l}{S}$와 $dI = \tilde{J} dS$을 적용하면 미소 전력 $dP = R(dI)^2$는

$$dP = \left(\rho \frac{dl}{dS}\right)(\tilde{J}\ dS)^2 = \rho \tilde{J}^2 \left(\frac{dl}{dS}\right)(dS)^2 = \rho \tilde{J}^2 dS\ dl = \rho \tilde{J}^2\ dv$$

따라서 전력(electric power)은

$$P = \int dP = \int \rho \tilde{J}^2 dv$$

이며, 여기에 $\tilde{J} = \sigma \tilde{E}$와 $\tilde{J} = \dfrac{\tilde{E}}{\rho}$을 적용하면

$$P = \int \frac{\tilde{E}^2}{\rho} dv = \int \sigma \tilde{E}^2 dv = \int \tilde{E} \cdot \tilde{J}\, dv [\mathrm{W}]$$

가 된다. 이 관계식을 Joule 법칙이라고 한다.

6.4.2 단면이 일정한 도체(도선 경우의 전력)

전력 밀도 w_p는 $w_p = \dfrac{d\tilde{P}}{dv} = \tilde{E} \cdot \tilde{J} = \sigma |\tilde{E}|^2$이며, 여기서 단면이 일정한 도체에 대해서는 $dv = ds\ dl$ 이므로

$$P = \int \tilde{E} \cdot \tilde{J} dv = \int \tilde{E} \cdot d\tilde{l} \int \tilde{J} \cdot ds = VI$$

이므로

$$\int \tilde{E} \cdot dl = V, \ \int \tilde{J} \cdot ds = I$$

가 된다. 또는 $P = I^2 R$ [W] 이는 회로이론에서 설명하는 Joule 법칙의 가장 일반적인 형태라고 할 수 있다.

6.4.3 전지

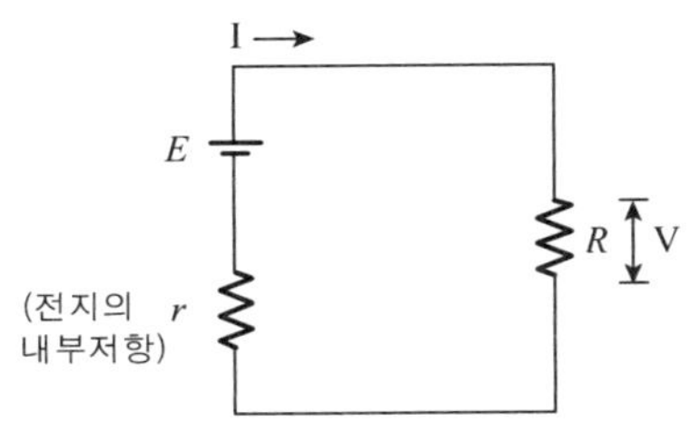

그림 6.8 전지의 등가 회로

등가 회로에 전압 방정식(KVL)을 적용하면 전압 $E = Ir + IR = Ir + V$에서 전류 $I = \dfrac{E}{r+R}$이다. 한편 전력을 부하에 최대로 전달하기 위한 최대 전력 전달 조건을 고려하면 전력

$$P = I^2 R = \left(\frac{E}{r+R}\right)^2 R = \frac{R}{(r+R)^2} E^2$$

에서

$$\frac{\partial P}{\partial R} = 0$$

일 때가 최대 전력 전달 조건이 된다. 여기서 저항에 대해 미분을 행하면

$$\frac{\partial}{\partial R}\frac{R}{(r+R)^2} = \frac{(r+R)^2 - R\,2\,(r+R)}{(r+R)^4} = \frac{r-R}{(r+R)^3} = 0$$

이다. 여기서 $r - R = 0$이므로 $r = R$가 될 때 최대 전력이 전달된다. 즉, 전원의 내부 저항과 부하 저항이 같게 되는 경우에 최대 전력 전달 조건이 된다.

6.5 도체내의 전계분포

6.5.1 정상전류와 Laplace의 방정식

외부 전계와 전위차에 의한 전계가 동시에 작용할 때 임의의 한 점에서 전계 $\tilde{E}$는 $\tilde{E} = \tilde{E}_e + \tilde{E}_0$이다. 여기서 $\tilde{E}_e$는 외부에서 가해준 전기력, $\tilde{E}_0$는 전위차에 의한 전계를 나타내며 이를 $\tilde{J} = \sigma \tilde{E}$에 적용하면

$$\tilde{J} = \sigma\,(\tilde{E}_e + \tilde{E}_0)$$

가 된다. 여기서 $\sigma(\tilde{E}_e + \tilde{E}_0)$는 $\tilde{E}_e$와 $\tilde{E}_0$가 동시에 작용하면 도체 내의 임의의 점에서의 전계가 된다.

한편 도체 내에 정상전류 I가 흐르고 있으므로, 전류밀도의 발산은 0이 되어야 한다. 따라서 divergence를 양변에 취하면 정상 전류시 $div\,\tilde{J} = 0$이므로

$$div\tilde{J} = div(\sigma\tilde{E}) = \sigma\ div\ \tilde{E} = \sigma\ div(\tilde{E}_e + \tilde{E}_0)$$

$$= \sigma\ div\ \tilde{E}_e + \sigma\ div\tilde{E}_0 = 0$$

도체 내의 임의의 한 점 전위를 V라 하면, $\tilde{E}_0$는 정 전계이므로 $\tilde{E} = -grad\ V$인 관계식을 $div\ \tilde{J}$의 두번째 식에 대입하면

$$\sigma\ div\tilde{E}_e - \sigma\ div\cdot(grad\ V) = 0$$

로 구해진다. 그리고 σ가 일정하다면

$$div\ \tilde{E}_e = div\cdot grad\ V = \tilde{\nabla}^2 V$$

로 표현 된다. 이 관계식을 통해서 알 수 있는 것은 외부에서 가해준 전기력 $\tilde{E}_e$을 알게 되면 도체 내의 전위분포를 알 수 있으며, 이에 따라 전계의 분포도 알 수가 있다는 것이다.

따라서

$$\tilde{\nabla}^2 V = 0$$

이면 정상정류가 흐르는 경우 Laplace 방정식을 만족하고 있다.

표 6.1 정 전계와 전류 장 유사성 비교

정 전계(진전하가 없을 때)		전류 장(정상 전류일 때)	
전위(차)	V[V]	전위(차)	V[V]
전계	$\overline{E}$[V/m]	전계	E[V/m]
유전율	ε[F/m]	도전율	σ[℧/m]
전하	$Q = \int_S \overline{D}\cdot dS$[C]	전류	$I = \int_S \overline{J}\cdot dS$[A]
전기용량	$C = \frac{Q}{V}$[F]	컨덕턴스	$G = \frac{I}{V}$[℧]
전속밀도	$\overline{D} = \varepsilon\overline{E}$	전류밀도	$\overline{J} = \sigma\overline{E}$
전계와 전위	$\overline{E} = -grad\ V$	전계와 전위	$\overline{E} = -grad\ V$
	$\overline{\nabla}^2 V = 0$ $div\overline{D} = 0$		$\overline{\nabla}^2 V = 0$ $div\overline{J} = 0$

6.5.2 도전율 σ_1, σ_2인 두 도체간의 경계조건

(1) 전계의 접선 성분은 경계면의 양측에서 서로 같다.

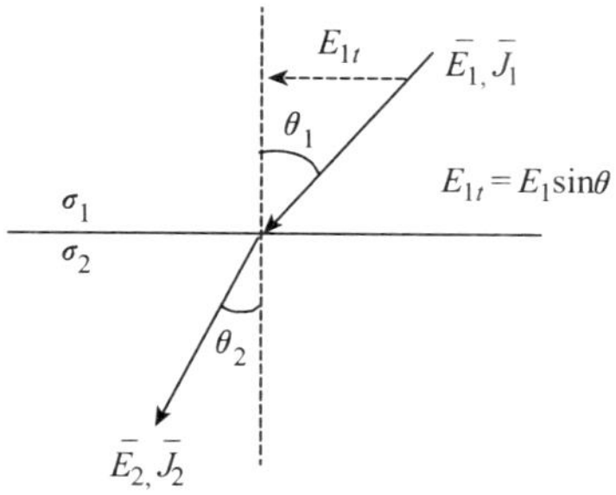

그림 6.9 도전율 σ_1, σ_2 일 때의 경계 조건

$$\widetilde{E}_{1t} = \widetilde{E}_{2t}$$

$$\widetilde{E}_{1t} = \widetilde{E}_1 \sin\theta_1,\ \widetilde{E}_{2t} = \widetilde{E}_2 \sin\theta_2$$

(2) 전류밀도의 수직 성분(법선)은 경계면의 양측에서 서로 같다.

$$\widetilde{J}_{1n} = \widetilde{J}_{2n}$$

$$\widetilde{J}_{1n} = \widetilde{J}_1 \cos\theta_1,\ \widetilde{J}_{2n} = \widetilde{J}_2 \cos\theta_2$$

따라서 경계면에서 전계와 전류밀도 $\widetilde{J}_1 = \sigma_1 \widetilde{E}_1$, $\widetilde{J}_2 = \sigma_2 \widetilde{E}_2$이며 굴절 법칙에 의해서 $\dfrac{\tan\theta_1}{\tan\theta_2} = \dfrac{\sigma_1}{\sigma_2}$로 되는 결과를 얻을 수 있다. 이 결과에서 $\sigma_2 \to \infty$일 경우는 정 전계는 유전체와 도체와의 경계면이다.

6.6 도체의 열전 현상

6.6.1 열전대(Thermo couple)

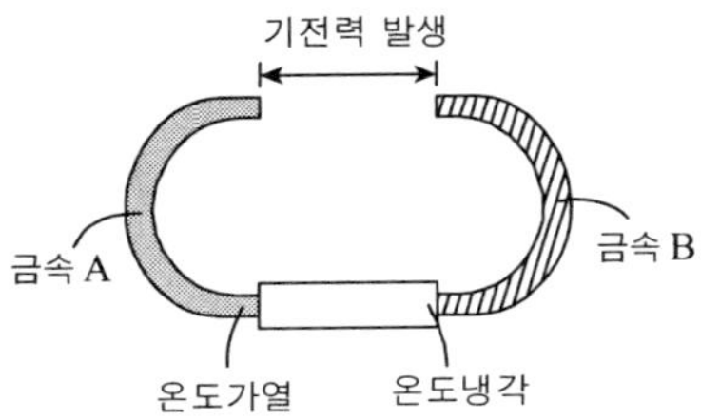

그림 6.10

서로 다른 종류의 금속을 연결하여 폐회로를 만들고 한 쪽에 온도를 T_1, 다른 쪽의 온도를 T_2라고 하면 이 폐회로에 기전력이 발생하여 전류가 흐르게 된다.

여기서 폐회로에 흐르는 전류를 열전류라고 하며, 열전류를 발생시키기 위한 기전력을 열기전력이라고 한다. 그리고 이러한 한쌍의 금속을 열전대라고 한다. 이와 같은 현상을 열전 효과 혹은 제어백 효과(Seeback effect)라고 한다. 이를 응용한 온도계를 서모커플 온도계(Thermo coupler)라고 하며 주로 열전온도계, 열전형 계기, 용광로 속의 온도 측정이나 온도 제어 등에 사용된다.

Book Cafe

제어백 효과를 얻기 위해서 2개의 금속선의 조합을 열전대 혹은 열전 쌍(Thermocoupler)(제어백 효과가 발생하는 서로 다른 금속으로 조합된 장치)이라고 하며 열전대에 흐르는 전류를 열전류, 열전류가 흐르도록 하는 기전력을 열기전력이라고 한다.

6.6.2 펠티어(Peltier effect)

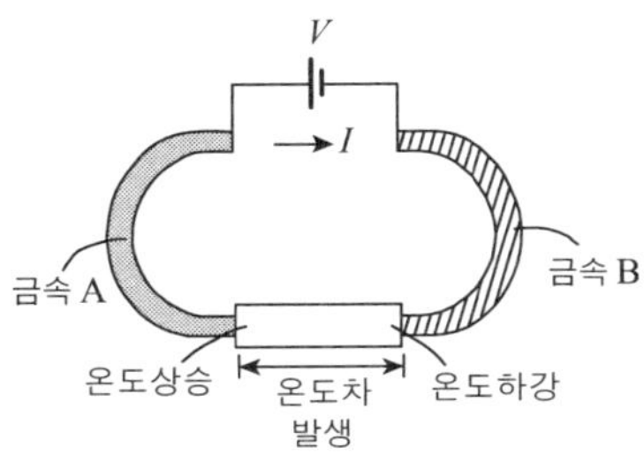

그림 6.11

두 종류의 금속을 접속하게 한 상태에서 전류를 흘리면 접합부에서 에너지 감소로 열을 발생하거나 열의 흡수가 일어나 온도차가 발생하는 현상을 말한다.

열전대에 전류를 흘리면 각 접속점에서 열의 흡수나 발생이 일어나는 현상 즉, 전류에 의해서 접합 점에서 열의 흡수, 다른 접합 점은 열의 발산으로 온도차가 발생하는 현상으로 전자 냉동 등에 응용하고 있다.

6.6.3 톰슨 효과(Thomson effect)

제어백 효과와 펠티에 효과는 성질이 서로 다른 금속에 대한 형상이었다면 톰슨 효과는 동일한 금속이라고 해도 금속내의 위치에 따라 온도가 다른 경우 이 금속에 전류를 흘리면 주울열 이외의 열이 발생 혹은 흡수가 일어나는 현상을 말한다. 여기서 두 점의 온도를 각각 T_1 , T_2로 했을 때 통과한 전기량은 Q[C], 열량을 H라고 하면

$$H = Q\int \sigma dt \text{ [cal]}$$

으로 나타낼 수 있으며, σ는 금속의 종류 및 온도에 따라 결정되는 상수로서 톰슨 계수라고 한다.

6.6.4 핀치효과(pinch effect)

도체가 이동할 수 있다면 도체는 힘(F)에 의해 움직이게 된다. 도체가 액체라고 하고 이것에 전류가 흐르고 있다면 도체 표면에는 〈그림 6.12〉와 같은 자계가 형성된다.

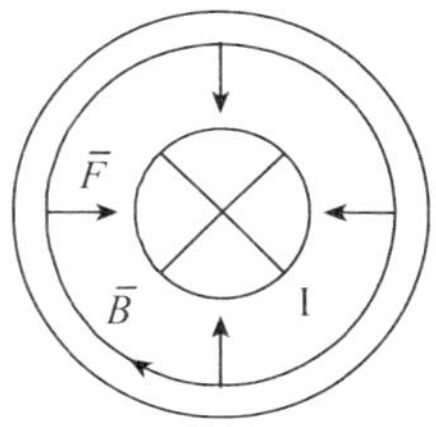

그림 6.12

6.6.5 홀 효과(Hall effect)

전류가 흐르고 있는 도체에 자계를 인가하면 도체 측면에는 (+), (−)의 전하가 나타나 두 면 사이에 전위차가 발생하는 현상을 홀 효과라고 한다. 따라서 홀 효과는 외부에서 자계를 인가하는 경우에 나타나는 것으로 홀 효과에서 발생한 기전력을 홀 전압(hall voltage) V_H라고 하며,

$$V_H = \frac{R_h\, I\, B}{d}\,[\mathrm{V}]$$

처럼 나타낼 수 있다. 여기서 R_h 는 홀 정수[$\mathrm{m^3/c}$], d는 자기력선이 미치는 도체의 두께를 나타낸다.

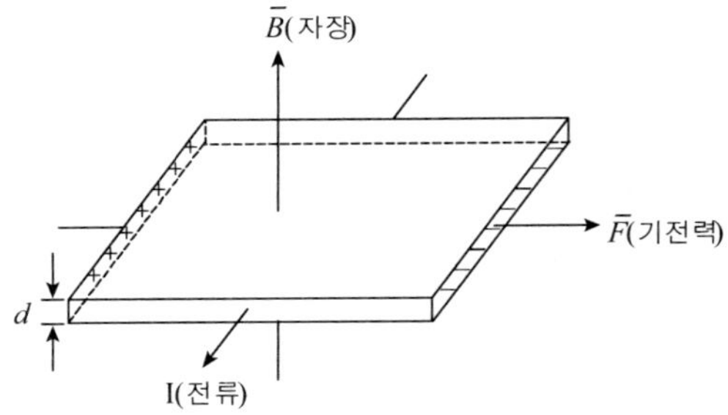

그림 6.13 홀 효과를 설명하는 내용

여기서 Hall-effect의 응용을 고려하면 다음과 같은 경우에 이용할 수 있다.

- 반도체 종류의 결정(미지 시료의 형태를 결정)
- 캐리어 밀도의 측정
- 그리고 도전율(전도율)및 이동도 측정 등에 응용할 수 있다.

▶▶▶ 연습문제

01 어느 도선의 단면적이 $S[\mathrm{m}^2]$일 때 전압의 강하가 $v[\mathrm{V}]$이었다면 동일한 전류에서 단면적을 2배로 하는 경우 선로의 전압 강하는?

해설 선로 상에서의 전압 강하는 $v = IR$이다. 여기서 전류가 일정하면 전압과 저항은 비례한다. 저항 R은 $R = \rho\frac{l}{S}$에서 단면적을 2배로 하면 저항 R은 $\frac{1}{2}$배가 된다. 전압 강하는 V의 $\frac{1}{2}$ 즉, $\frac{1}{2}v[\mathrm{V}]$가 된다.

02 직류 전원 전압에 저항을 접속하여 전류가 흐르는 경우 저항값을 20[%] 감소하는 경우 흐르는 전류와 저항의 관계는?

해설 처음 저항을 R_1라고 하면 $R_1 = \frac{V}{I}$이다. 저항이 20[%] 감소한 저항을 R_2라고 하고 이때의 전류를 I_2라고 하면

$$R_2 = (1-0.2)R_1 = 0.8R_1 = \frac{V}{I_2}$$

이다. 여기서 전류 I_2는

$$I_2 = \frac{V}{0.8R_1} = \frac{1}{0.8}I_1 = 1.25I_1$$

이다. 따라서 저항 값을 20[%] 감소시키는 경우 전류는 처음 보다 25[%]가 증가한다.

03 전선을 균일하게 n배의 길이로 당겨서 늘렸다. 이 때 전선의 체적은 변하지 않는다면 저항은?

해설 전선의 체적이 변하지 않았으므로 길이를 n배로 늘리게 되면 단면적은 $\frac{1}{n}$배가 된다. 여기서 n배 했을 때의 저항을 R_n이라면

$$R_n = \rho\frac{nl}{S/n} = n^2\rho\frac{l}{S} = n^2R$$

로 표현된다. 따라서 길이를 n배하면 저항은 n^2가 된다.

04 다음의 그림에서 반지름 a인 반구도체가 대지에 매설된 경우 두 반구도체 사이의 저항을 구하여라.

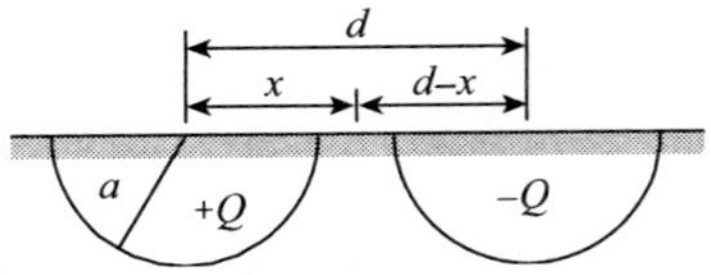

해설

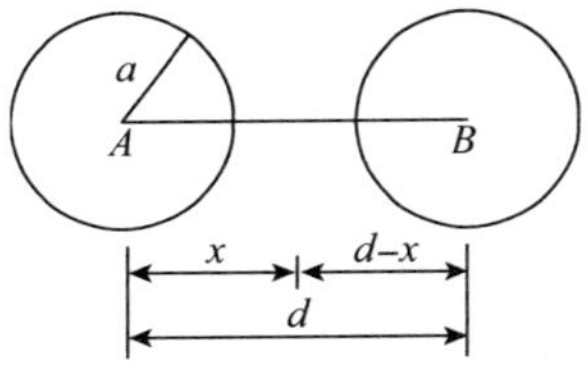

구 일 때의 정전용량을 C라고 하면 $C=\dfrac{Q}{V_{AB}}$이다. 여기서

$$V_{AB}=\frac{Q}{2\pi\varepsilon_0}\left[\frac{1}{a}-\frac{1}{d-a}\right] \text{이므로 } C=\frac{Q}{V_{AB}}=\frac{2\pi\varepsilon_0}{\dfrac{1}{a}-\dfrac{1}{d-a}}$$

이다. 여기서 $d \gg a$라고 하면 $C=\dfrac{2\pi\varepsilon_0}{\dfrac{1}{a}}=2\pi\varepsilon_0 a$가 된다.

한편 문제에서는 반구에 대한 경우이므로 반구에 대한 정전용량을 C_H라고 하면

$$C_H=\frac{C}{2}=\pi\varepsilon_0 a$$

이다. 따라서 두 반구체 사이의 저항은 $RC_H=\rho\varepsilon_0$에서

$$R=\frac{\rho\varepsilon_0}{C_H}=\frac{\rho\varepsilon_0}{\pi\varepsilon_0 a}=\frac{\rho}{\pi a}[\Omega]$$

가 된다.

05 지름 a[m]인 도선에 I[A]의 전류가 흐를 때 단위 체적 내의 금속의 자유 전자 수를 n개라면 전자의 평균 속도[m/s]는?

해설 전류밀도 $\tilde{J}=\dfrac{I}{S}=nev$이다. 여기서 속도 v는

$$v=\frac{I}{neS}=\frac{I}{ne\left(\dfrac{\pi}{4}a^2\right)}=\frac{4I}{ne\pi a^2}$$

가 된다.

06 길이 l[m], 지름 D[m]이며, 도전율 σ인 흑연봉 양단에 V[V]의 전압을 인가할 때의 전류밀도[A/m^2]?

해설 전류밀도 $\tilde{J}=\dfrac{I}{S}$이다. 여기서 $I=\dfrac{V}{R}$, $R=\dfrac{l}{\sigma S}$을 대입하면

$$\tilde{J}=\frac{I}{S}=\frac{V/R}{S}=\frac{V/\dfrac{l}{\sigma S}}{S}=\sigma\frac{V}{l}[\mathrm{A/m^2}]$$

가 된다.

07 길이 l[m], 지름a[m]인 두 평행 원통에 전극이 거리 길이 d[m]을 두고 존재한다. 이 전극 사이에 저항률 ρ[Ω/m]인 매질을 삽입했을 때 저항[Ω]은?

해설

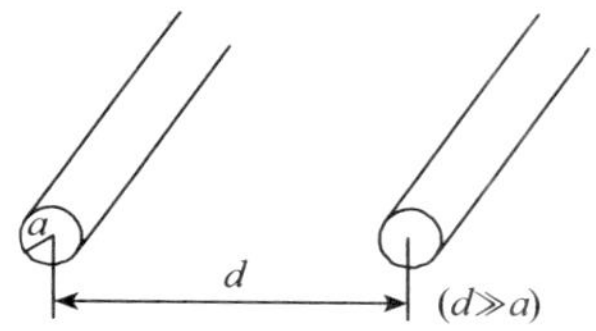

$RC=\rho\varepsilon$ 관계에서 $R=\dfrac{\rho S}{C}$이므로 평행 도선사이의 정전용량 C은

$$C=\frac{\pi\varepsilon l}{\ln\dfrac{d}{a}}$$

을 대입하면 저항 R은

$$R=\frac{\rho S}{C}=\frac{\dfrac{\rho\varepsilon}{\pi\varepsilon l}}{\ln\dfrac{d}{a}}=\frac{\rho}{\pi l}\ln\frac{d}{a}[\Omega]$$

가 된다.

08 액체 유전체를 포함한 콘덴서 용량이 C[F]일 때 전압 V[V]을 인가해서 흐르는 누설전류[A]는?

해설 $RC=\rho\varepsilon$ 관계에서 $R=\dfrac{\rho S}{C}$이다. 저항 R을 $I=\dfrac{V}{R}$에 대입하면

$$I=\frac{V}{R}=\frac{V}{\dfrac{\rho S}{C}}=\frac{CV}{\rho\varepsilon}=\frac{CV}{\rho\varepsilon_0\varepsilon_S}[\mathrm{A}]$$

가 된다.

09 다음과 같이 반 구도체에 대한 접지 저항은?

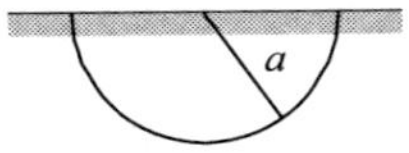

해설

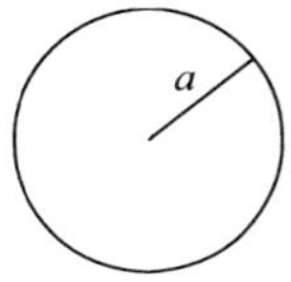

반지름 a인 구 도체의 경우 정전용량 C은 $C = 4\pi\varepsilon a$ [F]이다. 반구에 대한 정전용량을 C_H 라고 하면 $C_H = 2\pi\varepsilon a$ [F]이다. 따라서 $RC_H = \rho\varepsilon$ 관계에서

$$R = \frac{\rho S}{C_H} = \frac{\rho S}{2\pi\varepsilon a} = \frac{\rho}{2\pi a}[\Omega]$$

이 된다.

10 길이 l[m], 반지름 a[m]인 두 평행 원통 전극을 거리 d[m]로 하고 그 사이에 저항률 ρ[Ω·m]인 매질을 채웠을 때 저항[Ω]은?

해설 $RC = \frac{\varepsilon}{\sigma} = \rho\varepsilon$ 관계에서 $R = \frac{\rho\varepsilon}{C}$ 이며 여기에 평형 원통 사이의 정전용량

$C = \frac{\pi\varepsilon l}{\ln\frac{d}{a}}$[F]을 적용하면 $R = \frac{\rho\varepsilon}{C} = \frac{\rho\varepsilon}{\frac{\pi\varepsilon l}{\ln\frac{d}{a}}} = \frac{\rho}{\pi l}\ln\frac{d}{a}$[Ω]으로 표현된다.

11 옴(Ohm)의 법칙에 대해서 미분형으로 표시하여라.

해설 $dI = -\frac{dV}{R} = i \cdot dS$

에서 전류에 대한 관계식으로 나타내면

$$i = -\frac{dV}{R \cdot dS}$$

이다. 여기서 (−)의 부호는 전위가 감소하는 쪽으로 전류가 흐름을 나타낸다.

$$R = \rho\frac{l}{S}$$

에서 $R \cdot S = \rho \cdot l$인 관계식을 이용하면

$$i = \frac{dV}{R \cdot dS} = -\frac{dV}{\rho \cdot dl}$$

이며, 전위의 기울기 $\frac{dV}{dl} = -E$이므로

$$i = \frac{1}{\rho}E = kE$$

으로 표현된다. 여기서 k는 도전율, ρ는 고유 저항, E는 전계의 세기이다. 예를 들어 어떤 점의 전계의 세기가 $E = 6$[V/cm], 지면의 도전율이 $k = 10^{-4}$[℧/cm]일 때 이 점의 전류밀도[A/cm^2]는 $i = KE = 10^{-4} \times 6 = 6 \times 10^{-4}$[A/cm^2]가 된다.

12 어떤 전기기기의 권선 저항이 사용 전에 R_1이었으나 사용 후 R_2로 되었다. 이 경우에 운전 중인 권선의 온도는?

해설 처음 온도를 t_1, 사용전 저항을 R_1, 나중의 온도를 t_2, 나중의 저항을 R_2라고 하면

$R_2 = R_1[1 + \alpha_1(t_2 - t_1)]$[Ω]에서 $t_2 = \frac{R_2 - R_1}{\alpha_1 R_1} t_1$[C°]가 된다.

13 어떤 저항에 V[V]의 전압을 인가해서 I[A] 전류가 흐를 때 열량[cal]이 발생하였다. 이 때 전류가 흐르는 시간[sec]은?

해설 t[sec]동안 저항체에 발생하는 열량을 H[Cal]라고 하면

$$H = 0.24\, I^2 R t = 0.24\, VIt = 0.24\, Pt \text{ [Cal]}$$

에서 전류가 흐르는 시간은 $t = \frac{H}{0.24\, VI}$[sec]가 된다.

14 전구에 나타나는 전압을 20[%] 낮추게 되면 소비 전력은 어떤 변화를 보이는가?

해설 전압을 낮추기 전의 전력을 P_1이라고 하면 $P_1 = \frac{V^2}{R}$이다. 전압을 낮춘 후의 전력을 P_2라고하면 $P_2 = \frac{[(1-0.2)V]^2}{R} = \frac{0.64\,V^2}{R} = 0.64P_1$이다. 따라서 전압을 20[%] 낮추면 전력은 64[%]가 감소하게 된다.

15 공간 도체 중에 정상 전류밀도를 $\tilde{J}$, 전하 밀도를 ρ라고 할 때 전류의 연속식에 대해 설명하여라.

해설 $\tilde{\nabla} \cdot \tilde{J} = -\frac{\partial \rho}{\partial t}$ 관계에서 $\tilde{\nabla} \cdot \tilde{J} + \frac{\partial \rho}{\partial t} = 0$ (전류의 연속식이라고 한다.)

정상 전류의 경우에는 $\frac{\partial \rho}{\partial t} = 0$이므로 $\tilde{\nabla} \cdot \tilde{J} = 0$이 된다. 그리고 전압 방정식(KVL)은

$$\sum I = 0 = \int i\, dS = \int div\, i\, dv$$

이며, $div I = 0$이 된다. 즉 단위 체적당 전류의 발산은 없다.

여기서 $div I = 0$의 의미는 정상 전류가 흐를 때 전류는 전하의 축적(소멸)이 없는 것으로 도체 내에 흐르는 전류는 연속적으로 일정하며 단위 시간당 전하의 변화가 없다는 것을 말한다.

16 공간 도체 중의 정상 전류밀도가 i, 전하 밀도가 ρ 일 때 키르히호프의 전류 법칙에 대해서 설명하여라.

해설 키르히호프의 전류 법칙은 $\sum I = 0$ 을 말한다.

그리고 $div\, i = -\frac{\partial \rho}{\partial t}$ 에서 정상 전류라면 $div\, i = 0$이 된다.

여기서 $div\, i = 0$의 물리적 의미를 고려하면 다음과 같다.

- 단위 체적당의 전류의 발산은 없다.(전류의 연속성)
- 도체 내에 흐르는 전류는 일정하다.
- 단위 시간당 전하의 변화는 없다.

17 내부 저항 r인 전원에서 공급된 전력이 부하 저항 R_L에 최대로 전력을 공급하기 위한 조건은?

해설

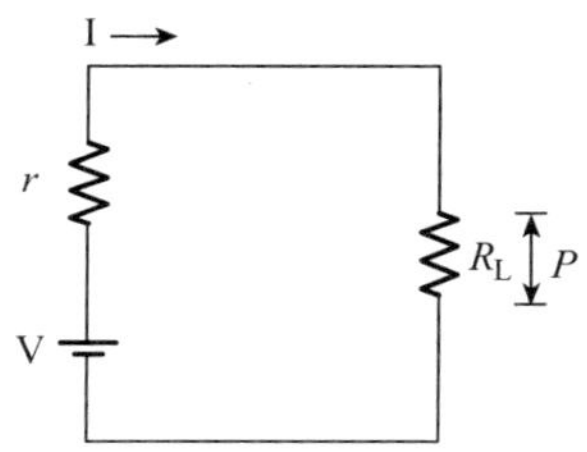

흐르는 전류 I는 $I = \frac{V}{r + R_L}$[A]이다. 부하 저항 R_L에서의 전력 P는

$P = I^2 R = \left(\frac{E}{r + R}\right)^2 R_L = \frac{V^2}{(r + R_L)^2} R_L$이다. 최대 공급 전력 조건은 $\frac{\partial P}{\partial R} = 0$을 만족해야 하므로

$$\frac{dP}{dR} = \frac{V^2\left[(r+R_L)^2 - 2(r+R_L)R_L V^2\right]}{(r+R_L)^4}$$

$$= \frac{V^2\left[r^2 + 2rR_L^2 - 2rR_L - 2R_L^2\right]}{(r+R_L)^4} = \frac{V^2(r^2 - R_L^2)}{(r+R_L)^4} = 0$$

에서 $r = R_L$이다. 따라서 공급 전력을 부하에 최대로 전달하기 위한 조건은 전원의 내부 저항 r과 부하 저항 R_L이 같을 때이다.

18 기전력 E[V], 내부 저항 $r[\Omega]$의 축전지 3개를 병렬로 접속하여 부하 저항 $R[\Omega]$을 연결하는 경우 부하에서 소비되는 전력이 최대가 되는 조건에 대해서 설명하여라.

해설 내부 저항이 r인 전지 m개를 병렬로 접속하는 경우 최대로 전력을 수신받기 위한 부하 저항의 크기를 고려하면 먼저 부하에 최대로 전력을 공급하기 위한 조건으로는 전지의 총 내부 저항 $\frac{r}{m}$와 부하 저항 R이 동일한 경우이다. 따라서 $R=\frac{r}{m}$인 관계를 만족할 때이다. 그러므로 기전력 내부 저항과 부하 저항이 같을 때 최대 전력이 전달되므로 $\frac{r}{3}=R$이 된다.

19 전류밀도 $J=10^7[\mathrm{A/m^2}]$이고, 단위체적의 이동전하가 $Q=8\times10^9[\mathrm{C/m^3}]$이라면 도체내의 전자의 이동속도 v[m/s]는?

해설 전자의 속도는

$$v=\frac{J}{Q}=\frac{10^7}{8\times10^9}=1.25\times10^{-3}[\mathrm{m/S}]$$

이며 여기서 도체내의 전자의 이동 속도는

$$v=\frac{J}{Q}=\frac{\frac{A}{m^2}}{\frac{C}{m^3}}=\frac{mA}{C}$$

인 관계를 이용하면

$$1[\mathrm{A}]=\frac{1[\mathrm{C}]}{1[\mathrm{S}]}$$

가 된다.

20 전류가 흐르고 있는 도체에 자계를 가하면 도체 측면에는 정·부의 전하가 나타나 두 면간에 전위차가 발생하는 현상은?

해설 전류가 흐르고 있는 도체에 자계를 가하면 플레밍의 왼손 법칙에 의하여 도체 내부의 전하가 횡 방향으로 힘을 받아 도체 측면에 (+), (−)의 전하가 나타나는 현상을 홀 효과라고 하며, 홀 기전력의 크기는

$$V_H=\frac{R_h IB}{d}[\mathrm{V}]$$

이다. 이와 같은 홀 효과의 응용을 고려하면 다음과 같다.

- 반도체의 종류 혹은 형태를 결정하는데 이용한다.

- 캐리어의 밀도를 측정하는데 적용할 수 있다.
- 도전율 혹은 전도율의 크기를 측정하는데 이용할 수 있다.

21 **비유전율 $\varepsilon_s = 2.2$, 고유저항 $\rho = 10^{11}[\Omega \cdot \text{m}]$에 액체 유전체를 넣은 콘덴서의 용량이 $20[\mu\text{F}]$이었다. 여기에 $500[\text{kV}]$의 전압을 가하면 누설 전류[A]는?**

해설 $RC = \rho\varepsilon$ 관계에서 $R = \dfrac{\rho\varepsilon}{C}[\Omega]$이며, 이를 $I = \dfrac{V}{R}$에 적용하면 누설 전류[A]는

$$I = \frac{V}{R} = \frac{CV}{\rho\varepsilon} = \frac{CV}{\rho\varepsilon_0\varepsilon_s} = \frac{20 \times 10^{-6} \times 500 \times 10^3}{10^{11} \times 8.855 \times 10^{-12} \times 2.2} = 5.13[\text{A}]$$

으로 구해진다.

22 **콘덴서 사이의 유전율 ε, 도전율 K인 도전성 물질이 존재하는 경우 정전용량 C와 컨덕턴스 G의 관계에 대해서 설명하여라.**

해설 콘덴서의 저항 $R = \dfrac{d}{KS}[\Omega]$, 정전용량은 $C = \dfrac{\varepsilon S}{d}$ 관계에서

$$RC = \frac{d}{KS} \times \frac{\varepsilon S}{d} = \frac{\varepsilon}{K} = \frac{C}{G}$$

가 성립하게 된다.

23 **제어백 효과, 펠티에 효과 그리고 톰슨 효과에 대해서 간단히 설명하여라.**

해설
- 제어백 효과 : 다른 종류의 금속선으로 된 폐회로의 두 접합점의 온도를 달리 했을 때 전기가 발생하는 효과를 말한다.
- 펠티에 효과 : 금속으로 된 회로에 전류를 흐르게 하면 열의 발생(흡수)이 일어나는 현상으로 제어백 효과의 반대 현상이다.
- 톰슨 효과 : 동일한 금속 내에서도 온도를 달리하는 경우 전류를 흘리면 주울열 이외의 열이 발생(흡수)하는 현상을 말한다.

Chapter 07 정 자계

7.1 자하와 coulomb의 법칙

7.1.1 자기의 성질

자석의 주위에 철편을 놓으면 힘이 작용하는데 이와 같이 자석의 힘 혹은 자기의 힘이 작용하는 공간을 (정)자계라고 한다.

- 자석(Magnet)은 자기를 가진 물체를 의미
- 자기(Magnetism)는 자력을 나타내는 원인
- 자극(pole)은 자기가 집중해 있는 부분
- 그리고 자력(Magnetic force)의 자철광은 철편을 잡아당기는 성질을 갖고 있는 힘을 말한다. 이것은 역학적인 원인에 의한 것도 아니고, 전기력과는 다른 것이다.

7.1.2 coulomb의 법칙

앞에서 어떤 물체가 전기를 가질 경우 물체가 갖고 있는 전기량을 전하라고 했다면 자계에서 자기 성질을 갖는 물체가 지닌 전기를 양적으로 표현하거나 나타낸 것을 자하라고 본다.

정전기에서 사용한 쿨롱의 법칙은 전하를 (+) 전하와 (−) 전하로 분리할 수 있지만 자석에서는 정 자하와 부 자하로 분리할 수 없다.

하나의 자석은 북극을 향한 N극과 남극을 향한 S극으로 되어있으며, 자석에서는 N극과 S극을 분리할 수 없으나 자석 전체의 전하 총량은 0이다. 자기의 원인으로 자극의 부호 m [Wb]을 사용하는데 실제적인 양은 아니다. 지금 두 점 자극(point pole)의 자석의 자극의 세기 m_1 [Wb]과 m_2 [Wb]가 투자율 μ_0 [H/m] 매질 중에서 거리 r 만큼 떨어

져 있는 경우 발생하는 힘 $\tilde{F}$는

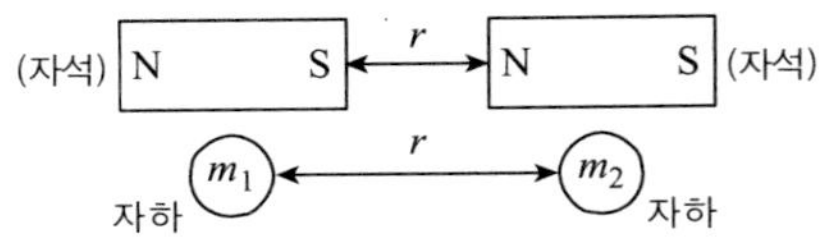

그림 7.1 두 자하 간에 작용하는 힘

$$\tilde{F} = \frac{m_1 m_2}{4\pi\mu_0 r^2} = 6.33 \times \frac{m_1 m_2}{r^2} \,[\mathrm{N}]$$

으로 나타낼 수 있으며, 이것을 자극에 대한 쿨롱의 법칙이라고 한다.

여기서

$$\mu_0 = 4\pi \times 10^{-7} = 1.257 \times 10^{-6} [\mathrm{H/m}]$$

는 진공의 투자율(Permeability)이다. 전기학의 전하에 해당하는 자하를 고려하면 진공 중에서 두 개의 같은 세기의 자하가 1[m]인 거리에서 작용하는 힘이

$$\tilde{F} = \frac{1}{4\pi\mu_0} = 6.33 \times 10^4 \,[\mathrm{N}]$$

일 때 일으키는 것을 단위로 하는 자하의 세기를 1 [Wb, weber]라고 정의한다.

Book Cafe

투자율 μ_0의 단위

$[\mu_0] = [\mathrm{Wb/N \cdot m^2}] = [\mathrm{H/m}]$

$\mu_0 = \dfrac{1}{4\pi \times 6.33 \times 10^4} = 4\pi \times 10^{-7}$

Book Cafe

1 [Wb] = 10^8 [Maxwell]

1 [$\mathrm{Wb/m^2}$] = 10^4 [Gauss]

예제 7.1

5×10^{-2}[Wb], 8×10^{-2}[Wb]인 두 자극이 비 투자율이 5인 매질 중에서 1[m]의 거리에 있을 때 두 자극 사이에 작용하는 힘[N]은?

[풀이] m_1, m_2는 자극의 세기[Wb], r은 점 자극 사이의 거리[m] 등을 이용하여 쿨롱의 법칙 $F=\dfrac{m_1m_2}{4\pi\mu r_2}=6.33\times10^4\dfrac{m_1m_2}{\mu_r r^2}$[N]인 관계식이 성립하게 된다. 여기서 두 자극 사이에 작용하는 힘을 나타내면

$$F=6.33\times10^4\frac{m_1m_2}{\mu_r r^2}=6.33\times10^4\times\frac{5\times10^{-2}\times8\times10^{-2}}{5\times1^2}=50.64[\mathrm{N}]$$

가 된다.

예제 7.2

공기 속에서 10[cm]의 거리에 있는 두 자하 사이에 작용하는 인력이 31.56[N]이다. 한 쪽의 자극의 세기가 5×10^{-4}[Wb]라 하면 다른 자극의 세기는?

[풀이] 쿨롱의 법칙 관계식 $F=\dfrac{1}{4\pi\mu_0}\dfrac{m_1m_2}{r^2}$을 이용하여 계산하면

$$31.56[\mathrm{N}]=6.33\times10^4\times\frac{5\times10^{-4}\times m_2}{0.1^2}$$

이며 여기서 다른 자극 m_2의 세기를 구하면

$$m_2=\frac{31.56\times0.01}{6.33\times5}\fallingdotseq1\times10^{-4}[\mathrm{Wb}]$$

가 된다.

7.2 자계, 자위, 자속

7.2.1 자계(Magnetic field)

자석 주변에서 철 등을 끌어당기는 힘이 작용하는데 이와 같이 자기력선이 작용하는 공간의 영역을 자석에 의한 자계라고 한다. 여기서 자계는 방향과 크기를 동시에 갖는

벡터량이다. 그리고 전류가 흐르는 경우에 주변에 반드시 자계 $\widetilde{H}$가 생긴다.

(1) 자계의 세기(intensity of magnetic field)

m [Wb]의 점 자극에 의해 이와 같은 힘이 존재하는 공간을 (정)자계라 한다.

자계의 세기 $\widetilde{H}$는 1 [Wb]의 단위 점 자극을 놓았을 때 작용하는 힘의 크기와 작용하는 방향으로 결정되는 량이다.

$$\widetilde{H} = \frac{\widetilde{F}}{m_1} = \frac{m_2}{4\pi\mu_0 r^2} \text{ [N/Wb], [AT/m]}$$

$$\widetilde{F} = m\widetilde{H} \text{ [N]}$$

이는 자계 $\widetilde{H}$ [AT/m]인 공간의 한 점에 m [Wb]의 자하를 놓으면 이 자하에는 쿨롱의 법칙에 의해 힘을 받게 된다.

예제 7.3

공기 중에 3 [Wb]의 자극으로부터 1 [m]에 위치한 자계의 세기는?

[풀이] 자계 $\widetilde{H}$는

$$\widetilde{H} = \frac{m}{4\pi\mu_0 r^2} = 6.33 \times 10^4 \times \frac{3}{1^2} = 18.99 \times 10^4 \text{ [AT/m]}$$

가 된다.

예제 7.4

직선상에서 자극 $+m$ [Wb]와 $+km$ [Wb]가 거리 r [m] 간격을 두고 존재할 때 자계의 세기가 0이 되는 곳은 m [Wb]에서 어느 정도 거리[m]에 있을 때인가?

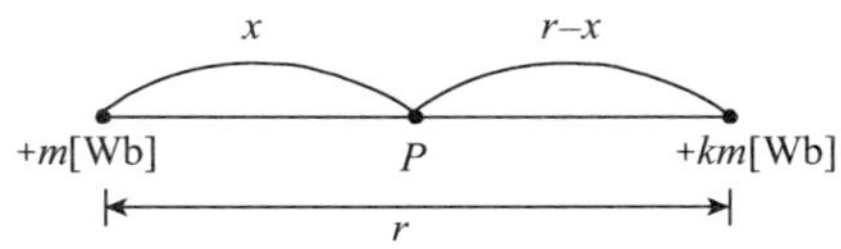

[풀이] 직선상에서 x [m]인 점 P에서 자계의 세기가 0이었다면 $+m$ [Wb]에서 점 P까지 그리고 점 P에서 $+km$ [Wb]까지 자계 세기를 각각 $\widetilde{H}_1$, $\widetilde{H}_2$라고 하면

$\widetilde{H}_1 = \dfrac{m}{4\pi\mu x^2}$, $\widetilde{H}_2 = \dfrac{km}{4\pi\mu(r-x)^2}$가 된다. 여기서 점 P의 합성 자계를 $\widetilde{H}$라고 하면

$\widetilde{H} = \widetilde{H}_1 + \widetilde{H}_2$ 이므로

$$\widetilde{H} = \widetilde{H}_1 + \widetilde{H}_2 = \frac{m}{4\pi\mu}\left[\frac{1}{r^2} - \frac{k}{(r-x)^2}\right] = 0$$

이다. 여기서 x값을 구하면 $x = \dfrac{r}{1+\sqrt{k}}$ [m]가 되는 거리에서 자계의 세기가 0이 된다.

예제 7.5

어떤 자기장에 의하여 자기장의 세기를 $\frac{1}{4}$로 하기 위해서 자극으로부터의 거리를 몇 배로 하면 되는가?

[풀이] 자기장의 세기 $H = \dfrac{m}{4\pi\mu r^2}$에서 $H \propto \dfrac{1}{r^2}$이므로 자극으로부터의 거리를 구하면

$$r = \frac{1}{\sqrt{H}} = \frac{1}{\sqrt{\frac{1}{4}}} = 2\text{배}$$

가 된다.

(2) 자기력선

자기력선은 전계의 경우와 같이 자계의 상태를 설명하기 위한 자계의 크기와 방향을 타나내는 가상적인 선이다.

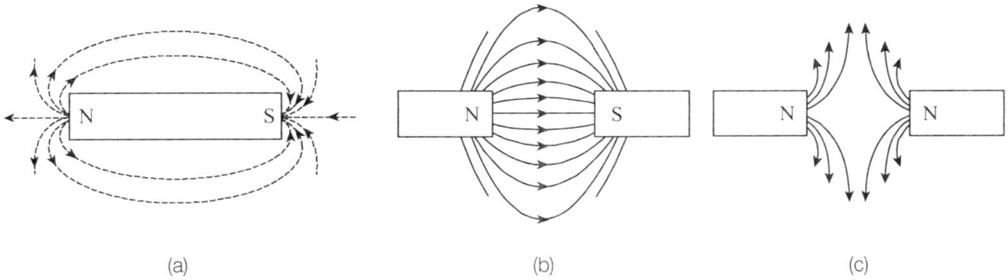

그림 7.2 자기력선

자기력선은 N극에서 나와 S극으로 들어가는데 이 때 발생하는 공간을 자계라고 한다. 즉, 자기력선은 자계 내에서 자계의 세기 정도를 나타내기 위한 가상적인 선이다. 이와 같은 자기력선이 갖는 성질을 고려하면 다음과 같다.

- 자력선은 N극(정 자하)에서 나와서 S극(부 자하)으로 들어간다.
- 자력선은 자극이 없는 곳에서는 발생과 소멸이 없으며 연속한 곡선이 된다.
- 자계가 0이 아닌 곳에서는 2개의 자력선은 상호간에 교차하지 않는다.
- 자기력선은 등자위면과 직교한다.
- 자력선 밀도는 그 점에서의 자계의 세기와 같다.
- 그리고 자력선 밀도가 큰 위치일수록 자계의 세기가 크며, 밀도가 작을수록 자계의 세기가 작아지게 된다.
- m[Wb]인 자극에서 발생하는 자기력선 수는 $\frac{m}{\mu_0}$ [개]이다.

  그리고 자속 수 ϕ는 자하 수 m와 같다. 즉 $\phi = \int \widetilde{B} \cdot dS = m$[Wb]

Book Cafe

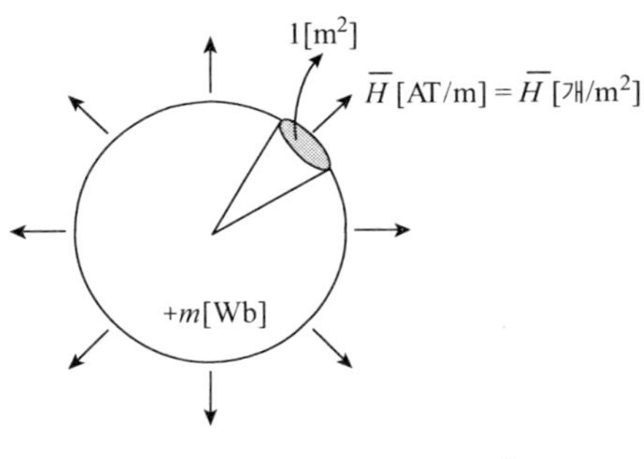

자력선은 1[m^2]당 H개가 수직으로 지나간다. 구의 표면적이 $4\pi r^2$이므로 $+m$[Wb]에서 발생하는 자력선의 수 N은

$$N = \widetilde{H} \times 4\pi r^2 = \frac{m}{4\pi\mu_o r^2} \times 4\pi r^2 = \frac{m}{\mu_o}$$ 가 된다.

한편 $-m$[Wb]이면 자력선은 $-\frac{m}{\mu_o}$이며, 자극으로 들어가는 방향이 된다.

7.2.2 자위(Magnetic Potential)

(1) 자위의 정의

자위는 자기가 존재하는 위치가 어느 정도 높이 있는가를 나타내기 위한 것으로 "무한 원점에서 자계중의 한 점까지 자극 +1[Wb]를 운반하는데 소요되는 일" 이다.

즉, 자계가 0인 무한 원점으로부터 +1[Wb]의 자하를 반대 방향으로 운반할 때 소요되는 일을 그 점의 자위라고 한다.

(2) 자위의 단위

자위의 단위는 1[Wb]의 자하를 운반할 경우 1[J]의 일을 필요로 하는 두 점 사이의 자위차를 기준으로 하는 1[J/Wb]이지만 실제 사용되는 실용 단위로 AT[Ampere Turn]를 이용하고 있다.

(3) 자위의 세기

점 자극 m[Wb]에 의해서 발생한 자계 내에서 거리 r만큼 위치한 점 P의 자위를 고려하면

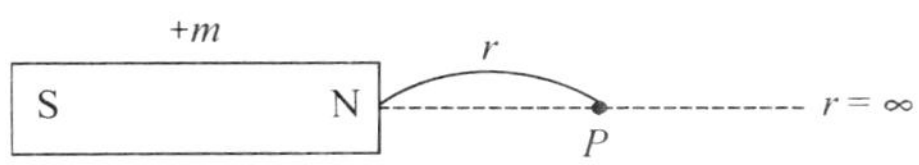

그림 7.3 점 자극에 대한 자계

$$U = -\int_{\infty}^{P} \tilde{H} \cdot d\tilde{l} = -\int_{\infty}^{r} \tilde{H} \cdot d\tilde{l} = \frac{m}{4\pi\mu r} \text{[J/Wb][AT]}$$

가 된다. 여기서 (−) 부호는 외부에서 에너지를 공급받아 자위가 높아진다는 것을 의미하는 것이다. 따라서 전계에서 전위를 고려했다면 자계에서는 자위가 발생하게 된다고 본다.

(4) 자위차, 기자력(Magnet motive force)

자계 중에 두 점 A와 B의 자위가 U_A, U_B일 때 A와 B의 자위차 U_{BA}는

$$U_{BA} = U_B - U_A = -\int_A^B \widetilde{H} \cdot d\widetilde{l} = -\int_A^B H dl \cos\theta [\mathrm{A}]$$

여기서 $U_A > U_B$라면 A점의 자위가 B점의 자위 보다 높게 되는 것으로 이와 같은 자위차를 만들 수 있도록 하는 힘을 기자력(magnet motive force)이라고 한다. 자위는 적분로가 전류와 쇄교 하지 않은 경우인 $\oint_C \widetilde{H} \cdot d\widetilde{l} = 0$로 되는 조건 일 때만 자위를 전위처럼 취급하는 것이 가능하다.

(5) 자위의 경도

자계 내에서 $+1\,[\mathrm{Wb}]$의 자하를 미소 거리 dl 만큼 움직이는데 필요한 일을 dU라고 하면

$$dU = -\widetilde{H} \cdot d\bar{l} = -H\,dl\cos\theta\,[\mathrm{A}]$$

가 된다. 여기서 θ는 $\widetilde{H}$와 $d\widetilde{l}$이 이루는 각을 나타내며, $H\cos\theta$는 $d\widetilde{l}$ 방향의 성분을 나타낸다. 여기서

$$\widetilde{H} = -\frac{dU}{dl}[\mathrm{A/m}]$$

가 된다. 이 관계식은 자계 내의 한 점에서 임의의 방향에 대한 자계 $\widetilde{H}$는 그 점의 자위 U의 방향에 대한 감소를 나타낸 것으로 이를 자위 경도(기울기)라고 하며, 벡터 기호를 사용하여 나타내면

$$\widetilde{H} = -\mathrm{grad}\,U = -\widetilde{\nabla}U[\mathrm{AT/m}]$$

와 같이 나타낼 수 있다. 여기서 (−)부호는 자위가 감소하는 방향이 자계의 방향이 된다는 것을 의미하는 것이다.

따라서 $\widetilde{H} = -\widetilde{\nabla}\widetilde{U}$는 $\widetilde{E} = -\widetilde{\nabla}\widetilde{V}$ 경우에서 처럼 전류가 존재하지 않는 곳에서 자위(차)만 알고 있을 때 자계의 세기 $\widetilde{H}$를 구하는데 사용할 수 있다.

예제 7.6

자기 쌍극자의 자기 모멘트는 $M[\text{Wb}\cdot\text{m}]$, 쌍극자의 중심으로부터의 거리는 $r[\text{m}]$, 쌍극자의 정 방향과의 각도를 θ라고 할 때 자기 쌍극자에 의한 자위 $U[\text{A}]$에 해당되는 것은?

[풀이] 자기 쌍극자에 의한 자위의 관계식을 이용하여 계산하면

$$U_m = \frac{M\cos\theta}{4\pi\mu_0 r^2} = 6.33\times 10^4 \times \frac{M\cos\theta}{r^2}\,[\text{A}]$$

인 관계식으로 표현된다.

7.2.3 자속과 자속밀도(Magnet flux density)

(1) 전류 I와 자계 $\widetilde{H}$의 관계

자계 중에서 자계 $\widetilde{H}$의 방향을 연속적으로 나타낸 가상적인 선이라고 정의된 자기력선에서 자기력선에 수직인 단위 면적당 나타나는 자기력선의 수는 그 점의 자계의 세기와 같다.

따라서 자계의 세기 $\widetilde{H}$는 자기 회로의 단위 길이 l에 대해서 어느 정도의 기자력 NI 이 주어지고 있는가를 나타내는 양으로

$$\widetilde{H} = \frac{NI}{l}[\text{AT/m}]$$

처럼 표시된다. 여기서 l은 길이, NI은 기자력을 나타낸다.

Book Cafe

무한히 긴 직선 전류에 의해 생기는 자계의 성질

- 자계 $\widetilde{H}$는 전류 I에 비례한다.
- 자계 $\widetilde{H}$는 직선에서 부터의 거리에 반비례한다.
- 자계 $\widetilde{H}$의 방향은 도선을 포함하는 평면에 지각(단면)이며, 우수계를 이룬다.

(2) 자속 ϕ 와 자속밀도 $\widetilde{B}$의 관계

자기력선의 다발 혹은 묶음을 자속(magnetic flux)이라 하며, 1[Wb]의 자하에서 1개의 자속이 발생하는 것으로 볼 수 있다.

즉, m[Wb]으로 부터 나오는 전속은 $\phi\,[\text{Wb}] = m\,[\text{Wb}]$가 된다. 전속 밀도 $\widetilde{D}$와 마찬가지로 자계 강도 $\widetilde{H}$는 운동하고 있는 전하에 의존하며, 주변의 매질과는 무관하다. 여기서 자유 공간상에서 전속밀도 $\widetilde{D}$인 관계가 존재하듯이 자속밀도 $\widetilde{B}$는 자계의 세기 $\widetilde{H}$와

$$\widetilde{B} = \mu \widetilde{H}$$

인 관계에 있으며, 여기서 $\mu\,(= \mu_o\,\mu_s)$는 매질의 투자율이다. 자속밀도 $\widetilde{D}$의 단위는 테슬라(Tesla) 또는 $[\text{Wb/m}^2]$이며, 1[T]는

$$1[\text{T}] = 1\frac{[\text{N}]}{[\text{A m}]}$$

으로 표현된다. 자계 중에 임의의 표면을 통과하는 자속을 ϕ[Wb]라고 하면 자속밀도 $\widetilde{B}$는 철심 단면의 단위 면적 S에 생기는 자속의 양으로

$$\widetilde{B} = \frac{\phi}{S} = \frac{m}{4\pi\, r^2}[\text{Wb/m}^2], [\text{T}]$$

로 표시된다. 즉, 단위 면적을 수직으로 통과하는 자속을 자속밀도라고 한다.

자속밀도의 단위 $1[\text{Wb/m}^2]$는 $C.G.S$ 전자 단위의 10^4 [gauss]에 해당하며, 이것은 단위 면적을 통과하는 자속의 수는 그 점의 자속밀도의 크기와 같다는 것이다. 이것을 일반적으로 표시하기 위해서 진공 중에서 m[Wb]의 자하로부터 나가는 자속의 수(자력선의 수)를 고려하면

$$\phi = \int \widetilde{B}\cdot d\widetilde{S} = \widetilde{B}\cdot d\widetilde{S} = m[\text{Wb}]$$

와 같이 표현된다. 자속 ϕ는 자속밀도 $\widetilde{B}$와 단위 면적 S의 벡터 내적으로 표현할 수 있다는 것이다.

그리고 $\phi = \int_S \widetilde{B}\cdot d\widetilde{S}$ 관계식에 $\widetilde{B} = \mu_0 \widetilde{H}$을 적용하면

$$\phi = \int_S \mu_o \, \widetilde{H} \cdot d\widetilde{S} [\mathrm{Wb}]$$

로 표현할 수 있다. 여기서 미소면적 dS의 단위 법선 벡터를 선택하는 방향에 따라서 자속 ϕ는 음 또는 양의 값을 갖게 된다.

Book Cafe

전류에 의해서 자계가 형성되는 것을 알았다면 자계를 구성하는 자속에 대해서 고려하면 자속 ϕ [Wb]은 N극에서 출발하여 S극으로 들어가는 연속적인 것이다.

$$\bar{B} = \frac{\Delta\phi}{\Delta S}$$

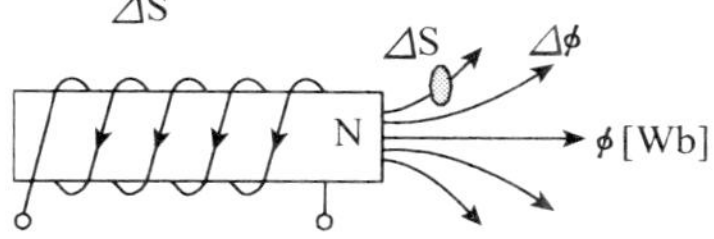

자속의 방향과 수직인 면적 ΔS를 통과하는 자속을 $\Delta\phi$ [Wb]라고 하면 자속밀도는 $\widetilde{B}$는 $\widetilde{B} = \dfrac{\Delta\phi}{\Delta S}[\mathrm{Wb/m^2}]$가 된다.

예제 7.7

자속 및 자속밀도에 대해서 간단히 설명하여라.

[풀이]
- 자기력선의 다발을 자속이라고 하며, 1[Wb]이 자하에서 1개의 자속이 나오는 것으로 한다.
- 자속밀도의 단위로 [T](Tesla)을 사용한다.
- 진공 중에서 m [Wb]의 자하로부터 나가는 자속의 수는 $\phi = m = \int B \cdot ds$ [Wb]이다.
- 자계의 세기는 단위 길이에 대해서 어느 정도의 기자력($= NI$)이 주어지고 있는가를 나타내는 양을 말한다.

$$H = \frac{NI}{l} \ [\mathrm{AT/m}]$$

예제 7.8

비 투자율 400이고, 단면적 $4\pi[\mathrm{cm^2}]$인 환상 철심에 $500[\mathrm{AT/m}]$의 자계를 인가하는 경우 전자 속[Wb]은?

[풀이] 자속에 관련된 관계식으로 $\phi = BS$[Wb]이므로 여기서 자속밀도에 관련된 관계식 $B = \mu_0 \mu_s H$을 이용해서 구하면

$$B = \mu_0 \mu_s H = 4\pi \times 10^{-7} \times 400 \times 500 = 8\pi \times 10^{-2}\,[\mathrm{Wb/m^2}]$$

가 되며 이를 이용하여 자속을 구하면

$$\phi = BS = 8\pi \times 10^{-2} \times 4\pi \times 10^{-4} = 32\pi^2 \times 10^{-6}\,[\mathrm{Wb}]$$

가 된다.

7.2.4 자속에 대한 Gauss 정리와 발산

전하는 정전하와 부 전하로 분리하는 것이 가능하지만 자하의 경우는 단독으로 존재할 수 있는 자하는 없다.

즉, 아무리 작은 미소 자석이라도 정 · 부 자극(N극, S극)을 동시에 가지고 있기 때문에 정 · 부 자하로 분리하는 것은 곤란하다는 것이다. 자속선은 자기장내의 모든 점에서 자속밀도 $\widetilde{B}$와 접하게 되는 경로이다. 〈그림 7.4〉에서처럼 자속선의 방향은 자기장내에 나침반을 두는 경우 나침반의 바늘이 가리키는 방향이며, 자속선은 구조에 상관없이 언제나 폐곡선을 구성하며, 자속선 상호간에 교차하는 일은 없다.

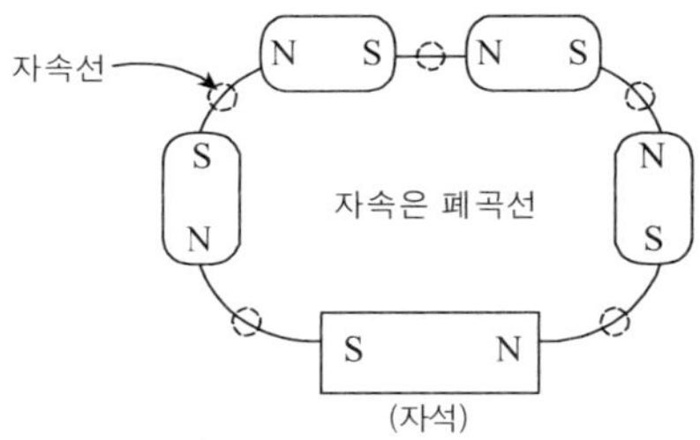

그림 7.4 자속에 대한 폐곡선

자석을 둘러싼 폐곡면 S에 대해 Gauss 법칙은 적용하면 폐곡면 S 내의 자성체는 (+), (−) 같은 양의 자하를 가지고 있기 때문에 자기장 내에서 폐곡면 S을 출입(통과)하는 총 자속은 0이라고 할 수 있다. 즉

$$\oint \tilde{B} \cdot d\tilde{S} = 0$$

으로 나타낼 수 있다. 이 관계식에 발산의 정리를 적용하면

$$\oint \tilde{B} \cdot d\tilde{S} = \int div\, \tilde{B}\ dv = 0$$

가 성립하기 때문에

$$div\, \tilde{B} = \tilde{\nabla} \cdot \tilde{B} = 0$$

임을 알 수 있다. 여기서 결과식에 대한 의미를 고려하면 다음과 같다.

- 자속이 항상 폐곡선으로 된다는 것을 나타낸다.
- 정 자기장은 공급하는 소스(source)나 흡수하는 싱크(sink)를 갖고 있지 않다.
- $div\, \tilde{B} = 0$의 자속은 발산이 없다는 것으로 그 자신이 폐곡선을 이루는 연속선임을 의미한다. (즉, 출발점도 종점도 없는 폐곡선이라는 것을 의미한다.)

예제 7.9

자속에 대한 가우스 정리와 발산에 대해서 간단히 설명하여라.

[풀이]

- 자석을 둘러싼 폐곡면에 대한 가우스 법칙은 $\phi = \oint \tilde{B} \cdot ds = 0$이다.
- 폐곡면 내의 자성체는 (+), (−) 같은 양의 자하를 가지고 있으므로 폐곡면을 통과하는 총 자속은 0이다.
- 발산의 정리를 통하여 $\tilde{\nabla} \cdot B = 0$은 항상 폐곡선이 된다는 것을 의미한다.
- 자하는 정 · 부 자하로 분리할 수 없다. 즉 동시에 정 · 부 자하를 갖는다.
- 자속에 대한 발산이 없다는 것은 그 자신이 폐곡선을 이루는 연속선임을 말한다. 즉, 출발점도 종점도 없는 폐곡선을 의미한다.

7.3 자기 쌍극자와 자기 2중층

7.3.1 자기 쌍극자(소 자석)

미소자석의 경우 N극과 S극은 단독으로 존재하지 않고 항상 동시에 존재하는 쌍극자 형태를 보이게 된다. 이와 같이 크기가 같고 부호가 다른 점 자극을 무수히 갖는 자석을 자기 쌍극자(Magnet dipole)라고 한다.

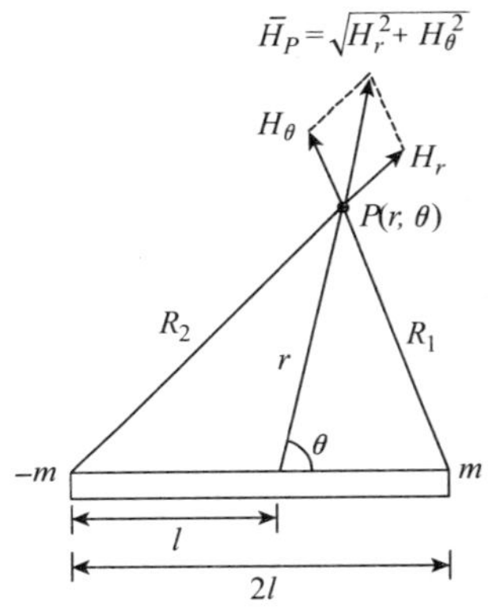

그림 7.5 미소 자석의 자기 쌍극자

미소 자석 중심에서 거리 r만큼에 존재하는 임의의 한 점 $P(r, \theta)$의 자위를 U_P라고 하면

$$U_P = \frac{m}{4\pi\mu_0 R_1} - \frac{m}{4\pi\mu_0 R_2} = \frac{m}{4\pi\mu_0}\left(\frac{1}{R_1} - \frac{1}{R_2}\right)[\mathrm{A}]$$

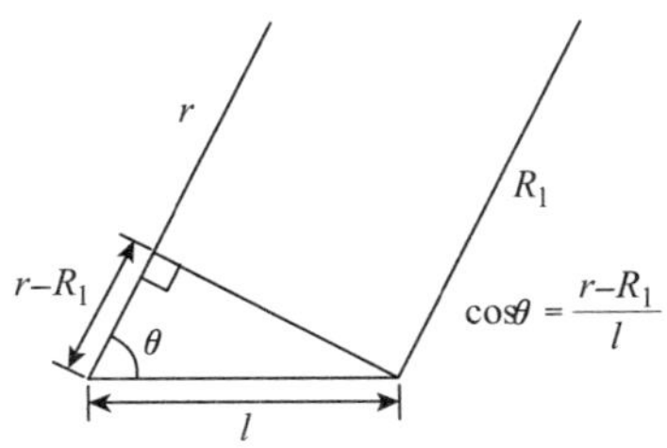

그림 7.6

이며, $r \gg 2l$ 이라면 그림에서 $R_1 = r - l\cos\theta$와 $R_2 = r + l\cos\theta$인 관계식을 U_P 식에 적용하고 정리이면

$$U_P = \frac{m}{4\pi\mu_0}\ \frac{2l\cos\theta}{r^2 - l^2\cos^2\theta}$$

가 된다. $r \gg l$이라면 분모 식에서 $l^2\cos^2\theta$는 무시할 수 있으며, 소 자석에서 $-m$에서 $+m$ 방향으로 자기 쌍극자 모멘트 $\widetilde{M} = m(2\tilde{l})$을 대입하면

$$U_P = \frac{\widetilde{M}\cos\theta}{4\pi\mu_0 r^2}[\mathrm{A}]$$

로 표현할 수 있다.

Book Cafe

자기 쌍극자 모멘트, $\widetilde{M} = m\,\tilde{l}\,[\mathrm{Wb \cdot m}]$

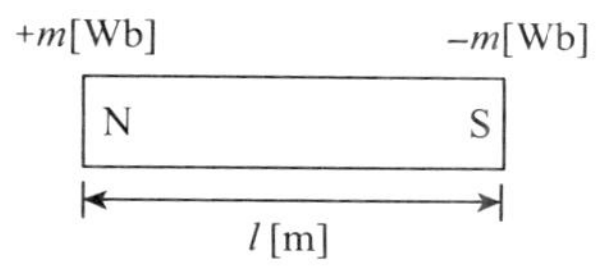

따라서 점 P점에 대한 자계 성분을 구하기 위해서 자위 경도에 관련된 식 $\widetilde{H} = -\,grad\,U$을 적용하면

$$H_r = -\frac{\partial u}{\partial r} = \frac{2\widetilde{M}\cos\theta}{4\pi\mu_0 r^3}[\mathrm{AT/m}]$$

$$H_\theta = -\frac{\partial u}{r\partial\theta} = \frac{\widetilde{M}\sin\theta}{4\pi\mu_0 r^3}[\mathrm{AT/m}]$$

$$H_\phi = 0\,(\text{자위 변화가 없다.})$$

가 된다. 점 P의 자계 세기 $\widetilde{H}$는 벡터 합성법에 의해서 $\widetilde{H}_P = \sqrt{{H_r}^2 + {H_\theta}^2}$ 이므로 여기서 H_r과 H_θ를 각각 대입하면

$$\widetilde{H}_P = \frac{\widetilde{M}}{4\pi\mu_0 r^3}\sqrt{1+3\cos^2\theta}$$

로 되는 결과를 얻을 수 있다.

이는 앞에서 정리한 전계의 크기 $\widetilde{E}=\frac{\widetilde{M}}{4\pi\varepsilon_0 r^3}\sqrt{1+3\cos^2\theta}$ 와 비슷한 결과를 얻게 된다.

자위의 세기는 $U_P = \frac{\widetilde{M}\cos\theta}{4\pi\mu_0 r^2}$ 에서 거리의 제곱(r^2)에 반비례하고, 자계 $\widetilde{H}$는

$$\widetilde{H}_P = \frac{\widetilde{M}}{4\pi\mu_0 r^3}\sqrt{1+3\cos^2\theta}$$

에서 거리 3승(r^3)에 반비례한다.

예제 7.10

길이가 10[m], 자극의 세기가 $\pm 10^{-5}$[Wb]인 막대 자석에서 자석의 중심에서 수직으로 1[m]에 위치하는 점의 자계의 세기는?

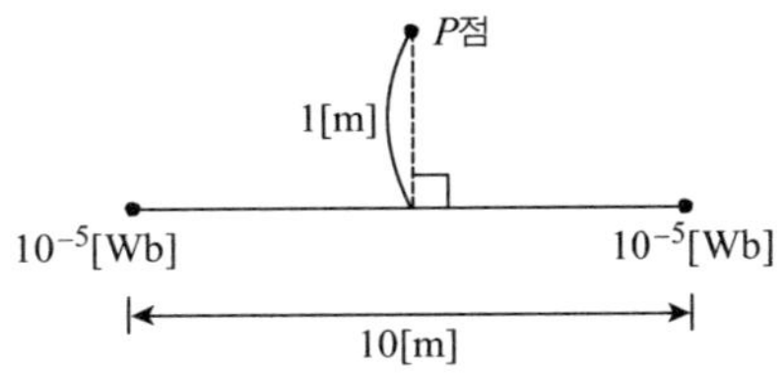

[풀이] 점 P에 대한 자계 세기 $\widetilde{H}_P$는 $\widetilde{H}_P = \frac{\widetilde{M}}{4\pi\mu_0 r^3}\sqrt{1+3\cos^2\theta}$ 이다.

여기서 $\widetilde{M} = m\,\widetilde{l}$, $\theta = 90°(\cos 90° = 0)$을 적용하면

$$\widetilde{H}_P = \frac{ml}{4\pi\mu_0 r^3} = \frac{6.33\times10^4\times10^{-5}\times10}{1^3} = 6.33\,[\mathrm{AT/m}]$$

가 된다.

예제 7.11 다음과 같은 반지름 a[m]인 원형 코일에 I[A]가 흐르고 있다. 이 도체 중심축 상 x[m]인 점 P의 자위[AT]를 구하여라.

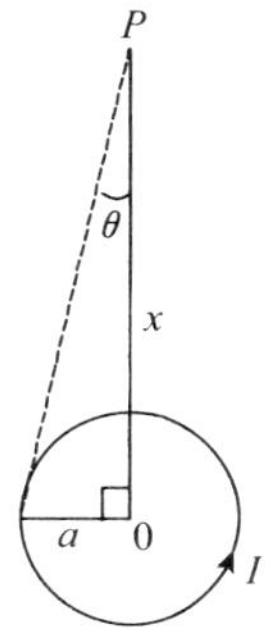

[풀이] 직폐회로 전류에 의한 자위를 u라고 하면

$$U = \frac{ml\cos\theta}{4\pi\mu_0 r^2} = \frac{\sigma l S\cos\theta}{4\pi\mu_0 r^2}$$

이며 이 관계식에 판자석의 세기 혹은 폐회로의 전류 $P = \mu_0 I$ 및 입체각 $w = \frac{\cos\theta}{r^2}$을 적용하면

$$U = \frac{P}{4\pi\mu_0}w = \frac{\mu_0 I}{4\pi\mu_0}w = \frac{I}{4\pi}w\,[\mathrm{A}]$$

가 된다. 점 P에서 원형 코일을 바라보는 입체각 ω는

$$\omega = 2\pi(1-\cos\theta)$$

이며, 여기서 $\cos\theta = \frac{x}{\sqrt{a^2+x^2}}$을 적용하면 점 P의 자위는

$$U_m = \frac{I}{4\pi}\omega = \frac{I}{4\pi}\cdot\ 2\pi(1-\cos\theta)$$

$$= \frac{I}{2}\left(1-\frac{x}{\sqrt{a^2+x^2}}\right)[\mathrm{AT}]$$가 된다.

7.3.2 자기 2중층 (판 자석)

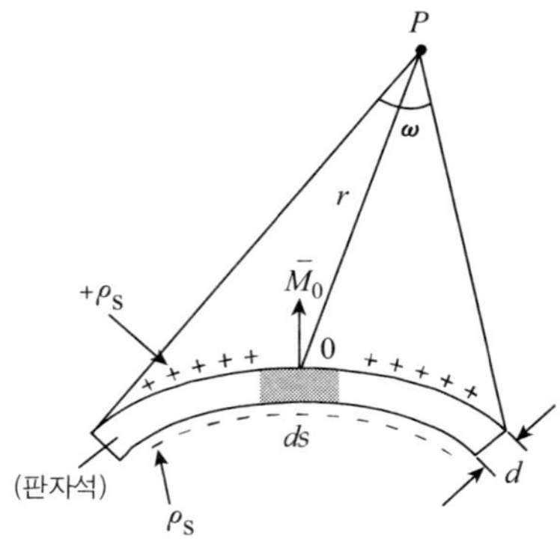

그림 7.7 판 자석

일정한 면에 혹은 판에 수직 방향으로 미소한 자기 쌍극자 모멘트가 무수히 모인 얇은 판 모양의 자석을 판 자석(Magnetic Shell)이라고 한다.

그림 7.7에서 $\rho_S[\mathrm{Wb/m^2}]$는 판면상의 단위 면적당 전하량(표면 밀도)을, d는 판의 두께를 나타낼 때 단위 면적당 자기 모멘트는 $\widetilde{M}_0$는

$$\widetilde{M}_0 = \rho_S\, d\,[\mathrm{Wb/m}]$$

으로 표시되며, 이를 판 자석의 세기라고도 한다. 지금 단위 면적당 자기 모멘트 $\widetilde{M}_0$가 일정하다고 할 때 판 자석에서 임의의 위치에 있는 점 P의 자위를 구하는 것에 대해 알아보자.

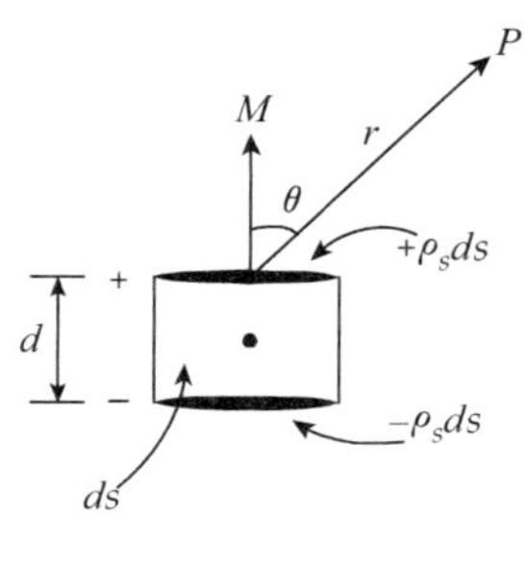

그림 7.8 미소 판 자석

판 자석 상에서 미소면적 dS을 취하는 경우 dS 양면에는 $+\rho_S dS$와 $-\rho_S dS$이고, 길이 d인 소자석이라고 할 수 있으며 소자석의 자축과 거리 r 사이의 각을 θ라 하면 소자석의 모멘트는$(\rho_S\ dS)d = \widetilde{M}_0\, dS$에 의해서 점 P에 생기는 미소 자위 dU는

$$dU = \frac{\widetilde{M}\cos\theta}{4\pi\mu_0 r^2}[\mathrm{A}]$$

가 된다. 여기서 단위 면적당 자기 모멘트 $\widetilde{M}_0$을 고려하면

$$\widetilde{M}_0 = \frac{\widetilde{M}}{S}\left[\frac{\mathrm{Wb/m}}{\mathrm{m}^2}\right] = [\mathrm{Wb/m}\,],\ \ \widetilde{M} = \widetilde{M}_o S$$

이며, 이 관계식을 dU에 적용하면

$$dU = \frac{1}{4\pi\mu_0}\frac{\widetilde{M}_0\, dS\cos\theta}{r^2}[\mathrm{A}]$$

가 된다. 이식에 대해 양변에 적분을 행하면

$$U = \frac{\widetilde{M}_0}{4\pi\mu_0}\int\frac{dS\cos\theta}{r^2}$$

점 P에 대한 자위의 크기를 알 수 있다. 그림의 판 자석에서 점 P에서 판 자석을 본 입체각을 w라고 하면

$$w = \int_S dw = \int_S \frac{dS\cos\theta}{r^2}$$

이므로 자위 U에 대해서 $\int_S \frac{dS\ \cos\theta}{r^2}$ 대신에 w로 대치하면

$$U = \frac{\widetilde{M}_0}{4\pi\mu_0}w[\mathrm{A}]$$

처럼 표현할 수 있다.

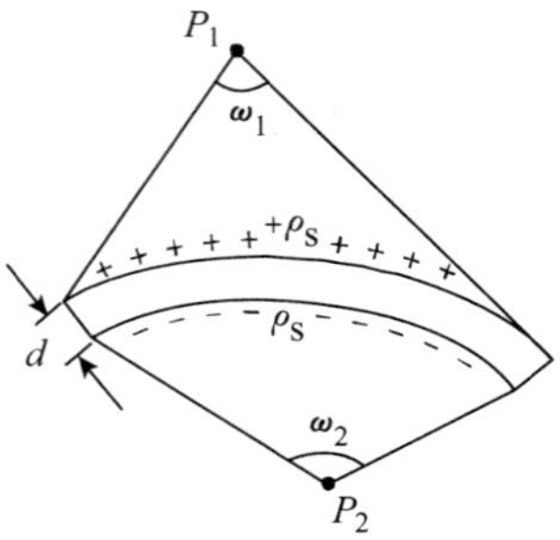

그림 7.9 양면 판 자석

그림 7.9의 경우처럼 판 자석 양면을 고려하는 경우 자위에 대해 알아보자. 판 자석을 기준으로 점 P_1이 판 자석 N극 측에 있으면 $+w$, S극 측에 있으면 $-w$로 하는 입체각을 이용해서 점 P_1과 P_2에 대해 자위를 각각 U_1, U_2로 보면

$$U_1 = \frac{M_0}{4\pi\mu_0}\, w_1$$

$$U_2 = \frac{M_0}{4\pi\mu_0}(-)\, w_2$$

가 된다. 여기서 자위 U_1과 U_2는 정 부하측, 부 부하측에 따라 입체각 w의 부호가 달라지고 있음을 알 수 있다.

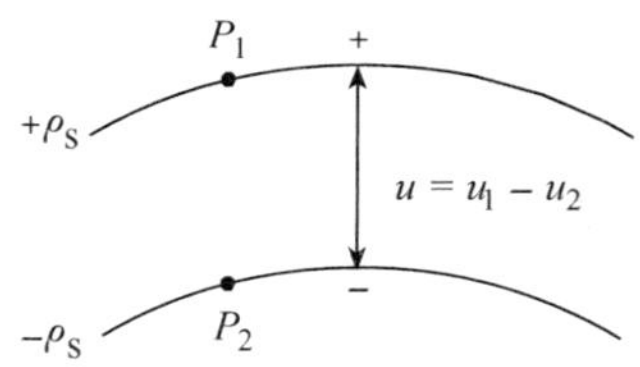

그림 7.10 판 자석의 자위차

그림 7.10은 판 자석 사이의 자위차를 구하기 위한 것으로 두 점 P_1, P_2 사이의 전위차를 U라고 하면

$$U = U_1 - U_2 = \frac{M_0}{4\pi\mu_0}(w_1 + w_2)[\mathrm{A}]$$

이다. 점 P_1, P_2가 판 자석의 면에 매우 짧게 접근해 있다면 $w_1 + w_2 = 4\pi$가 되므로 자위차는

$$U = \frac{\widetilde{M}_0}{\mu_0}[A] = I[\mathrm{A}]$$

와 같이 나타낼 수 있다. 결국 판 자석의 양면사이에는 $\widetilde{M}_o / \mu_o$만큼의 자위차가 있다는 것을 의미한다. 따라서 $\widetilde{M}_0$는 앞에서의 경우처럼 판 자석의 세기를 나타내는 것임을 알 수가 있다. 즉,

$$\text{판자석의 세기} = \text{판자석의 표면 밀도} \times \text{두께} = \rho_S\,[\mathrm{Wb/m^2}] \times d\,[\mathrm{m}]$$

Book Cafe

- 전자석 양면의 경우 전계 영역에서는 $V = V_P - V_p{}' = \widetilde{M} / \varepsilon_o$ [V]으로서 이는 정전하 면과 뒷면 사이에는 $\widetilde{M} / \varepsilon_o$ 만큼의 전위차가 존재한다는 것을 앞에서 설명하였다.
- 그리고 판자석의 양면사이에는 $\widetilde{M}_o / \mu_o$만큼의 자위차가 있다는 것을 의미한다.

7.4 자화(Magnetize)

7.4.1 자기 유도 현상

진공 중의 자계 내에 임의의 물체를 놓게 되면 그 물체의 양 끝에 자극이 발생하게 되는데 이를 자기 유도라고 한다.

7.4.2 자화

자기 성질을 가진 상태로 만드는 것을 자화되었다고 하며 자화되는 물체를 자성체라고 한다.

Book Cafe

자계가 존재하는 (자유)공간에 위치한 곳에 물체를 놓으면 물체의 양단에 자극이 생기게 되는데 이를 물체가 자계에 의해서 자화되었다고 한다. 이와 같은 자화의 근본적인 원인은 전자의 자전 현상에 의한 것이며, 특히 자계 내에 놓았을 때 자석으로 변하는 물질을 자성체라고 한다.

그리고 물체가 자계에 의해서 자화되는 현상을 자기유도(Magnetic induction) 현상이라고 하며, 이는 자장 안에서 자기 현상으로 철편이 자화되는 것을 말한다.

7.4.3 자성체의 형태

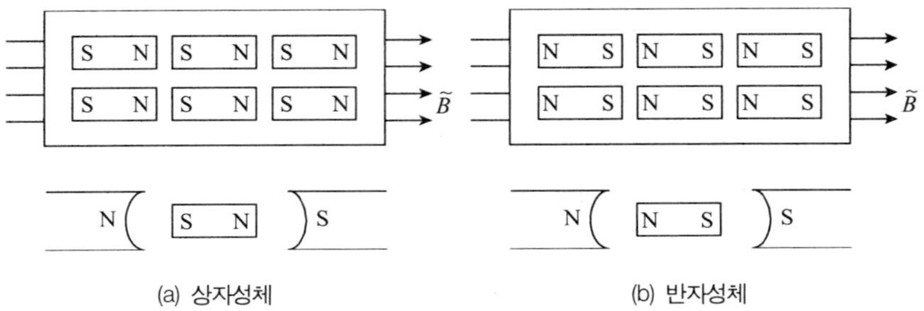

그림 7.11 자성체

이와 같이 자성체의 형태를 분류하면 크게 상자성체와 역자성체로 구분할 수 있으며, 좀 더 자성체를 구체적으로 다음에 설명하는 투자율 μ_S에 따라서 다시 세 가지 그룹으로 분류할 수 있다.

(1) 상자성체

- 자화에 의해서 발생하는 자속의 방향이 같은 방향으로 자화되는 물체를 말한다.
- N극 가까운 곳에 S극, 먼 곳에 N극으로 자화되는 물체를 상자성체라고 하며 상자성체($\mu_S > 1$)는 자속의 방향과 같은 방향으로 자화되는 것을 말한다.
- Al, Mn, 백금, 주석, 산소, 질소, 공기 등이 이에 해당하며, 상자성체에서 자화의 방향은 S극에서 N극으로 향한다.

(2) 강자성체

- 강자성체($\mu_S \gg 1$)는 상자성체 중에서 강하게 자화되는 것을 말한다.
- Ni, Co 등이 이에 해당한다.
- 일반적으로 강자성체의 경우는 고투자율 특성, 자기 포화 특성 그리고 히스테리시스 특성을 보인다.

(3) 역자성체

- 자화에 의해서 발생하는 자속의 방향과 반대 방향으로 자화되는 물체를 말한다.
- 역자성체($\mu_S < 1$) 혹은 반자성체로 상자성체와는 반대로 자화되는 것을 말한다.
- Bi, 탄소, 규소, 은, 납, 아연, 구리 등이 이에 해당하며, 역자성체에서의 자화의 방향은 N극에서 S극으로 향한다.

Book Cafe

물질의 자화 현상은 전자의 자전에 의한 것이다. 물체의 자화는 물질을 구성하는 각 원자 내의 핵과 전자의 운동으로 인한 미소전류 루프에 의한 것으로 생각된다.

즉, 핵 주위를 회전하는 전자의 궤도운동과 궤도전자 및 핵의 자전운동(spin)에 해당한 미소전류 루프의 자기 쌍극자 모멘트 방향이 외부자계에 의한 회전력에 의하여 일정방향으로 배열됨으로 형성된다.

예제 7.12

강자성체가 지니는 특성에 대해서 간단히 설명하여라.

[풀이] 강자성체가 지니는 특징을 고려하면 다음과 같다.

- 자구가 존재한다. 여기서 강자성체에서 원자의 자화 방향이 일정한 원자들의 작은 영역의 모임을 자구(滋區)라 한다.
- 히스테리시스 현상이 있다.
- 고투자율 특성
- 자기포화 특성이 있다.

7.4.4 자화의 세기, $\tilde{J}$

자성체가 자화가 되기 전에는 분자 배열이 불규칙하게 되므로 내부 자계는 상쇄되어 자화현상을 볼 수가 없다. 그러나 외부에서 자계를 인가하게 되면 분자 자석(자석을 잘게 자르는 경우 각각이 미소 자석이 되는데 이를 분자 자석이라고 한다.)들이 자계 방향으로 규칙적으로 배열되어 양쪽의 단면에 N극과 S극이 나타나게 되는 현상을 자기 유도라고 한다.

자계 공간에 자성체를 놓으면 자기적인 성질을 갖게 된다. 자기 쌍극자 모멘트가 자계의 방향으로 배열하여 자화되므로 임의의 방향을 가지고 자성을 나타내지 않던 자성체에서 자기 쌍극자 모멘트가 나타나는데 이를 이용해서 자화의 세기를 정의할 수 있다.

즉, 자계 내에 있는 자성체 중의 미소체적 Δv를 취하고 Δv가 가지고 있는 자기 쌍극자 모멘트를 방향까지 고려한 벡터량으로 보고 이를 ΔM이라고 하면 앞에서 전기 분극의 세기 $\tilde{P} = \dfrac{dM}{dv}$ [C/m^2]을 정의 했듯이 같은 방법을 적용하면

$$\tilde{J} = \lim_{\Delta v \to 0} \frac{\Delta M}{\Delta v} = \frac{dM}{dv} \,[\mathrm{Wb \cdot m / m^3}], [\mathrm{Wb/m^2}]$$

처럼 정의 할 수 있는데 $\tilde{J}$를 자화의 세기 또는 자화도라고 하며, 단위 부피당 자기 모멘트로 정의하고 있다.

여기서 $dv = ds\, l$ 관계를 적용하면

$$\tilde{J} = \frac{dM}{dv} = \frac{dm\, l}{dS\, l} = \frac{dm}{dS} = \sigma_m \,[\mathrm{Wb/m^2}]$$

가 되어 자화의 세기 $\tilde{J}$는 도전율 σ과 같게 된다.

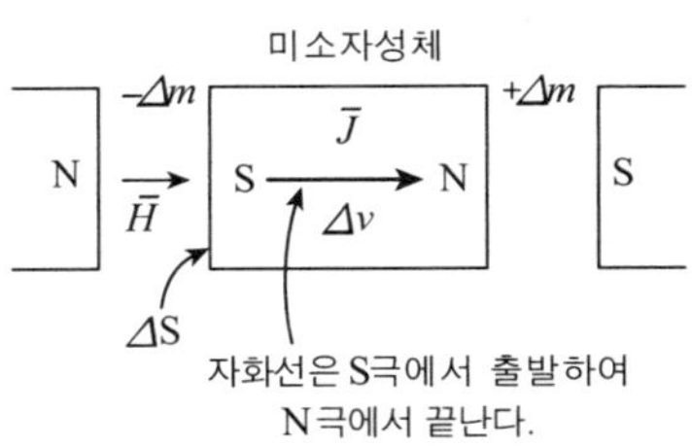

그림 7.12 자성체의 자화 현상

그림 7.12에서 미소 체적의 자화 방향에 대해 양단의 넓이 ΔS에 나타난 자하량을 $\pm\Delta m$이라고 하면, 자화의 세기 $\tilde{J}$는

$$\tilde{J} = \lim_{\Delta S \to 0} \frac{\Delta m}{\Delta S} = \frac{dm}{dS}$$

이며, 여기서 $\tilde{J} = \frac{dm}{dS}$ 관계식에서 $dm = \tilde{J}ds$ 에 대해 양변 적분을 하면

$$m = \int \tilde{J}\,dS = \tilde{J}S\,[\mathrm{Wb}]$$

이다. 즉, 자극의 자화량 m은 단면적 $S[\mathrm{m}^2]$, 길이 $l\,[\mathrm{m}]$인 물체가 길이 방향으로 균일하게 $\tilde{J}\,[\mathrm{Wb/m^2}]$의 세기로 자화되었을 때 자극의 세기 m으로 $\pm m\,[\mathrm{Wb}]$의 자하가 양단의 단면에 나타난다. 또한 자성체의 자기 모멘트의 크기 $\widetilde{M}$은 $\tilde{J} = \frac{d\widetilde{M}}{dv}$ 관계식에서

$$\widetilde{M} = \int \tilde{J}\,dv = \int_S \int_l \tilde{J}\,dS\,dl = \tilde{J}Sl = ml$$

와 같이 표현된다. 이는 앞에서 정의한 결과와 같다.

Book Cafe

앞에서 정의한 전기 분극의 세기(분극도) $\tilde{P} = \frac{d\widetilde{M}}{dv}\,[\mathrm{C/m^2}]$와 비교하면 자화의 세기는 $\tilde{J} = \frac{d\widetilde{M}}{dv}$가 된다.

Book Cafe

정 전계와 정 자계의 비교

정 전계	정 자계
전계 : $\tilde{E}$	자계 : $\tilde{H}$
분극의 세기 : $\tilde{P}$	자화의 세기 : $\tilde{J}$
분극 상태 : 분극력선	자화 상태 : 자화선

Book Cafe

- 정전기에서는 전기력선과 분극력선을 합쳐서 전속(력선)이라고 하면
- 정자계에서는 자력선과 자화선을 합쳐서 자속(력선)이라고 생각 할 수 있다.

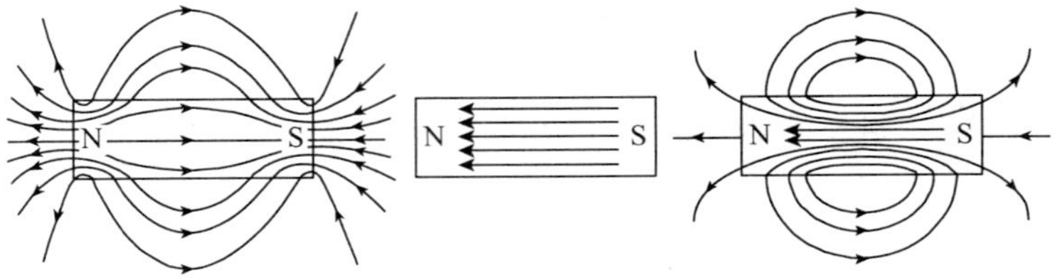

Book Cafe

자화선은 임의의 접선의 점에 있어서 자화의 방향을 가리키며 그 점에서의 자화선의 밀도가 자화의 세기가 된다고 생각한 선을 말한다.

예제 7.13

반지름 r[m], l[m]인 원통의 양단에서의 전자극의 세기[Wb]는?

[풀이] 자화의 세기(자화도)는 자성체에서 단위 체적 당 자기 모멘트의 크기를 말한다.

따라서 $\tilde{J} = \dfrac{\widetilde{M}}{V} = \dfrac{\widetilde{M}}{S \cdot l} = \dfrac{ml}{\pi r^2 \cdot l}$ 관계식에서 자극의 세기는

$$m = J \cdot \pi r^2 \text{ [Wb]}$$

가 된다. 그리고 자기 모멘트의 단위는 $\tilde{J} = \dfrac{\widetilde{M}}{v}$ 관계에서

$$\widetilde{M} = \tilde{J} v \, [\text{Wb/m}^2] \cdot [\text{m}^3] = [\text{Wb} \cdot \text{m}]$$

가 된다.

예제 7.14

자화의 세기에 대해서 간단히 설명하여라.

[풀이]
- 자화의 세기는 단위 체적 당 자기 모멘트의 크기를 말한다.
- 자계 내에 존재하는 자성체가 자성을 갖지 않던 자성체에서 자기 쌍극자 모멘트가 나타나는데 이를 이용하여 자화의 세기를 정의 할 수 있다.

즉, 자화의 세기는 $\tilde{J}=\dfrac{\tilde{M}}{V}=\dfrac{\tilde{M}}{S\cdot l}$ 관계에서 $\tilde{M}=\tilde{J}v=\tilde{J}Sl$으로 자기 모멘트는 길이 l과 면적 S 모두에 반비례하게 된다.

- 길이가 2배되면 자기 모멘트는 2배가 된다.

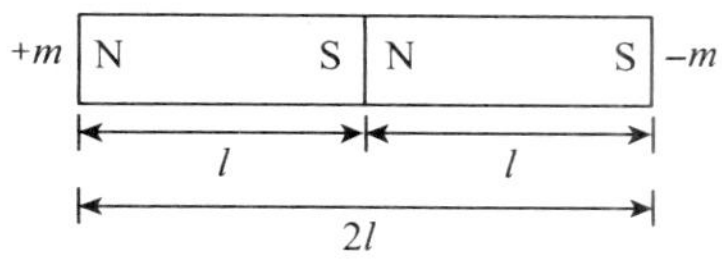

- 횡으로 겹치면 자극은 2배가 된다.

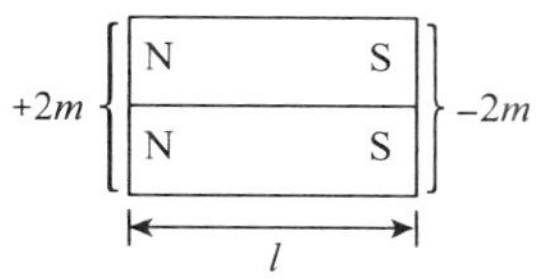

예제 7.15

길이가 20 [cm]이고 원통의 반지름이 10 [cm]인 원통에서 길이 방향으로 균일하게 자화되었다면 이 때 자화의 세기가 200[Wb/m^2]이라면 원통 양단의 점자극의 세기는?

[풀이] 자화의 세기는 $\tilde{J}=\dfrac{\tilde{M}}{v}=\dfrac{\tilde{M}}{Sl}=\dfrac{\tilde{M}}{\pi r^2 l}=\dfrac{m\,l}{\pi r^2 l}$ 이며, 자극의 세기를 구하면 다음과 같다.

$$m=\tilde{J}(\pi r^2)=200\times\pi\times(0.1)^2=2\pi\,[\text{Wb}]$$

7.4.5 자성체내의 자속밀도

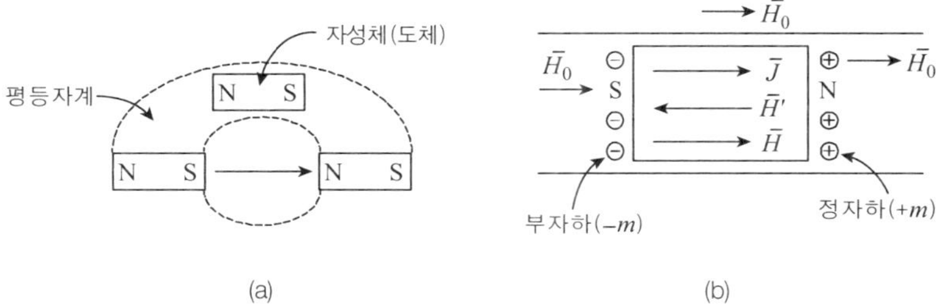

그림 7.13 자성체 내의 자속

앞에서 정 전계에서 유전체의 분극도 $\widetilde{P}$와 유전체 내의 전계 $\widetilde{E}$로부터 $\widetilde{D} = \varepsilon_0 \widetilde{E} + \widetilde{P}$와 같은 전속 밀도를 정의함으로서 유전체 내의 전계 분포에 대해 취급할 수 있었다.

여기서 역시 이와 같은 경우를 적용하여 자성체 내의 자계 분포를 파악하고자 한다.

자성체 외부에서 외부 자계 $\widetilde{H}_o$을 인가하면 자성체의 자화로 S극과 N극이 자성체 표면에 나타나게(유도)된다.

그림 7.13(b)에서 자화의 방향과 크기가 S극에서 N극으로 향하고 있는데 이를 나타낸 것을 자화선이라고 한다.

유전체 분극에서 분극의 상태를 가상적으로 나타낸 것을 분극선이라고 하면

자성체에서 자화의 상태를 나타내기 위한 가상적인 선을 자화선이라고 한다.

그리고 자성체 내부에서는 N극에서 S극으로 향하는 자기력선이 생기는데 이를 자기 감자력이라고 한다.

즉, 자기 감자력은 외부 자계와 반대 방향으로 나타나며, 본래의 자화를 약하게 하는 작용을 한다.

그림 7.13에서 처럼 평등한 외부 자계 $\widetilde{H}_o$ 내에 상자성체로 자화되면 그 양단에 나타나는 자극으로 인하여 자성체 내부에는 외부 자계 $\widetilde{H}_o$와 반대 방향으로 자계 $\widetilde{H}'$가 발생하게 된다. 여기서 $\widetilde{H}'$를 자기 감자력이라고 한다.

따라서 상자성체의 경우 내부 자계 $\widetilde{H}$는 자성체의 외부 자계 $\widetilde{H}_o$와 자기 감자력에 의한 감자계 $\widetilde{H}'$의 합성 자계처럼 나타난다.

$$\widetilde{H} = \widetilde{H}_o - \widetilde{H}' \text{(상 자성체인 경우)}$$

여기서 $\widetilde{H}'$ 부호가 (−)인 것은 외부 전계와 반대 방향을 의미한다.

한편 자기 감자력 $\widetilde{H}'$가 발생하는 원인을 고려하면 상자성체를 자계 내에 두면 자화로 인해서 자성체의 양 단면에 S극과 N극의 자극이 생기고, 이 자극 때문에 자성체 내부에서 N극에서 S극으로 향하는 자계 $\widetilde{H}'$가 생긴 것을 말한다.

그리고 자성체 내부에는 내부 $\widetilde{H}$에 의한 자기력선과 자화의 세기 $\widetilde{J}$에 의한 자화선이 함께 존재하며, 물질에 따라서 그 값이 다르게 된다.

이에 따라 자성체내의 $\widetilde{H}$와 $\widetilde{J}$는 같은 방향이므로 자속밀도 $\widetilde{B}$를 고려하기 위해서

Book Cafe

전기학에서 유도된 전속 밀도

$$\widetilde{E} = \frac{\rho_S - \rho_S{}'}{\varepsilon_0}$$

$$\varepsilon_0 \widetilde{E} = \rho_S - \rho_S{}' = \widetilde{D} - \widetilde{P}$$

$\widetilde{D} = \varepsilon \widetilde{E} + \widetilde{P}$ ($\widetilde{E}$는 전기력선, $\widetilde{P}$는 분극선)

여기서 참고의 내용과 비교하는 경우

$$\widetilde{B} = \mu_0 \widetilde{H} + \widetilde{J}\,[\mathrm{Wb/m^2}]$$

처럼 나타낼 수 있다. 이 관계식은 자성체의 자기 유도 현상 과정을 나타내는 것이다. 여기서 $\mu_0 \widetilde{H}$는 내부 자계에 의한 것이며, $\widetilde{J}$는 자화선에 의한 것이며, 부호가 (+)인 것은 내부 자계와 자화선의 방향이 같은 방향임을 나타내기 위한 것이다.

한편 자성체 내의 자화세기는 자성체 내의 자계($\widetilde{H}$)에 비례 할 것이므로 비례 상수를 이용해서 표현하면

$$\widetilde{J} = \chi \widetilde{H}$$

이다. 여기서 비례상수 χ을 카이라고 읽으며, 의미는 자화율로 단위가 없는 양으로서 자성체의 성질에 따라 다르다. $\widetilde{J} = \chi \widetilde{H}$ 식을 $\widetilde{B} = \mu_0 \widetilde{H} + \widetilde{J}$에 적용하면

$$\widetilde{B} = \mu_0 \widetilde{H} + \widetilde{J} = \mu_0 \widetilde{H} + \chi \widetilde{H} = (\mu_0 + \chi) \widetilde{H}$$

여기서 자성체 투자율은 $\mu = \mu_0 + \chi$ 이므로 자속밀도 $\widetilde{B}$는

$$\widetilde{B} = \mu \widetilde{H}\,[\mathrm{Wb/m^2}]$$

인 관계에 있다. 여기서 μ는 자성체의 투자율에 해당되므로 $\mu = \mu_0 \mu_S$ 관계식에서

$$\mu_S = \frac{\mu}{\mu_0} = 1 + \frac{\chi}{\mu_0}$$

이다. 여기서 μ_S는 자성체의 비 투자율, χ / μ_o은 비 자화율(χ_s)을 나타내며, $\chi > 0$는 자화가 자계와 같은 방향으로 존재하는 상자성체($\mu_S > 1$)이며, $\chi < 0$는 자화가 자계

와 역방향으로 존재하는 역자성체($\mu_S < 1$)를 의미한다. 한편 자성체의 비 투자율 $\mu_S = 1 + \chi / \mu_o$ 인 관계식에 $\chi = \mu_0(\mu_S - 1)$을 대입하면

$$\tilde{J} = \chi \tilde{H} = \mu_0(\mu_S - 1)\tilde{H}$$

가 된다. 따라서 전속밀도 $\tilde{B}$는

$$\tilde{B} = \mu\tilde{H} = \mu_0 \mu_S \tilde{H} = \mu_0 \tilde{H} + \tilde{J} = \mu_0\tilde{H} + \mu_0(\mu_S - 1)\tilde{H}$$

처럼 나타낼 수 있다.

예제 7.16

진공에서의 자화의 세기 $\tilde{J}$는?

[풀이] $\tilde{J} = \chi\tilde{H} = \mu_0(\mu_S - 1)\tilde{H} = \mu_0(1-1)\tilde{H} = 0$ 또는 진공의 경우는 자화되지 않으므로 $\chi = 0$에서 $\tilde{J} = 0$가 된다.

예제 7.17

강자성체의 자속밀도 $\tilde{B}$의 크기와 자화의 세기 $\tilde{J}$ 사이의 관계는?

[풀이] $\tilde{J} = \chi\tilde{H} = \mu_0(\mu_S - 1)\tilde{H} = \tilde{B}(1 - \frac{1}{\mu_S}) = \frac{dM}{dv}$ 에서 강자성체는 $\mu_s \gg 1$이므로 $\tilde{J} < \tilde{B}$가 된다. 즉, 자화의 세기 $\tilde{J}$는 자속밀도 $\overline{B}$ 보다 작다.

예제 7.18

μ는 투자율, χ는 자화율, μ_0는 진공의 투자율, J는 자화의 세기로 하는 경우의 관계식에 대해서 설명하여라.

[풀이] 자화의 세기 $J = \chi H[\mathrm{Wb/m^2}]$이며 $B = \mu_0 H + J$에 적용하면

$$B = \mu_0 H + J = \mu_0 H + \chi H = (\mu_0 + \chi)H = \mu H[\mathrm{Wb/m^2}]$$

가 된다. 여기서 $\mu = \mu_0 + \chi$ [H/m]이므로 자성체의 비 투자율 μ_S는

$$\mu_s = \frac{\mu}{\mu_0} = \frac{\mu_0 + \chi}{\mu_0} = 1 + \frac{\chi}{\mu_0}$$

으로 표현된다.

7.5 감자 작용

7.5.1 감자력(Demagnetiging factor)과 감자율

앞에서 설명한 것처럼 상자성체를 자계 내에 두면 자성체에 자극이 생겨, 자성체 내부에서 N극에서 S극으로 향하는 자계 $\widetilde{H}'$가 생겼다. 이는 외부에서 인가한 자계 $\widetilde{H}_0$와 반대 방향이기 때문에 자성체 내부의 자계 $\widetilde{H}$는

- 상자성체인 경우에는 $\widetilde{H} = \widetilde{H}_0 - \widetilde{H}'$이며,
- 역 자성체의 경우는 $\widetilde{H} = \widetilde{H}_0 + \widetilde{H}'$이다.

여기서 $\widetilde{H'}$을 감자력이라고 한다. 감자력 $\widetilde{H'}$는 자성체 양단에 나타나는 자하에 비례하고 이 자화는 자화 세기에 비례하므로

$$\widetilde{H}' = \frac{N}{\mu_0}\widetilde{J}$$

와 같이 표현된다. 여기서 비례 상수 N을 감자율이라고 하며, 자성체의 모양에 따라 달리 결정된다.

$\widetilde{H} = \widetilde{H}_0 - \widetilde{H}'$에 $\widetilde{H}' = \frac{N}{\mu_0}\widetilde{J}$, $\widetilde{J} = \chi\widetilde{H}$ 인 관계식을 적용하면

$$\widetilde{H} = \widetilde{H}_0 - \frac{N}{\mu_0}\widetilde{J} = \widetilde{H}_0 - N\frac{\chi}{\mu_0}\widetilde{H}$$

가 된다. 이 결과식을 변형하여 정리하면

$$\widetilde{H}\,(1 + N\frac{\chi}{\mu_0}) = \widetilde{H}_0$$

가 되며, 여기서 자화율 χ을 이용하면, 즉 $\chi = \mu_0(\mu_S - 1)$을 대입하면

$$\widetilde{H}\left(1 + N\frac{\mu_0\,(\mu_S - 1)}{\mu_0}\right) = \widetilde{H}_0$$

이며, 자성체 중의 자계의 세기 $\widetilde{H}$는

$$\widetilde{H} = \frac{\widetilde{H}_0}{1 + N(\mu_S - 1)}$$

와 같이 표현할 수 있다. 이 관계식에서 내부의 자계 $\widetilde{H} = \widetilde{H}_o / 1 + N(\mu_S - 1)$는 자성체의 μ_S와 감자율 N을 알게 되면 자성체에 외부에서 $\widetilde{H}_0$의 자계가 가해졌을 때 자성체 내부의 자계 $\widetilde{H}$을 구할 수 있다.

또한 이 관계식에서 μ_S가 매우 크고 N이 작지 않다면 $\frac{\chi}{\mu_o} = \mu_s - 1 \gg 1$이므로 $\widetilde{H} < \widetilde{H}_0$가 되어 외부 자계 영향이 감소하게 된다.

그리고 $\widetilde{H}$와 $\widetilde{H}_0$을 알 수 있다면 감자율 N을 구할 수 있다.

$$N = \frac{\mu_0}{\chi}\left(\frac{\widetilde{H}_0}{\widetilde{H}} - 1\right) = \frac{1}{\mu_S - 1}\left(\frac{\widetilde{H}_0}{\widetilde{H}} - 1\right)$$

따라서 감자율 N은 치수나 모양에 따라 결정되는 것으로 0~1 사이의 값을 가진다.

- 자계와 직각인 얇은 자성체인 경우에 감자력은 1에 가깝고,
- 자계에 평행인 긴 자성체의 경우에서는 0에 가깝게 된다.

자성체에 공극이 없는 경우에는 자극이 나타나지 않기 때문에 감자력은 0이며, 감자율이 0이 되기 위해서는 잘려진 극이 존재하지 않으면 된다. 대표적인 예인 환상 솔레노이드는 무단 철심이므로 감자율이 0이라고 할 수 있다.

여기서 감자 작용으로 임의의 물체를 비교적 투자율이 큰 강자성체로 감싸게 되면 외부로부터 자기적 영향을 다소 적게 할 수 있는데 이와 같은 현상을 자기차폐라고 한다.

즉, 내부 장치 또는 공간을 매질로 포위시켜 외부 자계의 영향을 차폐시키는 방식을 자기 차폐라고 정의 한다면 자기 차폐에 좋은 물질은 강자성 중에서도 비 투자율이 큰 물질이 될 것이다.

예제 7.19 자성체 내의 자속밀도에 대해서 간단히 설명하여라.

[풀이]

- 상자성체의 경우 내부 자계는 외부 자계와 자기 감자력의 차이로 나타난다.
- 자기 감자력이란 자화에 의해서 자성체 양단에 S극과 N극이 생기며, 이 자극 때문에 자성체 내부에서 N극에서 S극으로 향하는 자계가 생기는 것을 말한다.
- 자성체 내부에는 내부 자계에 의한 자기력선과 자화의 세기에 의한 자화선이 함께 존재한다.

- $B = \mu_0 H + J$ 관계식에서 첫 번째 항은 내부 자계에 의한 것이며, 두 번째 항은 자화선에 의한 것이다.
- 그리고 $J = \chi H$인 관계에서 자화의 세기(J)와 자성체 내의 자계(H)에 비례한다.

예제 7.20

구 자성체의 경우 감자율의 크기는?

[풀이] 외부 자계 H_0와 내부 자계 H를 알고 있는 상태에서 감자율 N의 크기는

$$N = \frac{1}{\mu_s - 1}\left(\frac{H_0}{H} - 1\right) [\text{Wb/m}^2]$$

이며 여기서 구 자성체의 내부 자계를 고려하면

$$H = \frac{3\mu_0}{2\mu_0 + \mu} H_0 \ [\text{Wb/m}^2]$$

이므로 감자력의 크기는

$$N = \frac{1}{\mu_s - 1}\left(\frac{H_0}{\frac{3\mu_o}{2\mu_o + \mu}} - 1\right) = \frac{1}{\mu_s - 1}\left(\frac{2 + \mu_s}{3} - 1\right) = \frac{1}{3}$$

가 된다.

7.6 자화 곡선(Magnetization curve)

7.6.1 자구(magnetic domain)

상자성체 및 반자성체에 외부에서 자계를 인가하여도 자기적 효과가 매우 미약하게 나타나지만 강자성체의 경우는 외부 자계에 대해서 강한 자기적인 현상이 발생하게 되는데 이를 자구라고 한다.

따라서 자구라고 하는 것은 강자성체에 외부에서 자계를 인가하지 않아도 원자들에 의한 영구 자기 모멘트가 존재하는데 이때 자기 모멘트가 작용하는 미소한 영역을 자구라고 한다.

7.6.2 자화 곡선

강자성체가 외부 자계의 영향으로 자기적인 효과가 나타나서 자화되는 과정을 나타낸 곡선을 자화 곡선이라고 한다.

7.6.3 히스테리시스(Hysteresis) 현상

강자성체에 절연 코일을 감은 상태에 직류 전압을 인가하면 전류가 증가하고 전자 코일에 의해 자성체는 자화가 됨을 알 수 있다.

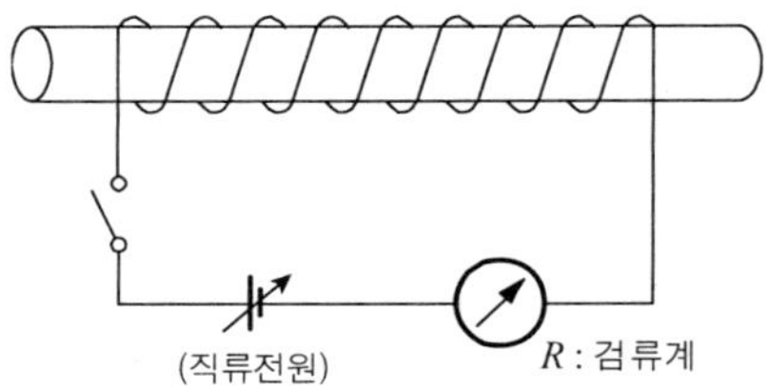

그림 7.14 강자성체에 대한 자화 특성 실험

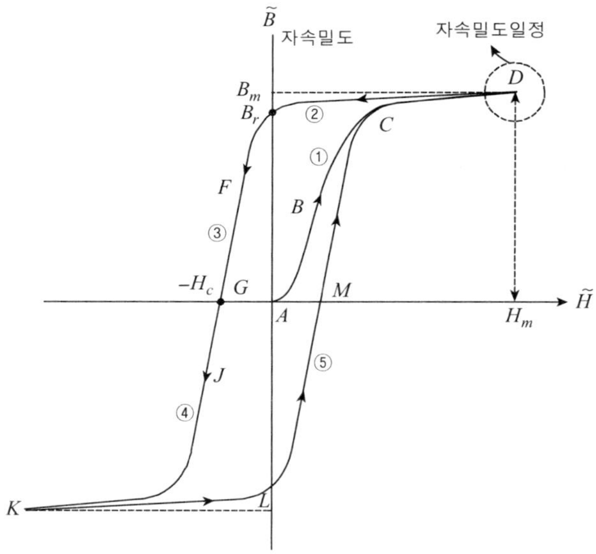

그림 7.15 히스테리시스 곡선

자속밀도 $\widetilde{B}$는 외부자계 $\widetilde{H}$에 의해서만 결정되는 것이 아니고 자성체의 과거 자기적 상태에 따라서도 결정되는 것으로 이를 자기 이력 곡선이라고 한다.

(1) 잔류자기(retentivity)

자화력 $\widetilde{H}$을 증가시키면 ①($A \rightarrow B \rightarrow C \rightarrow D$)의 곡선을 보이며 자속밀도가 일정한 포화 상태가 된다. 그러나 자화력 $\widetilde{H}$을 감소시키면 자속밀도는 ②($D \rightarrow E$)로 변화를 한다. 이 때 자화력을 0으로 해도 자속밀도는 0이 되지 않고 자성체에 자기가 남게 되는데 이를 잔류자기 B_r라고 한다.

잔류자기의 B_r의 값은 자성체에 따라서 다르며, B_r이 큰 자성체는 Hysteresis손실이 적어 철심 재료로 적합하다.

(2) 보자력(coercive force)

한편 직류 전압의 극성을 반전시키게 되면 즉, 자화력 $\widetilde{H}$를 더욱 역방향으로 증가하면 자속밀도는 ③($E \rightarrow F \rightarrow G$)으로 이동한다. 이 때 H_c을 보자력이라고 한다.

계속해서 자화력을 증가시켜도 자속밀도는 일정하게 되는데 이와 같이 자속밀도의 변화를 보이지 않는 것을 포화 상태($G \rightarrow J \rightarrow K$)라고 한다. 반전 상태에서 전압을 낮추게 되면 ⑤($K \rightarrow L \rightarrow M$)같은 변화를 보인다. 이와 같은 자화력 변화에 따라 나타낸 곡선을 히스테리시스 곡선이라고 한다.

즉, 외부에서 자계를 제거하여도 자성체에 남아있는 잔류자기 B_r을 제거하기 위하여 역방향으로 자계를 인가하면 잔류자기를 제거할 수 있다.

이때 잔류자기 B_r를 제거하기 위해서 인가하는 외부 자계의 세기를 보자력 H_c이라고 한다.

자화 곡선에서 알 수 있듯이 자성체의 자화에 있어서 자속밀도 $\widetilde{B}$와 자화력 $\widetilde{H}$는 비례하지 않고, 일정한 $\widetilde{H}$에 대해서도 $\widetilde{B}$의 값은 자성체가 놓여진 과거의 환경에 대해서 다른 값을 갖게 된다.

여기서 이와 같은 현상이 발생하게 되는 이유는 강자성체에는 미소한 작은 영역의 자구(Magnetic domain)라고 하는 자기 모멘트가 한쪽 방향으로 정렬해서 포화 자화가 될 때까지 자화되는 자발 자화 현상 때문이다.

7.6.4 히스테리시스 손실

자화되지 않은 자성체를 자화시키는 경우에 외부에서 에너지를 필요로 하게 된다.

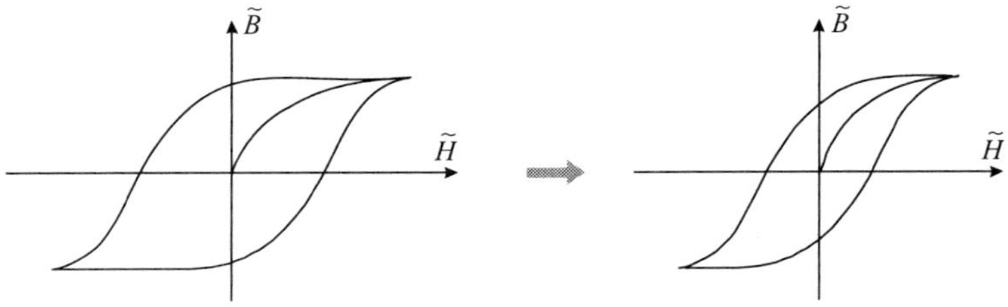

(a) 손실이 크다. (b) 손실이 적다.

그림 7.16

자성체 중에서 자속밀도를 단위 체적당 $d\widetilde{B}$ 만큼 증가시키는데 필요한 자기 에너지의 크기는

$$dw_m = \widetilde{H} \cdot d\widetilde{B} \ [\mathrm{J/m^3}]$$

가 된다. 한편 강자성체를 자속밀도 0에서 $\widetilde{B}$까지 자화시키기 위해서는 단위 체적당

$$w_h = \int_0^B \widetilde{H} \cdot d\widetilde{B} = \text{면적}\,[\mathrm{J/m^3}]$$

만큼의 일을 필요로 한다. 그 크기는 면적에 해당한다. 히스테리시스 루프의 면적은 강자성체의 단위 면적당의 필요한 에너지이다.

즉, 강자성체 물질에서 추가적인 자화가 1회 순환하는 동안 단위 체적 당 에너지 손실(열손실)을 나타낸다고 할 수 있다.

히스테리시스 루프의 형태는 사용하는 물질에 따라 다르게 나타난다. 따라서 에너지 손실을 적게 하기 위해서는 히스테리시스 루프의 폭을 작게 하는 곡선이 되도록 하여야 한다.

한편 w_h는 단위 체적의 히스테리시스 손실(hysteresis loss)이며, 교번 자계에 의해서 자화되는 경우 최대 자속밀도 $\widetilde{B}_{\max}$와의 관계는

$$w_h = \eta (\widetilde{B}_{\max})^{1.6} \ [\mathrm{J/m^3}]$$

이다. 여기서 비례 상수 η는 히스테리시스 상수를 나타낸다.

그리고 교번하는 자계가 1초 동안에 히스테리시스 루프를 f번 변화를 한다면 주파수 f[Hz]로 단위 체적이 초당 발생하는 열 손실을 P_h라고 하면

$$P_h = f w_h \, [\mathrm{W/m^3}]$$

로 표현할 수 있으며 이 관계식을 히스테리시스 손실이라고도 한다.

Book Cafe

- 전자석 : 잔류 자기가 크고, 보자력은 작은 것이 필요하다.
- 영구 자석 : 외부 자계에 의해서 잔류자기가 쉽게 없어지면 안되기 때문에 잔류 자기 및 보자력 모두가 커야 한다.

7.7 자성체의 경계조건

투자율이 각각 μ_1, μ_2인 자성체 경계면에서의 경계 조건을 앞에서 정리한 정 전계의 경우와 같은 방법을 통해서 얻을 수 있다.

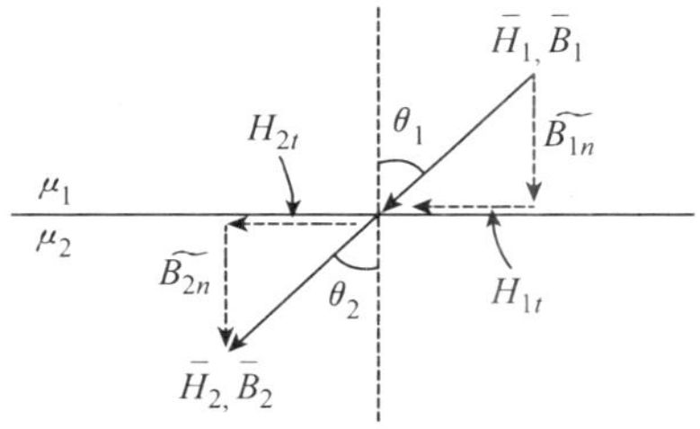

그림 7.17 경계면에서의 자계, 자속밀도 성분

자성체 경계면에 자하 또는 이동하는 자하가 없다면 앞에서의 정 전계에 대응하는 관계식을 얻을 수 있다.

7.7.1 자속밀도의 법선 성분에 대한 경계 조건

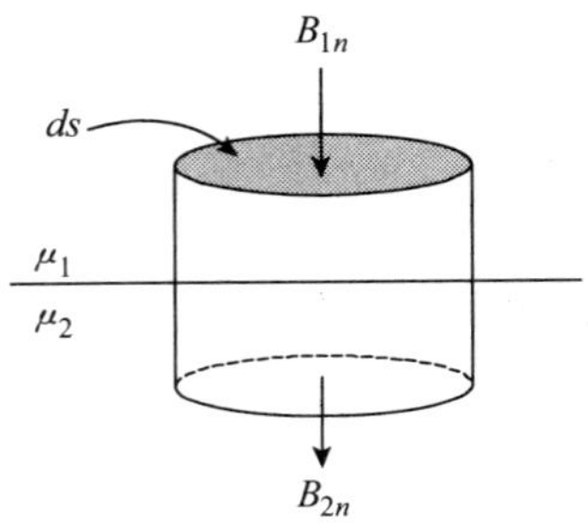

그림 7.18 경계면에서의 미소 원통

경계면에 수직인 미소면적 dS의 원통에서 원통 내부에는 자하가 없으므로(Skin effect) 자계에 대한 Gauss 법칙은

$$\oint \widetilde{B} \cdot d\widetilde{S} = 0$$

이며, 경계면에 수직(Normal)으로 지나는 자속밀도의 성분 $\widetilde{B}_{1n}$, $\widetilde{B}_{2n}$은

$$\widetilde{B}_{1n} = B_1 \cos \theta_1$$
$$\widetilde{B}_{2n} = B_2 \cos \theta_2$$

이다. 경계면에서 자속밀도의 수직 성분은 크기가 같고 연속적이다. 즉,

$$\widetilde{B}_{1n} = \widetilde{B}_{2n}$$

가 된다.

7.7.2 자계의 접선 성분에 대한 경계조건

같은 방법으로 전계에 대한 경계 조건은 경계면에 폐곡면에 따라 점 자하를 일주시키는데 필요로 하는 일은 0이 되어야 하므로

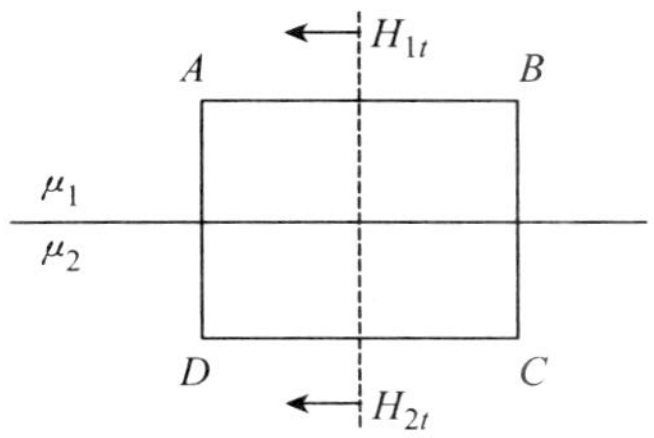

그림 7.19 경계면에서의 폐곡면

$$\oint \tilde{H} \cdot d\tilde{l} = 0$$

이다. 이 식에서 경계면에 수평 성분인 자계 $\tilde{H}_{1t}$와 $\tilde{H}_{2t}$은

$$\tilde{H}_{1t} = H_1 \sin\theta_1$$
$$\tilde{H}_{2t} = H_2 \sin\theta_2$$

이며, 경계면에 대한 자계의 수평 성분은 양쪽에서 같고 연속이기 때문에

$$\tilde{H}_{1t} = \tilde{H}_{2t}$$

의 관계에 있게 된다.

7.7.3 굴절의 법칙

자성체의 경계면에서도 굴절의 관계식을 얻을 수 있다.

$$\frac{\tan\theta_1}{\tan\theta_2} = \frac{\mu_1}{\mu_2}$$

따라서 $\mu_1 > \mu_2$일 때 $\theta_1 > \theta_2$, $\widetilde{B_1} < \widetilde{B_2}$ 그리고 $\widetilde{H_1} < \widetilde{H_2}$가 된다.

7.8 자계에 의한 힘 및 자계 에너지

7.8.1 자계중의 자하가 받는 힘과 회전력(Torque)

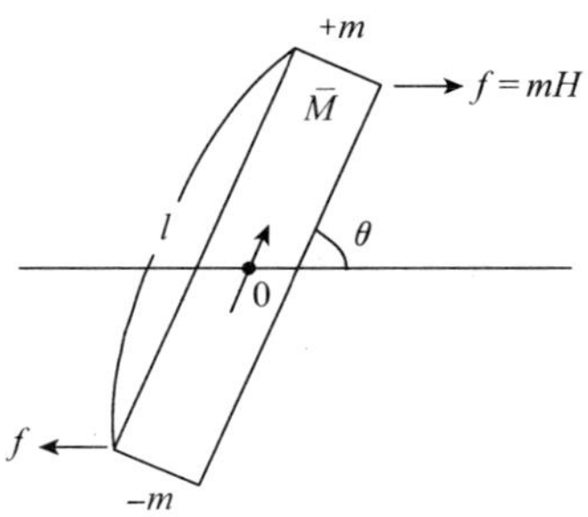

그림 7.20 자계 내의 자석 회전

자계 내에 자하가 받는 힘을 고려하기 위해 자계 $\widetilde{H}$가 존재하는 공간 내에 길이 l, 자하 $\pm m$, (자기 모멘트, $\widetilde{M} = m\widetilde{l}$)인 작은 자석이 자계와 θ의 각을 이루고 있다면, $+m$ 과 $-m$의 자하에는 $f = m\widetilde{H}$ [N]의 힘이 작용하므로 시계방향(화살표 방향)으로 회전하는 힘이 생기게 되는데 이를 회전력(Torque) T이라고 한다.

$$T = f\,l\sin\theta$$

여기서 $f = mH$, $\widetilde{M} = m\widetilde{l}$을 적용하면 $T = mH\,l\sin\theta$에서 $l = 1[\mathrm{m}]$이라면 $T = mH\sin\theta$ 이며, 이를 두 벡터 $\widetilde{M}$과 $\widetilde{H}$의 곱으로 나타내면

$$T = MH\sin\theta = \widetilde{M}\times\widetilde{H}$$

가 된다. 따라서 회전력 T는 막대자석 중심을 기준으로 회전시키는데 필요한 힘의 능률이라고 할 수 있다.

7.8.2 자화에 필요한 에너지

자화되지 않은 자성체를 자화시키기 위해서는 외부에서 에너지를 공급해야 하는데 정전계의 경우 전계 $\widetilde{E}$가 전속밀도 $\widetilde{D}$인 공간에서 단위 체적당의 정전에너지를 나타내는

정전 에너지 밀도 $w_e = \frac{1}{2}\widetilde{E}\widetilde{D} = \frac{1}{2}\varepsilon E^2\,[\mathrm{J/m^3}]$으로 표현 되듯이

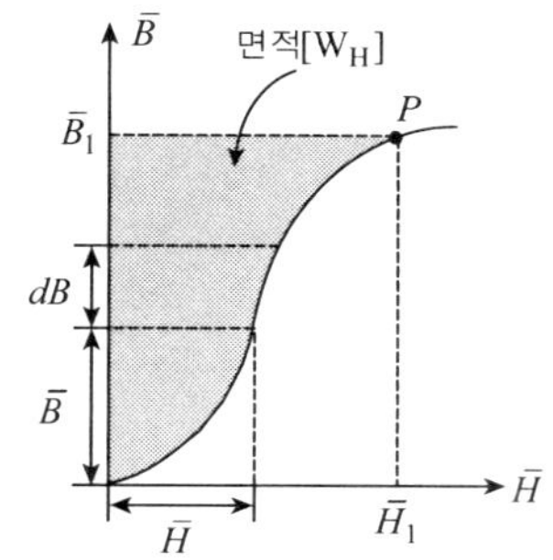

그림 7.21 $\widetilde{B}$와 $\widetilde{H}$의 특성 곡선

강자성체에 전계를 인가하고 자속밀도를 0에서 B_1까지 변화시키는 경우 단위 체적에 공급해야 할 자화에너지를 고려하면 $w = \int_0^{B_1} \widetilde{H}\cdot d\widetilde{B}$ [J/m³]가 된다. 여기서 w는 자성체를 자화시키기 위해 공급되는 에너지로 자계 에너지로 축적되며, 자계 에너지 밀도라고 한다. 이는 OPB_1O와 같은 면적을 가리킨다.

따라서 자성체의 투자율을 μ라고 하면 $\widetilde{B} = \mu\widetilde{H}$에서 자성체를 자속밀도 0에서 B까지 자화시키기 위해 필요한 자계 에너지 즉, 자성체 내의 단위 체적에 저장되는 에너지 w_H는

$$w_H = \int_0^B \widetilde{H}\cdot d\widetilde{B} = \int_0^B \frac{\widetilde{B}}{\mu}\,d\widetilde{B}$$
$$= \frac{1}{2}\widetilde{B}\cdot\widetilde{H}\ [\mathrm{J/m^3}]$$

로 나타낼 수 있다.

또 자계가 변화할 때 단위 체적당의 에너지 Δw는 $\Delta w = \widetilde{H}\cdot\Delta\widetilde{B}\,[\mathrm{J/m^3}]$가 되며, 여기에 $\widetilde{B} = \mu\widetilde{H}$을 적용하면

$$w = \frac{1}{2}\frac{\widetilde{B}^2}{\mu} = \frac{1}{2}\mu\widetilde{H}^2\,[\mathrm{J/m^3}]$$

로 쓸 수 있다. 그리고 공간 전체에 저장되는 에너지는

$$w = \frac{1}{2}\iiint \widetilde{H}\cdot\widetilde{B}\ dv[\mathrm{J}]$$

로 표현된다.

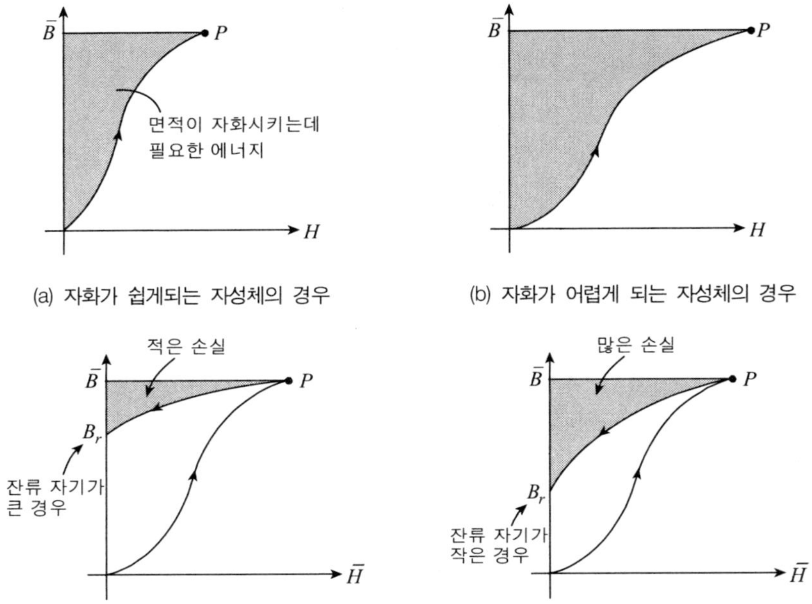

(a) 자화가 쉽게되는 자성체의 경우

(b) 자화가 어렵게 되는 자성체의 경우

(c) B_r이 클수록 적은 손실자성체

(d) B_r이 작을수록 손실이 크다

그림 7.22 자성체의 에너지

자화 곡선을 나타낸 그림 7.22에서 빗금친 영역은 자성체를 자화 시키는데 필요한 자기 에너지를 말한다.

- 그림(a)의 경우는 자화가 용이하게 일어나는 경우에는 자화에 적은 에너지를 필요로 한다.
- 그림(b)는 자화가 쉽게 일어나지 않는 경우에는 보다 큰 에너지(넓은 면적)를 필요로 한다.
- 그림(c)는 외부 자계를 완전히 제거한 경우 에너지인 히스테리시스 손실을 나타낸 것으로 비교적 적은 히스테리시스 손실을 갖는 자성체의 경우이며
- 그림(d)는 잔류자기 B_r가 작게 되므로 면적이 커져 히스테리시스 손실이 큰 자성체의 경우를 나타낸 것이다.

Book Cafe

전계 및 자계 에너지

- $w_E = \frac{1}{2}\varepsilon\widetilde{E}^2 = \frac{1}{2}\frac{\widetilde{D}^2}{\varepsilon}[\mathrm{J/m^3}]$
- $w_H = \frac{1}{2}\mu\widetilde{H}^2 = \frac{1}{2}\frac{\widetilde{B}^2}{\mu}[\mathrm{J/m^3}]$

7.8.3 자계 내에 있는 자성체 사이의 힘

(1) 자계가 경계면에 수직으로 인가하는 경우

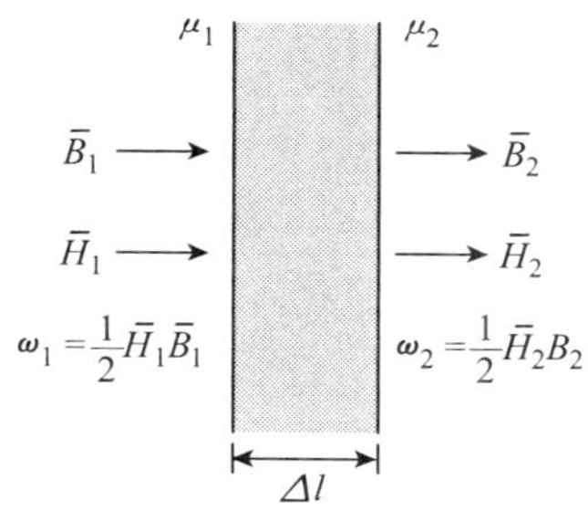

그림 7.23 수직 자계

자계가 가해지는 경계면의 투자율이 μ_1, μ_2일 때 경계에 가해지는 힘을 고려하면

$$\widetilde{F} = \frac{1}{2}\widetilde{B}^2\left(\frac{1}{\mu_2} - \frac{1}{\mu_1}\right)$$

가 된다. 여기서 $\mu_1 > \mu_2$이면 $\widetilde{F}$는 (+), $\mu_1 < \mu_2$ 이면 $\widetilde{F}$는 (−)로 투자율이 큰 쪽에서 작은 쪽으로 향하게 된다.

(2) 자계가 면에 평행일 때

$$\widetilde{F} = \frac{1}{2}\widetilde{H}^2(\mu_1 - \mu_2)$$

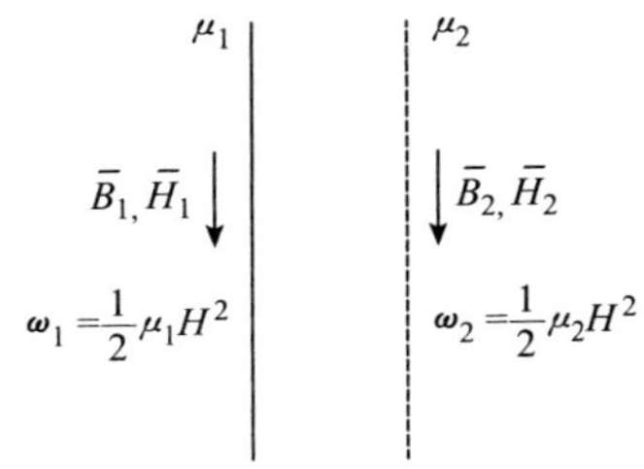

그림 7.24 수평 자계

7.8.4 자석 표면에 작용하는 힘

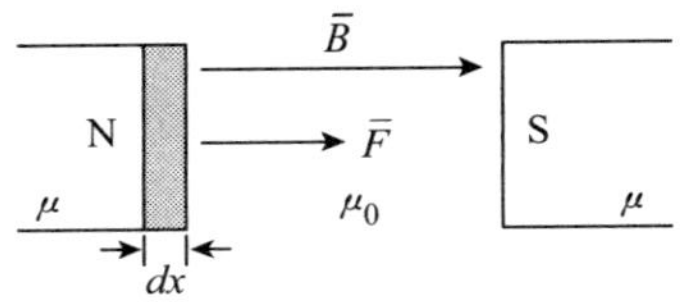

그림 7.25 자성체에 작용하는 힘

전자석, 계전기, 자기 부상 등과 같이 자기장에 자성체에 인가되는 힘을 고려할 때 매우 중요한 일이 될 수 있다. 단면적이 $S[\mathrm{m}^2]$인 자석 표면에 작용하는 힘은 자성체의 투자율 μ, 자속밀도 $\widetilde{B}$이므로 전자력 $\widetilde{F}$에 의해서 N극이 dx 정도 끌려가게 된다.

따라서 dx 만큼 변화된 에너지 변화량 dw는 $dw = w_2 - w_1$가 된다. 여기서 w_1는 끌려가지 전 에너지, w_2는 끌려간 후의 에너지 밀도를 나타내며, w_1과 w_2는 각각

$$w_1 = \frac{\widetilde{B}^2}{2\mu_o}[\mathrm{J/m^3}],\ w_2 = \frac{\widetilde{B}^2}{2\mu}[\mathrm{J/m^3}]$$

와 같이 나타나며, 에너지 밀도 차 dw는

$$dw = w_2 - w_1 = \frac{\widetilde{B}^2}{2}\left(\frac{1}{\mu} - \frac{1}{\mu_0}\right)[\mathrm{J/m^3}]$$

이다. 자극의 단면적 S일 때 dx 영역의 전체 에너지 변화량

$$dW = S\,dx\,dw = Sdx\frac{\widetilde{B}^2}{2}\left(\frac{1}{\mu} - \frac{1}{\mu_0}\right)[\mathrm{J}]$$

이며, 단위 체적 당 작용하는 힘은

$$\widetilde{F} = -\frac{dW}{dx} = \frac{\widetilde{B}^2 S}{2}\left(\frac{1}{\mu_0} - \frac{1}{\mu}\right)[\mathrm{N}]$$

가 된다. 전자석을 만드는데 철이 사용되기 때문에 철의 비투자율 μ_S은 $\mu_S \gg 1$이기 때문에

$$\widetilde{F} = \frac{\widetilde{B}^2 S}{2\mu_o}[\mathrm{N}]$$

으로 표현할 수 있으며, 단위 면적당 작용하는 힘 f는

$$f = \frac{\widetilde{B}^2}{2\mu_o}[\mathrm{N/m^2}]$$

가 된다. 그리고 자화된 표면에서 당기는 압력을 $P\,[\mathrm{N/m^2}]$이라고 하면

$$P = \frac{\widetilde{F}}{S} = \frac{\widetilde{B}^2}{2\mu_o} = \frac{1}{2}\widetilde{B}\widetilde{H}$$

로 표현할 수 있다.

7.8.5 맥스웰(Maxwell)의 응력

자계 내에 있는 자성체가 받는 힘은 자계의 방향에 대해 $\frac{1}{2}(\widetilde{H}\cdot\widetilde{B})[\mathrm{N/m^2}]$의 인장응력이, 자계의 수직방향에 대해서는 $\frac{1}{2}(\widetilde{H}\cdot\widetilde{B})[\mathrm{N/m^2}]$의 압축응력으로 나타난다. 이 힘을 맥스웰의 응력이라 한다.

Book Cafe

정전 차폐와 자기 차폐에 대한 비교

- 정전차폐 : 완전하다.(정 전계에서 전기력선은 도체를 통과할 수 없다.)
- 자기차폐 : 불완전 차폐 (강자성체 내부로만 자기력선이 통과하지는 않는다.)
  자기 차폐는 투자율이 큰 강 자성체로 둘러싸면 외부로부터 자기적 영향을 적게할 수 있다.

표 7.1 전기와 자기의 특성 비교

전기학	자기학
힘, $\tilde{F}$[N]	힘, $\tilde{F}$[N]
마찰전기	자철광
전하, Q[C]	자하, m[Wb]
전계, $\tilde{E}$[V/m]	자계, $\tilde{H}$[AT/m]
전위, V[V]	자위, u[AT]
전속밀도, $\tilde{D}$[C/m^2]	자속밀도, $\tilde{B}$[Wb/m^2]
Gauss 법칙 $\tilde{\nabla}\cdot\tilde{D}=\rho$	Gauss법칙 $\tilde{\nabla}\cdot\tilde{B}=0$
유전체($\varepsilon=\varepsilon_0\,\varepsilon_S$) $\tilde{D}=\varepsilon\tilde{E}=\varepsilon_0\tilde{E}+\tilde{P}$	자성체($\mu=\mu_0\,\mu_S$) $\tilde{B}=\mu\tilde{H}=\mu_0\tilde{H}+J$
정전용량 C[F]	인덕턴스 L[H]
콘덴서 $Q=CV$	인덕턴스 $\Psi=LI$
전류 $I=\dfrac{dQ}{dt}$[A]	기전력 $e=-\dfrac{d\Psi}{dt}$, $\tilde{\nabla}\times\tilde{E}=\dfrac{\partial\tilde{B}}{\partial t}$
$\tilde{E}=-\tilde{\nabla}V$(전위경도)	$\tilde{H}=-\tilde{\nabla}U$(자위경도)

표 7.2 정 전계와 정자계의 비교

정 전계	정 자계
힘 $\tilde{F}=\dfrac{1}{4\pi\varepsilon_0}\dfrac{Q_1Q_2}{r^2}=9\times10^9\times\dfrac{Q_1Q_2}{r}$	힘 $\tilde{F}=\dfrac{1}{4\pi\mu_0}\dfrac{m_1m_2}{r^2}=6.33\times10^4\times\dfrac{m_1m_2}{r^2}$
진공의유전율 $\varepsilon_0=\dfrac{1}{4\pi\times9\times10^9}=8.854\times10^{-12}$[F/m]	진공의 투자율 $\mu_0=4\pi\times10^{-7}=1.2\times10^{-6}$[H/m]
전계 $\tilde{E}=\dfrac{1}{4\pi\varepsilon_0}\dfrac{Q}{r^2}$[V/m]	자계 $\tilde{H}=\dfrac{1}{4\pi\mu_0}\dfrac{m}{r^2}$[AT/m]
전위 $V=\dfrac{Q}{4\pi\varepsilon_0 r}$[V]	자위 $u=\dfrac{m}{4\pi\mu_0 r}$[AT]
전속밀도 $\tilde{D}=\varepsilon_0\tilde{E}=\varepsilon\tilde{E}$ $\tilde{D}=\varepsilon\tilde{E}=\varepsilon_0\tilde{E}+\tilde{P}$	자속밀도 $\tilde{B}=\mu_0\tilde{H}=\mu\tilde{H}$ $\tilde{B}=\mu_0\tilde{H}+\tilde{J}$
Gauss 법칙 [적분형 $\int\tilde{E}\cdot dS=\dfrac{Q}{\varepsilon_0}$ 미분형 $\tilde{\nabla}\cdot\tilde{E}=\dfrac{\rho}{\varepsilon_0}$]	Gauss 법칙 [적분형 $\int\tilde{H}\cdot dS=0$ 미분형 $\tilde{\nabla}\cdot\tilde{H}=0$]
유전체의 경계조건 $E_1\sin\theta_1=E_2\sin\theta_2$ $D_1\cos\theta_1=D_2\cos\theta_2$ $\dfrac{\varepsilon_2}{\varepsilon_1}=\dfrac{\tan\theta_2}{\tan\theta_1}$	자성체의 경계조건 $H_1\sin\theta_1=H_2\sin\theta_2$ $B_1\cos\theta_1=B_2\cos\theta_2$ $\dfrac{\mu_2}{\mu_1}=\dfrac{\tan\theta_2}{\tan\theta_1}$

표 7.3 전기회로와 자기회로의 비교

전 기 회 로	자 기 회 로
기전력 V[V]	기자력 $F = NI = \oint \tilde{H} dl$
전류 $I = \frac{dQ}{dt} = \int \tilde{J} dS$	자속 $\phi = \int \tilde{B} dS$
전기저항 $R = \rho \frac{l}{S} = \frac{l}{\sigma S}$	자기저항 $R_m = \frac{l}{\mu S}$
ohm의 법칙 $I = \frac{V}{R} (\tilde{J} = \sigma \tilde{E})$	ohm의 법칙 $\phi = \frac{F}{\mathrm{R_m}} (\tilde{B} = \mu \tilde{H})$
콘덴서 $Q = CV$ (전압 V을 인가하는 경우 전하 Q가 저장 되는 것)	인덕턴스 $\phi = LI$ (전류 I을 인가하는 경우 자속 ϕ가 발생하는 것)
선 적분 $\oint \tilde{E} \cdot dl = 0 (\tilde{\nabla} \cdot \tilde{E} = 0)$ 발산, 보존계	선 적분 $\oint \tilde{H} \cdot dl = I (\tilde{\nabla} \cdot \tilde{H} = \tilde{J})$ 회전(발산 없음)

▶▶▶ 연습문제

01 자기와 전기를 비교 설명하여라.

해설 자기의 자성체는 전기의 유전체와 같다. 자기는 전기와 같은 유동성이 없기 때문에 전류가 흐르는 도전체에 해당하는 성질은 없고 유전체에 해당하는 성질만 갖는다.

02 투자율 μ[H/m]매질 내에 $+m$[Wb]와 $-m$[Wb]의 전하가 거리 r[m]을 두고 존재할 때 두 자하의 $\frac{1}{2}$거리에 있는 자계의 세기[A/m]는?

해설 $\tilde{F} = \frac{m_1 m_2}{4\pi\mu_0 r^2}$ [N]에서 자계 $\tilde{H}$ 는 $\tilde{H} = \frac{\tilde{F}}{m_1} = \frac{m_2}{4\pi\mu_0 r^2}$ [N/Wb], [AT/m]이다. 여기서 두 점 사이의 $\frac{1}{2}$점의 위치를 $\frac{1}{2}r$이라고 하면 자계 $\tilde{H}$는 $+m$에 의한 $\tilde{H}_1$과 $-m$에 의한 $\tilde{H}_2$의 합으로 나타난다.

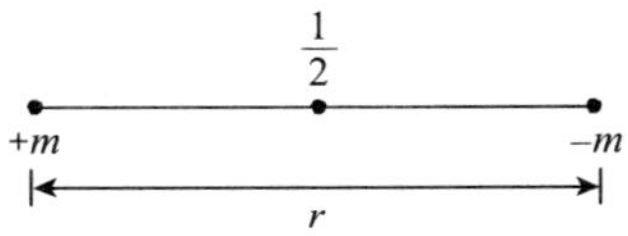

$$\tilde{H} = \tilde{H}_1 + \tilde{H}_2 = \frac{m}{4\pi\mu\left(\frac{r}{2}\right)^2}\tilde{a}_r + \frac{-m}{4\pi\mu\left(\frac{r}{2}\right)^2}(-\tilde{a}_r) = 2\left[\frac{m}{4\pi\mu(\frac{r}{2})^2}\right] = \frac{2m}{\pi\mu r^2}\tilde{a}_r \text{ [A/m]}$$

가 된다.

03 다음과 같이 막대자석 사이에 작용하는 힘[N]은?

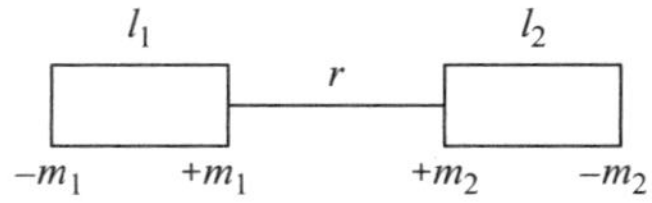

해설 막대자석 간에 존재하는 흡인력을 F_1, 반발력을 F_2라고 하면

$$\tilde{F}_1 = \frac{m_1 m_2}{4\pi\mu_0}\left[\frac{1}{(l_1+r)^2} + \frac{1}{(l_2+r)^2}\right]\text{[N]} \qquad \tilde{F}_2 = \frac{m_1 m_2}{4\pi\mu_0}\left[\frac{1}{r^2} + \frac{1}{(l_1+l_2+r)^2}\right]\text{[N]}$$

이다. 여기서 $l_1 = l_2$, $\tilde{F} = \tilde{F}_1 + \tilde{F}_2$이므로

$$\tilde{F} = \tilde{F}_1 + \tilde{F}_2 = \frac{m_1 m_2}{4\pi\mu_0}\left[-\frac{1}{(l_1+r)^2} + \frac{1}{r^2} + \frac{1}{(2l_1+r)^2}\right]\text{[N]}$$

가 된다.

04 진공 중에 20[AT/m]인 위치에 25×10^{-2}[Wb]의 자극이 존재할 때 자극에 작용하는 힘[N]은?

해설 $\tilde{F}=\dfrac{m_1 m_2}{4\pi\mu_0 r^2}$ [N]에서 $\tilde{H}=\dfrac{\tilde{F}}{m_1}=\dfrac{m_2}{4\pi\mu_0 r^2}$이므로 $\tilde{F}=m\tilde{H}$이다.

따라서 힘 $\tilde{F}$는

$$\tilde{F}=m\tilde{H}=25\times10^{-2}\times20=5[\text{N}]$$

가 된다.

05 진공 중에서 자하 m[Wb]에서 나오는 자속의 수는?

해설 자속을 ϕ라고 하면 $\phi=\int\tilde{B}\cdot d\tilde{S}=m$[Wb]가 된다. 따라서 진공 중에서 m[Wb]의 자하로부터 나오는 자속의 수는 m과 같다. 그리고 전력선의 수는

$$\phi=\int_S\tilde{B}\cdot d\tilde{S}=\int_S\mu_o\tilde{H}\cdot d\tilde{S}=m\text{에서 }\int_S\tilde{H}\cdot d\tilde{S}=\int_S\frac{\tilde{B}\,d\tilde{S}}{\mu_0}$$

에서 자력선 밀도 $\tilde{H}$는 $\dfrac{\tilde{B}}{\mu_0}$[개/m^2]이다.

06 자계의 세기가 5×10^2[m]인 평등 자계 내에 단면이 20[m^2]인 물체가 통과하는 자속이 2×10^{-3}[Wb]이었다면 물체가 갖는 투자율 [H/m]은?

해설 $\tilde{B}=\mu\tilde{H}$와 $\phi=\int\tilde{B}\cdot d\tilde{S}=\tilde{B}S$에서

$$\mu=\frac{\tilde{B}}{H}=\frac{\phi/S}{H}=\frac{2\times10^{-3}}{5\times10^2\times20\times10^{-4}}=2\times10^{-3}[\text{H/m}]$$

가 된다.

07 비 투자율 μ_S, 자속밀도 $\tilde{B}$인 자계 내에 자극 m[Wb]가 받는 힘[N]은?

해설 $\tilde{F}=m\tilde{H}$에서 $\tilde{H}=\dfrac{\tilde{B}}{\mu_0\mu_S}$을 대입하면 $\tilde{F}=\dfrac{\tilde{B}}{\mu_0\mu_S}m$ [N]가 된다.

08 공기 중에 자계와 수직으로 면적 S[m^2]을 통과하는 자력선의 수가 N개라면 이 점에서의 자속밀도[Wb/m^2]은?

해설 단위 면적당의 자력선의 수가 곧 자계의 세기이다. 즉 $\tilde{H}=\dfrac{N}{S}$[AT/m]이므로 자속밀

도 $\widetilde{B}$는 $\widetilde{B}=\mu_0\widetilde{H}$ [Wb/m^2]가 된다. 여기서 자속밀도의 단위를 정리하면

$1\,[\text{Wb/m}^2]=10^8[\text{maxwell/m}^2]=10^4[\text{gauss}]$이다.

09 다음의 막대자석 중심에서 점 P에 대한 자계의 세기[AT/m]는? (단, $x \gg l$ 이다.)

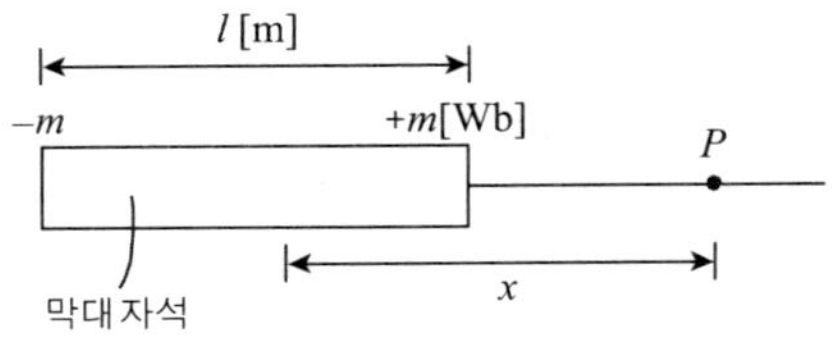

해설 막대자석에서 거리 x 만큼 떨어진 점 P에 대한 자계 $\widetilde{H}$는

$$\widetilde{H}_P=\frac{M}{4\pi\mu_0 r^3}\sqrt{1+3\cos^2\theta}\ [\text{A/m}]$$

이다. 여기서 $r=x$, $\theta=0°$, $\widetilde{M}=m\tilde{l}$ 이므로

$$\widetilde{H}_P=\frac{ml}{4\pi\mu_0 x^3}\times 2=\frac{ml}{2\pi\mu_0 x^3}\ [\text{A/m}]$$

가 된다.

10 다음과 같은 막대자석에서 점 P에 대한 자위[AT]는? (단, $m=0.1\,[\text{Wb}]$, $l=10\,[\text{m}]$, $r=60[\text{cm}]$, $\theta=30°$ 이다.)

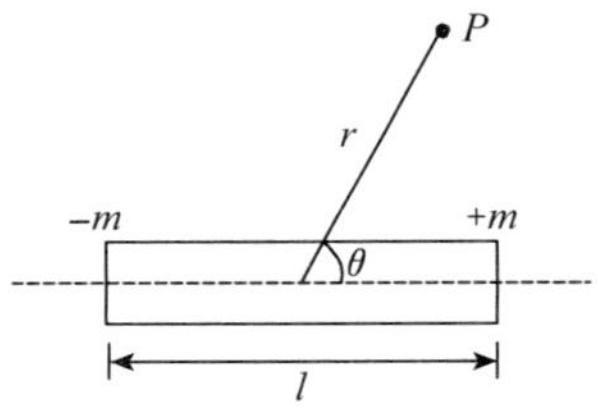

해설 자기 쌍극자에서 거리 r만큼 떨어진 점 P의 자위를 U_P라고 하면

$$U_P=\frac{\widetilde{M}\cos\theta}{4\pi\mu_0 r^2}\ [\text{A}]$$

이다. 따라서

$$U_P=6.33\times10^4\times\frac{0.1\times0.1\times\cos 30°}{(0.6)^2}=760.2\ [\text{AT}]$$

가 된다.

11 전기의 분극 세기와 자화의 세기를 비교 설명하여라.

해설 자화의 세기 $\tilde{J}$는 전기의 세기 $\tilde{P}$에 해당하는 것으로 여기서 전기 분극의 세기 $\tilde{P}$는 $\tilde{P} = \dfrac{d\tilde{M}}{dv}$[C/m²]이며, 자화의 세기 $\tilde{J}$는 $\tilde{J} = \dfrac{d\tilde{M}}{dv}$[Wb/m²]이다.

12 반지름 15[cm], 비투자율 μ_S가 211인 환상 철심에 코일을 감고 전류를 흐르게 한 결과 자계가 450[AT/m]가 되었다면 철심의 자화율은?

해설 $\tilde{J} = \chi \tilde{H} = \mu_0(\mu_S - 1)\tilde{H}$ 관계에서 자화율 χ는

$$\chi = \mu_0(\mu_S - 1) = 4\pi \times 10^{-7} \times (211 - 1) = 2.64 \times 10^{-4} [\text{H/m}]$$

가 된다.

13 진공일 때 자화의 세기는?

해설 $\tilde{B} = \mu_0 \tilde{H} + \tilde{J}$ 에서 $\tilde{J} = \tilde{B} - \mu_0 \tilde{H} = \mu \tilde{H} - \mu_0 \tilde{H} = (\mu - \mu_0)\tilde{H}$이다. 여기서 진공일 때는 $\mu = \mu_0$ 이므로 $\tilde{J} = 0$이 된다.

14 자성체와 자화율 관계에 대해 설명하여라.

해설 $\tilde{B} = \mu_0 \tilde{H} + \tilde{J}$ 에서 강자성체의 자속밀도는 자화의 세기 $\tilde{J}$ 보다 약간 크다. 여기서 자화율 $\chi = \mu_0(\mu_S - 1)$ 이며, $\mu_S > 1$일 때 $\chi > 0$인 자성체를 상자성체, $\mu_S < 1$일 때 $\chi < 0$인 자성체를 반자성체라고 한다.

15 단면적이 S[m²], 길이가 l[m]인 물체가 균일하게 자화 되었을 때 자극의 세기 m[Wb]는?

해설 자화의 세기 $\tilde{J}$는 $\tilde{J} = \dfrac{d\tilde{M}}{dv}$[Wb/m²]이다. 여기서 전기쌍극자 모멘트 $\tilde{M} = m\tilde{l}$과 $dv = ds\,dl$ 관계를 적용하면

$$\tilde{J} = \frac{dM}{dv} = \frac{dm\,dl}{ds\,dl} = \frac{dm}{ds}$$

가 된다. 여기서 자극의 세기 m을 구하면 $dm = \tilde{J}ds$에 대해 양변적분을 행하면

$$m = \int \tilde{J}\,ds = \tilde{J}S\ [\text{Wb}]$$

이다.

16 자계의 세기 $\widetilde{H}$[A/m], 자속밀도 $\widetilde{B}$[Wb/m^2], 투자율 μ_S일 때 단위 체적 당 저축된 에너지 W[J/m^3] 그리고 체적 V[m^3]일 때 자계 에너지 밀도 W[J/m^3]는?

해설 자계 에너지 w는 $w = \int \frac{\widetilde{B}}{\mu} d\widetilde{B}$ 이며, 여기서 $\widetilde{B} = \mu \widetilde{H}$, $\widetilde{H} = \frac{\widetilde{B}}{\mu}$ 이므로

$$w = \int \frac{\widetilde{B}}{\mu} d\widetilde{B} = \frac{1}{2} \widetilde{B} \cdot \widetilde{H} = \frac{1}{2} \mu \widetilde{H}^2 = \frac{\widetilde{B}}{2\mu_0\mu_S} = \frac{1}{2}\mu_0\mu_S\widetilde{H}^2$$

가 된다.

17 감자율 N과 자성체 내부 자계 $\widetilde{H}$[A/m]의 관계에 대해 설명하여라.

해설 상자성체의 경우에 내부자계 $\widetilde{H}$는 외부자계 $\widetilde{H}_0$와 감자계 $\widetilde{H}'$의 차로 나타난다.

즉, $\widetilde{H} = \widetilde{H}_0 - \widetilde{H}'$으로 여기서 감자력 세기 $\widetilde{H}'$는 자화의 세기에 비례하는 것으로 $\widetilde{H}' = \frac{N}{\mu_0}\widetilde{J}$가 된다.

따라서 $\widetilde{H} = \widetilde{H}_0 - \frac{N}{\mu_0}\widetilde{J} = \widetilde{H}_0 - N\frac{\chi}{\mu_0}\widetilde{J}$ 이며, $\widetilde{J} = \chi \widetilde{H} = \mu_0(\mu_S - 1)\widetilde{H}$인 관계를 대입하면 $\widetilde{H} = \widetilde{H}_0 - \frac{N}{\mu_0}\mu_0(\mu_S - 1)\widetilde{H}$에서

$$\widetilde{H} = \frac{\widetilde{H}_0}{1 + N(\mu_S - 1)}$$

인 관계에 있다.

18 감자율의 특징에 대해서 간단히 설명하여라.

해설 감자력은 자화의 세기에 비례하며 이때 비례 상수를 감자율이라 한다. 감자율의 크기 N은 0 ~ 1 사이의 값을 가지며 치수와 모양에 따라 결정된다.

- 자계와 수직인 은 자성체의 경우는 감자율이 1에 가깝고
- 자계와 평행한 긴 자성체의 경우는 감자율이 0에 가깝다.
- 감자율이 0이 되려면 잘려진 극이 존재하지 않는 환상 솔레노이드(toroid)가 되어야 한다.
  즉, 무단 철심인 환상 솔레노이드의 감자율이 0이다.

19 정전 차폐와 자기 차폐에 대해서 비교 설명하여라.

해설 자기 차폐는 투자율이 큰 강자성체로 둘러싸면 외부로부터 자기적 영향을 적게 할 수 있다.

- 정전차폐 : 완전하다.(정 전계에서 전기력선은 도체를 통과할 수 없다.)

- 자기차폐 : 불완전 차폐로 투자율이 큰 자성체로 둘러싸면 외부로부터 자기적 영향을 적게 할 수 있다.(강자성체 내부로만 자기력선이 통과하지는 않는다.)
  따라서 정전 차폐가 자기 차폐와 비교하여 완전하다고 할 수 있다.

20 히스테리시스 곡선에 대해 설명하여라.

해설 자성체에 자계를 인가했을 때 자계의 세기와 자속밀도 사이의 변화를 나타낸 곡선을 말한다. 히스테리시스 곡선은 보자력이 존재하기 때문에 나타나는 곡선이라고 할 수 있다. 히스테리시스 곡성에서 보자력과 잔류 자기는 일시적인 자석의 경우 자화력이 비교적 큰 자속이 발생해야 하므로 잔류 자기가 커야 하며, 전원을 제거 했을 때 즉시 자기를 상실해야하므로 보자력은 작을수록 전자석의 재료로 적합하다.

21 자성체에 대한 히스테리시스 곡선이 평행 사변형이었다면 주파수 f[Hz]인 교류에서 단위 체적당의 손실[W/m^3]은?

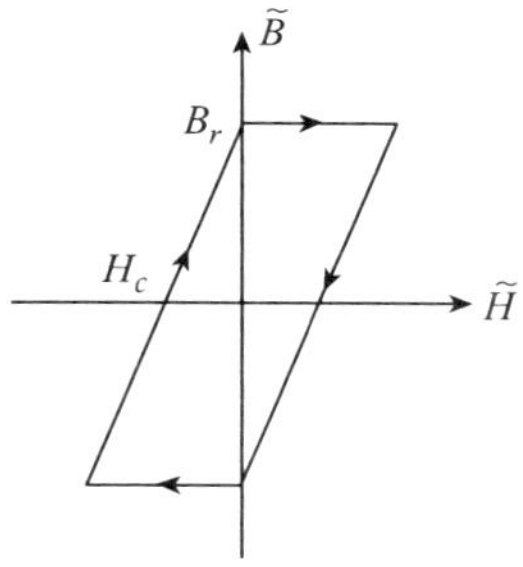

해설 히스테리시스 곡선의 면적 w_h는 자성체에서 자계의 변화에 따른 열에너지의 손실로 여기서 손실은 루프의 면적이 된다.

$$w_h = \oint \widetilde{H}\cdot d\widetilde{B} = 8\times\left(\frac{1}{2}H_cB_r\right) = 4H_cB_r\ [\mathrm{W/m^3}]$$

이다. 주파수 f[Hz]의 교류로 자화되면 단위 체적 당 전력 손실 P는

$$P = f\oint \widetilde{H}\cdot d\widetilde{B}\ [\mathrm{W/m^3}]$$

이 된다.

22 다음은 자기 이력 루프에 대해서 간단히 설명하여라.

해설
- 자기 이력 루프의 형태는 물질에 따라 다르게 나타난다.
- 루프 면적은 강자성 물질의 주기적인 자화가 한 번 순환하는 동안 단위 체적 당 에너지 손실(자기 이력 손실)을 나타낸다.

• 자기 이력의 손실을 최소화하기 위해서 이력곡선은 길지만 좁은 이력 곡선을 갖는 것이 바람직하다.

• 단위 체적 당 에너지 손실의 크기는 열의 형태로 나타난다.

• f[Hz]의 교류로 자화하면 매초 단위 체적 당 전력 손실은

$$P = f\int H \cdot dB\ [\mathrm{W/m^3}]$$

이며, 스타인메쯔의 실험식으로

$$P_h = \eta \cdot B_m^{1.6}\ [\mathrm{J/m^3}]$$

으로 표현하였다. 따라서 히스테리시스 손은 최대 자속밀도 1.6승에 비례한다.

23 강자성체의 히스테리시스 루프에서 보이는 면적의 특성에 대해서 간단히 설명하여라.

해설 히스테리시스 루프에서 보이는 면적은 강자성체의 단위 체적당의 필요한 에너지이다. 단위 체적당 전력 손실은 $W_h = \oint HdB[\mathrm{J/m^3}]$ 이며, 히스테리시스 루프의 면적은 강자성체의 단위 체적당의 필요한 에너지이다. 변압기 철심(core)에 규소 강판이 사용되는 주된 이유는 히스테리시스 손실을 적게하기 위함이다. 따라서 변압기 철심(core)에는 투자율과 저항율이 크고, 히스테리시스 손실이 적은 규소 강판을 사용한다.

24 영구 자석의 재료로 사용되는 철에 요구되는 사항에 대해서 설명하여라.

해설 영구 자석의 재료로 사용되는 철에 요구되는 사항으로는 잔류 자기 및 보자력이 커야 한다. 영구 자석 재료는 외부 자계에 대하여 잔류 자속이 쉽게 없어지면 안되므로 잔류 자기와 보자력이 커야하며 히스테리시스 곡선 면적이 크다. 텅스텐강, 코발트강 등이 쓰인다. 그리고 전자석의 재료인 연철(soft iron)은 잔류 자기가 크고 보자력이 작아야 한다. 즉, 보자력과 히스테리시스 곡선의 면적이 모두 작아야 한다.

25 변압기 철심(core)에 규소 강판이 사용되는 주된 이유에 대해서 설명하여라.

해설 변압기 철심(core)에는 투자율과 저항율이 크고, 히스테리시스 손실을 적게 하기 위하여 규소 강판을 사용한다.

• 규소 함유량은 $4 \sim 4.5[\%]$

• 두께는 전력용의 보통 $0.3 \sim 0.6[\mathrm{mm}]$이다.

26 자계 중에 자하가 받는 힘을 회전력(torque)이라고 하는데 θ^o 만큼 회전하는데 필요한 일은?

해설 $W = \int_0^\theta T d\theta = \int_0^\theta MH \sin\theta\, d\theta = MH[-\cos\theta]_o^\theta = MH(1-\cos\theta)\ [\mathrm{J}]$

Chapter 08 전류의 자기현상

8.1 전류와 자계의 관계

자계를 발생하는 원천은 영구 자석 뿐만 아니라 전류가 흐르는 도선에서도 확인할 수 있다. 대부분의 경우 자기 현상은 도선 전류에 의해서 발생되는데 이를 전류의 자기 현상이라고 한다.

8.1.1 Ampere 오른손 법칙(오른손 나사 법칙)

자성체에서 자기의 원인이 전자의 운동에 의한 자기 쌍극자 모멘트의 형성에 의해서 나타남을 알고 있다.

Ampere의 오른손 법칙은 오른손 엄지손가락 방향으로 전류가 흐르면, 주변에 나머지 손가락으로 감싸는 방향으로 자계가 발생한다는 원리를 말한다. 반대로 네 손가락 방향으로 전류가 흐르면 엄지손가락 방향으로 자력선이 발생하게 된다.

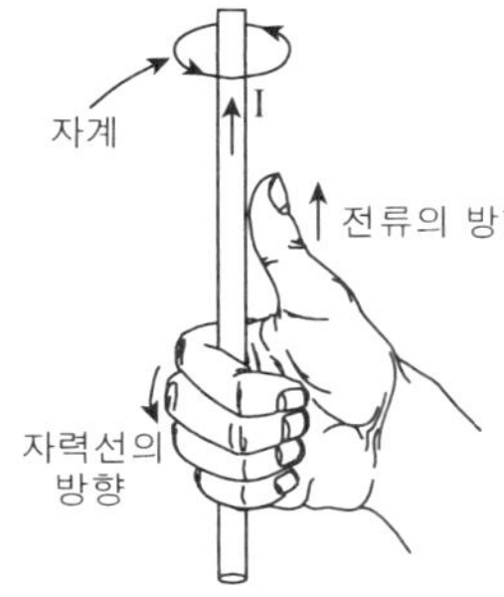

그림 8.1 Ampere의 오른손 법칙

Book Cafe

- 전하 → 전계$(\widetilde{E})$ → 전하
- 전류 → 전류$(\widetilde{H})$ → 전류

(전류는 자계를 만들고 자기장은 전류에 영향력을 미친다는 것을 의미한다.)

Book Cafe

Gauss 법칙을 사용하여 정전기학에서 높은 대칭성을 가지고 있는 어떤 자기학 문제를 쉽고 우아하게 풀 수 있는 Bio-Savart 법칙과 똑같은 관계식이 있는데 그 법칙이 Ampere 법칙이다.

8.1.2 전류와 자계의 관계

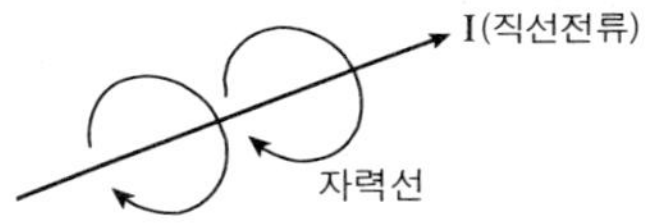

그림 8.2 직선 전류에 의한 자계

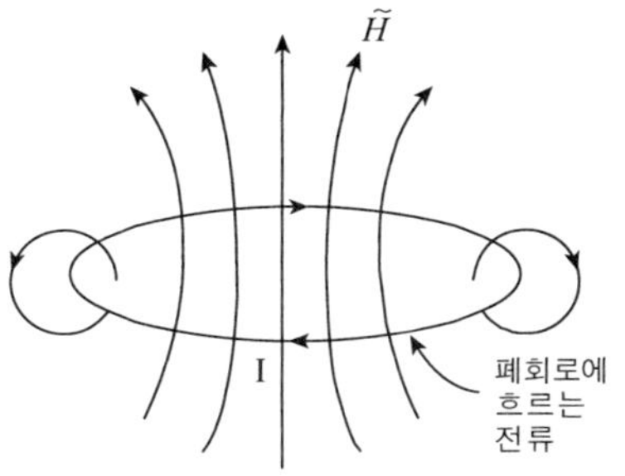

그림 8.3 폐회로에 의한 자계

전류가 오른쪽 나사가 진행하는 방향으로 흐르면 자계는 폐회로를 뚫고 나사가 진행하는 방향으로 형성된다.

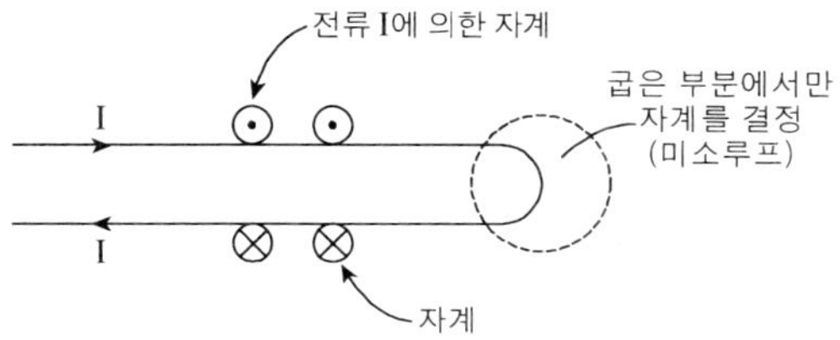

그림 8.4 왕복도선에 의한 자계

왕복도선을 매우 근접시키면 외부자계는 서로 소멸되어 0이 되며, 굽은 부분(Loop)에서만 자계가 형성된다.

Book Cafe

직선 도선에 전류가 흐를 때 도선 주위에 생기는 자기장의 모양은 원형이다.

즉, 암페어 오른나사 법칙은 전류가 오른쪽 나사가 진행하는 방향으로 흐르면 자계는 폐회로를 뚫고 나사가 진행하는 방향으로 형성된다. 따라서 직선 도선에 전류가 흐를 때 도선 주위에 생기는 자기장의 모양은 도선주위를 회전하는 자기장이 발생한다.

8.2 Biot-Savart 법칙

8.2.1 Biot-Savart 법칙의 원리

도선에 전류가 흐르면 그 도선 주위에 자계가 생기는 사실을 Oersted에 의해서 발견되었으며, Ampere는 이 후 전류와 자계 사이의 수식적인 관계를 정리하게 되었다.

앞에서 전류에 의해서 자계가 발생한다고 정리하였는데 여기서는 자계를 구성하는 자속에 대한 특성이 어떠한지를 정리해 보기로 한다. Biot-Savart 법칙은 전류에 의한 자계를 구하는 모든 경우에 적용할 수 있는 일반적인 식으로 대칭 · 비대칭(유한 장, 무한 장) 등과 같이 모든 경우에 Biot-Savart공식을 사용할 수 있다.

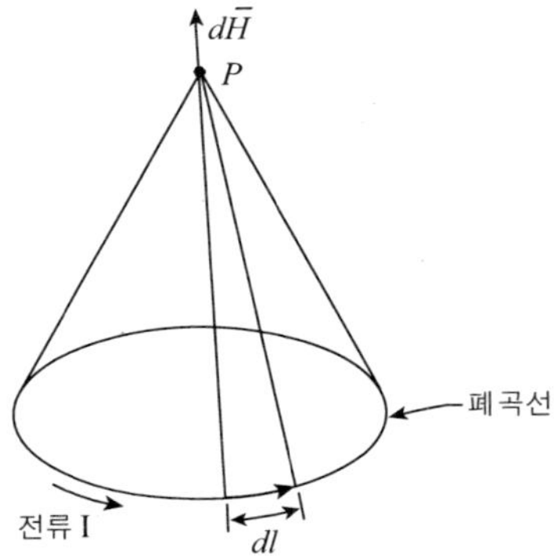

그림 8.5 추면 판자석의 경우

Biot-savart 법칙은 기본적으로 선 전류에 대한 식으로 전류 I의 긴 폐회로 중 미소 부분 dl에 의한 임의의 점 P에서 자계 $\widetilde{H}$를 구하는 경우에 대해 알아보면 다음과 같다.

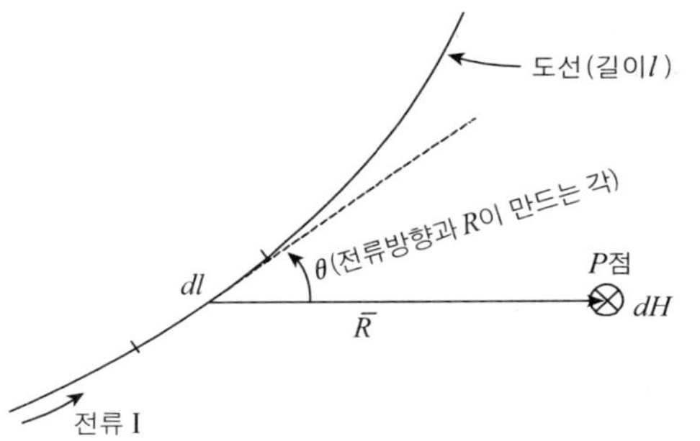

그림 8.6 비오 사바르 법칙

전류 I가 흐를 때 발생하는 임의의 거리에 위치한 곳의 자속밀도 $\widetilde{B}$의 값은 Biot-Savart 법칙을 적용하여 구할 수 있다. 단위 길이 당 전류 분포가 I일 때 길이 dl에 분포된 전류 소는

$$I[\mathrm{A/m}] \times dl[\mathrm{m}] = I\,dl[\mathrm{A}]$$

이며, 미소 길이 dl 내의 전류에 의해 발생하는 미소 자속밀도 $d\widetilde{B}$는

$$d\widetilde{B} = \frac{\mu_o I \sin\theta}{4\pi R^2}dl$$

이다. 여기서 θ는 전류의 방향과 R이 만드는 각이며, 양변에 대해 적분하면

$$\widetilde{B} = \frac{\mu_o I}{4\pi}\int_0^{2\pi}\frac{\sin^2\theta}{R^2}\sin\theta\, R\,\mathrm{cosec}^2\theta\, d\theta = \frac{\mu_o I}{2\pi R}[\mathrm{T}]$$

가 된다. 따라서 전류 I가 흐르는 도선의 미소 전류 소 $I\,dl$에 의해서 이 $I\,dl$과 θ의 각을 가진 거리 선분 R인 점P의 자계 $d\widetilde{H}$의 크기는

$$d\widetilde{H} = \frac{I\,dl\sin\theta}{4\pi R^2}[\mathrm{AT/m}]$$

으로 나타난다. 여기서 $d\widetilde{H}$의 방향은 오른손 법칙에 의해서 오른손 엄지손가락 방향을 전류라고 하면 나머지 손가락을 감는 방향으로 $d\widetilde{H}$가 나타나게 된다. 이 관계를 1820년 Biot-Savart는 실험적으로 밝혔다.

Book Cafe

미소자계$(d\widetilde{H})$의 의미

미소전류소(dl)에서 거리 r만큼 떨어진 점에 대한 미소자계$d\widetilde{H}$를 말한다.

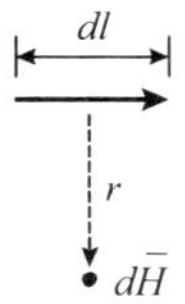

따라서 전류 I에 의한 도선의 길이 l에 따르는 자계 $\widetilde{H}$는 양변에 대해 적분하면

$$\widetilde{H} = \int_l d\widetilde{H} = \int_l \frac{Idl}{4\pi R^2}\sin\theta = \frac{I}{4\pi}\int\frac{\sin\theta}{R^2}dl\ [\mathrm{AT/m}]$$

처럼 나타난다. 이것을 벡터로 나타내기 위해 단위 벡터 $\widetilde{a}_R = \frac{\widetilde{R}}{R}$ 관계를 이용하면

$$\widetilde{H} = \int_l \frac{\widetilde{I}d\widetilde{l}\times\widetilde{a_R}}{4\pi R^2} = \int_l \frac{\widetilde{I}d\widetilde{l}\times\widetilde{R}}{4\pi R^3}\ [\mathrm{AT/m}]$$

이며, 이를 Biot-savart 법칙이라고 하는데 이는 미소 전류에 의해 발생하는 자계의 세기를 나타내는 식이라고 할 수 있다.

따라서 이 관계식은 앞의 전계부분에서 정의한 Coulomb 법칙에 해당하게 된다.

전류 분포 형태를 선 전류, 표면 전류에서 $\widetilde{K}$는 표면 전하 밀도[A/m^2], 체적 전류에서 $\widetilde{J}$는 체적 전하밀도[A/m^3] 등을 적용하는 경우 미소 전류원을 고려하면

$$\widetilde{I}\,dl = \widetilde{K}\,ds = \widetilde{J}\,dv$$

이며, 여기서 전류 분포원에 따른 Biot-savart 법칙을 정리하면

- $\widetilde{H} = \int \frac{\widetilde{I}\,d\bar{l} \times \tilde{a}_R}{4\pi R^2}$(선 전류일 때)
- $\widetilde{H} = \int \frac{\widetilde{K}\,dS \times \tilde{a}_R}{4\pi R^2}$ (표면 전류일 때)

  즉, 얇은 판으로부터 거리 R만큼 떨어진 곳의 자계를 나타낸다.
- $\widetilde{H} = \int \frac{\widetilde{J}\,dv \times \tilde{a}_R}{4\pi R^2}$(체적 전류일 때)

처럼 나타낼 수 있다.

Biot-savart 공식

Biot-savart 공식과 Ampere 법칙은 자기 벡터 포텐셜 $\widetilde{A}$의 개념을 활용해서 유도할 수 있다.

즉, $\widetilde{\nabla} \times \widetilde{A} = \widetilde{B}$와 $\widetilde{A} = \int \frac{\mu_0 I\,dl}{4\pi R}$을 이용해서 정리하면 $\widetilde{B} = \frac{\mu_0 I}{4\pi} \int_L \frac{d\bar{l} \times \tilde{a}_R}{R^2}$인 Biot-savart 법칙을 얻을 수 있다.

Book Cafe

전류에 의해 자계를 구하는 공식 - 2가지

- Biot-savart 법칙, $d\widetilde{H} = \frac{Idl}{4\pi R^2}\sin\theta$
- Ampere 주회적분
  - 적분형 $\int \widetilde{H} \cdot dl = I$
  - 미분형 $\widetilde{\nabla} \times \widetilde{H} = \widetilde{J}$

8.2.2 Biot-Savart의 응용 예

정의된 Biot-savart 법칙을 이용하여 여러 가지 유형 도선 전류에 의해 발생하는 자계의 세기를 얻을 수 있게 된다.

(1) 원형 코일에 흐르는 전류에 의한 중심에서의 자계의 세기

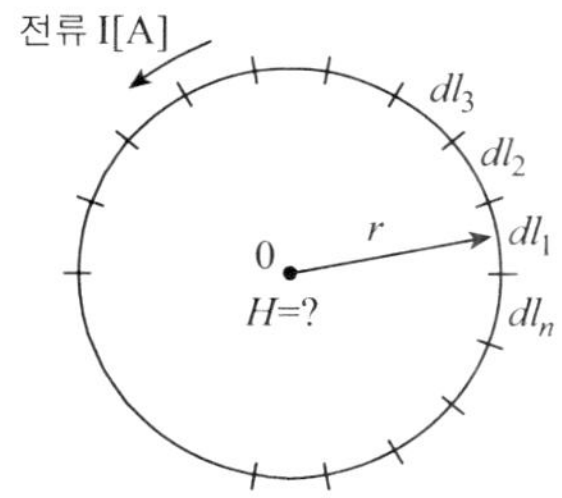

그림 8.7 원형 도선

반지름 r인 원형 코일에 전류 I를 흐르게 할 때 코일의 중심원에서 자계를 구하는 경우로 코일의 미소구간을 dl_1, dl_2 ……라고 하면 dl과 원점이 이루는 각은 직각 $(\sin 90° = 1)$일 때 합성 자계의 세기 $\widetilde{H}$는 Biot-savart 법칙에 의해서

$$\widetilde{H} = \frac{Idl_1}{4\pi r^2}\sin\theta + \frac{Idl_2}{4\pi r^2}\sin\theta + \cdots\cdots + \frac{Idl_n}{4\pi r^2}\sin\theta$$
$$= \frac{I}{4\pi r^2}(dl_1 + dl_2 + \cdots\cdots + dl_n)$$

이며, ( )항은 원의 길이이므로 ( ) = $2\pi r$로 나타내면

$$\widetilde{H} = \frac{I}{4\pi r^2}2\pi r = \frac{I}{2r}[\mathrm{AT/m}]$$

가 되며, N회 감은 솔레노이드의 경우라면 자계 $\widetilde{H}$는

$$\widetilde{H} = \frac{I}{2r}N[\mathrm{AT/m}]$$

가 된다.

예제 8.1

반지름 1[m]의 반원과 두 줄의 반 무한장 직선으로 된 도선에 4[A]의 전류가 흐르는 경우 반원의 중심 0점의 자계[AT/m]는?

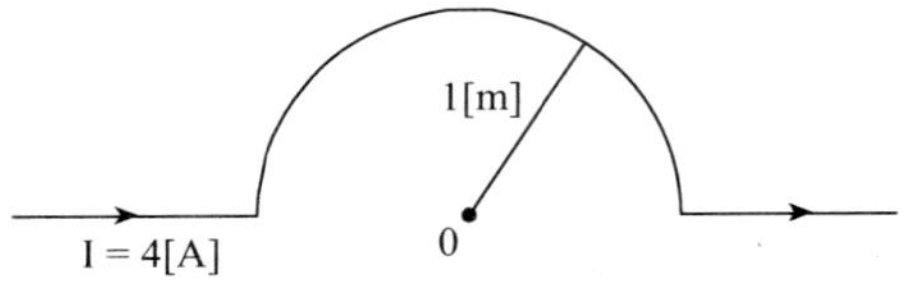

[풀이] Biot-Savart 법칙을 이용하는 경우 직선 부분에서는

$$dH_1 = \frac{I\,dl\sin\theta}{4\pi r^2} = 0 (\text{왜냐하면 } \theta = 0° \text{이기 때문에})$$

이며, 반원 부분은

$$\widetilde{H}_2 = \frac{1}{2} \times \frac{I}{2a} = \frac{I}{4a} [\mathrm{A/m}]$$

이다. 따라서 중심의 자계는 $\widetilde{H} = \widetilde{H}_2 = \frac{I}{4a}$ 에서 반지름 $a = 1[\mathrm{m}]$, 전류 $I = 4[\mathrm{A}]$를 대입하면 1 [AT/m]가 된다.

예제 8.2

평균 반지름 0.5[m], 권수 50번의 원형 코일이 있다. 코일의 중심 세기가 300[AT/m]인 경우 코일에 흐르는 전류를 구하여라.

[풀이] 코일 중심에서 자계의 세기 관계식

$$H = \frac{NI}{2a} [\mathrm{AT/m}]$$

이며, 이를 이용하여 코일에 흐르는 전류의 크기를 구하면

$$I = \frac{H\,2a}{N} = \frac{300 \times 2 \times 0.5}{50} = 6[\mathrm{A}]$$

가 된다.

Book Cafe

- 반지름 a인 반원형에서 중심에서의 자계 $\widetilde{H}$는 $\widetilde{H} = \frac{NI}{2a} \times \frac{1}{2} = \frac{I}{4a}$가 된다.
- 반지름 a인 $\frac{3}{4}$원인 경우 중심에서의 자계 $\widetilde{H}$는 $\widetilde{H} = \frac{NI}{2a} \times \frac{3}{4} = \frac{3I}{8a}$가 된다.

(2) 원형 코일에 의한 자계의 세기

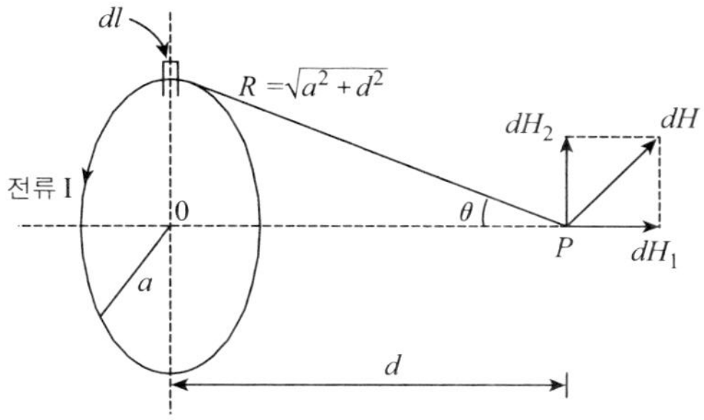

그림 8.8 원형 코일

반지름이 a인 원형 코일에 전류 I가 흐를 때 원형 코일 중심에서 d 만큼 떨어진 점 P의 자계를 구하는 경우 Biot-savart 법칙을 이용하면

$$\widetilde{H} = \frac{I\,dl\sin\theta}{4\pi R^2} = \frac{\widetilde{I}\times d\widetilde{l}}{4\pi R^2}$$

가 된다. 여기서 θ는 R과 전류 방향 I가 이루는 각을 나타낸다.

$dH_1 = dH\sin\theta$, $dH_2 = dH\cos\theta$이며, 벡터합성법에 의해 $d\widetilde{H} = d\widetilde{H}_1 + d\widetilde{H}_2$이다. 원형 코일에 흐르는 전류 I에 의한 점 P의 자계 중 $d\widetilde{H}_2$는 수직 성분이기 때문에 $d\widetilde{H}_2$ 성분은 상쇄되고 $d\widetilde{H}_1$ 성분만 존재하기 때문에

$$\widetilde{H} = \int_0^{2\pi a} dH_1 = \int_0^{2\pi a} dH\sin\theta$$

이며, 여기에 $a = R\sin\theta$, $\sin\theta = \dfrac{a}{R}$, $R^2 = a^2 + d^2$을 $\widetilde{H} = \displaystyle\int \frac{I\,dl\sin\theta}{4\pi R^2}$에 대입하면

$$\widetilde{H} = \int_0^{2\pi a} \frac{Ia}{4\pi R^3}dl = \frac{a^2 I}{2(a^2+d^2)^{3/2}}[\mathrm{AT/m}]$$

이다. 여기서 원형 코일 중심에서의 자계 $\widetilde{H}$는 $d=0$인 지점이므로 윗 식에 $d=0$을 대입하면

$$\widetilde{H}=\frac{I}{2a}[\mathrm{AT/m}]$$

이다. 코일의 권수를 N이라고 하면 자계 $\widetilde{H}=\frac{NI}{2a}$이다. 여기서 중심에서 매우 멀리 떨어진 점 $d \gg a$이라고 하면 $d \fallingdotseq R$이므로 자계 $\widetilde{H}$는

$$\widetilde{H}=\frac{a^3 I}{2R^3}[\mathrm{AT/m}]$$

로 나타낼 수 있다.

(3) 유한 길이 직선 전류에 의한 자계

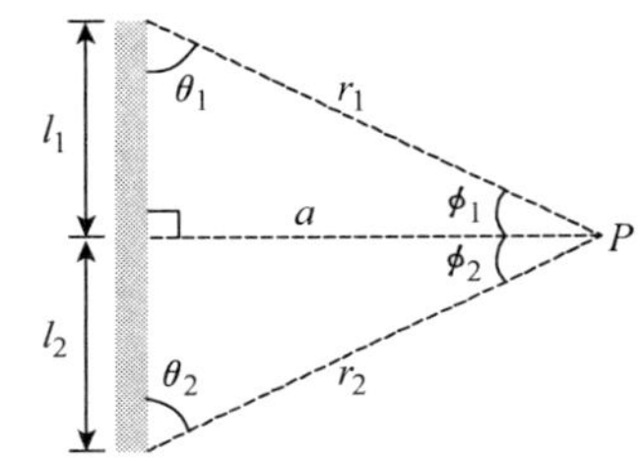

그림 8.9 유한 직선 도체에 의한 자계

유한 길이의 직선 도체에 전류가 흐를 때 중심에서 a 만큼에 위치한 점 P의 자계 $\widetilde{H}$를 구하기 위해 미소 자계 $d\widetilde{H}$를 구하면 $d\widetilde{H}=\frac{I dl \sin\theta}{4\pi r^2}$이며, 여기에 양변 적분하면

$$\widetilde{H}=\int dH=\int_l \frac{I\sin\theta}{4\pi r^2}dl$$

가 된다. 여기서 $\sin\theta=\frac{a}{r}=\cos\phi$, $\cos\theta=\frac{l}{r}=\sin\phi$이며,

이 관계식에서 $\tan\phi=\frac{l}{a}$, $l=a\tan\phi$(미소 길이 dl은 $dl=a\frac{1}{\cos^2\phi}d\phi$이다.)을 $r^2=a^2+l^2$에 대입하면 $r^2=a^2+l^2=a^2+(a\tan\phi)^2$가 된다.

따라서 점 P의 자계 $\widetilde{H}$는

$$\widetilde{H} = \frac{I}{4\pi a}(\cos\theta_1 + \cos\theta_2) = \frac{I}{4\pi a}(\sin\phi_1 + \sin\phi_2)$$

와 같이 구해진다. 여기서 도선과 만드는 각 θ_1, θ_2가 모두 $0°$이면 즉, $\theta_1 = \theta_2 = 0°$가 되면 무한 장의 경우로

$$\widetilde{H} = \frac{I}{4\pi a}(\cos\theta_1 + \cos\theta_2) = \frac{I}{4\pi a}(1+1) = \frac{I}{2\pi a}[\mathrm{AT/m}]$$

가 되어 다음에 설명하는 무한히 긴 직선 전류에 의한 자계의 세기와 같게 됨을 알 수 있다.

(4) 무한히 긴 직선 전류에 의한 자계

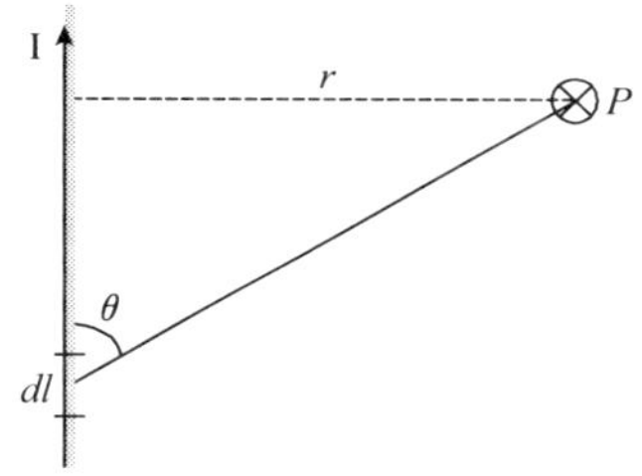

그림 8.10 무한 직선 도체

점 P의 자계를 구하기 위해 무한 직선 도체의 미소 길이 dl에 대한 자계를 고려하면

$$d\widetilde{H} = \frac{\widetilde{I}\,d\widetilde{l} \times \widetilde{R}}{4\pi R^3}[\mathrm{AT/m}]$$

이다. 여기에 $d\widetilde{l} = dz\,\widetilde{a}_z$, $\widetilde{R} = \rho\widetilde{a}_\rho - z\widetilde{a}_z$이므로 $d\widetilde{l} \times \widetilde{R} = \rho\,dz\,\widetilde{a}_\phi$을 $d\widetilde{H}$에 대입하고 자계 $\widetilde{H}$을 구하기 위해 양변에 대해 적분하면

$$\widetilde{H} = \int \frac{I\rho\,dz}{4\pi(\rho^2 + z^2)^{3/2}}\widetilde{a}_\phi$$

이며, 여기에 $z = \rho\cot\theta$, $dz = -\rho\,\mathrm{cosec}^2\theta\,d\theta$을 대입해서 정리하면

$$\widetilde{H} = -\frac{I}{4\pi}\int_{\theta_1}^{\theta_2}\frac{\rho^2 \operatorname{cosec}^2\theta\, d\theta}{\rho^3 \operatorname{cosec}^3\theta}\tilde{a}_\phi = \frac{I}{4\pi}\tilde{a}_\phi\int_{-\theta_1}^{\theta_2}\sin\theta\, d\theta$$

$$= \frac{I}{4\pi\rho}(\cos\theta_2 - \cos\theta_1)\tilde{a}_\phi \text{ [AT/m]}$$

가 된다. 만약에 점 A가 $(0, 0, 0)$이고 점 B가 $(0, 0, \infty)$ 경우라고 생각하면 $\theta_1 = 90°$, $\theta_2 = 0°$이므로

$$\widetilde{H} = \frac{I}{4\pi\rho}\tilde{a}_\phi$$

가 되며, 또한 도체가 무한히 길다면 즉, 점 A가 $(0, 0, -\infty)$이고 점 B가 $(0, 0, \infty)$라면 $\theta_1 = 180°$, $\theta_2 = 0°$이므로

$$\widetilde{H} = \frac{I}{2\pi\rho}\tilde{a}_\phi$$

으로 나타낼 수 있다. 여기서 $\tilde{a}_\phi = \tilde{a}_l \times \tilde{a}_\rho$인 관계를 이용하여 구해진다.

Book Cafe

도선에 전류 I가 흐르는 경우 자속밀도 $\widetilde{B}$의 값은 비오사바르 법칙을 적용하면 구할 수 있다.

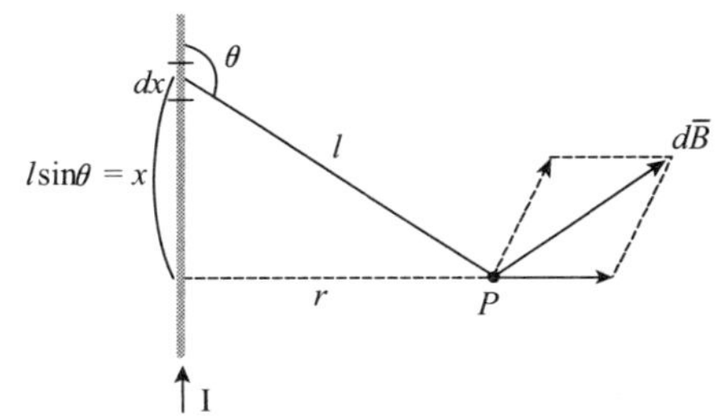

무한 직선 도선 중 미소 길이 dx 내의 전류에 의해 발생하는 자속밀도 $d\widetilde{B}$의 크기는

$$d\widetilde{B} = \frac{\mu_0 I \sin\theta}{4\pi l^2}dx$$

이며, 무한히 긴 직선에서 거리 r 만큼 떨어진 점 P의 자속밀도 $\widetilde{B}$를 구하는 경우 점 P의 거리, θ는 dx와 l이 이루는 각이다.

따라서 $\int_{-\infty}^{+\infty} \frac{\mu_0 I \sin\theta}{4\pi l^2} dx$를 적분하기 위해서 x를 θ로 치환하면

$$x = l\sin\theta\ ,\ x = -l\cos\theta$$

가 되므로

$$l = \frac{r}{\sin\theta},\ x = -\cot\theta,\ dx = r\,\mathrm{cosec}^2\theta\, d\theta$$

가 된다. 이를 이용하여 자속밀도 $\widetilde{B}$의 크기를 구하면

$$\widetilde{B} = \frac{\mu_0 I}{4\pi}\int_0^{2\pi} \frac{\sin^2\theta}{r^2} \sin\theta\ r\,\mathrm{cosec}^2\theta\, d\theta = \frac{\mu_0 I}{2\pi r}[\mathrm{T}]$$

가 된다.

Book Cafe

자계 $\widetilde{H}$를 구하는 경우

■ 정삼각형의 중심에 대한 자계

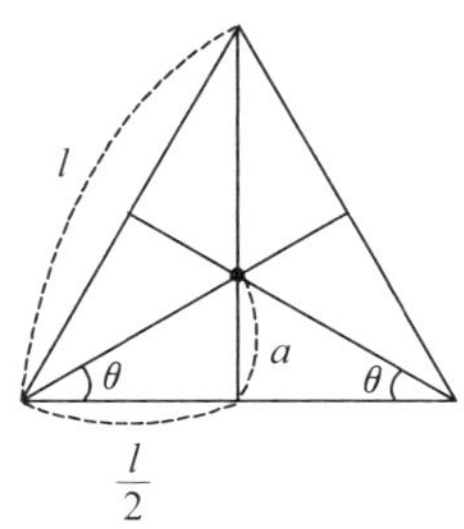

유한 장 직선도체에 의한 자계 $\widetilde{H}$ 관계식인 $\widetilde{H} = \frac{I}{4\pi a}(\cos\theta_1 + \cos\theta_2)$ 을 이용하기 위해 $\tan 30° = \frac{a}{l/2}$ 에서 $\frac{1}{\sqrt{2}} = \frac{2a}{l}$, $a = \frac{l}{2\sqrt{3}}$ 을 적용하면 중심에서의 자계 $\widetilde{H}$는

$$\widetilde{H} = \frac{I}{4\pi a}(\cos\theta_1 + \cos\theta_2)\times 3 = \frac{I}{4\pi \times \frac{l}{2\sqrt{3}}}(\cos 30° + \cos 30°)\times 3$$

$$= \frac{I}{4\pi\times\frac{l}{2\sqrt{3}}}\left(\frac{\sqrt{3}}{2} + \frac{\sqrt{3}}{2}\right)\times 3 = \frac{9I}{2\pi l}[\mathrm{AT/m}]$$

가 된다.

■ 정사각형의 중심에 대한 자계

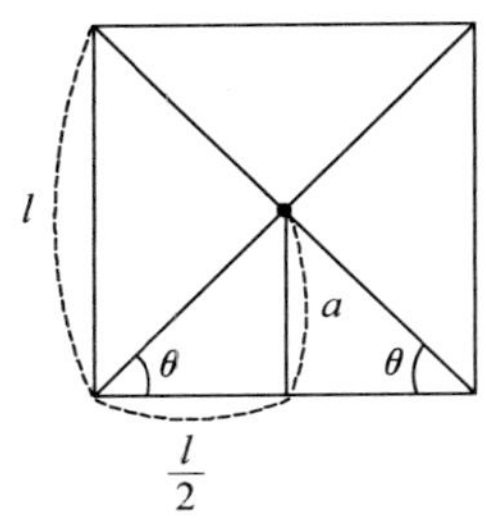

$\tan 45° = \dfrac{a}{l/2}$에서 $1 = \dfrac{2a}{l}$, $a = \dfrac{l}{2}$을 적용하면 중심에서의 자계 $\widetilde{H}$는

$$\widetilde{H} = \frac{I}{4\pi a}(\cos\theta_1 + \cos\theta_2) \times 4 = \frac{I}{4\pi \times \frac{l}{2}}(\cos 45° + \cos 45°) \times 4$$

$$= \frac{I}{4\pi \times \frac{l}{2}}\left(\frac{\sqrt{2}}{2} + \frac{\sqrt{2}}{2}\right) \times 4 = \frac{2\sqrt{2}\,I}{\pi l}[\mathrm{AT/m}]$$

가 된다.

■ 정육각형의 중심에 대한 자계

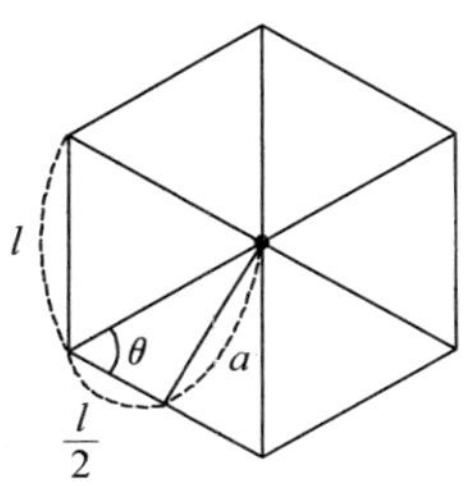

$\tan 60° = \dfrac{a}{l/2}$에서 $\sqrt{3} = \dfrac{2a}{l}$, $a = \dfrac{\sqrt{3}\,l}{2}$을 적용하면 중심에서의 자계 $\widetilde{H}$는

$$\widetilde{H} = \frac{I}{4\pi a}(\cos\theta_1 + \cos\theta_2) \times 6 = \frac{I}{4\pi \times \frac{l}{2}}(\cos 60° + \cos 60°) \times 6$$

$$= \frac{I}{4\pi \times \frac{\sqrt{3}\,l}{2}}\left(\frac{1}{2} + \frac{1}{2}\right) \times 6 = \frac{\sqrt{3}\,I}{\pi l}[\mathrm{AT/m}]$$

가 된다.

8.3 암페어(Ampere)의 주회적분 법칙

자계 중에 임의의 폐 경로를 따라 자계 강도의 접선 부분을 선 적분한 값은 경로가 포함하는 전류와 같다. (즉, $\oint \widetilde{H} \cdot d\widetilde{l} = I$) 암페어 주회법칙은 Gauss 법칙과 비슷하며, 이들 법칙을 이용하면 대칭성 전류 분포를 갖는 것에 대한 자계 $\widetilde{H}$를 쉽게 구할 수가 있게 된다.

따라서 암페어 법칙을 이용해서 자계를 구하기 위해서는 주어진 문제가 대칭적인 구조로 존재해야 한다.

Ampere 법칙은 Biot-savart 법칙으로부터 유도될 수 있는 한 형태이며, Ampere 법칙인 $\oint \widetilde{H} \cdot d\widetilde{l} = I$에 stokes 법칙을 적용하면

$$\oint \tilde{H}\cdot d\tilde{l} = \int_S (\tilde{\nabla}\times \tilde{H})\,dS = I$$

이며, 여기에 $I = \int \tilde{J}\cdot dS$을 적용하면

$$\int_S (\tilde{\nabla}\times \tilde{H})\,dS = \int \tilde{J}\cdot dS$$

에서 $\tilde{\nabla}\times\tilde{H} = \tilde{J}$ (Ampere 법칙의 미분형)을 얻을 수 있다. 따라서 $\tilde{\nabla}\times\tilde{H} = \tilde{J} \neq 0$이므로 정전기장은 보존장이 아니다.

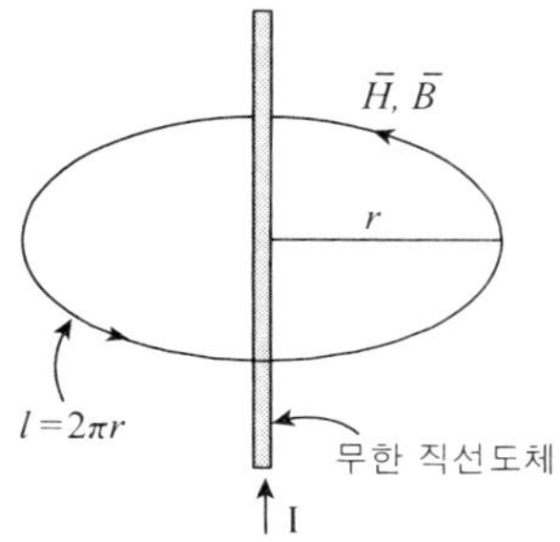

그림 8.11 무한 직선 도체

긴 직선 도체에 전류가 흐르는 경우 자계 $\tilde{H}$는 오른나사 법칙에 따라 도선을 감싸는 방향으로 발생한다. 여기서 반경이 r인 원주 상에서의 자속밀도 $\tilde{B}$[T]와 전류 I와의 관계를 고려하기 위해 진공중의 투자율을 μ_o라고 하면

$$\oint \tilde{B}\cdot d\tilde{l} = \mu_o I$$

이며, 이 때 원주 상의 자속밀도 $\tilde{B}$를 적분한 것을 주회 적분이라 하며, 이것을 Ampere의 주회적분 법칙(Ampere circuital integrating law)이라고 한다. 위 식에서 자속밀도 $\tilde{B}$는 일정하므로

$$\oint \tilde{B}\cdot d\tilde{l} = \tilde{B}\cdot 2\pi r = \mu_o I$$

이 되며, 위의 두 관계식을 이용해서 정리하면 즉 $\tilde{B}\cdot 2\pi r = \mu_o I$에서

$$\widetilde{B} = \frac{\mu_o I}{2\pi r}[\mathrm{T}] \text{ 또는 } \widetilde{H} = \frac{I}{2\pi r}[\mathrm{AT/m}]$$

로 나타낼 수 있다. 즉 무한 직선 도체에서 거리 r만큼 떨어진 점의 자계 $\widetilde{H}$는 $\widetilde{H} = \frac{I}{2\pi r}$가 된다.

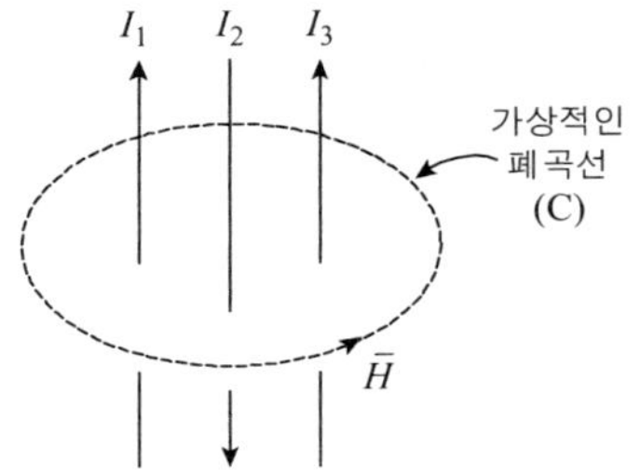

그림 8.12 폐회로와 전류의 쇄교

가상적인 폐경로 회로 C에 대해 전류 I_1, I_2, I_3가 쇄교(interlink)하는 경우라고 하면 전류 I는

$$\oint_C \widetilde{H} \cdot d\widetilde{l} = I_1 - I_2 + I_3$$

이며, 여기서 n개 전류가 쇄교하는 경우에 대해 일반항으로 나타내면

$$\oint_C \widetilde{H} \cdot d\widetilde{l} = \sum_{i=1}^{n} I_i[\mathrm{A}]$$

처럼 표현할 수 있다.

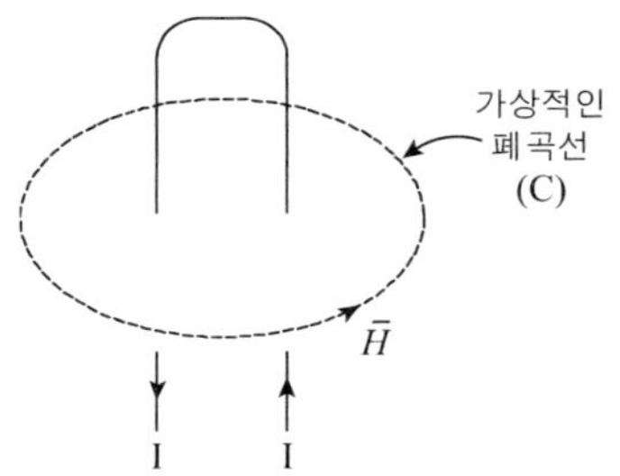

그림 8.13 왕복 전류

동일한 전류가 가상적인 폐 경로를 반대로 왕복하는 경우의 전류 I는 0이다.

$$\oint_C \tilde{H} \cdot d\tilde{l} = I - I = 0$$

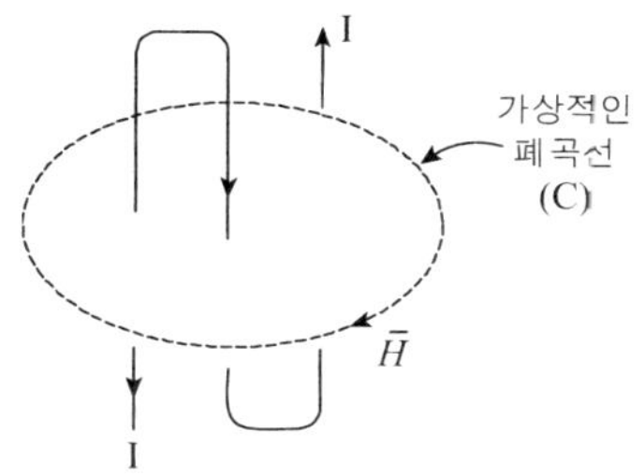

그림 8.14

그림 8.14와 같이 가상 경로에서 한번 더 전류를 반대 방향으로 하는 경우

$$\oint_C \tilde{H} \cdot d\tilde{l} = I - I + I = I$$

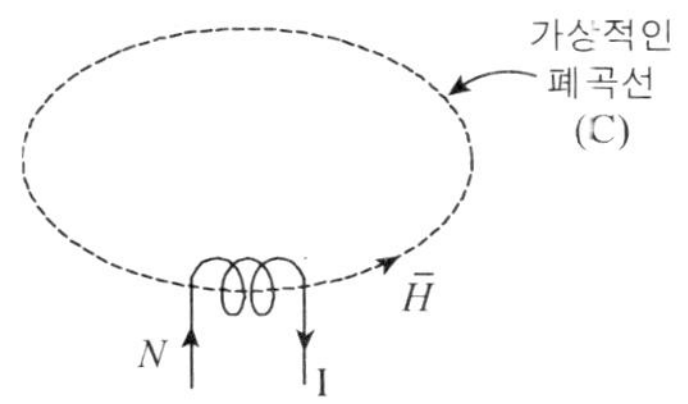

그림 8.15 N회 도선과 폐회로 쇄교

N회 도선 중의 가상 폐회로에서는 폐회로에 쇄교하는 전류 I는 NI으로 나타낼 수 있다.

$$\oint_C \tilde{H} \cdot d\tilde{l} = NI[\mathrm{AT/m}]$$

여기서 단위 [AT/m]는 단위 암페어 회수[Ampere Turn]를 단위 길이[meter]의 단위로 나눈 것이다.

Book Cafe

- $1[AT/m]$의 자계 중에 놓인 자극에 $1[N]$의 힘이 작용하는 자극의 세기는 $1[Wb]$이다.
- $\oint \tilde{H} \cdot d\tilde{l} = I$: 자계 중의 임의의 폐곡선에 따르는 선 적분은 폐곡면으로 된 평면을 통과(관통)하는 전류와 같다.

8.4 암페어 주회적분 법칙의 응용

8.4.1 무한 직선 전류에 의한 자기장의 세기

직선 전류 $I[A]$가 흐르는 경우 점 P에서 자계 $\tilde{H}$를 구하기 위해 점 P를 지나는 폐 경로 혹은 적분로를 선택한다. 이 폐 경로에 암페어 법칙이 적용되기 때문에 이 경로를 암페어 경로라고도 한다. 여기서 폐 경로를 하나의 원으로 하는 이유는 Gauss 법칙에 필요한 조건이 대칭성을 고려한 것이라고 할 수 있다. 이는 앞에서 활용되었던 Gauss 표면과 유사한 개념으로 사용되게 된다.

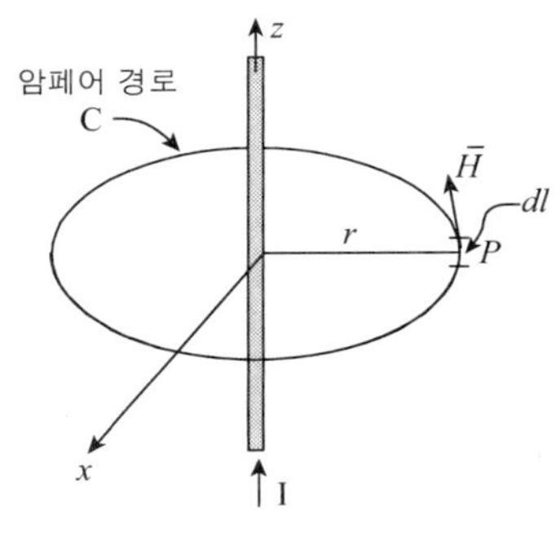

그림 8.16 무한직선 전류에서의 자계

대칭성을 고려한 자계 성분은 원주상의 모든 점에서 크기가 같고 원의 접선 방향에 대해 즉, 폐곡선 C에 대해 주회법칙을 적용하면

$$\oint_C \widetilde{H} \cdot d\tilde{l} = I[\mathrm{A}]$$

이며, $\widetilde{H}$와 dl은 같은 방향이고, 폐곡선의 길이는 $l = 2\pi r$이고 앞에서 가상적인 폐경로 C와 쇄교하는 전류가 I[A]이므로

$$\oint_C \widetilde{H} \cdot d\tilde{l} = \widetilde{H} l = \widetilde{H}(2\pi r) = I$$

에서 자계 $\widetilde{H}$는

$$\widetilde{H} = \frac{I}{2\pi r}[\mathrm{AT/m}]$$

로 구해진다.

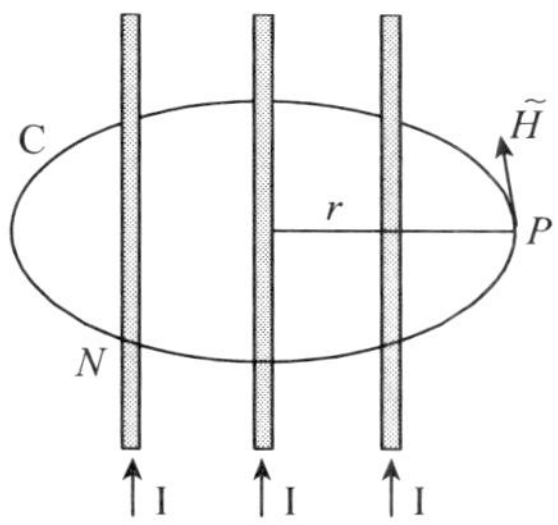

그림 8.17 N 회인 직선 전류에 대한 자계

한편 그림 8.17에서처럼 직선 전류를 N회 지나도록(관통)하는 경우

$$\oint_C \widetilde{H} \cdot d\tilde{l} = NI$$

에서 자계 $\widetilde{H}$는

$$\widetilde{H} = \frac{NI}{2\pi r}[\mathrm{AT/m}]$$

와 같이 나타낼 수 있다. 따라서 직선 전류에서 일정거리에 존재하는 점의 자계 세기는 거리에 반비례하며, 증감하고 있음을 알 수 있다. 그리고 이 결과식에서 1[A]의 직선 전류에

서 $\frac{1}{2\pi}$[m] 거리에 위치한 임의의 한 점에 대한 자계가 1[AT/m]라고 할 수 있다.

예제 8.3

권수 N[회], 평균 반지름 r[m]인 환상 솔레노이드에 I[A]의 전류가 흐를 때 중심 O점의 자계의 세기[AT/m]는?

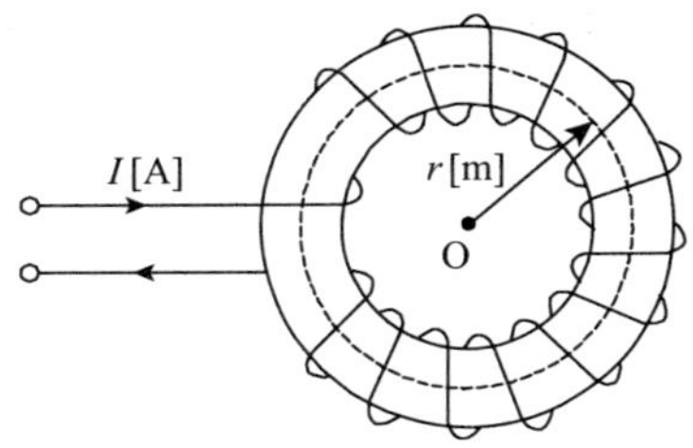

[풀이] 환상 솔레노이드의 자계의 세기

- 코일 내부 $H = \frac{NI}{2\pi r}$
- 코일 외부 $H = 0$

8.4.2 무한히 긴 원주형 전류에 의한 자계

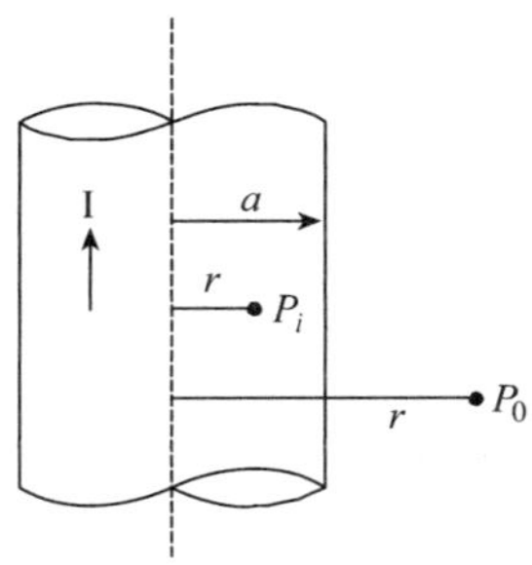

그림 8.18 무한장 원주형 도체

선 전류 I가 무한히 긴 선로에서 자계 $\widetilde{H}$를 구하기 위해서 도체 내부의 점 P_i와 외부의 점 P_0에 대한 자계를 정리해 보기로 한다.

그림에서 원주형도체의 단면이 반경이 a이고 길이는 무한 장이며, 전류 I는 균일하게 분포하여 존재한다고 본다. 도체 내부와 외부의 구분은 반경 a에 따라 결정된다.

(1) 도체외부 $(a < r)$의 자계, $\widetilde{H}_0$

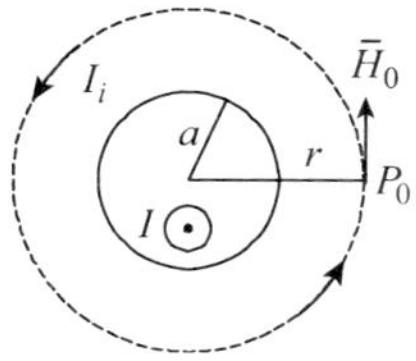

그림 8.19 도체 외부의 자계

외부의 점 P_0에 대해 Gauss 법칙을 적용하는 경우 외부 자계 $\widetilde{H}_0$는 적분로 내의 전류 I이므로

$$\oint_C \widetilde{H}_0 \cdot d\widetilde{l} = \widetilde{H}_0 \cdot 2\pi r = I$$

로 주어지며,

$$\widetilde{H}_0 = \frac{I}{2\pi r}[\mathrm{AT/m}]$$

가 된다. 여기서 외부 자계 $\widetilde{H}_0$는 거리 r에 반비례함을 알 수 있다.

(2) 도체 내부 $(a > r)$의 자계, $\widetilde{H}_i$

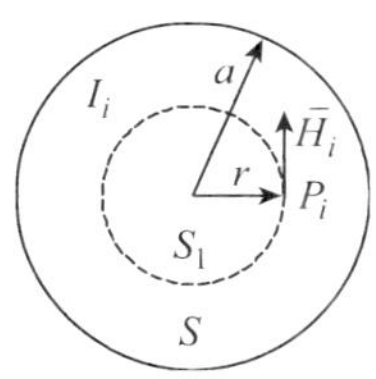

그림 8.20 도체 내부의 자계

도체 내부의 점 P_i을 생각하면 반경 r로 둘러싸인 전류 I_i는 도선의 단면적을 S, 반경 r 내의 단면적을 S_1이라고 하면

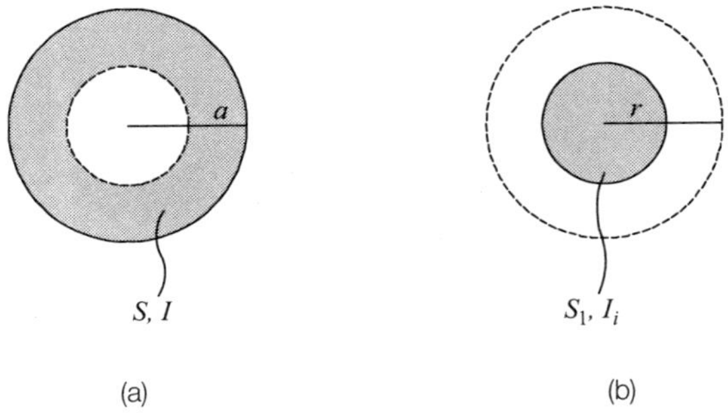

그림 8.21 도체 단면적과 반경 r인 단면적의 비교

$$\frac{I_i}{I} = \frac{S_1}{S}$$

으로 표현할 수 있으며, 여기서 전류 I_i는

$$I_i = \frac{S_1}{S} I = \frac{\pi r^2}{\pi a^2} I = \frac{r^2}{a^2} I \,[\mathrm{A}]$$

로 나타낼 수 있다. 따라서 암페어의 주회법칙에 따라서 점 P_i의 자계 $\widetilde{H}_i$는

$$\oint_C \widetilde{H}_i \cdot d\tilde{l} = 2\pi r \cdot \widetilde{H}_i = I_i$$

이며, 여기서 $I_i = \dfrac{r^2}{a^2} I$를 대립하면 자계 $\widetilde{H}_i$는

$$\widetilde{H}_i \cdot 2\pi r = \frac{r^2}{a^2} I$$

$$\widetilde{H}_i = \frac{Ir}{2\pi a^2} \,[\mathrm{AT/m}]$$

처럼 표현할 수 있다. 내부 자계 $\widetilde{H}_i$는 거리에 비례하지만 앞에서 외부 자계 $\widetilde{H}_0$는 거리 r에 반비례하여 나타났다.

이 관계식에서 거리 r을 x축, 내부 자계 $\widetilde{H}_i$을 y축으로 해서 나타내면 다음과 같다.

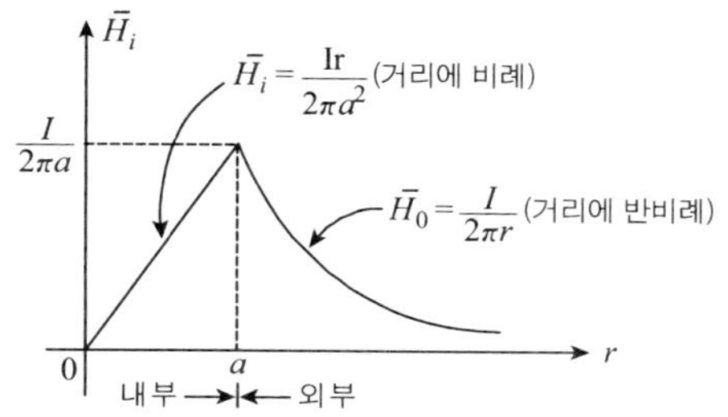

그림 8.22 자계와 거리와의 관계

- 그림 8.22에서 원점($r=0$)에서는 전류 분포가 도체 표면(표피 효과에 의해서)에만 분포되어 흐르고 있는 경우에는 도체 외부의 자계에 따르는 변화가 없으나 도체 내부에는 전류가 흐르지 않기 때문에

$$\oint \widetilde{H}_i \cdot d\widetilde{l} = \widetilde{H}_i \cdot 2\pi r = 0$$

가 되어 자계 $\widetilde{H}_i$는 "0"이 된다. 즉, 도체 내부에는 자계가 존재하지 않는다.

- 그리고 반경이 $r=a$인 경우 도체 표면에서 자계 강도는 최대가 되며,
- $\widetilde{H}_i = \dfrac{I}{2\pi a}$ 관계에서 코일의 중심 자계의 세기는 반경 a에 반비례하고 있음을 알 수 있다.

8.4.3 무한히 긴 솔레노이드의 의한 자계

(1) 솔레노이드 내부의 자계

솔레노이드(solenoid)는 원통에 도선을 균일하게 감은 것으로 평등자계를 해석하고 설명하는데 이용될 수 있다.

솔레노이드에서 도선과 도선 사이를 일정 간격을 두고 감는 경우 도선에 흐르는 전류 I에 의해서 자속이 발생하는데 이 자속 중 일부는 원통 벽 내외로 누설되기 때문에 원통 내외의 자계에 영향을 주게 된다. 여기서는 자속에 의한 누설이 없다고 가정하고 자계를 구하는 경우에 대해 설명하기로 한다.

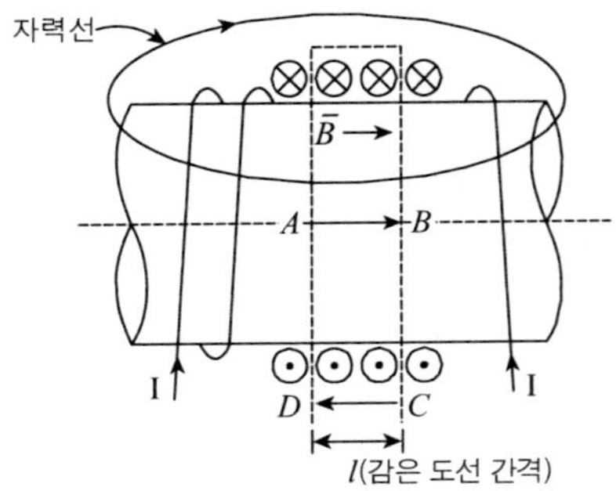

그림 8.23 무한 솔레노이드 코일의 자계

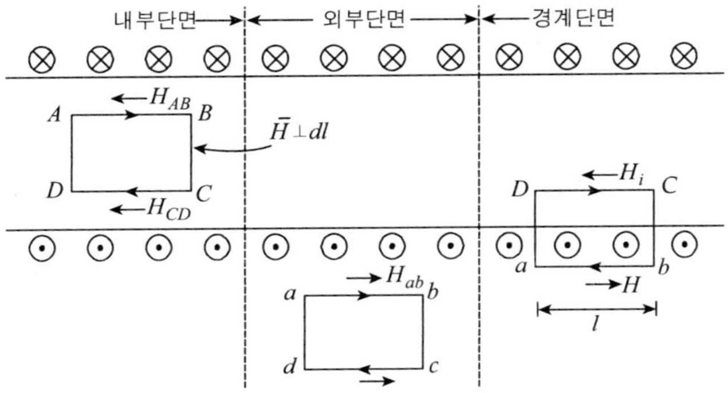

그림 8.24

그림 8.24에서 내부의 폐 경로에서 솔레노이드 내부의 자속밀도 $\widetilde{B}$는 일정하고 솔레노이드 외부의 자속밀도는 서로 상쇄되어 $\widetilde{B}=0$이 되기 때문에 폐곡선 $(ABCDA)$에 대한 주회적분을 고려하면 폐곡선 내의 전류가 없으므로(도체 내부에 전류가 흐르지 않는다.) $\oint \widetilde{H} \cdot d\widetilde{l} = 0$인 관계를 이용하면

$$\oint \widetilde{H} \cdot d\widetilde{l} = \int_{AB} \left(-\widetilde{H}_1\right) dl + \int_{BC} \widetilde{H}\, dl + \int_{CD} \widetilde{H}_2 dl + \int_{DA} \widetilde{H}\, dl = 0$$

가 된다.

이 식에서 BC와 DA는 $(\widetilde{H} \perp dl)$인 경우 적분 값이 "0"이므로 두 번째 항과 네 번째 항은 0이 되기 때문에 무시할 수 있으며, AB와 CD는 $\widetilde{H}$와 $d\widetilde{l}$이 $180°$와 $0°$이기 때문에 $\widetilde{H}_{AB} = \widetilde{H}_{CD}$가 된다. 이는 솔레노이드의 내부 자계는 어디서나 같게 된다는 것을 나타내는 것으로 모든 부분에서 평등자계로 되어 있다는 것을 말하는 것이다.

(2) Solenoid 외부의 자계

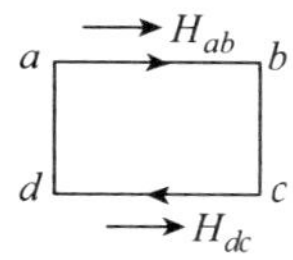

그림 8.25 Solenoid 외부의 폐곡선

폐곡선 $\overline{abcda}$의 경우도 폐곡선 $ABCDA$방법으로 취하면 역시 내부 전류가 없으므로 $\widetilde{H}_{ab} = \widetilde{H}_{dc}$가 되며, 솔레노이드 외부의 어떤 곳이든지 간에 자계는 0이라는 것을 말한다.

여기서 이 폐곡선은 외부에서는 어디서나 성립하기 위해서는 무한 원점에서도 성립해야 한다. 따라서 무한 원점에서의 자계의 세기는 0이라 볼 수 있기 때문에

$$\widetilde{H}_{ab} = \widetilde{H}_{dc} = 0$$

가 된다.

(3) 솔레노이드 내부 자계와 전류의 크기

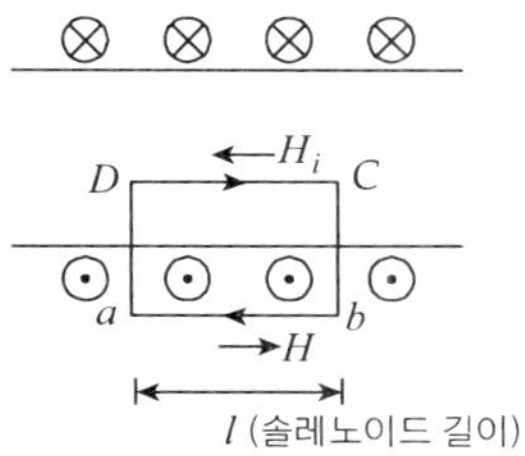

그림 8.26 전류와 쇄교하는 폐회로

솔레노이드의 전류와 쇄교하는 폐곡선 $\overline{DCbaD}$ 내에 N개의 전류 $I(NI)$가 있는 경우 내부 자계 $\widetilde{H}_i$를 구하기 위해 폐곡선에 주회적분을 적용하면

$$NI = \oint \widetilde{H} \cdot d\bar{l} = \int_{DC} (-\widetilde{H}_i)\,dl + \int_{Cb} \widetilde{H}\ dl + \int_{ba} (-\widetilde{H})\ dl\ + \int_{aD} \widetilde{H}\ dl$$

이다. 여기서 두 번째 항과 네 번째 항은 $\widetilde{H} \perp d\tilde{l}$ 이므로 $\widetilde{H} \cdot d\tilde{l} = 0$ 되어 무시할 수 있으며, 세 번째 항은 외부 자계로 적분값이 0이므로 무시할 수 있다.

따라서

$$\oint \widetilde{H}_i \cdot d\tilde{l} = \widetilde{H}_i \cdot l = NI \text{ (}l\text{은 솔레노이드의 길이이다.)}$$

으로 표현할 수 있다.

한편 단위 길이($l = 1[\mathrm{m}]$) 당 코일의 횟수(turn 수)를 n이라면 솔레노이드 내부 모든 점에서의 자계 $\widetilde{H}_i$는 $\widetilde{H}_i = \dfrac{NI}{l}$ 에서 $l = 1[\mathrm{m}]$이므로

$$\widetilde{H}_i = nI[\mathrm{AT/m}]$$

로 구해진다. 평등자계를 얻는 방법으로 무한 장 솔레노이드를 사용하는데 실제적으로 무한히 긴 솔레노이드를 구성하기가 곤란하므로 단면적에 비해서 길이가 매우 긴 것을 만들어서 무한 장 솔레노이드로 취급한다.

예제 8.4

단위 길이 당 권수 200회의 솔레노이드 코일에 비 투자율 500의 철심을 넣고 자속 밀도 $0.4\pi[\mathrm{Wb/m^2}]$를 얻기 위해서 코일에 흘려야 할 전류[A]는?

[풀이] 자속밀도 $B = \mu_0 \mu_s H$에서 자계를 구하면

$$H = \frac{B}{\mu_0 \mu_s} = \frac{0.4\pi}{500 \times 4\pi \times 10^{-7}} = 0.2 \times 10^4 [\mathrm{AT/m}]$$

이며, 여기서 무한장 솔레노이드의 자계의 세기

$$H = n_0 I$$

에서 전류를 구하면

$$I = \frac{H}{n_0} = \frac{0.2 \times 10^4}{200} = 10[\mathrm{A}]$$

가 된다.

8.4.4 Toroid(=Ring Solenoid, 무단 솔레노이드)

토로이드는 Solenoid의 양단을 합쳐서 고리모양으로 만든 것으로 자속밀도 $\widetilde{B}$는 모두 같지 않다.

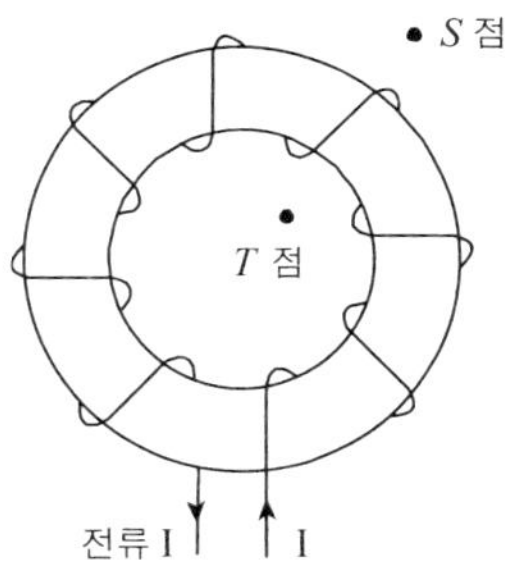

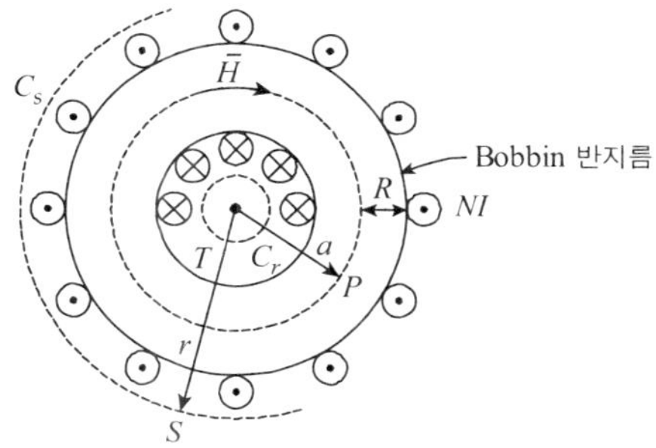

그림 8.27 토로이드(환상 솔레노이드)

여기서 R은 코일을 감은 물체(Bobbin)의 반지름을, a는 중심에서 보빈의 중심까지의 거리, N은 코일의 감은 횟수 그리고 r은 환상 보빈의 중심에서 임의의 거리를 나타낸다. 그림 8.27(a)에서 중심에서 점 S, T의 위치에 따라 변화한다. 토로이드에 전류를 흐르게 하면 발생하는 자계의 자기력선은 원점을 중심으로 하는 동심원이 되며, 트로이드 내·외에 대한 자계를 구하면 다음과 같다.

(1) Toroid의 외부점(점S, 점T)에 대해 주회적분을 적용하면

$$\text{S점} \rightarrow \oint_{C_S} \widetilde{H} \cdot d\widetilde{l} = NI + (-NI) = 0$$

$$\text{T점} \rightarrow \oint_{C_T} \widetilde{H} \cdot d\widetilde{l} = 0$$

가 된다.

즉, 트로이드 외부 점 S, T는 반지름 r인 원과 전류가 쇄교하지 않기 때문에 트로이드 외부에서의 자계는 외부의 어떤 곳이든지 간에 $\widetilde{H} = 0$으로 나타난다.

(2) Toroid의 내부 점 P를 반경 r의 원주를 C_S이라고 하고 주회적분을 적용하면

$$\oint_{C_S} \widetilde{H}\cdot d\widetilde{l} = \widetilde{H}\cdot 2\pi r = NI$$

에서 토로이드 내부 자계 $\widetilde{H}$는

$$\widetilde{H} = \frac{NI}{2\pi r}[\mathrm{AT/m}]$$

가 된다. 여기서 Bobbin의 중심축 $r = a$인 점에 대한 자계 $\widetilde{H}$는

$$\widetilde{H} = \frac{NI}{2\pi a}[\mathrm{AT/m}]$$

로 구해진다. 따라서 토로이드 내부 자계는 일정하다고 할 수 있다.

8.5 벡터 계의 회전(rotation, curl)

앞에서 정의한 Ampere의 주회법칙을 좌표상의 한 점에 대한 미소 폐곡선에 적용하여 벡터 해석에 필요한 새로운 양적인 벡터계의 회전(rotation 또는 curl)의 개념을 얻을 수 있다.

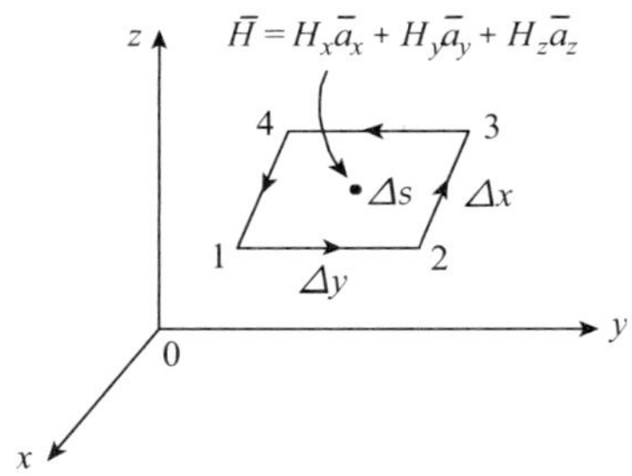

그림 8.28 벡터의 회전

그림 8.28에서 미소 폐곡면의 중심에서의 자계를 $\widetilde{H} = \widetilde{H_0} = H_{\chi_0}\widetilde{a}_x + H_{y_0}\widetilde{a}_y + H_{z_0}\widetilde{a}_z$ 라고 하면

$$\oint \widetilde{H}\cdot d\widetilde{l} = \int_1^2 + \int_2^3 + \int_3^4 + \int_4^1 = I$$

가 된다. 여기서 Curl $\widetilde{H}$은 $\oint \widetilde{H}\cdot d\widetilde{l}$ 를 $\triangle S$로 나누고 극한을 취한 것으로 정의된다.

$$rot\ \widetilde{H} = curl\,\widetilde{H} = \lim_{\triangle S\to 0}\frac{\oint \widetilde{H}\cdot d\widetilde{l}}{\triangle S}$$

여기서 $\triangle S$는 폐곡선으로 둘러싸이는 평면의 면적을 나타내며, $\dfrac{\int \widetilde{H}\cdot d\widetilde{l}}{\triangle S}$ 자체가 전류밀도라고 볼 수 있다. 이 식을 행렬식으로 사용하여 나타내면

$$rot\ \widetilde{H} = curl\ \widetilde{H} = \begin{vmatrix} \widetilde{a}_x & \widetilde{a}_y & \widetilde{a}_z \\ \dfrac{\partial}{\partial x} & \dfrac{\partial}{\partial y} & \dfrac{\partial}{\partial z} \\ H_x & H_y & H_z \end{vmatrix} \text{(직각 좌표계)}$$

으로 표현할 수 있다. $rot\ \widetilde{H} = curl\ \widetilde{H}$ 를 벡터 연산자 $\widetilde{\nabla}$를 사용하여 나타내면

$$rot\ \widetilde{H} = curl\,\widetilde{H} = \widetilde{\nabla}\times\widetilde{H} = \widetilde{J}$$

이 된다. 이 관계식은 Ampere 주회 법칙의 미분형으로

"단위 면적당의 자계 $\widetilde{H}$의 회전은 그 점의 전류밀도와 같다."

이와 같은 관계식은 정 자계에 대한 Maxwell 방정식 중 하나로 임의의 영역에서 자계 $\widetilde{H}$를 알 수 있으면 $\widetilde{\nabla}\times\widetilde{H}$를 통해서 전류밀도 $\widetilde{J}$를 생산하는 것을 구할 수 있다.

한편 curl 연산자의 성질 중에서 자주 이용되는 두 가지 성질을 고려하면

- 임의의 벡터계 $\widetilde{A}$에 대해서도 curl의 발산은 스칼라 0이 되며,
  즉, $\widetilde{\nabla}\cdot(\widetilde{\nabla}\times\widetilde{A}) = 0$
- 임의의 스칼라계 f에 대한 경도의 curl은 벡터 0이다.
  즉, $\widetilde{\nabla}\times(\widetilde{\nabla} f) = 0$

8.6 스토커스(Stokes) 정리

폐곡선 C와 경계를 갖는 폐곡면 S를 고려할 때 Stokes 정리는 폐곡면의 경계 경로 C를 따라서 벡터계의 접선 성분을 선적분한 것은 폐곡면 S에 걸쳐서 curl의 법선성분을 면적 적분한 것과 같다는 것으로 이를 식으로 나타내면

$$\oint \widetilde{H} \cdot d\widetilde{l} = \int (\widetilde{\nabla} \times \widetilde{H})\, d\widetilde{S}$$

처럼 표현할 수 있는데 이 관계식을 Stokes 정리라고 한다. 결과식에서 좌측 항 $\oint \widetilde{H} \cdot d\widetilde{l}$은 어떤 벡터의 폐곡선에 따르는 선 적분을, 우측 항 $\int (\widetilde{\nabla} \times \widetilde{H})\, d\widetilde{S}$는 그 벡터의 회전을 폐곡선으로 이루어지는 면적에 대하여 면적 적분을 나타낸다.

여기서 벡터 자기 포텐샬 $\widetilde{A}$인 경우 stokes 정리를 적용하면

$$\oint \widetilde{H} \cdot d\widetilde{l} = \int_S \widetilde{D} \cdot d\widetilde{s} = \phi$$

가 된다.

Book Cafe

발산의 정리는 면적을 체적으로 변환하는 개념이다.

$$\oint \widetilde{A} \cdot dS = \int_V div\, \widetilde{A}\, dV$$

일반적으로 Stokes 정리 및 발산의 정리는 벡터 관계식을 증명하는데 자주 이용되고 있다.

예를 들어 임의의 벡터 $\widetilde{A}$에 대해서 $\widetilde{\nabla} \cdot \widetilde{\nabla} \times \widetilde{A}$에 대해 stokes 및 발산의 정리를 이용해서 정리하면 $\widetilde{\nabla} \cdot \widetilde{\nabla} \times \widetilde{A} = div\, rot\, \widetilde{A} = f$ 라고 하고 양변에 미소 체적 dv을 곱하고 체적 v에 대해서 적분을 행하면

$$\int_v (\widetilde{\nabla} \cdot \widetilde{\nabla} \times \widetilde{A})\, dv = \int_v f\, dv$$

가 되며, 여기서 좌측 항에 발산의 정리를 적용하면

$$\oint_S (\widetilde{\nabla} \times \widetilde{A})\, dS = \int_v f\, dv$$

가 된다. 그리고 우측 항 $\int_v f\, dv$에 대해 Stokes 정리를 적용하면 표면 적분은 0이 된다.

즉, $\int_v f\ dv = 0$이 된다.

이 관계는 어떤 체적에 대해서도 성립하므로 미소 체적 소 dv에 대해서

$$f\, dv = 0,\ f = 0$$

이 성립하게 되므로 따라서

$$\widetilde{\nabla} \cdot (\widetilde{\nabla} \times \widetilde{A}) = 0$$

가 됨을 알 수 있다.

Book Cafe

$\widetilde{\nabla} \cdot \widetilde{\nabla} \times \widetilde{A} = 0$에 대한 수학적 증명

$$\overline{\nabla} \cdot \begin{vmatrix} \widetilde{a}_x & \widetilde{a}_y & \widetilde{a}_z \\ \dfrac{\partial}{\partial x} & \dfrac{\partial}{\partial y} & \dfrac{\partial}{\partial z} \\ A_x & A_y & A_z \end{vmatrix}$$

$$= \overline{\nabla} \cdot \left\{ \left(\frac{\partial Az}{\partial y} - \frac{\partial Ay}{\partial z} \right) \widetilde{a}_x + \left(\frac{\partial Ax}{\partial z} - \frac{\partial Az}{\partial x} \right) \widetilde{a}_y + \left(\frac{\partial Ay}{\partial x} - \frac{\partial Ax}{\partial y} \right) \widetilde{a}_z \right\}$$

$$= \left(\frac{\partial^2 Az}{\partial x \partial y} - \frac{\partial^2 Ay}{\partial x \partial z} \right) + \left(\frac{\partial^2 Ax}{\partial y \partial z} - \frac{\partial^2 Az}{\partial x \partial y} \right) + \left(\frac{\partial^2 Ay}{\partial z \partial x} - \frac{\partial^2 Ax}{\partial z \partial y} \right)$$

$$= 0$$

Book Cafe

자계 $\widetilde{H}$에 대해서 $\widetilde{\nabla} \times$을 취하면 $\widetilde{\nabla} \times \widetilde{H} = \widetilde{J}$이며, 이에 대해 양변 발산 $(\widetilde{\nabla} \cdot)$을 취하면

$$\widetilde{\nabla} \cdot \widetilde{\nabla} \times \widetilde{H} = \widetilde{\nabla} \cdot \widetilde{J} = 0$$

이고, 여기서 $\widetilde{\nabla} \cdot \widetilde{J} = 0$는 전류 연속식을 이용해서 얻은 결과와 같다.

Book Cafe

Stokes 정리를 적용하는 면이 폐곡면 일 때 주변에 대한 선 적분은 0이 된다.
즉,

$$\oint \tilde{A} \cdot d\tilde{l} = 0$$

여기에 Stokes 정리를 적용하면

$$\oint \tilde{A} \cdot d\tilde{l} = \oint (\tilde{\nabla} \times \tilde{A})\, ds = 0$$

이므로

$$\oint (\tilde{\nabla} \times \tilde{A})\, ds = 0$$

이 된다. 이와 같이 Stokes 정리를 적용했더니 $\tilde{\nabla} \times \tilde{A} = 0$이 되었다면 $\tilde{\nabla} \times \tilde{A} = 0$ 관계가 모든 곳에서 성립할 때 $\tilde{A}$가 스칼라 함수의 경사(기울기)라는 것을 알 수 있다.

그 이유는 임의의 폐곡선 주위에서 취한 선 적분이 0이 되면 $\tilde{\nabla} \times \tilde{A} = 0$이 되므로 이와 같은 이유로 $\tilde{A}$가 스칼라 함수의 경사가 되어야 한다는 조건이라고 할 수 있다.

8.7 Scalar 및 Vector 자기 Potential(=자위)

8.7.1 Scalar 및 Vector 자위

앞에서 $V = -\int \tilde{E} \cdot d\tilde{l}$ 관계식인 정 전계에서 스칼라 전위 V를 이용하면 정 전계 문제에 대한 해를 매우 간단히 구할 수 있음을 알 수 있었다. 그러면 자계에서도 이와 같은 편리한 방법이 있는가 하는 것에 대한 고려를 하기 위한 방법으로 Scalar 전위와 유사한 Scalar 자위를 정의할 수 있을 것인가? 하는 내용으로 이에 대해 정리해 보기로 한다. 먼저 자계의 세기가 (−) 경도(Gradient)로 나타내는 함수가 있다고 가정하고 이것에 대한 Scalar 자위를 V_m이라고 하면

$$V_m = -\int_a^b \tilde{E} \cdot d\tilde{l}\,[\mathrm{A}]$$

여기서 자위 V_m은 단위 정전하를 자계와 반대 방향으로 옮기는데 필요로 하는 일을 말하며, 자위(자기 스칼라 전위) V_m을 알고 있는 경우 자계 강도 $\tilde{H}$는 $\tilde{E} = -\tilde{\nabla} V$와 동일한 방법으로

$$\tilde{H} = -\text{grad}\, V_m = -\tilde{\nabla} V_m \quad (\tilde{J} = 0\text{인 영역에서만})$$

를 통해서 구할 수 있다. 이러한 정의는 이제까지 자계에 대해서 얻은 결과인 $\tilde{\nabla} \times \tilde{H} = \tilde{J}$에 $\tilde{H} = -\tilde{\nabla} V_m$을 적용하면

$$\tilde{\nabla} \times \tilde{H} = \tilde{\nabla} \times (-\tilde{\nabla} V_m) = \tilde{J}$$

가 된다. 여기서 임의의 스칼라 V와 임의의 벡터장 $\tilde{A}$에 대해서 $\tilde{\nabla} \times (\tilde{\nabla} V) = 0$, $\tilde{\nabla} \cdot (\tilde{\nabla} \times \tilde{A}) = 0$ 가 성립하므로

$$\tilde{\nabla} \times \tilde{H} = \tilde{\nabla} \times (-\tilde{\nabla} V_m) = 0$$

가 된다. 임의의 Scalar계의 경도의 curl은 반드시 0이 된다.

즉, $\tilde{\nabla} \times (-\tilde{\nabla} V_m) = 0$ 따라서 $\tilde{H}$가 어떤 Scalar자위의 부의 경도로 표시되기 위해서는 Scalar자위가 정의되는 영역 내의 모든 점의 전류밀도 $\tilde{J}$가 "0"이 되어야 한다.

즉,

$$\tilde{H} = -\tilde{\nabla} V_m, \ (\text{단, } \tilde{J} = 0)$$

이 Scalar 자위는 역시 Laplace 방정식을 만족시킨다.

자유공간 내에서는 $\tilde{\nabla} \cdot \tilde{B} = 0$이므로

$$\tilde{\nabla} \cdot \tilde{B} = \mu_0 \tilde{\nabla} \cdot \tilde{H} = 0$$

이고, 여기에 $\tilde{H} = -\tilde{\nabla} V_m$ 을 적용하면 V_m은 다음과 같이 Laplace 방정식을 만족시킨다. 여기서 Laplace 방정식이 만족함을 보이면

$$\tilde{\nabla}^2 V_m = 0 \ (\text{단, } \tilde{J} = 0)$$

으로 Laplace 방정식을 만족한다.

8.7.2 Vector Potential

(1) Vector potential $\widetilde{A}$의 정의

자속밀도 $\widetilde{B}$와 다음과 같은 관계가 있는 Vector $\widetilde{A}$을 Vector Potential 이라고 한다. 따라서 $\widetilde{\nabla} \cdot \widetilde{B} = 0$와 $\widetilde{\nabla} \cdot (\widetilde{\nabla} \times \widetilde{A}) = 0$를 동시에 만족하는 자기 벡터 전위(포텐셜) $\widetilde{A}$ [Wb/m]를 정의하면

$$\widetilde{B} = rot\,\widetilde{A} = curl\,\widetilde{A} = \widetilde{\nabla} \times \widetilde{A}$$

처럼 구해진다. 앞에서 전위를 $V = \int \frac{dQ}{4\pi\varepsilon_0 r}$로 정의 한 것처럼 자기 벡터 포텐셜 $\widetilde{A}$ 역시 선 전류일 때는 거리에 R 위치한 전류밀도 $I\,dl$에 대해

$$\widetilde{A} = \int_l \frac{\mu_0 I\,d\widetilde{l}}{4\pi R}$$

이며, 표면 전류밀도 일 때는

$$\widetilde{A} = \int_l \frac{\mu_0 \widetilde{k}\,dS}{4\pi R}$$

이고, 체적 전류일 때는

$$\widetilde{A} = \int_l \frac{\mu_0 \widetilde{J}\,dv}{4\pi R}$$

가 된다. 그리고

$$rot\,\widetilde{H} = curl\,\widetilde{H} = \widetilde{\nabla} \times \widetilde{H} = \widetilde{J}$$

에

$$\widetilde{H} = \frac{\widetilde{B}}{\mu},\ \widetilde{B} = rot\,\widetilde{A}$$

을 적용하면

$$\widetilde{J} = rot\,\widetilde{H} = rot\left(\frac{\widetilde{B}}{\mu}\right) = rot\left(\frac{1}{\mu}\,rot\,\widetilde{A}\right) = \frac{1}{\mu}\ rot\ \ rot\,\overline{A} = -\frac{1}{\mu}\,\widetilde{\nabla}^2\widetilde{A}$$

가 된다. 그러므로

$$\widetilde{\nabla}^2 \widetilde{A} = -\mu \widetilde{J}$$

와 같은 미분 방정식으로 나타낼 수 있다. 이것을 vector poisson equation 이라 하며, 이는 정전기장에서 poisson equation인 $\widetilde{\nabla}^2 V = -\frac{\rho}{\varepsilon}$와 유사한 결과이다.

(2) Vector Potential의 해

$\widetilde{\nabla}^2 \widetilde{A} = -\mu \widetilde{J}$에서 $\widetilde{A}$을 구하며, $\widetilde{A}$에 rot을 취한 $rot\,\widetilde{A}$에서 자속밀도 $\widetilde{B}$를 구하고 $\widetilde{B} = \mu \widetilde{H}$ 관계에서 자계 $\widetilde{H}$를 구한다. 이 관계식은 마치 공업 수학에서 "미분 방정식을 만든다."와 "미분 방정식을 푼다."라는 관계를 의미한다.

▶▶▶ 연습문제

01 직선 도체에 전류가 흐르게 되면 주변에 자계가 발생한다. 이 때 자계의 방향에 대해서 설명하여라.

해설 직선 전류의 주위에 생기는 자계의 방향은 암페어의 오른 나사 법칙에 따른다. 전류의 진행 방향은 오른나사의 진향 방향이며, 자계의 방향은 회전 방향이다.

02 평행한 무선 직선 도선에 전류가 흐를 때 도선의 임의의 한 지점에서 자계의 세기가 0이었다면 임의의 위치는?

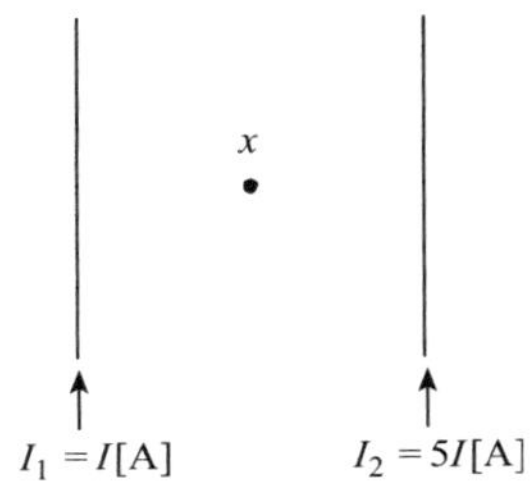

해설

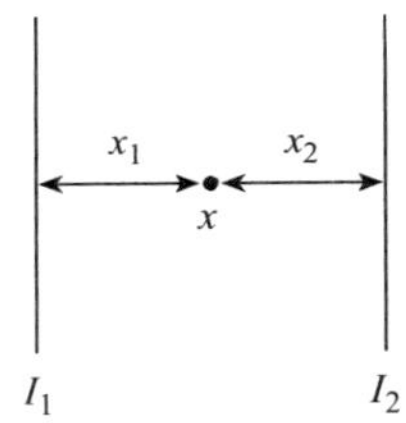

도선 I_1에 의한 자계를 $\widetilde{H}_1$, 도선 I_2에 의한 자계를 $\widetilde{H}_2$라고 하면

$$\widetilde{H}_1 = \frac{I_1}{2\pi x_1} = \frac{I}{2\pi x_1}[\mathrm{AT/m}],\ \widetilde{H}_2 = \frac{I_2}{2\pi x_2} = \frac{5I}{2\pi x_2}[\mathrm{AT/m}]$$

이다. 문제에서 두 도선에 의한 크기가 같으면 $\widetilde{H}=0$이 되므로 $\widetilde{H}_1 = \widetilde{H}_2$이다.

따라서 $\dfrac{I}{2\pi x_1} = \dfrac{5I}{2\pi x_2}$이다. 따라서 임의의 위치는 $x_1 : x_2 = 1 : 5$에 있다.

03 $1[\mathrm{m}]$내에 300회 권수를 갖는 무한장 솔레노이드에 $20[\mathrm{mA}]$의 전류가 흐를 경우 솔레노이드의 자계 세기는?

해설 무한장 솔레노이드에서 내부 자계 $\widetilde{H}= nI[\mathrm{AT/m}]$이며, 외부 자계는 0이다. 따라서 내부에만 $\widetilde{H}= 300\times 20[\mathrm{AT/m}]$가 존재한다.

04 무선 직선 전류 I[A]에서 r[m]위치한 점 P의 자계의 세기[A/m]는?

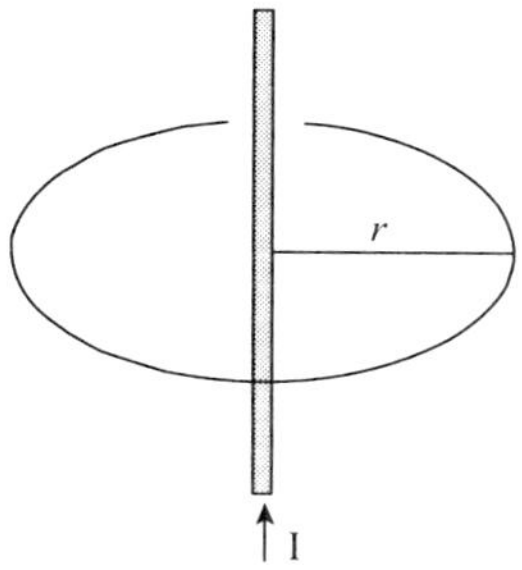

해설 암페어의 주회적분 $\oint_C \tilde{H} \cdot d\tilde{l} = I$을 적용하면 $\oint_C \tilde{H} \cdot d\tilde{l} = \tilde{H} l = \tilde{H}(2\pi r) = I$에서

자계 $\tilde{H}$는 $\tilde{H} = \dfrac{I}{2\pi r}$[AT/m]가 된다.

05 비오-사바르 법칙에 대해 간단히 설명하여라.

해설 비오-사바르 법칙은 미소 선 전류가 흐르는 도선에서 임의의 거리에 존재하는 점의 자계를 나타내는데 필요한 법칙이다. 즉, 전류와 자계에 대한 법칙이라고 할 수 있다.

06 평행 왕복 도선 $\pm I$[A]가 흐르는 경우 점 P에서의 자계의 세기[AT/m]는?

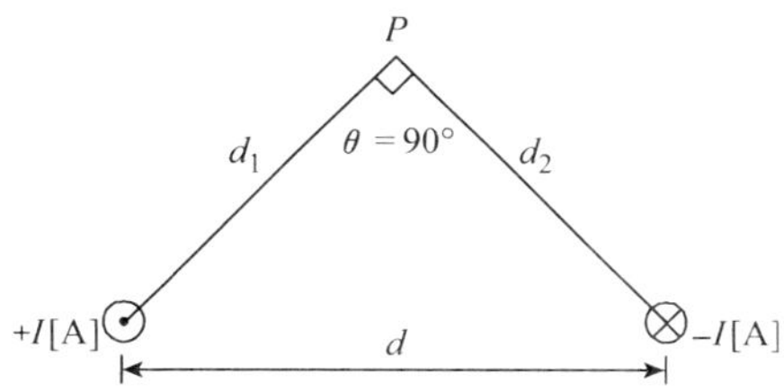

해설

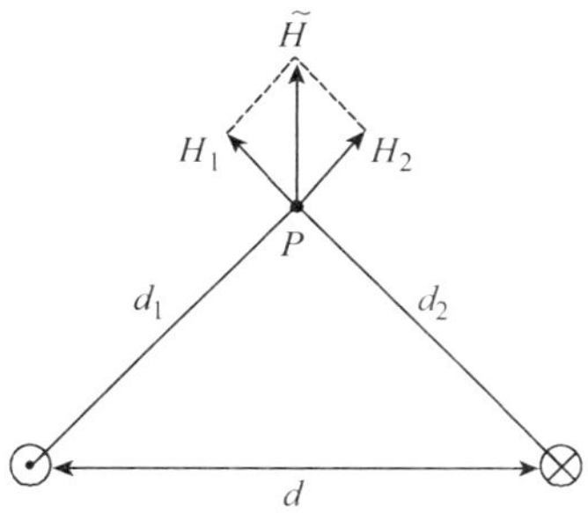

$+I$[A]에 의한 자계를 $\tilde{H}_1$, $-I$[A]에 의한 자계를 $\tilde{H}_2$라고 하면

$$\tilde{H}_1 = \frac{I}{2\pi d_1}, \ \tilde{H}_2 = \frac{I}{2\pi d_2}$$

이다. 점 P에서의 자계는 $\tilde{H}_1$과 $\tilde{H}_2$의 합성 자계이므로

$$\widetilde{H} = \sqrt{\widetilde{H}_1^2 + \widetilde{H}_2^2}$$

이다. 따라서

$$\widetilde{H}_1 = \sqrt{\left(\frac{I}{2\pi d_1}\right)^2 + \left(\frac{I}{2\pi d_2}\right)^2} = \sqrt{\frac{I^2(d_1^2 + d_2^2)}{2\pi d_1 d_2}} = \frac{Id}{2\pi d_1 d_2}[\text{AT/m}]$$

가 된다.

07 공기 중에 3[A]의 전류가 흐르는 무한 직선 도선에서 도선과 수직 평면 내에 거리가 2[m]인 원주를 따라서 4[Wb]의 자극을 일주시키는데 필요한 일[J]은?

해설 일 W는

$$W = Fl = \text{힘} \times \text{움직인 거리}$$

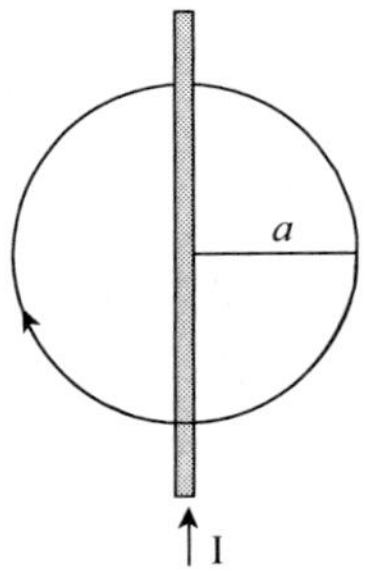

이다. 여기서 $\widetilde{F} = m\widetilde{H}$, $\widetilde{H} = \dfrac{I}{2\pi r}$, $l = 2\pi a$을 적용하면

$$w = m\widetilde{H}l = m \times \frac{I}{2\pi a} \times 2\pi a = mI = 4 \times 3 = 12[\text{J}]$$

으로 계산된다. 따라서 정 전계에서도 폐회로를 따라 일주하는 경우 일은 보존적이지만 자계에서는 보존적이지 않다.

08 반지름 a인 원주 도선에 전류가 균일하게 흐르는 경우 중심에서 r인 지점의 자계는? $(r < a)$

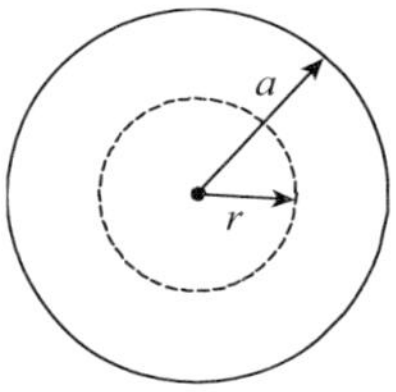

해설 전류는 면적에 따라 변하므로 여기서 각각 반지름 r인 원주의 전류 I_r이 흐르며 면적 S_r, 반지름 a인 원주의 전류 I_a이 흐르고 면적 S_a라고 하면 $\dfrac{I_r}{I_a} = \dfrac{\pi r^2}{\pi a^2}$이므로 여기서 $I_r = \dfrac{\pi r^2}{\pi a^2} I_a$이다. 따라서 r 지점의 자계 $\widetilde{H}$는

$$\widetilde{H} = \frac{I}{2\pi r} = \frac{I_r}{2\pi r} = \frac{\frac{r^2}{a^2} I_a}{2\pi r} = \frac{\pi I_a}{2\pi a}$$

가 된다.

09 반지름 a[m]인 원형 코일에 전류 I[A]가 흐를 때 원형 코일 중심에서의 자계의 세기는?

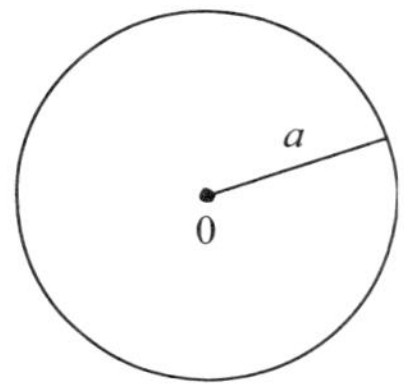

해설 원형 코일 중심에서의 자계 세기 $\widetilde{H}$는 $\widetilde{H} = \dfrac{NI}{2\pi r}$[AT/m]이다.

10 진공 중에서 9π[C]인 전하가 9[m/S]의 속도로 운동하는 경우 운동방향에 대해 3[m]에 위치한 지점의 자계의 세기[A/m]는?

해설 자계 $\widetilde{H}$를 구하기 위해 비오-사바르 법칙을 적용하면

$$\widetilde{H} = \int_l d\widetilde{H} = \int_l \frac{Idl}{4\pi r^2}\sin\theta = \frac{Il}{4\pi r^2}\sin\theta$$

이다. 여기서 $I = \dfrac{Q}{t}$, $v = \dfrac{l}{t}$에서 $I\,l = Q\,v$을 적용하면

$$\widetilde{H} = \frac{Qv}{4\pi r^2}\sin\theta = \frac{9\pi \times 9 \times \sin\theta}{4\pi \times 3^2} = 2.25\sin\theta\,[\text{AT/m}]$$

가 된다.

11 임의의 폐곡선 C와 쇄교하는 자속 수 Φ를 벡터 퍼텐셜 $\widetilde{A}$로 표시하면?

해설 일반적으로 자속밀도 $\widetilde{B}$가 $\widetilde{B} = rot\,\widetilde{A}$ 인 관계에 있는 경우 벡터 A를 벡터 퍼텐셜이라고 한다.

임의의 폐곡선 C와 쇄교하는 자속 Φ는 C로 둘러싸인 임의의 면을 S라 하고 자속밀도를 $\widetilde{B}$라 하면

$$\Phi = \int_S \widetilde{B}\cdot dS\,[\text{Wb}]$$

자속밀도 $\widetilde{B}$를 벡터 퍼텐셜 $\widetilde{A}$로 표시하면 $\widetilde{B} = rot\,\widetilde{A}$가 되므로

$$\Phi = \int_S B\cdot dS = \int_S \text{rot}A\cdot dS = \oint_C A\cdot dl\,[\text{Wb}]$$가 된다.

12 주위의 매질이 공기인 상태에 존재하는 환상 솔레노이드의 단위 길이 당 권수를 n[회/m], 전류를 I[A], 반지름 a[m]라고 할 경우 솔레노이드 외부 자계의 세기[AT/m]는?

해설 무한히 먼 곳에서의 자계는 0으로 볼 수 있으므로 외부 자계의 크기는 0으로 나타난다.

13 전하 q[C]이 진공 중의 자계 H[A/m]에 수직 방향으로 v[m/s]의 속도로 움직일 때 받는 힘[N]은? (단, 진공 중의 투자율은 μ_0이다.)

해설 플레밍의 오른손 법칙에 의하여 작용하는 힘의 관련식을 이용하여 계산하면

$F = qv \times B = \mu_0 qv \times H$ [N]

$F = \mu_0 qvH\sin\theta = \mu_0 qvH\sin 90° = \mu_0 qvH$[N]가 된다.

14 다음과 같이 가요성 전선으로 직사각형의 회로를 만들어 대 전류를 흘렸을 때 일어나는 현상에 대해서 설명하여라.

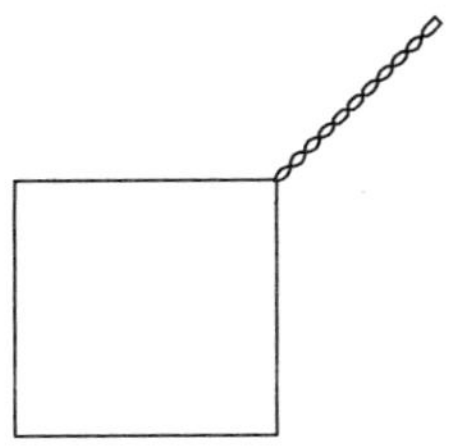

해설

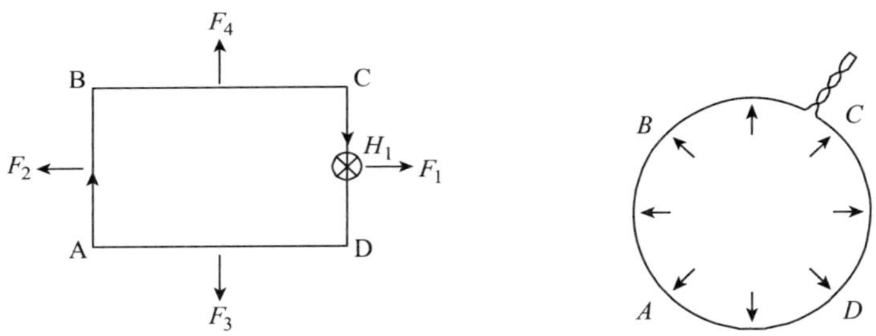

(a) (b)

구형 형태의 도선에 전류를 흐르게 하면 $\overline{AB}$에 흐르는 전류 I에 의한 자계 H_1과 $\overline{CD}$에 흐르는 전류 I에 작용하는 힘 F_1은 플레밍의 왼손 법칙에 의하여 반대로 반발력이 발생하게 된다.

각 부에 작용하는 힘과 전선 내의 기계적 내력이 평형하는 원이 되어 변형이 끝난다. 따라서 4개의 변이 모두 밖으로 힘 F_2, F_3, F_4가 작용하게 되기 때문에 원형이 되는데 이와 같은 현상을 스트레치 효과라고 한다.

Chapter 09 자기장 내의 힘과 회전력

9.1 자기장에 의한 힘(=전자력)

자기장에 의해서 받는 힘의 형태는 크게 자기장 내에서 하전 입자가 움직이는 경우 하전 입자가 받는 힘, 전류 요소가 외부 자장 내에 존재할 때 전류 요소가 받는 힘 그리고 두 개의 전류 요소 상호간에 작용하는 힘 등을 들 수 있다.

9.1.1 자계중의 전류가 받는 힘

일반적으로 전류는 전하의 이동으로 정의 할 수 있는데 이는 도선 상에 무수한 전하가 이동되고 있다고 할 수 있는 것이다. 그러므로 자계 상에 전류가 흐르는 도선을 놓게 되면 도선 상을 이동하는 전하들이 힘을 받게 되어 도선이 움직이게 된다.

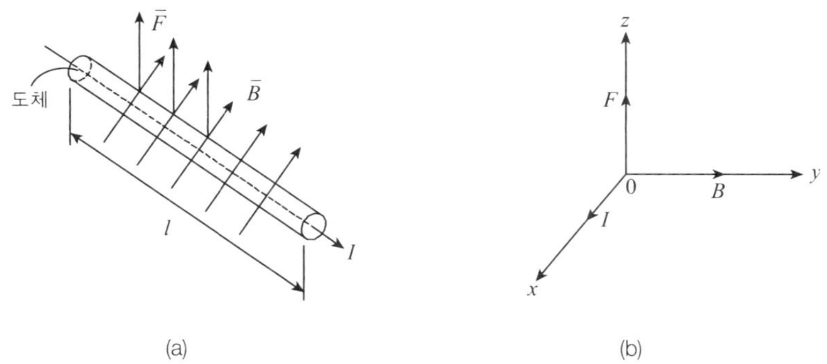

그림 9.1 플레밍의 왼손 법칙(전류와 자계)

전류가 흐르는 직선 도선을 자계 내에 놓으면 작용하는 힘을 전자력이라고 한다. 즉,

선 전류에 의한 전자력을 구체적으로 설명하기 위해 자계가 존재하는 곳에 도선을 놓고 전류를 흘리면 도선에 자계가 발생한다. 이때 자계 중에 자계와 전류의 흐름에 의해서 발생한 자계의 상호 작용으로 도선에 힘을 받게 된다.

여기서 선 전류에 작용하는 힘을 고려하면 자속밀도 $\widetilde{B}$[Wb/m^2]가 균일한 자계 내에 전류 I[A]가 흐르는 도선을 자계의 방향과 수직으로 놓고 자계의 방향과 전류의 방향이 어느 곳에서나 수직인 방향으로 힘이 미치는 것을 전자력(Electromagnetic force)이라고 한다. 따라서 전자력은 자계 내에서 전류가 흐르는 도체가 받는 (작용하는)힘을 말한다.

이와 같은 전자력은 전동기, 전기계기 등과 같은 전기에서 기계적인 힘을 발생하는 경우에 응용된다.

전달 전류 $\triangle I$는 $\triangle I = \dfrac{\triangle Q}{\triangle t}$이며, 여기에 $\triangle Q = \rho_v \triangle v = \rho_v \triangle S \triangle l$을 적용하면

$$\triangle I = \rho_v \triangle S \frac{\triangle l}{\triangle t} = \rho_v \triangle S \triangle \widetilde{v}$$

가 된다. 여기서 전류밀도 $\widetilde{J}$와 전달 전류 I의 관계를 고려해서

$$\widetilde{J} = \frac{\triangle I}{\triangle S} = \rho_v \widetilde{v}$$

인 관계가 된다. 미소 전류원 사이의 관계식인 $\widetilde{I}dl = \widetilde{K}ds = \widetilde{J}dv$에 $\widetilde{J} = \rho_v \widetilde{v}$를 적용하면

$$\widetilde{I}dl = \rho_v dv = dQ\widetilde{v}$$

가 된다. 이는 속도 v로 이동하는 전하 dQ를 생각한 $dQ\widetilde{v}$는 전류 전달 요소 $\widetilde{I}dl$과 같은 것을 의미한다.

따라서 자기장 $\widetilde{B}$ 내에서 전달 전류 요소 $\widetilde{I}dl$에 작용하는 힘 $\widetilde{F}$를 구하기 위해서 $\widetilde{I}dl = dQ\widetilde{v}$인 관계식을 $d\widetilde{F} = Q\widetilde{v} \times \widetilde{B}$에 대입하는데 $Q\widetilde{v}$ 대신에 $\widetilde{I}dl$을 적용하면

$$d\widetilde{F} = Id\widetilde{l} \times \widetilde{B}$$

가 된다. 만일 전류 I가 회로(폐 경로)에 흐른다면 회로에 가해지는 힘 $\widetilde{F}$는

$$\widetilde{F} = \oint_l I dl \times \widetilde{B}$$

가 된다. 그리고 전류 요소가 면 전류 요소 $\tilde{K}\,dS$라면

$$\tilde{F} = \oint_S \tilde{K}\,dS \times \tilde{B}$$

되며, 체적 전류 요소 $\tilde{J}\,dv$라면

$$\tilde{F} = \oint_S \tilde{J}\,dv \times \tilde{B}$$

처럼 나타낼 수 있다. 〈그림 9.1〉에서 처럼 전류 I[A]가 흐르고 있는 길이 l[m]의 도체가 자속밀도 $\tilde{B}$ [Wb/m^2]의 자계 중에 놓여 있을 때 이 도체에 힘이 가해진다. 이 힘을 전자력(Lorentz의 힘)이라고 하며, 자계 내에서 도선 전류가 받는 힘 $\tilde{F}$의 방향을 나타내는 것이 Fleming의 왼손 법칙에 따르게 된다.

여기서 힘 $\tilde{F}$는

$$F = IB\,l\sin\theta = \mu_o HIl\sin\theta \text{ (전동기 원리)}$$

이며, 이를 벡터로 나타내면 다음과 같다.

$$\tilde{F} = (\tilde{I} \times \tilde{B})\,l\,[\text{N}]$$

처럼 표현된다. 여기서 $\sin\theta$는 자계 $\tilde{B}$에 대해서 도선의 방향이 θ만큼 기울어져 있을 때 즉, θ는 전류 I와 자속밀도 $\tilde{B}$가 이루는 각이며, 플레밍의 왼손 법칙에서 엄지 방향은 힘의 방향을, 검지는 자계의 방향 그리고 중지는 전류의 방향을 가리킨다.

9.1.2 로렌쯔의 힘(Lorentz force)

- 일반적으로 중력장 내에서 질량 m인 물체가 받는 힘은 만유인력으로 설명할 수 있는데 여기서 중력장을 발생하게 되는 원인은 지구의 질량 M과 물체 질량 m 사이의 만유인력이라고 할 수 있다.
- 그리고 전기장 내에서 전하 q가 받는 힘은 쿨롱의 법칙으로 설명할 수 있는데 전기장을 발생시키는 원천이 전하 Q이므로 전기장 내에 진전하 q가 받는 힘은 결국 Q와 q 사이에 작용하는 쿨롱의 힘으로 볼 수 있다.

■ 그럼 자기장 내에서 힘을 받는 경우를 고려하면 자기장이 발생하는 원천은 전류이므로 자기장 내에서는 전류가 흐르는 도선에 힘을 받게 되면 전류는 무수한 전하의 이동으로 볼 수 있다. 따라서 자계 내에서는 이동 전하가 힘을 받게 된다는 것을 설명하는 것이다.

여기서 자계 내에서 운동하고 있는 하전 입자(전하)는 전하 Q의 크기와 속도 v, 자속밀도 $\widetilde{B}$에 비례하는 벡터 힘을 받는데 그 관계를 고려하면

먼저 하전 입자(전하) Q가 속도 v로 거리 l 만큼 이동 했을 때를 전류 I 라고 하면 속도 $v = \dfrac{l}{t}$ 이며, 전류 $I = \dfrac{Q}{t}$ 관계에서 $Qv = Il$, $I = \dfrac{Qv}{l}$ 인 관계가 존재한다.

여기서 $\widetilde{F} = (\widetilde{I} \times \widetilde{B})\widetilde{l}$ 인 관계식에 $I = \dfrac{Qv}{l}$ 을 적용하면

$$\widetilde{F} = \left(\frac{Qv}{l} \times \widetilde{B}\right) l = Q(\widetilde{v} \times \widetilde{B})$$

로 표시되며, 이 힘은 자계 내를 이동하는 전하가 받는 힘이 된다. 그리고 앞에서 전계 $\widetilde{E}$ 내에서 전하가 존재할 때에 전하가 받는 힘이 $\widetilde{F} = Q\widetilde{E}$라고 정의 했다.

따라서 전계와 자계가 동시에 존재하는 영역(전기장과 자기장이 동시에 존재하는 경우 에너지는 전기장에 의해서만 전달된다.) 내에서 속도 v로 운동하는 하전입자가 받는 힘은 $\widetilde{F} = Q\widetilde{E}$와 $\widetilde{F} = Q(\widetilde{v} \times \widetilde{B})$의 합으로 나타난다.

$$\widetilde{F} = Q(\widetilde{E} + \widetilde{v} \times \widetilde{B}) = m\frac{dv}{dt}$$

처럼 나타낼 수 있다. 이 힘을 로렌쯔(Lorentz) 힘이라고 하며, 초기 조건이 주어지면 입자의 운동 경로를 구할 수 있다. 전계 내의 전하가 받는 힘의 방향은 언제나 전계 방향이며, 자계내의 전하는 운동 방향과 직각 방향으로 힘을 받게 된다. 이 방정식의 해는 전계 $\widetilde{E}$와 자속밀도 $\widetilde{B}$에서 전기를 띤 입자 운동에 대한 특성을 결정하는데 중요하게 이용된다.

이와 같은 Lorentz 힘의 방정식은 브라운관 내의 전자 운동 원리 및 마그네트론 내의 전자 궤도 등을 분석하는데 적용하고 있다.

여기서 전속밀도 $\widetilde{B}$의 단위를 고려하면 $\widetilde{F} = Qv\widetilde{B}$ 에서 $\widetilde{B} = \dfrac{\widetilde{F}}{qv}$ 이므로

$$\widetilde{B} = \frac{[\mathrm{N}]}{[\mathrm{C}][\mathrm{m/sec}]} = \left[\frac{\mathrm{N}}{\mathrm{C}}\right] \cdot \left[\frac{\mathrm{S}}{\mathrm{m}}\right]$$

이다. 여기서 전계의 단위로 $\widetilde{E}= \frac{V}{d}\left[\frac{\mathrm{V}}{\mathrm{m}}\right]=\left[\frac{\mathrm{N}}{\mathrm{C}}\right]$ 이므로

$$\widetilde{B} = \left[\frac{\mathrm{V}}{\mathrm{m}}\right]\cdot\left[\frac{\mathrm{S}}{\mathrm{m}}\right] = \frac{[\mathrm{V\cdot S}]}{\mathrm{m}^2}$$

로 구해진다. 앞에서 전속 밀도 단위로 $\widetilde{B}[\mathrm{Wb/m^2}]$을 사용했기 때문에

$$\left[\frac{\mathrm{Wb}}{\mathrm{m}^2}\right] = \left[\frac{\mathrm{V\cdot S}}{\mathrm{m}^2}\right]$$

이므로 $1[\mathrm{Wb}] = 1[\mathrm{V\cdot S}]$가 된다. 여기서 진공의 투자율을 μ_0라고 하면

$$\mu_0 = \frac{\widetilde{B}}{\widetilde{H}} = \frac{[\mathrm{Wb/m^2}]}{[\mathrm{A/m}]} = \left[\frac{\mathrm{Wb}}{\mathrm{A}}\right]\left[\frac{1}{\mathrm{m}}\right] = [\mathrm{H/m}]$$

가 되므로 $1[\mathrm{H}] = 1[\mathrm{Wb/A}]$가 된다.

Book Cafe

자계 내에서 수직으로 유입된 전자의 원운동

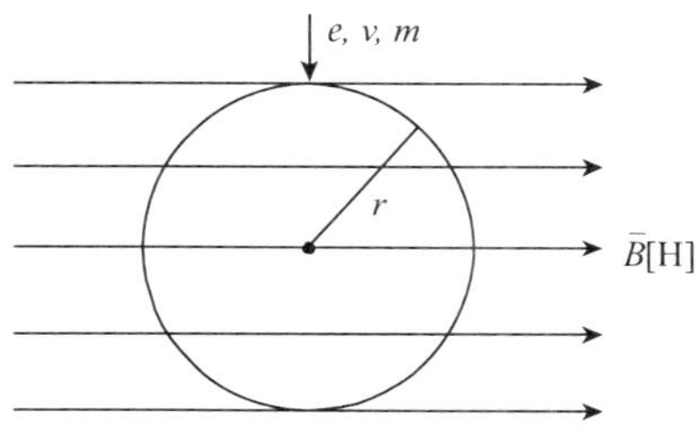

$\widetilde{F} = qvB\sin\theta$ 에서 전자의 운동은 $\theta = 90°$ 이므로

$$\widetilde{F} = qvB\sin 90° = \frac{mv^2}{r}\,[\mathrm{N}] \text{에서 } q\widetilde{B} = \frac{mv}{r}$$

이다. 여기서 궤도 반경 r을 고려하면 $r = \frac{mv}{qB}$ 이며, 각 속도 w를 고려하면

$$w = \frac{v}{r} = \frac{qB}{m} = \frac{2\pi}{T}$$

이며, 그리고 주기 T는

$$T = \frac{2\pi m}{qB}$$

이다.

9.1.3 평행 도선 간에 작용하는 힘

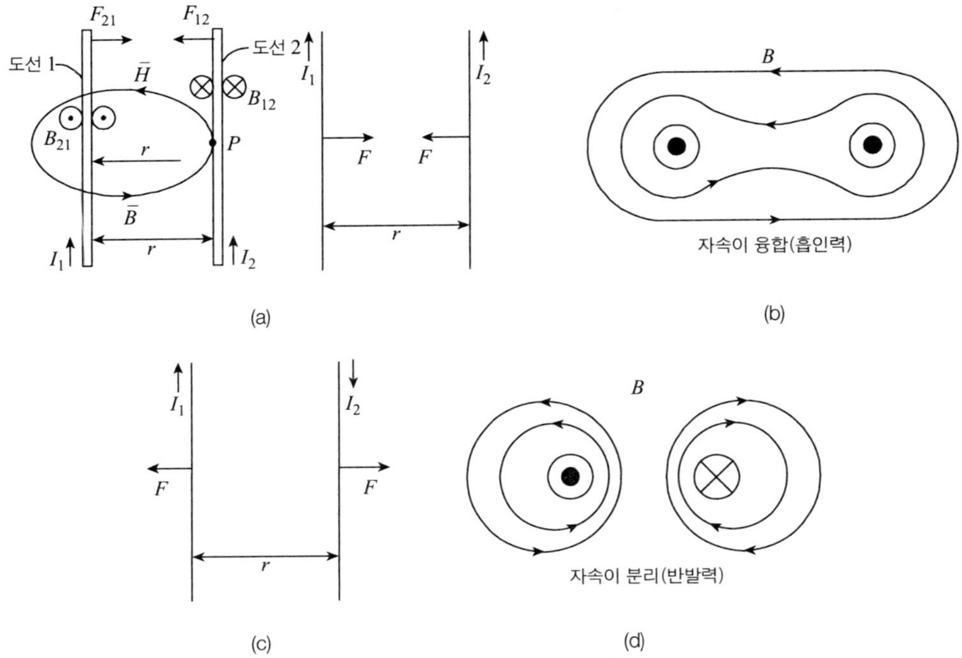

그림 9.2 전류가 흐르는 도체 사이에 작용하는 힘

전류가 흐르고 있는 2개의 도선 사이에 상호적으로 힘이 존재하는데 힘이 발생하는 원인은 한쪽 도체에 흐르는 전류에 전자력이 미치기 때문이다. 이와 같은 전자력 발생 원인을 설명하기 위해 도선길이 l [m]에 전류가 I_1과 I_2을 흐르게 했을 때 도선 1의 전류 I_1에 의해서 도선 2의 임의의 점 P에 발생하는 자계의 세기 $\widetilde{H}$와 자속밀도 $\widetilde{B}_{12}$는

$$\widetilde{H} = \frac{I_1}{2\pi r}[\mathrm{AT/m}]$$

$$\widetilde{B}_{12} = \frac{\mu_0 I_1}{2\pi r}[\mathrm{Wb/m^2}]$$

이다.

자속밀도 $\widetilde{B}_{12}$에 의해서 도선 2에 작용하는 힘 $\widetilde{F}_{12}$는 $\widetilde{F}_{12} = I_2 l \widetilde{B}_{12}$ 에 $\widetilde{B}_{12} = \dfrac{\mu_0 I_1}{2\pi r}$ 을 대입하면

$$\widetilde{F}_{12} = I_2\, l B_{12} = \frac{\mu_0 I_1 I_2\, l}{2\pi r}[\mathrm{N}]$$

이다. 여기서 $\widetilde{F}_{12}$는 전류 I_1에 의한 전자력이며, 같은 방법으로 전류 I_2가 전류 I_1에 직각으로 생기는 자계 $\widetilde{H}$ 및 자속밀도 $\widetilde{B}_{21}$을 이용해서 계산한 전자력 $\widetilde{F}_{21}$은

$$\widetilde{F}_{21} = \frac{\mu_0 I_1 I_2\, l}{2\pi r}[\mathrm{N}]$$

가 되며, 여기서 $\widetilde{F}_{12} = \widetilde{F}_{21}$로 같게 됨을 알 수 있다. 따라서 단위 길이($l = 1[\mathrm{m}]$)당 전류 사이 작용하는 힘 $\widetilde{F}$는 (매질 μ_0일 때를 고려하면)

$$\widetilde{F} = \frac{\mu I_1 I_2}{2\pi r} = \frac{I_1 I_2}{r} \times 2 \times 10^{-7}[\mathrm{N/m}]$$

여기서 $\widetilde{F} = \dfrac{\mu I_1 I_2}{2\pi r}$은 두 평행 전류가 간격 r을 두고 있을 때 두 전류 I_1, I_2 사이에 도선의 단위 길이 당 존재하는 힘을 말한다.

예제 9.1

$I_1 = I_2 = 1\,[\mathrm{A}]$, $r = 1[\mathrm{m}]$, $l = 1\,[\mathrm{m}]$인 평행 도선 사이에 작용하는 힘 $\widetilde{F}[\mathrm{N/m}]$는?

[풀이] 평행 도선 사이에 작용하는 힘의 관계식 $\widetilde{F} = \dfrac{\mu I_1 I_2}{2\pi r}[\mathrm{N/m}]$를 이용하여 계산하면

$$\widetilde{F} = \frac{\mu_0 \times 1 \times 1}{2\pi \times 1} = \frac{4\pi \times 10^{-7}}{2\pi} = 2 \times 10^{-7}[\mathrm{N/m}]$$

가 된다. 여기서 $\widetilde{F} = 2 \times 10^{-7}\ [\mathrm{N/m}]$는 1[m]당 작용하는 힘을 말한다.

Book Cafe

전자력

- 전계가 존재하는 경우 : $\widetilde{F} = Q\widetilde{E}[\mathrm{N}]$
- 자계가 존재하는 경우 : $\widetilde{F} = q(\tilde{v} \times \widetilde{B})[\mathrm{N}]$
- 전계 및 자계가 동시에 존재하는 경우 : $\widetilde{F} = q(\widetilde{E} + \tilde{v} \times \widetilde{B})[\mathrm{N}]$

Book Cafe

전자력의 정의

- 로렌쯔의 힘 : 자계와 전계가 동시에 존재하는 경우 $\widetilde{F} = q(\widetilde{E} + \widetilde{v} \times \widetilde{B})$[N]
- 미소 전류 소에 의한 힘 $dF = Idl \times B$
  $\widetilde{F} = IB\, l \sin\theta$[N]
- 전류가 흐르는 두 도체 사이의 힘 $\widetilde{F} = \dfrac{\mu_0 I_1 I_2}{2\pi r}$[N/m]

9.2 전자력에 의한 일

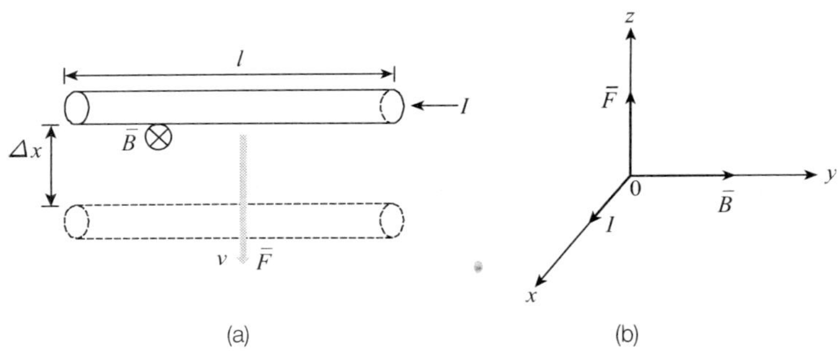

그림 9.3

전자력에 따르는 일을 계산하기 위해서 자속밀도 $\widetilde{B}$가 존재하는 평등자계와 수직으로 전류 I가 흐르는 길이 l인 도선이 있다면 이 도선에 받는 힘 $\widetilde{F}$은

$$d\widetilde{F} = I\,dl \times \widetilde{B}$$
$$\widetilde{F} = I\,dl \times \widetilde{B}$$
$$\widetilde{F} = IlB\,\sin\theta$$

여기서 전류 I와 자속밀도 B의 각이 $\theta = 90°$이면 $f = IlB$[N]가 된다. 도선에 작용

한 힘에 의해서 도선 l이 미소거리 $\triangle x$ 만큼 이동했다면 전자력이 도체에 준 일 $\triangle W$는 $\triangle W = \widetilde{F} \triangle x$ 이며, 이에 대해 $\widetilde{F} = IlB$을 적용하면

$$\triangle W = F \triangle x = IlB \triangle x = IBS$$

가 된다.

이 식에서 $l \triangle x$는 면적 S를 나타내며, $\widetilde{B}S = \phi$을 적용하면

$$W = IBl \triangle x = IBS = I\phi$$

이다. 여기서 자속 ϕ는 도체가 $\triangle x$ [m] 이동하는 사이에 끊은 자속 수라고 생각하여도 된다.

전자력에 의한 일 W은

$$W = I\phi \, [\mathrm{Joule}]$$

로 구해진다. 따라서 전자력이 행한 일 W은 도체의 전류 I와 도체가 끊는 자속 수 ϕ의 곱으로 나타낼 수 있다.

여기서 도체가 t[sec]라는 시간 동안 $\triangle x$ [m] 만큼 이동하는데 필요한 전자력이 단위 시간에 한 일 즉, 기계적 동력(=공률(Mechanical Power) P는 $P = \dfrac{W}{t}$에서 $W = I\phi$을 이용하면

$$P = I \frac{\phi}{t} [\mathrm{W}]$$

가 된다. 그리고 $\triangle W = \widetilde{F} \triangle x = IBl \triangle x$를 이용하면 공률 P는

$$P = \frac{\triangle W}{t} = \frac{\widetilde{F} \triangle x}{t} = \widetilde{F} \frac{\triangle x}{t} = \widetilde{F} v = Il Bv [\mathrm{W}]$$

가 된다. 여기서 v는 도체의 운동 속도이며, 이와 같은 관계식에서 공률 P는 자계 내에 존재하는 도체의 전류가 전자력에 의하여 운동하는 경우에 발생하는 기계적 동력으로 전동기의 기본 원리가 되는 능력이라고 할 수 있다.

예제 9.2

20 [A]의 전류가 흐를 때 도선에 0.2초 동안에 0.05 [Wb]의 자속을 끊었을 때 일률 [W]는?

[풀이] $P = \dfrac{W}{t} = I\dfrac{\phi}{t} = \dfrac{20 \times 0.05}{0.2} = 5[\mathrm{W}]$

9.3 자계중의 전류회로에 작용하는 회전력(Torque)

9.3.1 등가 판 자석

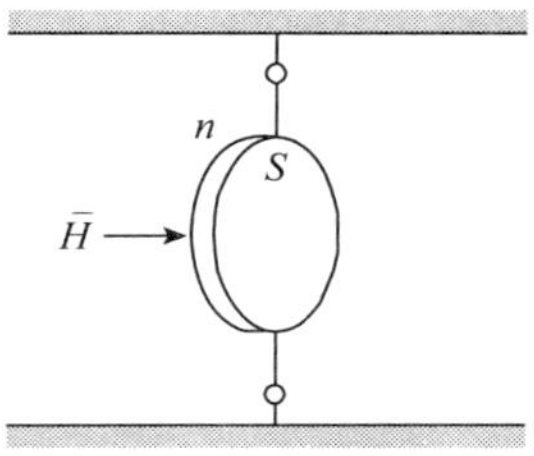

그림 9.4 등가 판 자석

자계 중에서 전류가 흐르는 등가 판자석이 받는 회전력 즉, 등가 판 자석이 평등 자계 $\widetilde{H}$ 내에 존재하는 경우에 대한 토오크 $\widetilde{T}$는

$$\widetilde{T} = \widetilde{M} \times \widetilde{H} = ml H \sin\theta$$

이며, 여기서 $\widetilde{T} = \widetilde{M} \times \widetilde{H}$는 판자석의 자기 쌍극자 모멘트를 나타내며, θ는 등가 판 자석과 자계가 이루는 각이다. 그리고 $\widetilde{M}$과 전류 I사이에서 단위 면적당의 쌍극자 모멘트 (판 자석의 세기)를 $\widetilde{M}_o \left(= \dfrac{\widetilde{M}}{S}\right)$라고 하면

$$\widetilde{M}_0 = \mu_0 I$$

이다.

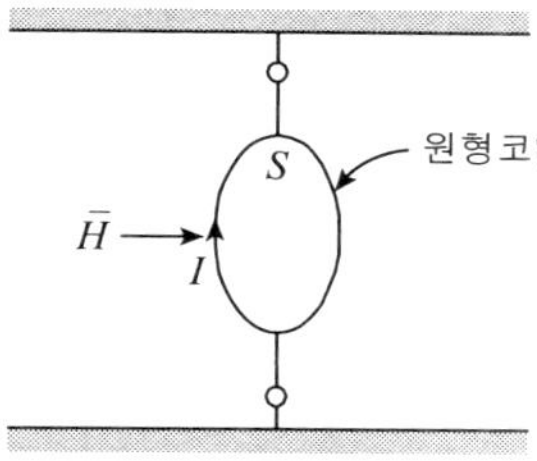

그림 9.5 판 자석의 등가 회로

그림 9.5는 등가 판 자석의 등가회로로 폐회로를 둘러싸는 평면의 면적을 S라고 하면

$$\widetilde{M} = M_0 S = \mu_0 I S[\mathrm{Wb \cdot m}]$$

이며, 토오크 T는 $\widetilde{H} = \widetilde{M} \times \widetilde{H}$ 인 관계에 $\widetilde{M} = \mu_0 I S$를 적용하면 $\widetilde{T} = \mu I \widetilde{S} \times \widetilde{H}$이며, 여기에 $\widetilde{B} = \mu \widetilde{H}$를 적용하면

$$\widetilde{T} = \mu I \widetilde{S} \times \widetilde{H} = I \widetilde{S} \times \widetilde{B}$$
$$T = ISB \sin\theta$$

으로 나타낼 수 있다.

예제 9.3

자극의 세기가 6×10^{-6} [Wb], 길이가 2[Cm]인 막대자석이 100[AT/m]인 평등 자계 내의 자력선과 위상이 30°로 존재할 때 막대자석이 받는 회전력 [Nm]은?

[풀이] $\widetilde{T} = \widetilde{M} \times \widetilde{H} = m\, l\, H \sin\theta = 6 \times 10^{-6} \times 2 \times 10^{-2} \times 100 \times \sin 30°$
$= 6 \times 10^{-6}$ [Nm]

9.3.2 폐회로가 받는 힘

자계 $\widetilde{H}$ 내에 두변의 길이가 a, b[m]인 폐회로가 존재하는 경우 폐회로가 받는 힘의 크기를 구하기 위해서 앞에서 정의된 자계 내에 도선이 받는 전자력으로 $\widetilde{F} = (\widetilde{I} \times \widetilde{B})\, l$ 이며 이 경우에는 길이 b인 두 도선에 각각 반대 방향으로 전류가 흐르므로 각 도선이 받는 힘의 방향도 반대 방향이 될 것이다.

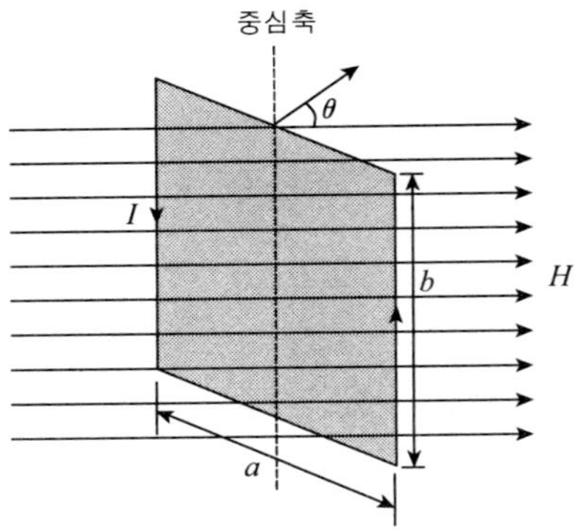

그림 9.6 폐회로에 작용하는 힘

이로 인하여 폐회로는 중심축을 기준으로 회전하게 되고 자계 내에 폐회로가 받는 회전력 T(Torque)을 고려하면

$$T = 2F\left(\frac{a}{2}\right)\sin\theta$$

이며, 여기서 도선이 받는 힘 $\tilde{F} = IBb$와 폐회로의 면적 $S = ab$를 적용하면

$$T = 2\,IBb\left(\frac{a}{2}\right)\sin\theta = BIS\sin\theta$$

이며 여기서 θ는 자계의 방향과 폐회로의 면 벡터량이 이루는 각을 나타내는 것이며 그리고 폐회로의 자기 모멘트 m은 폐회로를 흐르는 전류와 면적의 곱으로

$$m = IS$$

으로 정의된다. 따라서 폐회로의 회전력은

$$T = mB\sin\theta = \tilde{m}\times\tilde{B}$$

으로 표현할 수 있다.

9.4 평판(구형) 코일에 의한 회전력

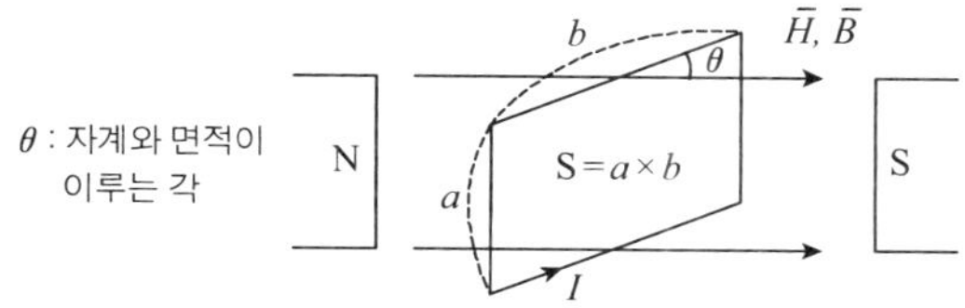

그림 9.7 평탄 코일의 회전력

직사각형을 통과하는 자속을 $\phi = BS\sin\theta\,[\mathrm{N\cdot m}]$라면 회전력 T는

$$\widetilde{T} = I\frac{d\phi}{d\theta} = N\widetilde{B}SI\cos\theta\,[\mathrm{N/m}]$$

가 된다. 여기서 N은 권수, $\widetilde{B}$는 자속밀도, S은 면적$(a \times b)$, 그리고 I는 전류를 나타낸다.

▶▶▶ 연습문제

01 자계 내에 존재하는 직선 도선이 받는 힘은?

해설 $F = IBl\sin\theta$ [N]에서 $\widetilde{B} = \mu\widetilde{H}$이므로

$$F = \mu_o \widetilde{H} Il \sin\theta \text{[N]}$$

이다. 자장 내에 놓여 있는 직선 도선이 받는 힘은 자장의 세기 및 전류에 비례함을 알 수 있다.

02 자계 중에서 도선에 전류가 흐를 때 도선을 자계에 대해 30°가 되도록 한 경우에 작용하는 힘과 60°로 했을 때 작용하는 힘을 비교하여라.

해설 전류와 자계 사이에 작용하는 힘 F는 $F = IBl\sin\theta$ [N]이다. 여기서 30°일 때 힘을 F_1, 60°일 때 힘을 F_2라고 하면 $F_1 = IBl\sin 30°$, $F_2 = IBl\sin 60°$가 된다. 여기서 비례값 $\dfrac{F_1}{F_2}$을 구하면

$$\frac{F_1}{F_2} = \frac{\sin 30°}{\sin 60°} = \frac{1/2}{\sqrt{3}/2} = \frac{1}{\sqrt{3}} = 0.58$$

가 된다. 따라서 $F_1 = 0.58F_2$로 30°일 때 보다 60°일 때 작용하는 힘은 0.58배가 된다.

03 공기 내에서 전하 Q[C]가 전하 밀도 $\widetilde{B}$[Wb/m^2]인 자계 속으로 자계와 60°로 속도 v[m/sec]로 유입될 때 전하가 받는 힘은?

해설 $\widetilde{F} = q(\widetilde{v} \times \widetilde{B})$[N]에서

$$\widetilde{F} = qvB\sin\theta = qvB\sin 60° = \frac{\sqrt{3}}{2}qvB \text{ [N]}$$

이 된다.

04 진공 중에 간격이 2[m]인 평행 도선에서 단위 길이 당 4×10^{-7}[N/m]의 힘이 작용했을 때 주 전류의 크기는?

해설 2개의 전류 사이에서 $I_1 = I_2 = I$ 이므로 단위 길이 당 작용하는 힘 F는

$\tilde{F} = \dfrac{\mu_0 I_1 I_2}{2\pi d} = \dfrac{2I^2}{d} \times 10^{-7}$[N/m]이다. 여기서 $d = 2$[m], $F = 8\times10^{-7}$[N/m]을 대입하면 전류 I는

$$I = \sqrt{\frac{8\pi d\times10^{-7}}{\mu_0}} = 2[\mathrm{A}]$$

이다. 따라서 $I_1 = I_2 = I = 2$[A]가 된다.

05 3[C]의 점전하가 전계 $\tilde{E} = \tilde{a}_x + 3\tilde{a}_z$[V/m]와 자속밀도 $\tilde{B} = 2\tilde{a}_x + 4\tilde{a}_z$[V/m] 내에 존재할 때 속도 $v = 3\tilde{a}_x - \tilde{a}_y$[m/sec] 로 운동할 때 점전하에 작용하는 힘[N]은?

해설 대전체에 전계와 자계가 동시에 작용하는 힘은 $\tilde{F} = q(\tilde{E} + \tilde{v}\times\tilde{B})$ [N]이다. 따라서

$$\tilde{F} = 3(\tilde{a}_x + 3\tilde{a}_z) + 3(3\tilde{a}_x - \tilde{a}_y)\times(2\tilde{a}_x + 4\tilde{a}_z) = 3(\tilde{a}_x + 3\tilde{a}_z) + 3\begin{vmatrix} \tilde{a}_x & \tilde{a}_y & \tilde{a}_x \\ 3 & -1 & 0 \\ 2 & 0 & 4 \end{vmatrix}$$

$$= 3(\tilde{a}_x + 3\tilde{a}_z) + 3(-4\tilde{a}_x - 12\tilde{a}_y + 2\tilde{a}_z) = 3\tilde{a}_x - 36\tilde{a}_y + 3\tilde{a}_z$$

이다.

06 길이가 10[cm]인 막대자석을 자계 150[A/m], 자극의 세기가 4×10^{-4}[Wb]일 때 자계가 60°가 되도록 했을 때 막대자석의 회전력[N·m]은?

해설 자계의 세기 $\tilde{H}$[A/m]내에 자하 m[Wb]을 두면 힘 $\tilde{F}$는 $\tilde{F} = m\tilde{H}$[N]이다. 여기서 균등내의 자계와 θ각으로 위치할 경우 $\tilde{T} = m\,l\,H\sin\theta$[N·m]의 회전력이 작용한다. 따라서

$$\tilde{T} = \tilde{M}\times\tilde{H} = m\,l\,H\sin\theta$$
$$= 4\times10^{-4}\times10\times10^{-2}\times150\times\sin60° = 0.52\times10^{-3}[\mathrm{N\cdot m}]$$

가 된다.

07 자극 m이 5×10^{-4}[Wb], 길이 20[cm]의 막대자석을 평등자계와 30°가 되도록 할 때 막대자석의 회전력은 5×10^{-3}[N·m]이다. 이 때 평등 자계의 세기는?

해설 $\tilde{T} = m\,l\,H\sin\theta$에서 자극의 세기 $\tilde{H}$[A/m]는

$$\tilde{H} = \frac{\tilde{T}}{m\,l\,H\sin\theta} = \frac{5\times10^{-3}}{5\times10^{-4}\times20\times10^{-2}\times\sin30°} = 10^2[\mathrm{AT/m}]$$

가 된다.

08 전자력에 따르는 일에 대해서 간단히 설명하여라.

해설 • 전자력에 의한 일은 도체의 전류와 도체가 끊는 자속 수의 곱과 같다. 즉, $W = I\Phi$[Joule]

• 단위 시간 동안 한 일의 크기를 기계적 동력이라고 한다.

즉, $P = \frac{W}{t} = \frac{I\Phi}{t}$ [W] 여기서 P를 공률이라고 한다.

• 공률의 크기는 자계 내에서 도체의 전류가 전자력에 의해서 운동할 때 발생하는 기계적 동력을 나타내는 것으로 전동기의 기본원리가 된다.

• 자계 내에서 수직으로 유입된 전자는 원 운동을 하며, 원 운동 하는데 필요한 원심력의 크기는 $F = qvB = \frac{mv^2}{r}$[N]이다.

09 다음과 같이 균일한 자계의 세기 H[AT/m] 내에 자극의 세기가 $\pm m$[Wb], 길이 l[m]인 막대자석을 그 중심 주위에 회전할 수 있도록 놓는다. 이때 자석과 자계의 방향이 이룬 각을 θ라 하면 자석이 받는 회전력[N·m]은?

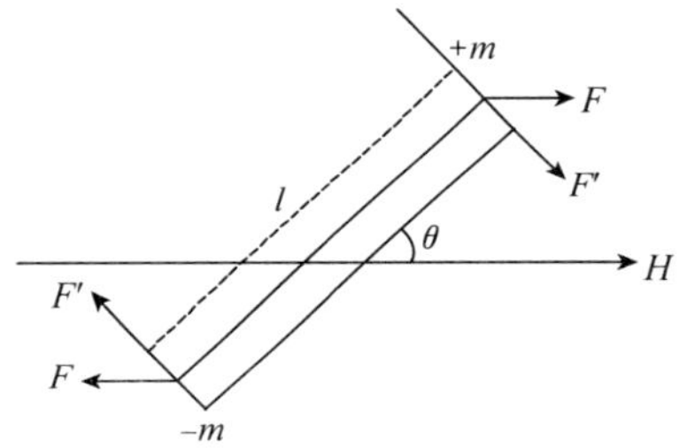

해설 문제에서 회전력은 Torque를 말하는 것으로 전류와 자계가 직각일 경우에 작용하는 힘은 $F = IBl$ [N]이다.

그림에서 자석의 축 방향에 직각인 수직 방향의 분력 F'는

$$F' = F\sin\theta = mH\sin\theta$$

$$T = 2F'\frac{l}{2} = mHl\sin\theta = MH\sin\theta \text{ [N·m]}$$

• $\theta = \frac{\pi}{2}$일 때 $T = MH$[N·m]로 최대가 되며,

• $\theta = 0$일 때 $T = 0$이 된다.

10 전자력에 따르는 일에 대해서 설명하여라.

해설 • 전자력에 의한 일은 도체의 전류와 도체가 끊는 자속 수의 곱과 같다. $W = I\Phi$ [joule]

• 단위 시간 동안 한 일의 크기를 기계적 동력이라고 한다.

$$P = \frac{W}{t} = \frac{I\Phi}{t}\ [\mathrm{W}]$$ 여기서 P를 공률이라고 한다.

- 공률의 크기는 자계 내에서 도체의 전류가 전자력에 의해서 운동할 때 발생하는 기계적 동력을 나타내는 것으로 전동기의 기본원리가 된다.
- 자계 내에서 수직으로 유입된 전자는 원 운동을 하며, 원 운동 하는데 필요한 원심력의 크기는 $F = qvB = \frac{mv^2}{r}$ [N]이다.

11 **평행 도선에 같은 크기의 왕복 전류가 흐를 때 두 도선 사이에 작용하는 힘에 대해서 설명하여라.**

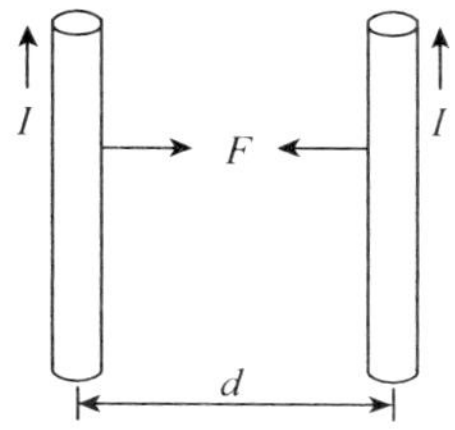

해설 평행 도선 사이에 발생하는 힘의 크기는

$$F_{12} = F_{21} = \frac{\mu_0 I_1 I_2}{2\pi d}\ [\mathrm{N/m}]$$

이며 여기서 $I_1 = I_2 = I$ 이므로

$$F = \frac{\mu_0 I^2}{2\pi d}\ [\mathrm{N/m}]$$

가 된다.

- 전류가 동일한 방향으로 흐르는 경우에는 흡인력이 존재한다.
- 전류의 방향이 반대로 흐르는 경우에는 반발력이 존재한다.

Chapter 10 인덕턴스와 자기회로

10.1 인덕턴스(Inductance)

10.1.1 쇄교 자속 수

인덕턴스는 자기 인덕턴스 L과 상호 인덕턴스 M 등으로 분류할 수 있다. 직선 도체(전선)에 전류를 흘리면 도선 주위에 자기력선이 나타나고 이로 인해서 자기작용이 발생하게 된다. 이와 같이 전류와 자기 작용의 정도는 코일의 크기, 모양 그리고 코일에 감긴 권선의 수 등에 의해서 결정된다.

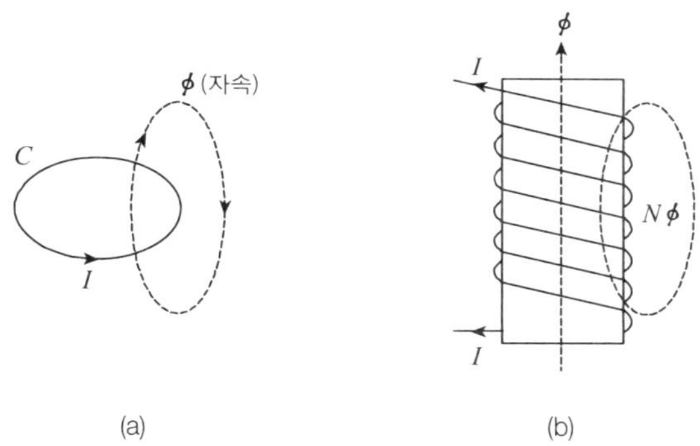

그림 10.1 폐 경로와 쇄교

그림 10.1(a)에서 폐회로 C에 전류 I가 흐르면 자속 ϕ가 발생하는데 여기서 발생한 자속 역시 폐곡선을 이루게 된다.

즉, 전류와 자속의 폐곡선은 상호간에 쇠사슬로 연결된 모양으로 폐곡선으로 이루어지는 평면에 수직으로 뚫고 나가는데 이것을 쇄교(Inter-Linkage)라고 한다.

그림 (b)에서 전류가 흐르는 폐회로(닫혀진 경로)가 N개(권수가 N회)이고 이 회로에

쇄교하는 자속수가 ϕ이면, 쇄교 자속 수 Ψ(psi)는

$$\Psi = N\phi\,[\text{Wb}]$$

이다. 그림 (b)에서 N회 감은 코일에 전류 I[A]에 의해서 자속 ϕ[Wb]가 생긴다면 N_1회에 ϕ_1, N_2회에 ϕ_2 ……와 같이 쇄교하는 수가 많게 되는데 전체 쇄교 자속 수 Ψ는

$$\Psi = N_1\phi_1 + N_2\phi_2 + \cdots\cdots$$

와 같이 선형적인 합으로 나타난다.

Book Cafe

Lentz의 법칙

코일에 전류가 흐르면 코일 주변에 자계가 발생한다. 이 자계를 변화시키면 코일에는 자계를 방해하는 방향으로 기전력이 발생한다.

Switch on의 경우	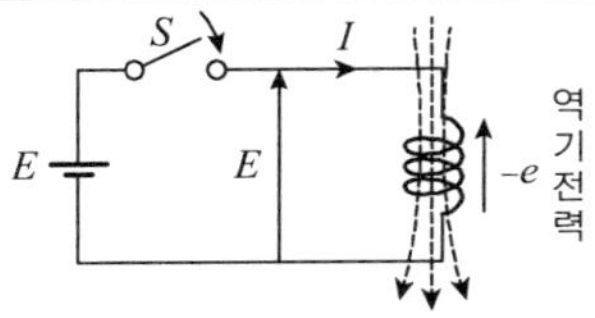	Switch를 접속하여 코일에 전류를 흐르게 하면 자속을 발생시키는데 자속의 증가를 방해하는 방향으로 즉, 전류와 반대방향으로 기전력이 발생한다.
Switch off의 경우	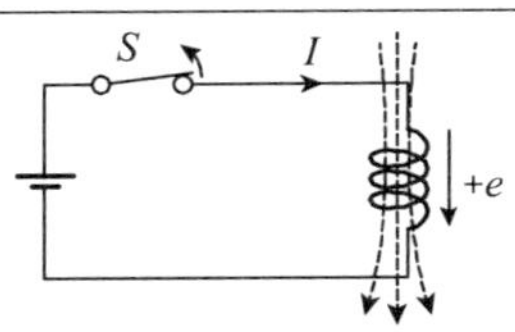	Switch를 열게 되면 자속의 감소를 방지하기 위해서 코일의 전류방향과 같은 방향으로 기전력이 발생한다.

10.1.2 페러데이의 법칙과 자기 유도

코일의 직류 저항을 가변하는 경우 코일에 흐르는 전류가 변화하게 된다. 자속 쇄교수가 변화하는 이유로 Faraday법칙의 전자유도 법칙에 의해서 코일에 역기전력(Counter Electro Motive Force) e가 발생하게 되는데 이와 같은 작용을 자기유도(Self induction)라고 한다.

그림 10.2에서 폐 경로를 경계로 갖는 폐곡면을 고려하는 경우 폐면에 쇄교하는 자속 ϕ가 시간에 따라 변하면 폐 경로를 따른 전압이 존재한다.

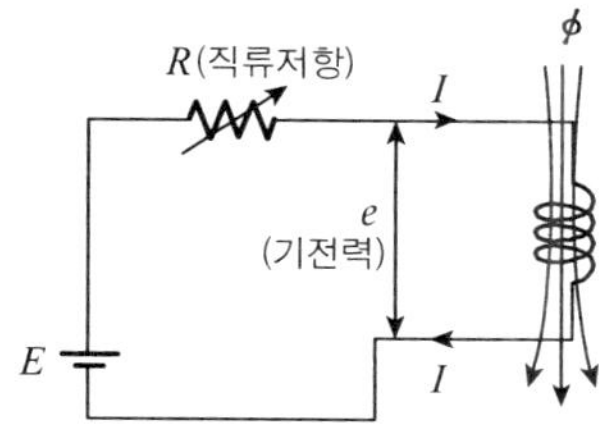

그림 10.2 페러데이의 법칙에 의한 역기전력

즉, 페러데이 법칙에 의해서 회로에서 전류가 시간에 따라 변화하는 경우 회로에 유도되는 기전력 e [V]는

$$e = -N\frac{d\phi}{dt}\,[\mathrm{V}]$$

이며, 회로 소자를 흐르는 전류 I가 변화하는 것에 따라서 쇄교 자속 ϕ가 변화하므로 페러데이 법칙은

$$e = -\frac{d\phi}{dt}\,[\mathrm{V}] = -L\frac{di}{dt}\,[\mathrm{V}]$$

으로 나타낼 수 있다.

즉, Faraday 법칙은 어떤 폐회로의 유도 기전력 e[V]은 회로 시간에 따른 자속 변화율을 말한다. 여기서 L은 코일의 자기 인덕턴스 혹은 자기 유도 계수로 회로의 크기, 형상과 주위 매질의 투자율에 의해 결정된다. 기전력 e에 대해서 (−) 부호인 이유는 유도 전압을 발생시키는 자속을 억제하는 방향으로 유도 전압이 작용한다는 것을 나타내는 것이다.

회로이론에서 소자 L은 자기 인덕턴스이며, e는 자기 인덕턴스의 전위차 혹은 인덕터의 역기전력이라고 한다.

예제 10.1

자속 ϕ가 $\phi = \phi_m \sin wt$ [Wb]인 신호가 변화 할 때 유도 기전력의 위상과 자속에 대한 위상 관계에 대해 설명하여라.

[풀이] $e = -N\frac{d\phi}{dt}$ 관계에서 $\phi = \phi_m \sin wt$ 을 적용하면

$$e = -N\frac{d}{dt}(\phi_m \sin wt) = -N\phi_m \cos wt = N\phi_m \sin\left(wt - \frac{\pi}{2}\right)[\mathrm{V}]$$

이다. 따라서 유도 기전력은 자속보다 $\frac{\pi}{2}$ 정도 늦다.

예제 10.2

10회 감은 코일에 자속이 $\frac{1}{100}$[sec]동안에 0.9[Wb]에서 0.7[Wb]로 감소하는 경우에 유도되는 기전력[V]은?

[풀이] 전자유도 법칙의 관계식을 이용하여 유도되는 기전력[V]을 구하면

$$e = -N\frac{d\phi}{dt} = -10 \times \frac{0.6-0.8}{\frac{1}{100}} = 200[\mathrm{V}]$$

가 된다.

예제 10.3

코일과 쇄교가 ϕ이었다면 이 자속을 제거 했을 때 코일이 이동하는 총 전하는? (단, 코일의 저항 $R[\Omega]$이다.)

[풀이] $i(t) = \frac{dQ}{dt} = \frac{e}{R}$에 $e = n\frac{d\phi}{dt}$을 대입하면 $i(t) = \frac{dQ}{dt} = \frac{e}{R} = \frac{n}{R}\frac{d\phi}{dt}$에서 전하 Q는 $Q = \frac{n\phi}{R}$ [C]가 된다.

10.1.3 (자기) 인덕턴스(Self-inductance)

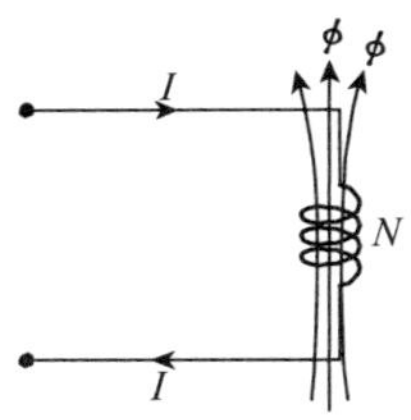

그림 10.3 전류와 자속 쇄교

권수 N회의 코일에 전류 I[A]가 흐른다면 ϕ [Wb]의 자속이 생기며, 이 때 쇄교 자속 수 Ψ는

$$\Psi = N\phi$$

이며, 자속 ϕ 는 어떤 면적을 통해 나가는 자기력선의 수이고, 폐회로가 선형 매질 내에 존재한다면 쇄교 자속 수 Ψ는 인덕터에 흐르는 전류 I에 비례하므로

$$\Psi = LI$$

으로 표현할 수 있다. 여기서 비례 상수 L을 자기 인덕턴스, 자기 유도 계수라고 한다.

공심 코일처럼 전류 I와 인덕터에 쇄교하는 총 자속 Ψ에 대한 비례상수를 인덕턴스 L 이라고 하면

$$L = \frac{\Psi}{I} = \frac{N\phi}{I} \text{ [H]}$$

으로 구해진다.

즉, 도체계에서 인덕턴스는 쇄교 자속과 자속을 생산하는 전류의 비로서 정의된다.

여기서 자기 인덕턴스 L은 코일의 크기, 모양 그리고 유전율 등에 의해서 결정되는 값이며, 항상 (+)크기를 가지고, 다음에 설명하는 상호 인덕턴스 M의 경우는 ±값을 갖게 된다.

인덕턴스의 단위는 $L = \dfrac{N\phi}{I}$ 에서 $1\text{[H]} = \dfrac{1\text{[Wb]}}{1\text{[A]}}$ 이다.

즉, 1[H]라고 하는 것은 1[A]의 전류에서 쇄교 자속수가 1[Wb]일 때 코일 L의 크기를 말한다. 따라서 인덕턴스를 갖는 회로 혹은 회로의 일부분을 인덕터(Inductor)라고 한다.

앞에서 정의된 인덕턴스를 일반적으로 자기 인덕턴스라고 불리는 이유는 인덕터 자체에서 발생한 쇄교이기 때문이라고 할 수 있다. 그리고 정전용량 C은 콘덴서에 축적되는 전기 에너지라고 하면 인덕턴스는 코일 L에 축적된 자기 에너지의 척도라고 할 수 있다.

Book Cafe

- 정 전계 : $Q = CV$
- 정 자계 : $N\phi = LI$

10.1.4 상호 인덕턴스(Mutual Inductance), 상호유도 계수

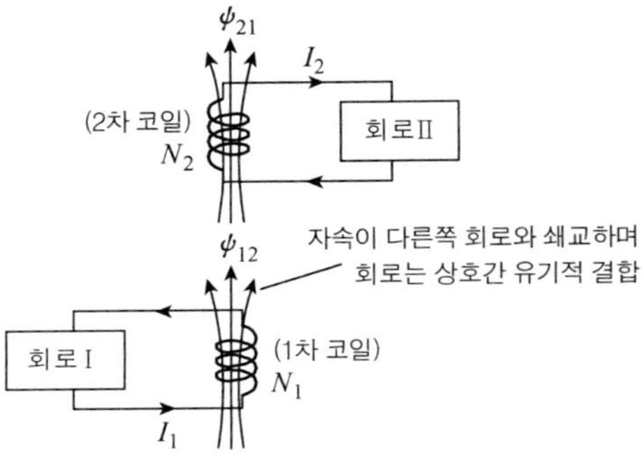

그림 10.4 코일의 상호 유도 계수

두 회로가 서로 인접하고 있는 경우 한쪽 회로에 흐르는 전류에 의해서 발생한 자속이 다른 쪽 회로와 쇄교하는 경우 이들 회로는 상호간에 유도적으로 결합되어 있다고 볼 수 있으며, 이로 인해 한 쪽 회로에서 다른 쪽 회로에 에너지 전달이 일어나게 되는데 여기서 이 관계에 대해서 고려하면 다음과 같다.

(1) 1차 코일에 따른 현상

1차 코일에 흐르는 전류에 의해 자속이 발생하게 된다. 즉, 전류 I_1에 의해서 발생하는 자속 중에서 2차 코일과 쇄교하는 자속을 ϕ_{21}라고 하면 $e_2 = -N_2 \dfrac{d\phi_{21}}{dt}$이며, 여기서 자속 ϕ_{21}는 전류 I_1에 비례하므로 $\phi_{21} = \widetilde{M}_{21} I_1$을 적용하면

$$e_2 = -N_2 \frac{d}{dt}(M_{21} I_1) = -\widetilde{M}\frac{dI_1}{dt}[\mathrm{V}]$$

이다. 따라서 상호 인덕턴스 $\widetilde{M}_{21}$은 $\widetilde{M}_{21} = \dfrac{\Psi_{21}}{I_1}$이므로 $\Psi_{21} = N_2\phi_{21}$을 적용하면

$$\widetilde{M}_{21} = \frac{\Psi_{21}}{I_1} = \frac{N_2\phi_{21}}{I_1}$$

으로 표시된다. 여기서 $\widetilde{M}_{21}$은 1차 코일에 1[A]의 전류를 흘렸을 때 발생하는 자속

중에서 2차 코일과 쇄교하는 자속 수와 같다.

(2) 2차 코일에 따른 현상

1차 코일에 따른 현상처럼 2차 코일에 흐르는 전류에 비례해서 나타나는 자속 쇄교수 ϕ_{12}는 $\phi_{12} = \widetilde{M}_{12}\, I_2$가 된다.

여기서 $\widetilde{M}_{12}$은 2차 코일에 1[A]의 전류를 흘렸을 때 발생하는 자속 중에서 1차 코일과 쇄교하는 자속 수와 같다.

(1), (2) 내용에서 $\widetilde{M}_{21} = \widetilde{M}_{12} = \widetilde{M}$ 인 관계가 있으며 회로 I, II에서 상호적으로 전자 유도를 미치는 현상을 상호 인덕턴스 $\widetilde{M}$라고 하며 단위를 [H]로 표시한다.

예제 10.4

두개의 코일 중 1차 코일에서 2[A]의 전류가 흐르는 경우 0.1[Wb]의 자속이 생겼다. 400회 코일이 감긴 2차에는 1차 측에서 발생한 자속과 70[%]만 쇄교 한다면 상호 인덕턴스 값을 구하여라.

[풀이] 1차측 코일의 전류를 I_1, 2차측 코일에서의 쇄교 자속을 ϕ_{12}라고 하면 상호 인덕턴스 M은

$$\widetilde{M} = \frac{N_2\,\phi_{21}}{I_1} = \frac{400 \times 0.1 \times 0.7}{2} = 14\,[\mathrm{H}]$$

가 된다.

예제 10.5

두 개의 코일에서 한 쪽 코일에 100[A]의 비율로 변화할 때 다른 코일에서 10[V]의 기전력이 발생하였다. 이 때 코일의 상호 인덕턴스[H]의 크기를 구하여라.

[풀이] 1차 코일에 대한 유기 기전력 e_1는 $e_1 = \widetilde{M}\dfrac{dI_2}{dt}$ [V]이다.

여기서 상호 인덕턴스 $\widetilde{M}$ 관계식을 이용하면

$$\widetilde{M} = e_1 \frac{dt}{dI_2} = 10 \times \frac{1}{100} = 0.1\,[\mathrm{H}]$$

가 된다.

Book Cafe

자기 및 상호 유도 용량을 구하는 방법

- 발주어진 인덕터 구조에 가장 적합한 좌표계를 구한다.
- 도선에 임의의 전류 I가 흐른다고 가정한다.
- Biot-savart 법칙이나 대칭구조일 때는 Ampere 법칙을 이용하여 주변의 자속밀도 $\widetilde{B}$를 구한다.
- 하나의 루프 또는 권선과 결합된 자속 $\phi = \int \widetilde{B} \cdot dS$을 구한다.
- 자속 ϕ에 권선 수 N을 곱하여 총 자속 쇄교 Ψ을 구한다.
- $L = N\Psi / I$을 취하여 자기 또는 상호 유도 용량 L을 구한다.

10.1.5 상호 인덕턴스($\widetilde{M}$)와 자기 인덕턴스(L)의 관계

(1) 상호 인덕턴스 관계식

코일은 자신의 인덕턴스를 가지며, 코일 상호간에는 상호 인덕턴스 $\widetilde{M}$을 가지게 된다.

따라서 1차 코일과 2차 코일에 의해서 발생하는 자속 쇄교 수 Ψ_{21}, Ψ_{12}을 각각 고려하면

$$N_2 \ \Psi_{21} = \widetilde{M}_{21} I_1 \text{와} \ N_1 \Psi_{12} = \widetilde{M}_{12} I_2$$

이다. 이 관계에서 상호 인덕턴스 $\widetilde{M} = \widetilde{M}_{21} = \widetilde{M}_{12}$으로 나타내면

$$\widetilde{M} = \frac{N_2 \ \Psi_{21}}{I_1} = \frac{N_1 \ \Psi_{12}}{I_2} [\mathrm{H}]$$

가 된다. 그리고 1차 코일과 2차 코일에서 자기 인덕턴스를 각각 L_1, L_2라고 하면

$$L_1 = \frac{N_1 \Psi_1}{I_1} [\mathrm{H}]$$

$$L_2 = \frac{N_2 \Psi_2}{I_2} [\mathrm{H}]$$

이다. 여기서 한 개의 코일과 쇄교하는 자속이 다른 코일과 쇄교하는 자속과 같은 경우에 자기 인덕턴스 L은

$$L = \frac{\Psi_1}{I_1} = \frac{\phi_{21}}{I_1}$$

$$L = \frac{\Psi_2}{I_2} = \frac{\phi_{12}}{I_2}$$

이며, 여기서 Ψ_1은 1차 코일의 전류 I_1에 의하여 1차 코일과 쇄교하는 자속, Ψ_2는 2차 코일과 쇄교하는 자속을 나타낸다. 한편 $\widetilde{M} = \frac{N_2 \Psi_{21}}{I_1} = \frac{N_1 \Psi_{12}}{I_2}$[H]에 제곱을 행하고 위의 관계식을 대입해서 정리하면

$$\widetilde{M}^2 = \frac{N_1 N_2 \Psi_{12} \Psi_{21}}{I_1 I_2} = \frac{N_1 N_2 \phi_1 \phi_2}{I_1 I_2} = L_1 L_2$$

이며, 여기서 상호 인덕턴스 $\widetilde{M}$은

$$\widetilde{M} = \pm \sqrt{L_1 L_2}\,[\mathrm{H}]$$

처럼 구해진다. 두 코일이 자기적으로 완전히 결합된 경우에 상호 인덕턴스 $\widetilde{M}$을 고려하면

$$\widetilde{M} = \pm K \sqrt{L_1 L_2}\,[\mathrm{H}]$$

$$K = \frac{\widetilde{M}}{\sqrt{L_1 L_2}}$$

으로 표현할 수 있다. 여기서 K를 결합 계수라고 하며, 보통 K는 누설자속 때문에 0에서 1 사이$(0 \le K \le 1)$의 값을 갖게 되고, 코일의 형태, 모양 그리고 상대적 위치에 따라 결정된다.

① $K = 0$일 때

자속이 전부 누설되는 무 결합 상태 즉, 상호 자속이 없는 (유도 결합이 없는) 상태에 해당하며, 여기서 무 결합 상태란

- 두 개의 코일이 멀리 떨어져 있거나
- 두 개의 코일이 직각으로 배치하거나
- 혹은 차폐 시의 상태를 말한다.

② $K = 1$ 일 때

자기 회로에서 누설 자속이 없는 완전 결합 상태를 나타내는 것으로 완전 결합 상태는

- 두 개의 코일이 밀접하게 감겨 있거나
- 동일한 철심에 검겨져 있는 상태를 말한다.
- 구성되는 재료가 동일한 경우

Book Cafe

자기 인덕턴스 L이 언제나 $(+)$일 때, 상호 인덕턴스 $\widetilde{M}$은

- 상대방 회로의 전류에 의해서 생기는 자속과 같은 방향일 경우에는, $+\widetilde{M}$
- 상대방 회로의 전류에 의해서 생기는 자속과 반대 방향일 경우에는, $-\widetilde{M}$

(2) 누설 자속(Leakage flux)

한 개의 코일에서 발생한 자속 중에서 다른 코일과 쇄교하지 않는 자속을 누설 자속이라고 한다. 따라서 누설 자속이 되었다는 것은 한 쪽 코일에서 발생한 자속 중에서 다른 코일 쪽과 쇄교하지 않는 자속이 있음을 나타내는 것이다.

① 누설 자속이 없는 경우 $(K = 1)$

$$\widetilde{M} = \pm \sqrt{L_1 L_2}\,[\mathrm{H}]$$

② 누설 자속이 있는 경우 $(K < 1)$

$$\widetilde{M} = \pm K\sqrt{L_1 L_2}\,[\mathrm{H}]$$

(3) 상호 인덕턴스 M이 $\pm$의 값을 갖는 이유

전류 I_1이 만드는 자속과 전류 I_2가 흐르는 코일과의 쇄교 수이므로 $\widetilde{M}_{21}$은 $+(\widetilde{M}_{21} > 0)$ 또는 $-(\widetilde{M}_{21} < 0)$가 된다.

즉, 그림 (a)는 전류의 방향이 같은 경우 $+\widetilde{M}$ 값으로 나타난다. 전류 I_1에 의해 발

생한 자속이 전류 I_2와 (+)로 쇄교하기 때문에 전류에 의해서 발생하는 자속과 같은 경우에 상호 인덕턴스는 $+\widetilde{M}$이 된다.

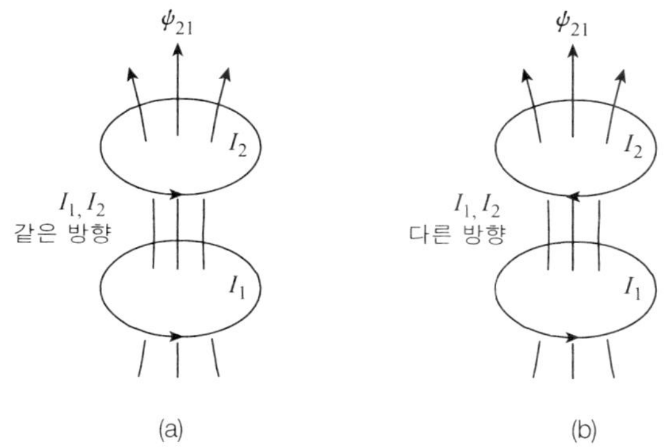

그림 10.5

예제 10.6

두 개의 코일이 있다. 각각의 자기 인덕턴스가 $L_1 = 0.15$ [H], $L_2 = 0.2$ [H]이고 상호 인덕턴스가 $\widetilde{M} = 0.1$[H]이라고 한다. 이때의 두 코일의 결합계수를 구하라.

[풀이] 결합계수 K는

$$K = \frac{\widetilde{M}}{\sqrt{L_1 L_2}} = \frac{0.1}{\sqrt{0.15 \times 0.2}} = 0.578$$

가 된다.

예제 10.7

자기 인덕턴스 L_1, L_2인 두 코일이 서로 직교하는 경우의 상호 인덕턴스는?

[풀이] 두 코일이 직교하는 경우 상호간에 자속 쇄교가 없기 때문에 $\widetilde{M} = 0$이다.

예제 10.8

1차 코일과 2차 코일의 자기 인덕턴스가 10[mH], 160[mH]이고, 누설 자속이 20[%]일 때 코일의 상호 인덕턴스 M[mH]는?

[풀이] 누설 자속이 없는 상호 인덕턴스 $\widetilde{M}$은 $\widetilde{M} = \sqrt{L_1 L_2} = \sqrt{10 \times 160} = 40$ [mH]이

다. 누설 자속이 20 [%] 인 상호 인덕턴스 $\widetilde{M}$은 $M = 0.8 \times 40 = 32$ [mH]이다. 따라서 결합 계수 K는

$$K = \frac{\widetilde{M}}{\sqrt{L_1 L_2}} = \frac{32}{40} = 0.8$$

가 된다.

10.1.6 상호 인덕턴스에 의해 축적되는 에너지

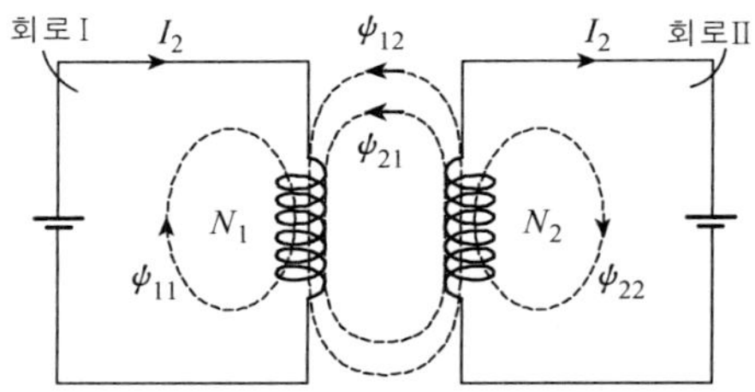

자속성분 : $\phi_{11}, \phi_{12}, \phi_{21}, \phi_{22}$

그림 10.6 자기 상호 작용

인접한 두 개의 코일에서 한쪽에서 전류 변화가 일어나면 다른 쪽 코일에서는 자장의 변화를 방해하는 방향으로 유도 전류가 발생하는 것을 상호 유도라고 한다.

전류 I_1에 흐르는 권수 N_1인 코일에 의해서 회로 II의 권수 N_2인 코일에 자속 ϕ_{21}이 관통할 때 N_2 코일의 자속 쇄교 Ψ_{21}은

$$\Psi_{21} = N_2 \phi_{21}$$

이며, 코일 사이의 상호 인덕턴스는

$$\widetilde{M}_{21} = \frac{\Psi_{21}}{I_1} = \frac{N_2 \phi_{21}}{I_1}$$

이다. 같은 방법으로 전류 I_2에 의한 회로 I의 자속 쇄교 Ψ_{12}는

$$\Psi_{12} = N_1 \phi_{12}$$

$$\widetilde{M}_{12} = \frac{\Psi_{12}}{I_2} = \frac{N_1\,\phi_{12}}{I_2}$$

가 된다. 여기서 강자성 물질이 없는 경우 즉, 회로 주변의 매질이 선형일 경우에 에너지 개념을 적용하면

$$\widetilde{M}_{12} = \widetilde{M}_{21}[\mathrm{H}]$$

가 됨을 알 수 있다. 따라서 각 회로(회로 I, 회로 II)에 대한 자기 인덕턴스 L_1과 L_2을 정의하면

$$L_1 = \frac{\Psi_{11}}{I_1} = \frac{N_1\phi_1}{I_1},\ L_2 = \frac{\Psi_{22}}{I_2} = \frac{N_2\phi_2}{I_2}$$

가 된다. 여기서 자속 성분 Ψ_{11}, Ψ_{12}, Ψ_{21}, Ψ_{22} 사이에는

$$\Psi_1 = \Psi_{11} + \Psi_{12}$$
$$\Psi_2 = \Psi_{21} + \Psi_{22}$$

이며, 자기장 내의 전체 에너지 W는 L_1, L_2 그리고 $\widetilde{M}_{21}(\widetilde{M}_{12})$에 의한 에너지의 합으로

$$W = \frac{1}{2}L_1 I_1^{\,2} + \frac{1}{2}L_2 I_2^{\,2} \pm \widetilde{M} I_1 I_2[\mathrm{J}]$$

처럼 나타난다. $\widetilde{M}$이 (+)일 때는 자기장이 같은 방향으로, (−) 부호일 때는 자기장이 서로 반대인 경우이다. 따라서 인덕터는 자기 에너지를 축적하기 위해서 배열된 도체라고 할 수 있다.

10.2 인덕턴스 접속

10.2.1 직렬접속

(1) 상호 작용이 없는 경우

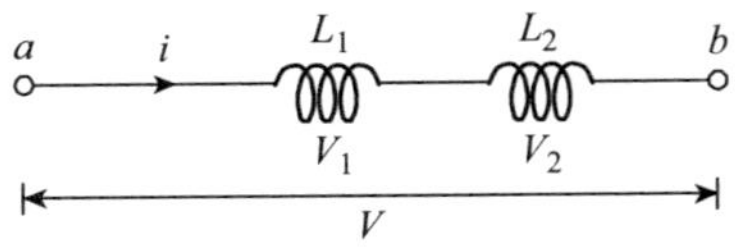

그림 10.7 직렬 접속된 회로

직렬접속 된 양단에 전압 V를 인가할 때 L_1과 L_2의 기전력을 전압 V_1과 V_2라고 하면

$$V_1 = L_1 \frac{di}{dt}[\mathrm{V}], \ V_2 = L_2 \frac{di}{dt}[\mathrm{V}]$$

이며, $a \sim b$ 양단간의 기전력 V는 $V = V_1 + V_2$이고, 코일의 합성 인덕턴스 L은

$$L = -L_1 \frac{di}{dt} - L_2 \frac{di}{dt} = -(L_1 + L_2)\frac{di}{dt} = L\frac{di}{dt}[\mathrm{V}]$$

이므로 직렬접속 시 인덕턴스는

$$L = L_1 + L_2[\mathrm{H}]$$

가 된다.

(2) 상호 작용이 존재하는 경우

① **전류의 방향이 동일한 경우**

한 쪽 인덕턴스에서 발생하는 자속이 다른 인덕턴스와 쇄교하는 경우 상호 인덕턴스 효과가 나타난다. 그림 (b)에서 코일에 흐르는 전류 i[A]의 변화로 코일 L_1의 단자 $a \sim a'$ 사이에 유기되는 전압 e_1은 코일 L_1의 자기유도에 의한 전압

e_{11}과 코일 L_2의 상호 인덕턴스에 의한 전압 e_{12}의 합으로 나타난다.

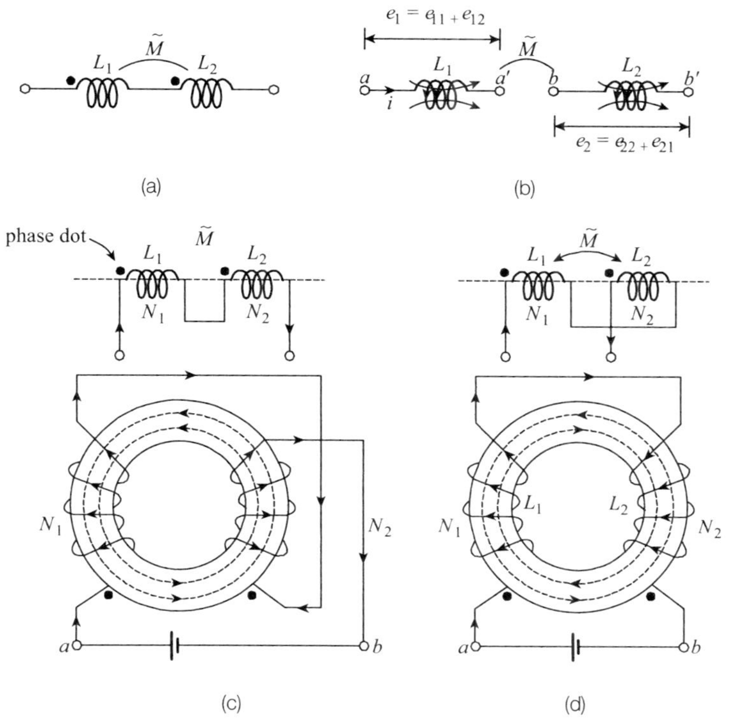

그림 10.8 $M > 0$인 경우 (전류의 방향이 같은 경우)

$$e_1 = e_{11} + e_{12} = -L\frac{di}{dt} - M\frac{di}{dt} = -(L+M)\frac{di}{dt}[\mathrm{V}]$$

같은 방법으로 코일 L_2의 단자 $b \sim b'$사이에 유기된 전압 e_2는

$$e_2 = e_{22} + e_{21} = -L\frac{di}{dt} - M\frac{di}{dt} = -(L+M)\frac{di}{dt}[\mathrm{V}]$$

가 된다. 따라서 두 코일 $a \sim b'$사이의 합성 전압 e는

$$e = e_1 + e_2 = -(L_1 + L_2 + 2M)\frac{di}{dt}[\mathrm{V}]$$

이다. 여기서 $+2M$에서 (+) 부호는 상호 인덕턴스가 총 자속을 증가시킨다는

의미이다. 따라서 $a \sim b'$ 사이의 합성 자기 인덕턴스를 L이라고 하면

$$e = -L\frac{di}{dt} = -(L_1 + L_2 + 2M)\frac{di}{dt}[\mathrm{V}]$$

이므로

$$L = L_1 + L_2 + 2M[\mathrm{H}]$$

처럼 구해진다.

② **전류의 방향이 다른 경우**

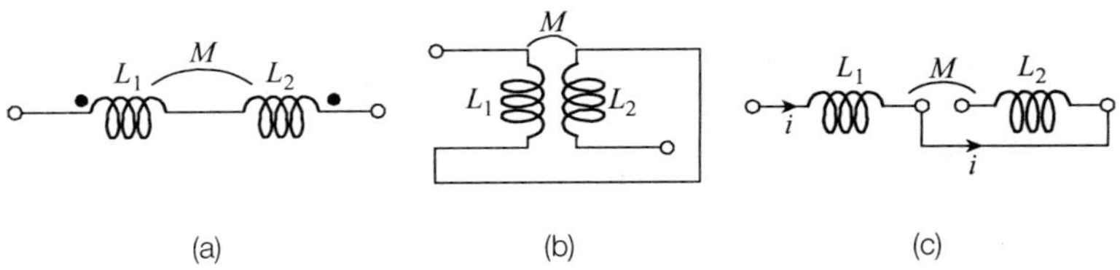

그림 10.9 $M < 0$인 경우 (전류의 방향이 반대인 경우)

앞에서 적용한 방법과 유사한 내용을 적용하여 자기 인덕턴스와 기전력 e를 구하면

$$e_1 = -L_1\frac{di}{dt} + M\frac{di}{dt} = -(L_1 - M)\frac{di}{dt}[\mathrm{V}]$$

$$e_2 = -L_2\frac{di}{dt} + M\frac{di}{dt} = -(L_2 - M)\frac{di}{dt}[\mathrm{V}]$$

$$e = e_1 + e_2 = -(L_1 + L_2 - 2M)\frac{di}{dt}[\mathrm{V}]$$

처럼 된다. 여기서 $-2M$의 $(-)$ 부호는 상호 인덕턴스가 총 자속을 감소시키는 것을 의미한다.

따라서 두 코일에 의해 발생하는 자속은 서로 반대 방향이며, 전체 인덕턴스는

$$L = L_1 + L_2 - 2M[\mathrm{H}]$$

처럼 구해진다.

예제 10.9

2개의 코일이 직렬접속일 때의 합성 자기 인덕턴스 용량은 15[mH]이다. 여기서 한 쪽 코일을 반대로 접속하였더니 3[mH]가 되었다. 두 코일의 상호 인덕턴스는?

[풀이] 처음 직렬접속의 경우는

$$L = L_1 + L_2 + 2M = 15$$

이며, 코일을 반대로 한 경우는

$$L = L_1 + L_2 - 2M = 3$$

이다. 따라서 두 관계식을 이용해서 상호 인덕턴스 M을 구하면

$$4M = 12[\mathrm{mH}],\ M = 3[\mathrm{mH}]$$

가 된다.

10.2.2 병렬접속

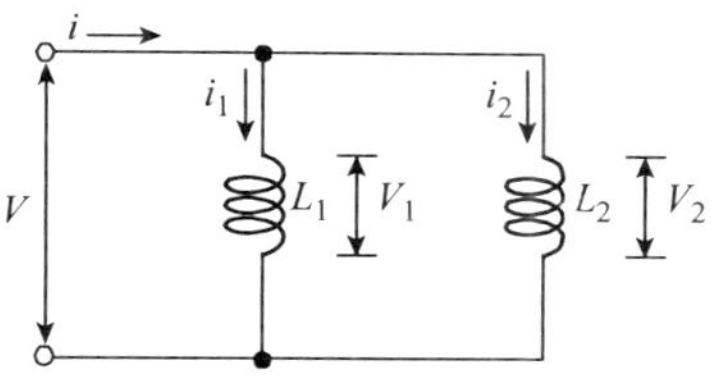

그림 10.10 병렬접속 된 인덕턴스

(1) 상호 작용 $\widetilde{M}$을 고려하지 않는 경우

각 코일에 흐르는 전류 i_1, i_2에 대한 전압 V_1, V_2의 크기는

$$V_1 = -L_1 \frac{di_1}{dt}[\mathrm{V}]$$

$$V_2 = -L_2 \frac{di_2}{dt}[\mathrm{V}]$$

이를 변형하면

$$\frac{di_1}{dt} = -\frac{V}{L_1},\ \frac{di_2}{dt} = -\frac{V}{L_2}$$

이다. 병렬접속 된 코일의 경우 전압은 동일하므로 $V = V_1 + V_2$가 된다.

한편 회로에 전류법칙(KCL)을 적용하면 $i = i_1 + i_2$이며, 이를 양변에 대해 미분하고 변형된 관계식을 적용하면

$$\frac{di}{dt} = \frac{di_1}{dt} + \frac{di_2}{dt} = -\left(\frac{1}{L_1} + \frac{1}{L_2}\right)V$$

가 된다. 여기서 주어진 회로에 대한 합성 자기 인덕턴스를 L이라고 하면

$$V = -L\frac{di}{dt}[\text{V}]$$

이다. 여기서 $\frac{di}{dt} = -\left(\frac{1}{L_1} + \frac{1}{L_2}\right)V$와 $V = -L\frac{di}{dt}$를 이용해서 정리하면

$$\frac{1}{L} = \frac{1}{L_1} + \frac{1}{L_2} = \frac{L_1 L_2}{L_1 + L_2}[\text{H}]$$

가 된다. 한편 두 코일 사이에 간섭이 있을 경우의 상호 인덕턴스 M인 경우 기전력은

$$V = -L_1\frac{di_1}{dt} \pm M\frac{di_2}{dt}[\text{V}]$$

$$V = -L_2\frac{di_2}{dt} \pm M\frac{di_1}{dt}[\text{V}]$$

가 된다. 여기서 자속이 서로 합으로 되는 경우와 상쇄되는 경우의 합성 인덕턴스를 각각 L_S, L_d라고 하면 자속이 합인 경우 기전력은 즉, ±에서 +만 고려하면

$$V = -L_1\frac{di_1}{dt} + M\frac{di_2}{dt}[\text{V}]$$

$$V = -L_2\frac{di_2}{dt} + M\frac{di_1}{dt}[\text{V}]$$

이다. 여기에 $V = -L_s\frac{di}{dt}$, $i = i_1 + i_2$ 관계를 적용하면

$$L_S = \frac{L_1 L_2 + (L_1 + L_2)M + M^2}{L_1 + L_2 + 2M} [\mathrm{H}]$$

$$L_d = \frac{L_1 L_2 - (L_1 + L_2)M + M^2}{L_1 + L_2 - 2M} [\mathrm{H}]$$

로 나타낼 수 있다.

(2) 상호 작용 $\widetilde{M}$을 고려하는 경우

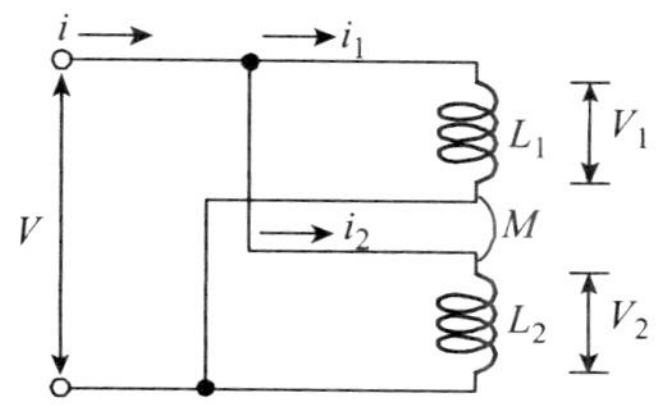

그림 10.11 병렬 접속된 인덕턴스

각 코일에 흐르는 전류를 i_1, i_2라고 하고 전류 변화에 따른 전압을 V_1, V_2라고 하면

$$V_1 = -\left(L_1 \frac{di_1}{dt} \pm M\frac{di_2}{dt}\right)[\mathrm{V}],\ V_2 = -\left(L_2 \frac{di_2}{dt} \pm M\frac{di_1}{dt}\right)[\mathrm{V}]$$

이다. 병렬 접속되는 경우 전압은 일정하므로 $V = V_1 + V_2$이며, 전류 방정식(KCL)에 의해서 $i = i_1 + i_2$이므로 자속이 증가하는 경우

$$V = -L_T \frac{di}{dt},\ \frac{di}{dt} = -\frac{V}{L_T}$$

이며, 여기서 L_T는 합성 인덕턴스이다.

한편 $i = i_1 + i_2$인 관계에서 대해서 양변을 미분하면

$$\frac{di}{dt} = \frac{di_1}{dt} + \frac{di_2}{dt}$$

이며, 이를 이용하여 합성 인덕턴스 L_T로 나타내면 다음과 같다.

$$L_T = \frac{L_1 L_2 - \widetilde{M}^2}{L_1 + L_2 - 2\widetilde{M}} [\mathrm{H}]$$

여기서 $\widetilde{M}$의 부호가 (−)이므로 쇄교 자속수가 감소함을 의미한다.

한편 자속이 증가하는 경우는 L_T는

$$L_T = \frac{L_1 L_2 - \widetilde{M}^2}{L_1 + L_2 + 2\widetilde{M}} [\mathrm{H}]$$

으로 표시된다.

Book Cafe

노이만의 공식(Neumann's formula)

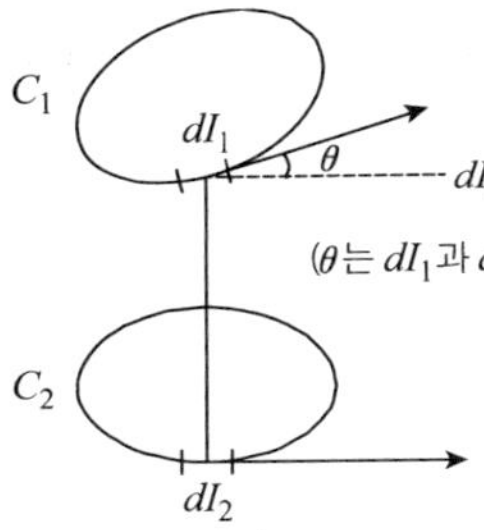

회로 C_1에서 전류 I_1이 흐르는 경우 dl_2에 생기는 벡터 포텐셜을 $\widetilde{A}_1$이라면 $\widetilde{A}_1 = \frac{\mu_0}{4\pi}\oint_{C_1} \frac{I_1}{r} dI_1$가 되며, 회로 C_2와 쇄교하는 자속을 ϕ라고 하면

$$\phi = \oint_{C_2} \widetilde{A}_1 \cdot dl_2 = \frac{\mu}{4\pi}\oint_{C_1}\oint_{C_2} \frac{dI_1\, dI_2}{r} [\mathrm{Wb}]$$

따라서 선소 dl_1과 dl_2가 이루는 각을 θ라고 하면 폐회로 C_1과 C_2 사이에 나타나는 상호 인덕턴스 M은

$$M = \frac{\mu}{4\pi}\oint_{C_1}\oint_{C_2} \frac{\cos\theta\, dI_1\, dI_2}{r} \ [\mathrm{H}]$$가 된다.

10.3 인덕턴스의 계산 예

인덕터에 대한 인덕턴스를 결정하는 방법은 정전용량을 구하는 경우와 같은 절차를 통해 얻을 수 있다. 즉 주어진 인덕터에 대해서 인덕턴스 L을 찾는 절차는 다음과 같은 과정을 통하여 구할 수 있게 된다.

- 먼저 적당한 좌표계를 정하고 전류 I가 코일에 흐른다고 가정한다.
- 그리고 비오-사바르 법칙 혹은 대칭성이 있는 경우에는 암페어의 법칙을 이용해서 자속밀도 $\widetilde{B}$를 구하고
- 자속 $\phi = \int \widetilde{B} \cdot d\widetilde{s}$ 을 적용해서 ϕ 을 구한다.
- 마지막으로 $L = \dfrac{\Psi}{I} = \dfrac{N\phi}{I}$을 이용해서 L값을 결정할 수 있다.

10.3.1 환상 솔레노이드(Solenoid)에 대한 인덕턴스 계산 예

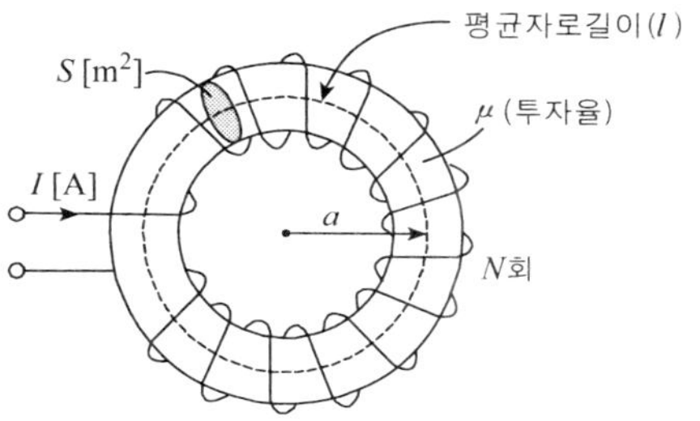

그림 10.12 환상 솔레노이드

단면적이 S인 환상 솔레노이드에 전류 $I[\mathrm{A}]$가 흐르도록 하고 권선 수를 N회로 하는 경우 인덕턴스를 계산하기 위해 먼저 전류 I가 흐르는 경우 자속 쇄교 수 Ψ을 계산하기 위해서 자계와 자속밀도를 구하면

$$\widetilde{H} = \frac{NI}{l}$$

$$\widetilde{B} = \mu_0 \widetilde{H} = \frac{\mu_0 NI}{l}[\mathrm{Wb/m^2}]$$

가 된다. 단면적 $S\,[\mathrm{m}^2]$을 통과하는 자속 수 ϕ는

$$\phi = \widetilde{B}S = \frac{\mu_0 NIS}{l}[\mathrm{Wb}]$$

따라서 회로 전체 자속 쇄교 수 Ψ는

$$\Psi = N\phi = \frac{\mu_0 N^2 IS}{l}$$

가 된다. 따라서 자기 인덕턴스 L은

$$L = \frac{\Psi}{I} = \frac{\mu_0 N^2 S}{l} = \frac{4\pi N^2 S}{l} \times 10^{-7}[\mathrm{H}]$$

처럼 구해진다. 자기 인덕턴스는 면적 S 및 권선의 제곱 N^2에 비례하며, 평균길이 ($l\,[\mathrm{m}]$)에 반비례함을 알 수 있다.

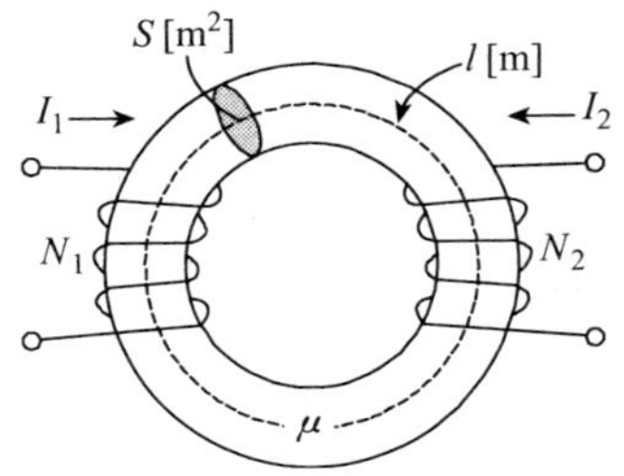

그림 10.13 1차, 2차 코일 환상 솔레노이드

그림 10.13에서처럼 환상 솔레노이드 1차, 2차 코일을 이용할 경우 발생하는 상호 인덕턴스 M 을 구하는 경우에 대해 알아보기 위해 1차 코일에 전류 $I_1\,[\mathrm{A}]$의 전류가 흐르게 되는 경우 발생하는 자속 ϕ_1은 앞에서 $\Psi = N\phi = \dfrac{\mu_0 N^2 IS}{l}$을 이용하면

$$\phi_1 = \frac{\mu_0 N_1 I_1 S}{l}\ [\mathrm{Wb}]$$

이며, 2차 코일과 쇄교하는 자속 수 $N_2\,\phi_1$는

$$N_2\,\phi_1 = \frac{\mu_0 N_1 N_2 I_1 S}{l}$$

이다. 따라서 상호 인덕턴스 M_{12}는

$$M_{12} = \frac{N_2\,\phi_1}{I_1} = \frac{\mu_0 N_1 N_2 S}{l} = \frac{4\pi N_1 N_2 S}{l} \times 10^{-7}[\mathrm{H}]$$

으로 표현할 수 있다.

한편 1, 2차 코일의 자기 인덕턴스 L_1와 L_2을 구하고 이들 관계를 조사하기 위해서 먼저 환상 솔레노이드에서 내부 자계 강도 $\widetilde{H}_i$을 구하면 $\oint \widetilde{H}_i \cdot dl = N_1 I_1$ 에서 $\widetilde{H}_i l = N_1 I_1$이므로

$$\widetilde{H}_i = \frac{N_1 L_1}{l}, \ \widetilde{B}_i = \mu \widetilde{H}_i = \frac{\mu N_1 I_1}{l}$$

1 turn인 경우의 자속 ϕ_1는

$$\phi_1 = \widetilde{B}_i S = \frac{\mu S N_1 I_1}{l}$$

이다. 여기서 자속 쇄교 수 Ψ_1은

$$\Psi_1 = N_1 \phi_1 = \frac{\mu S N_1^2 I_1}{l}$$

에서

$$L_1 = \frac{\Psi_1}{I_1} = \frac{\mu S N_1^2}{l} [\mathrm{H}]$$

로 표현되는 L_1을 구할 수 있으며, 동일한 방법으로 N_2코일의 자기 인덕턴스 L_2는

$$L_2 = \frac{\Psi_2}{I_2} = \frac{\mu S N_2^2}{l} [\mathrm{H}]$$

와 같이 구할 수 있다. 이들 1, 2차 자기 인덕턴스는 권선비에 따라 결정되는 것을 알 수 있으며, 관계식(L_1/L_2)를 구하면

$$\frac{L_1}{L_2} = \left(\frac{N_1}{N_2} \right)^2$$

와 같이 나타낼 수 있다. 여기서 2차측 권선 수 N_2을 고려하면

$$L_1 : L_2 = N_1^2 : N_2^2 (L\text{은 } N^2\text{에 비례한다.})$$

에서

$$N_2 = \sqrt{\frac{L_2}{L_1}}\, N_1$$

가 된다. 그리고 상호 인덕턴스 M은

$$M = \frac{\Psi_{21}}{I_1} = \frac{N_2 \phi_1}{I_1} = \frac{\mu S N_1 N_2}{l} [\mathrm{H}]$$

으로 나타낼 수 있다.

예제 10.10

다음과 같이 두 개의 코일 1과 2를 직렬로 접속하는 경우 합성 인덕턴스는?

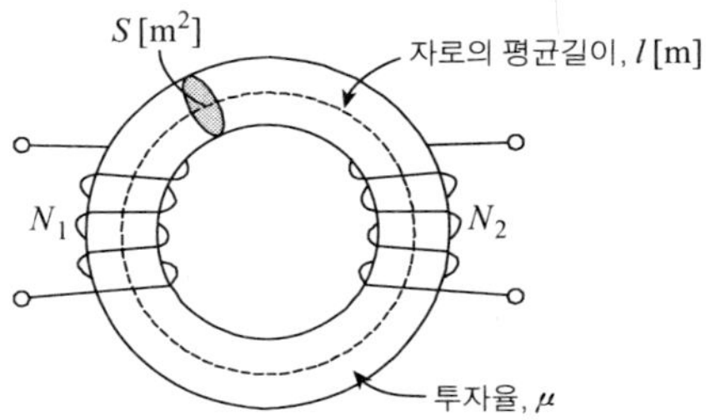

[풀이] 합성 인덕턴스는 전류의 방향에 따라 상호 인덕턴스가 $\pm 2M$ 이므로 $L = L_1 + L_2 \pm 2M$ 이다.

여기서 $L_1 = \dfrac{\mu S N_1^2}{l}$과 $L_2 = \dfrac{\mu S N_2^2}{l}$ 그리고 $M = \dfrac{\mu S N_1 N_2}{l}$을

각각 $L = L_1 + L_2 \pm 2M$에 대입하면

$$L = \frac{\mu S N_1^2}{l} + \frac{\mu S N_2^2}{l} \pm 2 \times \frac{\mu S N_1 N_2}{l}$$
$$= \frac{\mu S}{l}(N_1^2 + N_2^2 \pm 2N_1 N_2) = \frac{\mu S}{l}(N_1 \pm N_2)^2$$

가 된다.

10.3.2 무한 장 솔레노이드에서의 코일 L의 계산 예

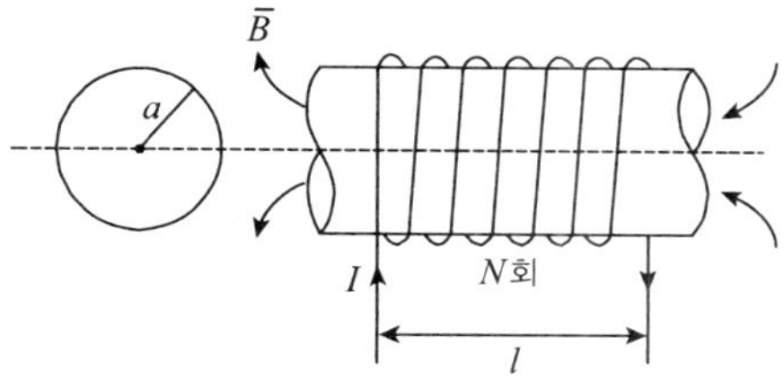

그림 10.14 무한 장 솔레노이드

무한히 긴 솔레노이드에 전류 $I\,[\mathrm{A}]$가 흐를 때 인덕턴스를 구하기 위해 먼저 자계 $\widetilde{H}$와 자속밀도 $\widetilde{B}$를 구하면

- 자계 $\widetilde{H}$는 $\widetilde{H}\,l = NI$이며, 단위 길이($l = 1\,[\mathrm{m}]$)당 자계는 $\widetilde{H} = nI$로 나타낼 수 있다.
- 그리고 자속밀도 $\widetilde{B}$는 $\widetilde{B} = \mu\widetilde{H} = \mu n\widetilde{I}$가 된다.
- 여기서 솔레노이드의 단면적을 $S = \pi r^2$라 하면 축 방향으로 발생하는 자속 ϕ는

$$\phi = \int \widetilde{B} \cdot d\widetilde{S} = BS = \mu n I \pi a^2$$

가 된다.

- 따라서 단위 길이당의 쇄교 자속 수 $\Psi = n\,\phi$이며, 단위 길이당의 인덕턴스 L_0는

$$L_0 = \frac{\Psi}{I} = \frac{n\phi}{I} = \mu n^2 \pi a^2 = \mu n^2 S\,[\mathrm{H/m}]$$

처럼 표시된다.

10.3.3 유한 장 솔레노이드의 인덕턴스에 대한 계산 예

솔레노이드의 길이가 제한되는 경우 자속의 일부가 누설되기 때문에 쇄교 자속수가 무한 장 솔레노이드의 경우 보다는 작기 때문에 인덕턴스가 작게 된다.

유한 장 솔레노이드의 자기 인덕턴스 L은

$$L = K\mu n^2 l S\,[\mathrm{H}]$$

가 된다. 여기서 K는 Nagaoka 계수라고 하며 코일의 인덕턴스 계산에 이용되고, D/L에 의해서 결정된다. 여기서 D는 단면의 지름을 나타낸다.

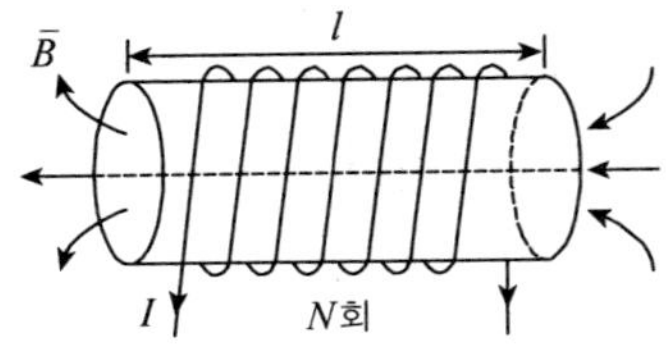

그림 10.15 유한 장 솔레노이드

10.3.4 원통형 도체내의 인덕턴스 계산 예

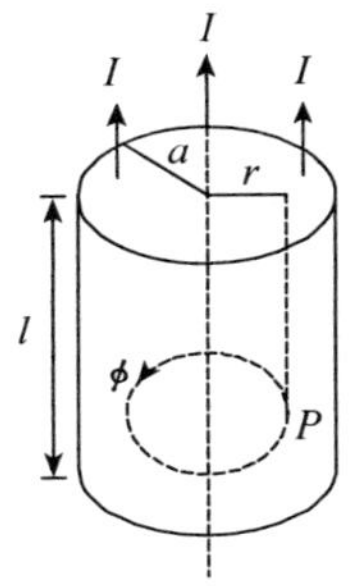

그림 10.16 원통형 도체

반경 a인 경우 도체 내부와 외부에 자속이 함께 존재한다. 중심에서 반지름 $r\,(r < a)$인 폐곡선으로 흐르는 전류를 I_i이라고 하면

$$I_i = \frac{r^2}{a^2} I \,[\mathrm{A}]$$

이다. 반지름 a인 도체 내에 암페어 주회 법칙을 적용해서 점 P의 자계 $\widetilde{H}_\phi (= \widetilde{H}_i)$을 구하면

$$\widetilde{H}_\phi = \frac{r}{2\pi a^2} I \tilde{a}_\phi \,[\mathrm{A/m}]$$

이다. 여기서 자속밀도 $\widetilde{B}$는

$$\widetilde{B} = \mu \widetilde{H} = \frac{\mu r}{2\pi a^2} I \widetilde{a}_{\phi} [\mathrm{Wb/m^2}]$$

이다. 쇄교하는 자속 Ψ는 반경 a인 도체 흐르는 전류 I 중에서 $\dfrac{\pi r^2}{\pi a^2}$ 곳에서만 쇄교한다.

따라서

$$\Psi = \int \frac{\pi r^2}{\pi a^2} d\phi = \int_0^a \frac{\mu I l}{8\pi} = \int_0^a \frac{\mu I r^3}{2\pi a^4} dr = \frac{\mu I l}{8\pi}$$

가 된다. 따라서 원통 도체 내의 인덕턴스 L_i은

$$L_i = \frac{\Psi}{I} = \frac{\mu l}{8\pi} [\mathrm{H}]$$

처럼 나타나며, 도체 내부 인덕턴스 L_i는 원통의 반지름과는 무관하고 투자율과 길이에 의해 결정됨을 알 수 있다.

별 해

$W = \frac{1}{2} \mu \widetilde{H}^2 [\mathrm{J/m^3}] \times v [\mathrm{m^3}] = \frac{1}{2} L I^2 [\mathrm{J}]$

$W = \int_0^a \frac{1}{2} \mu \widetilde{H}^2 dv$ 여기서 $dv = l\, ds$ 이며, $S = d(2\pi r) = 2\pi\, dr$을 적용하면

$dv = l\, ds = l\, 2\pi r\, dr$이다.

그리고 $\widetilde{H} = \dfrac{rl}{2\pi a}$, $dv = l\, 2\pi r\, dr$을 $W = \int_0^a \frac{1}{2} \mu \widetilde{H}^2 dv$ 에 대입하면

$$W = \int_0^a \frac{1}{2} \mu \left(\frac{rl}{2\pi a} \right)^2 l\, 2\pi r\, dr = \int_0^a \frac{\mu r^3 I^2 l}{4\pi a^4} dr = \frac{\mu I^2 l}{4\pi a^4} \left[\frac{1}{4} r^4 \right]_o^a$$

$$= \frac{\mu I^2 l a^4}{16\pi a^4} = \frac{\mu I^2 l}{16\pi}$$

이다.

따라서 $W = \frac{1}{2} L I^2 = \frac{\mu I^2 l}{16\pi}$에서 인덕턴스 L을 구하면 $L = \frac{\mu l}{8\pi}$ [H]가 된다.

10.3.5 동축 케이블에 대한 인덕턴스의 계산 예

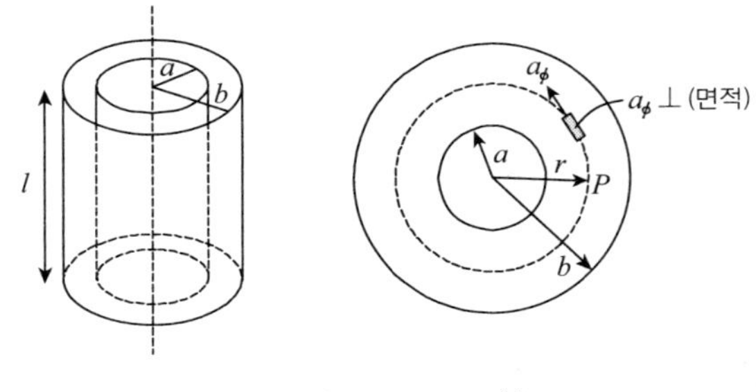

그림 10.17 동축 케이블

반지름 a, b인 동축 케이블에 전류 I가 왕복하는 경우 축에서 $r(a \le r \le b)$ 떨어진 점 P의 자계 $\widetilde{H}$와 자속밀도 $\widetilde{B}$는

$$\widetilde{H}_\phi = \frac{I}{2\pi r}[\mathrm{A/m}]$$

$$\widetilde{B}_\phi = \frac{\mu I}{2\pi r}$$

이다. 여기서 a와 b 사이의 길이 l을 통과하는 자속 ϕ를 고려하면

$$\phi = \int_S \widetilde{B} \cdot dS = \int_0^l \int_a^b \frac{\mu I}{2\pi\rho}\, d\rho\, dz = \frac{\mu I l}{2\pi} \ln\left(\frac{b}{a}\right)$$

이며, 변하는 성분이 $d\rho$와 dz이므로 $d\phi$는 없다.

따라서 동축 케이블의 외부 자기 인덕턴스를 L_o라고 하면 $L_o = \frac{N\phi}{I}$ 식에 $\phi = \frac{\mu I l}{2\pi} \ln\left(\frac{b}{a}\right)$을 적용하면

$$L_o = \frac{N\phi}{I} = \frac{\mu_0 l}{2\pi} \ln\left(\frac{b}{a}\right)[\mathrm{H}]$$

이다. 여기서 단위 길이($l = 1\,[\mathrm{m}]$)당 인덕턴스를 L_U라고 하면

$$L_U = \frac{\mu_0}{2\pi} \ln\left(\frac{b}{a}\right)[\mathrm{H/m}]$$

가 된다. 따라서 심선 내부에도 자기 인덕턴스가 존재하기 때문에 원주(원통) 도체의 전체 인덕턴스는 내부 인덕턴스(L_i)와 외부 인덕턴스(L_o)의 합으로

$$L_T = L_i + L_o = \frac{\mu l}{8\pi} + \frac{\mu_0 l}{2\pi}\ln\left(\frac{b}{a}\right)[\mathrm{H}]$$

와 같이 나타낼 수 있다.

별 해

$\phi = \int_S \widetilde{B} \cdot dS$ 에서 $\widetilde{H} = \frac{I}{2\pi r}$, $\widetilde{B} = \frac{\mu I}{2\pi r}$를 적용하면 $\phi = \int \frac{\mu I}{2\pi r} ds$가 된다.

여기서 $ds = l\,dr$이므로

$$\phi = \int_a^b \frac{\mu I}{2\pi r} l\, dr = \frac{\mu Il}{2\pi r}[\ln r]_a^b = \frac{\mu Il}{2\pi r}(\ln b - \ln a) = \frac{\mu Il}{2\pi r}\ln\left(\frac{b}{a}\right)$$

따라서 외부 인덕턴스 L_o는 $L_o = \frac{N\phi}{I} = \frac{\mu l}{2\pi}\ln\left(\frac{b}{a}\right)$[H]가 된다.

10.3.6 평행 왕복 도선의 인덕턴스

공기 중에 도선의 반지름이 a이고 무한히 긴 도선을 간격 d인 상태에 왕복 전류 $\pm I$을 흐르게 하는 경우 도선 사이의 인덕턴스를 구하기 위해서 먼저 도선 사이의 점 P의 자계를 구하면 $\widetilde{H} \cdot l = I$, $\widetilde{H} = \frac{I}{l}$ 관계에서

$$\widetilde{H} = \frac{I}{2\pi r} + \frac{I}{2\pi(d-r)}[\mathrm{AT/m}]$$

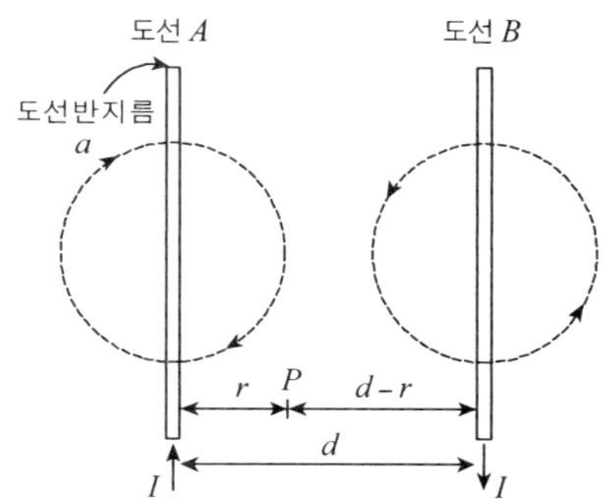

그림 10.18 왕복 선로

이며, 자속밀도 $\widetilde{B} = \mu\widetilde{H}$와 길이 l에 대한 왕복전류를 자속 쇄교 $\phi = \int \widetilde{B} \cdot ds$에 적용하면

$$\phi = \int_a^{d-a} \widetilde{B} \cdot ds = \int_a^{d-a} \mu\widetilde{H} \cdot ds = \int_a^{d-a} \frac{\mu_o Il}{2\pi}\left(\frac{1}{r} + \frac{1}{d-r}\right)dr$$

$$= \frac{\mu_o I l}{2\pi}[\ln r]_a^{d-a} - [\ln(d-r)]_a^{d-a}$$

$$= \frac{\mu_o I l}{2\pi}\left(\ln\frac{d-a}{a} - \ln\frac{a}{d-a}\right) = \frac{\mu_o I l}{2\pi}\ln\left(\frac{d-a}{a}\right)^2 = \frac{\mu_o I l}{\pi}\ln\left(\frac{d-a}{a}\right)$$

가 된다. 여기서 도선의 외부 인덕턴스를 L_o라고 하면 $\phi = L_o I$, $L_o = \phi / I$에서

$$L_o = \frac{\mu_o l}{\pi}\ln\left(\frac{d-a}{a}\right)[\mathrm{H}]$$

이다. 만일에 $d \gg a$이라면

$$L_o \fallingdotseq \frac{\mu_o l}{\pi}\ln\frac{d}{a}[\mathrm{H}]$$

가 된다. 전류가 도선에 모두 균일하게 흐른다면 길이 l에 대한 내부 인덕턴스는 (4)에서 처럼 $L_i = \frac{\mu l}{8\pi}$가 된다. 따라서 왕복 선로의 전체 인덕턴스 L_T는 내부 인덕턴스(L_i)와 외부 인덕턴스(L_o)의 합으로

$$L_T = 2L_i + L_o = \frac{\mu l}{4\pi} + \frac{\mu l}{4\pi}\ln\frac{d-a}{a}[\mathrm{H}]$$

나타낼 수 있다. 이 관계식은 안테나 급전선(feeder) 혹은 송배전선의 인덕턴스를 구하는 데 이용되며, 전류가 도선의 표면에만 흐른다면(표피효과) 즉, 외부만 고려하는 것으로 보기 때문에 인덕턴스는 $L_o = \frac{\mu_o l}{\pi}\ln\left(\frac{d-a}{a}\right)$라고 보아도 된다.

Book Cafe

- 콘덴서와 저항의 관계 : $RC = \rho\varepsilon = \frac{\varepsilon}{\sigma}$
- 코일과 콘덴서의 관계 : $L_o C = \mu\varepsilon$

  여기서 L_o는 동축이나 평행선 등의 인덕터에서 외부 인덕턴스를 말한다. 따라서 정전용량 C을 알면 외부 인덕턴스 L_o을 계산할 수 있다.

Book Cafe

• 전선

$$L=\frac{\mu_o l}{8\pi}$$

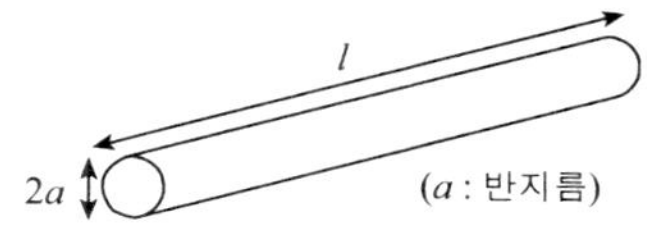

• 빈 원통

$$L=\frac{\mu_o l}{2\pi}\left(\ln\frac{2l}{a}-1\right),\quad l\gg a$$

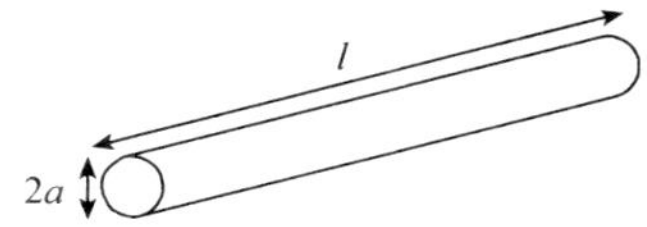

• 평행도선

$$L=\frac{\mu_o l}{\pi}\ln\frac{d}{a},\quad l\gg d,\ d\gg a$$

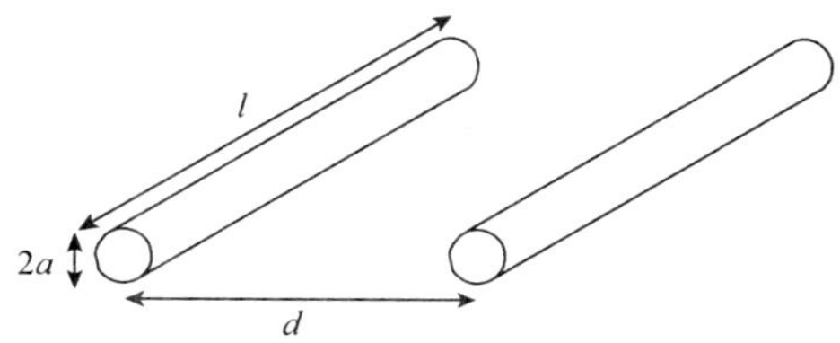

• 동축 전도체

$$L=\frac{\mu_o l}{\pi}\ln\frac{b}{a}$$

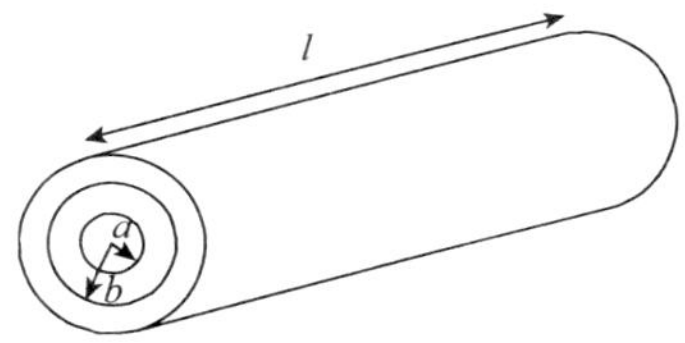

• 원형 루프

$$L=\frac{\mu_o l}{2\pi}\left(\ln\frac{4l}{a}-2.45\right),\quad l=2\pi\rho_o,\ \rho_o\gg d$$

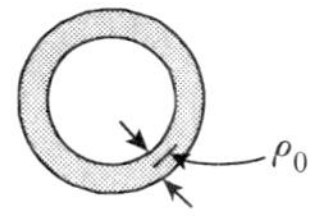

• 솔렌이드

$$L=\frac{\mu_o N^2 S}{l},\quad l\gg a$$

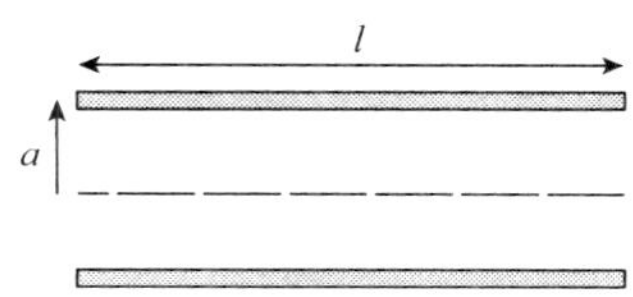

• 판

$$L=\mu_o 2l\left(\ln\frac{2l}{b+t}+0.5\right)$$

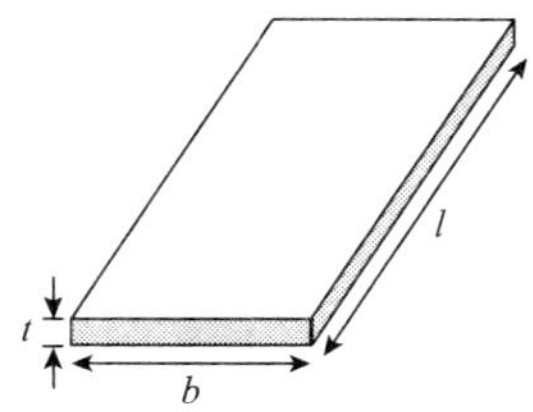

10.4 전류에 의한 자계 에너지

10.4.1 자계(에 축적되는) 에너지

자계는 전류에 의해서 생긴다고 생각하는 경우와 자계가 존재하지만 전류와는 무관한 것이라고 생각하는 경우가 있다.

어느 경우이든 이와 같은 자계 내의 에너지를 전자 에너지 또는 자기 에너지라고 한다.

자기 인덕턴스, 상호 인덕턴스를 갖는 회로에 대해서 전류를 증가시키려면 이에 대응하는 기전력이 유기되며, 이 기전력에 대해서 다시 전류를 증가시키면 일을 해야 하는데 이 일은 인덕턴스에 흐르는 전류에 의해서 생성된 자계 에너지로 축적하게 된다. 여기서 이 에너지를 전자 혹은 자기 에너지라고 하였다.

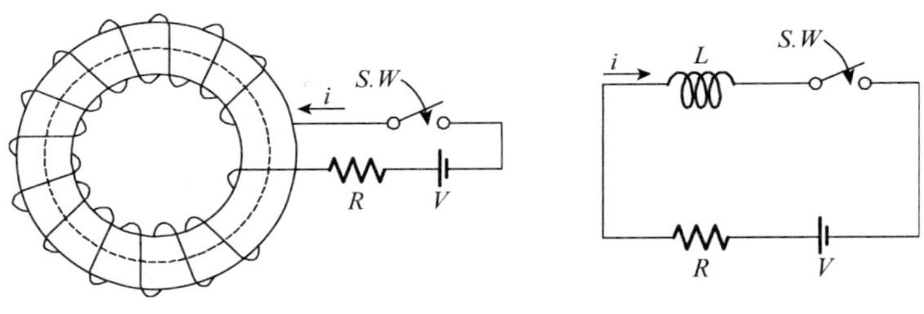

(a) (b) 등가회로

그림 10.19 L에 축적되는 에너지

〈그림 10.19〉에서처럼 인덕턴스 L인 코일에 스위치를 이용해서 전류 i가 흐르도록 하는 경우 자계 중에 축적되는 에너지를 고려하기 위해서 전기 회로에 전압 방정식(KVL)을 적용하면

$$V = Ri + L\frac{d}{dt}\, i(t)[\mathrm{V}]$$

이다. 여기서 R은 코일의 저항을 가리킨다.

자기 인덕턴스 $L[\mathrm{H}]$에 전류 $i[A]$의 전류가 흐르는 경우 전류가 변화하면 $e = -L\frac{di}{dt}[\mathrm{V}]$

만큼 자기 인덕턴스에 유기되는 역 기전력이 생기며, 이 기전력에 대해서 반대 방향으로 전하 dq를 옮기는데 필요한 일을 dW라고 하면

여기서 $V = \frac{W}{Q}$, $W = QV$, $e = -L\frac{di}{dt}$ 등을 적용하면

$$dW = -e\,dq = L\frac{di}{dt}dq = L\frac{dq}{dt}di$$

이며, 여기서 $\frac{dq}{dt} = i[\mathrm{A}]$이므로

$$dW = L\,i\,di\,[\mathrm{J}]$$

이 식은 자기 인덕턴스 L에 전류 i가 흐르는 경우 전류를 di 만큼 증가하는데 필요한 에너지이므로 i가 될 때 까지 필요한 일이다. 즉, 자기인덕턴스 L에 전류를 0에서 i까지 증가시키는 것을 고려한 필요한 일을 W_L이라고 하면 양변 적분을 통해서

$$W_L = \int_0^i dW = \int_0^i L\,i\,di = \frac{1}{2}L\,i^2\,[\mathrm{J}]$$

가 된다. 그리고 그림 10.19(a)의 토로이드 내의 쇄교 자속 $\Psi = N\phi$라면 코일에 전류 i가 흐르는 경우 코일이 가지는 에너지는

$$W_L = \frac{1}{2}\Psi I = \frac{1}{2}N\phi I[\mathrm{J}]$$

가 된다.

이 에너지는 인덕턴스에 전류가 흐르는 동안에 주위에 축적되며, 기전력이나 전하에 의해서 축적되는 정전에너지에 비해 전류에 의해 주변에 발생된 자계에 축적되는 에너지를 통해서 소멸하게 된다.

이와 같은 내용은 코일이 정지 상태에 있을 때 가지는 에너지이다.

따라서 운동 상태의 전자력에 의한 일 W는

$$W = \phi I\,[\mathrm{J}]$$

가 된다.

이 에너지는 인덕턴스에 흐르는 전류에 의해서 그 주위의 자계에 축적되는 것으로 생

각되고, 전류가 순간적으로 끊기게 되면 이 에너지는 인덕턴스를 통해서 방출하거나 소멸한다.

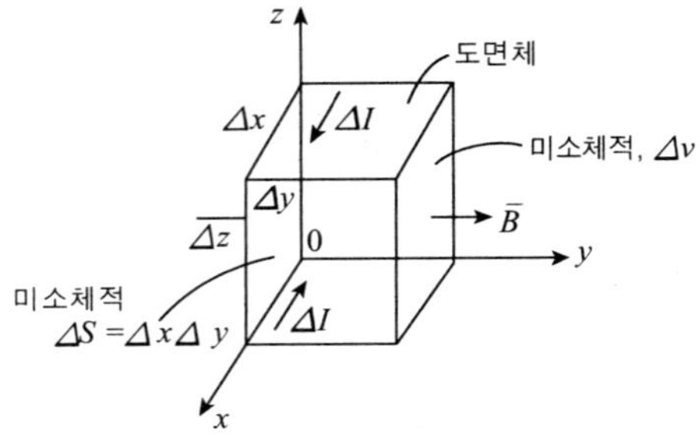

그림 10.20 자기장 내의 미소 체적

〈그림 10.20〉을 통해서 자기장 내의 미소 체적에 대한 자계 에너지 W을 구하는 경우에 대해서 알아보자.

미소 체적 $\triangle v$에 대한 인덕턴스 $\triangle L$은

$$\triangle L = \frac{\triangle \Psi}{\triangle I}$$

이다. 여기서 $\Psi = N\phi$, $\phi = \widetilde{B}S = \widetilde{B}\triangle x \triangle z$, $\widetilde{B} = \mu \widetilde{H}$을 적용하면

$$\triangle L = \frac{\mu \widetilde{H} \triangle x \triangle z}{\triangle I}$$

이다. 이 관계식을 $\triangle W = \frac{1}{2}\triangle L \triangle I^2$ 에 대입하면

$$\triangle W = \frac{1}{2}\frac{\mu \widetilde{H}\triangle x \triangle z}{\triangle I}\triangle I^2 = \mu \widetilde{H}\triangle x \triangle z \triangle I$$

로 표현된다. 계속해서 $I = \oint \widetilde{H} \cdot d\tilde{l} = \widetilde{H} l$, $\triangle I = \widetilde{H}\triangle y$인 관계를 적용하면

$$\triangle W = \frac{1}{2}\mu \widetilde{H}^2 \triangle x \triangle y \triangle z = \frac{1}{2}\mu \widetilde{H}^2 \triangle v$$

이며, 정 자기장 에너지 밀도를 w_m [J/m^3]이라고 하면

$$w_m = \lim_{\Delta v \to 0} \frac{\Delta W}{\Delta v} = \frac{1}{2}\mu \widetilde{H}^2$$

이다. 따라서 선형 물질 내의 정 자기장에 축적된 자계 에너지 W는 양변 적분을 통해서

$$W = \int w_m \, dv = \frac{1}{2}\int \mu \widetilde{H}^2 \, dv = \frac{1}{2}\int \widetilde{B} \cdot \widetilde{H} \, dv$$

가 된다. 이 관계식은 앞에서 정전기장에서 정의된 전계 에너지

$$W = \frac{1}{2}\int \varepsilon \widetilde{E}^2 \, dv = \frac{1}{2}\int \widetilde{D} \cdot \widetilde{E} \, dv$$

와 유사한 관계가 된다. 인덕턴스에서의 자계 에너지 W_H를 변형하기 위해서 인덕턴스 L에 저축된 자계 에너지 W_L를 고려하여 $W_H = W_L = \frac{1}{2}LI^2$에 $L = \frac{N\phi}{I}$, $\phi = \int \widetilde{B} \cdot dS = \widetilde{B}S$, $\oint \overline{H} \cdot d\widetilde{l} = NI$, $H\,dl = NI$, $V = Sl$을 적용하면

$$W_H = W_L = \frac{1}{2}LI^2 = \frac{1}{2}N\phi I = \frac{1}{2}BSHl = \frac{1}{2}BHV$$

가 된다. 미소 면적 dS가 변화함에 따라 dW_L이 변한다고 보면 미소체적 dv로 변하면 에너지도 역시 dW_L이 된다고 볼 때 미소전계 에너지 dW_L은

$$dW_L = \frac{1}{2}BH\,dv$$

이며, 여기서 양변에 대해 적분을 행하면

$$W_L = \frac{1}{2}\int \widetilde{B} \cdot \widetilde{H} \, dv = \frac{1}{2}\int \mu \widetilde{H}^2 \, dv \, [\text{Joule}]$$

가 된다. 또한 $W_H = \frac{1}{2}LI^2$에서 $L = \frac{2W_H}{I^2}$ 으로 변경한 후 $W_H = \frac{1}{2}\int \widetilde{B} \cdot \widetilde{H} dv$을 대입하면

$$L = \frac{1}{I^2}\int \widetilde{B}\,\widetilde{H}\,dv = \frac{1}{I^2}\int \mu_0\,\widetilde{H}^2 dv\,[\mathrm{H}]$$

가 된다. 따라서 자기인덕턴스 L은 회로에 축적되는 에너지를 분석하거나 정의하는데 이용된다.

예제 10.11

자기 회로에 $2000\,[\mathrm{AT}]$의 기자력을 주었더니 $3\times10^{-4}\,[\mathrm{Wb}]$의 자속이 통하였다. 자기 회로의 자화에 필요한 에너지 [J]는?

[풀이] $W = \frac{1}{2}LI^2$에 $L = \frac{N\phi}{I}$를 대입하면 자화에 필요한 에너지는

$W = \frac{1}{2}NI\phi = \frac{1}{2}\times2000\times3\times10^{-4} = 0.3$ [J]가 된다.

Book Cafe

- 발정전 에너지 : 기전력 또는 전하에 의하여 축적되는 것이라면
- 전자 에너지 : 전류에 의하여 축적된다.
  따라서 회로에 흐르는 전류를 차단하면 에너지는 즉시 없어진다.

Book Cafe

자기 유도 계수(self inductance) L의 계산 방법

권수 N, 자속 ϕ, 전류 I, 벡터 포텐셜 A, 전류밀도 i, 자속밀도 B 그리고 자계의 세기 H 등을 이용하여 자기 유도 계수 L의 계산 방법을 고려하면 다음과 같다.

- $LI = N\phi$ 관계에서 $L = \frac{N\phi}{I}$
- $W = \frac{1}{2}LI^2$ 관계에서 $L = \frac{2W}{I^2}$
- $W = \frac{1}{2}\int_v B\cdot H\,dv = \frac{1}{2}\int_v A\cdot i\,dv$ 관계에서

$$L = \frac{\int_v B\cdot H\,dv}{I^2} = \frac{\int_v A\cdot i\,dv}{I^2}$$

10.4.2 L_1과 L_2 그리고 M으로 구성된 회로의 전자 에너지

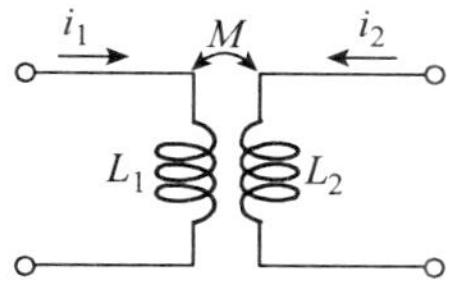

그림 10.21 M을 고려하는 경우 축적되는 에너지

L_1과 L_2에 흐르는 전류를 i_1, i_2, 변화에 따라 유기되는 전압을 e_1, e_2라고 하고 이들 전압에 대해서 전하 dq_1, dq_2를 옮기는데 필요한 일을 W라고 하면

$$W = -e_1 dq_1 - e_2 dq_2 = \left(L_1 \frac{di_1}{dt} \pm M \frac{di_2}{dt}\right) dq_1 + \left(L_2 \frac{di_2}{dt} \pm M \frac{di_1}{dt}\right) dq_2$$

여기서 $\frac{dq}{dt} = i$ 관계식을 적용해서 정리하면

$$W = L_1 i_1 di_1 \pm M i_1 di_2 + L_2 i_2 di_2 \pm M i_2 di_1 [\mathrm{J}]$$

여기서 $d(M i_1 i_2) = M i_1 di_2 + M i_2 di_1$인 편미분 관계식을 갖는다.

따라서

$$dW = L_1 i_1 \, di_1 + L_2 i_2 \, di_2 \pm d(M i_1 i_2)$$

여기서 각항에 대해 적분을 행하면

$$W = \frac{1}{2} L_1 i_1^2 + \frac{1}{2} L_2 i_2^2 \pm M_1 i_1 i_2 [\mathrm{J}]$$

가 된다. 이 관계식은 자기인덕턴스 L_1과 L_2 그리고 상호 인덕턴스 M인 두 개의 코일에 전류 i_1, i_2가 흐를 때 저축되는 에너지를 말한다.

10.5 자기회로(Magnetic circuit)

10.5.1 자기 회로의 특징

자성체를 원리와 특성을 이용하여 제작되거나 조립된 전기기기에서 자성체 각 부분의 자속의 분포를 해석하는 방법은 전류 분포와 같은 형태를 취급하거나 고려해서 구할 수 있다.

전기회로를 전류가 흐르는 통로라고 하면 자기회로는 자속이 통하는 통로(자로)라고 할 수 있다.

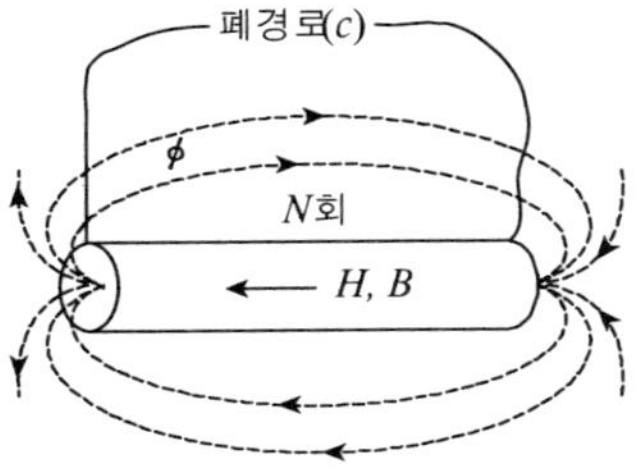

그림 10.22

앞에서 우리는 자계 강도 $\widetilde{H}$, 자속 ϕ 및 자속밀도 $\widetilde{B}$에 대해 고려하였다. 예를 들면 다음의 그림에서처럼 공기 코어를 갖는 긴 코일에 대해 폐경로 C에 따라 암페어 법칙을 적용하면 $\oint \widetilde{H}\cdot d\bar{l} = NI$이다.

코일 내부에서는 자속선이 넓게 펴져 있으므로 자속밀도 $\widetilde{B}$는 매우 작다. 따라서 자속은 코일 내부에 주로 국한된다고 보면 $\widetilde{H} = \dfrac{NI}{l}$가 된다. 강자성체의 비 투자율 μ_s는 수천 정도의 큰 값을 가지므로 자계 $\widetilde{H}$가 주어지는 경우 자속밀도 $\widetilde{B}(= \mu_o \mu_s \widetilde{H})$는 진공의 경우와 비교하면 매우 큰 값을 갖게 된다.

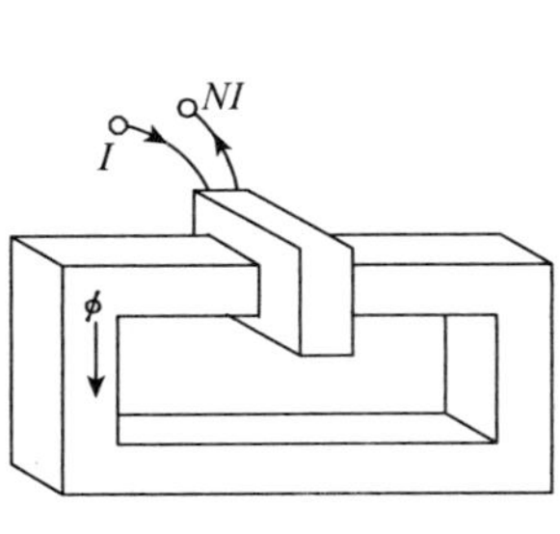

그림 10.23

〈그림 10.23〉에서 코일은 철심의 전체에 걸쳐 있지만 코일의 NI가 자속 ϕ를 생산하여 철심을 통해 흐르도록 한다.

철심 주변 공간에 비하면 철심 내에 흐르는 자속은 수천 배로 크게 된다.

10.5.2 자기 회로에 대한 오옴의 법칙

환상 솔레노이드에 자성체를 삽입하고 전류 I[A]을 흐르도록 하는 경우 권선 수를 N회, 평균 자로 길이 l[m], 단면적 S[m^2]라고 할 때 자기 회로 내의 자계 $\widetilde{H}$에 대해 알아보기로 한다.

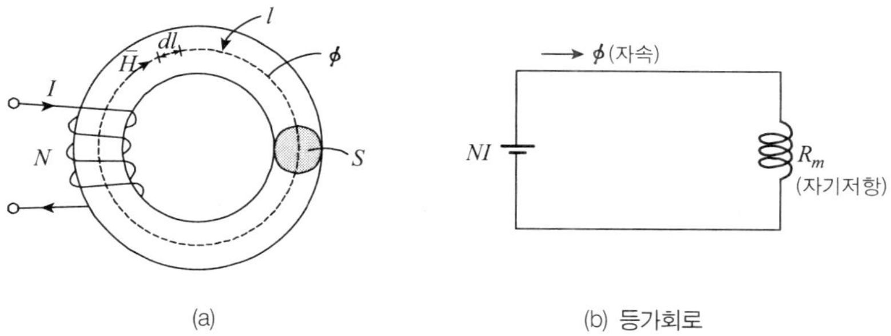

그림 10.24 자기회로

$$\oint \tilde{H} \cdot d\tilde{l} = NI[\mathrm{AT}]$$

에서 자계는 $\tilde{H}l = NI$, $\tilde{H} = \dfrac{NI}{l}$ 이며, 한편 NI이라는 기자력이 발생되어 ϕ인 자속이 철심 내부를 통하여 자기 회로를 구성하게 되는데 여기서 자기회로의 자속 ϕ는

$$\phi = \tilde{B}\tilde{S} = \mu\tilde{H}\tilde{S} = \frac{\mu SNI}{l}[\mathrm{Wb}]$$

이며, 이를 발생시키는 원천이 되는 NI을 기자력(mmf)이라 하며, 단위는 [AT]이다.

여기서 기자력(NI, mmf magnet motive force)은

$$mmf = \oint_C \tilde{H} \cdot d\tilde{l}$$

으로 나타낼 수 있으며, $\phi = \tilde{B}\tilde{S} = \mu\tilde{H}\tilde{S}$, $\tilde{H} = \dfrac{\phi}{\mu\tilde{S}}$를 대입하면

$$mmf = \oint_C \frac{\phi}{\mu S}\, dl[\mathrm{AT}]$$

가 된다. 그리고 자기회로의 모든 곳에서 자속 ϕ가 일정하다면

$$mmf = \phi \oint_C \frac{dl}{\mu S} = \phi R_m$$

가 된다. 여기서

$$R_m = \oint_C \frac{dl}{\mu S} = \frac{l}{\mu S}[\mathrm{AT/Wb}]$$

가 된다. 이것은 앞에서 정리한 전기회로의 오움의 법칙 $R = \rho\frac{l}{S} = \frac{l}{\sigma S}$에 해당하는 것으로 R_m을 자기회로에 대한 자기저항(Magnetic Resistance 또는 Reluctance)이라 하며, 단위는 [AT/Wb]이다. 따라서 자기 저항 R_m은 단면적에 반비례하고 자기 회로의 길이에 비례한다. 그리고 R_m의 역수를 Permeance라고 한다. 여기서 기자력 $\widetilde{F}$는

$$\widetilde{F} = NI = \phi R_m$$

이므로 자기저항 R_m은

$$R_m = \frac{\widetilde{F}}{\phi},\ \phi = \frac{NI}{R_m}$$

인 관계식이 성립한다.

Book Cafe

자기 회로의 자기 저항의 저항의 역수를 퍼미언스(permeance)라고 하면 이는 전기 회로의 컨덕턴스에 대응한다.

- 퍼미언스 : 자기저항의 역수
- 콘덕턴스 : 전기저항의 역수
- 엘라스턴스 : 정전용량의 역수

예제 10.12 자기 회로에 대해서 간단히 설명하여라.

[풀이] 자기 회로의 특징

- 기자력과 자속 사이에는 비 직선성을 갖고 있다.
- 자기 저항에서는 전기 저항의 줄 손실에 해당하는 손실이 없다.
- 누설 자속은 전기 회로의 누설 전류에 비하여 대체적으로 많다.
- 전기 회로에서의 C 및 L에 해당하는 것은

$$\phi = \frac{\widetilde{F}}{R_m} = \frac{NI}{\frac{l}{\mu S}} = \frac{\mu SNI}{l}[\mathrm{Wb}]$$

예제 10.13

자기 회로에서 단면적, 길이, 투자율을 모두 $\frac{1}{2}$배로 하는 경우 자기 저항의 변화는?

[풀이] 자기 저항의 관계식

$$R_m = \frac{l}{\mu S} = \frac{l}{\mu_0 \mu_s S}\ [\mathrm{AT/Wb}]$$

에서 단면적 S, 길이 l, 투자율 μ를 1/2배로 하는 경우 자기 저항을 R'_m라고 하면

$$R'_m = \frac{\left(\frac{1}{2}l\right)}{\left(\frac{1}{2}\mu\right)\left(\frac{1}{2}S\right)} = 2\frac{l}{\mu S} = 2R_m$$

가 되어 처음의 2배가 된다.

예제 10.14

철심에 N회의 권선을 감고 I[A]의 전류를 흘렸을 때 ϕ[Wb]의 자속이 발생 했다. 철심의 자기 저항[Ω]은?

[풀이] 쇄교 자속 $\Psi = N\phi = LI$에서 $L = \frac{N\phi}{I}$이다. 여기서 $\phi = \frac{NI}{R_m}$을 적용하면 $L = \frac{N^2}{R_m}$이다. 따라서 철심의 저항은 $R_m = \frac{N^2}{L}$ [Ω]가 된다.

10.5.3 자기회로의 직 · 병렬연결

(1) 직렬 자로의 합성 자기저항

$$R_m = \sum_{i=1}^{n} R_{mi}\ [\mathrm{AT/Wb}]$$

(2) 병렬 자로의 합성 자기저항

$$R_m = \frac{1}{\sum_{i=1}^{n} R_{mi}}\ [\mathrm{AT/Wb}]$$

병렬 자기회로가 주어지는 경우 다음의 경우처럼 두 개의 루프를 갖는 등가 회로를 이용해서 해석하는 것이 가능하다.

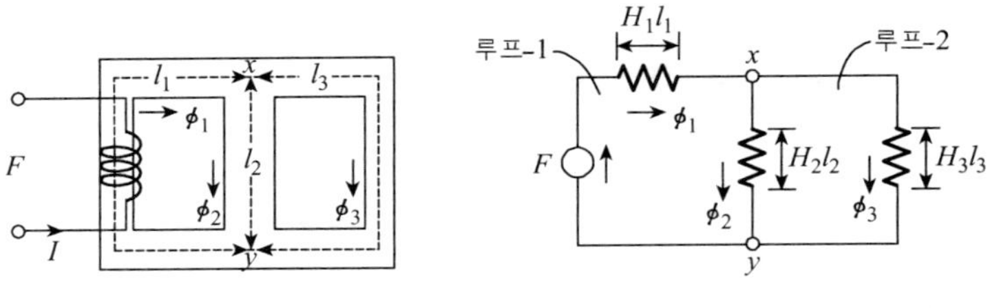

(a) (b) 등가회로

그림 10.25

그림 10.25(b)에서 루프 1에 대해서 KVL 법칙을 적용하면 즉, 접점 x와 y 사이에 NI 강하는 각 선로에 대해 $\widetilde{F} = \widetilde{H}_1 L_1 = \widetilde{H}_2 L_2 = \widetilde{H}_3 L_3$ 이며, 그리고 각각의 자속은 $\phi_1 = \phi_2 = \phi_3$가 된다.

예제 10.15

$I_1 = I_m \sin wt$ 일 때 기전력 e_1과 e_2를 각각 구하여라.

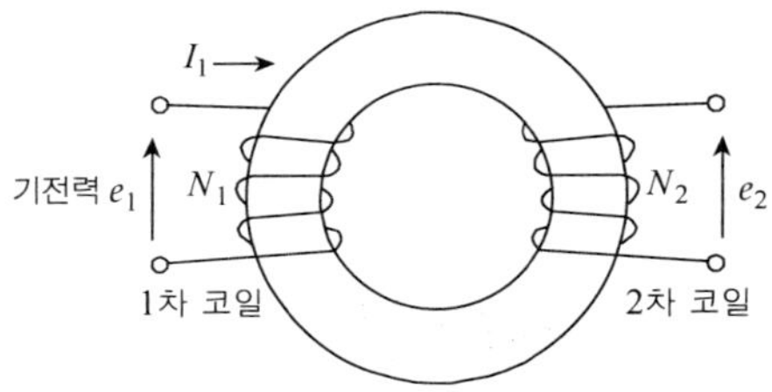

[풀이] 자속 $\phi = \dfrac{NI}{R_m}$에 $N = N_1$, $I = I_1 = I_m \sin wt$를 적용하면

$$\phi = \frac{N_1}{R_m} I_m \sin wt$$

이다. 여기서 자속에 대한 시간 변화율 $\dfrac{d\phi}{dt}$를 구하면

$$\frac{d\phi}{dt} = w \frac{N_1}{R_m} I_m \cos wt$$

가 된다. 여기서 유기되는 기전력 e_1과 e_2를 각각 구하면

$$e_1 = -N_1\frac{d\phi}{dt} = -N_1 w\frac{N_1}{R_m}I_m\cos wt = -w\frac{N_1^2}{R_m}I_m\cos wt$$

$$e_2 = -N_2\frac{d\phi}{dt} = -w\frac{N_1 N_2}{R_m}I_m\cos wt$$

가 된다. 한편 기전력의 비 $\frac{e_1}{e_2}$는 $\frac{e_1}{e_2} = \frac{N_2}{N_1}$

인 관계가 성립한다.

예제 10.16

환상 철심에 1차축 코일 자기 인덕턴스 L_1[H], 권수 N_1이며, 2차축 코일은 권수 N_2일 때 상호 인덕턴스는?

[풀이] $e = L\frac{di}{dt} = N\frac{d\phi}{dt}$, $LI = N\phi$, $L = \frac{N}{I}\phi$이며, 여기서 $\phi = \frac{F}{R_m} = \frac{NI}{R_m}$을 이용하면

$$L = \frac{N}{I}\frac{NI}{R_m} = \frac{N^2}{R_m}$$

이다. 여기서 $R_m = \frac{N^2}{L}$가 된다. 따라서 1차, 2차 R_m은

$$R_m = \frac{{N_1}^2}{L} = \frac{{N_2}^2}{L} = \frac{N_1 N_2}{M}$$

에서 상호 인덕턴스 M은

$$M = \frac{N_2}{N_2}L_1$$

가 된다.

10.5.4 미소 공극(air gap)을 갖는 자기회로

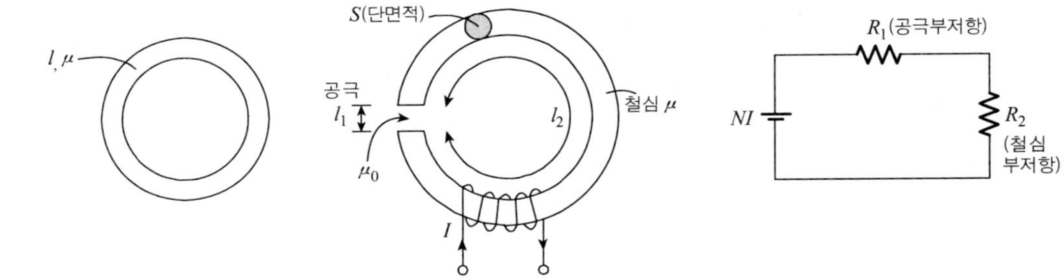

(a) (b) (c)

그림 10.26 공극을 갖는 자기 회로

공극은 자기회로에서 철심 부분의 일부를 제거한 공기 부분을 나타낸다.

(1) 자속이 통하는 자로를 고려하면 철심부와 공극부가 직렬로 연결된 것처럼 보고 이때의 기자력은 $\widetilde{F} = NI$이다.

여기서 $I = \int \widetilde{H} \cdot d\widetilde{l} = Hl$을 적용하면 $\widetilde{F} = NI = \dfrac{\widetilde{B}}{\mu_2} l_2$이다.

여기서 공극부의 기전력

$$\widetilde{F}_1 = \widetilde{H}_1 l_1 = \frac{\widetilde{B_1}}{\mu_1} l_1$$

철심부의 기전력

$$\widetilde{F}_2 = H_2 l_2 = \frac{\widetilde{B_2}}{\mu_2} l_2$$

라고 하면, 이는 마치 $\widetilde{F}_1$과 $\widetilde{F}_2$가 직렬로 접속된 것처럼 보면 $\widetilde{F} = \widetilde{F_1} + \widetilde{F}_2$이므로

$$\widetilde{F} = \widetilde{F_1} + \widetilde{F_2} = \widetilde{H_1} l_1 + \widetilde{H}_2 l_2 = \frac{B}{\mu_0} l_1 + \frac{B}{\mu_0 \mu_S} l_2$$

$$= \frac{B}{\mu_0}\left(l_1 + \frac{l_2}{\mu_S}\right)[\mathrm{AT}]$$

으로 표현된다.

(2) 합성저항, R_m

① 공극 부분의 자기저항, R_1

$$R_1 = \frac{l_1}{\mu_0 S}[\mathrm{AT/Wb}]$$

② 철심부의 자기저항, R_2

$$R_2 = \frac{l_2}{\mu_0 \mu_S S}[\mathrm{AT/Wb}]$$

여기서 공극의 자기 저항 R_1과 철심 부분의 자기 저항 R_2를 비교하면

$$\frac{R_1}{R_2} = \frac{\dfrac{l_1}{\mu_o S}}{\dfrac{l_2}{\mu_o \mu_s S}} = \frac{l_1}{l_2}\mu_s$$

로 공극의 자기 저항은 철심의 자기 저항의 $\frac{l_1}{l_2}\mu_s$ 배가 됨을 알 수 있다.

③ 합성자기 저항, R_m

자기 회로에서 R_1과 R_2가 직렬로 연결된 것으로 보면 합성 저항은

$$R_m = R_1 + R_2 = \frac{l_1}{\mu_0 S} + \frac{l_2}{\mu_0 \mu_S S} = \frac{l_1}{\mu_0 S}\left(1 + \frac{l_2}{l_1 \mu_S}\right)$$

가 된다. 그리고 공극이 없는 철심의 자기 저항을 R이라면 $R = \frac{l}{\mu S}$이다. 여기서 $R = R_2$처럼 볼 수 있으므로 합성 저항 $R_m = R_1 + R_2$과 비교하면

$$\frac{R_m}{R} = \frac{R_1 + R_2}{R_2} = 1 + \frac{R_1}{R_2} = 1 + \frac{\dfrac{l_1}{\mu_o S}}{\dfrac{l_2}{\mu S}} = 1 + \frac{l_1}{l_2}\mu_s \ [\text{배}]$$

가 된다. 즉, 미소 공극이 있는 철심의 합성 저항 R_m은 처음의 자기 저항(공극이 없는 철심)의 $1+\frac{l_1}{l_2}\mu_s$배가 된다.

따라서 저항의 크기를 가변하거나 조절하는 방법으로 공극의 간격(혹은 길이)의 정도에 따라 변화하고 있음을 알 수 있다.

④ **자속, ϕ**

단면적 S을 통과하는 자속 ϕ는 $NI=\phi R_m$ 관계에서

$$\phi = \frac{\widetilde{F}}{R_m} = \frac{NI}{\frac{l_1}{\mu_0 S}\left(1+\frac{l_2}{l_1\mu_S}\right)}\,[\mathrm{Wb}]$$

로 표현된다.

Book Cafe

자기 회로의 특징

- 자속과 기자력에 대한 곡선은 비 직선적이다.
- 기회로에서의 누설 자속과 전기 회로의 누설 전류를 비교하면 누설 자속이 대체적으로 많다.
- 전기저항에 의한 Joule 손실이 없다.
- 전기 회로의 L, C에 해당하는 것이 없다.
- 자속을 일정하게 통하도록 하여도 손실이 생기기 않는다.

예제 10.17

길이 1[m]의 철심($\mu_S=1000$) 자기 회로에 1[mm]의 공극이 생겼을 때 전체의 자기 저항은 약 몇 배로 증가되는가? (단, 각부의 단면적은 일정하다.)

[풀이] 공극이 존재하는 경우의 저항의 비 관계식을 이용하면

$$\frac{R_m}{R}=1+\frac{l_0}{l}\mu_S=1+\frac{1\times 10^{-3}}{1}\times 1000=2$$

으로 2배가 된다.

표 10.1 전기회로와 자기회로의 비교

전기회로의 오옴 법칙	자기회로의 오옴 법칙
기전력 $V=IR$	기자력 $NI=\phi R_m$
전류 $I=\dfrac{V}{R}$	자속 $\phi=\dfrac{NI}{R_m}=\dfrac{F}{R_m}$
전기 저항 $R=\dfrac{V}{I}$	자기저항 $R_m=\dfrac{F\ [\mathrm{AT}]}{\phi\ [\mathrm{Wb}]}$
자속밀도 $\widetilde{B}$ [Wb/m^2]	전류밀도 $\widetilde{J}$ [A/m^2]

표 10.2 자기회로와 전기회로의 비교

자기회로(자속이 통하는 회로)	전기회로(전류가 흐르는 통로)
자속 ϕ[Wb], 자계 $\widetilde{H}$[AT/m] 기자력 F[AT] $(\widetilde{B}=\mu\widetilde{H})$ 자속밀도 $\widetilde{B}$[Wb/m^2] 투자율 μ[H/m], 자기저항 R_m[AT/Wb]	전류 I[A], 전계 $\widetilde{E}$[V/m] 기전력 V[V] $(\widetilde{J}=\sigma\widetilde{E})$ 전류밀도 $\widetilde{J}$[A/m^2] 도전율 σ[℧/m], 전기저항 $R[\Omega]=\dfrac{V}{I}$
전 자속 $\phi=\int\widetilde{B}\cdot dS$	전 전류 $I=\int\widetilde{J}\cdot dS$
폐곡선 H에 대한 선적 분 $\oint\widetilde{H}\cdot dl=I\ (\overline{\nabla}\times\overline{H}=\overline{J})$ 회전(발산 없음)	폐곡선 E에 대한 선 적분 $\oint\widetilde{E}\cdot dl=0\ (\overline{\nabla}\cdot\overline{E}=0)$ 발산, 보존계
축적 에너지 • $W=\dfrac{1}{2}\widetilde{B}\widetilde{H}$[J/m^3] • $W=\dfrac{1}{2}LI^2$[J]	축적 에너지 • $W=\dfrac{1}{2}\widetilde{D}\widetilde{E}$[J/m^3] • $W=\dfrac{1}{2}CV^2$[J]

Book Cafe

임의의 단면을 가진 2개의 원주상의 무한히 긴 평행 도체가 있다. 지금 도체의 도전율을 무한대라고 하면 C, L, ε 및 μ 사이의 관계를 고려하기 위해서 두 도체의 왕복 회로에 대한 콘덴서의 관계식은

$C=\dfrac{\pi\varepsilon}{\log\dfrac{d}{a}}$ [F/m]이며, 자기 인덕턴스의 관계식은 $L=\dfrac{\mu}{\pi}\log\dfrac{d}{a}$ [H/m]이다.

여기서 L과 C의 크기를 곱하면 $LC=\dfrac{\pi\varepsilon}{\log\dfrac{d}{a}}\times\dfrac{\mu}{\pi}\log\dfrac{d}{a}=\varepsilon\mu$ 가 된다.

10.6 전자유도 현상

10.6.1 전자 유도 현상의 개요

앞에서 시간적으로 변하지 않은 일정한 정 전계 및 정자계에 대한 현상을 정리하였다면 여기에서는 시간에 따라 전계 및 자계가 변화하는 경우에 대해서 정리하고자 한다.

즉, 전계와 자계가 시간에 따라 변하는 경우에 정 전계와 정자계에서 나타나지 않았던 현상으로 먼저 자계가 시간적으로 변하는 공간상에 폐 루프를 놓게 되면 이 폐 루프에 기전력이 발생하게 되는데 이와 같은 유도 현상을 Faraday 법칙에 의해서 설명할 수 있으며 이러한 유도 현상은 도선 자체에서 발생하는 자기 유도와 인접한 도선에 발생하는 상호 유도 현상으로 나타나게 된다.

도선에 전류가 흐르는 경우 도선 주위에 자계가 생기며 이로 인해 자계 에너지가 축적된다. 그리고 도선 주위에 자계가 존재하는 경우 도선과 쇄교하는 자속을 변화시키는 경우 도선에 전류가 흐른다고 보는 현상을 전자 유도라고 한다. 따라서 전자 유도는 자기에 의해서 전기가 유도되는 현상을 말한다.

즉, 코일을 관통하는 자속이 변화하면 코일에 기전력이 생기는 현상을 말한다.

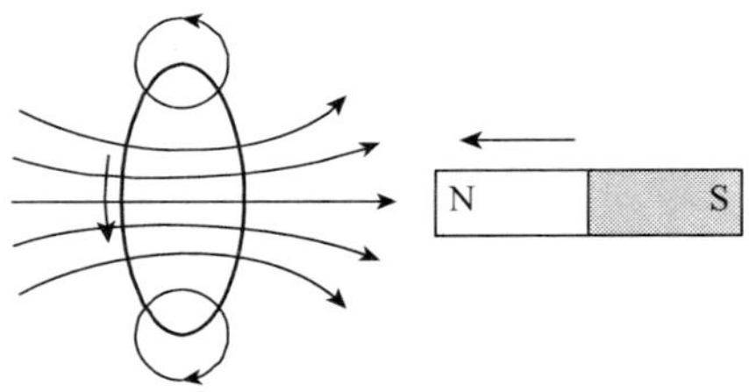

(a) 루프 쪽으로 자석을 넣는 경우 유도 전류가 자석의 운동을 반대하는 자기장인 유도 전류를 만든다.

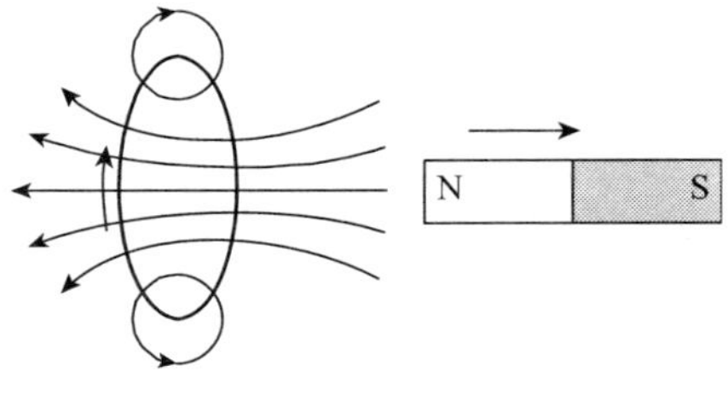

(b) 루프 쪽에서 반대로 움직이면 유도 전류가 자석의 운동을 반대하는 자기장인 유도 전류를 만든다.

그림 10.27 전자 유도 현상

전자 유도에 의한 기전력의 발생은 Lentz's Law, Faraday, Neumann의 법칙 그리고 도체의 운동에 의한 기전력 등에 의한 것을 들 수 있다.

10.6.2 렌쯔(Lentz)의 법칙

전자 유도 현상에 의해서 회로에 발생하는 유도 전류의 방향은 쇄교 자속의 변화를 방해하는 방향이 되는데 이를 렌쯔의 법칙이라고 한다.

이와 같이 렌쯔의 법칙에 의해서 발생한 유도 전압의 방향은 쇄교 자속의 변화를 방해하는 방향의 전류가 흐르도록 하는 방향으로 생긴다. 전자 유도에 의해 발생한 유도 전압의 방향은 그 유도 전류가 만들게 되는 자속이 원래의 자속에 대해 증가하거나 감소를 방해하는 방향이다.

즉, 물체의 운동에서 나타나는 관성의 법칙이 자속에서도 작용하므로 렌쯔의 법칙은 자속에 대한 관성의 법칙이라고 할 수 있다.

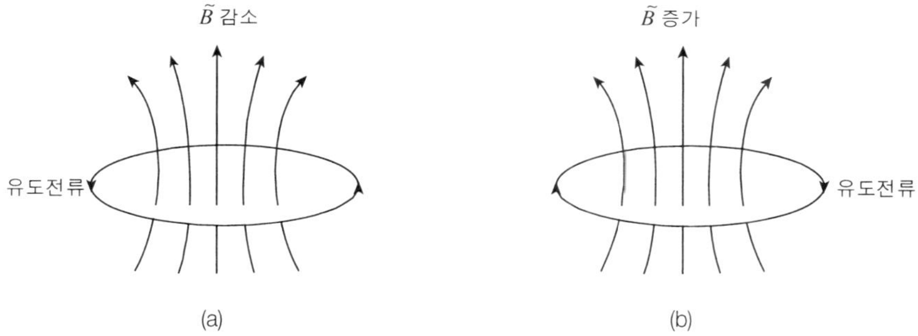

그림 10.28 렌쯔의 법칙

- 그림 10.28(a)는 자속밀도 $\tilde{B}$가 감소하면 변화를 상쇄시키는 방향($\tilde{B}$를 증가시키는 방향)으로 유도 전류가 발생한다.
- 그림 10.28(b)는 자속밀도 $\tilde{B}$가 증가하면 그 변화를 감쇄시키는 방향($\tilde{B}$를 감소시키는 방향)으로 유도 전류가 발생한다.

10.6.3 페러데이(Faraday)의 법칙

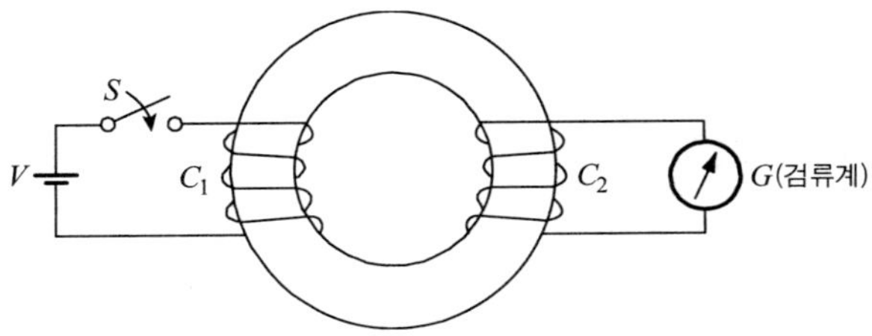

그림 10.29 페러데이 실험

$$V = -\int \tilde{E} \cdot d\tilde{l}$$

$$e = -\frac{d\Psi}{dt}\Big|_{\Psi = N\phi} = -N\frac{d\phi}{dt}$$

페러데이 법칙은 전류가 자계를 일으킨다고 보면, 자계 역시 전류를 일으킨다고 보는 법칙을 말한다.

이와 같은 관계 내용을 설명하기 위한 방법으로 그림에서 먼저 스위치 S을 닫게 되면 회로 C_1을 통해서 전류가 흐르며, 이로 인해 순간적으로 검류계(G)이 편위가 일어났다가 잠시 후 원 위치인 0으로 돌아간다. 다시 스위치를 열게 되면 스위치를 닫게 되는 경우의 반대 방향으로 검류계의 지시 눈금이 편위가 일어났다가 다시 0인 원 위치로 돌아간다.

이와 같은 현상은 회로 C_1에 의해서 발생한 자속 ϕ가 스위치의 개폐 동작에 따라서 회로 C_2의 코일과 쇄교하는 쇄교 자속이 시간적으로 변화함으로서 C_2코일에 기전력을 발생시켜 이 회로에 전류가 흐르게 되는 것으로 설명할 수 있다.

따라서 임의의 폐회로와 쇄교하는 자속이 시간적으로 변화를 하게 되면 이 폐회로에 전류를 흐르게 하는 기전력을 발생시킨다. 이와 같은 현상을 Faraday 법칙이라고 한다.

이와 같이 전기와 자기 사이에 일어나는 유도 현상을 전자 유도 현상이라고 하며, 전자 유도에 의해서 발생된 기전력과 전류를 유도 기전력(Induced emf) 및 유도 전류라고 불린다.

전자유도에 관한 기전력의 크기와 방향은 Neumann의 실험에 의해서 밝혀졌으며, 유도 기전력 e는

$$e = -\frac{d\Psi}{dt} = -N\frac{d\phi}{dt}[\mathrm{V}]$$

로 나타낼 수 있고, 여기서 $-d\phi/dt$에서 (−)부호는 자속 변화에 따르는 Ampere의 오른손 나사에 의한 전류와 반대 방향의 기전력을 의미하며, 이를 렌쯔(Lentz)의 법칙이라고 한다. 페러데이의 전자 유도에 의해 발생한 유도 기전력 e는 자력선의 증가와 감소를 방해하는 방향으로 유도되며, 유도 기전력의 크기는 자속의 시간적인 변화율 $d\phi/dt$과 코일의 감은 수 N에 비례함을 알 수 있다.

Book Cafe

전자 유도 법칙 : $e = -N\frac{d\phi}{dt}$

- 크기를 나타내는 경우를 Faraday 법칙이라고 한다.
- 방향을 나타내는 경우를 Lentz 법칙이라고 한다.

Book Cafe

기전력 1[V]에 대한 정의

전위는 단위 정전하가 갖는 전기적인 위치 에너지로 1[V]란 1[C]의 전기량이 이동할 때 1[J]의 일을 하는 두 점간의 전위차이다.

예제 10.18

자속 ϕ[Wb]가 주파수 f[Hz]로 정현파 모양의 변화를 할 때, 즉 $\phi = \phi_m \sin 2\pi ft$[Wb]일 때, 이 자속과 쇄교하는 회로에 발생하는 기전력[V]은? (단, N은 코일의 권선 수이다.)

[풀이] 전자 유도 법칙에 의한 기전력의 크기는

$$\begin{aligned} e &= -N\frac{d\phi}{dt} = -N\frac{d}{dt}(\phi_m \sin 2\pi ft) \\ &= -2\pi f N\phi_m \cos 2\pi ft[\mathrm{V}] \end{aligned}$$

가 된다.

Book Cafe

유도기전력을 구하는 방법 2가지

$$e = -N\frac{d\phi}{dt} = -N\frac{d}{dt}(\widetilde{B}\cdot S)\,[\mathrm{V}]$$

$$e = Blv\,[\mathrm{V}]$$

여기서 적용예를 고려하면 다음과 같은 경우를 들 수 있다.

- 도선에 전류가 흐르고 도선이 속도 v로 운동할 때 유도기전력 발생

$$F = IBl\,[\mathrm{N}]$$

$$e = Blv\,[\mathrm{V}]$$

- 사각코일이 자계와 수직인 축을 중심으로 회전할 때 유도기전력 발생
- 시간에 따라 자속밀도 $\widetilde{B}$가 변하면 유도기전력 발생

$$e = -N\frac{d\phi}{dt} = -N\frac{d}{dt}(\widetilde{B}\cdot S)$$

- 직사각형으로 구성된 형태에 코일이 감겨 있으면서 속도 v로 움직일 때 유도기전력 발생

$$e = Blv\,[\mathrm{V}]$$

- 발전기를 통해 전압이 만들어졌을 때 유도기전력 발생

$$e = Blv\,[\mathrm{V}]$$

- 원형루프에 흐르는 전류에 의해서 유도기전력 발생

$$e = -N\frac{d\phi}{dt} = -N\frac{d}{dt}(\widetilde{B}\cdot S)$$

Book Cafe

$e = Blv\,[\mathrm{V}]$의 의미

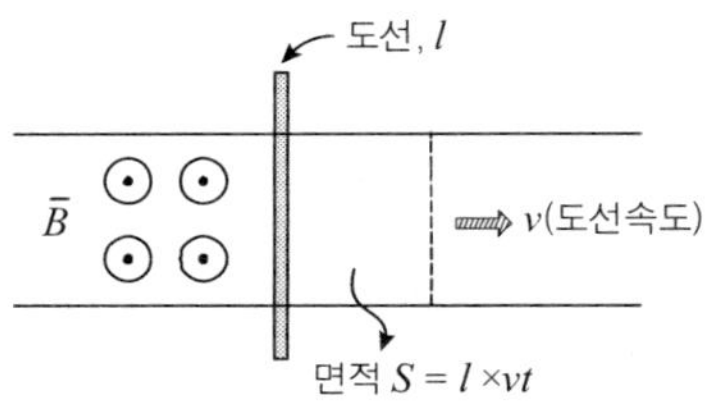

$$e = -N\frac{d\phi}{dt} = -N\frac{d}{dt}(\widetilde{B}\cdot S) = -N\frac{d}{dt}(\widetilde{B}\cdot lvt) = Blv\,[\mathrm{V}]$$

10.7 유도 기전력

앞에서 정지 폐곡선(회로가 움직이지 않는)과 자속이 시간적으로 변화하는 경우에 대해 고찰하였으나 본 내용에서는 일정한 자계 중에서 회로가 이동할 경우에 유기되는 기전력에 대해 분석하고자 한다.

도체의 운동에 의한 기전력을 고려하는 방법으로는 다음과 같이 세 가지 경우로 정리할 수 있다.

- 면적 : 일정, 자속 : 가변
- 면적 : 가변, 자속 : 일정
- 면적 : 가변, 자속 : 가변

10.7.1 정지 폐곡선(면적)이 일정하고 자속이 변하는 경우

폐곡선(회로)이 정지하고 있는 경우 자속이 시간에 따라 변하는 경우에 대한 기전력을 고려하기 위해 앞에서 정리한 정 전계에서의 전계 $\widetilde{E}$에 대한 선 적분

$$V_{ba} = -\int_a^b \widetilde{E} \cdot d\widetilde{l}$$ (V_{ba}는 전위차를 만드는 전기력은 기전력에 해당한다.)

에 해당하는 기전력 e는 $e = \int_a^b \widetilde{E} \cdot d\widetilde{l}$가 되며, 정 전계에서는 보존계이기 때문에 임의의 폐곡선에 따르는 e는

$$e = \oint \widetilde{E} \cdot d\widetilde{l} = 0(\mathrm{KVL})$$

임을 알 수 있다.

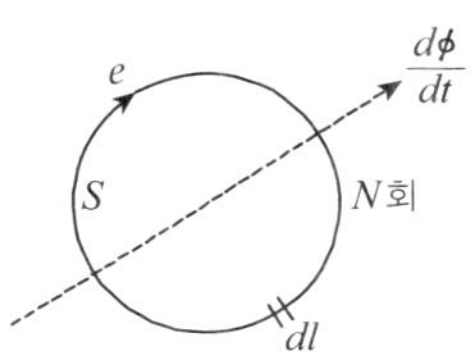

그림 10.30 폐곡선과 시간 변화율

〈그림 10.30〉은 보존계가 아닌 경우로 전계나 자계가 시간에 따라 변화하는 경우에 전계에 대한 선 적분은 "0"이 되지 않는다. 기전력 e는 폐곡선으로 이루어지는 면을 쇄교하는 자속의 시간적인 변화율과 같기 때문에

$$e = \oint \tilde{E} \cdot d\tilde{l} = -\frac{d\phi}{dt}$$

이며, 여기에 $\phi = \int \tilde{B} \cdot dS$ 관계를 대입하면

$$e = -\frac{d}{dt}\int \tilde{B} \cdot d\tilde{S} = -\int \frac{\partial \overline{B}}{\partial t} dS$$

가 된다. 이 관계식의 기전력은 정지 폐곡선에 적용되는 페러데이 법칙을 표시하는 식이라고 할 수 있다.

따라서 권선수가 N회인 코일인 경우에 쇄교 자속 수는 N배가 되므로 기전력 e는

$$e = -N\int_S \frac{\partial \tilde{B}}{\partial t} dS$$

가 된다. 이 관계식에 Stokes 정리를 적용하면

$$e = \oint \tilde{E} \cdot d\tilde{l} = \int_S (\tilde{\nabla} \times \tilde{E})\, dS$$

이며, 기전력 e는

$$e = \oint \tilde{E} \cdot d\tilde{l} = \int_S (\tilde{\nabla} \times \tilde{E}) dS = -\int_S \frac{\partial \tilde{B}}{\partial t} dS$$

처럼 나타낼 수 있다. 여기서 $\int_S (\tilde{\nabla} \times \tilde{E})\, dS$와 $-\int_S \frac{\partial \tilde{B}}{\partial t} dS$의 대응 관계를 고려하면

$$\tilde{\nabla} \times \tilde{E} = -\frac{\partial \tilde{B}}{\partial t}$$

으로 나타낼 수 있다. 이 관계식은 면적이 일정할 때 페러데이 법칙을 적용한 맥스웰 방정식의 미분형으로 공간 내의 한 점의 자속밀도의 시간적 변화는 그 변화를 방해하는 전계의 회전이 발생한다는 것을 의미한다.

Book Cafe

$\widetilde{\nabla}\times\widetilde{E} = -\frac{\partial\widetilde{B}}{\partial t}$에서 $\widetilde{B}$가 시간의 함수가 아닌 (시간에 따라 변하지 않는) 경우에는 $\oint\widetilde{E}\cdot d\widetilde{l} = 0$, $\widetilde{\nabla}\times\widetilde{E} = 0$가 된다

10.7.2 면적의 가변(이동 폐곡선)과 자속이 일정한 경우

일정한 자계 내에서 자속이 시간에 대해서 변하지 않고, 면적 S가 변하는 경우 유기되는 기전력에 대해 알아보기로 한다.

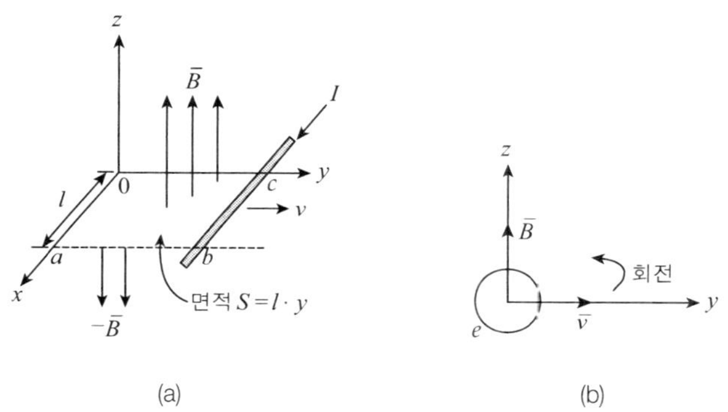

그림 10.31 운동체의 기전력

자속밀도 $\widetilde{B}$가 일정하고 폐곡선(oabco)이 XY평면에 놓여 있을 때 폐곡선을 구성하는 한 변 bc가 $\widetilde{v} = v\widetilde{a}_y$의 속도로 이동하는 경우에 폐회로에 유기되는 기전력 e는

$$e = -\frac{d\phi}{dt} = -\frac{d}{dt}\int\widetilde{B}\cdot dS$$

이며, 여기에 면적 $S = ly$, 도체의 운동 속도 $v = dy/dt$을 적용해서 정리하면

$$e = -\widetilde{B}\frac{dS}{dt} = -\widetilde{B}l\frac{dy}{dt} = -\widetilde{B}lv[\mathrm{V}]$$

로 나타낼 수 있다. e의 방향은 자속 ϕ가 증가하고 있으므로 ϕ가 감소하는 방향인 $-\widetilde{B}$

에 의해서 도체 bc 상에서 $\tilde{a}_x$의 방향이 된다.

한편 도체가 자계와 θ의 각을 이루면서 이동한다면 직선 도체에

$$e = vBl\sin\theta[\mathrm{V}]$$

기전력이 유도된다. 시 불변 자속 $\tilde{B}$와 이동 도체의 운동 속도 $\tilde{v}$에 대한 유도 기전력 e를 벡터로 나타내면 자속 $\tilde{B}$와 이동 방향이 직각이므로 $\tilde{B}\times\tilde{v}$에서

$$e = (\tilde{v}\times\tilde{B})\,l$$

가 된다. 여기서 미소 기전력 de를 $de = (\tilde{v}\times\tilde{B})\,dl$로 하고 양변에 대해 적분을 행하면

$$e = \oint(\tilde{v}\times\tilde{B})\,dl = \oint\tilde{E}\cdot d\tilde{l} = -\frac{\partial}{\partial t}\int\tilde{B}\cdot dS$$

로 나타낼 수 있다. 이 관계식은 도체의 두 점 b와 c 사이에 유도되는 기전력이다.

유도되는 기전력 $Blv = Bl\left(\frac{dy}{dt}\right)$는 단위 시간에 길이 l인 도체가 이동할 때의 면적과 자속밀도를 곱으로 이는 단위 시간에 도체가 끊는 자속수와 같다.

따라서 도체가 이동의 운동에 의해서 발생하는 기전력이라 함은 도체가 자속을 끊음으로서 생기는 기전력이라고 할 수 있다.

〈그림 10.31〉(a)에서 $-\tilde{B}$는 속도에 의해서 면적이 커지면 유도기전력은 이를 방해하는 방향으로 성분이 존재한다. 즉 자속밀도 $\tilde{B}$가 아래로 뚫고 나가는 성분이 존재한다.

Book Cafe

Lentz 힘을 이용해서 전계를 구하는 방법

운동 유도 기전력(Motional emf)은 $f = q\tilde{v}\times\tilde{B}$이다. 반대로 $\tilde{B}$를 일정하게 하고 속도 $\tilde{v}$를 주면 도선에는 전계가 생긴다. $\tilde{F} = q\tilde{v}\times\tilde{B} = q\tilde{E}_m$ 여기서 $\tilde{E}_m$은 운동 유도 전계이다. 따라서 이 도체의 운동에 의해 일어나는 운동 유도 기전력은 $emf = \oint\tilde{E}_m\cdot d\tilde{l} = \oint(\tilde{v}\times\tilde{B})\,d\tilde{l} = \int_l^0(\tilde{v}\times\tilde{B})\,d\tilde{l} = -vBl$이 된다.

10.7.3 면적과 자속이 시간에 따라 동시에 변하는 경우

면적과 자계의 변화가 동시에 변하는 경우에 기전력은 자속변화에 의한 유도 기전력과 운동 기전력의 합으로 나타난다.

$$emf = \oint \widetilde{E} \cdot d\tilde{l} = -\frac{d}{dt}\int \widetilde{B} \cdot dS + \oint (\tilde{v} \times \widetilde{B})dl$$

$$= -\int_S \frac{\partial \widetilde{B}}{\partial t} dS + \oint (\tilde{v} \times \widetilde{B})\, dl$$

이 관계식에서 첫 번째 항 $\int_S \frac{\partial \overline{B}}{\partial t} dS$는 자속 변화에 의한 유도 기전력을, 두 번째 항인 $\oint (\bar{v} \times \overline{B})\, dl$는 운동 기전력을 나타낸다.

Book Cafe

회로에 유기되는 기전력

- 시간적으로 변하는 자속에 폐회로가 고정되어 있는 경우 $e = -\frac{\partial}{\partial t}\int \widetilde{B} \cdot dS$
- 시간적으로 일정한 자속에 폐회로를 이동하는 경우 $e = \oint (\tilde{v} \times \widetilde{B})\, dl$
- 시간적으로 변하는 자속에 폐회로가 이동하는 경우 $e = \oint (\tilde{v} \times \widetilde{B})\, dl - \int_S \frac{\partial \widetilde{B}}{\partial t} dS$

10.8 와전류와 표피효과

전류와 자계가 서로 쇄교하고 있으며, 자계나 전류가 변동하는 경우에 상호 관계를 대조적으로 나타나는 것이 와전류와 표피효과라고 할 수 있다.

여기서 간단히 와전류와 표피 효과를 설명하면

- 와전류는 자계가 변화하기 때문에 유도되는 전류라면

■ 표피 효과는 반대로 전류가 변화하는 경우 주변의 자계가 변화하고 그 영향으로 그 도체 내의 전류가 표면에 집중적으로 흐르는 경우를 말한다.

10.8.1 와전류(Eddy current)

도체를 통과하는 경우 자속이 변화하거나 또는 자속과 도체가 상대적으로 운동하여 도체 내의 자속이 시간적인 변화가 발생한다면 이 변화를 막기 위해 도체 내에 일부분에 형성되는 임의의 폐회로를 따라 전류가 유기된다. 와전류의 방향은 자속에 수직되는 면을 회전하는 전류이다.

즉, 와전류는 도체 내에 자속의 변화를 방해하기 위한 역 자속을 만드는 맴돌이 전류로

$$rot\ i = -k\frac{\partial \widetilde{B}}{\partial t}$$

로 표현되며, 자속에 수직되는 면을 회전하는 전류이다.

이 때의 전류를 와전류(Eddy current)라고 한다.

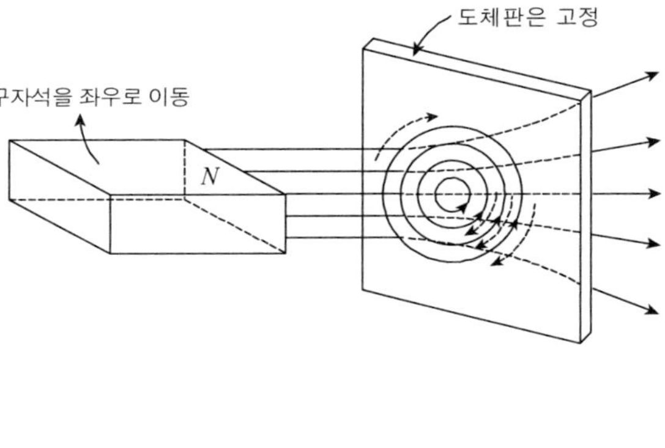

그림 10.32 자석에 의한 와전류

그림 10.32에서 도체 판을 고정한 상태에서 영구 자석을 접근시키면 자속이 시간적으로 증가하므로 렌쯔의 법칙에 의해서 자속의 증가를 방해하는 방향으로 와전류가 생기게 된다.

반대로 영구 자석을 고정하고 도체 판을 운동하는 경우에도 자속의 도체 판에 의해서 증감하게 되어 와전류가 흐르게 된다.

한편 단위체적당 와류손실 P_e는

$$P_e \propto \sigma f^2 \widetilde{B}_m^2 [\mathrm{W}]$$

이다. 여기서 σ는 철심의 도전율[℧/m], f는 주파수 [Hz], 그리고 $\widetilde{B}_m$은 최대자속밀도 [Wb/m^2]을 의미한다. 이와 같은 와전류손을 적게 되도록 하기 위한 방법으로 얇은 철판을 여러 겹으로 겹쳐서 만든 성층 철심의 형태를 이용하게 된다. 와전류가 발생하면 전류와 자계 간에 플레밍의 왼손법칙에 의한 힘이 나타나게 되는데 이 힘은 도체가 이동하는 방향과 반대 방향이 되어 마치 제동(damping)작용을 하게 된다.

이를 전자 제동이라고 하며 기계적인 제동과는 구별되게 접촉에 의한 마찰 소모 등이 없어 편리하고, 주로 적산 전력계 혹은 유도 전동기 등에 이용하고 있다.

Book Cafe

와전류는 도체 내에 자속의 변화를 방해하기 위한 역 자속을 만드는 맴돌이 전류로

$$rot\ i\ = -k\frac{\partial \widetilde{B}}{\partial t}$$

로 표현되며 자속에 수직되는 면을 회전하는 전류를 말한다.

10.8.2 표피효과(Skin effect)

원주형 도선에 시간의 변화가 없는 직류 전류를 흐르게 하면 도체 내에 균일하게 전류가 흐른다고 할 수 있다.

그러나 도선에 시간에 따라 크기가 변화하는 교류 전류를 흐르도록 하면 도체에 흐르는 전류는 도체의 중심 보다는 표면으로 집중적으로 흐르게 된다.

이와 같이 전류가 도체의 표면 부근에 흐르게 되는 이유는 원주 도체의 전류에 의한 자계는 도체 중심에 도달 할수록 전류와 쇄교하는 자속이 커지게 되어 $e = -\frac{d\phi}{dt}$의 유기 기전력이 공급 기전력과 반대 방향으로 커지는 원인 때문에 전류가 흐르는 것이 어렵다. 이런 이유로 표면 부근의 전류밀도가 커지게 되어 표면 부근에 전류가 집중적으로 흐르는 현상을 표피 효과라 한다.

따라서 전류의 표피 효과를 작게 하기 위한 방법으로 다음과 같은 내용을 들 수 있다.

- 가능하면 한 개의 도선을 사용하는 것보다는 가는 도선을 합쳐 만든 릿쯔선(Litz wire)선을 이용한다.

■ 도체 내부에 무효 부분을 제거한 공동(Cavity) 원통 도선을 이용한다.

■ 가는 철선으로 묶어서 철심으로 하고 미세한 철분과 페라이트 가루를 압축한 압축 철심을 사용하여 자기 저항의 증가를 막는 방법

이 때 표피 효과의 길이, 침투 깊이 혹은 표피 깊이(Skin depth) δ에 대한 관계식은

$$\delta = \sqrt{\frac{2}{w\mu\sigma}} = \frac{1}{\sqrt{\pi f \mu\sigma}} \ [\mathrm{m}]$$

이다. 여기서 σ는 도체의 도전율 $[\mho/\mathrm{m}]$, σ는 도체의 투자율 $[\mathrm{H/m}]$, 그리고 f는 전원 주파수 $[\mathrm{Hz}]$를 의미한다. 따라서 f, σ, μ가 클수록 침투 깊이 δ가 작게 되어 표피 효과를 얻게 되는데 이 중에서 각 주파수의 크기에 의해서 깊이가 결정된다고 할 수 있다.

이와 같이 표피작용에 적절하게 이용하면 전계나 자계가 도체 내부에 들어가지 않도록 할 수 있게 되는데 이를 전자 차폐라고 할 수 있다.

Book Cafe

skin-depth, δ의 의미

δ는 전파가 처음의 e^{-1}배가되는 곳의 깊이를 말한다.

▶▶▶ 연습문제

01 환상 솔레노이드에 I[A]의 전류가 흐를 때 자기 인덕턴스는? (단, 솔레노이드의 권수는 N, 투자율은 μ, 단면적은 S, 자로 길이는 l이다.)

해설 자기 인덕턴스 L은 $L=\frac{\Psi}{I}=\frac{N\phi}{I}$[H]이다. 여기서 $\phi=\frac{NI}{R_m}$, $R_m=\frac{l}{\mu S}$인 관계식을 적용하면

$$L=\frac{\Psi}{I}=\frac{N\phi}{I}=\frac{N^2}{R_m}=\frac{\mu SN^2}{l}[\mathrm{H}]$$

가 된다.

02 페러데이 법칙에 대해 간단히 설명하여라.

해설 페러데이 법칙은 전자 유도 현상에서 유기 기전력에 관한 법칙으로 전자 유도에서 회로에 발생하는 기전력을 e[V]라고 하면 쇄교 자속수 ϕ[Wb]가 시간에 따라 변화하는 비율이다.

즉, $e=-\frac{d\phi}{dt}=-L\frac{di}{dt}$가 된다. 여기서 (−)부호는 유도 기전력이 전류의 방향과 반대 방향임을 나타내는 것이다.

03 코일의 평등 자계 내에서 단면적이 $0.2[\mathrm{m}^2]$이고 코일을 5회 감았을 때 쇄교하는 자속밀도의 변화가 $4\times10^{-3}[\mathrm{Wb/m^2\cdot S}]$이었다. 코일 양단의 기전력[mV]은?

해설 유기 기전력 e는 $e=-N\frac{d\phi}{dt}$[V]에서 $\phi=\int\widetilde{B}\cdot dS=\widetilde{B}S$이므로 $e=-N\frac{d\widetilde{B}S}{dt}$이다.

문제에서 $\frac{dB}{dt}=4\times10^{-3}$이므로

$$e=-N\frac{d\widetilde{B}S}{dt}=-5\times4\times10^{-3}\times0.2=-4[\mathrm{mV}]$$

가 된다.

04 권수를 n으로 하는 구형파 코일$(a\times b)$이 자속밀도 $\widetilde{B}[\mathrm{Wb/m^2}]$인 평등자계에서 코일을 관통하는 자속 ϕ가 주파수 f의 정현파 상으로 회전할 때 유기되는 기전력의 최대값은?

해설 정현파 자속 ϕ는 $\phi = \phi_m \sin 2\pi ft = abS\sin 2\pi ft$이다. 이 때 유기되는 기전력 e는

$$e = -N\frac{d\phi}{dt} = -n\frac{d}{dt}(abS\sin 2\pi ft) = -nabS\,2\pi f\cos 2\pi ft\,[\mathrm{V}]$$

이다. 따라서 유기 기전력의 최대값은 $nabS\,2\pi f$이다.

05 전류가 흐르는 코일에서 전원을 제거했을 때 발생하는 전압에서 차단 시간을 n배로 하는 경우 기전력의 변화는?

해설 유기 기전력 $e = -\frac{d\phi}{dt}$ 관계식에서 차단 시간을 n배로 하는 경우 시간을 t_n이라고 하면 $t_n = nt$ 이므로 기전력 $e_n = -\frac{d\phi}{d(nt)} = -\frac{1}{n}\frac{d\phi}{dt}$ 이다. 따라서 차단 시간을 n배로 하면 기전력은 $\frac{1}{n}$배가 된다.

06 코일에 흐르는 전류가 0.2[sec] 동안에 전류가 10[A]에서 6[A]로 변했을 때 코일에 40[V]의 기전력이 발생했다. 코일의 자기 인덕턴스 [H]는?

해설 $e = -L\frac{di}{dt}$에서 $L = -e\frac{dt}{di} = 40\times\frac{0.2}{10-6} = 2[\mathrm{H}]$가 된다.

07 환상 코일 1차측에 150회의 권수를 감았을 때 자기 인덕턴스가 0.2[H]가 되었다. 이 철심의 2차측에 300회를 감았다면 상호 인덕턴스[H]는? (단, 결합 계수 $K=1$이다.)

해설 처음 1차측에 의한 자기 인덕턴스를 L_1, 2차측에 의한 자기 인덕턴스를 L_2 그리고 1차 및 2차 코일에 의한 상호 인덕턴스를 M이라고 하면

$$L_1 = \frac{N_1\phi}{I} = \frac{N_1^2}{R_m},\ L_2 = \frac{N_2\phi}{I} = \frac{N_2^2}{R_m},\ M = \frac{N_1N_2}{R_m}$$

이다. 여기서 $L_1 = \frac{N_1^2}{R_m}$을 $M = \frac{N_1N_2}{R_m}$에 대입하면 1차 및 2차 코일에 의한 상호 인덕턴스 M은

$$M = L_1\frac{N_2}{N_1}\,[\mathrm{H}]$$

가 된다.

08 5[H]의 인덕턴스를 직렬로 접속하는 경우 결합 계수를 0.1에서 0.9로 가변 할 수 있다면 합성 인덕턴스 값은?

해설 직렬 접속한 합성 인덕턴스를 L_T라고 하면 $L_T = L_1 + L_2 \pm 2M$[H]이다. 여기서 결합 계수 K는 $K = \frac{M}{\sqrt{L_1 L_2}}$, $M = K\sqrt{L_1 L_2}$이므로 K을 0.9라고 하면

$$\widetilde{M} = K\sqrt{L_1 L_2} = 0.9\sqrt{5\times 5} = 4.5[\mathrm{H}]$$

이다. 따라서

$M > 0$일 때 L_T는 $L_T = L_1 + L_2 + 2M$[H]으로 $L_T = 5+5+4.5 = 19$[H],

그리고

$M < 0$일 때 L_T는 $L_T = L_1 + L_2 - 2M$[H]으로 $L_T = 5+5-4.5 = 1$[H]

가 된다.

09 코일 1차, 2차측의 인덕턴스를 L_1, L_2 그리고 상호 인덕턴스를 M이라고 할 때 L_1, L_2 그리고 M의 관계식에 대해 설명하여라.

해설 L_1, L_2 그리고 상호 인덕턴스를 M에 대한 결합 계수 K는 $K = \frac{M}{\sqrt{L_1 L_2}}$이다. 여기서 결합 계수 K는 $0 \le K \le 1$이므로 $\sqrt{L_1 L_2} \ge M$이다. 양변에 대해 제곱을 행하면 $L_1 L_2 \ge M^2$, $L_1 L_2 - M^2 \ge 0$이며, 이를 다시 L_1으로 나누면

$$L_2 - \frac{M^2}{L_1} \ge 0$$

인 조건을 만족해야한다.

10 다음과 같이 직렬 접속된 코일에 축적되는 에너지[J]는?

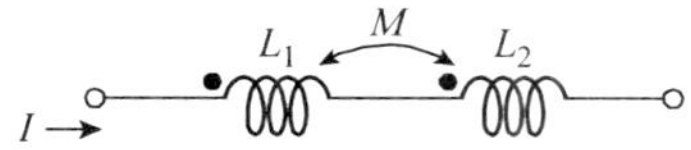

해설 전류의 방향이 동일한 경우에 대한 직렬접속이다. 상호 인덕턴스를 M이라고 하면 $M = K\sqrt{L_1 L_2}$이며, 합성 인덕턴스를 L_T라고 하면 $L_T = L_1 + L_2 + 2M$[H]이다. 따라서 전류 I[A]가 흐를 때 축적 에너지 W는

$$W = \frac{1}{2}LI^2 = \frac{1}{2}(L_1 + L_2 + 2M)I^2[\mathrm{J}]$$

가 된다.

11 자로 길이 l[m], 투자율 μ[H/m], 단면적 S[m^2]인 환상 철심에서 단위 길이 당 N회의 코일을 균등하게 감았을 때 자기 인덕턴스[H]는?

해설 자기 인덕턴스 L은 $L = \dfrac{N\phi}{I}$ 이다. 여기서 $\phi = \tilde{B}S$, $\tilde{B} = \mu\tilde{H}$, $NI = Hl$을 적용하면

$$L = \frac{N\phi}{I} = \frac{N\tilde{B}S}{I} = \frac{N\mu\tilde{H}S}{I} = \frac{N\mu\tilde{H}S}{\frac{\tilde{H}l}{N}} = \frac{\mu SN^2}{l}\ [\text{H}]$$

가 된다.

12 전류가 2[A] 흐르는 코일과 자속 쇄교 수가 3[Wb]라면 이 전류 회로에 축적되는 자기 에너지[J]는?

해설 $W = I\phi = 2 \times 3 = 6$[J]

13 자기 회로에서 단면적, 길이, 투자율을 모두 n배로 하는 경우 자기 저항의 변화와 자기 저항이 일정할 때 코일의 권수를 $\dfrac{1}{n}$로 줄이는 경우 자기 인덕턴스의 변화는?

해설 자기 회로의 자기 저항 $R_m = \dfrac{l}{\mu S}$ [AT/Wb]이다. 여기서 단면적, 길이 그리고 투자율을 n배 했을 때 자기저항을 R_n이라고 하면 $R_n = \dfrac{nl}{n\mu nS} = \dfrac{1}{n}\dfrac{l}{\mu S} = \dfrac{1}{n}R_m$가 된다.

따라서 n배로 하는 경우 저항은 자기 저항의 $\dfrac{1}{n}$이 됨을 알 수 있다.

한편 일정할 때 코일의 권수를 $\dfrac{1}{n}$로 줄이는 경우 자기 인덕턴스는 $L = \dfrac{N\phi}{I}$에서 $\phi = \dfrac{F}{R_m} = \dfrac{NI}{R_m}$을 대입하면

$$L = \frac{N^2}{R_m}$$

가 된다. 여기서 자기저항이 일정하다면 인덕턴스는 권수의 제곱에 비례하게 된다. 따라서 권선수를 $\dfrac{1}{n}$로 하는 경우 자기 인덕턴스를 L_n라고 하면 $L_n = \left(\dfrac{1}{n}\right)^2 L = \dfrac{1}{n^2}L$ 가 된다.

즉, 지기 인덕턴스의 변화는 처음의 $\dfrac{1}{n^2}$배가 된다.

14 10[N]의 흡인력을 갖는 전자석을 제작할 때 자속밀도가 2[Wb/m^2]이라면 전자석의 단면적[m^2]은?

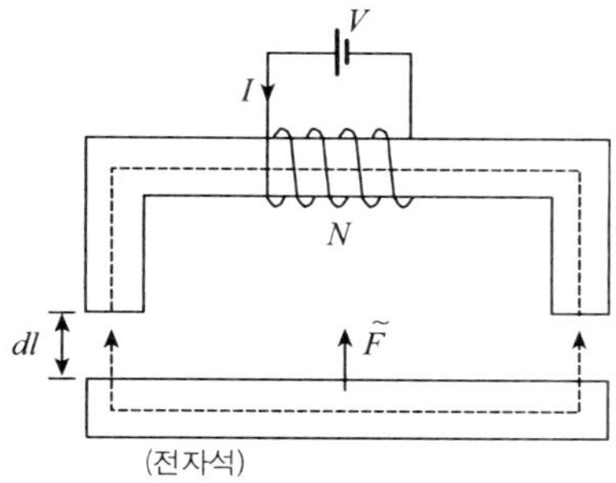

해설 전자석의 면적 S에 따른 흡인력 $\widetilde{F}$는 $\widetilde{F}=\dfrac{\widetilde{B}^2}{2\mu_0}S$[N]이며, 단위 면적당($s=1$[m^2])의 흡인력 f는 $f=\dfrac{\widetilde{B}^2}{2\mu_0}$[Pa]이다. 따라서 전자석의 흡인 면적 S는

$$S=\frac{2\mu_0 F}{B^2}=\frac{2\times 4\pi\times 10^{-7}\times 10}{2^2}=6.28\times 10^{-6}[\text{m}^2]$$

가 된다.

15 자계와 30°로 놓인 10[cm]의 도체가 0.5[sec]동안 2[m]를 이용했을 때 기전력이 0.5[V]였다. 이 자계의 자속밀도[Wb/m^2]는?

해설 유기 기전력 e는 $e=vBl\sin\theta$ [V]에서 자속밀도 $\widetilde{B}$는

$$\widetilde{B}=\frac{e}{vl\sin\theta}=\frac{0.5}{0.5\times 10\times 10^{-2}\times\sin 30°}=20[\text{Wb/m}^2]$$

가 된다.

16 다음과 같이 공극을 갖는 철심에 자속밀도 $\widetilde{B}$[Wb/m^2]로 하기 위한 기자력[AT]은 ?

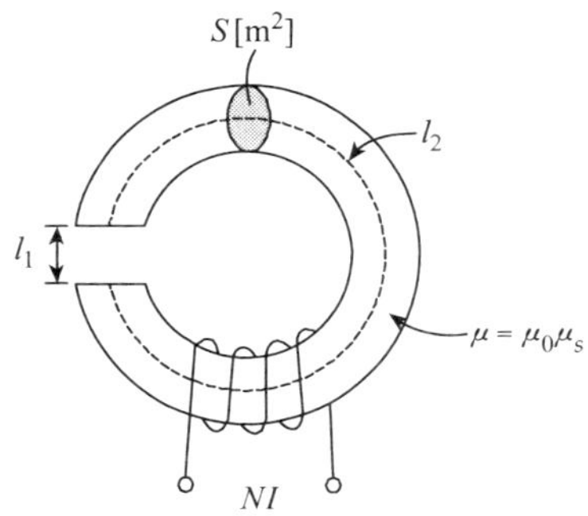

해설 공극이 존재할 때는 합성 자기 저항 R_T는 공극 부분의 자기 저항 R_1과 철심 부분의

자기 저항 R_2의 값으로 나타낼 수 있다. 즉, $R_T = R_1 + R_2$가 된다. 여기서 R_1과 R_2는 각각 $R_1 = \dfrac{l_1}{\mu_0 S}$, $R_2 = \dfrac{l_2}{\mu S} = \dfrac{l_2}{\mu_0 \mu_S S}$이다.

기자력 $\widetilde{F}$ 는 $\widetilde{F} = NI$에서 $\widetilde{F} = R_T \phi$, $\phi = \widetilde{B} S$인 관계식을 이용하면

$$\widetilde{F} = NI = R_T \phi = R_T \widetilde{B} S \text{ [AT]}$$

가 된다. 따라서 기전력 $\widetilde{F}$의 크기는

$$\widetilde{F} = R_T \widetilde{B} S = \left(\frac{l_1}{\mu S} + \frac{l_2}{\mu_0 \mu_S S}\right) \widetilde{B} S = \frac{\widetilde{B}}{\mu_0}\left(l_1 + \frac{l_2}{\mu_S}\right) \text{[AT]}$$

가 된다.

17 **자기 인덕턴스 0.5[H]의 코일에 1/200[s] 동안에 전류가 25[A]로부터 20[A]로 줄었다. 이 코일에 유기된 기전력의 크기 및 방향은?**

해설 전자 유도 법칙에 의한 기전력의 크기

$e = -L\dfrac{di}{dt}$ 관계식에서 $L = 0.5$[H], $\triangle i = 20 - 25 = -5$[A], $\triangle t = \dfrac{1}{200}$[s]이므로

유기 기전력의 크기는

$$e = -0.5 \times \frac{(-5)}{\dfrac{1}{200}} = 2.5 \times 200 = 500\text{[V]}$$

가 된다. 기전력의 방향은 렌츠의 법칙에 따르며 회로 전류가 증가할 때는 전류와 반대 방향의 기전력이 유기되어 전류의 증가를 방해하고, 전류가 감소할 때는 회로 전류 방향과 동일 방향의 기전력이 유기되어 전류의 감소를 방해하는 작용을 한다.

18 **표피 효과에 대한 관계식에 대해서 간단히 설명하여라.**

해설 표피 효과는 전자 유도 현상에 의하여 발생되며 전자 유도법칙의 미분형은 다음과 같다.

$$\nabla \times E = -\frac{\partial B}{\partial t}$$

Chapter 11 Maxwell 방정식과 전자파

11.1 변위전류, I_d

시 불변의 자계 내에서 미분형 Ampere 법칙을 고려하면 $\tilde{\nabla} \times \tilde{H} = \tilde{J}_c$ 이다. 여기서 $\tilde{J}_c$는 전자, 양자 혹은 이온 등과 같은 이동 전하에 의해 생성되는 전도전류(conduction)를 말한다.

만일 시변 자계와 전하에 대해서 $\tilde{\nabla} \times \tilde{H} = \tilde{J}_c$가 성립한다면 양변에 발산 $\tilde{\nabla} \cdot \tilde{J}_c$을 취한 연속 방정식은

$$\tilde{\nabla} \cdot \tilde{J}_c = \tilde{\nabla} \cdot (\tilde{\nabla} \times \tilde{H}) = 0$$

된다. 그러나 전하의 연속식에서

$$\tilde{\nabla} \cdot \tilde{J}_c = -\frac{\partial \rho}{\partial t} \text{ (전하의 연속식)}$$

과는 모순이 된다. 따라서 $\tilde{\nabla} \cdot \tilde{J}_c = 0$은 특별한 경우로서 전도전류나 전하 입자의 운동에 의한 정상 전류인 경우에만 성립하게 된다. 이와 같은 모순을 해결하기 위한 방법으로 Maxwell은 다음과 같은 가정을 하였다.

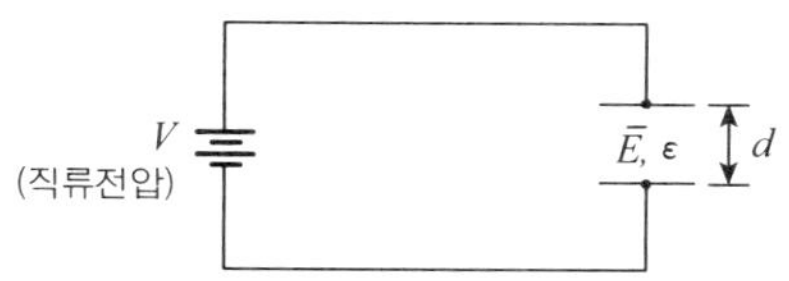

자유 전자의 이동이 없으므로 전도전류는 흐르지 않는다.

그림 11.1 콘덴서에 직류전압을 인가

유전체가 채워진 콘덴서에 시간에 대해 변하는 전압을 인가하면 속박전자의 이동에 의

한 전류가 흐르게 되는데 이 전류를 변위전류(displacement current) I_d라고 하며,

$$I_d = \frac{dQ}{dt}$$

인 관계를 보이고, 여기에 $Q = CV$, $C = \varepsilon\frac{S}{d}$, $V = Ed$, $\widetilde{D} = \varepsilon\widetilde{E}$ 등을 적용하면

$$I_d = \frac{dQ}{dt} = \frac{d}{dt}(CV) = \frac{d}{dt}\left(\frac{\varepsilon}{d}SEd\right) = S\varepsilon\frac{d\widetilde{E}}{dt} = S\frac{d\widetilde{D}}{dt}[\mathrm{A}]$$

으로 표현된다. 여기서 면적에 따른 변위전류밀도 $\widetilde{J}(= I_d / S)$을 구하면

$$\frac{I_d}{S} = \widetilde{J}_d = \frac{d\widetilde{D}}{dt}[\mathrm{A/m^2}]$$

이다. 맥스웰은 전속 밀도 $\widetilde{D}$를 전기 변위로 보고 $\widetilde{J}_d$을 시간적 변위에 따른 전류라고 해서 변위전류하고 했다.

따라서 전체 전류밀도의 크기는 전도전류밀도 $\widetilde{J}_c$와 변위전류밀도 $\widetilde{J}_d$의 합으로

$$\widetilde{J} = \widetilde{J}_c + \widetilde{J}_d = \widetilde{J}_c + \frac{\partial\widetilde{D}}{\partial t}$$

처럼 표현 된다. 이 결과식에서 시변 전계는 자계를 발생시킨다는 사실을 말해주고 있다. 따라서 총 전류 I는

$$I = \int\widetilde{J}\cdot dS = \int\left(\widetilde{J}_c + \frac{\partial\widetilde{D}}{\partial t}\right)dS$$

으로 표현될 수 있으며, 양도체도 아니고 완전 유전체가 아닌 물질에서는 전도전류 $\widetilde{J}_c = \sigma\widetilde{E}$ 와 변위전류 $\widetilde{J}_d = \frac{\partial\widetilde{D}}{\partial t}$가 모두 존재하는데

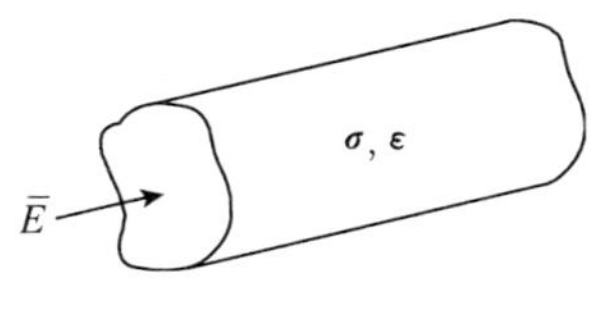

그림 11.2 손실이 있는 유전체 모델

〈그림 11.2〉와 같이 손실이 있는 유전체 모델에서 전계 $\tilde{E}$가 시간 함수 e^{jwt}의 형태로 변동한다고 가정하는 경우 전체 전류밀도 $\tilde{J}$는 $\tilde{J} = \tilde{J}_c + \tilde{J}_d$에 $\tilde{J} = \sigma \tilde{E}$ 와 $\tilde{D} = \varepsilon \tilde{E}$ 등의 관계식을 적용하면

$$\tilde{J} = \tilde{J}_c + \tilde{J}_d = \sigma \tilde{E} + \frac{\partial}{\partial t}(\varepsilon \tilde{E}) = \sigma \tilde{E} + j w \varepsilon \tilde{E} = (\sigma + j w \varepsilon)\tilde{E}$$

가 된다. 여기서 $\tilde{J}_c$와 $\tilde{J}_d$의 비(례)인 $\tilde{J}_c / \tilde{J}_d$의 관계를 그려하면

$$\frac{\tilde{J}_c}{\tilde{J}_d} = \frac{\sigma}{w\varepsilon}$$

이므로 주파수가 증가할수록 변위전류의 역할이 보다 중요하게 된다. 따라서 변위전류 역시 전도전류의 경우처럼 가지 작용이 있지만 에너지 소티는 없다라고 할 수 있다.

예제 11.1

다음과 같은 평행 판 콘덴서에서의 변위전류밀도 $\tilde{J}_d$의 크기는?

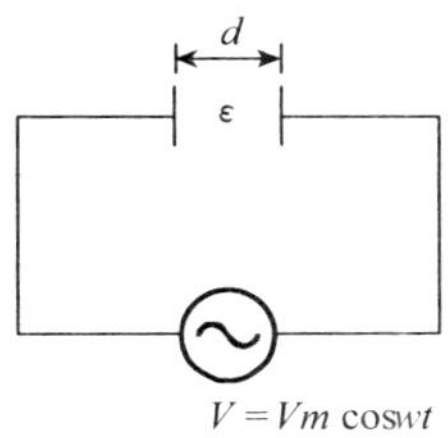

[풀이] 변위전류는 $\tilde{J}_d = \dfrac{\partial \tilde{D}}{\partial t}$ 이다. 여기에 $\tilde{D} = \varepsilon \tilde{E}$, $\tilde{E} = \dfrac{V}{d}$ 관계식을 적용해서 정리하면

$$\tilde{J}_d = \frac{\partial \tilde{D}}{\partial t} = \frac{\partial(\varepsilon \tilde{E})}{\partial t} = \frac{\partial}{\partial t}\varepsilon\left(\frac{V}{d}\right) = \frac{\varepsilon}{d}\frac{\partial}{\partial t}(V_m \cos wt)$$
$$= -\frac{\varepsilon}{d} V_m \sin wt [\mathrm{A/m^2}]$$

가 된다.

예제 11.2

공기 중에서 $\tilde{E}$[V/m]의 전계를 i_d[A/m^2]의 변위전류로 흐르도록 하기 위한 주파수[Hz]의 크기를 구하여라.

[풀이] 변위전류밀도 i_d 관계식을 이용하면

$$i_d = \frac{\partial \widetilde{D}}{\partial t} = \frac{\partial (\varepsilon \widetilde{E})}{\partial t} = \varepsilon \frac{\partial \widetilde{E}}{\partial t} = j\omega\varepsilon \widetilde{E}\ [\mathrm{A/m^2}]$$

이며 여기서 주파수의 크기를 구하면

$$\omega = 2\pi f = \frac{i_d}{\varepsilon \widetilde{E}}$$

$$f = \frac{i_d}{2\pi\varepsilon\widetilde{E}}\ [\mathrm{Hz}]$$

가 된다.

11.2 Maxwell(전자) 방정식

앞에서

- 정 전계를 통해서 정지된 전하 Q에 의해 전계가 발생하며
- 정자계에서는 도선 전류에 의해서 자계가 발생함을 알았으며
- 전자 유도 현상을 통하여 자계가 시간적으로 변화를 하면 폐회로에 기전력이 유기되어 새로운 전계를 발생하게 된다는 내용과
- 그리고 전계가 시간적으로 변하면 변위전류가 생겨 이로 인하여 새로운 자계가 발생하게 된다는 것을 알았다.

이와 같이 시간적으로 변화를 하는 전계와 자계 사이에 어떤 산술적인 관계를 보이는 것을 정리한 것이 곧 Maxwell(전자) 방정식이라고 할 수 있다.

앞에서 우리는 정전 전하 Q가 커패시터 극판에 분포하는 예들을 볼 수 있는 것처럼 정 전계 $\widetilde{E}$는 자계 $\widetilde{H}$가 없는 곳에도 존재할 수 있다.

또한 전계 $\widetilde{E}$가 없는 곳에서도 일정한 전류 I가 흐르는 도선 주변에는 자계 $\widetilde{H}$가 존재하게 된다. 일반적으로 Faraday와 Hertz의 실험 그리고 Maxwell의 이론적 분석 대상은 거의 모두가 시간적으로 변하는 계(field)를 중심으로 진행되고 해석 되었다.

다음에 정리하고 있는 일반적인 형태에 대한 맥스웰 방정식으로 미분형과 적분형으로

정리한 것으로 주로 미분형을 사용하게 된다.

11.2.1 Faraday의 전자 유도 법칙에 의한 유도식

(1) 적분형

파라데이 실험을 통하여 자속은 시간에 따라 변화시키면 이 자속이 증가를 방해하는 방향으로 유도 기전력이 발생하는데 이와 같은 유도 기전력은 자속을 변화시키거나 또는 코일을 움직일 때 유기 되는 전압 $e = -\dfrac{\partial \phi}{\partial t}[\mathrm{V}]$이며 전자 유도에 의해서 코일에 유도된 전계 $\widetilde{E}$를 적용하면 $e = \oint_l \widetilde{E} \cdot d\widetilde{l}$가 된다. 그리고 자속 $\phi = \int \widetilde{B} \cdot dS$이므로 이들 관계를 이용하여 정리하면

$$\oint_l \widetilde{E} \cdot d\widetilde{l} = -\frac{\partial \phi}{\partial t} = -\frac{\partial}{\partial t} \int \widetilde{B} \cdot dS$$

가 된다. 여기서 좌변에 대해서 stokes 정리를 적용하면

$$\oint_l \widetilde{E} \cdot d\widetilde{l} = \int_s (\widetilde{\nabla} \times \widetilde{E})\, dS = -\int \frac{\partial \widetilde{B}}{\partial t} \cdot dS$$

가 된다. 이를 맥스웰의 제 1전자 방정식이라고 한다. 이 결과식은 폐곡선 둘레에 어떤 물리적 회로의 존재유무에 무관하게 경계선을 갖고 있는 어떤 표면 S에 대해서도 타당하다.

(2) 미분(연산자)형

적분형으로 표현된 관계식에 대해서 양변을 미분하면

$$\widetilde{\nabla} \times \widetilde{E} = -\frac{\partial \widetilde{B}}{\partial t}$$

가 된다. 공간 내의 임의의 점에서 자속밀도 $\widetilde{B}$가 변화하면 이 변화를 억제하는 방향으로 전계 $\widetilde{E}$가 주위에 회전하므로 공간내의 임의의 점에서 자속밀도 $\widetilde{B}$가 시간적으

로 변화하면 이 변화를 막는 방향으로 전계 $\tilde{E}$가 $\tilde{B}$ 주위에 회전하고 있다. 이는 자유공간이든 매질이든 공간상의 모든 점에 적용된다.

11.2.2 Ampere의 주회적분의 법칙

도선에 전류가 흐르면 주위에 자계가 발생하고 이 자계의 힘에 의해서 자침의 두 자극이 힘을 받아 회전력을 갖게 되는데 이를 증명한 학자가 암페어이다.

(1) 적분형

암페어에 의해서 증명된 관계식으로 $\oint_l \tilde{H}\cdot d\tilde{l} = I$ 이며, 이 법칙은 임의의 폐곡선을 따라 선적분하면 폐곡선 내에 포함된 전류가 된다. 이러한 폐곡면을 통과하는 전류는 $I = \oint_l \tilde{J}\cdot dS$가 되며, 여기서 전류밀도 $\tilde{J}$는 전도전류 $\tilde{J}_c$와 변위전류 $\frac{\partial \tilde{D}}{\partial t}$를 합으로 하는 값이 된다.

따라서

$$\oint_l \tilde{H}\cdot d\tilde{l} = I = \int\left(\tilde{J}_c + \frac{\partial \tilde{D}}{\partial t}\right)dS$$

가 된다.

(2) 미분형

앞에서 구한 적분형의 좌변에 stokes 정리를 적용해서 정리하면

$$\tilde{\nabla} \times \tilde{H} = \tilde{J}_c + \frac{\partial \tilde{D}}{\partial t}$$

이며,

이 관계식은 전도전류 $\tilde{J}_c$ 뿐만 아니라 변위전류 $\frac{\partial \tilde{D}}{\partial t}$에 의해서 자계가 회전 방향으로 발생된다는 것을 나타내는 것이다. 이를 맥스웰의 제 2전자 방정식이라고 한다.

11.2.3 Gauss 법칙

(1) 적분형

전하 Q와 전하에 의해 발생되는 전속 밀도 $\widetilde{D}$ 사이의 관계를 나타낸 것으로

$$\oint_S \widetilde{D} \cdot dS = Q = \int_v \rho_v \, dv$$

으로 표현된다.

(2) 미분형

$$\widetilde{\nabla} \cdot \widetilde{D} = \rho, \ \widetilde{\nabla} \cdot \widetilde{E} = \frac{\rho}{\varepsilon}$$

ρ는 자유전하의 밀도이며, 자계에서는 자속의 발산이 없으므로 방향, 발산이 있다.

11.2.4 자기장의 Gauss 법칙

(1) 적분형

$$\oint_S \widetilde{B} \cdot dS = 0$$

한편 자유 공간에서는 전하가 없고 $(\rho = 0)$전도전류가 존재하지 않는다. $(\widetilde{J}_C = 0)$ 라는 내용을 고려하는 경우에 대한 맥스웰 방정식은 표 11.1처럼 나타낼 수 있다.

즉, 자유 공간 내의 형태인 맥스웰 방식을 말한다.

(2) 미분형

$$\widetilde{\nabla} \cdot \widetilde{B} = 0, \ \widetilde{\nabla} \cdot \widetilde{H} = 0$$

여기서 $\widetilde{\nabla} \cdot \widetilde{B} = 0$은 "자속은 사라지지 않고 일정하게 유지, 방향, 발산이 없다.

즉, 고립된 전하는 없다."를 의미하게 된다.

따라서 단독 자극이 존재하지 않기 때문에 자속의 발산을 0인 것으로 나타내고 있다.

표 11.1 Maxwell 방정식의 미분 · 적분형

미분형	적분형
$\widetilde{\nabla} \times \widetilde{H} = \widetilde{J}_c + \dfrac{\partial \widetilde{D}}{\partial t}$	$\oint_l \widetilde{H} \cdot d\widetilde{l} = I = \int \left(\widetilde{J}_c + \dfrac{\partial \widetilde{D}}{\partial t} \right) dS$
$\widetilde{\nabla} \times \widetilde{E} = -\dfrac{\partial \widetilde{B}}{\partial t}$	$\oint_l \widetilde{E} \cdot d\widetilde{l} = -\dfrac{\partial \phi}{\partial t} = -\dfrac{\partial}{\partial t} \int \widetilde{B}\, dS$
$\widetilde{\nabla} \cdot \widetilde{D} = \rho$	$\oint_S \widetilde{D} \cdot dS = \int \rho_v dv = Q$
$\widetilde{\nabla} \cdot \widetilde{B} = 0$	$\oint_S \widetilde{B} \cdot dS = 0$

Book Cafe

손실 유전체 내에서 Maxwell의 기본 방정식을 페이저(phaser) 방정식으로 나타내면

$$\widetilde{\nabla} \times \widetilde{H} = \widetilde{J}_c + \frac{\partial \widetilde{D}}{\partial t} = \sigma \widetilde{E} + \varepsilon \frac{\partial \widetilde{E}}{\partial t}$$

$$\widetilde{\nabla} \times \widetilde{E} = -\frac{\partial \widetilde{B}}{\partial t} = -\mu \frac{\partial \widetilde{H}}{\partial t}$$

이다. 여기서 시간에 대해서 정현적으로 변화하는 교류인 경우 전계 $\widetilde{E}$와 자계 $\widetilde{H}$를

$$\widetilde{E} = \widetilde{E}_s\, e^{jwt} [\mathrm{V/m}]$$

$$\widetilde{H} = \widetilde{H}_s\, e^{jwt} [\mathrm{A/m}]$$

라고 하면

$$\widetilde{\nabla} \times \widetilde{H}_S = (\sigma + jw\,\varepsilon) \widetilde{E}_S$$

$$\widetilde{\nabla} \times \widetilde{E}_S = -jw\mu \widetilde{H}_S$$

이며, 그리고 시간을 포함하지 않는 복소수 공간인 페이저 벡터 $\widetilde{E}_S$, $\widetilde{H}_S$을 이용한 보조 방정식은 다음과 같다.

$$\widetilde{\nabla} \cdot \widetilde{E}_S = 0$$

$$\widetilde{\nabla} \cdot \widetilde{H}_S = \rho$$

▶▶▶ 연습문제

01 변위전류에 대해 설명하여라.

해설 맥스웰에 의하면 전류는 도체내의 자유 전자의 이동에 의한 전도전류 이외에 전속의 시간적 변화가 만드는 전류를 변위전류라고 하였다. 즉, 유전체에서 변위전류를 생하는 것은 전속 밀도의 시간적 변화이다.

02 다음과 같은 평행 도체 판에서 전도전류와 변위전류의 크기를 나타내어라.

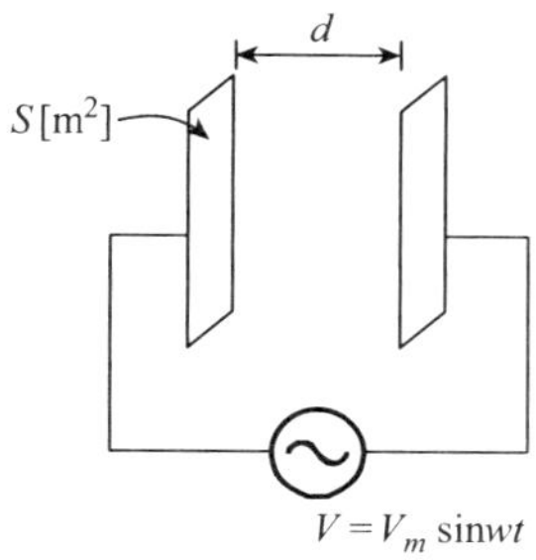

해설 전도전류 i_c는 $i_c = \dfrac{v}{R}$이다. 여기에 $v = V_m \sin wt$와 $R = \rho\dfrac{d}{S}$ 관계를 적용하면

$$i_c = \frac{v}{R} = \frac{V_m \sin wt}{\rho\dfrac{d}{S}} = \frac{S}{\rho d} V_m \sin wt$$ 이며, 변위전류 $i_d = \displaystyle\int_s \frac{\partial \tilde{D}}{\partial t} ds$이다.

여기서 $\tilde{D} = \varepsilon_0 \tilde{E}$ 와 $\tilde{E} = \dfrac{V}{d}$인 관계를 적용하면

$$i_d = \int_s \frac{\partial \tilde{D}}{\partial t} ds = \frac{\partial \tilde{D}}{\partial t} S = \varepsilon S \frac{\partial \tilde{E}}{\partial t} = \varepsilon \tilde{E} \frac{\partial}{\partial t}\left(\frac{V}{d}\right)$$
$$= \varepsilon \tilde{E}\left(\frac{w V_m \cos wt}{d} - 0\right) = \frac{\varepsilon \tilde{E} w}{d} V_m \cos wt$$

이다. 여기서 i_c와 i_d에 대한 크기인 $|i_c|$와 $|i_d|$를 비교하면

$$\frac{|i_d|}{|i_c|} = \frac{\dfrac{\varepsilon \tilde{E} w V_m}{d}}{\dfrac{S V_m}{\rho d}} = w\varepsilon\rho$$

가 된다.

03 임의의 공간 내의 전계 세기를 $\widetilde{E}= E_m \sin wt$라고 할 때 공간 내에서의 변위전류는?

해설 변위전류를 i_d라고 하면 $i_d = \dfrac{\partial \widetilde{D}}{\partial t}$ [A/m^2]이다. 여기서 i_d을 계산하기 위해서 $\widetilde{D}= \varepsilon \widetilde{E}$ [C/m^2]을 적용하면

$$i_d = \frac{\partial \widetilde{D}}{\partial t} = \varepsilon \frac{\partial \widetilde{E}}{\partial t} = \varepsilon \frac{\partial}{\partial t}(E_m \sin wt) = \varepsilon w E_m \cos wt$$

이다. 따라서 변위전류의 크기는 wE_m에 비례함을 알 수 있다.

04 유전체 내에서 유전율이 ε_0, 전계의 세기를 $\widetilde{E}$, 분극의 세기가 $\widetilde{P}$일 때 변위전류는?

해설 유전체에서의 전속 밀도 $\widetilde{D}$는 $\widetilde{D} = \varepsilon_0 \widetilde{E} + \widetilde{P}$이다. 여기서 변위전류 i_d는

$i_d = \dfrac{\partial \widetilde{D}}{\partial t}$ [A/m^2]이므로

$$i_d = \frac{\partial}{\partial t}(\varepsilon_0 \widetilde{E} + \widetilde{P})$$

로 나타낼 수 있다.

05 도전율 σ, 유전율 ε인 매질에 교류 전압을 인가하는 경우 전도전류와 변위전류의 크기가 같아지는데 필요한 주파수는?

해설 변위전류 i_d, 전도전류 i_c라고 하는 경우에 대한 벡터도에서 $|i_d| = |i_c|$일 때의 주파수를 f_C라 하면

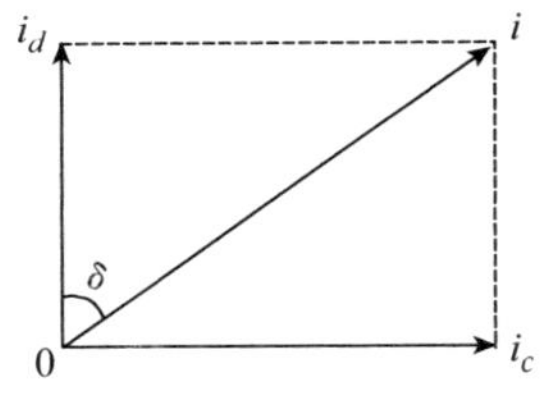

$$\frac{\sigma S V_m}{l} = \frac{2\pi f_C \varepsilon S V_m}{l}$$

$$f_C = \frac{\sigma}{2\pi\varepsilon} \text{ [Hz]}$$

으로 나타난다.

06 전자장에서 기본 방정식에 대해 설명하여라.

해설 전자계의 기본 방정식은 다음과 같다.

- 암페어 주회법칙의 미분형

$$\widetilde{\nabla} \times \widetilde{H} = \widetilde{J}_c + \frac{\partial \widetilde{D}}{\partial t}$$

- 페러데이 법칙의 미분형

$$\widetilde{\nabla} \times \widetilde{E} = -\frac{\partial \widetilde{B}}{\partial t}$$

- 가우스 정리의 미분형

$$\widetilde{\nabla} \cdot \widetilde{D} = \rho$$

- 가우스 정리의 미분형

$$\widetilde{\nabla} \cdot \widetilde{B} = 0$$

07 **자속밀도는 벡터이며 $\widetilde{B}$로 표시할 때 항상 성립되는 관계는?**

해설 $div\,\widetilde{B} = 0$의 의미는 시 변계, 시 불변계에 관계없이 자계의 비발산성, 자계의 회전성, 자계의 연속성을 의미한다.

08 **간격 d[m]인 2개의 평행 판 전극 사이에 유전율 ε의 유전체가 있다. 전극 사이에 전압 $v = V_m \cos\omega t$ [V]를 가했을 때 변위전류밀도[A/m^2]는?**

해설 변위전류밀도에 대한 관계식을 이용하면

$$\begin{aligned} i_d &= \frac{\partial D}{\partial t} = \frac{\partial(\varepsilon E)}{\partial t} = \frac{\partial}{\partial t}\varepsilon\left(\frac{v}{d}\right) \\ &= \frac{\varepsilon}{d} V_m \frac{\partial}{\partial t}\cos\omega t \\ &= -\frac{\omega\varepsilon}{d} V_m \sin\omega t\ [\text{A/m}^2] \end{aligned}$$

가 된다.

Chapter 12 전자파

12.1 전자파의 발생

시간적으로 변화를 보이는 자계 $\widetilde{H}$는 새로운 전계 $\widetilde{E}$를 발생하고 시간적으로 변화하는 전계 $\widetilde{E}$는 역시 새로운 자계 $\widetilde{H}$의 발생을 되풀이 하여 공간상을 진행하게 된다.

이와 같이 자유 공간을 전파하는 전자파에 대한 파동 방정식을 맥스웰 방정식을 통하여 알아보고 전자파에 대한 파동 방정식의 해를 구하면 전자파에 대한 특성인 전자파의 전파 속도, 파동 임피던스, 전자파의 에너지 등을 알 수 있게 된다.

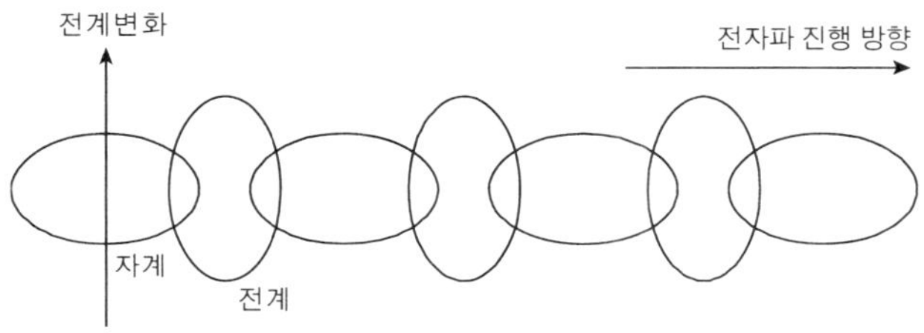

그림 12.1 전자파의 발생

전자파의 발생의 근거를 고려하면 다음과 같은 내용을 들 수 있다.

12.1.1 Faraday 법칙

전자 유도 현상을 설명하는 것으로 자계의 시간적 변화가 유도 기전력을 발생하고 이로 인하여 전계를 발생하게 된다.

12.1.2 Maxwell 방정식

변위전류의 개념으로 전계의 시간적 변화가 변위전류를 발생하며 이로 인하여 자계가 발생하게 된다.

12.2 전자파의 파동 방정식

대부분의 경우 전자파는 전하가 없는 영역에서 관심의 대상이 되기 때문에 전하 밀도 $\rho = 0$라고 가정하거나 혹은 선형, 등방성의 매질이 가정되는데 이와 같은 경우에 $\widetilde{D} = \varepsilon \widetilde{E}$, $\widetilde{B} = \mu \widetilde{H}$ 그리고 $\widetilde{J} = \sigma \widetilde{E}$가 성립하기 때문이다.

12.2.1 도체내의 전자파

(1) 진공의 맥스웰 방정식의 경우

맥스웰 방정식은 전자파가 존재한다는 것을 나타내는 것으로 이를 수학적으로 고려하기 위해서 진공 중에 대해서 조사하면 파동으로서 일반성을 지니게 된다.

맥스웰 방정식 중 $\widetilde{\nabla} \times \widetilde{H} = \widetilde{J}_c + \dfrac{\partial \widetilde{D}}{\partial t} = \sigma \widetilde{E} + \varepsilon_o \dfrac{\partial \widetilde{E}}{\partial t}$와 $\widetilde{\nabla} \cdot \widetilde{E} = \dfrac{\rho_s}{\varepsilon_o}$ 관계에서

자유 공간에서는 도전율 $\sigma = 0$이며, 공간 전하가 없기 때문에 $\rho = 0$, $\widetilde{J} = 0$가 된다.

따라서 진공 중의 맥스웰 방정식은

$$\widetilde{\nabla} \times \widetilde{H} = \varepsilon_o \frac{\partial \widetilde{E}}{\partial t}$$

$$\widetilde{\nabla} \cdot \widetilde{E} = 0$$

와 같이 나타낼 수 있다. 여기서 연립 방정식을 풀기 위한 방법으로 먼저 자계 $\widetilde{H}$를 제거하면 자계 $\widetilde{E}$에 대한 방정식을 볼 수 있게 된다.

따라서 전계에 관련된 식 $\widetilde{\nabla} \times \widetilde{E} = -\frac{\partial \widetilde{B}}{\partial t} = -\mu_0 \frac{\partial \widetilde{H}}{\partial t}$ 에 대해 양변에 curl $(\widetilde{\nabla} \times)$을 취하면

$$\widetilde{\nabla} \times (\widetilde{\nabla} \times \widetilde{E}) = -\mu_0 \widetilde{\nabla} \times \frac{\partial \overline{H}}{\partial t}$$

가 된다. 여기서 벡터 연산자 공식을 이용하여 연산을 행하면

$$\widetilde{\nabla} \times (\widetilde{\nabla} \times \widetilde{E}) = \widetilde{\nabla}(\widetilde{\nabla} \cdot \widetilde{E}) - \widetilde{\nabla}^2 \widetilde{E}$$

관계식에서 진공 중에 전하 분포가 없다고 하면 $\widetilde{\nabla}(\widetilde{\nabla} \cdot \widetilde{E}) = 0$이므로

$$\widetilde{\nabla} \times (\widetilde{\nabla} \times \widetilde{E}) = -\widetilde{\nabla}^2 \widetilde{E}$$

가 된다. 이를 적용하고 정리하면

$$-\widetilde{\nabla}^2 \widetilde{E} = -\mu_o \frac{\partial}{\partial t}(\widetilde{\nabla} \times \widetilde{H}) = -\mu_o \frac{\partial}{\partial t}\left(\varepsilon_0 \frac{\partial \widetilde{E}}{\partial t}\right)$$

$$\widetilde{\nabla}^2 \widetilde{E} = \mu_o \varepsilon_o \frac{\partial^2 \widetilde{E}}{\partial t^2}$$

가 된다. 이를 전계 $\widetilde{E}$의 진공 상태에서의 파동 방정식이라고 한다.

동일한 방법으로 $\widetilde{\nabla} \times \widetilde{H} = \varepsilon_o \frac{\partial \widetilde{E}}{\partial t}$ 에 대해 양변에 $\widetilde{\nabla} \times$을 취하면

$$\widetilde{\nabla}^2 \widetilde{H} = \mu_o \varepsilon_o \frac{\partial^2 \widetilde{H}}{\partial t^2}$$

가 되는데 이를 자계 $\widetilde{H}$ 의 파동 방정식이라고 한다.

그리고 전계 $\widetilde{E}$와 자계 $\widetilde{H}$에 의해 결정된 파동 방정식을 달랑베르(D'alembert equation)이라고도 부른다.

(2) 일반적인 매질인 경우(공간 전하 분포 $\rho = 0$)

도체 내부에서는 도전율 $\sigma \neq 0$인 경우가 되므로 전도전류를 고려해서 취급되어야 한다.

그러므로 매질이 균일하고 $\widetilde{D} = \varepsilon \widetilde{E}$, $\widetilde{B} = \mu \widetilde{H}$ 그리고 $\widetilde{J} = \sigma \widetilde{E}$라고 하는 경우

$$\widetilde{\nabla} \times \widetilde{H} = \widetilde{J}_c + \varepsilon \frac{\partial \widetilde{E}}{\partial t} = \sigma \widetilde{E} + \varepsilon \frac{\partial \widetilde{E}}{\partial t}$$

$$\widetilde{\nabla} \times \widetilde{E} = -\frac{\partial \widetilde{B}}{\partial t} = -\mu \frac{\partial \widetilde{H}}{\partial t}$$

이며, 각각에 대해 curl($\widetilde{\nabla} \times$)을 취하면

$$\widetilde{\nabla} \times (\widetilde{\nabla} \times \widetilde{H}) = \widetilde{\nabla} (\widetilde{\nabla} \cdot \widetilde{H}) - \widetilde{\nabla}^2 \widetilde{H} = \sigma \widetilde{\nabla} \times \widetilde{E} + \varepsilon \frac{\partial \widetilde{\nabla} \times \widetilde{E}}{\partial t}$$

$$= -\sigma\mu \frac{\partial \widetilde{H}}{\partial t} - \mu\varepsilon \frac{\partial^2 \widetilde{H}}{\partial t^2}$$

$$= -\left(\sigma\mu \frac{\partial \widetilde{H}}{\partial t} + \mu\varepsilon \frac{\partial^2 \widetilde{H}}{\partial t^2}\right)$$

이며, 여기서 $\widetilde{\nabla} \times \widetilde{H} = 0$인 관계식을 적용하면

$$\widetilde{\nabla}^2 \widetilde{H} = \sigma\mu \frac{\partial \widetilde{H}}{\partial t} + \mu\varepsilon \frac{\partial^2 \widetilde{H}}{\partial t^2}$$

인 일반적인 전자파 방정식을 얻을 수 있다.

동일한 방법을 이용해서 $\widetilde{\nabla}^2 \widetilde{E}$을 구하면

$$\widetilde{\nabla}^2 \widetilde{E} = \sigma\mu \frac{\partial \widetilde{E}}{\partial t} + \mu\varepsilon \frac{\partial^2 \widetilde{E}}{\partial t^2}$$

처럼 구해진다. 한편 평면파를 생각하는 경우 z방향을 진행방향으로 하고 전계방향을 x방향으로, 자계 방향을 y방향으로 취하면 전계는 x방향 성분만, 자계는 y방향 성분만 각각 남게 된다.

따라서

$$\frac{\partial^2}{\partial x^2} = \frac{\partial^2}{\partial y^2} = 0$$

이 되므로 전자파 방정식은

$$\frac{\partial^2 \widetilde{H}_y}{\partial z^2} = \sigma\mu \frac{\partial \widetilde{H}_y}{\partial t} + \mu\varepsilon \frac{\partial^2 \widetilde{H}_y}{\partial t^2}$$

$$\frac{\partial^2 \widetilde{E}_x}{\partial z^2} = \sigma\mu \frac{\partial \widetilde{E}_x}{\partial t} + \mu\varepsilon \frac{\partial^2 \widetilde{E}_x}{\partial t^2}$$

처럼 표현된다. 여기서 각각의 미분 방정식에 대한 일반해를 구하는 것은 매우 곤란하기 때문에 전계와 자계가 일정한 주파수 f를 갖는 전자계로 취급하면 전계 $\widetilde{E}$를 $\widetilde{E} = E_o e^{jwt}$로 보고 한번 미분한 결과는

$$\frac{\partial \widetilde{E}}{\partial t} = jw E_o e^{jwt} = jw\widetilde{E}$$

이며, 이를 다시 미분하면 $\frac{\partial^2 \widetilde{E}}{\partial t^2} = -w^2 \widetilde{E}$가 된다. 이 결과식을 전자파 파동 방정식의 관계식 $\frac{\partial^2 \widetilde{H}_y}{\partial z^2}$, $\frac{\partial^2 \widetilde{E}_x}{\partial z^2}$에 각각 적용하고 정리하면

$$\frac{\partial^2 \widetilde{H}_y}{\partial z^2} = w^2 \varepsilon\mu \left(j\frac{\sigma}{w\varepsilon} - 1 \right) \widetilde{H}_y$$

$$\frac{\partial^2 \widetilde{E}_x}{\partial z^2} = w^2 \varepsilon\mu \left(j\frac{\sigma}{w\varepsilon} - 1 \right) \widetilde{E}_x$$

처럼 표현되며 전계 $\widetilde{E}$와 자계 $\widetilde{H}$의 성분은

$$\frac{\partial^2 \widetilde{H}}{\partial z^2} - w^2 \varepsilon\mu \left(j\frac{\sigma}{w\varepsilon} - 1 \right) \widetilde{H} = 0, \quad \frac{\partial^2 \widetilde{H}}{\partial z^2} + w^2 \varepsilon\mu \left(\frac{\sigma}{jw\varepsilon} + 1 \right) \widetilde{H} = 0$$

$$\frac{\partial^2 \widetilde{E}}{\partial z^2} - w^2 \varepsilon\mu \left(j\frac{\sigma}{w\varepsilon} - 1 \right) \widetilde{E} = 0, \quad \frac{\partial^2 \widetilde{E}}{\partial z^2} + w^2 \varepsilon\mu \left(\frac{\sigma}{jw\varepsilon} + 1 \right) \widetilde{E} = 0$$

처럼 나타낼 수 있다. 이와 같은 관계식을 헬름헬쯔(Helmholtz) 방정식이라고 한다.

따라서 도체의 영향은 $\sigma / w\varepsilon$에 의해서 결정됨을 알 수 있다.

즉,

$$\widetilde{\nabla} \times \widetilde{H} = \sigma\widetilde{E} + \varepsilon \frac{\partial \widetilde{E}}{\partial t} = (\sigma + jw\varepsilon)\widetilde{E} = jw\varepsilon \left(\frac{\sigma}{jw\varepsilon} + 1 \right) \widetilde{E}$$

에서

- $\frac{\sigma}{w\varepsilon} \ll 1$이면 전도전류 성분이 없어지기 때문에 완전 부도체가 되며,
- $\frac{\sigma}{w\varepsilon} \gg 1$인 경우 변위전류를 고려하지 않으면 $\widetilde{\nabla}^2 \widetilde{E} = jw\sigma\mu \widetilde{E}$가 된다.

따라서 주파수가 매우 높거나 혹은 전도도가 매우 큰 경우 (완전 도체인 경우)에는 $w\sigma\mu$가 크게 된다.

한편 헬름헬쯔 방정식에서

$$\varepsilon\left(\frac{\sigma}{jw\varepsilon} + 1\right) = \varepsilon_e$$

라고 하며, ε_e은 실효 유전율이라고 하였다. 여기서 $w^2\varepsilon_e\mu = \sigma^2$이므로 실효 유전율을 이용해서 나타내면

$$\widetilde{\nabla}^2 \widetilde{H} + \sigma^2 \widetilde{H} = 0$$
$$\widetilde{\nabla}^2 \widetilde{E} + \sigma^2 \widetilde{E} = 0$$

으로 표현된다.

12.2.2 완전 유전체에서의 전자 파동 방정식

$\frac{\sigma}{w\varepsilon} \ll 1$일 때 혹은 손실이 거의 없는 경우인 완전 유전체에서는 도전성이 무시될 수 있는 것으로 실효 유전율 ε_e을 매질의 유전율 ε로 볼 수 있다. 따라서 헬름헬쯔 방정식에서 전계 성분만 고려한 파동 방정식을 고려하면

$$\widetilde{\nabla}^2 \widetilde{E} = w^2\mu\varepsilon_e \widetilde{E}$$

이다. 여기서 z방향으로 진행하는 평면파에서 $\widetilde{E}_x$ 성분에 대해서만 고려하면

$$\frac{\partial^2 E_x}{\partial z^2} = -w^2\mu\varepsilon \widetilde{E}_x$$

와 같은 미분 방정식 형태를 보인다. 여기서 미분방정식의 해를 구하기 위해 일반적인 해를 가정해서 해를 구하기 위해서 전계 $\widetilde{E}$가 지수 함수적으로 감쇠하는 것으로 가정한다면

$$\widetilde{E}_x = \widetilde{E}_{x0} e^{-\alpha z} \cos(wt - \beta z)$$

이며, 이를 페이저로 나타내면

$$\widetilde{E}_x = \widetilde{E}_{x0}\, e^{-\alpha z}\, e^{-j\beta z}$$

처럼 표현된다. 여기서 α는 전자파가 $+z$방향으로 전파하는 과정에서의 감쇠현상을 보이는 감쇠정수를, β는 단위 길이 당 위상 변위를 나타내는 위상 정수를 의미한다.

한편 α와 β을 복소 전파 정수 γ로 나타내면 $\gamma = \alpha + j\beta$이며, 따라서

$$\widetilde{E}_x = \widetilde{E}_{x0} e^{-\gamma z}$$

로 표현될 수 있다. 여기서 E_x 값을 앞에서 정리한 $\dfrac{\partial^2 \widetilde{E}_x}{\partial z^2} = -w^2 \mu\varepsilon \widetilde{E}_x$에 대입해서 정리하면

$$\gamma^2 \widetilde{E}_{x0} e^{-\gamma z} = -w^2 \mu\varepsilon \widetilde{E}_{x0} e^{-\gamma z}$$

가 된다. 여기서 계수 비교를 통해서

$$\gamma^2 = -w^2 \mu\varepsilon$$
$$\gamma = \pm jw\sqrt{\mu\varepsilon}$$

이 성립하게 된다. $+z$방향으로 전파되는 전파 상수를 고려하면

$$\gamma = \alpha + j\beta = \sigma + jw\sqrt{\mu\varepsilon}$$

에서 대응관계를 고려하면

$$\alpha = 0$$
$$\beta = w\sqrt{\mu\varepsilon}$$

가 된다. 이에 대해 위상 속도 v를 고려하면 $v = \dfrac{w}{\beta}$로 $+z$방향으로 진행하는 전파를 의미하게 된다.

따라서 완전 유전체에서 전파되는 균일 평면파에 대한 위상 속도 즉 매질 중에서 전파 속도 v는

$$v = \frac{1}{\sqrt{\mu\varepsilon}} = \frac{1}{\sqrt{\mu_0\,\varepsilon_0}}\cdot\frac{1}{\sqrt{\mu_s\,\varepsilon_s}} = \frac{C}{\sqrt{\mu_s\,\varepsilon_s}}$$

처럼 나타나며, 여기서 파장 λ은 위상 2π [rad]의 변화를 보이는 거리라고 보면

$$\beta\,\lambda = 2\pi$$

$$\lambda = \frac{2\pi}{\beta} = \frac{2\pi}{w\sqrt{\mu\varepsilon}} = \frac{1}{f\sqrt{\mu\varepsilon}} = \frac{C}{f\sqrt{\mu\varepsilon}}$$

와 같이 나타낼 수 있다. 여기서 매질의 투자율을 $\mu = \mu_0$라고 하면 매질 중에서 전파 속도 v는 $v = \frac{1}{\sqrt{\varepsilon\mu}} = \frac{C}{\sqrt{\varepsilon_S\,\mu_S}}$이므로 비 유전율 ε_s는

$$\varepsilon_s = \frac{C^2}{v^2\,\mu_s}$$

가 된다. 여기서 C는 빛의 속도를 나타낸다.

12.3 전자파의 경계 조건

전계와 자계가 시간에 따라 변화하고 있는 경우에 서로 다른 두 매질 사이의 경계 조건에 대해 알아보기로 한다.

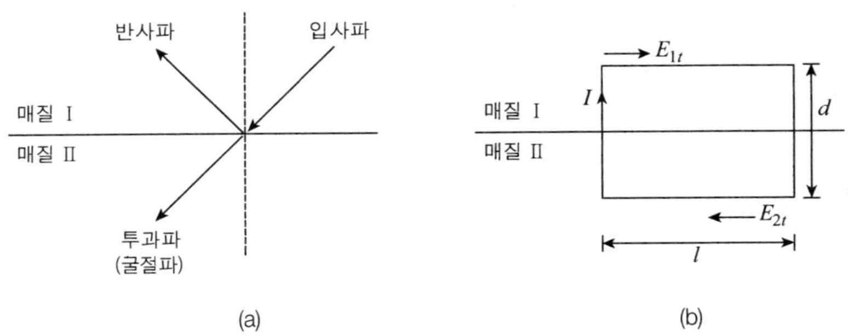

그림 12.2 경계면에서의 전계 성분

그림 12.2(b)에서 처럼 구형 적분로에 대해서 주회적분 $\oint \tilde{E} \cdot d\tilde{l} = 0$을 적용하면

$$\oint \tilde{E} \cdot d\tilde{l} = -\frac{\partial}{\partial t}\int \tilde{B} \cdot ds = 0$$

이므로 전계의 접선 성분 $\tilde{E}_{t1}$ 및 $\tilde{E}_{t2}$을 고려하면

$$\oint \tilde{E} \cdot d\tilde{l} = \int \tilde{E}_{t1} \cdot d\tilde{l} - \int \tilde{E}_{t2} \cdot d\tilde{l} = 0$$

이다. 따라서

$$\tilde{E}_{t1} = \tilde{E}_{t2}$$

가 된다. 한편 자계 $\tilde{H}$에 대한 접선 성분을 $\tilde{H}_{t1}$ 및 $\tilde{H}_{t2}$라고 하면

$$\oint \tilde{H} \cdot d\tilde{l} = \int (\tilde{J}_C + \frac{\partial \tilde{D}}{\partial t}) ds = 0$$
$$\oint \tilde{H} \cdot d\tilde{l} = \int \tilde{H}_{t1} \cdot d\tilde{l} - \int \tilde{H}_{t2} \cdot d\tilde{l} = 0$$

에서

$$\tilde{H}_{t1} = \tilde{H}_{t2}$$

가 된다. 여기서 매질 II가 완전 도체라면 도체 내의 전계는 0이 되어야 하기 때문에

$$\tilde{E}_{t1} = 0, \ \tilde{E}_{t2} = 0$$

가 된다. 그리고 도체 내부의 자계 $\tilde{H}_{t2} = 0$가 되고 도체 표면을 고려하면

$$\oint \tilde{H} \cdot d\tilde{l} = \int \tilde{H}_{t1} \cdot d\tilde{l} - \int \tilde{H}_{t2} \cdot d\tilde{l} = \int k \cdot d\tilde{l}$$

으로 표현된다. 여기서 k는 도체 표면의 전하밀도를 나타내며, 따라서 대응관계를 보면

$$\tilde{H}_{t1} = k, \ \tilde{H}_{t2} = 0$$

인 관계가 성립한다. 전자파의 경계 조건에서는 법선 방향은 고려하지 않고 접선 방향만 고려하는데 이는 전계나 자계가 접선 방향으로 유도할 수 있기 때문이다.

12.4 헬름헐쯔(helmholtz) 방정식

다음의 파동 방정식

$$\widetilde{\nabla}^2 \widetilde{E} = \mu\sigma \frac{\partial \widetilde{E}}{\partial t} + \mu\varepsilon \frac{\partial^2 \widetilde{E}}{\partial t^2} \quad \cdots\cdots\cdots \text{①}$$

$$\widetilde{\nabla}^2 \widetilde{H} = \sigma\mu \frac{\partial \widetilde{H}}{\partial t} + \mu\varepsilon \frac{\partial^2 \widetilde{H}}{\partial t^2} \quad \cdots\cdots\cdots \text{②}$$

에 대한 해를 통해서 임의의 시간에 대한 전계와 자계를 구할 수 있다. 그러나 해를 구하는 과정이 다소 복잡하기 때문에 전계와 자계가 시간적으로 변화를 보이는 정현파 신호로 취급해서 방정식을 유도할 수 있다.

여기서 Euler 공식을 적용하면 $e^{jwt} = \cos wt + j\sin wt$이므로 먼저 전계와 자계를

$$\widetilde{E} = E_0 e^{jwt} \, [\mathrm{V/m}]$$

$$\widetilde{H} = H_0 e^{jwt} \, [\mathrm{V/m}]$$

라고 보고 각각에 대해 미분을 행하면

$$\frac{\partial}{\partial t}\widetilde{E} = jwE_0 e^{jwt} = jw\widetilde{E}$$

$$\frac{\partial}{\partial t}\widetilde{H} = jwH_0 e^{jwt} = jw\widetilde{H}$$

이다. 다시 미분을 행하면 ($j^2 = -1$)

$$\frac{\partial^2}{\partial t^2}\widetilde{E} = (jw)^2 E_0 e^{jwt} = -w^2\widetilde{E}$$

$$\frac{\partial^2}{\partial t^2}\widetilde{H} = (jw)^2 H_0 e^{jwt} = -w^2\widetilde{H}$$

가 된다.

따라서 이들을 식 ①, ②에 각각 대입해서 정리하면

$$\widetilde{\nabla}^2 \widetilde{E} = (jw\widetilde{E})\,\mu\,\sigma + (-\,w^2\,\widetilde{E})\,\mu\,\varepsilon$$
$$\widetilde{\nabla}^2 \widetilde{H} = (jw\widetilde{H})\mu\,\sigma + (-\,w^2\,\widetilde{H})\,\mu\,\varepsilon$$

가 된다. 이들을 다시 정리하면

$$\widetilde{\nabla}^2 \widetilde{E} + (w^2\widetilde{E})\mu\varepsilon - (jw\widetilde{E})\mu\sigma = 0$$
$$\widetilde{\nabla}^2 \widetilde{H} + (w^2\widetilde{H})\mu\varepsilon - (jw\,\widetilde{H})\mu\sigma = 0$$

이며, 여기서 $w^2\,\mu\varepsilon\widetilde{E}$로 묶으면

$$\widetilde{\nabla}^2 \widetilde{E} + w^2\mu\varepsilon\left(1 + \frac{\sigma}{jw\varepsilon}\right)\widetilde{E} = 0$$
$$\widetilde{\nabla}^2 \widetilde{H} + w^2\mu\varepsilon\left(1 + \frac{\sigma}{jw\varepsilon}\right)\widetilde{H} = 0$$

가 된다. 이 관계식을 헬름헬쯔 방정식이라고 한다. 헬름헬쯔 방정식에서 알 수 있듯이 도체의 영향은 $\dfrac{\sigma}{w\varepsilon}$에 의해서 결정된다. 따라서 이 방정식에서

$$\varepsilon_e = \varepsilon\left(1 + \frac{\sigma}{jw\varepsilon}\right)$$

라고 할 때 ε_e를 실효 유전율이라고 한다.

- $\dfrac{\sigma}{w\varepsilon} \ll 1$가 되면 전도전류 성분이 없어지므로 완전 부도체에 가깝게 된다.
- $\dfrac{\sigma}{w\varepsilon} \gg 1$가 되면 $\widetilde{\nabla}^2 \widetilde{E} + w^2\mu\varepsilon\left(1 + \dfrac{\sigma}{jw\varepsilon}\right)\widetilde{E} = 0$ 관계에서

$$\widetilde{\nabla}^2 \widetilde{E} = jw\,\mu\,\sigma\,\widetilde{E}$$

가 된다. 여기서 $w\,\mu\sigma$가 크다는 것은 주파수가 극히 높다거나 전도도가 매우 큰 완전 도체를 말한다.

12.5 평면 전자파

전기 이론을 공부하는 경우에 이용되는 기본파로 정현파를 이용하듯이 전자파에서 역시 평면파를 기본적인 파로 취급하게 된다. 일반적으로 말하는 평면파는 전계와 자계의 세기가 각각 전자파의 전파 방향에 수직인 평면 내에서 그 진폭 및 위상이 동등한 전파를 가리키는 것으로 공간상을 전파하는 전자파의 전파 형태는 여러 형태가 존재하는데 여기서 기본적인 형태인 평면파에 대해서 알아보기로 한다.

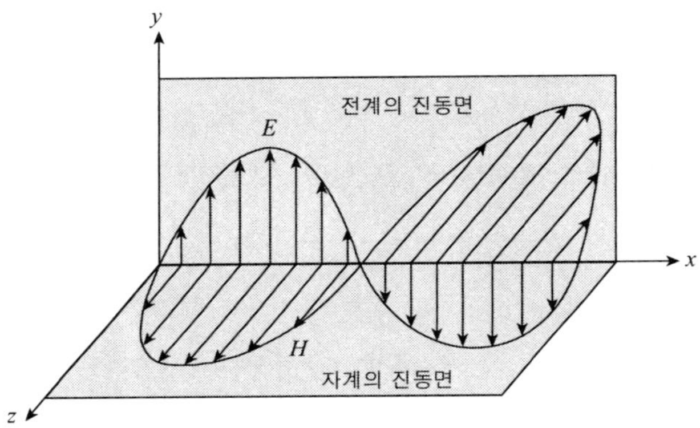

그림 12.3 평면파

평면파를 나타낸 그림에서 전계의 진동면과 자계의 진동면이 서로 직각을 유지하며 각각의 진동면이 파의 진행 방향에 대해서 수직이 되는 파를 평면파라고 한다.

전자파는 횡파이다. 즉, 전계와 자계는 진행 방향에 대해서 직각 방향으로 존재한다.

- 그리고 전파 진행방향에 대해서 수직으로 전계만 나타나는 경우를 TE파라고 한다.
- 자계만 나타나는 경우를 TM파라고 한다.

  즉, 파의 진행방향에 수직으로 존재하는 평면상의 어느 곳이든 전계와 자계가 균일한 파를 평면(전자)파라고 한다.

- 파동의 진행 방향에 대해서 전계 $\widetilde{E}$와 자계 $\widetilde{H}$가 진행하고 있기 때문에 전자파는 횡파이고 이를 TE파(Transverse Electromagnetic wave)라고 한다.

  전자파는 신호가 장거리를 진행하여도 에너지 밀도가 변하지 않으며, 파동의 각 영역이 동일한 방향으로 진행하는 이상적인 파동을 말한다.

■ 평면 전자파의 전계가 대지에 대해 수직으로 진동하는 파를 수직편파라고 한다. 즉, 수직 편파는 라디오 방송 전파와 같이 전계가 대지에 수직인 편파를 말한다.

■ 평면 전자파의 전계가 대지에 대해 수평으로 진동하는 파를 수평 편파라고 한다. 즉, 수평 편파는 TV 방송 전파와 같이 전계가 대지에 수평인 편파를 말한다.

12.5.1 평면파의 파동 방정식

전자파를 수학적으로 해석하기 위해 균일 평면파를 이용하고 있는데 예를 들어 평면 전자파에 대해서 전계에 대한 공간에서의 표현은

$$\widetilde{E} = E_x \tilde{a}_x + E_y \tilde{a}_y + E_z \tilde{a}_z$$

이다. 여기서 x방향으로 전계만($\widetilde{E}_y = \widetilde{E}_z = 0$), y방향으로 자계 성분만 ($\widetilde{H}_x = \widetilde{H}_z = 0$) 나타나므로

$$\frac{\partial \widetilde{E}_x}{\partial z} = -\mu_o \frac{\partial \widetilde{H}_y}{\partial t} \quad \cdots\cdots\cdots \text{①}$$

$$\frac{\partial \widetilde{H}_y}{\partial z} = -\mu_o \frac{\partial \widetilde{E}_x}{\partial t} \quad \cdots\cdots\cdots \text{②}$$

가 된다. 식 ①을 z에 대해 미분한 $\dfrac{\partial^2 \widetilde{E}_x}{\partial z^2} = -\mu_o \dfrac{\partial^2 \widetilde{H}_y}{\partial t^2}$을 식 ②에 대입하면

$$\frac{\partial^2 \widetilde{H}_y}{\partial z^2} = \mu_o \varepsilon_o \frac{\partial^2 \widetilde{H}_y}{\partial t^2}$$

가 된다. 같은 방법으로 식 ②를 z에 대해 미분하고 식 ①에 대입하면

$$\frac{\partial^2 \widetilde{E}_x}{\partial z^2} = \mu_o \varepsilon_o \frac{\partial^2 \widetilde{E}_x}{\partial t^2}$$

가 된다. 이들 미분 방정식을 파동 방정식이라고 한다.

일반적으로 전자파가 z방향으로 진행하는 속도를 v라고 하면 $v = \dfrac{1}{\sqrt{\varepsilon\mu}}$, $v^2 = \dfrac{1}{\varepsilon\mu}$,

$\varepsilon\mu = \dfrac{1}{v^2}$을 이용한 파동 방정식은

$$\frac{\partial^2 \widetilde{E}_x}{\partial z^2} = \frac{1}{v^2}\frac{\partial^2 \widetilde{E}_x}{\partial t^2}$$

$$\frac{\partial^2 \widetilde{H}_y}{\partial z^2} = \frac{1}{v^2}\frac{\partial^2 \widetilde{H}_y}{\partial t^2}$$

와 같은 미분 방정식으로 나타낼 수 있다.

12.5.2 파동 방정식의 해

여기서 미분 방정식의 일반해를

$$\widetilde{E}_x = E_m \sin(wt - \beta z)$$

라고 하면

$$\frac{\partial^2 \widetilde{E}_x}{\partial z^2} = -\beta^2 E_m \sin(wt - \beta z)$$

$$\frac{\partial^2 \widetilde{E}_x}{\partial t^2} = -w^2 E_m \sin(wt - \beta z)$$

가 된다. 이들 관계식을 $\dfrac{\partial^2 \widetilde{E}_x}{\partial z^2} = \mu_o \varepsilon_o \dfrac{\partial^2 \widetilde{E}_x}{\partial t^2}$에 대입하면

$$\beta = w\sqrt{\mu_o \varepsilon_o}$$

가 된다. 여기서 β을 위상 정수라고 한다.

즉, β가 $\beta = w\sqrt{\mu_o \varepsilon_o}$을 만족한다면 $E_x = E_m \sin(wt - \beta z)$는 파동 방정식 $\dfrac{\partial^2 \widetilde{E}_x}{\partial z^2} = \mu_o \varepsilon_o \dfrac{\partial^2 \widetilde{E}_x}{\partial t^2}$의 해가 된다.

여기서 $\widetilde{E}_x = E_m \sin(wt - \beta z)$는 $+z$방향으로 나타낸다면 $-z$방향으로 진행하는

진행파를 반사파라고 하며, z를 $-z$로 바꾸면 $\widetilde{E}_x = E_m \sin(wt + \beta z)$가 된다.

마찬가지 방법으로 자계도 3차원 공간에서

$$\widetilde{H} = H_x \tilde{a}_x + H_y \tilde{a}_y + H_z \tilde{a}_z$$

로 하면 자계에 대한 미분 방정식은 전계에 대한 미분 방정식과 같은 형태를 하고 있으므로 미분 방정식의 일반해는

$$\widetilde{H}_y = H_m \sin(wt - \beta z)$$

로 된다.

따라서 $\widetilde{E_x} = E_m \sin(wt - \beta z)$와 $\widetilde{H}_y = H_m \sin(wt - \beta z)$을 $\dfrac{\partial^2 E_x}{\partial z^2} = \mu_o \varepsilon_o \dfrac{\partial^2 E_x}{\partial t^2}$에 대입하면

$$H_m = \frac{w\varepsilon_o}{\beta} E_m = \sqrt{\frac{\varepsilon_o}{\mu_o}} E_m [\mathrm{A/m}]$$

가 된다. 따라서

$$\widetilde{H}_y = \sqrt{\frac{\varepsilon_o}{\mu_o}} \widetilde{E}_x = \sqrt{\frac{\varepsilon_o}{\mu_o}} E_m \sin(wt - \beta z)$$

가 된다.

여기서 $\sin(wt - \beta z)$는 주기함수이므로 시간 dt 동안에 거리 dz만큼 변화를 하여도 같은 함수가 된다.

즉,

$$\sin(wt - \beta z) = \sin w(t + dt) - \beta(z + dz)$$

가 된다. 이 관계식이 성립하기 위해 두 항을 비교하면

$$wt - \beta z = w(t + dt) - \beta(z + dz)$$

이므로 $w\,dt = \beta dz$가 된다. 여기서 진공중의 전자파의 위상 속도를 v라고 하면

$$v = \frac{dz}{dt} = \frac{w}{\beta} = \frac{w}{w\sqrt{\mu_o \varepsilon_o}} = \frac{1}{\sqrt{\mu_o \varepsilon_o}} [\mathrm{m/s}]$$

가 된다. 여기서 $\varepsilon_o = 8.854 \times 10^{-9}$, $\mu_o = 4\pi \times 10^{-7}$을 적용하면

$$v = C = 3 \times 10^8 [\mathrm{m/s}]$$

이다. 진공 중의 평면 전자파는 광속(C)와 같다. 모든 파는 주파수를 갖기 때문에 $v = f\lambda$로 표현할 수 있다.

따라서 $v = \dfrac{w}{\beta}$와 $v = f\lambda$에서 그리고 $w = 2\pi f$을 적용하면

$$\beta = \frac{w}{v} = \frac{2\pi f}{f\lambda} = \frac{2\pi}{\lambda} [\mathrm{rad/m}]$$

가 된다.

12.5.3 파동 임피던스

일반적으로 회로에서 전류와 전압의 비로 크기가 결정되는 임피던스는 전류의 흐름을 방해하는 요인이라고 하면 공간상을 전파하는 전자파의 경우도 매질 내의 전자파의 흐름을 방해하는 요소를 정의할 수 있는데 이를 매질의 파동 및 고유 임피던스라고 한다. 진행파에 대한 파동 방정식의 해는

$$E_x = E_m \sin(wt - \beta z)$$
$$\widetilde{H}_y = H_m \sin(wt - \beta z)$$

와 같이 표현할 수 있다. 여기서 맥스웰 방정식으로부터 전계와 자계 사이의 관계를 구하면

$$\widetilde{\nabla} \times \widetilde{E} = -\frac{\partial \widetilde{B}}{\partial t} = -\mu \frac{\partial \widetilde{H}}{\partial t}$$
$$\frac{\partial \widetilde{E}_x}{\partial z} = -\mu \frac{\partial \widetilde{H}_y}{\partial t}$$

가 되며 이 식에 파동 방정식의 해 $E_x = E_m \sin(wt - \beta z)$, $\widetilde{H}_y = H_m \sin(wt - \beta z)$을 각각 대입하면

$$-\beta E_m \cos(wt - \beta z) = -\mu w H_m \cos(wt - \beta z)$$

$$E_m = \frac{\mu w}{\beta} H_m$$

가 된다. 여기서 자유 공간에서의 진행파에 대한 전계와 자계에 대한 비례 계수를 고려하면

$$Z_o = \frac{E_x}{H_y} = \frac{E_m}{H_m} = \frac{\mu w}{\beta} = \frac{\mu 2\pi f}{\frac{2\pi}{\lambda}} = \lambda v = \sqrt{\frac{\mu}{\varepsilon}}$$

가 된다. 여기서 비례 상수 Z_0을 매질의 고유 임피던스, 특성 임피던스라고 한다.

이 관계식은 선로의 특성 임피던스 Z_0와 유사한 형태를 보인다.

$$Z_0 = \frac{V}{I} = \sqrt{\frac{L}{C}}$$

따라서 전자파가 진행하는 매질의 파동 임피던스는 매질의 특성인 μ, ε에 의해서 결정됨을 알 수 있다. 여기서 자유 공간에서의 파동 임피던스 Z_0의 크기는

$$Z_0 = \sqrt{\frac{\mu_0}{\varepsilon_0}} = 120\pi \fallingdotseq 377[\Omega]$$

가 된다.

예제 12.1

비유전율 $\varepsilon_s = 81$과 비 투자율 $\mu_s = 1$인 매질 내에서 전계가 $E = 10\sin(wt - \beta z)$인 경우 자계의 크기를 구하여라.

[풀이] 매질 내의 파동 임피던스는

$$Z_o = \sqrt{\frac{\mu}{\varepsilon}} = \sqrt{\frac{\mu_0}{81\varepsilon_0}} = \frac{120\pi}{9} = 41.9[\Omega]$$

이며 자계 $\widetilde{H}$의 크기는

$$\widetilde{H} = \frac{\widetilde{E}}{Z_0} = 0.24\sin(wt - \beta x)$$

가 된다.

12.6 정재파(Standing wave)

12.6.1 정재파 개념

전자파의 파동 방정식을 만족하는 해를 고려하면

(1) (+)방향 진행파

- 정현파의 형태 : $E_x = E_m \sin(wt - \beta z)$
- 지수 함수의 형태 : $E_x = E_m\, e^{j(wt - \beta z)}$

(2) (−)방향 반사파

- 정현파의 형태 : $E_x = E_m \sin(wt + \beta z)$
- 지수 함수의 형태 : $E_x = E_m\, e^{j(wt + \beta z)}$

이며, 전자파의 파동방정식을 만족하는 해를 고려하면 진행파와 반사파의 합으로 표현된다.

(3) 합성파

- 정현파의 형태 : $E_x = E_m \sin(wt - \beta z) + E_m \sin(wt + \beta z)$
- 지수 함수의 형태 : $E_x = E_m\, e^{j(wt - \beta z)} + E_m\, e^{j(wt + \beta z)}$

여기서 서로 다른 두 매질이 경계면에서 전자파가 발산되는 경우 진행파와 반사파가 공존하는 경우를 고려하면

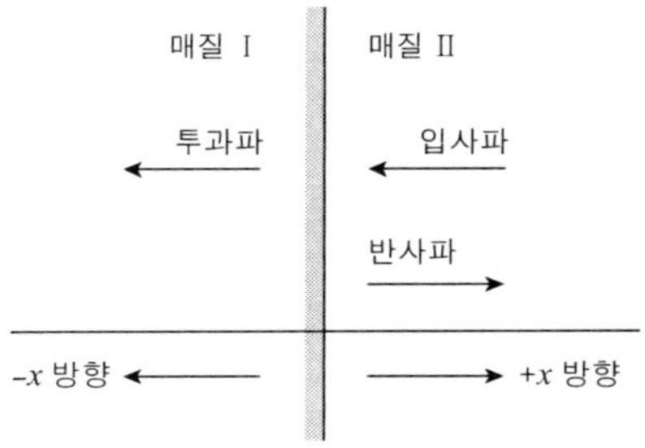

그림 12.4 전자파의 진행과 반사 및 투과

이며, 진행파, 반사파 그리고 투과파는 동일한 주파수와 파장을 지닌다. 그림 12.4에서 진행파는 $-x$ 방향으로 진행하므로

$$E_x^+ = E_m^+ \sin(wt + \beta z) \; (E_m^+ \text{ 은 진행파의 진폭})$$

라고 하면 반사파의 경우 $+x$ 방향으로 진행하므로

$$E_x^- = E_m^- \sin(wt - \beta z + \theta)$$

으로 표현된다. 여기서 E_m^- 은 반사파의 진폭을, θ는 진행파와 반사파의 위상차를 나타내는 것이다. 따라서 진행파와 반사파가 공존하는 경우 전계는

$$\widetilde{E} = E_x^+ + E_x^- = E_m \sin(wt + \beta z) + E_m \sin(wt - \beta z + \theta)$$

가 된다. 만일에 매질 2가 완전 도체라고 하면 전자파는 반사만 발생하게 되므로 진행파와 반사파는 크기는 같고 위상이 반전되므로

$$E_x^+ = E_x^-$$
$$\theta = 180°$$

이므로 합성 전계의 크기는

$$\widetilde{E} = 2E_x^+ \cos wt \sin \beta z$$

가 된다.

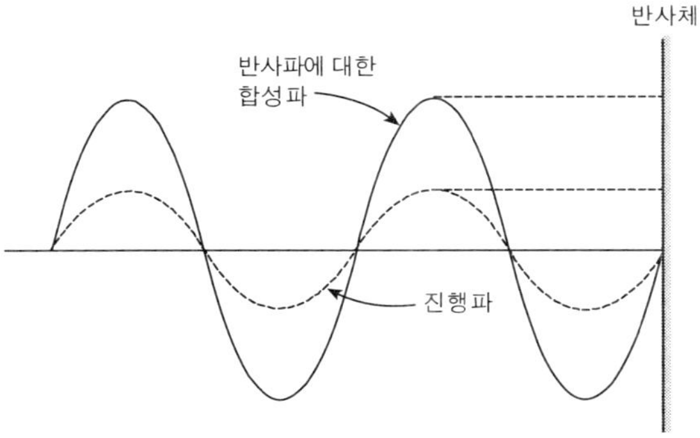

그림 12.5 완전 반사의 경우에 대한 정재파

완전 반사의 경우 진행파와 반사파에 대한 합성파가 마치 파가 정지하고 있는 것처럼 보인다고 하여 이를 정재파라고 한다.

12.6.2 정재파비(SWR, Standing Wave Ratio)

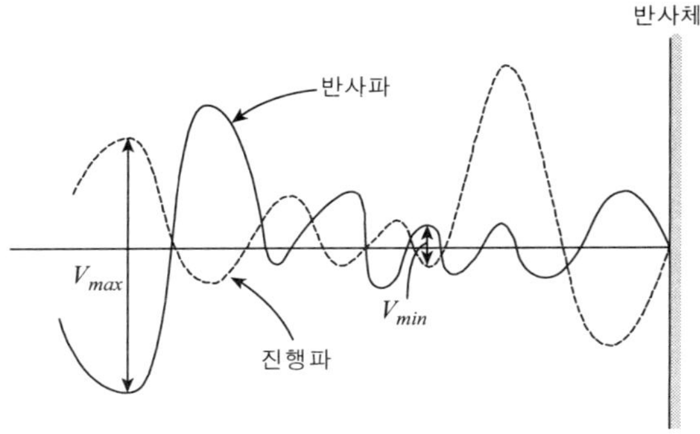

그림 12.6 반사파 일부가 발생하는 경우

진행파 일부가 투과되고 일부가 반사되는 경우 진행파와 반사파에서 볼 수 있는 정재파에포락선의 최대값 $V_{\max}$과 최소값 $V_{\min}$의 비를 이용하여 정재파비를 S로 정의하고 있다.

$$S = \frac{V_{\max}}{V_{\min}} = \frac{E_m^+ + E_m^-}{E_m^+ - E_m^-}$$

여기서

- 반사파가 존재하지 않은 경우에는 $E_m^- = 0$이므로 $S = 1$
- 완전 전반사파의 경우는 $E_m^+ = E_m^-$가 되어 $S = \infty$가 된다.

따라서 정재파비의 범위는

$$1 \leq SWR \leq \infty$$

이며, 반사가 클수록 정재파비 S는 커지게 된다.

12.6.3 반사계수, Γ

반사계수는 진행파와 반사파의 비례 상수로

$$\Gamma = \frac{E_m^+}{E_m^-} = \frac{1-S}{1+S}$$

가 된다.

Book Cafe

선로의 특성임피던스 Z_0와 부하 임피던스 Z_L의 크기를 이용하여 반사 계수 Γ를 정의하면

$$\Gamma = \frac{Z_L - Z_0}{Z_L + Z_0}$$

이며, 이를 이용하여 정재파비 S를 나타내면

$$S = \frac{1+\Gamma}{1-\Gamma}$$

가 된다. 여기서 정합(Impedance matching)이 되는 경우 $Z_0 = Z_L$이므로 $\Gamma = 0$, $S = 1$이 된다.

12.6.4 투과계수

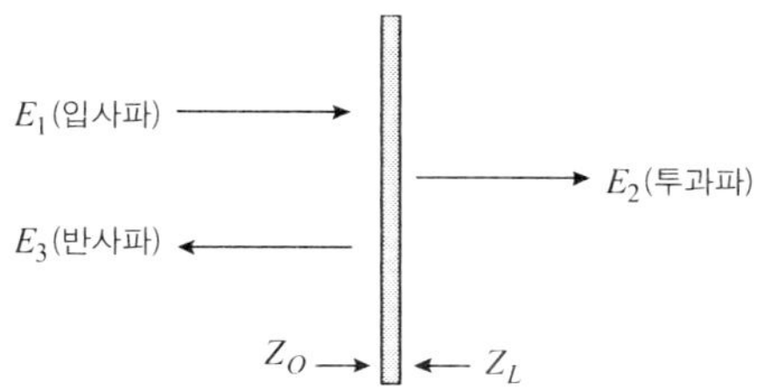

그림 12.7

$$\text{투과계수} = \frac{E_2}{E_1} = \frac{2Z_L}{Z_0 + Z_L}$$

12.7 Poynting 전력(정리)

12.7.1 전자파의 에너지

정 전계 이론에서 알 수 있듯이 전계 $\widetilde{E}$가 존재하는 공간에서는 에너지를 가지고 있다. 즉, 단위 체적 당 존재하는 에너지인 전계 에너지 밀도 W_e는

$$W_e = \frac{1}{2}\varepsilon\widetilde{E}^2\,[\mathrm{J/m^3}]$$

가 존재하며, 같은 방법으로 자계가 존재하는 공간에서는 자계 에너지 W_m가

$$W_m = \frac{1}{2}\mu\widetilde{H}^2\,[\mathrm{J/m^3}]$$

존재한다. 그리고 전계와 자계가 동시에 존재하는 정자계의 에너지 밀도 W는

$$W = \text{전계에너지} + \text{자계에너지}$$

$$W = W_e + W_m = \frac{1}{2}(\varepsilon\widetilde{E}^2 + \mu\widetilde{H}^2)\,[\mathrm{J/m^3}]$$

가 된다. 전자파가 매질을 진행하는 경우에 전계와 자계 사이의 관계식

$$\frac{\widetilde{E}}{\widetilde{H}} = \sqrt{\frac{\mu}{\varepsilon}}$$

을 보이므로 자계 에너지 밀도 W_m는

$$W_m = \frac{1}{2}\mu\widetilde{H}^2 = \frac{1}{2}\mu\left(\frac{\varepsilon}{\mu}\widetilde{E}^2\right) = \frac{1}{2}\varepsilon\widetilde{E}^2 = W_e$$

가 되어 전계의 에너지 밀도와 같게 된다.

12.7.2 Poynting 정리

전파가 공간을 전파한다는 것은 일종의 에너지의 이동이라고 할 수 있고, 전자파가 공간을 전파한다는 것은 에너지가 공간을 통하여 전달되는 것이라고 할 수 있다. 여기서 맥스웰 방정식에 벡터 공식 및 발산의 정리를 이용하여 전자파에 대한 에너지 보존식을 정리하면

$$W = \oint (\widetilde{E} \times \widetilde{H})\, dS = -\frac{\partial}{\partial t}\int \left(\frac{1}{2}\varepsilon \widetilde{E}^2 + \frac{1}{2}\mu \widetilde{H^2}\right) dv$$

이며, 이 관계식을 Poynting 정리라고 한다. 여기서 에너지 보존 법칙이라고 하는 것은 즉, Poynting 정리를 설명하는 것으로 전자파가 존재하는 공간상의 임의 체적 내에서 전자파 에너지가 감소하는 양은 그 체적으로 둘러싸인 폐곡면을 뚫고 나오는 에너지와 같다는 것을 설명하는 것이다. 여기서 좌변은 폐곡면을 통해 빠져 나가는 전체 전력을 나타내는 것이며, 우변은 전자파 에너지의 시간적 감소율을 의미한다.

12.7.3 Poynting 전력, $\widetilde{P}_0$

전파는 공간에 멈추고 있는 것이 아니고 움직이기 때문에 단위 시간에 단위 면적을 통과하는 전파 에너지를 구하는 것이 포인팅 전력이라고 할 수 있다. 즉, 단위면적당 투과 전력의 세기를 말한다.

여기서 포인팅 벡터에 대한 단위에 대해서 정리하면

$$[\widetilde{P}] = [\widetilde{E}][\widetilde{H}] = [\mathrm{V/m}][\mathrm{A/m}] = [\mathrm{Watt/m^2}]$$

이며,

$$\left[\frac{\mathrm{J}}{\mathrm{m}^3}\right] \times \left[\frac{\mathrm{m}}{\mathrm{t}}\right] = \left[\frac{\mathrm{Watt}}{\mathrm{m}^2}\right]$$

여기서 첫 번째 항은 시간 개념이 없으며 이에 대해 속도 $v = \dfrac{m}{t}$ 을 곱하여 시간적인 개념을 갖도록 하였다. 즉,

$$\varepsilon \widetilde{E}^2 \times \frac{1}{\sqrt{\varepsilon\mu}} = \sqrt{\frac{\varepsilon}{\mu}}\,\widetilde{E}^2 = \frac{\widetilde{E}^2}{Z_0}$$

가 된다. 따라서

$$\widetilde{P}_0 = \widetilde{E} \times \widetilde{H} = \frac{\widetilde{E}^2}{120\pi}[\mathrm{Wb/m^2}]$$

인 관계를 보이게 되며, 전자계 내의 한 점 P을 통과하는 에너지 흐름의 면적밀도를 표시하는 벡터를 의미한다.

포인팅 벡터는 항상 (+)값을 가지게 되는데 이는 에너지 흐름이 한 쪽 방향으로 존재한다는 것을 의미한다.

실제 포인팅 전력은 전원(송신 안테나)에서 부하(수신 안테나)로 흐르게 된다. 그리고 포인팅 전력을 공간에서 더한 복사 전력 P_r의 크기는

$$P_r = \int P_0\, dv\ [\mathrm{W}]$$

가 된다.

예제 12.2

비투자율 $\mu_r = 4$인 무손실 유전체에서 자계의 세기가 $\widetilde{H} = 2\cos(6\cdot 10^7 t - 2z)\tilde{a}y$ $[\mathrm{A/m}]$일 때 포인팅 벡터 $\widetilde{P}[\mathrm{Watt/m^2}]$의 최대값은? (단, 자유공간에서 전파속도는 $3\times 10^8[\mathrm{m/sec}]$이다.)

[풀이] 직문제에서 포인팅 벡터 $\widetilde{P} = \widetilde{E} \times \widetilde{H} = EH$를 구하는 것으로 주어진 자계를 이용해서 전계 $\widetilde{E}$의 크기를 구하면

$$Z_0 = \frac{\widetilde{E}}{\widetilde{H}} = \sqrt{\frac{\mu}{\varepsilon}} = \sqrt{\frac{4}{\varepsilon_r}} \times 120\pi$$

이다. 여기서 미지의 ε_r의 크기를 구하기 위해서 파동방정식을 이용한다.

$$\widetilde{\nabla}^2 \widetilde{H} = \varepsilon\mu \frac{\partial^2 \widetilde{H}}{\partial t^2}\ (\text{파동방정식})$$

문제에서 주어진 자계 $\widetilde{H}$에 대해서 파동방정식을 적용하면

$$\widetilde{H} = \varepsilon_r \times 4 \times \frac{1}{(3\times 10^8)^2} \times 36 \times 10^{14}$$

$$\varepsilon_r = 25$$

이를 $Z_0 = \sqrt{\dfrac{4}{\varepsilon_r}} \times 120\pi = \sqrt{\dfrac{4}{25}} \times 120\pi = 48\pi$ 이며,

$$Z_0 = \frac{\widetilde{E}}{\widetilde{H}} = 48\pi \text{ 에서 } \widetilde{E} = 48 \times \widetilde{H} = 48 \times 2 = 96\pi$$

따라서 포인팅 벡터의 크기는 $\widetilde{P} = EH = 96\pi \times 2 = 192[\mathrm{W/m^2}]$

▶▶▶ 연습문제

01 전자파에 대해 간단히 설명하여라.

해설 전자파는 자유 공간에서 진행 방향으로 전계와 자계가 동시에 존재하는 횡파이다. 전자파의 진향 방향은 $\tilde{E}\times\tilde{H}$ 방향과 같다.

02 진공에 전파가 전파될 때 투자율에 대해서 설명하여라.

해설 진공 중의 전자파의 진행 속도[m/sec]는 빛의 속도 C_0와 같다.

즉, $C_0 = \dfrac{1}{\sqrt{\varepsilon_0\mu_0}} = 3\times10^8$[m/sec]이므로 진공 중의 투자율 μ_0는

$$\mu_0 = \frac{1}{\varepsilon_0\, C_0^2}$$

가 된다.

03 진공에서의 전자파의 파장 λ가 15[m]인 경우 전자파의 주파수는?

해설 전자파 이동 속도 $v=c=3\times10^8$ [m/sec] 이다. 모든 파는 주파수 f를 갖으며, 주파수 f와 파장 λ의 곱은 광속으로 일정하다. 즉, $f\lambda = C$이다. 여기서 주파수의 크기는

$$f = \frac{C}{\lambda} = \frac{3\times10^8}{15} = 2\times10^7\,[\text{Hz}]$$

가 된다.

04 유전율 $\varepsilon = 8.855\times10^{-12}$ [F/m]인 진공 중을 전자파가 전파할 때 진공 중의 투자율은?

해설 진공 중의 전자파의 속도

$$v = \frac{1}{\sqrt{\varepsilon_0\mu_0}} = 3\times10^8\,[\text{m/s}]$$

관계식에서 투자율의 크기는

$$\mu_0 = \frac{1}{\varepsilon_0 v^2} = \frac{1}{8.855\times10^{-12}\times(3\times10^8)^2} = 12.56\times10^{-7}[\text{H/m}]$$

가 된다.

05 자계 실효값이 2[mA/m]인 평면 전자파가 단면적이 10[m^2]인 단면이 수직으로 통과하는 전력[W]의 크기를 구하여라.

해설 포인팅 전력 P는 $P=EH$[W/m^2]이다. 여기서 임피던스

$Z_o=\dfrac{E}{H}=\sqrt{\dfrac{\mu}{\varepsilon}}$ 에서 $E=\sqrt{\dfrac{\mu}{\varepsilon}}H$와 $H=2$[mA/m]$=2\times10^{-3}$[A/m]을 이용한다.

그리고 공간상에서의 전력 W는 $W=\int \tilde{P}ds=PS$이므로 단면에 수직으로 통과하는 전력은

$$W=PS=EHS=\sqrt{\frac{\mu}{\varepsilon}}H^2S=377\times(2\times10^{-3})^2\times10=1.5\times10^{-2}\,[\mathrm{W}]$$

가 된다.

06 전계 $\tilde{E}=\sqrt{2}E_e\sin\omega\left(t-\dfrac{z}{V}\right)$[V/m]의 평면 전자파가 있다. 진공 중에서의 자계의 실효값[AT/m]의 크기를 구하여라.

해설 $\eta_0=\dfrac{\tilde{E}}{\tilde{H}}=\sqrt{\dfrac{\mu_0}{\varepsilon_0}}=120\pi=377\,[\Omega]$

$H=\dfrac{E}{\eta_0}=\dfrac{1}{377}E_e=2.65\times10^{-3}E_e$

07 자유 공간에서의 고유 임피던스에 대해 설명하여라.

해설 고유 임피던스, 파동 임피던스는 임의의 순간에서의 전계와 자계의 비례를 말한다.

$$Z_0=\frac{\tilde{E}}{\tilde{H}}=\sqrt{\frac{\mu_o}{\varepsilon_o}}\sqrt{\frac{\mu_S}{\varepsilon_S}}=120\pi\sqrt{\frac{\mu_S}{\varepsilon_S}}=377\sqrt{\frac{\mu_S}{\varepsilon_S}}\,[\Omega]$$

자유 공간의 고유(파동, 특성)임피던스 Z_0는

$$Z_0=\sqrt{\frac{\mu_o}{\varepsilon_o}}=120\pi=377\,[\Omega]$$

이다.

08 전계 $\tilde{E}=\sqrt{2}E_e\sin\omega\left(t-\dfrac{z}{V}\right)$[V/m]의 평면 전자파가 있다. 진공 중에서의 자계의 실효값[AT/m]의 크기를 구하여라.

해설 특성 임피던스의 크기는

$$Z_0 = \frac{E}{H} = \sqrt{\frac{\mu_0}{\varepsilon_0}} = 120\pi = 377\,[\Omega]$$

이며, 이를 이용하여 자계의 실효값을 구하면

$$H = \frac{E}{Z_0} = \frac{1}{377}E_e = 2.65 \times 10^{-3}E_e$$

으로 나타낼 수 있다.

09 **내부 도체의 반지름 a[m], 외 반지름 b[m]인 동축 cable에서 도체 사이의 유전율 ε[F/m], 투자율 μ[H/m]인 경우의 선호의 특성 임피던스 Z_0를 구하여라.**

해설 동축케이블에 볼 수 있는 정전용량의 크기와 인덕턴스의 크기를 고려하면

- 동축 케이블의 정전용량 $C = \dfrac{2\pi\varepsilon}{\ln\dfrac{b}{a}}$[f]
- 동축 케이블의 인덕턴스 $L = \dfrac{\mu}{2\pi}\ln\dfrac{b}{a}$[H]

이며, 이 관계식을 $Z_0 = \sqrt{\dfrac{L}{C}}$ 에 적용하면

$$Z_0 = \frac{1}{2\pi}\sqrt{\frac{\mu}{\varepsilon}}\log\frac{b}{a} = \frac{1}{2\pi}\sqrt{\frac{\mu}{\varepsilon}}\ln\frac{b}{a} = 138\sqrt{\frac{\mu_S}{\varepsilon_S}}\log\frac{b}{a}\,[\Omega]$$

가 된다.

10 **안지름 1[mm], 바깥지름 10[mm]인 동축 케이블에서 내부 도체와 외부 도체 사이에 폴리에틸렌($\varepsilon_r = 2.3,\ \mu_r = 1$)을 채웠을 때의 특성 임피던스[$\Omega$]를 구하여라.**

해설 동축 케이블의 특성 임피던스를 구하기 위하여 동축 케이블의 정전용량 $C = \dfrac{2\pi\varepsilon}{\ln\dfrac{b}{a}}$, 인덕턴스 $L = \dfrac{\mu}{2\pi}\ln\dfrac{b}{a}$ 관계를 이용하여 특성 임피던스를 계산하면

$$Z_0 = \sqrt{\frac{L}{C}} = \frac{1}{2\pi}\sqrt{\frac{\mu}{\varepsilon}}\ln\frac{b}{a}\,[\Omega]$$

$$= \frac{1}{2\pi}377\sqrt{\frac{\mu_s}{\varepsilon_s}}\ln\frac{b}{a} = 138\sqrt{\frac{\mu_s}{\varepsilon_s}}\log\frac{b}{a}\,[\Omega]$$

$$= \frac{1}{2\pi}\times 377\times\sqrt{\frac{\mu_s}{\varepsilon_s}}\ln 10 = \frac{1}{2\pi}\times 377\times\sqrt{\frac{1}{2.3}}\ln 10 = 91\,[\Omega]$$

으로 구해진다.

11 100[KW]의 전력을 전자파 형태로 사방에 균일하게 복사하는 안테나에서 10[Km]에 위치한 곳의 전계의 세기를 계산하여라.

해설 10[Km]에 위치한 곳의 포인팅 전력을 구하는데 여기서 포인팅 전력은 면적당 전력의 세기이므로

$$P_o = \frac{\text{전력}}{\text{면적}} = \frac{100 \times 10^3}{4\pi \times (10 \times 10^3)^2} = 0.0796 \times 10^{-3}[\text{W/m}^2]$$

이며, 여기서 전계의 세기를 구하기 위해서 $\widetilde{P_0} = \widetilde{E} \times \widetilde{H} = \dfrac{\widetilde{E}^2}{120\pi}$ [Wb/m^2] 관계식에서

$$\widetilde{E} = \sqrt{120\pi \cdot P_0} = \sqrt{120\pi \times 0.0796 \times 10^{-3}} = 0.173[\text{V/m}]$$

으로 구할 수 있다.

12 100[kW]의 전력을 전자파의 형태로 사방에 균일하게 방사하는 전원이 있다. 전원에서 10[km]거리인 곳에서의 전계의 세기[V/m]는?

해설 사방에 균일하게 방사하는 전원에서 10[km] 떨어진 곳의 포인팅 전력 $\widetilde{P}$는

$$P = \frac{100 \times 10^3}{4\pi \times (10 \times 10^3)^2} = 0.0796 \times 10^{-3}[\text{W/m}^2]$$

포인팅 전력 $\widetilde{P}$ 는 $\widetilde{P_0} = \widetilde{E} \times \widetilde{H} = \dfrac{\widetilde{E}^2}{120\pi}$ [Wb/m^2]이므로

$$\widetilde{E} = \sqrt{120\pi \cdot P} = \sqrt{120\pi \cdot 0.0796 \times 10^{-3}} = 0.173[\text{V/m}]$$

가 된다.

13 도전성이 없고 유전율과 투자율이 일정하며, 전하 분포가 없는 균질 완전 절연체 내에서 전계 및 자계가 만족하는 미분 방정식의 형태는? (단, $\alpha = \sqrt{\varepsilon\mu}$, $v = \dfrac{1}{\sqrt{\varepsilon\mu}}$)

해설 $\nabla \times E = -\dfrac{\partial B}{\partial t} = -\mu_0 \dfrac{\partial H}{\partial t}$ ········· ①

$\nabla \times H = \dfrac{\partial D}{\partial t} = \varepsilon_0 \dfrac{\partial E}{\partial t}$ ········· ②

②식에 대해서 curl을 취하면

$$\nabla \times \nabla \times H = \nabla \times \left(\varepsilon_0 \frac{\partial E}{\partial t}\right)$$

이며 여기서 좌변에 대해서 정리하면

$$\nabla \times \nabla \times H = \text{grad}(\text{div}\, H) - \nabla^2 H$$

이며 여기서 $\mathrm{div}\,H$는 항상 0이므로 $-\nabla^2 H$ 만 존재하고 우변을 정리하면

$$\nabla \times \left(\varepsilon_0 \frac{\partial E}{\partial t}\right) = \varepsilon_0 \frac{\partial}{\partial t}(\nabla \times E) = \varepsilon_0 \frac{\partial}{\partial t}\left(-\mu_0 \frac{\partial H}{\partial t}\right) = -\varepsilon_0 \mu_0 \frac{\partial^2 H}{\partial t^2}$$

가 된다. 따라서 좌변 = 우변이므로

$$\nabla^2 H = \varepsilon_0 \mu_0 \frac{\partial^2 H}{\partial t^2}$$

이고 $v = \frac{1}{\sqrt{\varepsilon_0 \mu_0}}$ 인 관계를 적용하면

$$\nabla^2 H = \frac{1}{v^2} \frac{\partial^2 H}{\partial t^2}$$

가 된다.

Chapter 13 안테나

13.1 전자파(electromagnetic wave) 이론

13.1.1 전파의 개요

(1) 전파의 기본적인 성질

■ **전파는 횡파이며, 평면파이다.**

여기서 평면파는 공중선으로부터 방사된 전파는 공중선 부근에서는 구형파이지만 먼 거리에서는 평면파가 된다.

평면파는 진행 방향에 대해서 전계 $\overline{E}$와 자계 $\overline{H}$가 서로 90°를 이룬다.

전자파는 전계와 자계가 같은 위상으로 시간과 더불어 변화하면서 진행하는 파동으로 흔히 전파라고 부른다.

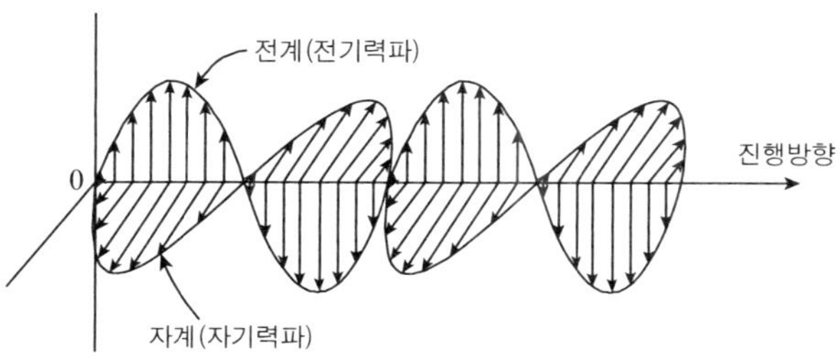

그림 13.1 전자파

여기서 횡파는 전계 $\overline{E}$와 자계 $\overline{H}$의 진동 방향과 $\overline{E}$와 $\overline{H}$가 만드는 전파의 진행 방향이 서로 다른 파를 말한다.

■ **자유 공간에서의 파동 방정식에 의한 전파의 속도, v**

자유 공간에서의 전파 속도는 다음과 같이 매질의 유전율 ε_s과 투자율 μ_s에 의해서 결정된다.

$$v = \frac{1}{\sqrt{\varepsilon\mu}} = \frac{1}{\sqrt{\varepsilon_0\mu_0}} \cdot \frac{1}{\sqrt{\varepsilon_s \cdot \mu_s}} = \frac{C}{\sqrt{\varepsilon_s \cdot \mu_s}}$$

여기서 $\frac{1}{\sqrt{\varepsilon_0 \mu_0}} = 3 \times 10^8 [\mathrm{m/s}] = C$이며, 공기 중이라면 $\varepsilon_s = \mu_s = 1$이므로 $v = C$ (즉, 자유 공간에서의 속도는 빛의 속도와 같다.)이다.

■ Maxwell 방정식(전자파의 기초 방정식)

변화하고 있는 자계는 전계를 발생하고, 반대로 변화하고 있는 전계는 자계를 발생한다는 것이 Maxwell 방정식이다.

- Ampere의 주회 법칙 : 전류의 방향과 전류에 의해 자계의 방향을 결정하는 법칙으로 전류가 오른 나사의 진행 방향으로 흐르면 자계는 그 나사의 회전 방향으로 발생하게 되는 법칙을 말한다.

$$\overline{\nabla} \times \overline{H} = \overline{J} + \frac{\partial \overline{D}}{\partial t} \quad \text{(Maxwell의 제 1방정식)}$$

여기서 $\overline{J}$는 전도 전류, $\frac{\partial \overline{D}}{\partial t}$는 변위 전류를 나타낸다. 즉, 암페어 법칙은 시간적으로 변화하는 전계 주위에는 자계의 회전을 만든다.

- Faraday의 전자 유도 법칙 : 파라데이 전자 유도 법칙은 자속 밀도 $\overline{B}$가 시간적 변화하면 그 주위에는 전계의 회전을 만든다.

$$\overline{\nabla} \times \overline{E} = -\frac{\partial \overline{B}}{\partial t} \quad \text{(Maxwell의 제 2방정식)}$$

- Gauss 법칙(전속 정리)

  $\overline{\nabla} \cdot \overline{D} = \rho$ (전속 밀도의 발산은 전하 밀도와 같다)

- Gauss 법칙(자계)

  $\overline{\nabla} \cdot \overline{B} = 0$ (자속 밀도의 발산은 항상 0이다)

■ 전파는 빛의 성질과 유사하다.

전파는 장애물이 없으면 직진성을 지니며, 반사성, 굴절성, 간섭성, 회절성(주파수가 낮을수록 회절성이 강하다)을 지니며, 전반사, 감쇠와 편파가 발생한다.

13.2 급전선(Feeder Cable)

13.2.1 급전선의 개요

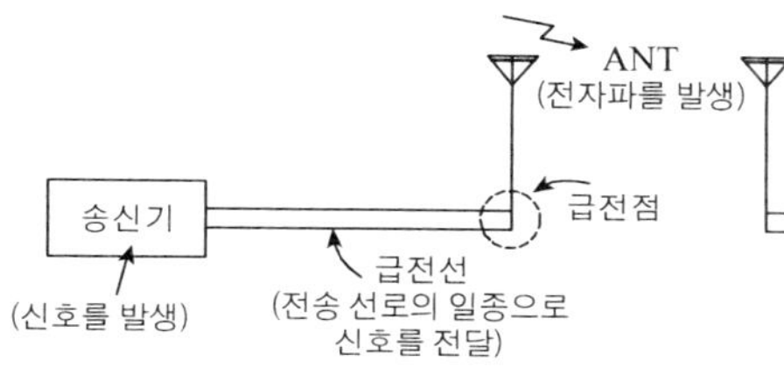

그림 13.2

송신기의 출력 단자 또는 수신기의 입력 단자 사이와 안테나를 접속하여 송신과 수신 전력을 전송하기 위한 고주파 선로 즉, 안테나와 송수신 사이를 연결하여 전력을 전송하기 위한 고주파 전송 선로를 급전선(feeder)이라고 한다.

13.2.2 급전선의 필요조건

급전선은 급전선 자체에서 전파 방사가 없어야 하며 송신용일 때는 누설이 적고, 수신용일 때는 잡음이 적어야 한다. 또한 유도 장해가 일어나지 않아야 하며, 송신에서 절연내력이 커야 하는 조건을 필요로 한다.

여기서 급전선이 지녀야할 조건을 요약 정리하면 다음과 같은 내용을 들 수 있다.

- 발생된 신호를 제대로 전달할 수 있어야 한다. 즉, 전송 효율이 우수해야 한다.
- 전송 선로로 단위 길이 당 가지고 있는 저항값인 특성 임피던스 Z_0가 적당해야

한다. 왜냐하면 $Z_R = Z_0$ 관계를 만족하기 위해 부하저항 Z_R이 너무 작으면 전압원을 걸기가 곤란하며, Z_R이 너무 크면 전류원을 걸기가 어렵기 때문이다.

- 송신 전력이 클 경우 전송 선로가 파괴되는 일이 발생되지 않도록 하기 위해 내력이 커야 한다.
- 유도 방해를 주지도 받지도 않아야 한다.
- 저가이면서 설치와 보수가 용이해야 한다.

13.2.3 급전선의 종류와 특징

여기서 이용되는 급전선의 형태를 구분하면

- 사용 주파수에 따라 평행 2선식, 평행 4선식, 동축식(동축 케이블), 차폐 평행 2선식(선이 2개 들어 있는 케이블) 등이 있으며,
- 동작상의 분류에 의하면 동조 급전선과 비동조 급전선으로 구분된다.

  여기서 다시 동조 급전은 급전 형식에 따라 전압 급전과 전류 급전 등으로 분류된다.

(1) 평행 2선식

도선 2조를 평행으로 가설한 형태로 무선의 고주파 선로에서 사용되는 급전선으로 여기서 평행이란 선로의 두께, 재질, 내부의 신호원 등이 동일한 것으로 말하며, 만일 신호원이 같지 않으면 유도 방해가 발생하게 된다.

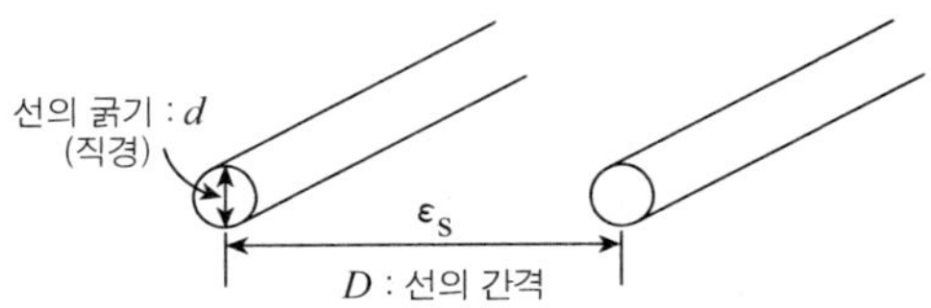

그림 13.3 평행 2선식 급전선

평행 2선식의 내부 파라미터로 나타나는 인덕턴스 L, 콘덴서 C 그리고 특성임피던스 Z_0를 각각 고려하면

■ $L = \frac{\mu_0}{\pi} log_e \frac{2D}{d}$ [H/m]

■ $C = \frac{\pi \varepsilon_s \varepsilon_0}{\log_e \frac{2D}{d}}$ [F/m]

■ $Z_0 = \sqrt{\frac{L}{C}} = \frac{1}{\pi} \frac{1}{\sqrt{\varepsilon_s}} \sqrt{\frac{\mu_0}{\varepsilon_0}} \log_e \frac{2D}{d}$ [Ω]

여기서 $\sqrt{\mu_0/\varepsilon_0}$ 는 자유 공간에서의 파동 임피던스($120\pi = 377$[Ω])을 말한다.

■ $\varepsilon_s = 1$(진공)일 경우

$$Z_0 = 120\log_e \frac{2D}{d} = 120 \frac{\log_{10} \frac{2D}{d}}{\log_{10} e} = 276\log_{10} \frac{2D}{d} \, [\Omega]$$

Z_0는 약 200~500[Ω]으로 동축 급전선의 경우 보다 특성 임피던스가 높으며, 특성 임피던스는 선의 간격과 굵기에 의해서 결정됨을 알 수 있다.

■ 외부의 영향이 크며, 건설비가 적고 고정 수리가 용이하지만 조정하는 것이 어렵고 단파대 이하 주파수 대역에서 주로 송신용으로 이용된다.

Book Cafe

결합을 위해서 보통 정합 트랜스(Matched transformer)를 사용하게 되는데 이는 급전선 상에서 발생하게 되는 정재파를 축소하거나 제거할 목적으로 이용된다.

즉, 정합 트랜스를 사용하여 임피던스가 매칭 되면 급전선상에 반사파가 없으며 진행파만 존재하게 되므로 손실이 적고 효율적으로 전파가 수상기에 공급된다.

예를 들면 TV 수상기에서 이용되는 안테나가 받은 전력을 손실 없이 전송하는 조건으로 안테나의 복사 저항과 급전선의 임피던스 및 수상기의 안테나 코일의 임피던스가 서로 같아야 한다.

즉, 안테나의 복사 저항과 급전선의 임피던스 및 수상기의 입력 임피던스가 서로 같아 임피던스 정합이 이루어져야 한다.

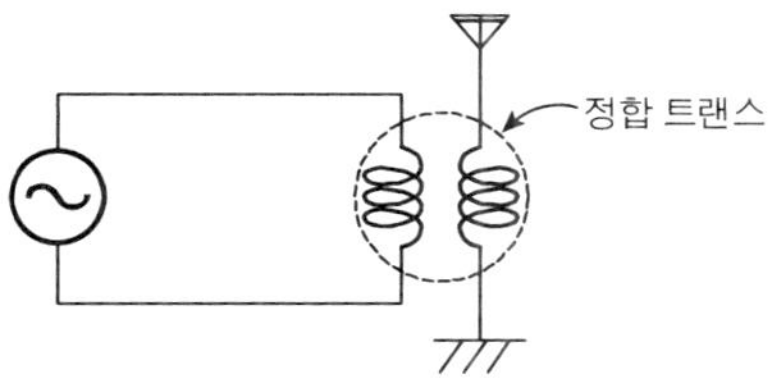

그림 13.4 정합 트랜스의 이용 예

(2) 동축 케이블(Coaxible Cable)

비동조 급전선의 한 형태 즉, 동축 케이블은 불평형 선로에서 사용되는 급전선이다. 구조는 외부도체에 접지하고 내부 도체에 왕복 전류가 흐르도록 급전한다. 그러나 대 전력을 전송하는 경우에는 케이블내의 절연체 성분 때문에 손실이 커서 거의 사용하지 않는다.

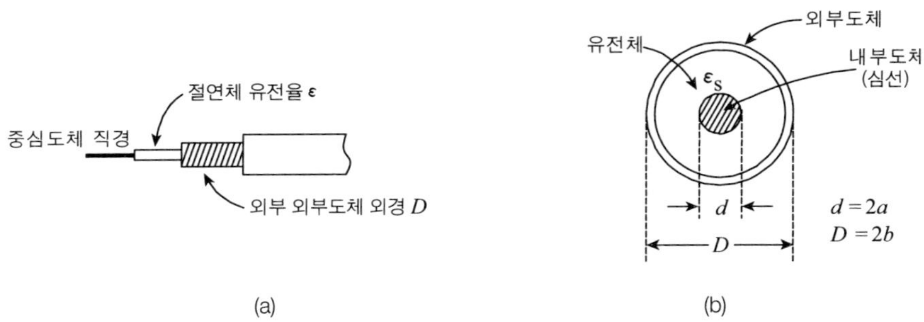

그림 13.5 동축 케이블 급전선

- $L = \frac{\mu_0}{2\pi}\log_e\frac{D}{d}[\text{H/m}]$
- $C = \dfrac{2\pi\varepsilon_s\varepsilon_0}{\log_e\dfrac{D}{d}}[\text{F/m}]$
- $Z_0 = \sqrt{\frac{L}{C}} = \frac{60}{\sqrt{\varepsilon_s}}\log_e\frac{D}{d} = \frac{138}{\sqrt{\varepsilon_s}}\log_{10}\frac{D}{d} = 20 \sim 80[\Omega]$
  - 여기서 외부 도체의 외경 D와 내부 도체의 내경 d의 비 $\frac{D}{d} \fallingdotseq 3.6$인 경우 최소 손실 조건을 만족하게 된다.
  - $\varepsilon_s = 1$(진공 중) 경우 특성 임피던스는 $Z_0 \fallingdotseq 77[\Omega]$이며, $\varepsilon_s = 2.23$(폴리에틸렌)인 경우는 $Z_0 \fallingdotseq 55[\Omega]$가 된다.
- 외부 도체가 차폐역할을 하기 때문에 방사 손실과 외부 전파의 영향을 받지 않는다.
- 소 전력에서도 내부 도체의 열 손실이 커서 방열이 나쁘며, 주로 중파대, 단파대의 주파수 영역에서 고정용 수신용 급전선으로 사용된다.

표 13.1 각 급전선의 특성 임피던스

명 칭	단 면 도	특성 임피던스[Ω]
단전식 급전선	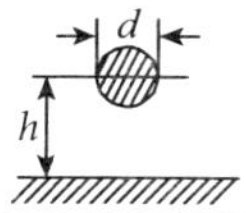	$Z_0 = 138\log\frac{4h}{d}$
2선식 급전선 (평행 2선식)	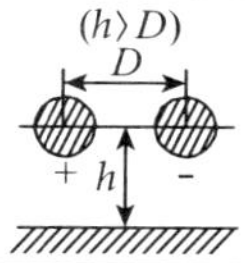	평형급전선(비접지) $Z_0 = 276\log\frac{2D}{d}$
3선식 급전선	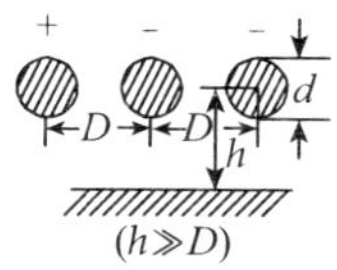	$Z_0 = 69\log\frac{4D^2}{d^3}$
4선식 급전선	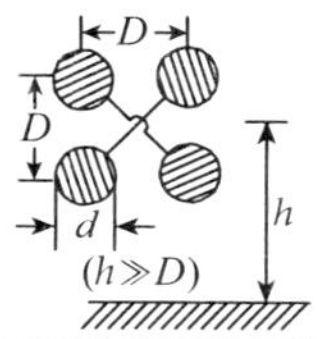	$Z_0 = 138\log\frac{\sqrt{2}\,D}{d}$
동축식 급전선	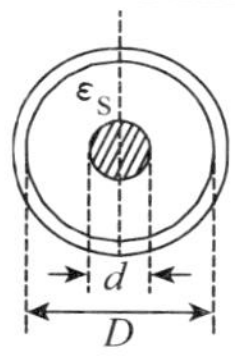	$Z_0 = \frac{138}{\sqrt{\varepsilon_s}}\log\frac{D}{d}$
차폐 2선식 급전선	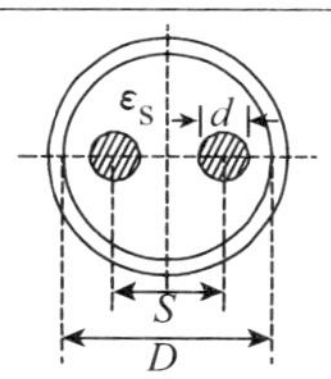	$Z_0 = \frac{276}{\sqrt{\varepsilon_s}}\log\left[\frac{2S}{d}\frac{1-\left(\frac{S}{D}\right)^2}{1+\left(\frac{S}{D}\right)^2}\right]$

(3) 도파관(Wave guide)

■ 도파관의 개요

초고주파 전자계를 도전율이 높고 속이 빈 도파관 내에 적당한 각도로 입사시키면, 전자계 관내표면에서 반사를 반복하여 관내를 전송하게 되는데 이러한 능력을 가지는 속이 빈 금속관을 도파관(waveguide)이라 한다.

도파관의 형태에 따라 구형도파관, 원형도파관, 타원형도파관, 및 방형도파관 등으로 구분된다.

SHF 이상(M/W)용으로 사용되며, 빈 금속 관 내에 전자파를 진공시키는 관으로 도파관이 지니는 특징을 정리하면 다음과 같다.

- 유전체 손실을 방지하기 위해 빈 금속관내로 전자파를 전송하는 것으로
- 도파관은 내부 도체가 없기 때문에 주파수의 증가에 따른 표피 작용이 없기 때문에 도체에서 일어나는 저항 손실이 적으며,
- 유전체가 공기이기 때문에 SHF 이상에서는 유전체의 의한 손실이 적다.
- 또한 도파관 자체가 외부와 격리되어 전자계는 관의 내부에만 일어나기 때문에 복사 손실이 없으며,
- 대 전력을 전송해도 유전체내의 전계가 강하게 되므로 절연 파괴가 일어나도 큰 문제가 되지 않는다.
- 그리고 HPF(고역 차단 필터)와 같은 동일한 전기적인 성질을 갖고 있어 차단 파장보다 긴 파장의 전자파에 대해 감쇠가 크게 일어나며, 통과를 시키지 않는다.
- 또한 도파관 장벽의 내부 표면에서 경계 조건에 의한 전자계 값이 파면에 따라 각각 다른 값을 갖게 된다.

■ 구형도파관 차단파장 및 차단주파수

도파관에서는 그 단면의 길이에 따라서 전송 가능한 주파수의 한계가 정해지는데 이런 한계를 차단 주파수(cutoff frequency)라 하며, 차단주파수에 대한 파장을 차단 파장(cutoff wavelength) λ_c이라고 한다.

$$\lambda_c = \frac{2\sqrt{\varepsilon_s \mu_s}}{\sqrt{\left(\frac{m}{a}\right)^2 + \left(\frac{n}{b}\right)^2}} \simeq \frac{2}{\sqrt{\left(\frac{m}{a}\right)^2 + \left(\frac{n}{b}\right)^2}}$$

여기서 a는 도파관의 긴 거리, b는 짧은 길이이며 m, n는 모드의 차수를 나타내며 주어진 도파관은 각 해당 모드에 대해 일정한 차단 주파수를 가진다. 인가된 선로의 주파수가 주어진 모드에서

- 차단 주파수보다 높으면 전자에너지는 감쇠 없이 그 모드로 관내를 통과할 수 있으나,
- 차단 주파수보다 낮으면 감쇠가 일어나 비교적 짧은 거리 내에서 무시할 정도의 값으로 된다.

도파관을 통하여 전송이 가능한가는 사용되는 파장 모드에 따라 다르게 되는데 이는 각 모드마다 대응하는 하나의 차단 파장이 존재하기 때문이다. 여기서 mode는 도파관내에 나타나는 전자계의 분포를 위미한다. 주어진 관내의 여러 가지 모드에서 차단파장이 가장 긴 모드 즉, 가장 낮은 차단 주파수를 갖는 모드를 기본 혹은 주 모드(dominant mode)라고 하며 그 밖의 모드는 고차모드라고 한다.

- TE파($\overline{H}$파)는 전파의 전행 방향에 자계성분만 있고 전계 성분은 없는 mode.
- TM파($\overline{E}$파)는 전파의 진행 방향에 전계 성분만 있는 mode.

구형 도파관에서는 TE_{10}, TM_{11}, 원형 도파관에서는 TE_{11}, TM_{01}를 기본 모드로 하고 있다.

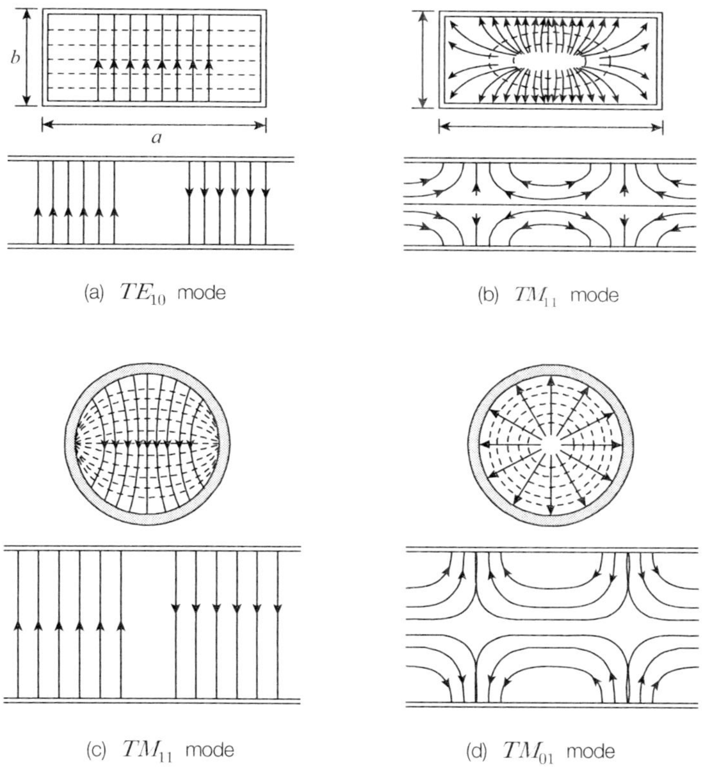

그림 13.6 모드별에 따른 도파관

표 13.2 도파관과 차단파장

종 류	기본 모드	차단 파장
구형 도파관	TE_{10}	$2a$
	TM_{11}	$\frac{2ab}{\sqrt{a^2+b^2}}$
원형 도파관	TE_{11}	$3.41r$
	TE_{01}	$2.61r$

예를 들면 $TE_{10}(=H_{10})$ modes는 기본모드(dominant mode)인 경우로 차단 파장의 크기는 $\lambda c = 2a$가 된다.

■ **위상속도(phase velocity)와 군속도(group velocity)**

도파관내의 전파속도로 위상속도는 반송파와 같은 단일 주파수의 전송에서 동일 위상이 되는 거리(파장)와 동일 위상이 반복되는 시간(주기)과의 비로 위상이 진행하는 속도 즉, 도파관에서 전자계 모양이 전파하는 속도를 의미하는 것으로 도파관에서의 위상속도 v_p는

$$v_p = \frac{C}{\sqrt{1-\left(\frac{\lambda}{\lambda_c}\right)^2}} \text{ [m/s]}$$

으로 나타낼 수 있으며 여기서 C는 광속도, λ_c는 차단 파장 그리고 λ는 자유공간 파장을 나타낸다.

도파관내에서의 전송은 $\lambda < \lambda_c$이므로 $v_p > C$가 된다. 즉, 도파관 내의 위상속도는 광속보다 빠르게 됨을 알 수 있다.

서로 다른 주파수는 위상속도가 다르게 된다. 따라서 신호의 속도는 위상속도와 동일하지 않게 되는데, 이러한 신호의 속도를 군속도 v_g라고 하며

$$v_g = C\sqrt{1-\left(\frac{\lambda}{\lambda_c}\right)^2} \text{ [m/s]}$$

으로 나타낼 수 있으며 $\lambda < \lambda_c$이므로 군속도는 광속도보다 늦게 된다. $\lambda = \lambda_c$에서 $v_g = 0$이므로 에너지의 전파가 없음을 의미한다. 즉, 군속도는 실제 에너지의 전송속도로 광속보다 느려진다. 또한 위상속도와 군속도와는

$$v_p \times v_g = C^2$$

인 산술적인 관계를 보이게 된다.

■ **관내파장**

도파관 내에서의 위상속도는 자유공간에서의 속도보다 빨라지게 되므로 이의 겉보기 파장은 자유공간에서의 파장보다 길어진다. 그러므로 이때의 파장을 관내파장이라 하며, 다음 식으로 표현된다.

$$\lambda_g = \frac{\lambda}{\sqrt{1-\left(\frac{\lambda}{\lambda_c}\right)^2}}$$

또한 관내파장과 군속도와의 관계는 $\lambda_g = \frac{C\lambda}{v_g}$가 된다. 따라서 λ가 λ_c에 접근하면 λ_g는 점점 커져서 $\lambda = \lambda_c$에서 $\lambda_g = \infty$가 된다.

13.3 급전선의 급전 방식

13.3.1 동조 급전선

공중선의 길이를 사용 파장과 일정한 관계에 있도록 하면 공중선과 급전선간에 동조로 인해 정재파가 존재하는데 이 경우의 급전을 동조 급전이라고 하며 이 때의 선로를 동조 급전선이라고 한다. 즉, 안테나에 흐르는 전류를 최대로 하기 위해 선로의 길이나 전원의 접속방법에 조건을 추가해서 급전선과 안테나 전체를 수신단 개방회로와 같은 공진 상태로 사용할 때의 급전선을 동조 급전(tuning feeder)이라고 한다.

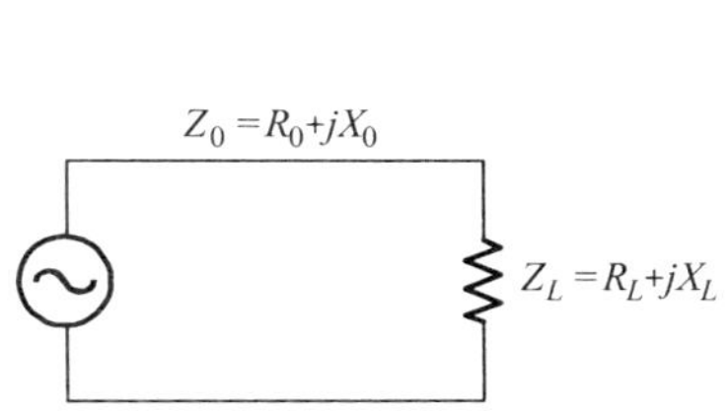

그림 13.7 동조 급전선의 등가 회로

(1) 동조 급전선의 조건

임의의 회로에서 부하에 최대로 전력을 전송하기 위해서는 부하 임피던스 $Z_L = R_L + jX_L$와 전원의 내부 임피던스 $Z_s = R_s + jX_s$을 이용해서 정합되도록 해야 한다.

여기서 정합이 되기 위한 조건으로

$$X_0 = -X_L$$

$$R_0 = R_L$$

이 되어야 한다. 즉, Z_s와 Z_L은 공액 복소수 관계에 있어야 한다.

(2) 동조 급전선의 특징

- 급전선의 길이와 파장과 일정한 관계에 있으며,
- 급전선 상에 정재파를 급전하게 되며,
- 정합 장치가 필요 없으며,
- 송신기와 안테나 사이가 비교적 가까울 경우에 사용되며,
- 전송 효율은 비동조 급전선보다 나쁘다.
- 평형형 급전선에서만 사용한다. 즉, 평형형 급전선상의 정재파의 위상이 역 위상이 되어 전류의 크기가 같게 되므로 상쇄되어 급전선에서는 전파의 방사가 거의 없다.

Book Cafe

급전(power feed)

안테나에 송신기의 출력을 공급하는 것으로 송신기와 안테나 사이에 임피던스 정합이 되지 않은 경우에는 송신기의 출력이 제대로 안테나에 공급되지 않아 안테나에서의 전파 발사가 미약하게 된다.

13.3.2 비동조 급전선

급전선 상에 진행파만 존재하도록 하기 위해서 정합 회로를 사용하여 급전하는 방식을 말한다. 동조 급전선은 전류가 반사파를 포함한 정재파로 되기 때문에 반사 손실이 생기는 문제가 있다. 또한, 안테나와 그 근처의 일부 급전선, 급전선과의 임피던스 정합, 즉 급전선측에서 바라본 부하가 급전선의 특성 임피던스 Z_0와 동일하도록 접속을 하여 급전선에 정재파가 존재하지 않는 상태에서 급전할 때의 급전선을 비동조 급전선이라고 한다. 비동조 급전선의 경우 급전선의 임피던스 Z_0와 안테나의 입력 임피던스가 같지 않기 때문에 정합회로를 삽입하여 임피던스를 정합시켜 주어야 한다. 즉, 급전선의 파동 저항과 안테나의 저항은 같게 하기 위해 정합 장치가 필요하다. 따라서 비동조 급전선과 안테나간의 급전점에 정합장치가 필요하다. 따라서 비동조 급전선과 안테나 사이의 간의 급전점에 정합 장치를 설치하는 이유는 급전선의 손실의 증가 원인이 되는 정재파를 제거하기 위하여 정합을 행한다. 여기서 비동조 급전선의 특징을 요약 정리하면 다음과 같다.

- 급전선의 길이와 파장과는 무관하며,
- 급전선상의 진행파만 급전하게 되며,
- 비동조 회로를 사용하기 때문에 정합 장치가 필요하다.
- 그리고 안테나와 송신기 사이가 먼 경우에 이용되며,
- 전송 효율이 동조 급전선보다 높다.
- 평형형 및 불평형형 모두에 사용이 가능하다.

표 13.3 동조 급전과 비동조 급전의 특성 비교

동조 급전	비동조 급전
• 정합 회로가 필요 없다.	• 정합 회로가 필요하다.
• 급전선 상에 정재파를 실어 보내는 방식	• 급전선 상에 진행파를 실어 보내는 방식
• 효율이 나쁘다(반사파가 있기 때문)	• 효율이 우수하다(반사파가 없기 때문)
• 급전선의 길이의 제약을 받는다.	• 급전선의 길이의 제약을 받지 않는다.
• 송수신기와 안테나간의 거리가 비교적 근거리에 적용	• 송수신기와 안테나 간의 거리가 비교적 원거리에 적용
• 평형형 선로에만 사용	• 평형형 선로와 불평형 선로에 사용

Book Cafe

임피던스 정합과 부정합의 차이

먼저 정합(matching)은 급전점 임피던스와 도선의 파동 임피던스를 같게 해주는 것 또는 부하 임피던스와 특성 임피던스를 같게 해 주는 것을 의미한다.

정합의 경우에 나타나는 현상을 고려하면

- 대전력을 전송할 수 있다.
- 급전선 손실을 감소할 수 있다.
- 안테나 효율의 증가 효과를 얻는다.
- Feeder 손실이 감소한다.

한편 부 정합의 경우에 나타나는 것으로 다음과 같은 내용을 들 수 있다.

- 급전선의 손실이 증가하게 된다.
- 안테나 효율이 감소하게 된다.
- 공중선에 공급되는 전력이 감소한다.
- 송신기의 동작이 불안정하게 된다.
- Feeder 손실이 증가한다.

13.3.3 정합 장치 및 정합 방법

(1) 집중 정수 회로에 의한 정합

부하에 L, C를 첨가하는 방법으로 주로 평행 2선식, 동축 케이블에 적용하는 정합 방법이다. 먼저 평행 2선식 급전선에 대한 정합의 경우를 고려하면 다음과 같다.

- $Z_0 < R$인 경우

코일 값은 $L = \frac{1}{2\omega}\sqrt{Z_0(R-Z_0)}$이며, 콘덴서 값은 $C = \frac{1}{R\omega}\sqrt{\frac{R-Z_0}{Z_0}}$가 된다.

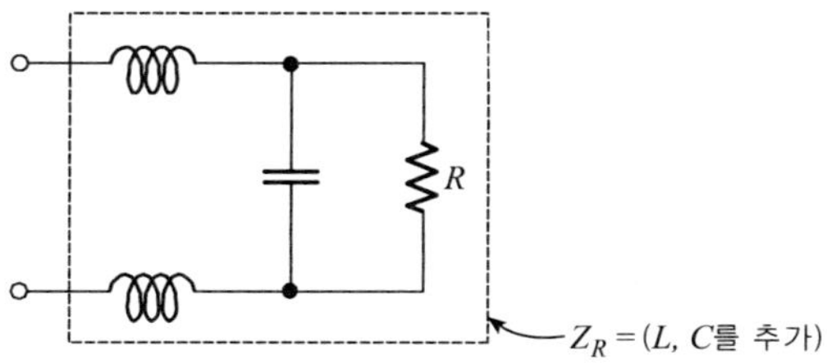

그림 13.8 $Z_0 < R$인 집중 정수 회로

■ $Z_0 > R$인 경우

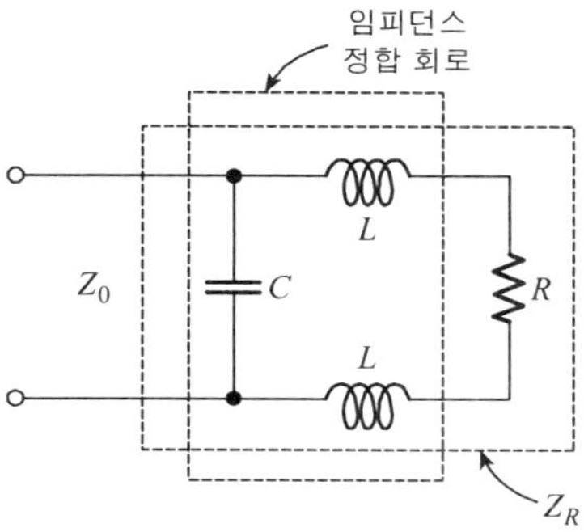

그림 13.9 $Z_0 > R$인 집중 정수 회로

$$Z_t = \frac{(R + j2\omega L)\dfrac{1}{j\omega C}}{R + j2\omega L + \dfrac{1}{j\omega C}} = \frac{R + j2\omega L}{(R + j2\omega L)j\omega C + 1}$$

정합이 되기 위해서는 $Z_t = Z_0$이어야 하므로

$$Z_0 = \frac{R + j2\omega L}{(R + j2\omega L)j\omega C + 1}$$

$$\begin{aligned} R + j2\omega L &= (R + j2\omega L)j\omega C \cdot Z_0 + Z_0 \\ &= Z_0 - 2\omega^2 LCZ_0 + j\omega CRZ_0 \end{aligned}$$

실수부, 허수부를 각각 비교하면

$$R = Z_0 - 2\omega^2 LCZ_0$$

$$2\omega L = \omega CRZ_0$$

이며, 여기서 L, C, R값으로 정리하면

$$L = \frac{1}{2\omega}\sqrt{R(Z_0 - R)}, \quad C = \frac{1}{Z_0\omega}\sqrt{\frac{Z_0 - R}{R}}$$

가 된다.

그리고 동축 케이블에 대한 정합 방법을 고려하면 다음과 같다.

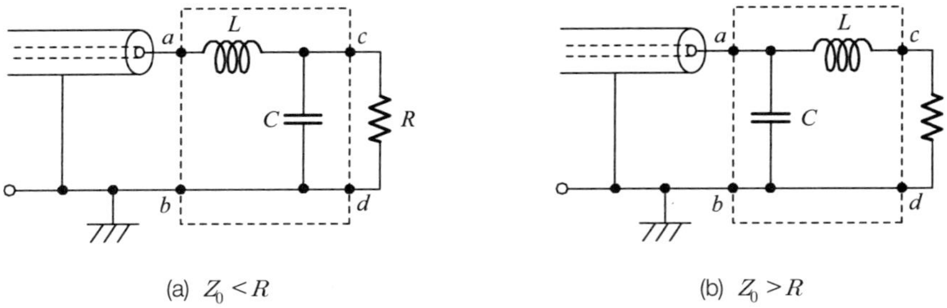

그림 13.10 동축 케이블을 정합하기 위한 LC 구성 회로

- $Z_0 < R$

$$L = \frac{1}{2\omega}\sqrt{Z_0(R - Z_0)},\quad C = \frac{1}{\omega R}\sqrt{\frac{R - Z_0}{Z_0}}$$

- $Z_0 > R$

$$L = \frac{1}{2\omega}\sqrt{R(Z_0 - R)},\quad C = \frac{1}{\omega Z_0}\sqrt{\frac{Z_0 - R}{R}}$$

(2) 분포 정수에 의한 정합

선로 전체를 정합하는 방법으로 Q변성기, Stub, T형, Y형, Taper 선로 등을 이용한다.

- Q변성기

적당한 특성 임피던스 Z_0를 갖는 $\frac{\lambda}{4}$ 길이의 급전선(Q 변성기 혹은 $\frac{\lambda}{4}$ 정합기)을 회로에 접속하여 정합하는 방법 즉, Q변성기는 $\frac{\lambda}{4}$ 임피던스 변환기를 직렬로 선로에 첨가하는 방법을 말한다. Q변성기와 저항 R을 포함한 회로의 임피던스가 급전선의 임피던스의 특성 임피던스와 같아야 정합을 이루게 된다.

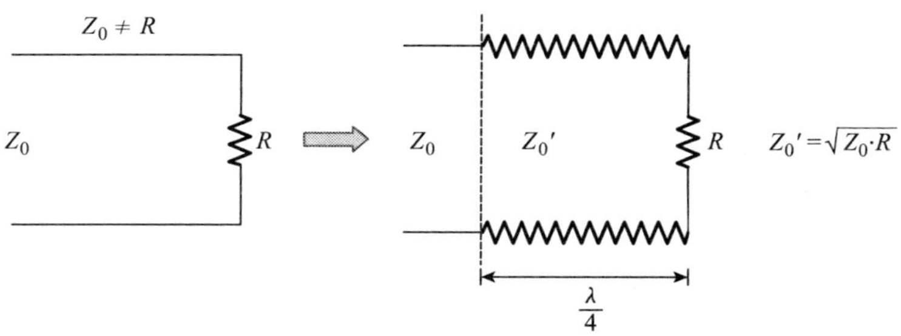

그림 13.11 Q변성기에 의한 정합

여기서 정합 조건은

$$Z_0' = \sqrt{Z_0 \cdot R}$$

가 된다.

■ Stub에 의한 정합

평형 2선식 급전선과 순 저항 부하 R의 정합 회로에서 단락 스터브의 위치 및 길이 l_1과 l_2를 구한다.

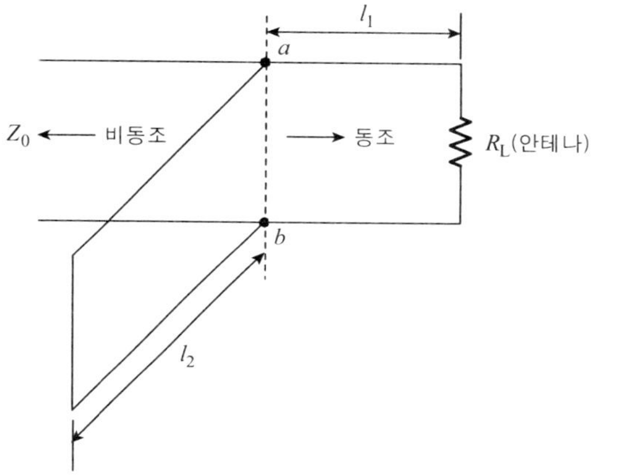

그림 13.12 stub에 의한 정합

$$l_1 = \frac{\lambda}{2\pi}\tan^{-1}\sqrt{\frac{R}{Z_0}}$$

$$l_2 = \frac{\lambda}{2\pi}\left(\pi - \tan^{-1}\frac{\sqrt{RZ_0}}{Z_0 - R}\right)$$

(3) 발룬(Balun) 회로

서로 다른 매체를 접속하는 경우 두 전기 회로의 전자계 분포가 완전히 일치해야 하는데 이를 위해서는 불평형 전류의 흐름을 저지하고 평형형 전류만 흐르도록 해야 하는데 이러한 역할을 수행하는 것을 발룬(Balun, Balance and Unbalance)이라고 한다.

평형 급전선(평형 2선식)과 불평형 급전선(동축 케이블)을 결합하는 회로로 평형/불평형 변환기라고도 부르며 주로 VHF 이상 정합 회로에 사용한다.

발룬 회로의 형태는 집중 정수를 이용한 발룬(전자 결합형, 위상 결합형), 분포 정수 이용한 발룬 회로(Sperrtopf, 분기 도체, 반파장 우회 선로) 등으로 구분할 수 있다.

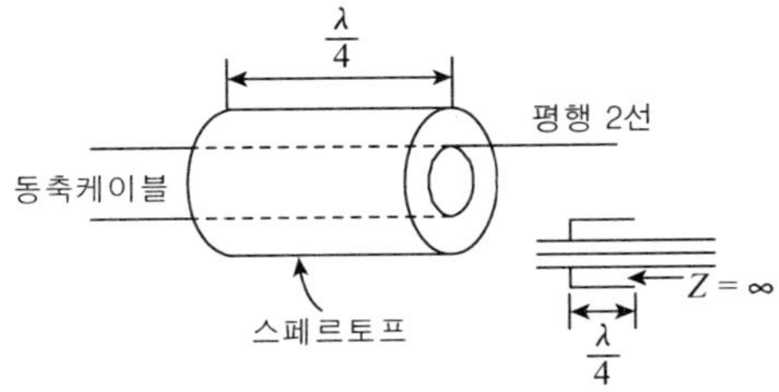

(a) 스페르도프(Sperrtopf)

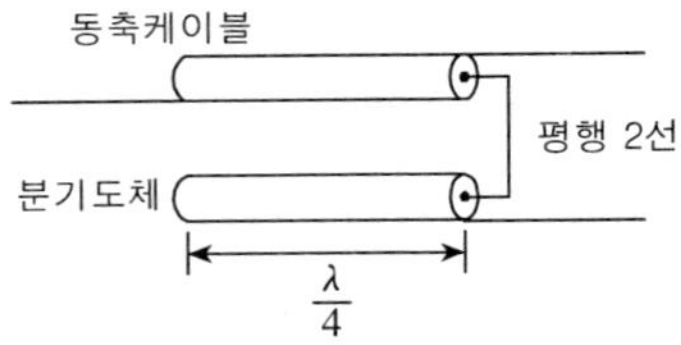

(b) 분기 도체

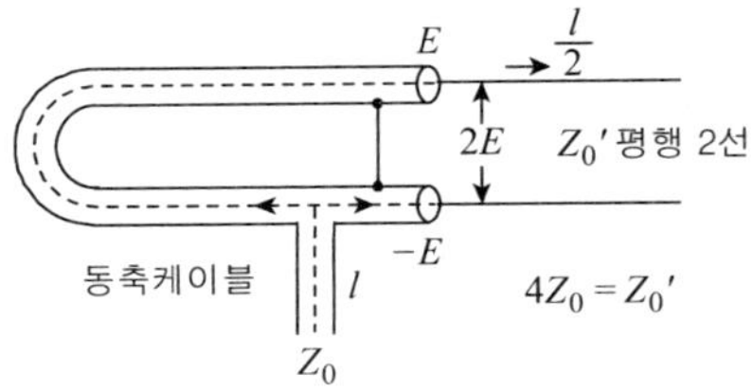

(c) 반파장 우회 선로

그림 13.13

(4) 도파관의 임피던스 정합

■ Q변성기에 의한 정합 (= $\frac{\lambda}{4}$ 임피던스 변환기에 의한 정합)

전파 상수가 서로 다르고 특성 임피던스가 Z_1, Z_2 인 도파관을 접속하는 경우 급전선의 경우와 동일하게 길이 $\frac{\lambda_g}{4}$, 특성 임피던스 $Z_3 = \sqrt{Z_1 Z_2}$ 인 도파관을 양쪽의 도파관 사이에 접속하여 정합을 행하는 기술이다.

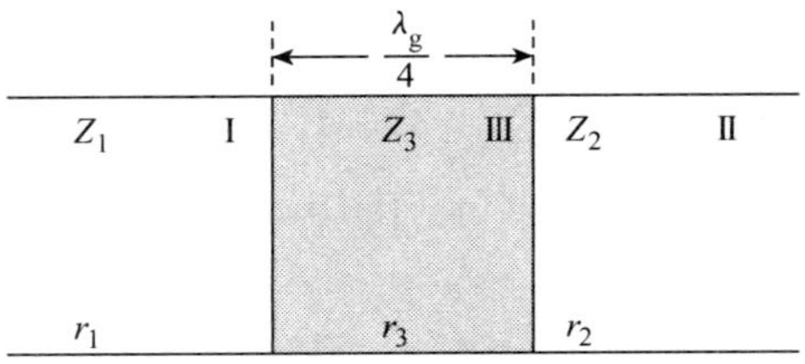

그림 13.14 Q변성기에 의한 정합

■ 도파관 창에 의한 정합

도파관 내에 공극이 있는 얇은 판(slot)을 상하, 좌우로 첨가시켜 반사파 성분에 의해 전자계를 축적시키는 방법 즉, 도파관 내에 관측과 형면 내에 구멍이 뚫린 얇은 도체판을 삽입하여 도체판과 부하간의 정합을 취할 수 있는데 이 도체판을 창이라고 한다.

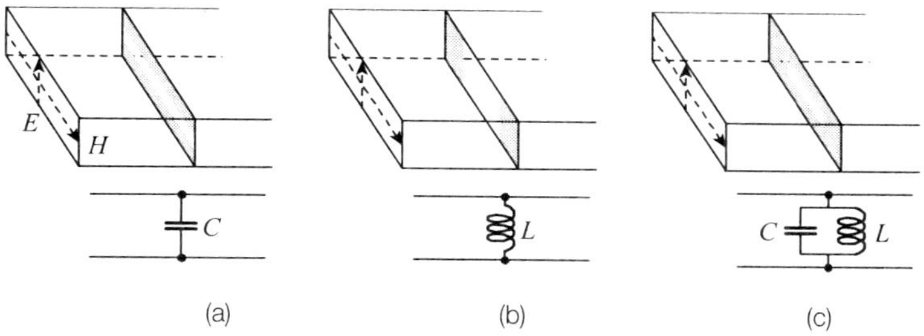

그림 13.15 도파관 창에 의한 정합

■ Post에 의한 정합

도파관에 극이 있는 도체(나사못, post)을 삽입시켜 전계 분포를 흩어지게 한다. 이 때 반사파가 있는 경우에는 이 도체 봉에 의해 전자계로서 상쇄 되도록 하여 정합을 잡는다. 이는 도체의 길이에 따라 리액턴스 변화에 의해 정합시키는 방법이다.

■ 트랩(trap)에 의한 정합

트랩 정합에는 L형, T형, π형 등이 있으며, 발사 전파에 고조파가 포함되는 경우 이고조파에 공진할 수 있는 트랩(LC 직렬회로)를 접속하면 그 고조파는 접지되어 안테나에 나타나지 않게 된다. 따라서 급전선에 설치되는 트랩 형태의 정합 회로의 목적은 안테나에서 발사되는 전파의 고조파를 제거한다. 이 때 선로상의 고조파 성분을 제거하기 위해 트랩을 이용하는데 주로 평형 2선식에서 사용된다.

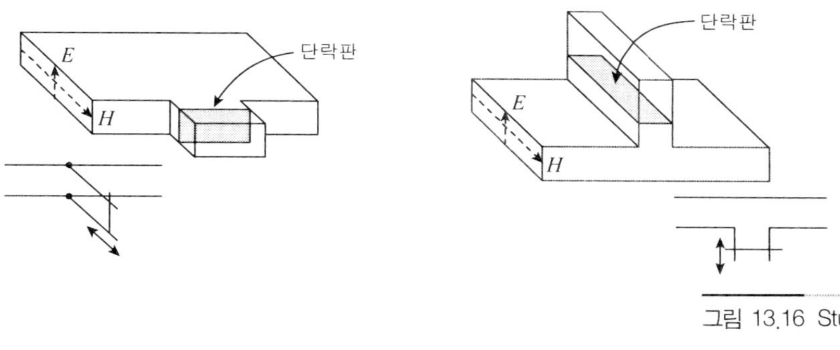

그림 13.16 Stub에 의한 정합

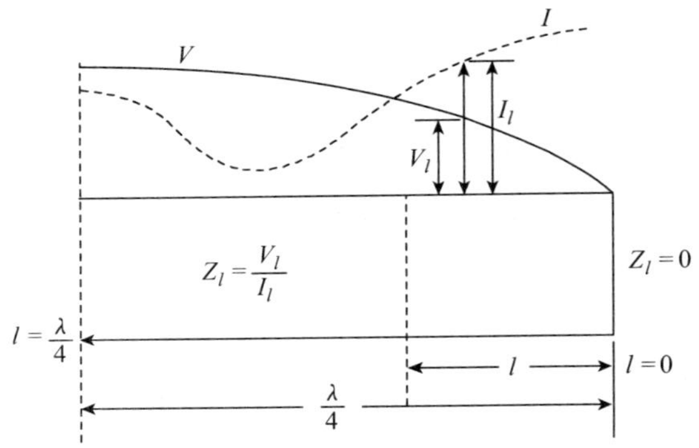

그림 13.17 수단이 단락된 선로 임피던스

그림 13.17에서 분포 정수회로가 코일이나 콘덴서와 동일한 작용을 이용하는 정합 방법으로 수신단이 단락된 길이 $\frac{\lambda}{4}$인 선로에서 선상의 각 점의 임피던스 $Z_l = V_l / I_l$이며, 거리 l에 의해 $0 \sim \infty\,[\Omega]$ 범위에서 변한다. 즉, $l = 0$인 점에서의 $Z_l = 0$이고 $l = \frac{\lambda}{4}$인 경우에는 $Z_l = \infty$을 나타낸다. 이 범위에서 접속하려고 하는 급전점의 특성 임피던스 Z_0와 동일한 임피던스가 되는 점을 찾아 거기에 접합하면 정합이 가능하게 된다. 이와같이 사용되는 보조선로를 정재파 트랩 또는 스터브(stub)라고 한다.

스터브 회로는 비동조회로의 일종으로 정합 회로의 일종으로 정합을 위해 이론적으로 거리 l 만큼 떨어진 점을 구해 계산하려고 해도 매우 복잡하다. 따라서 다음에 설명하는 정재파비를 구해 간단히 구할 수 있거나 또는 스미스 차트를 이용하면 쉽게 구할 수 있다.

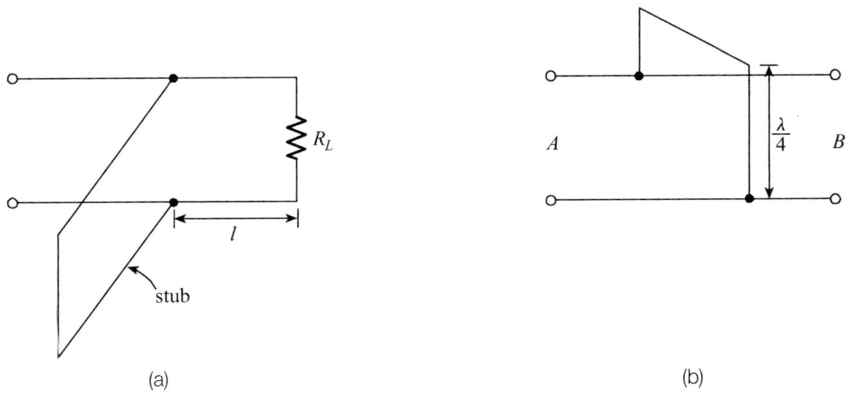

그림 13.18 단일 스터브에 의한 정합회로

그림(b)에서 A점에서 주파수 f및 $2f$를 동시에 공급하는 경우 B쪽에는 나타나는 주파수를 고려하면 먼저 선로상에 $\frac{\lambda}{4}$길이의 단락 stub가 놓여 있는데 주파수 f의 파는 A측에서 본 임피던스가 $Z_R = 0$인 경우에 해당되므로($l = \frac{\lambda}{4}$이면 ∞저항이 이므로 B쪽으로)

$$Z_{S1} = Z_i = jZ_0 \tan\beta l = jZ_0 \tan\frac{2\pi}{\lambda}, \frac{\lambda}{4} = \infty$$

로 되어 B측에 나타날 수 있으나 $2f$의 파의 파장은 더 짧아지므로

$$Z_i = jZ_0 \tan\beta l = jZ_0 \tan\frac{2\pi}{\lambda}, \frac{\lambda}{2} = 0$$

으로 되어 B측에 나타날 수 없다.

따라서 B측에는 주파수 f만 나타나게 된다.

■ 기타 정합 방법으로 Taper에 의한 정합, Isolator에 의한 정합 등을 들 수 있다.

13.4 안테나 이론

13.4.1 안테나의 분류

안테나(antenna)는 전류(electric current)를 전자파(electromagnetic wave)로 변환하는 장치이다.

(1) 사용 주파수별 분류

장, 중파(LF, MF) 안테나, 단파(HF) 안테나, 극초단(VHF) 안테나, 극초단파대(UHF) 이상 안테나

(2) 용도별 분류

방송형 안테나(정관형, turn-style, super turn style, super gain, In-line, U-line 안테나), 통신용 안테나(rhombic, beam, YAGI, helical 안테나), 방향 탐지용 안테나(adcock, belliui-tosi, loop 안테나), 전파 망원경 안테나(전파 lenz 안테나), 인공 통신용 안테나(case grain 안테나)

(3) 사용별 분류

송신용(super turn style 안테나), 수신용(wave, corn reflector, 역 L형 안테나), 송 · 수신용(rhombic, YAGI 안테나)

(4) 동작 원리별

정재파 안테나(dipole, 수직 접지 안테나), 진행파 안테나(wave, rhombic, V형, 어골형, helical 안테나)

(5) 구조별 분류

선상 안테나(수직 접지, 역 L형, rhombic 안테나), 판상 안테나(corn reflector, super turn style, slot 안테나), 개구면 안테나(parabola, horn reflector, 전자 혼 안테나)

(6) 특성별 분류

지향성에 의한 분류로 등방성, 전방향, 단일 지향, 쌍방향 안테나 등을 들 수 있으며, 여기서 등방성 안테나는 모든 방향으로 균일한 복사 패턴을 갖는 안테나를 말한다. 편파에 의한 분류로 직선 편파, 원편파, 타원 편파 안테나 등이 해당하며, 주파수 특성에 의한 분류로 광대역, 협대역, 정 임피던스, 동조형 안테나 등을 들 수 있다.

13.4.2 안테나 평가 파라미터

(1) 복사 전계 강도, $\overline{E}$

(2) 포인팅 전력, P_0

전력 밀도를 폐곡면의 단위 체적 당 출력을 측정한 것으로 전류의 흐름에 의한 $1[\mathrm{m}^2]$당 흘러나오는 전력을 말한다.

(3) 복사 전력, P_r

송신안테나로부터 방사된 전 에너지를 중심으로 수 파장 이상 되는 반경의 구면에 대한 전력 밀도를 구면 전체에 대해 적분한 것을 복사전력이라고 한다.

(4) 복사 저항(파동 저항), R_r

전기자기파가 가공선에서 공간으로 복사되는 경우에 나타나는 저항으로 안테나의 복사 전력과 안테나 소자의 한 점에 흐르는 전류의 제곱의 비로 나타나는 값을 말한다.

13.4.3 안테나의 종류에 따른 형태와 특징

(1) Hertz(미소) dipole 안테나

미소 다이폴(Infinitesimal dipole) 혹은 Hertz Dipole 안테나는 안테나 해석의 기본이 되는 것으로 길이가 파장에 비하여 상당히 짧고 일정한 전류가 흐르는 안테나를 말하는 것으로 실제로 존재하지 않지만 미소다이폴의 특성을 알게 되면 미소 다이폴 안테나를 직렬로 배열한 선상 안테나의 방사 패턴을 구하고 해석하는데 매우 유용하다.

미소 다이폴에서의 전자계를 등가적으로 고려하면 마치 원점에서 미소한 도선에 흐르는 전류로 취급할 수 있다. 여기서 전자계의 등가를 구좌표계상에서 표현하면 그림 13.19와 같이 나타낼 수 있다.

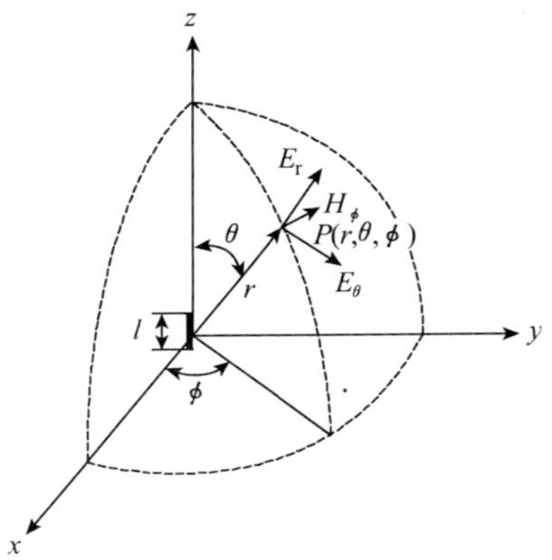

그림 13.19 미소 다이폴에서의 전자계

미소 다이폴에 분포되어 있는 전류의 크기와 위상을 도선(미소 다이폴)에서 균일하다고 보면 전류 I와 다이폴의 길이 $\triangle l$의 곱 $I \cdot l$은 복사 효과와 밀접한 관계를 보이고 있게 된다. 따라서 미소 다이폴을 단위 복사계로 볼 수 있기 때문에 전류 소자라고 한다.

미소 다이폴에서의 전파 복사를 고려하기 위해서 좌표공간에 미소 다이폴에 흐르는 정현파 교류 전류를 i라고 하면

$$i = I_0 e^{jwt} \widetilde{a_z}$$

으로 나타낼 수 있다. 여기서 I_0는 전류 진폭을, e^{jwt}는 시간 지연을 그리고 $\widetilde{a_z}$는 Z 방향의 단위 벡터를 나타낸다.

참고적으로 두 개의 직선도체를 축 방향으로 일치시켜 놓고 그 중앙에서 급전하는 형태의 안테나를 다이폴(dipole) 또는 더블렛(doublet) 안테나라고 한다.

한편 좌표상의 한 점 P가 원점에서 거리 r 만큼 떨어져 존재하는 경우 거리 r은 파장 λ에 비해 무시할 정도로 짧은 것($\lambda \gg r$)으로 가정하고 이에 대한 벡터 포텐셜의 기본식을 고려하면

$$d\widetilde{A} = \frac{\mu_0 \widetilde{J}}{4\pi r} dv$$

으로 나타낼 수 있다. 여기서 $\widetilde{J}$는 전류 밀도를 dv는 미소 체적을 나타낸다.

여기에 $dv = ds \cdot dl$, $\widetilde{J} = \frac{i}{S}$의 관계식을 적용하면

$$d\widetilde{A} = \frac{\mu_0 i}{4\pi r} dl = \frac{\mu_0}{4\pi r} I_0 e^{jwt} dl$$

$$\widetilde{A} = \frac{\mu_0}{4\pi r} I_0 e^{jwt} \triangle l$$

으로 구해진다.

원점에 위치한 미소 다이폴에서 복사된 전파가 광 속도 C로 멀리 떨어져 위치하는 곳에 도달하는데 필요한 전파 지연 시간을 $\frac{r}{C}$라고 하면

$$\widetilde{A} = \frac{\mu_0}{4\pi r} I_0 e^{jw\left(t - \frac{r}{C}\right)} \triangle l \ [\mathrm{Wb/m}]$$

가 된다. 여기서 $\widetilde{A}$가 Z 방향으로만 변화를 갖는 것으로 하면 $\widetilde{A_Z}$ 방향 성분의 크기 이외인 $\widetilde{A_x} = \widetilde{A_y} = 0$가 되기 때문에 무손실의 경우 e^{jwt}를 제거한 $\widetilde{A_Z}$의 크기는

$$A_Z = \frac{\mu_0}{4\pi} \cdot \frac{I_0 \triangle l}{r} e^{-j\frac{wr}{C}} \ [\mathrm{Wb/m}]$$

이며, A_Z의 직각 좌표계를 구좌표계로 변환한 A_r, A_θ, A_ϕ으로 나타내면 다음과 같다.

$$A_r = A_Z \cos\theta = \frac{\mu_0 I}{4\pi r} e^{-i\beta r} \triangle l \cos\theta$$

$$A_\theta = -A_Z \sin\theta = -\frac{\mu_0 I}{4\pi r} e^{-i\beta r} \triangle l \sin\theta$$

$$A_\phi = 0$$

여기서 $\beta = \frac{w}{C}$로 자유 공간에서의 전파 상수를 나타낸다. 공간 내에서의 전계와 자계를 구하기 위해서 벡터 포텐셜 및 맥스웰 방정식을 이용한다.

먼저 $\widetilde{\nabla} \times \widetilde{A} = \widetilde{B}$ 가 되는 벡터 $\widetilde{A}$를 구하면

$$\widetilde{B} = \widetilde{\nabla} \times \widetilde{A} = \mu_0 \widetilde{H} = \begin{vmatrix} \widetilde{a_r} & \widetilde{a_\theta} & \widetilde{a_\phi} \\ \dfrac{\partial}{\partial r} & \dfrac{\partial}{\partial \theta} & \dfrac{\partial}{\partial \phi} \\ A_x & A_y & A_z \end{vmatrix}$$

$$= \mu_0 (H_r \widetilde{a_r} + H_\theta \widetilde{a_\theta} + H_\phi \widetilde{a_\phi})$$

가 된다. 여기서 $H_r = H_\theta = 0$이므로

$$H_\phi = \frac{j\beta I_0 \triangle l \sin\theta}{4\pi} \left(\frac{1}{r} + \frac{1}{j\beta r^2} \right) e^{-j\beta r}$$

으로 구해진다. 그리고 맥스웰 방정식 $\widetilde{\nabla} \times \widetilde{H} = \varepsilon_0 \dfrac{d\widetilde{E}}{dt} = jw\varepsilon_0 \widetilde{E}$ 관계을 이용하여 전계 $\widetilde{E}$을 구하면

$$\widetilde{\nabla} \times \widetilde{H} = \begin{vmatrix} \dfrac{1}{r^2 \sin\theta} \widetilde{a_r} & \dfrac{1}{r sin\theta} \widetilde{a_\theta} & \dfrac{1}{r} \widetilde{a_\phi} \\ \dfrac{\partial}{\partial r} & \dfrac{\partial}{\partial \theta} & \dfrac{\partial}{\partial \phi} \\ H_r & rH_\theta & r\sin\theta \, \mathrm{A}_\phi \end{vmatrix}$$

$$= jw\varepsilon_0 (E_r \widetilde{a_r} + E_\theta \widetilde{a_\theta} + E_\phi \widetilde{a_\phi})$$

이며, 여기서 전계의 각 방향에 대한 크기를 구하면

$$E_r = \eta \frac{I_0 \triangle l \cos\theta}{2\pi r^2} \left(1 + \frac{1}{j\beta r} \right) e^{-i\beta r}$$

$$E_\theta = j\eta \frac{\beta I_0 \triangle l \sin\theta}{4\pi r} \left(1 + \frac{1}{j\beta r} - \frac{1}{(\beta r)^2} \right) e^{-i\beta r}$$

$$E_\phi = 0$$

가 된다. $\beta = \dfrac{w}{C} = w\sqrt{\varepsilon_0 \mu_0}$ 는 자유 공간의 전파 상수를 의미하며, $\eta = \dfrac{\beta}{w\varepsilon_0} = \sqrt{\varepsilon_0 \mu_0} = 120\pi = 377[\Omega]$을 나타내는 자유 공간의 파동 임피던스이다.

따라서 $\dfrac{1}{r}, \dfrac{1}{r^2}, \dfrac{1}{r^3}$이 같게 되기 위해 필요한 거리 r은 $r = \dfrac{\lambda}{2\pi}$ 이며, $r > 3\lambda$ 이상인 경우에는 방사 전계만 존재하는 것으로 볼 수 있다.

- $\frac{1}{r}$ 에 비례하는 항을 방사 전계로 복사계로서 원거리 통신에 이용
- $\frac{1}{r^2}$ 에 비례하는 항은 전자 유도계로 근거리 통신에 이용
- $\frac{1}{r^3}$ 에 비례하는 항은 정전계라고 할 수 있다.

따라서 미소 다이폴의 경우 이들 전계의 합으로 구성되고 있음을 알 수 있다.

미소 다이폴 중심에서 거리 r이 파장에 비해서 커지게 되면 $\frac{1}{r^2}$, $\frac{1}{r^3}$ 에 비례하는 항은 무시할 수 있다. 즉, 방사 전자계가 전파로서 전파되는 값으로 취급하면 자유 공간에 놓인 미소 다이폴에 의한 임의의 한 점 P의 복사 전계 강도와 절대값 E_θ, H_ϕ 는

$$E_\theta = \frac{60\pi I_0 d}{\lambda r}\sin\theta \quad \text{(미소 다이폴의 복사 전계)}$$

$$H_\phi = \frac{E_\theta}{120\pi} = \frac{I_0 d \sin\theta}{2\lambda r}$$

이며, 여기서 I_0는 다이폴에 흐르는 전류, r은 안테나까지의 거리, θ는 안테나의 중심에서 안테나 축과 임의의 한 점이 이루는 각, $\sin\theta$는 지향 계수를 그리고 l은 안테나의 길이를 나타낸다.

복사 전력 P_r은 미소 다이폴을 중심에서 단위 시간에 단위 면적을 통과하는 전자파 에너지를 구하기 위해서 구 좌표계 공간에서 임의의 한 점에 대한 포인팅 전력 $\widetilde{P}$을 구하기 위해 먼저 안테나의 전류 분포에 대한 전력을 구하고 이를 전체에 대해서 적분하는 방법으로 접근하게 된다.

따라서 포인팅 전력 벡터 $\widetilde{P}$을 구하면

$$\widetilde{P} = \frac{E^2}{120\pi} = \frac{1}{120\pi}\frac{60\pi Il}{\lambda r}\sin^2\theta \ [\mathrm{W/m^2}]$$

이며, 이를 이용하여 복사 전력 P_r의 크기를 구하면

$$\begin{aligned} P_r &= \int_0^{2\pi}\int_0^{\pi}\widetilde{P}\, ds = \int_0^{2\pi}\int_0^{\pi}\widetilde{P}\, r^2\sin\theta\, d\theta d\phi = \int_0^{2\pi} d\phi \int_0^{\pi}[\widetilde{E}\times\widetilde{H}] r^2 \sin\theta d\theta\, ds \\ &= \frac{1}{120\pi}\left(\frac{60\pi Il}{\lambda r}\right)^2 r^2 \int_0^{\pi}\sin^3\theta\, d\theta \int_0^{2\pi} d\phi \end{aligned}$$

$$= 2\pi \int_0^{\pi} 30\left(\frac{Il}{\lambda r}\right) r^2 \sin^3\theta \, d\theta$$

$$= 60\pi^2 I^2 \left(\frac{l}{\lambda}\right)^2 \int_0^{\pi} \sin^3\theta \, d\theta$$

$$= 80\pi^2 \left(\frac{l}{\lambda}\right)^2 I_0^2 \ [\mathrm{W}]$$

가 되며, 안테나에서 전파가 복사되는 복사전력 P_r은 안테나 전류 I를 흐르도록 한 경우에 발생하는 것으로 이 전력은 열손실로서 저항으로 사용된 것으로 취급하면 마치 등가적으로 어떤 저항이 부하로 접속된 것으로 생각할 수 있다.

따라서 안테나의 복사 전력 $P_r = I^2 R_r$의 관계에서 R_r을 복사 저항이라고 하며 안테나와 공간으로 전력을 소모하는 회로 소자로 취급하는 가상적인 저항이라고 할 수 있다.

$$R_r = \frac{P_r}{I^2} = 80\pi^2 \left(\frac{l}{\lambda}\right)^2 \ [\Omega]$$

이 저항은 저항계로 불가능한 미소 다이폴의 복사 저항이며 복사 저항은 정재파 안테나에서 그 위치에 따라 값이 다르게 나타나며, 일반적으로 정재파 전류의 파복에 대한 값을 이용하며 복사 저항은 전파 복사에 유효한 저항으로 그 값이 크면 클수록 능률이 우수하게 된다.

여기서 복사 저항을 제외한 모든 저항은 일종의 손실 저항이라고 할 수 있다.

따라서 복사 저항의 복사 능률을 향상시키기 위한 방법으로 손실저항이 적어야 하며 복사 저항은 커야 한다. 그리고 안테나의 실효고와 실효 개구 면적을 크게 할수록 효율이 우수해진다.

한편 미소 다이폴 안테나에 대한 전계 강도 관계식을 복사 전계 $\widetilde{E}$ 및 복사 전력 P_r을 이용하여 구하면 즉, 이들 간의 관계식을 나타내면 다음과 같다.

$$\widetilde{E} = \frac{60\pi}{r}\left(\frac{Il}{\lambda}\right) = \frac{60}{r}\sqrt{\frac{P_r}{80\pi^2}} = \frac{\sqrt{45 P_r}}{r} \ [\mathrm{V/m}]$$

이 관계식에서 알 수 있듯이 전계를 알면 복사 전력을 구할 수 있게 된다. 그러나 미소 다이폴은 실제 통신에서 사용하지 않게 되는데 그 이유는 미소 다이폴에서 발생하는 복사 전력 P_r과 전계 $\widetilde{E}$가 매우 적은 량으로 능률이 적기 때문이다.

■ **실효고, h_e**

안테나에서 실제 효과를 나타내는 높이(실효고가 클수록 복사 능력이 크다)를 나타내는 것으로 미소 다이폴 안테나의 실효고(antenna effective height)는

$$h_e = l\,[\mathrm{m}]$$

으로 미소 다이폴 안테나의 경우 너무 작기 때문에 효과 있는 부분과 없는 부분을 구분하기가 곤란하다.

실효고(장)가 클수록 안테나에서 복사되는 전파의 강도가 커지며 안테나에 유기되는 수신 개방 전압도 커진다.

■ **전계 강도, $\widetilde{E}$**

$$\widetilde{E} = \frac{60\pi I l}{\lambda r}\sin\theta\bigg|_{h_e = l} = \frac{60\pi I \cdot h_e}{\lambda r}\sin\theta\ [\mathrm{V/m}]$$

■ **복사 전력, P_r**

복사 전력(Radiate power)은 안테나로부터 공간의 복사 전자계(안테나 전류로 인하여 발생하는 전자계 중에서 안테나로부터의 거리에 비례하여 감소하는 것.)로 방사되는 전체 전력으로

$$P_r = 80\pi^2\left(\frac{I \cdot h_e}{\lambda}\right)^2 [\mathrm{W}]$$

이며, 이를 실효고로 나타내면

$$h_e = \frac{\lambda\sqrt{P_r}}{I \cdot \pi\sqrt{80}}$$

가 된다.

■ **복사 저항, R_r**

안테나의 복사 전력과 안테나 소자 어떤 점에서의 전류의 제곱과의 비로 표시되는 값으로 안테나 소자의 어떤 점에서의 전류로는 보통 안테나 소자에 분포한 전류 중에서 최대값 또는 급전점에서의 전류 값을 사용하여 계산된다.

$$R_r = 80\pi^2\left(\frac{h_e}{\lambda}\right)^2[\Omega]$$

Book Cafe

복사저항(radiation resistance)

일반적인 저항이 아니고 안테나가 전자파를 복사하기 때문에 안테나가 에너지를 잃는 것을 표현한다.

일반 저항의 경우는 열의 형태로 에너지를 소비한다. 즉, 에너지를 잃게 된다. 그러나 안테나는 열이 아니고 전자파를 발생시키는 것으로 에너지를 잃게 된다.

복사 저항이라는 용어는 일반 저항의 특성과 비슷하기 때문에 붙여진 것이다. 즉, 안테나가 저항처럼 에너지를 소비하지만 열로 소비하지 않고 전자파를 만들기 때문에 복사저항이란 명칭을 사용하고 있는 것이다.

■ $\widetilde{E}//P_r$ 의 관계(복사 전계와 복사 전력의 관계식)

최대 복사 방정식으로 보면 전계 $\widetilde{E}$와 복사 전력 P_r 의 관계식은

$$\widetilde{E} = \frac{60\pi I h_e}{\lambda r} = \frac{60\pi \cdot I}{\lambda r} \cdot \frac{\lambda\sqrt{P_r}}{I \cdot \pi\sqrt{80}} = \frac{6.7\sqrt{P_r}}{r} = \frac{\sqrt{45P_r}}{r}\ [\text{V/m}]$$

으로 나타낼 수 있다.

(2) $\frac{\lambda}{4}$ 수직 접지 안테나

안테나에 사용되는 $\frac{\lambda}{4}$ 도선을 대지에 수직으로 설치하고 도선한 끝단을 직접 접지하는 방식(기저부 접지형)과 송신기를 통하여 접지하는 방식(기저부 절연형)의 구조를 갖는 안테나

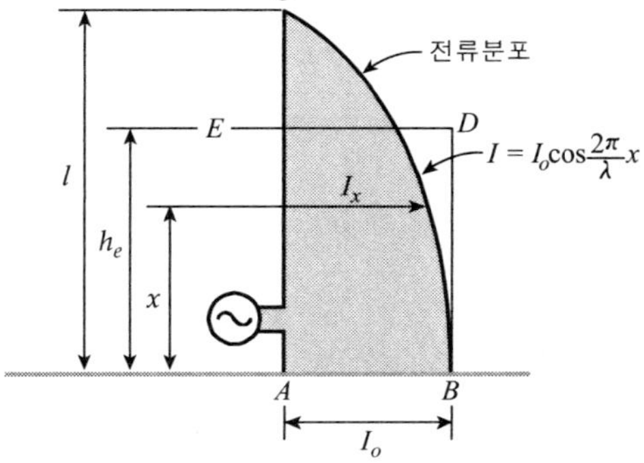

그림 13.20 수직 접지 안테나

$\frac{\lambda}{4}$수직 접지 안테나에서의 전압 v_x및 전류 분포 I_x에 대한 관계식을 나타내면

$$v_x = V_0 \sin\frac{2\pi}{\lambda}x$$

$$I_x = I_0 \cos\frac{2\pi}{\lambda}x$$ (여기서 I_0는 전류 분포의 진폭을 나타낸다.)

이며, 이를 이용하여 안테나의 실효고, 전계 강도, 복사 전력 등의 크기를 구하면 다음과 같다.

■ 실효고, h_e

안테나 급전점의 전류가 I_0이며 소자 중에 존재하는 전류 분포를 I_x로 표시하는 비접지형 선형 안테나에서는 실효 길이라고 취급하지만 접지 안테나의 경우는 실효고라고 한다.

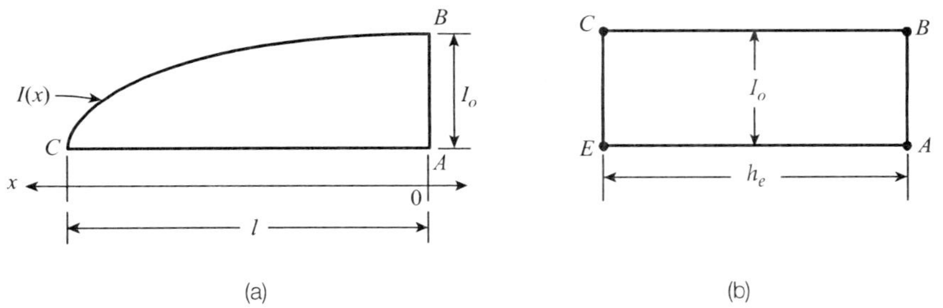

그림 13.21

그림(a)에서 안테나의 최대 방사 방향의 전계 강도 E_0는

$$E_0 = \frac{60\pi I_0\ l}{\lambda r}\sin\theta$$

관계에서 $\lambda\theta = \frac{\pi}{4}\left(l = \frac{\pi}{4}\right)$인 짧은 안테나의 합성이라고 하면

$$E_0 = \frac{60\pi}{\lambda r}\int_0^x I(x)dx$$

가 되며 한편 그림(b)에서의 전계 E_0의 크기는

$$E_0 = \frac{60\pi}{\lambda r} I_0 \, h_e$$

로 나타낼 수 있다. 따라서 전계 강도 E_0의 크기가 일정하다고 하면

$$E_0 = \frac{60\pi}{\lambda r} \int_0^x I(x) dx = \frac{60\pi}{\lambda r} I_0 h_e$$

이며, 이를 실효고 h_e의 관계식으로 표현하면

$$h_e = \frac{1}{I_0} \int_0^x I(x) dx$$

가 된다. 그리고 반파장 다이폴 안테나에서 안테나의 전류 분포가 $I(x) = I_0 \cos\left(\frac{2\pi}{\lambda} x\right)$ 이고 $x = l = \frac{\pi}{4}$ 라고 하면 실효고는

$$h_e = \frac{1}{I_0} \int_0^{\lambda/4} I_0 \cos \frac{\lambda}{2\pi} x dx = \frac{\lambda}{2\pi} \text{ [m]}$$

가 된다.

따라서 $l = \frac{\pi}{4}$ 접지 안테나는 일정한 전류 분포를 갖고 있는 길이 $\frac{\lambda}{2\pi}$ [m]의 미소 다이폴과 등가라고 볼 수 있다. 접지 안테나의 실효고 h_e와 급전점의 전류 I_0의 곱 $I_0 h_e$ (단위는 [A · m])를 미터-암페어(meter-ampere)라고 하며 장 · 중파용 안테나에 대한 복사 효과를 표현하는데 이용되는 단위이며 미터-암페어의 값이 크게 되면 복사 전력도 크게 된다.

■ 전계 강도, E

- 수직 접지 안테나의 전계 : 미소 dipole의 전계 관계식인 $\overline{E} = \frac{60\pi I \cdot l}{\lambda r} \sin\theta$ 에 $l = 2h_e$ 을 적용하면

$$\overline{E} = \frac{120\pi \cdot I \cdot h_e}{\lambda r} \sin\theta$$

가 된다.

• $\frac{\lambda}{4}$ 수직 접지 안테나의 전계

$$\overline{E} = \frac{120\pi I \cdot \frac{\lambda}{2\pi}}{\lambda r} \sin\theta = 60\frac{I}{r}\sin\theta \ [\mathrm{V/m}]$$

■ **복사 전력, P_r**

안테나에서 복사되는 복사 전력 P_r은 안테나에 전류 I를 흐르게 하여 발생하는 것으로 복사 전력을 잃는다는 것은 전파복사를 등가적인 저항에 의한 열 손실로 치환할 수 있는데 이것을 복사 저항이라고 한다.

• 미소 다이폴의 복사 전력 : 전 구력으로 전력이 복사되므로 복사 전력의 크기는 다음과 같다.

$$P_r = 80\pi^2\left(\frac{I\,l}{\lambda}\right)^2$$

• 수직 접지 안테나의 전력 : 영상 안테나에서 실제로 전파가 복사 되지 않기 때문에 복사 전력 P_r은 지표면에서 반구에 의한 복사만을 유효한 것으로 생각하면 즉, 미소 다이폴 전력의 $\frac{1}{2}$로 계산한다.

$$P_r = \frac{1}{2}[\text{미소 다이폴 복사 전력}]$$

$$= \frac{1}{2}\left[80\pi^2\left(\frac{l}{\lambda}\right)^2 I_0^2\right]$$

이며, 여기에 $l = 2h_e$ 적용하면

$$P_r = 160\pi^2\left(\frac{h_e}{\lambda}\right)^2 I_0^2 \ [\mathrm{W}]$$

가 된다. 수직 접지 안테나의 복사 전력은 반 구력으로 전력이 복사되므로 $\frac{1}{2}$을 곱해준 결과로 나타난다.

■ 복사 저항, R_r

$$R_r = \frac{P_r}{I_0^2} = 160\pi^2\left(\frac{h_e}{\lambda}\right)^2[\Omega] = 36.56[\Omega] = I^2 \times 36.56$$

안테나의 입력 임피던스는 공간에 복사되는 에너지와 등가인 복사 저항 이외에 콘덴서나 코일에 에너지를 축적하는 원리와 동일하다. 따라서 안테나가 공간에 에너지를 축적하는 작용에 대응하는 성분인 리액턴스가 존재함을 알 수 있다.

실제 계산상 $h_e = \frac{\lambda}{2\pi}$를 대입하면 40[Ω]이 된다. 그러나 모든 접지 안테나에 적용하기 곤란하기 때문에 일반적으로 $\frac{\lambda}{4}$ 접지 안테나에서는 복사 저항은 36.56[Ω]으로 취급한다. 여기서 36.56[Ω]과 40[Ω]의 차이가 발생하는 이유는 리액턴스 성분 때문이다.

■ 전계와 복사 전력의 관계, $\widetilde{E} // P_r$

$\widetilde{E} = \frac{120\pi I_0 h_e}{\lambda r}\sin\theta$ [V/m] 관계에 $\theta = 90°$, $h_e = \frac{\lambda}{2\pi}$을 적용하여 나타내면

$$\widetilde{E} = \frac{60I}{r} = \frac{60}{r}\sqrt{\frac{P_r}{36.56}} = \frac{9.9\sqrt{P_r}}{r} = \frac{7\sqrt{2P_r}}{r}\,[\text{V/m}]$$

가 된다.

(3) $\frac{\lambda}{2}$ doublet 안테나(수평, 비 접지)

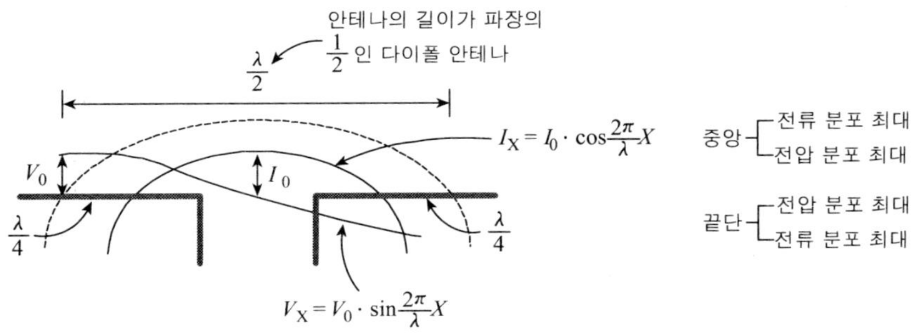

그림 13.22 반파장 더블릿 안테나의 전류, 전압 특성

길이가 같은 도선 두 줄을 일직선으로 배열하고, 그 중앙부에 궤전선(급전선)을 접속하는 직선형 안테나로 다이폴 안테나라고도 하며 가장 기본적인 안테나이다.

반파장 다이폴 안테나는 안테나 도체 상에 존재하는 전류의 크기가 각 부분에서 다르게 나타나기 때문에 복사 전계, 복사 전력, 복사 저항을 계산하는 것이 간단하지 않다.

그래서 반파장 안테나와 동일한 전류 분포를 갖는 안테나로 치환하면 이미 해석한 미소 다이폴의 경우처럼 간단하게 복사 전계, 복사 전력, 복사 저항 등을 구하는 것이 가능하게 된다. 수평 비 접지 안테나는 안테나가 마치 누워있는 것처럼 보이므로 실효 길이로 표현하게 된다.

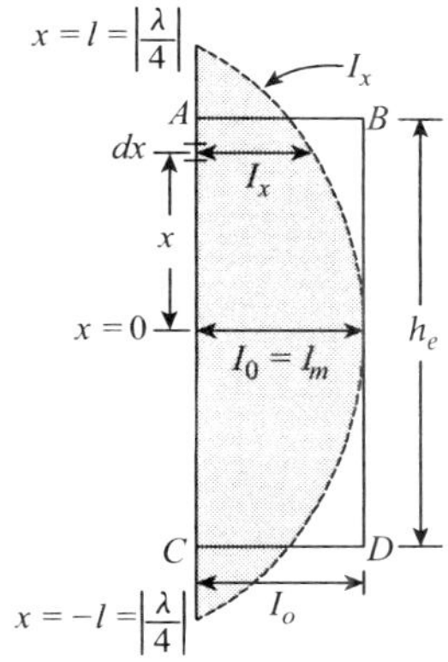

그림 13.23 비접지 반파장 다이폴의 실효 길이

전류 분포를 나타낸 그림 13.23에서 색이 들어간 면적과 CD를 밑변으로 하는 급전점 전류 I_0와 높이 BD가 만드는 직사각형의 면적이 같게 되도록 BD를 결정할 수 있다면 높이 BD가 반파장 다이폴 안테나의 실효 길이 h_e가 된다.

따라서 안테나의 중심 $x = 0$에서 x[m] 위치한 곳의 전류를 $I(x)$[A]라고 하면

$$I_0 \cdot BD = I_0 \cdot h_e = \int_{-l}^{l} I(x)dx$$

이며 이를 이용하여 실효 길이 h_e를 구하면

$$h_e = \frac{1}{I_0}\int_{-l}^{l} I(x)dx \text{ [m]}$$

이며 여기에 $l = \frac{\lambda}{4}$ 인 반파장 다이폴에 대한 실효 길이 h_e는

$$h_e = \frac{1}{I_0}\int_{-\lambda/4}^{\lambda/4} I_0 \cos\left(\frac{2\pi}{\lambda}x\right)dx = \frac{\lambda}{\pi}\,[\mathrm{m}]$$

가 된다. 이는 수신안테나를 해석하는 경우에 매우 중요하게 이용될 수 있다.

Book Cafe

반파장 안테나(half-wave antenna)

길이가 전파 파장에 대하여 약 1/2이 되는 도선을 사용한 안테나로, 중앙에 궤전점(feeder point)이 있는 것을 말하며, 반파 다이폴 또는 반파 더블릿이라고도 한다. 안테나의 기본이 되는 것으로, 궤전점에서 본 임피던스는 약 $73[\Omega]$이다.

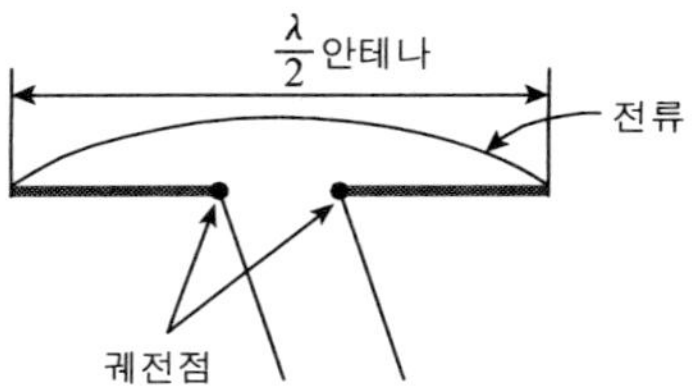

그림 13.24 반파장 안테나

여기서 비접지 반파장 다이폴 안테나의 특징을 요약 정리하면 다음과 같다.

- 반치각은 약 $78°$이다.
- 방사저항은 약 $73[\Omega]$이고, 방사 리액턴스는 약 $43[\Omega]$이다.
- 상대이득은 1[dB]이다.
- 주로 단파대 이상의 송수신 안테나로 사용된다.

Book Cafe

더블릿 안테나 [doublet antenna]

길이가 같은 도선 두 줄을 일직선으로 배열하고, 그 중앙부에 궤전선(급전선)을 접속하는 직선형 안테나로, 다이폴 안테나라고도 하며, 가장 기본적인 안테나이다. 전장을 $\frac{\lambda}{2}$으로 한 반파 더블릿 안테나에 고주파 전류를 흘리면 거의 정현파 모양의 정재파(standing wave, 반사가 있는 선로 상에서의 전압, 전류는 입사파와 반사파의 합성한 파)를 발생하고, 최대 전류 I가 고르게 분포하고 있는 것으로 간주했을 때 실효 길이(effective length, 안테나의 실효적인 길이)는 다음 식으로 나타내어진다.

$$h_e = \frac{2}{\pi} l = \frac{\lambda}{\pi}$$

여기서 h_e는 실효 길이, l는 안테나의 길이, λ 는 전류의 파장을 나타낸다. 안테나 이득(antenna gain, 사용 안테나로 수신(또는 송신)한 경우와 표준 안테나를 사용한 경우의 같은 전계 강도에서의 전력의 비율을 [dB]로 나타낸 것.)을 구하는 경우에 표준 안테나로 이용된다.

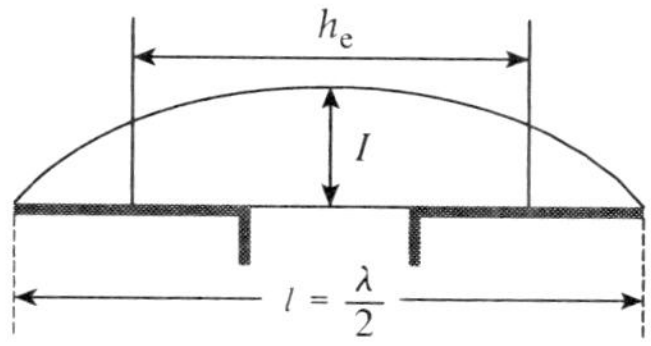

그림 13.25 더블릿 안테나

■ 복사 전계

- 수평 비 접지 dipole의 복사 전계 : 미소 dipole에 대한 방사 전계

$$\widetilde{E} = \frac{60\pi I_0 \cdot l}{\lambda r} \sin\theta$$

에 대해서 $l = h_e$를 대입하면

$$\widetilde{E} = \frac{60\pi \cdot I_0 \cdot l}{\lambda r} \sin\theta \bigg|_{l = h_e} = \frac{60\pi \cdot I_0 \cdot h_e}{\lambda r} \sin\theta$$

가 된다.

- $\frac{\lambda}{2}$ 비 접지 dipole의 복사 전계 : 미소 dipole의 방사 전계인

$$E = \frac{60\pi I_0 \cdot l}{\lambda r} \sin\theta$$

의 관계식에 $h_e = \frac{\lambda}{\pi}$을 대입하면

$$E = \frac{60\pi \cdot I_0 \cdot h_e}{\lambda r} \sin\theta \bigg|_{h_e = \frac{\lambda}{\pi}} = \frac{60 I_0}{r} \sin\theta$$

가 된다.

- 수평 비 접지 dipole의 복사 전력 : 미소 dipole의 복사 전력인

$$P_r = 80\pi^2\left(\frac{Il}{\lambda}\right)^2$$

관계식에 $l = h_e$을 대입하면

$$P_r = 80\pi^2\left(\frac{Il}{\lambda}\right)^2\Big|_{l=h_e} = 80\pi^2\left(\frac{I\cdot h_e}{\lambda}\right)^2$$

가 되며 복사 저항의 크기는

$$R_r = 80\pi^2\left(\frac{h_e}{\lambda}\right)^2$$

가 된다.

- $\frac{\lambda}{2}$ 비 접지 dipole의 복사 저항

$$R_r = \frac{P_r}{I^2} = 73.13[\Omega]$$

한편 반파장 안테나의 단축율은 반파장 공중선의 입력 임피던스 $Z_o = 73.13 + j42.55[\Omega]$이므로 $j42.55[\Omega]$의 유도성 리액턴스 성분을 제거하기 위하여 단파 안테나에서는 소자의 길이를 사용파장의 반파장보다 3~5[%] 정도 짧게 해주는데 이것을 단축율이라고 한다.

$$\delta = \frac{42.55}{\pi Z_o}$$

$$(\text{단, } Z_o = 138\log_{10}\frac{2l}{d})$$

여기서 단축률 δ의 크기를 0.95(일반적으로 0.92~0.98) 정도로 하는데 단축률은 전파가 공중으로 다닐 때와 가느다란 구리선으로 다닐 때의 속도가 다르기 때문에 계산상으로는 0.98정도가 나오지만 다년간 경험으로 0.95를 이용하는 것이 일반적이다.

즉, 파장을 공식대로 제작하면 이는 진공에서는 광속을 가지고 계산한 값이기

때문에 실제 금속으로 된 안테나에서는 파장과의 오차가 발생하게 된다. 오차를 줄이기 위한 방법으로 실제 값에 근접하기 위해서 단축률을 곱해준다. 그 이유는 공기 중에 전파가 통과하는데 거의 저항이 없는 진공 상태 값인 3×10^8[m]를 그대로 사용하여도 무방하지만 안테나는 금속으로 된 판이나 관으로 전파가 전달되기 때문에 금속이 지니는 자체의 고유 저항의 영향을 받게 되어 속도가 느려지게 된다. 이를 고려하지 않고 계산을 행하면 실제 값보다 크게 된다. 그래서 단축률을 곱해서 계산을 하는 것이다.

■ 전계와 복사 전력의 관계, $E//P_r$

$$E = \frac{60I}{r}\bigg|_{P_r = I^2\times 73.13} = \frac{60}{r}\sqrt{\frac{P_r}{73.13}} = \frac{7\sqrt{P_r}}{r}\,[\mathrm{V/m}]$$

표 13.4 안테나의 전계강도

안테나 종류	최대 방사방향의 전계강도 E	방사 저항 $R_r[\Omega]$
등방성 안테나	$\frac{\sqrt{30P_r}}{r}[\mathrm{V/m}]$	
반파장 안테나	$\frac{60\pi I_0 h_e}{\lambda r} = \frac{60I_0}{r} = \frac{7\sqrt{P_r}}{r}[\mathrm{V/m}] = \frac{222\sqrt{P_r[\mathrm{kW}]}}{r[\mathrm{km}]}[\mathrm{mV/m}]$	$73.13[\Omega]$
미소 다이폴 $l \ll \frac{\lambda}{2}$	$\frac{60\pi I_0 l}{\lambda r} = \frac{\sqrt{45P_r}}{r} = \frac{6.7\sqrt{P_r}}{r}[\mathrm{V/m}]$	$80\pi^2\left(\frac{l}{\lambda}\right)^2$
$\frac{\lambda}{4}$ 접지 안테나	$\frac{120\pi I_0 h_e}{\lambda r} = \frac{60I_0}{r} = \frac{9.9\sqrt{P_r}}{r}[\mathrm{V/m}] = \frac{313\sqrt{P_r[\mathrm{kW}]}}{r[\mathrm{km}]}[\mathrm{mV/m}]$	$36.56[\Omega]$

13.4.4 안테나의 특성을 설명하는데 이용되는 용어

(1) 안테나 지향성

일반적으로 안테나에서 복사되는 전파는 복사의 방향에 따라 복사의 강약이 일어날 수 있는데 이와 같은 성질을 지향성(지향특성)이라고 부르며, 지향성의 정도를 나타내는 기준으로 지향계수(Directivity)를 이용하게 되는데 여기서 E_θ 방향에서의 지향 계수를 나타내는 관계식으로 나타내면 다음과 같다.

$$D = \frac{E_\theta\ (\theta \text{ 방향의 전계강도})}{E_m\ (\text{최대복사 방향의 전계강도})}$$

여기서 E_m와 E_θ는 최대 복사방향의 전계강도와 임의의 방향과 동일한 거리에 존재하는 전계의 세기를 각각 나타내며, 안테나 근방에서 사용되는 전계성분은 주로 정전계를 이용한다.

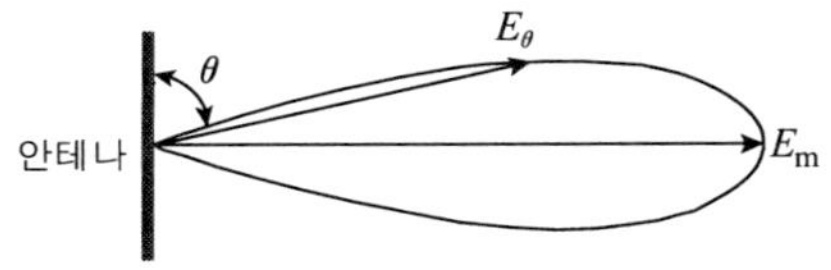

그림 13.26 지향성 안테나 패턴

따라서 지향 정도를 표현하는데 좌표공간에서 각 방향의 전계의 세기의 정도에 따른 좌표의 궤적을 추적하여 도형으로 나타내는데 좌표 공간 내에서 2차원적으로 생각하는 경우 수평면내 지향성, 수직면내 지향성 등으로 구분하여 설명하게 된다,

이때 만일 지향성을 갖지 않으면 지향계수(D)를 1로 나타내며, 예를 들어 지향성의 형태가 원형인 경우에는 무지향성을 의미하는 것이다.

- 여기서 미소 다이폴 안테나의 지향성을 고려하면
  - 수직면 지향성 : $D(\theta) = \sin\theta$
  - 수평면 지향성 : $D(\phi) = 1$
- 반파장 안테나의 지향성
  - 수직면 지향성 : $D(\theta) = \dfrac{\cos\left(\dfrac{\pi}{2}\cos\theta\right)}{\sin\theta}$
  - 수평면 지향성 : $D(\phi) = 1$

  가 된다.

그리고 안테나 지향성에 대한 의미를 요약 정리하면 다음과 같다.

- 특정 방향으로 전자파(서로 수직으로 진동하는 전기장, 자기장이 결합된 에너지 형태의 파동)에너지를 얼마나 집중시킬 수 있는 능력을 말한다.
- 모든 방향에서 균일한 점원으로부터 어떤 주어진 방향으로 방사되는 복사선속(Radiant Flux, 단위시간당 복사 에너지의 량)의 단위 입체각 당 전력을 나타내는

방사세기(Radiation Intensity)에 대해 주어진 방향에서의 방사(복사)세기와의 비를 나타낸다.

- 지향성은 안테나 방사 성질을 도식화시켜 표현한 방사패턴을 나타낸 것이다. 여기서 복사 혹은 방사(Radiation)는 전자기파로써 방출되어 전달되는 에너지 또는 공간, 물질을 통해 에너지를 전달하는 능력을 나타내는 용어이다.

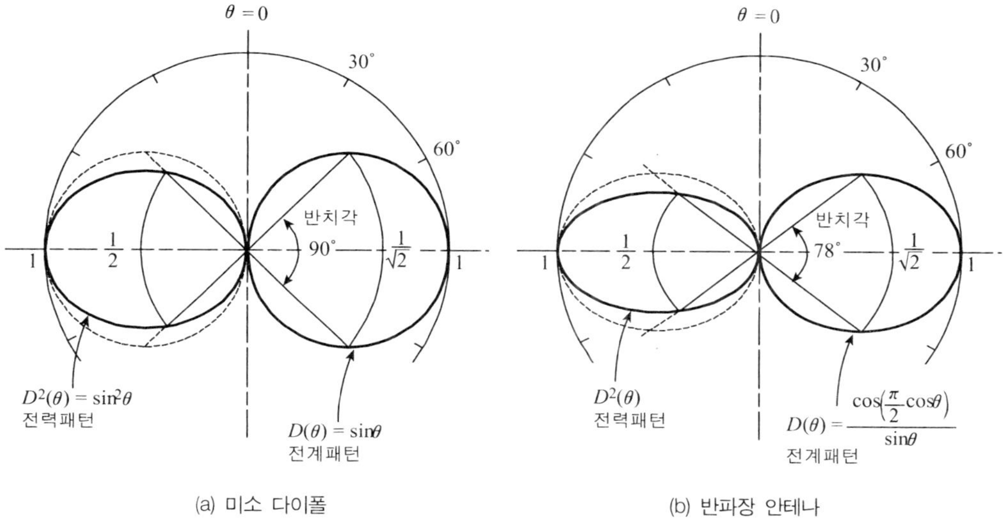

그림 13.27 지향 특성

Book Cafe

안테나 방사 패턴의 방향성 표현

- 방향에 따라 주로 이득이 변화되는 모습을 나타낸 것
  - 지향성은 특정 방향으로 효과적으로 방사하거나 수신할 수 있는 특성을 나타낸 것이다.
- 특정방향으로의 방향성이 없을 경우
  - 등방성은 모든 방향(상하좌우 모든 방향으로 균등한 물리적 성질)에서 물리적 성질이 동일한 특성을 보이는 것을 말하며. 등방성(Isotropic) 지향성은 상하좌우 모든 방향으로 동일한 방사하거나 수신되는 경우를 말한다.
  - 전지향성은 단일 평면상에서 (보통 수평면) 전 방향으로 일정하게 방사하거나 수신되는 경우를 말한다.
  - 무지향성(Non-Directional) : 특정방향이 없는 무방향성을 가리키는 것으로 안테나, 마이크 등에서는 단일평면(수평면)상의 전방향성을 무지향성이라고 한다.
  - 전방향성(Omni-Directional) = 무지향성 : 안테나 이득 또는 마이크로폰의 감도 등이 일정한 방향성을 갖는 성질 지향성(Directivity)의 계수 D = 1 = 0[dB]이다.

(2) 반치 각(half power width), 빔 폭

주엽(main lobe)의 최대 복사방향보다 −3[dB]로 되는 값을 갖는 각도로 지향의 특성 첨예도를 나타낸 것으로 반치 폭, 빔 각 그리고 빔 폭이라고도 부르며, 이 값이 작을수록 지향 특성이 예리한 것임을 의미하게 된다.

여기서 −3[dB]의 크기는 전력밀도의 1/2, 전계강도의 $1/\sqrt{2}$ 되는 값을 나타낸다.

- 지향성 안테나에서 전계 강도가 최대 방사 방향의 $1/\sqrt{2}$ 배가 되는 방향 사이의 각
- 안테나 지향성의 예민성 정도를 나타내는 각
- 반치 각이 작을수록 안테나의 지향 특성이 예민하게 된다.
  - 미소 다이폴 안테나의 경우 반치 각은 90°이며,
  - 반 파장 안테나의 반치 각은 78°정도 이다.

(3) 전후방비(FBR, Front to back ratio)

180±60 안에 있는 부엽의 전계 강도의 크기를 후방엽의 크기로 취한 값을 나타낸 것을 말한다.

$$FBR = 20\log\frac{E_f}{E_b}\ [\text{dB}]$$

여기서 E_b는 전방의 전계 강도의 최대치를 나타내며, E_f는 후방의 전계 강도의 최대치를 나타낸다.

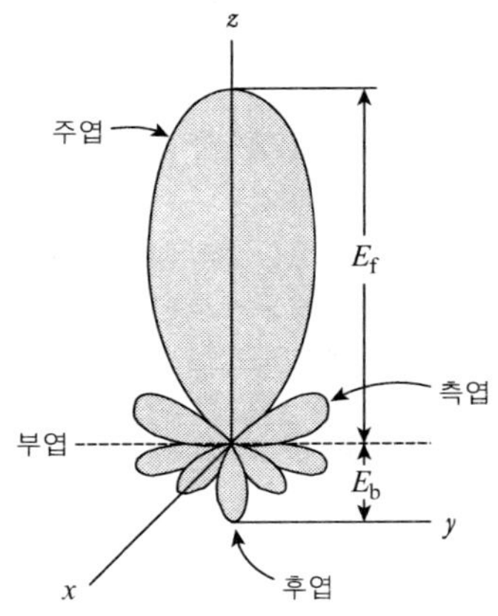

그림 13.28

전후방비(FBR)는 불필요한 전파를 수신하지 않기 위해서 이를 평가할 때 이용되는 중요한 파라미터로 FBR 값이 작을수록 목적 방향으로 전파복사가 크게 됨을 나타낸다.

따라서 저항성 안테나의 특성은 전후방비가 큰 것이 바람직하다.

13.4.5 안테나 이득, G

안테나 이득은 동일 방향, 동일 거리에 동일 전계를 주기 위해 기준 안테나에 공급한 전력과 최대치가 얻어지도록 방향을 설정한 임의의 안테나에 공급되는 전력의 비를 데시벨(dB)로 나타낸 것으로 임의의 안테나와 기준 안테나에 동일한 전력($P_0 = P$)을 공급하였을 경우 각각의 안테나가 동일한 방향에 복사되는 복사 전력비(P_r / P_{r0})를 말한다.

안테나의 복사능력을 나타내기 위해 단파대에서는 이득을, 초단파대 안테나 이상에서는 실효개구면적을 사용한다.

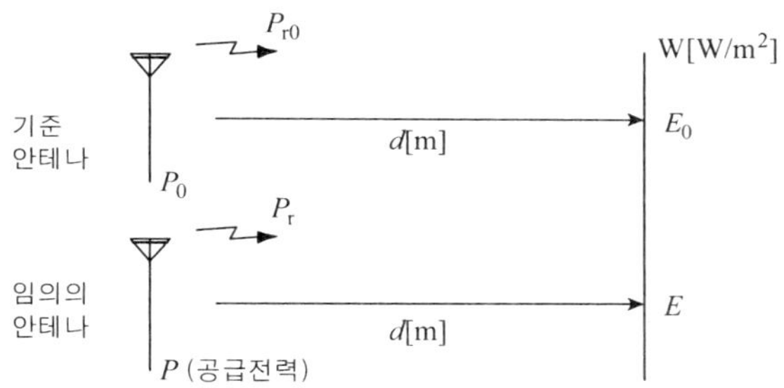

그림 13.29 기준 안테나와 임의의 안테나의 비교

(1) 안테나의 복사 전력비

안테나에 대한 이득의 정의는 기준 안테나와 비교하여 임의의 안테나가 어떤 방향으로 얼마만큼의 전력을 복사 혹은 흡수할 수 있는가를 나타낸 것으로

$$G = 10\log 10 G = 10\log \frac{\text{표준 안테나 전력}}{\text{피측정 안테나 전력}} [\text{dB}]$$

$$G = \frac{\dfrac{\text{임의의 안테나에서 최대 복사 방향으로 임의의 거리의 포인팅 전력}}{\text{임의의 안테나 공급 전력}}}{\dfrac{\text{기준 안테나에서 최대 방향의 포인팅 전력}}{\text{기준 안테나 공급 전력}}}$$

$$= \frac{\dfrac{W}{P}}{\dfrac{W_0}{P_0}} = \frac{\dfrac{\dfrac{E^2}{120\pi}}{P}}{\dfrac{\dfrac{{E_0}^2}{120\pi}}{P_0}} = \frac{P_0}{P} \cdot \left(\frac{E}{E_0}\right)^2$$

$$\frac{P_r}{P_{r0}} = \left(\frac{E}{E_0}\right)^2$$

$$G = 10\log\frac{P_r}{P_{r0}} = 10\log\left(\frac{E}{E_0}\right)^2 [\mathrm{dB}]$$

따라서 안테나 이득에 대한 내용을 요약 정리하면 다음과 같은 내용을 들 수 있다.

- 수신 전계 강도를 일정하게 하기 위한 입력 전력비
- 입력 전력을 동일하게 했을 때 전계 강도의 제곱의 비
- 안테나 길이는 이득과는 무관하다.

Book Cafe

이득(Gain)이라고 하는 것은 안테나에서 신호를 얼마나 강하게 수신할 수 있는 가는 나타내는 척도이다. 다이폴 안테나를 0[dB]으로 놓고 이를 기준으로 하여 이에 대해 수신 감도를 측정한다. 1[dB]와 2[dB]는 작은 차이를 보이지만 실제 계산에서는 로그 값으로 계산되기 때문에 매우 큰 차이를 보이게 된다.

(2) 안테나 이득의 기준

- 절대 이득, G_a

절대 이득은 기준 안테나로 등방성 안테나를 사용하는 것으로 무 손실 등방성 안테나에 대한 전력 이득으로 접시형 안테나 등의 개구면 안테나의 이득을 나타내는 경우에 이용한다.

어떤 점의 포인팅 전력(전력 강도) W는

$$W = \frac{E_0^2}{120\pi} = \frac{P_0}{4\pi r^2} [\mathrm{W/m^2}]$$

이다. 여기서 P_0는 방사전력 [W]이며 등방성 안테나에서 거리 r[m]인 점의 전

계 강도 E_0는

$$E_0 = \frac{\sqrt{30P_0}}{r}\,[\mathrm{V/m}]$$

가 된다. 이를 이용하여 절대 이득 $G_a = \frac{P_0(\text{등방성 안테나의 전력})}{P(\text{임의의 안테나의 입력 전력})}$ 관계식에 동일 전계 $E = E_0$을 적용하여 임의의 안테나에서 거리 $r[\mathrm{m}]$에서의 전계의 강도는

$$E = \frac{\sqrt{30\,G_a P\,[\mathrm{W}]}}{r\,[\mathrm{m}]}\,[\mathrm{V/m}]$$

으로 구해진다.

Book Cafe

등방성 공중선이란 손실이 없고, 지향성이 전혀 없는 가상적인 공중선으로 복사전력 P_r은 반경이 일정한 구표면에서 전계강도가 일정하므로

$$P_r = \frac{E^2}{120\pi} \times 4\pi r^2\,[\mathrm{W}]$$

이며, 이를 이용하여 전계의 크기를 구하면

$$E = \frac{\sqrt{30P_r G_a \eta}}{d}$$

가 된다. 여기서 P_r은 방사전력, G_a는 상대이득 그리고 η는 공중선의 효율을 나타낸다.

■ **상대 이득, G_h**

반파장 다이폴(무손실 $\frac{\lambda}{2}$ 다이폴 안테나를 기준으로 사용)을 기준 안테나로 했을 때의 이득을 상대 이득이라고 하며, 단파용 안테나 등 선상 안테나의 이득을 나타내는 경우에 이용된다.

반파장 안테나의 전계 강도 E는

$$E = \frac{7\sqrt{P_r\,[\mathrm{W}]}}{r[\mathrm{m}]}\,[\mathrm{V/m}]$$

이며,

$$E_0 = \frac{\sqrt{49.2 P_0[\mathrm{W}]}}{r[\mathrm{m}]} [\mathrm{V/m}]$$

인 관계에서 $E = E_0$ 일 때 $P_0 = G_h P$이다. 여기서 임의의 안테나에서 거리 $r[\mathrm{m}]$에서의 전계의 강도는

$$E = \frac{7\sqrt{G_h P}}{r}$$

가 된다. 여기서 P는 임의의 안테나 입력 전력 $P = \frac{P_r}{\eta}[\mathrm{W}]$를 나타낸다.

그리고 임의의 안테나의 $G_h P$는 기준 안테나의 방사 전력 P_0에 대응하므로 $G_h P$를 실효 방사 전력(Effective radiation power)이라고 한다.

Book Cafe

실효 방사 전력

실효 방사 전력[kw] = 안테나 입력 전력 × 안테나의 전력 이득

즉, 안테나에 공급되는 전력과 주어진 방향에 대한 안테나의 상대 이득을 곱의 크기를 말한다. 공급 전력 P와 상대 이득 G를 각각 [dB]로 나타낸 경우에는

실효 방사 전력[dB] $= P + G$

으로 나타낼 수 있다.

■ 지상 이득, G_v

$\frac{\lambda}{4}$ 단소 수직 안테나를 기준 안테나로 사용($\frac{\lambda}{4}$보다 극히 짧은 수직 접지 안테나에 대한 전력 이득으로 접지 안테나에 사용)하며, 전계의 크기는 $E = \frac{9.8\sqrt{P_r}}{d}$가 된다.

(3) 안테나 이득의 관계

절대 이득과 상대 이득의 관계는

$$E = \frac{\sqrt{30 G_a P}}{r} = \frac{7\sqrt{G_h P}}{r} = \frac{\sqrt{90 G_v P}}{r} \, [\mathrm{V/m}]$$

이며, 이를 정리하면

$$G_a = 1.64 G_h = 3 G_v$$

$$G_a[\mathrm{dB}] = G_h[\mathrm{dB}] + 2.15[\mathrm{dB}] = G_v[\mathrm{dB}] - 4.77[\mathrm{dB}]$$

인 관계를 보인다.

Book Cafe

상대 이득 G_h, 실효길이 h_e 그리고 방사저항 R_r과의 관계

$$h_e = \frac{\lambda}{\pi}\sqrt{G_h}\sqrt{\frac{R_r}{73.13}} = \frac{\lambda}{\pi}\sqrt{G_a}\cdot\sqrt{\frac{R_r}{120}} \, [\mathrm{m}]$$

상대 이득 시의 방사 저항 값과 절대이득의 방사저항이 차이가 있음을 알 수 있다.

13.5 안테나의 종류와 특징

13.5.1 중 장파대 안테나

(1) 장 · 중파대의 특징

파장이 길고 주파수가 낮다(LF : 30～300[kHz], MF : 300～3000[kHz]). 주파수가 가장 낮기 때문에 전자파가 공중으로 가는 경우 보다는 지상으로 형성되므로 장, 중파대에서 이용되는 안테나는 수직으로 땅에 접지한 수직 접지 안테나를 주로 이용한다.

그리고 파장에 비해 짧은 안테나를 사용하기 때문에 실효고를 높이기 위해 역 L형 안테나, top-loading 안테나를 이용하며, 이득이 낮고, 협대역성, 대 전력용에 이용한다.

(2) 용도

- 중파 방송 송신용으로는 $\frac{\lambda}{4}$ 수직 접지 안테나, Top-loading 안테나 등을 이용한다.
- 무선 측위(방향 탐지용)로는 Loop, adcock, Bellini-tosi 안테나 등을 이용한다.
- 선박용으로는 역 L형, wave 안테나 등을 이용한다.

(3) 장 · 중파대 안테나의 형태

수직 접지 안테나로 이용되는 형태는 $\frac{\lambda}{4}$ 수직 접지, Top-loading, 역 L형, T형, 우산형 안테나 등을 들 수 있다. 여기서 지상에 수직인 도체를 세우고 하단에서 고주파 전력을 공급하는 형태의 안테나를 접지 안테나(ground Antenna) 또는 수직접지(vertical ground) 안테나라고 한다.

- $\frac{\lambda}{4}$ 수직 접지 안테나

파장이 긴 장 · 중파대에서 사용하기 위해 파장의 $\frac{\lambda}{4}$ 점의 길이를 수직으로 세우고 한쪽을 접지한 안테나를 말한다.

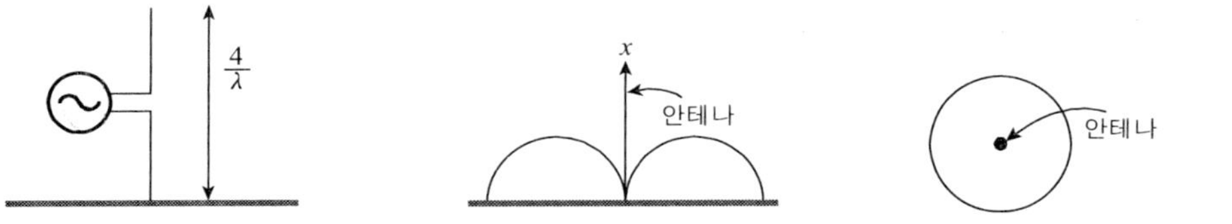

(a)

(b) 수직면내 지향성
(앞에서 볼 때)
↓
쌍방향성(쌍반구형)

(C) 수평면내 지향성
(위에서 볼 때)
↓
무지향성(전파는 수평으로 감)
지향 계수가 1이고
복사 패턴은 원

그림 13.30 $\lambda/4$ 수직 안테나와 지향 특성

전류 분포는 선단에서 전류는 0이고 접지점에서는 최대가 되며 수평면(안테나 위에서 바라본 패턴)지향성은 원형(무지향성)이고 수직면내 지향성은 쌍 방원형이다. 여기서 지향성은 안테나에서 전자 빔 형태의 분포를 나타내는 것을 말한다. 실효고는 안테나 중에서 실제로 안테나 능력을 발휘하는 높이를 말하는 것으로 장중파대 안테나의 실효고는

$$h_e = \frac{\lambda}{2\pi}\,[\mathrm{m}]$$

으로 구해진다.

- 복사 저항(입력 임피던스) $R_r = 36.56\,[\Omega]$이며,
- 전압 급전 방식을 적용하며
- 중파 방송 송신용에 이용한다.

▩ 역 L형 안테나

역 L형 안테나에서 수평부의 역할을 고려하면 실효고를 높게 하게 위해서, 지향성을 주기 위해서, 수직부의 전류 분포를 크게 하기 위한 역할을 하게 된다.

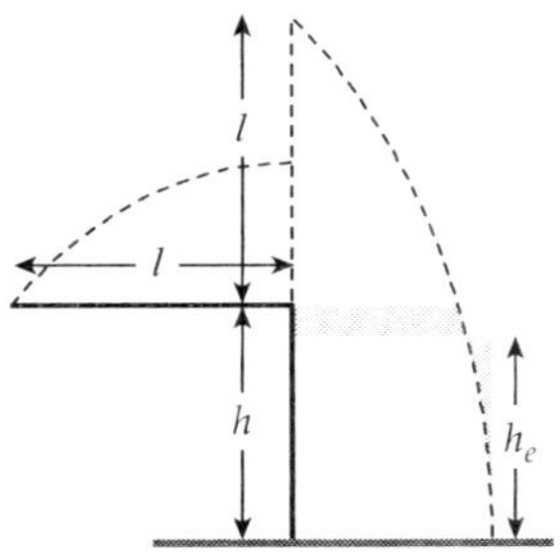

그림 13.31 역 L형 안테나

역 L형 안테나의 경우는 $\frac{\lambda}{4}$수직 접지 안테나를 쓸 수 없는 경우에 사용되는 것으로 역 L형 안테나의 실효고는

$$h_e = \int_0^h \left(1 - \frac{x}{h+l}\right) dx = \frac{h(h+2l)}{2(h+l)}\,[\mathrm{m}]$$

이며, 수평면내 지향성은 정부가 비교적 짧으면 무지향성이다. 정부가 비교적 긴

경우에는 그 선단과 반대 방향으로 지향성을 가지며, 수직면내 지향성은 쌍 반원형이다. 수직부의 높이가 충분하지 못할 경우 방사 전계를 크게 하기 위하여, $\frac{\lambda}{4}$ 수직 접지 안테나의 지역에서 사용하거나 선박국용으로 이용된다.

- 수평부는 실효 높이를 증가하는 역할을 한다.
- 수평 부분에 의한 복사 전계는 수신 전압을 유기하지 않는다.
- 장 · 중파대용 안테나로 사용된다.

■ **Top loading(정관형) 안테나**

안테나를 고유 주파수 이외의 주파수에서 효과적으로 사용하기 위하여 안테나의 입력 리액턴스 성분이 "0"이 되도록 L, C를 넣어 안테나의 길이를 짧게 하거나 길게 하여 동조시키는 방법을 안테나 로딩이라고 한다. 이와 같은 안테나 로딩 방법에는 Base Loading, Center Loading 그리고 Top Loading 등이 존재한다.

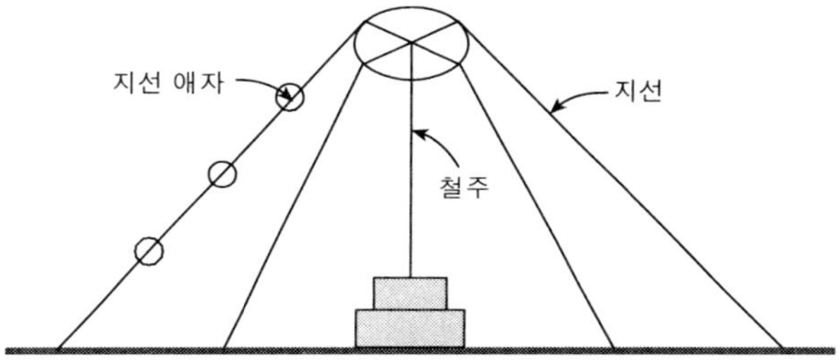

그림 13.32 정관형 안테나

Top loading(정관형) 안테나는 페이딩 방지용 안테나로 특히 도약성 페이딩을 감소시킬 수 있으며, Top-loading에서 앙각이 60~65° 이상의 고각 복사를 없애야 한다. 즉, 원정관을 이용하면 밤에 E층에 의한 반사파가 없게 된다. 이로 인하여 고각도 복사를 억제하여 양천 구역을 늘리는 효과를 준다. 여기서 양청 구역은 통신이 잘되는 영역을 말한다.

(4) 방향 탐지용 안테나

방향을 탐지할 목적으로 이용되는 안테나로 loop 안테나, bellini-tosi 안테나, adcock 안테나 등을 이용하게 된다.

■ 미소 loop 안테나

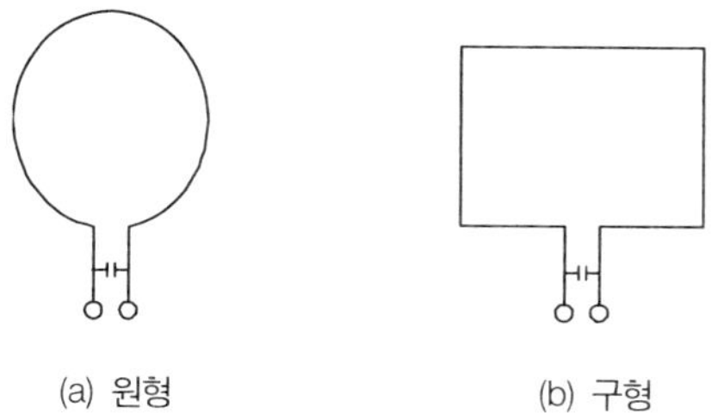

그림 13.33 미소 Loop 안테나의 형태

지향성은 도선을 원형 또는 정사각형으로 1회 또는 여러 번 돌린 폐회로 안테나로 Loop 안테나를 이용하여 방향 측정에 사용할 수 있는 이유는 8자 지향성을 갖기 때문이다. Loop 안테나에서 유기 기전력은 $\cos\theta$에 비례하므로 $\theta = 0°, 180°$에서 최대, $\theta = 90°, 270°$에서 최소가 되는 전 방향성으로 단일 방향이 아닌 안테나이다.

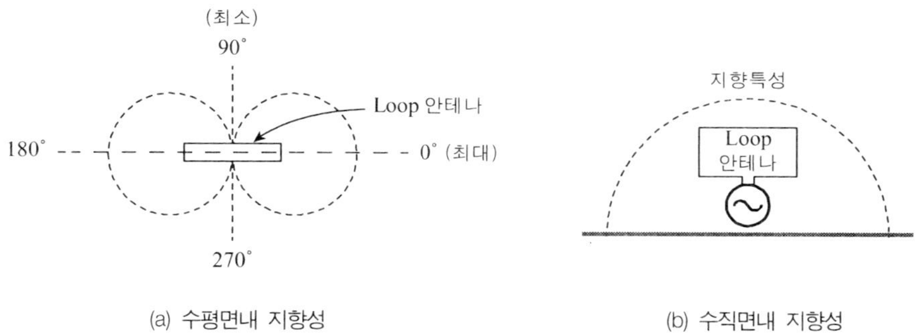

그림 13.34 미소 루프 안테나의 지향 특성

소형으로 이동이 용이하고, 실효고가 적은데 이는 전계 강도가 작음을 의미한다. 따라서 송신 안테나로는 사용 못하고 주로 수신전용으로 사용한다. 수평 도선 때문에 야간 오차가 발생한다. 즉, loop 안테나를 단파대에 사용하면 야간 오차가 발생한다. 야간에는 미소하지만 전리층을 반사해 오는 파기 존재하는데 이로 인해서 오차가 발생하게 되는데 이를 야간오차라고 한다.

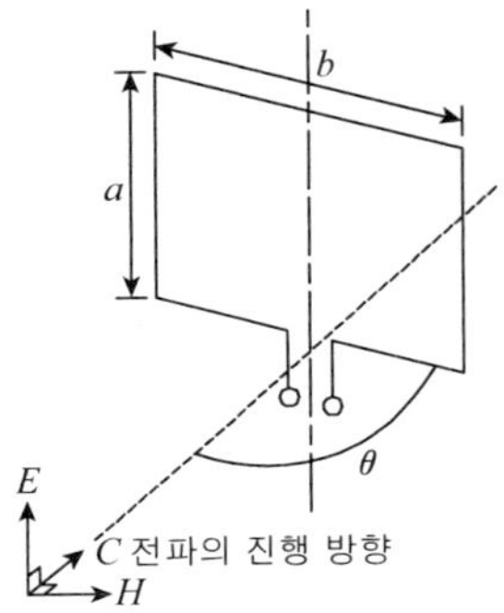

그림 13.35 루프 안테나의 구조

도선을 원형 또는 사각형의 루프 형태로 1회 또는 여러 번 감은 모양을 하고 있으며 단파대 이하에서 이용되는 루프 안테나의 직경이 파장에 비해 매우 작다고 하여 이를 미소 루프 안테나라고 한다. 도선을 여러 번 감은 루프면 $(a \times b)$를 전파의 도래 방향으로 θ 정도 기울게 한 상태에서 전계 $\widetilde{E}$와 자계 $\widetilde{H}$는 전파의 진행 방향과 수직이기 때문에 자계가 루프면에 직교하는 성분은 $\widetilde{H}\cos\theta$ 이다. 여기서 루프 안테나의 단면적을 $A[\mathrm{m}^2]$, 권수를 N회라고 하면 안테나에서 전파의 자기력 ϕ_m은

$$\phi_m = NA\mu_0 \widetilde{H}\cos\theta$$

이며, 여기에 오일러 공식 $e^{j\theta} = \cos\theta + j\sin\theta$에서 실수부의 값만을 생각하면 $e^{j\theta} = \cos\theta$로

$$\phi_m = NA\mu_0 \widetilde{H} e^{jwt}$$

으로 나타낼 수 있다. 전파의 자기력선의 쇄교에 의해 기전력이 유기된다고 할 때 유기 전압 $V[\mathrm{V}]$는

$$V = -NA\frac{d\phi_m}{dt} = -jw\mu\widetilde{H}e^{jwt}$$
$$= -j\frac{w}{C}NA\widetilde{E}e^{jwt} = -j\frac{2\pi NA}{\lambda}\widetilde{E}e^{jwt}[\mathrm{V}]$$

가 되며 이 관계식에서 실효고 h_e를 구하면

$$h_e = \frac{2\pi NA}{\lambda}[\mathrm{m}]$$

가 된다. 여기서 A는 단면적으로 원형 루프 안테나의 경우에는 직경 D와 같으며, $A=(D/2)^2\pi$ 그리고 N은 권수를 나타낸다.

- 실효고가 낮은 편이고 이동이 용이하다.
- 야간 오차가 발생한다.
- 방향 탐지용으로 사용되므로 주위 도체에 대한 영향을 받지 않는다.
- 수평면내 지향성은 8자형이다.
- 전파의 도래 방향은 알 수 있으나 전·후방을 포착할 수 없다. 왜냐하면 180° 불확실성 때문이다. 그러나 loop를 회전시키면 포착할 수 있다.

■ 베르로이 토시(Bellini-tosi) 안테나

루프 안테나로 전파의 도래 방향을 탐지하는 경우 루프 안테나를 회전시켜 그 유기 기전력이 최대를 나타내는 방향을 탐지하면 된다. 그러나 대규모인 경우에는 곤란하다. 그래서 루프 안테나를 회전시키는 대신에 두 개의 루프 안테나를 서로 직각으로 고정시켜 안테나의 출력이 각각 동일하게 하고 이를 각각을 배치된 고정된 코일에 접속해서 유도를 일으키고 고정 코일 내부에 가동 코일 즉, 탐색 코일을 넣게 되면 안테나를 회전시키지 않고도 안테나를 회전시키는 동일한 효과를 얻게 된다.

즉, 2개의 loop형 안테나를 직각으로 고정시키고, 각각의 안테나를 서로 직각으로 놓은 2개의 coil로 연결된 안테나로 수신기측에 회전 코일인 seradi coil을 첨가해 회전시키면 쌍 loop가 회전하는 효과와 동일해서 전파의 전후방을 알 수 있다.

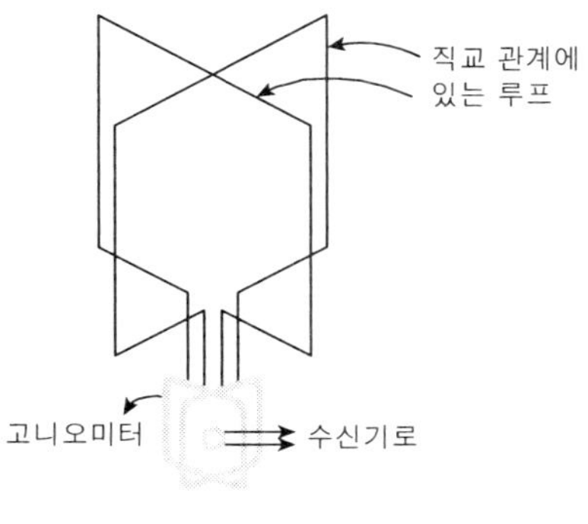

그림 13.36 베르로이-토시 안테나

안테나를 회전시키지 않고 단지 고니오미터(goniometer)의 서치 코일만 회전시켜서 도래하는 전파의 방향을 알 수 있다. 그리고 Bellini-tosi 안테나는 탐색 코일의 방향과 전파의 도래 방향과 일치하는 위치(전파 방향과의 위상차가 0°일 경우 전계 강도 최대)에서 전계 강도가 최대가 된다.

■ 애드콕 (Adcock) 안테나

2조의 길이의 같은 수직 접지 안테나(중파용) 또는 수직 더블레트 안테나(단파용)용을 거리 d만큼 간격을 두고 배치한 것이다.

$x\acute{x}$ 와 $y\acute{y}$ 의 수평 도체 부분이 없어 야간에 발생하는 오차를 없앤 것으로 수평 편파 성분에 대해서도 감도를 갖지 않는 안테나이며, 수평 편파 성분의 전파를 수신 못하는 안테나이다. 방향 탐지용 안테나로서 야간 오차를 경감하는데 사용되는 안테나이다.

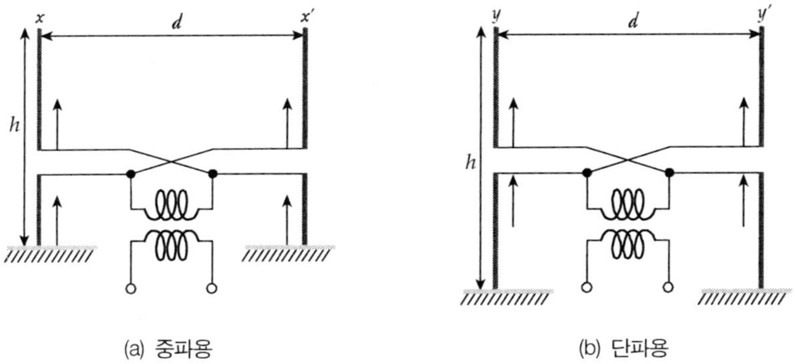

그림 13.37 애드콕 안테나

- 수평면내 지향성은 8자형이다.
- 방향 탐지의 야간오차를 감소하기 위한 경우에 이용한다.
- 루프 안테나와의 차이점은 수직면 지향성으로서 애드콕 안테나는 위쪽으로부터 경사지게 들어오는 전파를 거의 수신하지 않기 때문에 야간 효과를 제거할 수 있다.

■ 웨이브(Wave 혹은 Beverage) 안테나

장중파대 안테나는 진행파 안테나가 없는데 유일하게 웨이브 안테나가 진행파 안테나 이다. 웨이브 안테나의 경우 안테나를 눕혀서 사용하는데 그 이유는 땅이 울퉁 불퉁하면 수직편파가 뉘어져 수평 편파로 변하게 된다. 그래서 신호를 잘 받기 위해서 안테나를 수평을 설치하게 된다. 원거리 통신에 적합한 단일 지향성을 가지며, 주파수 특성이 광대역이며, 안테나 이득이 크며, 진행파형 안테나이다. 대전력 용량에 적합하며, 넓은 면적을 차지하며, 주로 수 백[kHz] 이하의 장 · 중파 수신용 안테나로 이용한다.

1파장 내지 수파장의 도선을 5 ~ 10[m]의 높이에 수평으로 설치하고 종단에 특성 임피던스 300 ~ 500[Ω] 정도의 무유도 저항기를 통해 접지한다.

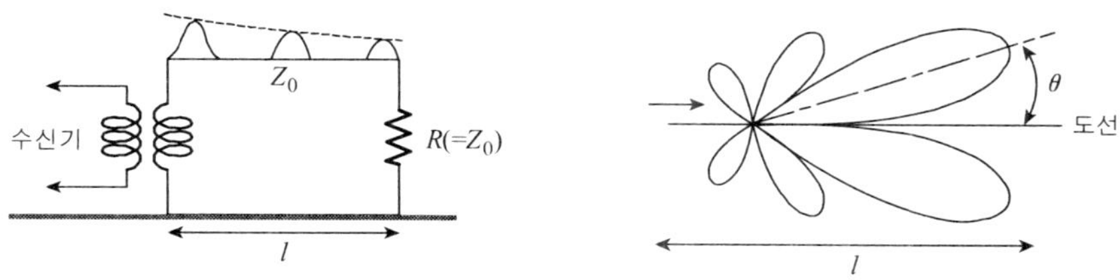

(a) 구 조 (b) 지향성

그림 13.38 웨이브 안테나

진행파 안테나의 특징으로 단일 지향성을 들 수 있는데 이는 빔이 예리하다는 것으로 빔이 예리하다는 것은 파가 멀리 간다는 것(광대역성)을 의미하며, 또한 파가 예리하면 할수록 옆으로 생기는 부엽이 많게 되어 손실이 많게 되어 효율이 감소하게 된다.

- 광대역 지향성 수신 안테나이다.
- 진행파 안테나의 한 형태이다.
- 수평면내 지향성은 단향성이다.
- 주로 수 100[KHz] 이하의 수신용 안테나로 사용된다.
- 다중 수신 가능 즉, 동일 방향에서 도래하는 몇 개의 전파를 동시에 수신하는 것이 가능하다.

13.5.2 단파(HF)대 안테나

단파가 장파나 중파보다 지향성을 만들기 쉬운 이유는 파장이 짧으므로 단위 공중선이 짧아도 되기 때문이다. 반파 다이폴 안테나의 구조는 수평 다이폴과 수직 다이폴로 구분되며, 단파대는 비교적 주파수가 높기 때문에 전자파가 지상보다는 공중으로 전파되므로 안테나를 공중에 설치하는 수평 비접지용 안테나를 이용한다.

(1) 수평 비 접지 안테나

■ $\frac{\lambda}{2}$ doublet 안테나(반파 다이폴 안테나)

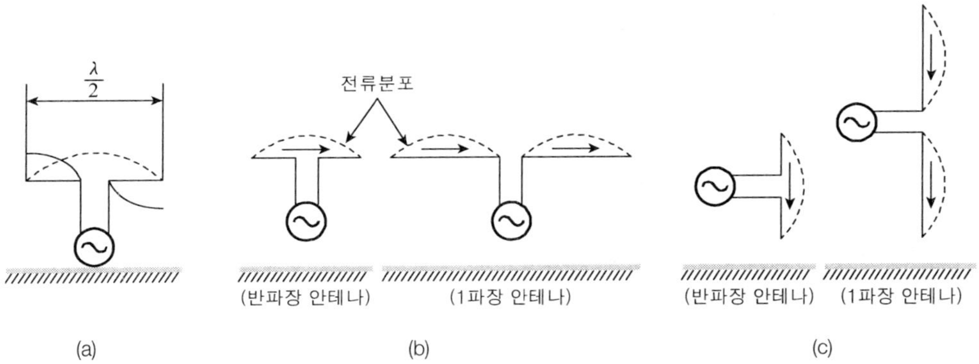

그림 13.39 반파장 더블릿 안테나

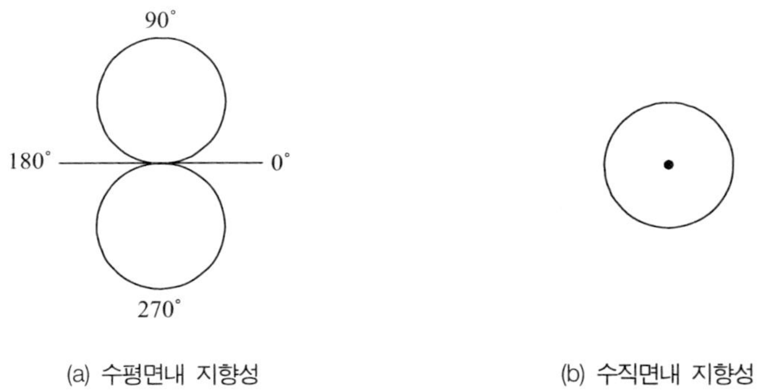

그림 13.40 반파장 더블릿 안테나의 지향 특성

• 반파장 더블릿 안테나의 실효고 $h_e = \frac{\lambda}{\pi}$

- 복사 저항

$$R_r = 73.13[\Omega],\ Z_r = 73.13 + j42.55[\Omega]$$

여기서 Z_r은 급전점 임피던스이며, 허수항($j42.55$)을 제거하기 위해 3~5[%] 정도 짧게 해주는 단축율을 고려해야 한다.

- 안테나를 비교적 낮게 설치할 수 있다.
- 반송 주파수의 $\frac{\lambda}{2}$ 길이를 갖는 공진 안테나로 전류는 양끝에서 0이 되며, 전압은 양끝에서 최대가 된다.
- 전류 급전 방식이다.
- 수평면내 지향성은 8자형이며 수직면내 지향성을 지상에서의 높이에 따라 크게 변한다.
- 편파면은 수평편파이다.

한편 수직 반파 다이폴의 특징에 대해서 요약정리를 하면 다음과 같다.

- 안테나의 높이를 높게 하지 않으면 도선의 하단이 지상에 접촉하여 방사에 방해가 된다.
- 수평면내 지향성은 무지향성이며, 수직면내 지향성은 높이에 의해 지향성을 거의 변하지 않는다. 단지 대지의 도전율에 영향을 받는다.
- 편파면은 수직편파이다.

▪ 체펠린(Zeppelin) 안테나

$\frac{\lambda}{2}$ doublet 안테나 설치 불가능한 지역에 적합한 안테나로 불평형 누설 전류가 존재하며, 전압 급전 방식으로 정재파형 안테나이다. 수평면내 지향성은 8자 지향 특성을 나타난다.

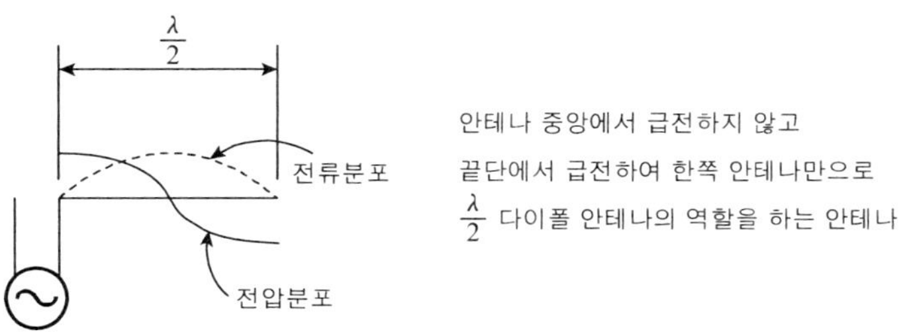

그림 13.41 체펠린 안테나

(2) 빔(Beam) 안테나

다수의 반파장 다이폴 안테나를 동일 평면 내에 가로, 세로로 규칙적으로 배열한 구조의 안테나로 높은 이득을 얻기 위해서 Array를 이용한 안테나이다. 빔 안테나는 $\frac{\lambda}{2}$ 안테나의 지향성의 감쇠를 방지할 목적으로 $\frac{\lambda}{2}$사이에 반사기를 이용한다. 여기서 반사기는 뒤로 오는 파를 모아서 앞으로 보내면 보다 큰 빔을 얻을 수 있도록 하는 역할을 하며, 안테나와 반사기 사이의 간격은 $\frac{\lambda}{4}$가 된다.

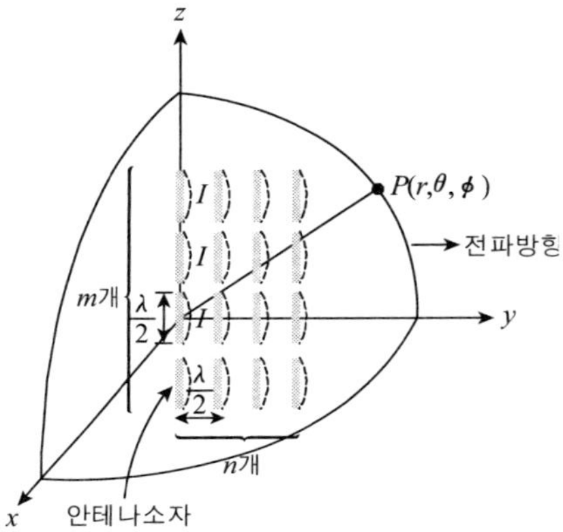

그림 13.42 빔 안테나

빔 안테나는 그림 13.42 처럼 $\frac{\lambda}{2}$doublet을 $\frac{\lambda}{2}$ 등 간격으로 $M\times N$ 소자를 종횡으로 배열시킨 안테나로서 $M\times N$로 배열하면

부엽이 많아져 지향성이 예리하며, 이득은

$$G=(M\times N)\cdot\frac{R_r}{R_0}=n^2\frac{R_r}{R_0}=n^2\frac{73.13}{R_0}$$

이며, n은 소자수를 R_r은 $\frac{\lambda}{2}$doublet의 복사 저항(73.13[Ω])을, R_0는 반파장 안테나의 복사 저항을 나타낸다.

- 안테나의 소자 수가 많을수록 지향성은 예민하게 된다.
- 이득은 소자의 수와 복사저항 R_0에 의해서 결정된다.

■ 지향성 적의 원리는 그림 13.42(a)와 같이

지향성 안테나 배열의 패턴 = 소자 1개의 지향성 × 배열에 의한 지향성

으로 미소 다이폴 안테나를 동일 축 상에 $\frac{\lambda}{2}$ 간격으로 배열하는 경우의 지향성을 말한다.

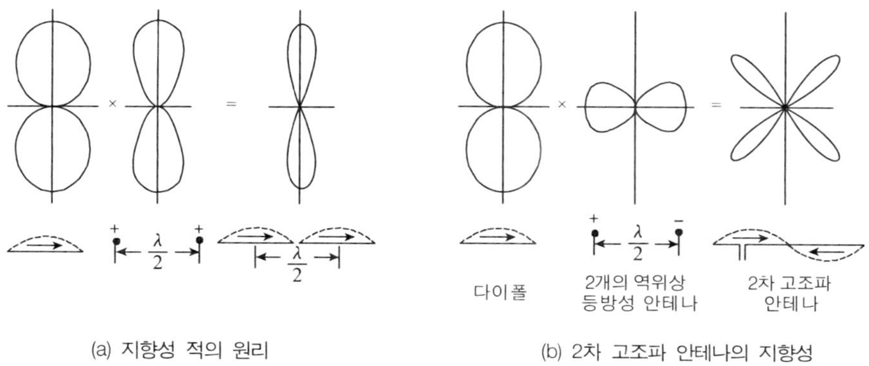

그림 13.43 고조파 안테나의 지향성

■ 빔 안테나의 장점은 안테나를 배열(Array)로 지향성이 예리하며, 비교적 외래 잡음의 방해가 적으며, 송신 출력이 적어도 되고, 전력이 경제적이다.

(3) 진행파(travelling-wave antenna) 안테나

진행파 안테나는 안테나 종단에 안테나의 특성 임피던스(선로를 전파가 일정한 방향으로 진행하는 진행파에 대하여 선로상의 한 점에서의 전압과 전류의 비로 정의되는 임피던스)와 동일한 부하가 있어 반사파 없이 일정한 진행파만의 전류 분포가 이루어지는 안테나를 말한다. 이와 같은 진행파 안테나의 종류에는 롬빅(Rhombic), V형, 어골형(Fish-bone) 안테나 등을 들 수 있다.

■ Rhombic **안테나(다이아몬드 안테나)**

- 동작 원리는 종단에 파동 저항 혹은 종단 저항 R을 이용하기 때문에 급전선으로 급전하는 경우에 도전의 종단에서는 변화가 없고 진행파만 존재한다.
- 반파장 4개를 합체한 안테나로 (4개의 비공진선을 마름모꼴로 배치한 것) 롬빅

안테나에서 이용되는 종단 저항은 진행파를 얻기 위해서이다. 즉, 종단 저항은 안테나의 특성 임피던스와 정합을 시키므로 도선 상에 진행파를 실게 하기 위한 것이며, 도선 양측의 방사 위상은 역상이다.

- 구조는 빔 안테나 보다 간단하다.
- 급전선의 임피던스가 가장 높은 안테나로 상대 이득 8~13[dB]정도이다.
- 롬빅 안테나는 진행파 안테나의 한 형태로 단일 지향성을 가진다.
- 단파 고정 통신용 광대역 공중선으로 사용된다.
- 그리고 VHF-TV 중계용 수신 안테나로 사용하거나 단파대 안테나로 M/W 통신에 사용하는 것은 부적당하다.
- 결점으로는 효율이 나쁘고, 매우 넓은 장소를 필요로 하며, 부엽이 비교적 큰 편이다.
- 전리층 반사를 이용하여 원거리 통신에 적합한 단파용 안테나이다.

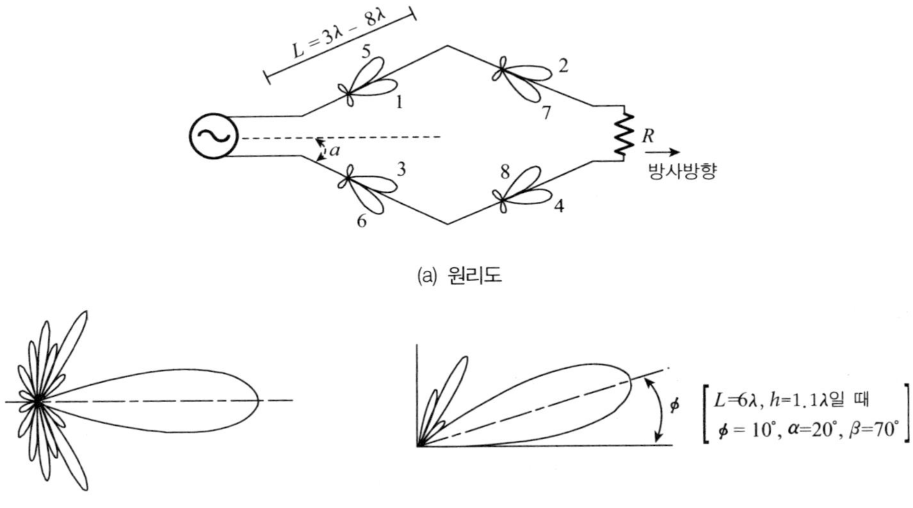

(a) 원리도

(b) 수평면 지향성도

(c) 수직면 지향성도

그림 13.44 롬빅 안테나

■ V-type **안테나**

2개의 도선을 V형으로 하고 종단에 파동 임피던스와 동일한 부하를 접속해서 도선 상에 진행파가 존재하도록 구성한 안테나

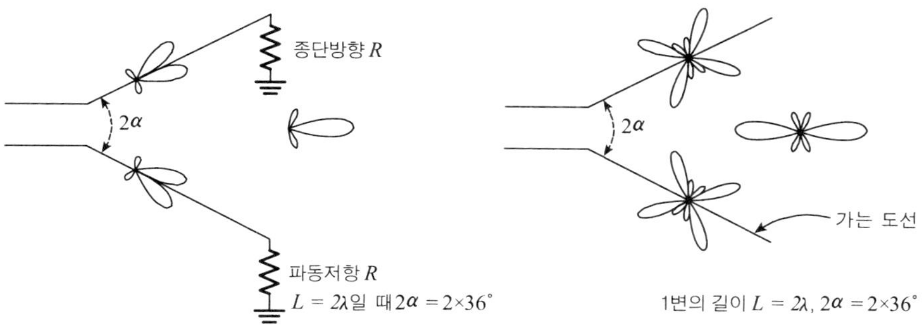

그림 13.45 V-type 안테나

• 진행파 V형 안테나 : 종단에 각 도선이 파동 저항과 동일한 저항으로 접지한 안테나로 각 도선의 길이, 지상고에 의해 수평, 수직 지향성이 다르다.
• 정재파 V형 안테나 : V형 복합 고조파 안테나라고도 하며 고조파 다이폴을 V형으로 배열한 안테나로 종단이 개방되어 있다. 도선 상에 정재파기 실리면 도선과 비스듬한 방향으로 예민한 지향성을 갖기 때문에 이것이 V형으로 조합되어 있어 그 방사 특성은 8자형이 예민하게 되지만 단향성은 아니다. 그러나 단향성을 하기 위해서 반사기를 필요로 한다. 또 사용파장을 바꾸어도 송수신 효율은 그다지 변화가 없다.

▩ Fish-bone(어골형) 안테나

두 줄의 평행 도체 끝에 특성 임피던스와 동일한 부하를 병렬 도체를 다수 배열한 물고기 뼈 형태로 구성한 안테나이다.

• 평형 2선식 급전선의 양측에 많은 비 공진 소자를 미소 용량에 의해 소 결합하여 구성한 End-fire 안테나로 광대역이다.
• 단일 지향성을 가져 주로 수신용 안테나로 이용한다.
• 단파대에서 비교적 넓은 주파수를 수신할 수 있다.

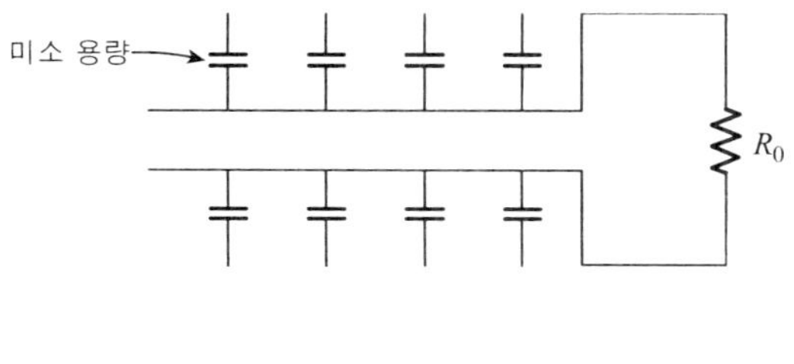

그림 13.46 어골형 안테나

Book Cafe

단파대에서 감쇠량을 결정하는 사항으로는 평균 충돌 회수, 전자 밀도, 사용 주파수, 입사각 혹은 전파의 길이 등에 의해서 결정된다.

13.5.3 초단파(VHF)대 안테나

안테나의 실효개구 면적은 초단파대 이상의 안테나에서 복사효과 특성을 나타내는 정수를 말한다.

(1) 폴디드 다이폴(Folded dipole) 안테나

구조는 길이가 약 $\frac{\lambda}{2}$ 파장의 도체를 반파 다이폴에 아주 가까게 접근해서 배치하고 각각 양단을 접속한 것이다. 폴디드 다이폴 안테나는 다이폴 안테나를 접은(folded)것으로 즉, 반파장 다이폴 안테나의 양단을 접속시켜 복사 부분을 2중으로 설계한 안테나를 말한다.

폴디드 다이폴 안테나는 도선을 접은(folded) 효과로서 복사 저항이 커지기 때문에 특성 임피던스의 큰 급전선과의 정합에 용이하며, 광대역성을 갖는 안테나이다. 따라서 두 가닥의 도선에 존재하는 전류는 같은 동 진폭, 동 위상을 보이며 선상에서 정현분포를 이루어 전계 강도나 이득 그리고 지향 특성 등이 반파장 안테나와 동일한 특성을 보인다.

- 안테나의 실효길이가 반파장 다이폴의 약 2배이므로 실효고는 $h_e = \frac{2\lambda}{\pi}$ 이며, 설치과정에서 견고하다는 것이 하나의 장점이 된다.

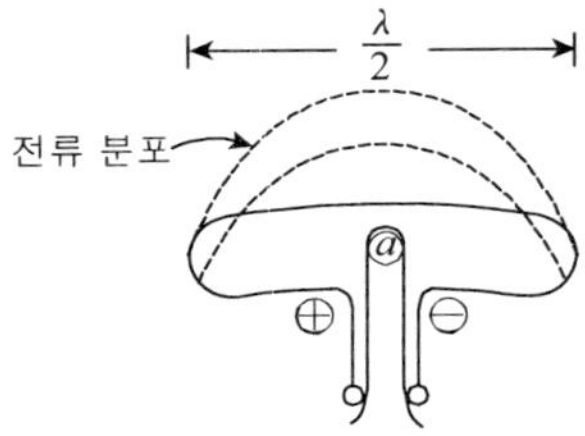

(a) $n=2$

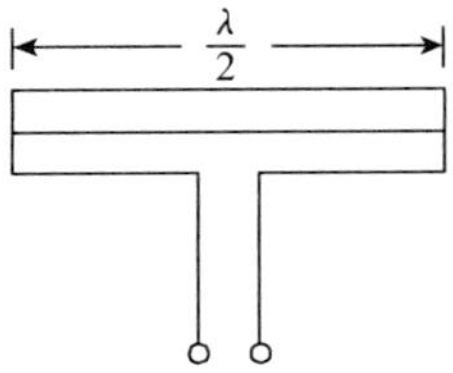

(b) $n=3$

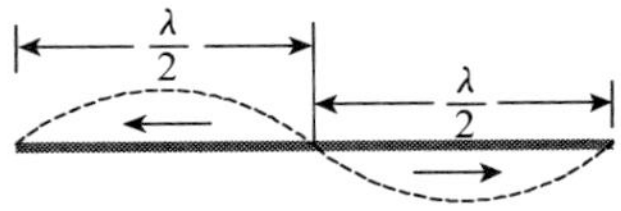

(c)

그림 13.47 폴디드 반파 다이폴 안테나

■ 전선 ⓐ에서의 이론상 급전 임피던스의 크기는

$$R_f = n^2 \times R_r\,[\Omega]$$

이며, 여기서 n은 소자 수(접은 경우의 수), R_r은 $\frac{\lambda}{2}$dipole 방사 저항을 나타낸다.

그림(a)의 경우 $n = 2$이므로

$$R_f = 2^2 \times 73.13 \fallingdotseq 293\,[\Omega]$$

가 된다.

■ 폴디드 안테나의 특징

- 초단파대형으로 정합 장치가 불필요하며, 실효 길이가 반파 dipole 안테나의 약 2배가 되는 안테나로 급전선(입력) 임피던스는 반파장 dipole 안테나에 비하여 4배 정도이다.
- 실효 길이 h_e는 2배 $\left(h_e = \frac{2\lambda}{\pi}\right)$이고 수신 안테나에서는 개방 전압도 2배가 된다. 여기서 개방 전압 $V_0 = E \times h_e$이며, E는 송신 전력, h_e는 수신 실효고이다.
- 반파장 안테나에 비해서 도체의 유효 단면적이 크다.
- 동축 케이블에 정합 없이 직접 결합하여도 방사 특성이 나쁘지 않다.
- 동일한 굵기의 도체를 쓴 반파 다이폴 안테나에 비교하여 광대역 특성이 약간 우수하다.
- 단파대에서도 사용하는 것이 가능하며, 주로 TV 또는 초단파용 안테나이다.
- 전력이득은 반파 다이폴 안테나와 거의 같으며 상대 이득은 0[dB]이다.

(2) 슬리브(Sleeve) 안테나(동축 안테나)

동축 급전선의 내부 도체를 $\frac{\lambda}{4}$의 도체와 접속하고 외부도체는 길이 $\frac{\lambda}{4}$의 원통관을 접속하고 다른 단은 개방한 구조이다.

즉, 파동 임피던스가 $75\,[\Omega]$인 동축 케이블의 심선을 $\frac{\lambda}{4}$ 수직으로 연장하고 밑 부분에는 동축 케이블 외측에 $\frac{\lambda}{4}$의 슬리브를 끼운 안테나이다. 여기서 슬리브의 역할은 동축 케이블의 외부 도체의 전류가 외부로 흘러나오는 것을 방지하며, $\frac{\lambda}{2}$안테나의 하반부의 작용을 하거나 슬리브 작용으로 불필요한 방사를 억제하게 된다.

- 동작 원리는 수직 도체와 슬리브의 외측으로 $\frac{\lambda}{2}$의 수직 다이폴 안테나로 동작하게 된다.
- 지향특성과 이득은 $\frac{\lambda}{2}$ 수직 다이폴 안테나와 같다.
- 수평면내 지향성은 무지향성이며, 수직면내 지향성을 8자형이다.
- 입력 임피던스는 73[Ω]이다.
- 주로 초단파용 안테나로 사용된다.

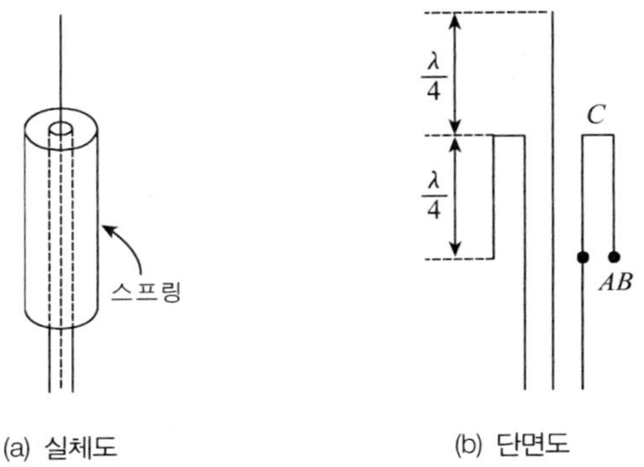

그림 13.48 슬리브(동축) 안테나

(3) 휩(Whip) 안테나

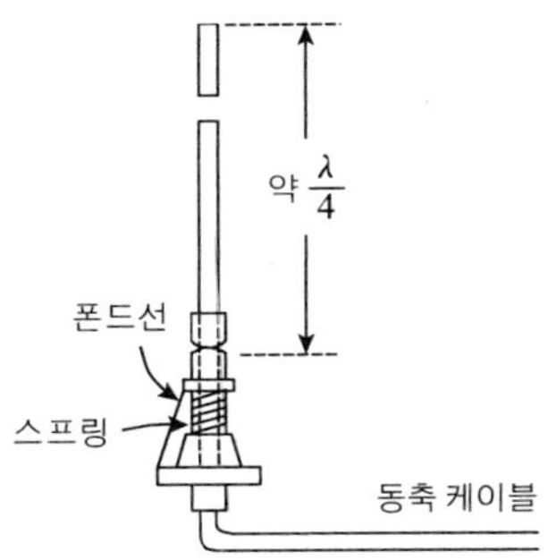

그림 13.49 휩 안테나

휩 안테나는 $\frac{\lambda}{4}$수직 도선을 동축 케이블(50[Ω])의 심선에 접속시킨 안테나로 자동차, 항공기, 모터보트 등과 같이 이동 통신에 이용되는 안테나이다. 반사기를 사용하여 단일 지향성을 갖는 안테나로 휩 안테나의 길이는 $\frac{\lambda}{4}$이다.

수평면내 지향성은 무지향성이며 지향 특성은 수직 편파이다.

(4) 브라운(Braun) 안테나

동축 케이블 심선 도체를 $\frac{\lambda}{4}$만큼 수직으로 연장하고 외부 도체의 끝 부분에서 방사형으로 $\frac{\lambda}{4}$ 길이 정도를 연장하고 외부 도체의 종단에 방사형으로 $\frac{\lambda}{4}$의 지선을 2개, 4개를 대칭으로 배열한 안테나로 동작 원리는 직교한 4개의 $\frac{\lambda}{4}$ 도선은 접지 작용(일종의 카운터 포이즈)을 하고 그 위에 $\frac{\lambda}{4}$ 접지 공중선을 놓은 것과 같다. 지선에는 $\frac{I}{4}$의 전류가 흐르고 안테나에는 I의 전류가 흘러서 평형이 잡혀 동축 케이블과 외피에는 누설이 없어진다.

여기서 지선의 역할을 고려하면 지선은 공중선 전류가 급전선의 외부 도체 표면으로 누설되는 것을 방지하며 불필요한 방사를 제한하는 역할을 한다.

동축 케이블과 Braun 안테나를 정합하기 위해서는 지선의 경사각을 변화시키거나, 급전점의 위치를 올리거나 폴디드 브라운 안테나를 굽혀 외관에 접속하는 방법을 이용한다.

- 지향특성은 $\frac{\lambda}{4}$ 수직 접지 안테나와 거의 같다.
- 수평면내 지향성은 무지향성이며, 수직면내 지향성은 반원형이다.
- 급전점의 임피던스는 지선이 2개인 경우는 21.2[Ω], 4개인 경우는 22.3[Ω]이다.
- 주로 VHF국 기지국 안테나, 육상 이동국과 통신용으로 이용한다.

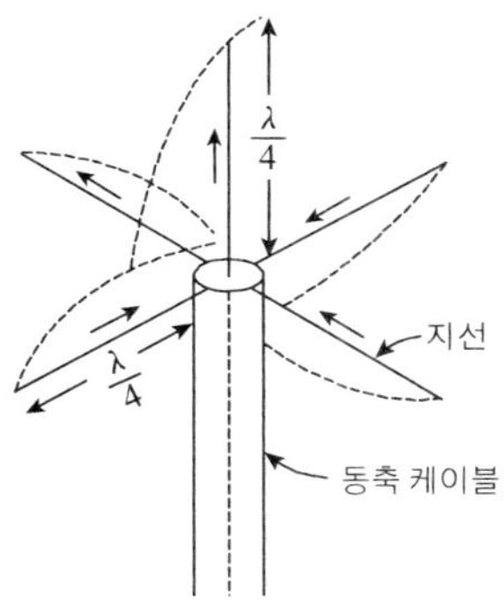

그림 13.50 브라운 안테나

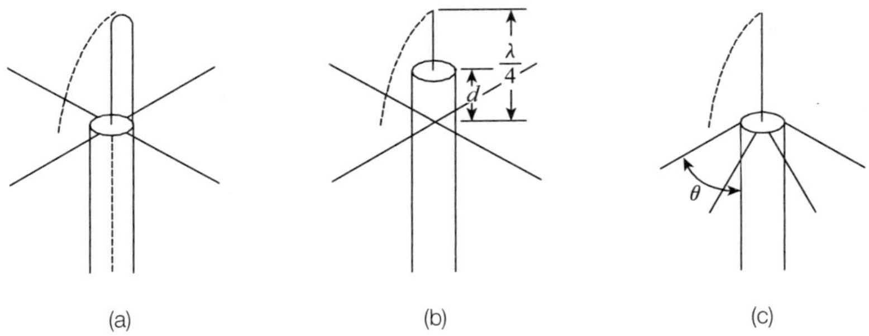

그림 13.51 동축 케이블과 정합을 고려한 브라운 안테나

한편 브라운 안테나의 문제점으로는 실용상 급전점 임피던스가 비교적 낮기 때문에 동축케이블과 정합이 되지 않게 된다. 이와 같은 문제를 개선하는 방법으로 다음과 같은 고려해야 한다.

- 폴디드 브라운 안테나로 한다. 입력 저항이 4배인 80[Ω]정도가 된다.
- 그림 13.51의 경우처럼 급전점의 위치를 높인다.

  그림 13.51은 동축 cable과의 정합을 고려한 실제 브라운 안테나이며, 그림 (b)의 경우에서 위치 d는

$$d = \frac{\lambda}{2\pi} \cos^{-1} \sqrt{\frac{R_f}{Z_0}}$$

  가 되도록 조정한다.

  여기서 R_f는 브라운 안테나의 급전점 저항, Z_0는 동축 케이블의 특성 임피던스를 나타낸다.

- 지선의 경사각 θ를 변화시킨다.(그림 (c)를 참고)
  - $\theta = 90°$ $R_f \fallingdotseq 21[\Omega]$
  - $\theta = 30° \sim 38°$, $R_f = 50[\Omega]$
  - $\theta = 0°$, $R_f \fallingdotseq 65 \sim 70[\Omega]$

(5) 턴 스타일(Turn style) 안테나

반파장 안테나 두 개를 동일 수평면 상에 (+)자형으로 직교하여 각각 같은 진폭으로 위상이 90° 변위된 고주파 전류를 급전하는 안테나로 $\frac{\lambda}{2}$doublet(수평) 안테나 2개

를 직교시킨 안테나이다.

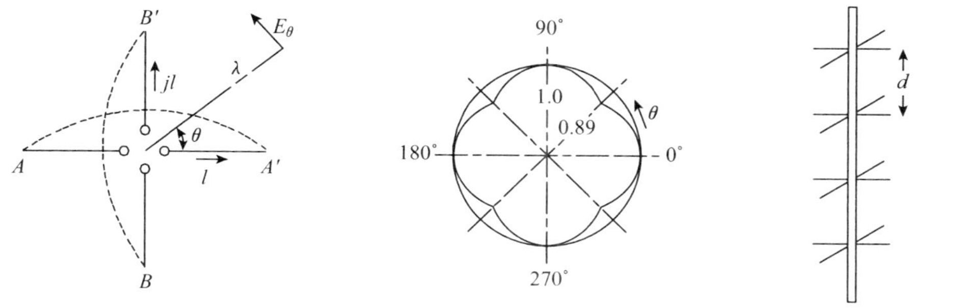

(a) 원리도 (b) 수평면 지향성 (c) 수우퍼 턴스타 일 안테나

그림 13.52 턴스타일 안테나

- 수평면내 지향성은 두 개의 반파장 안테나 지향성인 8자 모양을 합성한 거의 무지향성다.
- 이득을 높게 하기 위해서 수직으로 $\frac{\lambda}{2}$간격으로 턴 스타일 안테나를 몇 단 쌓는 식으로 하면 된다.
- 주로 FM 방송 송신용, VHF 기지국용, 초단파 FM 방송용으로 사용한다.

(6) 슈퍼 턴 스타일(Super turn style) 안테나

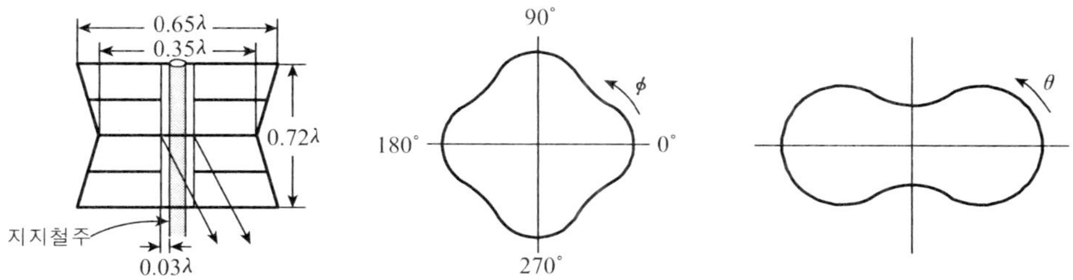

(a) 구조 (b) 수평면 지향특성 (c) 수직면 지향특성

그림 13.53 슈퍼 턴 스타일(Super turn style)

박쥐 날개형(Bar wing) 안테나를 2장을 직각으로 교차시킨 것으로 보통 이것을 6~

12단 정도 겹쳐서 사용한다. 안테나의 이득은

$$G = 1.22N\frac{d}{\lambda}$$

이며, 여기서 N은 단수, d는 간격을 나타낸다.

- 자신의 표면적을 넓게 하고 실효적으로 Q를 작게 하여 광대역화를 얻는 안테나로 광대역성이다.
- 수평면내 지향성은 거의 무지향성에 가깝고 수직면내 지향성은 누에고치 형으로 수평 방향에 최대 지향성을 보인다.
- 전력이득은 슈퍼 턴 스타일(Super turn style) 안테나의 일단의 전력 이득은 반파 다이폴 안테나의 약 1.2배이나 이 공중선을 몇 단 겹쳐 쌓는 경우에는 전력이 다음과 같은 관계식을 보이게 된다.

$$G = 1.2NS$$

여기서 N은 단수를, S는 겹쳐 쌓은 면적을 나타낸다.

- 주로 VHF용 TV 방송 안테나로 많이 사용된다.

(7) 슈퍼게인(Super gain) 안테나

구조는 반파 다이폴 안테나와 반사판의 조합으로 되어 있으며 일반적으로 3각, 4각의 철탑 측면에 설치된다.

- 수평면내 지향성을 무지향성이며 광대역성이다.
- 전력 이득은 슈퍼 턴 스타일(Super turn style) 안테나와 같다.
- 이득을 증가하기 위한 방법으로 단수를 8~16단 정도를 수직으로 겹치도록 한다.
- 주로 TV 송신용으로 사용한다.

(8) 헬리컬(Helical) 안테나

금속선을 나사선 모양으로 감아 만든 안테나로 나선형 도선의 안테나라고도 하며 헬리컬 안테나는 권수 2 이상의 loop 안테나를 중심축 방향으로 잡아당겨서 늘여 놓은 모양을 한 안테나로 VHF TV 송신용으로 사용하며, 원 편파를 복사하는 안테나이다.

나사선을 한 번 감는 길이를 파장 정도로 하는 경우 나사선의 축 방향으로 예리한 지향성의 원편파 전파가 방사되는 것을 이용한 것이다. 구조에서 접지판은 임피던스 정합용으로 사용된다.

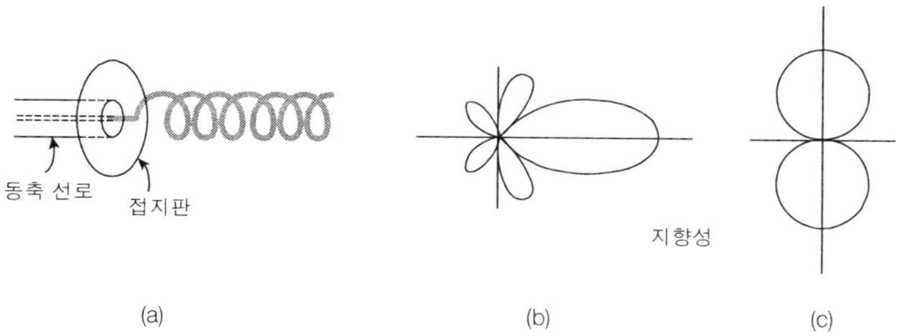

그림 13.54 헬리컬 안테나

헬리컬 안테나는 사용되는 권수, 치수 등에 따라서 지향성을 달리한다.

- 그림(b)의 경우는 축 방향으로 날카로운 지향성이 얻어지는 경우로 초단파대의 무선 통신인 인공위성의 추미 장치 등에 사용된다.
- 그림(c)의 같이 직각 방향으로 8자 지향성이 얻어지는 경우로 TV 전파의 송신에 쓰인다.

여기서 헬리컬 안테나에 대해서 요약 정리하면 다음과 같다.

- 미소 Helical 안테나로 타원 편파의 전계가 되고, 지향 특성은 8자형이며, 협대역이며, 복사 효율이 적어 거의 사용하지 않는다.
- End-fire helical 안테나로 Loop를 Array시킨 안테나 형태로 축 방향으로 단일 지향성을 보인다.
- UHF 방송 수신용 Broad side helical 안테나로 원주의 중심에서 도선을 상향으로 감은 형태의 안테나로 중심점에서 급전을 행한다.
- VHF대에서 가장 대역폭이 넓은 안테나로(광대역 주파수 특성이 있다.) 진행파형이므로 다이폴에 비해 10~16[dB] 정도의 이득을 갖는다.
- 상당히 넓은 주파수 범위에 걸쳐 높은 이득을 얻을 수 있는 것이 특징이다.

(9) 야기(Yagi) 안테나(3소자)

각 소자 사이의 간격은 $\frac{\lambda}{4}$로 만들어진 90° 위상차를 갖게 한다. 야기 안테나의 구조는 반사기, 투사기 그리고 도파기로 구성된다.

- 투사기는 급전을 받아서 여진되는 반파 다이폴 또는 폴디드 다이폴이다.
- 도파기는 투사기 보다 약 0.2λ 떨어져서 평행으로 놓여지고 투사기의 길이 보다 약 5[%]짧다.
- 반사기는 투사기보다 약 $\frac{\lambda}{4}$ 사이를 두고 평행으로 투사기의 반대쪽에 놓여지며 투사기보다 약 5[%] 길게 하고 있다.

여기서 야기 안테나에서 이용되는 소자의 동작 원리를 고려하면 도파기는 $\frac{\lambda}{2}$보다 짧게 되어 있으므로 용량 성분을 갖게 되며, 반사기는 $\frac{\lambda}{2}$보다 길게 되어 있으므로 유도 성분을 갖게 된다. 투사기에서 발사된 전파는 투사기와 반사기의 간격을 d라고 하면 이 간격 d에 해당하는 위상이 $\frac{2\pi d}{\lambda}$정도 늦게 반사기에 도달하게 된다.

- 야기 안테나는 주로 TV 방송 수신용으로 이용되며, 안테나에 반사기를 붙이면 일정한 방향으로 전파를 방사한다.
- 수평면내 지향성을 단일 지향성이며 반치 폭은 약 60° 정도이다.
- 예민한 단향성을 가지게 된다.
- 이득이 높고 반사기의 수를 증가시키면 이득이 높아지고 급전점 임피던스가 높다.
  - 3소자 야기 안테나 이득 : 7～8[dB]
  - 4소자 야기 안테나 이득 : 9～10[dB]
  - 5소자 야기 안테나 이득 : 11～12[dB]

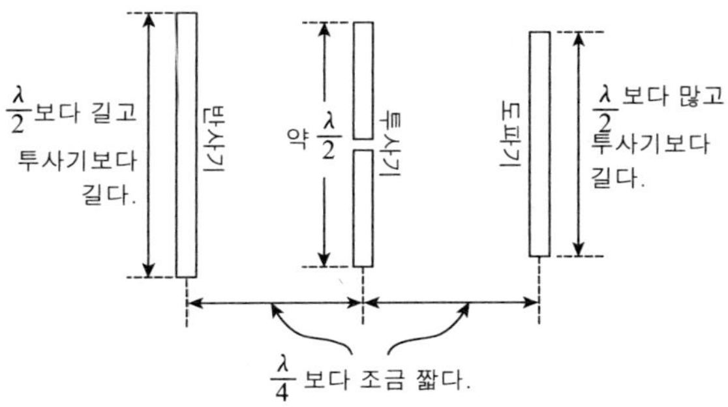

(a)

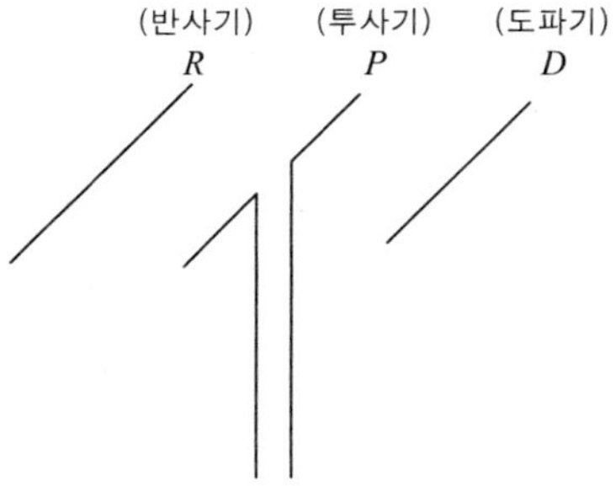

(b)

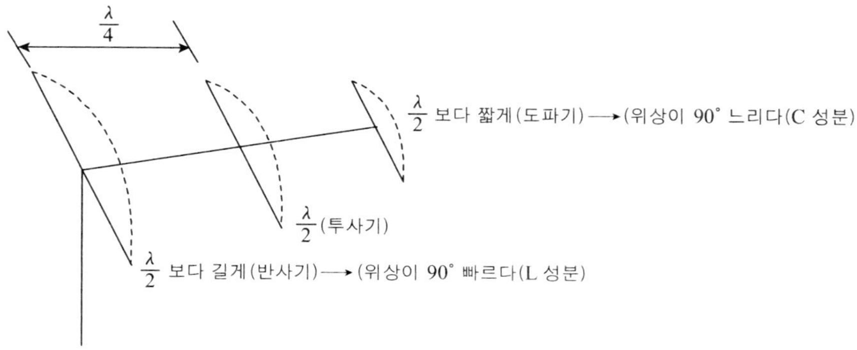

(C)

그림 13.55 3소자 야기 안테나

(10) 광대역 수신용 안테나

광대역 안테나의 형태는 In-Line 안테나, U-Line 안테나 그리고 가장 광대역 특성을 보이는 Log-periodic 안테나 등이 이용된다.

(11) Corner reflector 안테나

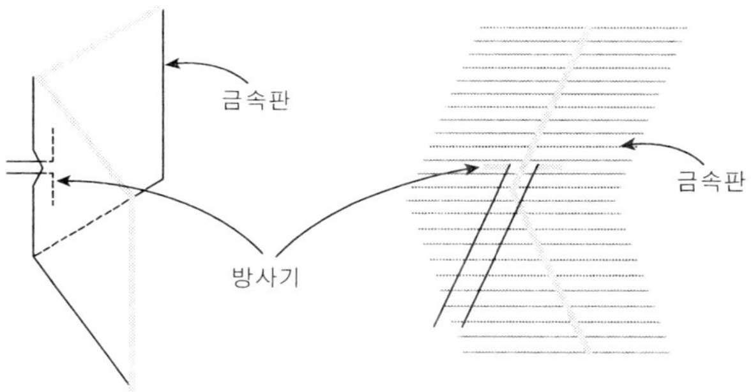

그림 13.56 코너 리플렉터 안테나

구조는 일정 각도로 굽힌 금속판 또는 도체를 배열한 것을 반사판으로 하여 더블릿 안테나를 조합시킨 초단파용 지향성 안테나이다.

즉, 다이폴 안테나에 동관 또는 동망으로 된 평면 반사판을 놓은 것으로 반사판의 정각 α은 $\alpha=90°$ 또는 $60°$를 이용한다. 그리고 다이폴과 반사판의 교차선까지의 거리 S는

$$S=\frac{\lambda}{4}\sim\frac{3\lambda}{4}$$

이다.

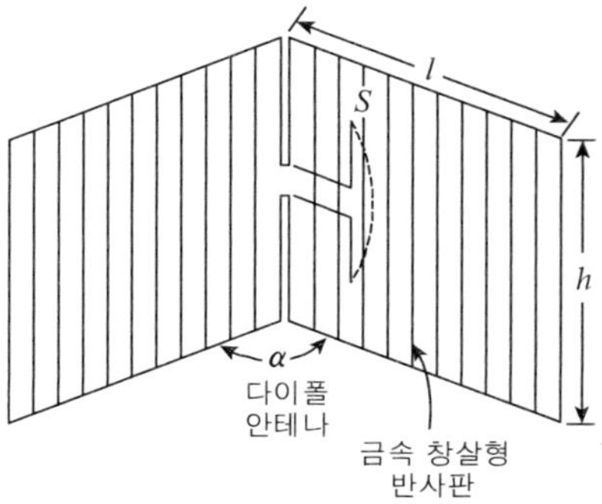

그림 13.57 코너리플렉터 안테나의 구조

동작 원리는 정각 α와 거리 S를 적당한 값으로 하면 반사판에서 로 향하는 전계 강도가 증대하게 된다.

- 지향성은 $\frac{\alpha}{2}$의 방향으로 단향성이다.
- 반치 폭은 약 $30°$ 이다.
- 구조가 간단하고 고 이득이다.
- 수평, 수직 편파용으로 간단하게 설치할 수 있다
- 전후방비가 매우 우수하며 후방에 전파가 거의 없다.

13.5.4 극초단파(UHF) 이상의 안테나

(1) 전자 혼(Electromagnetic Horn) 안테나

마이크로파 방사기(microwave radiator)의 일종으로 공동의 금속관으로 이루어진 마이크로파 전송로인 도파관의 단면을 나팔 모양으로 개구단(닫혀 있지 않은 관의

끝)을 향해서 서서히 넓힌 구조의 안테나이다. 즉, 도파관의 한 끝을 넓혀 관내의 전자계(electromagnetic field)를 서서히 벌리면서 지향성이 날카로운 전파를 공간으로 방사하는 것으로 전자 혼 내의 전자계 분포는 접속하고 있는 도파관 내의 분포를 그대로 확대한 것과 거의 같다.

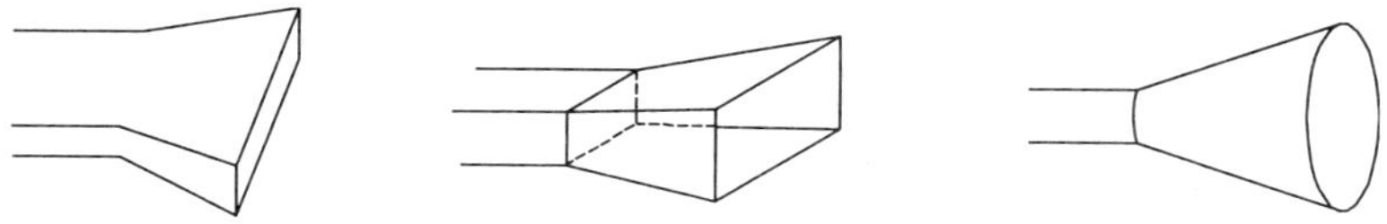

(a) 선형 나팔 (b) 각추형 나팔 (c) 원추형 나팔

그림 13.58 전자 나팔 안테나

- 전자 혼 안테나의 지향성은 혼의 길이를 일정하게 하고 개구 각을 증가시키면 지향성과 이득이 커지고 어떤 각도에서는 최대가 된다.
- 전자 혼 안테나는 구조가 간단하고 광대역성이며, 이득은 20～30[dB]이며, 이득은 사용 파장(λ)의 제곱에 반비례한다.

$$G = \frac{4\pi ab}{\lambda^2}\eta_a$$

여기서 a, b는 장방형 개구면의 파장을 나타내며, η_a는 이론적인 최대효율을 나타낸다.

- 혼의 길이를 길게 하면 지향성이 증대된다.
- 파라볼라 안테나와 조합시켜 지향 특성이나 이득을 향상시킨다.
- 구조가 간단하고, 이론적 계산에 의해 이득을 구할 수 있으므로 측정에 편리하다.

표 13.5 주파수대별 복사효과 표현정수

구 분	복사효과 표현정수
장중파 안테나	미터-암페어(meter-ampere)
단파 안테나	이득
초단파대 이상 안테나	실효 개구 면적

Book Cafe

개구 효율(aperture efficiency)

개구면 효율이라고도 하며, 전자나팔이나 파라볼라 안테나 등의 개구 면적이 이용되는 정도로 다음 식으로 나타내어진다.

$$\eta = \frac{G\lambda^2}{4\pi A}$$

여기서 η는 개구 효율, G는 안테나의 이득, λ는 파장, A는 안테나의 개구 면적을 나타낸다.

그리고 개구 면적(aperture plane)은 안테나가 주어진 위치의 단위 면적당 일을 할 수 있는 능력 전자 에너지에 대하여 안테나에 흡수되는 에너지가 면적 A_e의 분량에 해당하는 경우 A_e를 실효 면적 또는 개구 면적이라고 한다. 공간 중에 두어진 안테나는 실제보다 넓은 개구 면적을 가지고 전파를 흡수한다.

- Hertz dipole의 개구 면적은 $0.119\lambda^2\,[\mathrm{m}^2]$이다.
- 반파 안테나 개구 면적은 $0.130\lambda^2\,[\mathrm{m}^2]$이다.

(2) Horn reflector 안테나

회전 포물면의 일부로 구성되는 반사체와 이 면을 교차(transposition)하는 오프셋 혼으로 구성된 안테나로 혼의 형태는 피라미드형이나 원추형을 하고 있다. 혼에서 방사된 전파는 파라볼라로 반사되어 평면파로 변환되고, 전방으로 예민한 지향성으로 방사하게 된다.

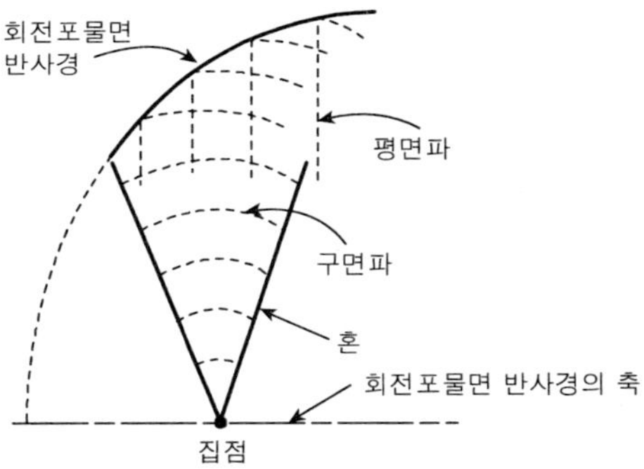

그림 13.59 전자 혼의 구조

전자 혼과 조합시켜서 사용하는 마이크로파 반사 장치로 곡면파를 평면파(전자파가 한 무리의 평행 등상면에 수직인 평행 직선의 방향으로 진행하는 경우를 평면파 또는

TEM 파라도 한다.)로 변환하고 예민한 지향성이 얻어진다. 개구면이 부채형이므로 좌우의 단에서는 편파면이 다수 기울어지므로 파라볼라 반사기에 비해 개구 효율이 나쁘지만 구조가 간단하다.

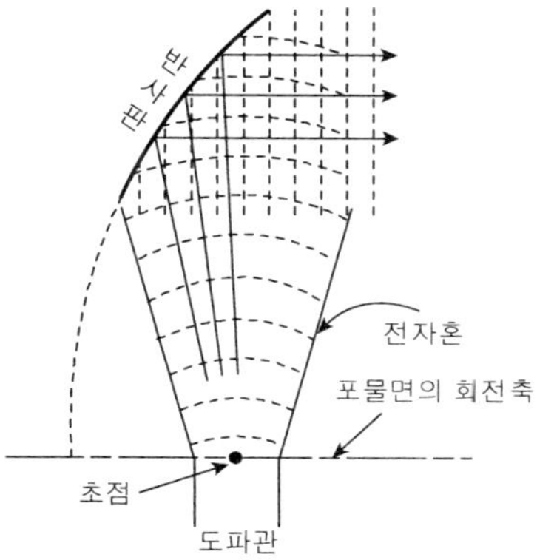

그림 13.60 혼 리플렉터 안테나

즉, 전파 혼으로 전파의 모드를 천천히 변화시켜 다시 구면파를 파라볼라 반사경으로 평면파를 변화시키고 동시에 빔의 방향을 거의 직각 방향으로 향하여 파원 쪽으로 전파가 돌아오지 않도록 하고 있으며, 주파수가 변화하는 경우에도 지향성 및 정재파비가 약해지지 않는 안테나라고 할 수 있다.

- 전자혼과 파라볼라 반사기의 일부를 조합한 안테나로서 부엽이 적고 저 잡음성이다.
- 전자파의 산란이나 반사파가 감소하며, 주파수 특성이 양호하다.
- 광대역성이며, 수직, 수평, 원 편파의 어느 쪽으로도 사용할 수 있다.
- 매우 예민한 지향성을 가지며, 마이크로파 중계용 안테나로 사용된다.
- 개구면에서 전파의 산란이 적으며 1차 방사기에서의 직접파이 영향이 적기 때문에 측면 혹은 배면에의 누설 전파가 적다.
- ATT나 NTT에서 공중 회선 중계용으로 많이 사용하고 있다.

(3) 슬롯(Slot) 안테나

슬롯 안테나의 구조는 금속판에 $\frac{\lambda}{2}$ 정도의 구멍을 뚫고 전파를 방사하는 안테나이다. 즉, 방형 도파관(rectangular waveguide)의 한 끝을 도체판으로 단락하고, 이 도체판에 전계와 직각 방향으로 가는 홈(슬롯)을 뚫은 것으로 홈의 길이를 전파 파장의 절반으로 하면 반파장 안테나와 마찬가지로 공진(resonance은 외부로부터 작용하는 힘의 진동수가 진동체의 고유 진동수에 따라 커지고, 양쪽 진동수가 일치할 때 진폭이 최대로 되는 일을 말한다. 진동체가 서로 연결되어 있는 경우, 양쪽 진동수가 같으면 공명에 의해서 에너지를 서로 교환하기 쉽게 된다.)하고 홈 중앙이 전계 최대 즉 전압의 파복이 되어 전파의 안테나 효율이라고 하는 방사 효율(radiation efficiency)이 최대가 된다. 주로 파라볼라 안테나의 송신기에 의해 직접 혹은 전력을 공급하는 전선인 궤전선(feederline)에 의해 여진(driving)되는 부분인 1차 방사기(primary radiator)로서 사용된다.

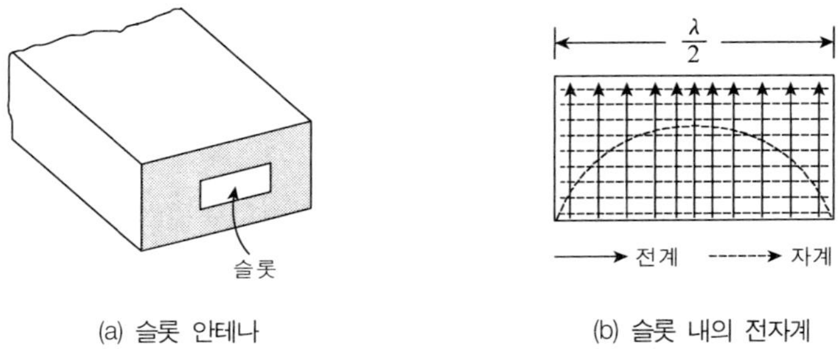

그림 13.61 슬롯 안테나

Slot 안테나는 주로 UHF 이상에서 사용되며, 광대역성을 갖게 하기 위해 slot의 폭을 넓게 되도록 하며, 차폐용 공동(Cavity)을 설치하면 단일 지향성을 갖는다. 그리고 길이가 $\frac{\lambda}{2}$에 가깝게 되면 지향 특성은 $\frac{\lambda}{2}$ 다이폴과 비슷하다.

(4) 파라볼라(Parabola) 안테나

반사기로서 포물면을 사용하는 안테나의 한 형태로 포물면 초점에 1차 방사기를 두고 전파를 방사하면, 포물면에서 전파가 반사되어서 개구면의 방향으로 거의 평면파(plane wave)가 방사되므로 단방향성의 매우 날카로운 지향성과 높은 이득이 얻어진다. 지향성은 파라볼라의 개구 면적(aperture plane)과 초점 거리에 의해 정해진다.

여기서 개구 면적은 안테나가 두어진 위치의 단위 면적당 전자에너지에 대하여 안테나에 흡수되는 에너지가 면적 Ae의 분량에 상당할 때 Ae를 실효 면적 또는 개구 면적이라 한다.

파라볼라 안테나의 구조는 1차 방사기 전단에 복사기로 $\frac{\lambda}{2}$ dipole 혹은 slot 안테나를 설치한 후 1차 방사기 초점에 2차 방사기가 오도록 설계된 안테나로 지향성이 강한 안테나의 일종이다. 회전 포물면인 파라볼라의 금속판으로 일단 전파를 반사시켜서 수신하게 된다.

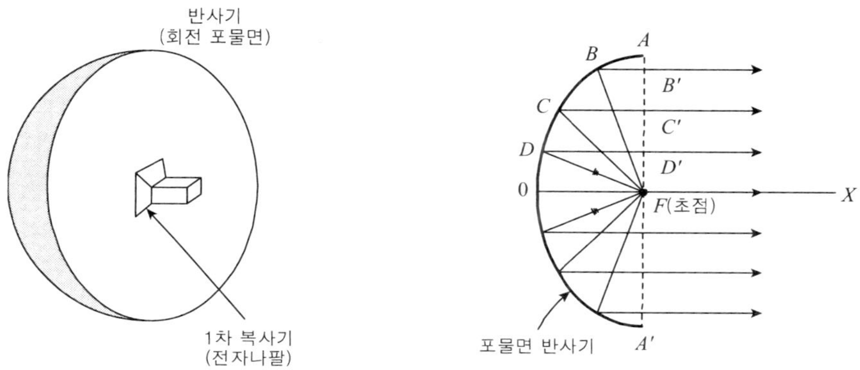

그림 13.62 파라볼라 안테나

파라볼라 안테나에서 이용되는 1차 방사기로는 동축 급전선으로 급전하는 경우에는 반사기 붙은 다이폴 안테나를 이용하거나, 도파관에 의해 급전하는 경우에는 소형 전자혼이나 Slot식 안테나를 이용한다. 파라볼라 안테나의 이득은

$$G_a = \left(\frac{\pi D}{\lambda}\right)^2 \cdot \eta_a$$

$$A_e = \frac{\lambda^2}{4\pi} G_a$$

이며, 여기서 D는 직경, η_a는 개구 효율($= A_e / A$)이며, A_e는 실효 개구 면적, A는 개구 면적을 나타낸다. 따라서 파라볼라 안테나는 파장이 짧아질수록 이득은 매우 커진다.

- 파라볼라 안테나는 전파를 일정 방향으로만 보낼 수 있다.
- 일반적으로 파장이 짧은 빛의 성질(직진성, 반사, 굴절, 간섭 등)과 비슷한 전자기

파인 마이크로파를 사용하는 통신에는 반드시 파라볼라 안테나가 사용된다.

■ 파라볼라 안테나는 선박용 레이더 송신기에 가장 많이 사용되는 안테나로 부엽이 비교적 많고, 광대역 임피던스 정합이 어렵고 대역폭이 비교적 좁다.
■ 마이크로파용 안테나로서 가장 널리 사용되고 있다. 그리고 지향성이 예리하고 이득이 높다.
■ 마이크로파는 빛과 마찬가지로 직진하고 장애물이 있으면 반사한다.
■ 마이크로파 통신에는 30~50[km]마다 송신용과 수신용의 파라볼라 안테나를 설치하고 중계, 증폭하여 원거리를 통신한다.
■ 위성통신, 위성방송 등에 파라볼라 안테나가 사용된다.

Book Cafe

발산의 정리 및 stokes 정리

선상 안테나에도 작은 면적이 있다고 본다.

■ 미소 dipole의 유효 면적 $A_e = 0.119\lambda^2$
■ $\frac{\lambda}{2}$ 안테나의 유효 면적 $A_e = 0.13\lambda^2 = \frac{1}{8}\lambda^2 = \frac{\lambda}{2} \cdot \frac{\lambda}{4}$

(5) 카세그레인(Cassegrain) 안테나

카세그레인 망원경의 원리를 이용하여 1차 복사기 및 주반사기와 부 반사기를 조합한 안테나이다. 즉, 카세그레인 안테나는 회전 쌍곡선 곡면을 부 반사경으로 사용한 안테나 형태로

■ 1차 방사기를 주 반사기 측(회전 파라볼라)측에 설치하고
■ 부 반사기(볼록면 반사경)를 설치한다. 즉, 부반사기는 초점보다 조금 앞쪽에 블록 쌍곡면을 설치한다.

1차복사기로부터의 전파는 대부분 앞 방향으로 복사되어 뒷방향이나 측면으로의 누설이 적고, 1차복사기까지의 급전선의 길이를 짧게 할 수 있는 특징이 있다.

여기서 초점의 운용 방법에 따라 카세그레인형과 그레고리안형으로 구분된다.

■ 주반사기와 부 반사기의 공초점(confocal)이 허초점으로 되는 것을 카세그레인형, 여기서 허초점은 볼록거울과 오목렌즈에서 거울(렌즈)의 축과 평행하게 입사한 광

서은 반사된다.(굴절된다) 이렇게 반사(굴절)된 광선을 진행방향의 반대방향으로 연장하면 하나의 점에 모이는데 이를 허초점이라 한다. 즉, 렌즈나 거울의 뒷면에서 모이는 가상적인 초점으로 분산점이라고도 한다.

- 공초점이 실초점으로 되는 것을 그레고리안형이라 한다. 여기서 볼록거울의 경우에는 초점에 빛이 실제로 지나지 않으므로 허초점이라고 부르며, 오목거울의 경우에는 실초점이라고 부른다.

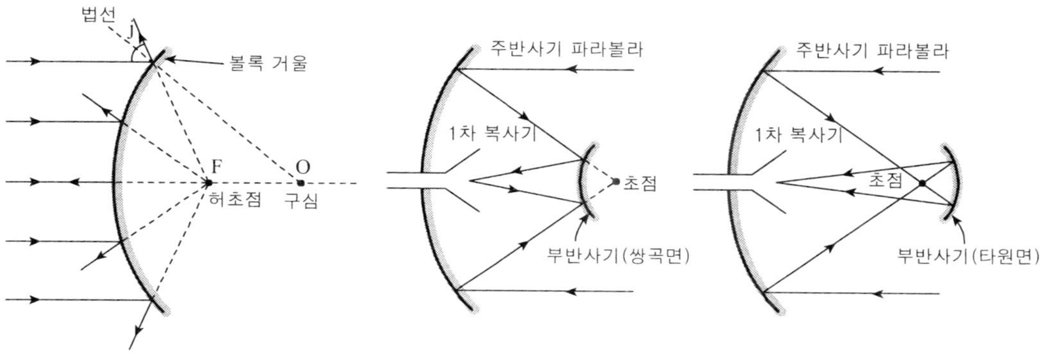

(a) (b) 카세그레인 안테나 (c) 그레고리안 안테나

그림 13.63

여기서 카세그레인 안테나의 특징을 요약 정리하면 다음과 같다.

- 주 반사기는 파라볼라 안테나이다.
- 위성통신용 지상국의 안테나는 4,000[MHz]에서는 보통 주반사기의 지름이 20~30[m]이다.
- 위성 통신 지구국용의 고 이득, 저 잡음 안테나이다.
- 1차 복사기와 송신기가 직렬로 연결되므로 급전계의 손실이 적다.
- 위성통신에서는 지상국의 수신전파가 아주 미약하며, 수신안테나에 측면이나 뒷방향으로 부터 지상에서의 방해나 열잡음(thermal noise)이 들어오는 것을 적게 해야 하므로 카세그레인 안테나가 위성통신의 지상국 안테나로 널리 사용되고 있다.
- 부엽이 매우 작기 때문에 수신 안테나로 했을 경우 잡음 전파가 적다.

▶▶▶ 연습문제

01 전파의 성질에 대해서 간단히 설명하여라.

해설 일반적으로 전파는 횡파이며, 매질의 종류에 따라 전파 속도가 다르다. 전파의 진행 방향에 E와 H가 서로 직각인 파를 평면파라고 한다. 도전성을 갖는 매질내의 전파는 파장이 짧고 곧 감쇠가 일어난다. 전자파의 속도는 유전율과 투자율에 의해 결정된다. 즉 전파의 속도 $v=\frac{1}{\sqrt{\varepsilon\mu}}$이다. 전파의 회절이란 전파의 통로에 장애물이 있은 경우 가시거리의 기하학적 음영 부분까지 전파가 도달되는 현상을 말하는 것으로 회절 현상은 주파수가 낮을수록(파장이 길수록) 심하고 주로 장·중파대에서 일어나며, 집광성이 큰 초단파에서 나타난다.

- 간섭이 있으며, 회절 현상이 있다.
- 다른 매질의 경계에서 전파는 반사, 굴절한다.

02 전파의 특성 중 회절 현상에 대해서 간단히 설명하여라.

해설 전파의 회절이란 전파의 통로에 장애물이 있은 경우 가시거리의 기하학적 음영 부분까지 전파가 도달되는 현상을 말하는 것으로 회절 현상은 주파수가 낮을수록(파장이 길수록) 심하고 주로 장/중파대에서 일어나며, 집광성이 큰 초단파에서 나타난다.
특히 전파 중에서 가장 회절이 잘되는 것은 텔레비전파이다. 이는 건물 뒤쪽의 음영 부분에서 TV 수신이 가능한 요인은 회절 현상 때문이다.

- 파장이 길수록 심하다.
- 파수가 낮을수록 심하다.
- 초단파대와 장·중파대에서 발생하게 된다.

03 자계는 자유 공간에서 변위 전류가 발생할 수 있는 경우이다. 이를 설명하여라.

해설 Maxwell 방정식은 변화하고 있는 자계는 전계를 발생하고, 반대로 변화하고 있는 전계는 자계를 발생시킨다는 사실을 말하는 것으로

$$\mathrm{rot}\, H = J + \frac{\partial D}{\partial t}$$

즉, 자유공간에서 어떤 안테나 회로에 교류 전원을 접속할 때 전류의 연속성을 나타낸 식이다.

04 변화하고 있는 자계는 전계를 발생하고, 반대로 변화하고 있는 전계는 자계를 발생시킨다는 사실을 설명하는 방정식에 대해서 설명하여라.

해설 Maxwell의 전자 방정식

- Maxwell의 제 1방정식 : 전계와 자계의 상호관계를 나타내는 식으로 전류의 자기작용에 관한 Ampere의 법칙을 점으로 축소시킨 극한에 있어서 변위전류에 까지 확대 적용시킨 것이다.

$$J+\frac{dD}{dt}=\mathrm{rot}\,H=\mathrm{curl}\,H$$

- Maxwell의 제 2방정식 : Faraday의 전자유도 법칙을 점에 이르기까지 축소시킨 극한의 관계를 표시한 것이다.

$$\mathrm{rot}\,E=-\frac{dB}{dt}$$

05 매질이 완전 유전체인 경유 전자파동 방정식에 대해서 설명하여라.

해설 공간이 균질성의 유전체(ε, μ, k 일정)라 하고 공간의 전하분포가 없으면 다음 식을 얻는다.

$$\nabla\times H=J_c+J_d=kE+\varepsilon\frac{\partial H}{\partial t}$$

$$\nabla\times E=-\frac{\partial B}{\partial t}=-\mu\frac{\partial H}{\partial t}$$

$$\nabla\cdot D=\varepsilon \quad \nabla\cdot E=0 \quad \nabla\cdot B=\mu \quad \nabla\cdot H=0$$

따라서

$$\nabla\times\nabla\times E=-\left(k\mu\frac{\partial E}{\partial t}+\varepsilon\mu\frac{\partial^2 E}{\partial t^2}\right)=-\left(\nabla\nabla\cdot E-\nabla^2 E\right)$$

$$\nabla^2 E=k\mu\frac{\partial E}{\partial t}+\varepsilon\mu\frac{\partial^2 E}{\partial t^2}$$

같은 방법으로

$$\nabla^2 H=-k\mu\frac{\partial H}{\partial t}+\varepsilon\mu\frac{\partial^2 H}{\partial t^2}$$

만일 유전체가 완전 절연체이면 $k=0$이므로

$$\nabla^2 E=\varepsilon\mu\frac{\partial^2 E}{\partial t^2}$$

$$\nabla^2 H=\varepsilon\mu\frac{\partial^2 H}{\partial t^2}$$

06 전파속도 v에 대해서 설명하여라.

해설 • 진공중에서의 전파속도 : $v=\dfrac{1}{\sqrt{\varepsilon_0\mu_0}}$

• 매질내의 전파의 속도 : $v=\dfrac{1}{\sqrt{\varepsilon\mu}}=\dfrac{1}{\sqrt{\varepsilon_0\mu_0}}\cdot\dfrac{1}{\sqrt{\varepsilon_s\mu_s}}=\dfrac{3\times10^8}{\sqrt{\varepsilon_s\mu_s}}=\dfrac{c}{\sqrt{\varepsilon_s\mu_s}}$

• 도체내의 전파의 속도 : $v=\lambda\cdot f$ 에서 $v=\lambda\cdot f=\dfrac{2\pi f}{\dfrac{2\pi}{\lambda}}=\dfrac{\omega}{\beta}[\text{m/s}]$

• 무손실 선로의 전파속도 : $\beta=\omega\sqrt{LC}$

$$v=\frac{\omega}{\beta}=\frac{\omega}{\omega\sqrt{LC}}=\frac{1}{\sqrt{LC}}[\text{m/s}]$$

07 전계와 자계 사이의 관계식에 대해서 설명하여라.

해설 파동방정식

$$\frac{\partial^2E_x}{\partial t^2}=\frac{1}{\varepsilon\mu}\frac{\partial^2E_x}{\partial z^2},\quad \frac{\partial^2E_y}{\partial t^2}=\frac{1}{\varepsilon\mu}\frac{\partial^2E_y}{\partial z^2}$$

$$Z_0=\frac{E}{H}=\frac{\sqrt{E_x^2+E_y^2}}{\sqrt{H_x^2+H_y^2}}=\sqrt{\frac{\mu}{\varepsilon}}=\sqrt{\frac{\mu_s}{\varepsilon_s}}\sqrt{\frac{\mu_0}{\varepsilon_0}}=120\pi\sqrt{\frac{\mu_s}{\varepsilon_s}}=377\sqrt{\frac{\mu_s}{\varepsilon_s}}$$

만약 공기중일 때 $\varepsilon_s=\mu_s=1$이므로

$$Z_0=\frac{E}{H}=\sqrt{\frac{\mu_0}{\varepsilon_0}}=\sqrt{\frac{\frac{1}{36\pi}\times10^{-9}}{4\pi\times10^{-7}}}\fallingdotseq 377[\Omega]$$

08 x, y, z의 직각 좌표에서 z방향으로 진행하는 평면파의 전계 E_x와 자계 H_y가 각각 다음과 같이 표시될 때 전파 정수 r는 어떻게 표시되는가?

$$\frac{dH_y}{dz}=-(\sigma+j\omega\varepsilon)E_x,\quad \frac{dE_x}{dz}=-j\omega\mu H_y$$

해설 전파정수(r)

$$\frac{dH_y}{dz}=-(\sigma+j\omega\varepsilon)E_x \quad\cdots\cdots\cdots ①$$

$$\frac{dE_x}{dz}=-j\omega\mu H_y \quad\cdots\cdots\cdots ②$$

식 ①을 dz관하여 한번 더 미분하여

$$\frac{d^2H_y}{dz^2} = -(\sigma + j\omega\varepsilon)\frac{dE_x}{dz} \quad \cdots\cdots\cdots\cdots\cdots\cdots\cdots\cdots\cdots\cdots\cdots\cdots\cdots\cdots \text{③}$$

식 ③에 식 ②를 대입하면

$$\frac{d^2H_y}{dz^2} = -(\sigma + j\omega\varepsilon)(-j\omega\mu)H_y = j\omega\mu(\sigma + j\omega\varepsilon)H_y = r^2H_y$$

$$r^2 = j\omega\mu(\sigma + j\omega\varepsilon)$$

$$\therefore\ r = \sqrt{j\omega\mu(\sigma + j\omega\varepsilon)}$$

09 안테나를 사용하는 주파수에 따라 분류하는 경우 장파 및 중파 공중선에 대한 특징을 간단히 설명하여라.

해설 장·중파용 안테나의 특징은 안테나 길이가 너무 길어서 고유파장의 안테나를 얻기 어렵고, 안테나 이득이 낮고 효율이 나쁘며, 주로 수직편파에 의한 지표파를 이용하므로 접지가 필요하다. 그리고 설치비가 비싸다. 장파 및 중파 공중선으로 역 L형 안테나, 수직 안테나, T형 안테나 등을 들 수 있다.

10 급전선의 필요조건에 대해서 간단히 설명하여라.

해설 급전선의 필요조건으로 누설이 적고 급전선 자체가 외부로 전파 복사가 없어야 하며, 정합이 되어야 하며, 전송 효율이 좋아야 하며, 유도 방해를 주거나 받지 말아야 하며, 송신일 경우에는 내력이 커야 한다. 그리고 급전선의 특성 임피던스는 적당해야 한다.

11 평행 2선식 급전선의 임피던스에 대해서 간단히 설명하여라.

해설 $Z_0 = 276\log_{10}\frac{2D}{d}$ 여기서 D는 선간 거리, d는 선의 굵기를 나타낸다. 그래서 평행 2선식 급전선의 임피던스는 선간 거리와 선의 굵기에 의해서 결정된다. 급전선의 특성 임피던스가 가장 큰 것은 평행 2선식이다. 동축 케이블의 특성 임피던스는 50~75[Ω], 2심 케이블은 140[Ω], 평행 4선식은 200[Ω], 평행 2선식은 300~600[Ω]이다. 그리고 동축 케이블에 손실이 최소가 되는 조건은 $D/d = 3.6$ 일 때이다.

12 마이크로파 전송을 위해 이용되는 도파관의 특징에 대해서 간단히 설명하여라.

해설 도파관의 특징은 고역통과필터(HPF)의 일종으로 볼 수 있으며, 전송할 수 있는 파장은 모드에 따라 다르며, 각 모드마다 대응하는 하나의 차단파장이 존재한다. 주파수가 높을수록 저항손실과 유전체 손실이 적다. 방사 손실이 없으며, 전송 전력이 크다.

도파관내의 전자파의 전송 조건은 도체 면에 직교하는 전기력선은 존재할 수 있으며,

자력선은 모든 점에서 도체 표면에 평행이어야 하며, 도체 표면의 전위파는 0이다. 그리고 도체 면에 직교하는 자력선은 존재하지 않는다.

일반적으로 자력선을 모든 점에서 도체 표면에 평행이어야 하며, 도파관의 전기적인 성질은 관내의 장애물이 전계의 영향을 미치는 경우에는 C성분으로 작용하며, 관내를 전파하는 전자파의 파장은 자유 공간에서의 파장보다 항상 길다. 그리고 특성 임피던스는 관내의 전계 강도 대 자계 강도의 비를 말한다.

13 TE(Transverse Electronic)파에 대해서 간단히 설명하여라.

해설 자태(Mode)는 도파관내에 나타나는 전자계의 분포도를 말하며, TE(Transverse Electronic)파는 전파의 진행 방향에 자계 성분만 존재하고 전계 성분은 없는 모드로 H파라고 한다. TM(Transverse Magnetic)파는 전파의 진행 방향에 전계 성분만 있고 자계 성분은 없는 모드로 E파라고 한다.

- 전계 E만이 진행 방향에 대해서 완전히 직각이다.
- 도파관에 있어서 전송 자태(mode)이다.
- 자계 H는 진행 방향의 성분이 있는 파이다.

14 비 동조 급전선에 대해서 간단히 설명하여라.

해설 비 동조 급전선은 안테나와 급전선 간에 정합을 취해 급전선 상에 정재파 없이 진행파만 존재하게 되도록 하는 방법을 말하며, 급전선 상에는 진행파만 존재하고 송신기와 안테나 간의 거리가 길 경우에 사용하며, 정합 장치를 필요로 한다. 여기서 비 동조 급전선에 정합 회로를 설정하는 이유는 급전선에 진행파를 실어 반사 손실이 작게 되도록 하기 위해서이다. 그리고 동조 급전선의 경우보다 전송 효율이 우수하다.

- 정합 장치를 필요로 한다.
- 급전선의 길이에는 사용 파장과 무관하다.
- 전송 효율이 좋고 구간이 긴 경우에 적합하다.
- 급전선 상에 진행파만 실린다.

15 부 정합이 발생하는 경우에 나타나는 현상에 대해서 설명하여라.

해설 부정합으로 발생하는 문제는 최대 전송 전력이 감소하게 된다는 것이다. 급전선과 안테나 간을 정합하는 이유로 급전선과 안테나 사이를 정합하면 정재파가 작게 된다.

- 찌그러짐의 증가
- 반사 손실이 크다.
- 피더 손실의 증가
- 최대 전송 전력의 감소

16 **어떤 급전선에서 종단을 단락 및 개방했을 때의 입력 임피던스가 각각 25[Ω], 100[Ω] 이라면 급전선의 특성 임피던스는?**

해설 송단에서 본 임피던스 : 특성 임피던스 Z_0, 선로의 길이 l인 경우 송단에서 수단(부하측)을 본 임피던스 Z_S는

$$Z_S = \frac{V_S}{I_S} = \frac{V_R \cos\beta l + jI_R Z_0 \sin\beta l}{I_R \cos\beta l + j\dfrac{V_R}{Z_0}\sin\beta l} = Z_0 \cdot \frac{Z_R + jZ_0 \tan\beta l}{Z_0 + jZ_R \tan\beta l}$$

이며, 여기서 선로의 감쇠는 무시하였다.

- $Z_R = 0$인 경우 : $Z_S = jZ_0 \tan\beta l\,[\Omega]$
- $Z_R = \infty$인 경우 : $Z_S = -jZ_0 \cot\beta l\,[\Omega]$
- $Z_0 = Z_R$인 경우 : $Z_S = Z_0$

여기서 송단 임피던스를 나타내면

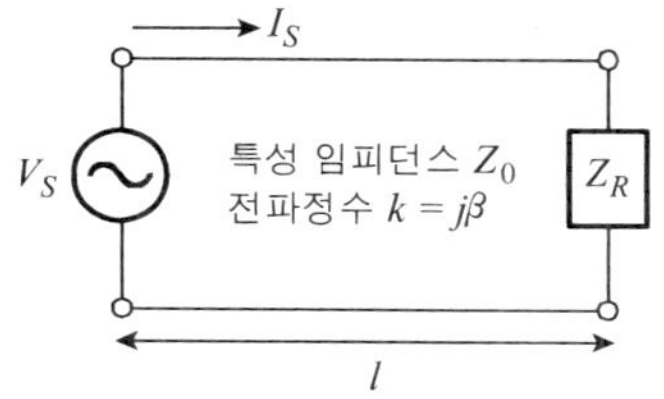

이며, 그리고 수단 개방($Z_R = \infty$)의 경우 Z_S의 변화를 나타내면 다음과 같다.

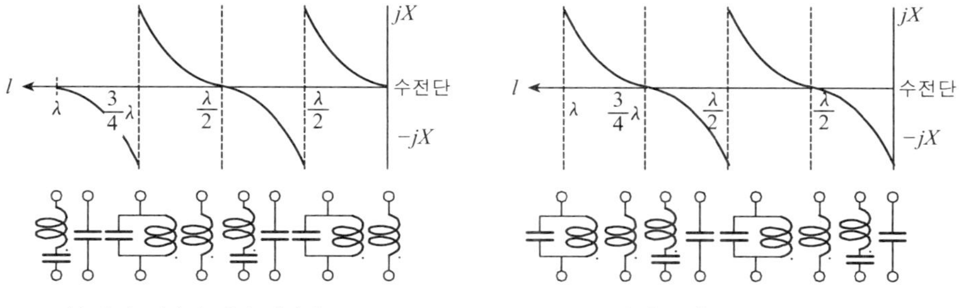

(a) 수단 단락일 때의 임피던스

(b) 수단 개방의 경우 임피던스

따라서 문제에서 요구하는 특성 임피던스의 크기를 구하기 위해서

ab에서 들여다 본 임피던스 Z_{ab}

$$Z_{ab} = Z_0 \cdot \frac{Z_R + jZ_0 \tan\beta l}{Z_0 + jZ_R \tan\beta l}$$

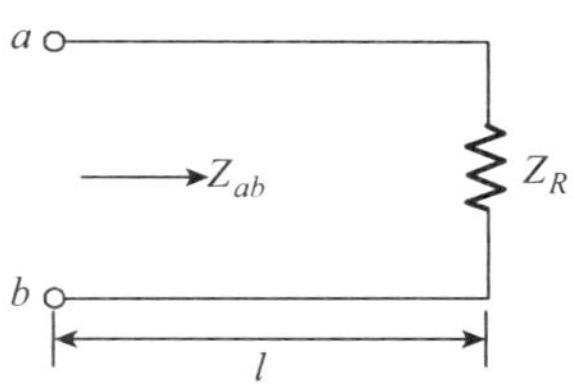

에서 선로의 종단을 단락하면 $Z_R = 0$이므로

$$Z_{ab} = Z_0 \cdot \frac{jZ_0 \tan \beta l}{Z_0} = jZ_0 \tan \beta l = 25$$

가 되며, 선로를 개방하면 $Z_R = \infty$이므로

$$Z_{ab} = Z_0 \frac{Z_R + jZ_0 \tan \beta l}{Z_0 + jZ_R \tan \beta l} = Z_0 \frac{1 + j\frac{Z_0}{Z_R}\tan \beta l}{\frac{Z_0}{Z_R} + j\tan \beta l} = jZ_0 \cot \beta l = 100$$

가 된다. 따라서

특성 임피던스 $Z_0 = \sqrt{(\text{단락 임피던스}) \times (\text{개방 임피던스})} = \sqrt{25 \times 100} = 50[\Omega]$

으로 계산된다.

17 수신기의 안테나 회로에 웨이브 트랩을 사용하는 목적에 대해서 간단히 설명하여라.

해설 수신기의 안테나 회로에서 웨이브 트랩(wave trap)을 사용함으로서 직렬 또는 병렬 공진 회로로 구성되는데 수신기의 안테나 회로에서는 불필요한 혼신 전파의 세력을 크게 감쇠시키는 효과를 갖는다.

18 단파대에서 사용하는 역 L형 안테나의 수평부 작용에 대해서 설명하여라.

해설 역 L형 안테나에서 수평부의 작용은 실효고를 높여주고 정전 용량을 증대시킴으로써 안테나의 기저부 전류 증가를 가져와 안테나 효과를 증대시키는 역할을 한다. 즉 역 L형 안테나는 수직부의 높이가 충분하지 못할 때 방사 전계를 크게 하기 위해 사용한다.

19 안테나의 복사 능률을 구하는 관계식을 나타내는 경우에 대해서 설명하여라.

해설 복사 저항을 R_r, 전 저항을 R_a라고 하는 경우 복사 저항은

안테나의 복사 능률 R_s는

$$R_s = \frac{R_r}{R_a}$$

이며, 안테나의 효율 (능률), η는 다음과 같다.

$$\eta = \frac{P_r(\text{복사 전력})}{P_i(\text{입사 전력})} = \frac{R_r}{R_r + R_L}$$

여기서 R_L은 손실 저항을 나타낸다.

20 애드콕 안테나에 대한 특징을 간단히 설명하여라.

해설 단파 통신에서 발생하게 되는 야간 오차를 경감하기 위하여 사용하는 안테나의 형태로 적합한 것은 애드콕 안테나이다.

즉, 루프 안테나로 방향을 탐지하는 경우 야간 오차가 발생하므로 이 오차를 감소시키기 위해 애드콕(adcock) 안테나를 이용한다.

애드콕은 루프 안테나의 단점 보완을 위해 만들어진 안테나라고 할 수 있다.

21 루프 안테나에 대한 특징에 대해서 간단히 설명하여라.

해설 Loop 안테나는 수평면내 8자형 지향성(루프 안테나가 방위 측정기에 사용되는 중요한 이유는 8자 지향성을 갖기 때문이다.)이 있으며, 소형으로 이동이 용이하고 실효고가 낮고, 수평도선 때문에 야간 오차가 야기되며, 방향이 탐지되어도 전파의 도래 방향은 알 수 없다. 즉, 야간오차를 방지하려면 루프 안테나의 수평 도체를 제거해야 한다.

여기서 루프(Loop) 안테나의 특징을 고려하면

- 수직면내 지향성은 반원형이며, 수평면내 지향성은 8자 지향성이다.
- 루프 안테나는 야간에 전리층 반사파의 수평 편파성분이 안테나의 수평도선에 유기되어 측정오차(야간오차)가 발생한다.
- 루프 안테나는 효율이 나쁘며 급전선과의 정합이 어렵다는 단점이 있다.
- Loop 및 수직접지 안테나의 조합 안테나의 지향특성은 수직 안테나의 무지향 특성과 Loop 안테나의 8자형 지향특성의 합성으로 심장형(heart형)의 단일 지향특성이 얻어진다.

22 Bellini-tosi 안테나에 대한 특징에 대해서 간단히 설명하여라.

해설 Bellini-Tosi 안테나는 쌍 loop와 Goniometer(고니오미터)를 조합한 것으로 수신측에 회전 코일인 search coil을 부착해 회전시키면 쌍 loop가 회전하는 효과와 동일해 전파의 전·후방을 포착할 수 있다. 여기서 Bellini-Tosi 안테나는 $(\theta - \phi) = 90°, 270°$때 영감도가 되고, $(\theta - \phi) = 0°, 180°$때 최대감도가 되며, 감도 0일 때 탐색 coil의 직각방향이 전파 도래 방향이다. Bellini-tosi 안테나에서 전계 강도가 최대 일 때 탐색 코일의 방향과 전파의 도래 방향과의 위상차는 0°이다. 즉, 2개의 안테나를 직교시키고 탐색 코일을 설치하여 방향을 탐지한다. 탐색 코일의 방향과 전파 도래 방향이 일치하는 위치에서 전계 강도가 최대가 되며, 완전한 방탐용 안테나로 사용하기 위해서는 수직 안테나와 조합해서 사용한다. 그리고 자동 방향 탐지기(ADF, Automatic Direction Finding)에 이 안테나가 사용된다.

23 임의의 안테나에 10[A]의 전류를 흘렸더니 600[W]의 정도의 방사 전력이 발생하였다면 안테나의 방사 저항은? (단, 안테나의 저항은 무시한다.)

해설 방사 전력은 $P = I^2 R_a$인 관계식을 이용하면 $R_a = \dfrac{P}{I^2} = \dfrac{600}{10^2} = 6[\Omega]$으로 계산된다.

24 방사전력 R, 상대이득 G인 공중선의 실효고 h_e에 대한 관계식을 나타내어라. (단, 파장을 λ라고 하고 이 공중선을 자유공간에 놓인 것이다.)

해설 자유공간에서 d[m] 떨어진 점의 전계강도 E는

$$E = \frac{60\pi I h_e}{\lambda d} = \frac{60\pi h_e}{\lambda d}\sqrt{\frac{P}{R}}\,[\mathrm{V/m}]$$

반파 다이폴 안테나에서 전계강도 E_0는

$$E_0 = \frac{60 I_0}{d} = \frac{60}{d}\sqrt{\frac{P_0}{73.13}}\,[\mathrm{V/m}]$$

상대이득 G는 $E = E_0$인 경우의 P_0 / P이므로

$$\frac{60\pi h_e}{\lambda d}\sqrt{\frac{P}{R}} = \frac{60}{d}\sqrt{\frac{P_0}{73.13}}$$

$$\therefore\ h_e = \frac{\lambda}{\pi}\sqrt{\frac{P_0}{P}}\sqrt{\frac{R}{73.13}} = \frac{\lambda}{\pi}\sqrt{G}\sqrt{\frac{R}{73.13}}\,[\mathrm{m}]$$

25 방사저항 R, 실효고 h_e인 공중선의 절대이득을 구하라. (단, 반파 다이폴 안테나의 절대이득은 1.64이며 이 공중선은 자유공간에 놓여 진 것이라고 한다.)

해설 문제의 공중선에서의 전류의 파복값을 I[A], 자유공간에서 d[m] 떨어진 점의 전계강도 E는

$$E = \frac{60\pi I h_e}{\lambda d} = \frac{60\pi h_e}{\lambda d}\sqrt{\frac{P}{R}}\,[\mathrm{V/m}]$$

반파 다이폴에서의 전계강도 E_0는

$$E_0 = \frac{60 I_0}{d} = \frac{60}{d}\sqrt{\frac{P_0}{73.13}}\,[\mathrm{V/m}]$$

따라서 상대이득 G_h는 $E = E_0$인 경우의 P_0 / P이므로

$$G_h = \frac{P_0}{P} = \frac{73.13}{R}\left(\frac{\pi}{\lambda}h_e\right)^2$$

그러므로 문제의 공중선의 절대이득 $G_a = G_h \times 1.64$이므로

$$G_a = \frac{73.13}{R}\left(\frac{\pi}{\lambda}h_e\right)^2 \times 1.64 ≒ \frac{120}{R}\left(\frac{\pi}{\lambda}h_e\right)^2$$

26 **초단파 이상에 사용하는 공중선의 실효 개구면적은? (단, G : 공중선 이득, λ : 파장)**

해설 절대이득 G_a인 공중선의 실효면적

- 이득과 실효길이, 방사저항과의 관계
  - 상대이득 G_h인 경우(안테나 효율 $\eta = 1$)

$$h_e = \frac{\lambda}{\pi}\sqrt{G_h}\sqrt{\frac{R_r}{73.13}}[\mathrm{m}] \quad \cdots\cdots ①$$

  - 절대이득 G_a인 경우

$$h_e = \frac{\lambda}{\pi}\sqrt{G_a}\sqrt{\frac{R_r}{120}}[\mathrm{m}] \quad \cdots\cdots ②$$

- 수신 최대 유효전력(P_a)

$$P_a = \frac{V_0^2}{4R_r} = \frac{(Eh_e)^2}{4R_r} = \frac{E^2}{4R_r}h_e^2 \quad \cdots\cdots ③$$

②을 ③식에 대입한다.

$$P_a = \frac{E^2}{4R_r}\cdot\left(\frac{\lambda}{\pi}\right)^2\frac{G_aR_r}{120} = \frac{\lambda^2}{4\pi}\frac{G_a}{120\pi}E^2[\mathrm{W}] \quad \cdots\cdots ④$$

- 실효면적(A_e) : 수신유효면적

$$A_e \equiv \frac{P_a}{W}[m^2] = \eta_a A \quad \cdots\cdots ⑤$$

단, η_a : 개구효율(이득 계수)($= A_e / A$, $0.4 \sim 0.8$), A : 실제의 개구면적

- A_e와 G_a의 관계

⑤식에서 포인팅 전력 $W = \frac{E^2}{120\pi}[\mathrm{W/m^2}]$이므로

④식과의 관계에서 다음 식을 얻는다.

$$A_e = \frac{P_a}{W} = \frac{\lambda^2}{4\pi}\cdot G_a$$

$$G_a = \frac{4\pi}{\lambda^2}A_e = \frac{4\pi}{\lambda^2}\eta_a A$$

27 Beam 안테나에 대한 특징을 간단히 설명하여라.

해설 빔 안테나는 다수의 반파장 안테나를 동일 평면 내에 종횡으로 규칙적으로 배열하고 각 소자에 동일한 진폭, 위상의 전류를 급전하면 배열 면과 수직 방향에 예민한 지향성을 갖는 안테나를 말한다.

- 광대역성이며, 외래의 잡음의 방해가 적다.
- 빔 안테나의 이점은 이득이 크며, 지향성이 예민하다.
- 송신 출력이 적어도 되며, 전력이 경제적이다.

28 안테나의 형태 중 주로 이동 통신에 사용되는 휩(Whip)안테나에 대해서 간단히 설명하여라.

해설 휩 안테나는 주로 자동차나 모터보트 등에 사용되고 자동차나 보트의 외장 판이 어스(earth)가 되는 안테나로 휩(whip) 안테나는 자동차와 같은 이동체의 안테나로 주로 사용된다. 그리고 반사기를 사용하여 단일 지향성을 얻을 수 있는 안테나이기도 하다.

29 폴디드 다이폴(Folded dipole) 안테나에 대한 특징을 간단히 설명하여라.

해설 수신 최대 유효 전력은 $P_a = \frac{v^2}{4R} = \frac{(E \times h_e)^2}{4R}$ 에서 실효 길이가 반파 다이폴의 2배, R이 4배이므로 수신 최대 유효 전력은 같다. 그러나 안테나의 개방 수신 전압은 2배이다.

- 두 도체의 굵기가 다르면 임피던스도 달라진다.
- 수신 최대 유효 전력은 반파장 다이폴의 1/4로 된다.
- 한 번 접어진 급전점 임피던스는 약 292[Ω]이다.

30 롬빅(rhombic) 안테나에 대한 특징을 간단히 설명하여라.

해설 롬빅 안테나에서 도선 양측의 방사 위상은 역상이다. 롬빅 안테나는 4개의 비공진선을 마름모꼴로 대지와 평행으로 배치한 것으로 한 변의 길이는 보통 1~8 파장 정도로 하여 120[m] 전후로 하고 대지로 부터의 높이는 20~45[m] 정도인 공중선을 말한다. 롬빅 안테나의 특징을 요약 정리하면 다음과 같다.

- 광대역성을 가지며, 수평 편파 성분이 주가 되며,
- 단일 방향성으로 상대 이득은 10~13[dB]정도이다.
- 결점으로는 효율이 나쁘다는 것이다.
- 그리고 롬빅 안테나의 종단 저항은 임피던스와 정합시키므로 도선 상에 진행파를 실리게 한다.
- 일반적으로 롬빅 안테나는 진행파형 안테나로서 전리층 반사를 이용하여 원거리 통신에 적합한 단파형 안테나로 단파대에서 사용된다.

31 야기(Yagi) 안테나에서 이용되는 반사기의 역할에 대해서 설명하여라.

해설 야기 안테나에서 이용되는 반사기의 역할은 $\lambda/2$ 보다 길게 하여 유도성을 갖게 한다. 여기서 반사기의 특징을 요약 정리하면 다음과 같다.

- 야기 안테나에서 반사기는 유도성이며, 코너 리플렉터일 때 반사판 사이의 각이 좁을수록 이득이 크며, 반사기를 설치하면 단향성이 된다.
- 도파기는 $\lambda/2$ 보다 짧게 되어 있기 때문에 용량 성분을 가진다. 투사기가 도파기보다 90° 빠르다.
- 그리고 지향성은 투사기에서 도파관으로 향하여 단방향성이며,
- 반치 폭은 약 60°이며, 구조가 간단하면서 이득은 크지만 협대역이다.
- 방송 송신용으로 부적합하여 수신용 안테나로만 사용되며,
- 이득을 높이기 위해서는 도파기의 수를 증가시킨다.
- 반사기의 수를 증가 시키면 이득이 약간은 증가하나 급전점 임피던스가 높아진다.
- 임피던스 정합을 용이하게 하기 위하여 투사기로 folded dipole을 사용하기도 한다.
- 야기 안테나의 특성은 단일 지향성으로 각 소자의 간격은 $\lambda/4$이며, 도파기의 길이는 반파장보다 짧다. 한편 야기 안테나의 경우는 이용하는 소자의 수에 따라 이득이 변화하게 된다.
  - 3소자 야기 안테나의 경우 이득은 7~8[dB]이며,
  - 4소자 야기 안테나의 이득은 9~10[dB]이며,
  - 5소자 야기 안테나의 이득은 11~12[dB]이다.

32 헬리컬(helical) 안테나에 대한 특징에 대해서 간단히 설명하여라.

해설 Helical 안테나는 대표적인 진행파 안테나로 단향성, 광대역성, 부엽(side lobe)이 많으며, 효율이 낮고 고 이득이다.(11~16[dB])

나선형 빔 안테나(loop 안테나가 여러 개 있는 것으로 생각되므로)라고 하며, 직선편파, 원편파, 타원편파 등을 복사하는 안테나로 사용 가능하다.

- 방사저항(R)은 $R = \frac{140c}{\lambda}[\Omega]$이며 보통 100~200[$\Omega$] 정도를 가지며,
- 낮은 주파수대 전파의 송수신을 위한 위성통신용 및 100~1,000[MHz]대의 고 이득 송·수신 안테나로 사용하거나 VHF TV 송신용으로 사용된다.

33 슬롯 안테나에 대한 특징을 간단히 설명하여라.

해설 슬롯 안테나의 경우에는 길이가 $\lambda/2$에 가깝게 되면 지향 특성은 $\lambda/2$ 다이폴과 비슷하다. 슬롯 안테나가 광대역성을 갖기 위한 방법으로 슬롯을 도파관에 여러 개 설치하거나 Dipole에서 Q를 낮추거나 도선의 직경을 크게 하는 것처럼 슬롯의 폭을 넓게 하

면 대역폭이 넓게 된다. 원통 슬롯 안테나는 협대역으로 구조가 간단하고 공기 저항이 적으며, 원통 직경이 $\lambda/2$ 이상이면 수평 편파가 무지향성이다. 이와 같은 원통 슬롯 안테나는 주로 UHF TV 방송용에 사용된다.

- UHF 이상에서만 사용한다.
- Slot이 수평/ 수직이냐에 따라 편파 특성이 달라진다.
- 길이가 $\lambda/2$에 가깝게 되면 지향 특성은 $\lambda/2$ 다이폴과 비슷하다.
- 도체 평면판에 $\lambda/2$간격을 만들고 그 중앙부에서 급전한다.

34 파라볼라 안테나의 특징에 대해 간단히 정리하여라.

해설 파라볼라 안테나는 광대역 정합이 어렵고 대역폭이 비교적 좁으며, 초단파 고정 통신용 혹은 레이더 등에 이용한다.

파라볼라(parabola) 안테나의 1차 방사기로는 동축 급전선으로 급전하는 경우에는 반사기가 붙은 다이폴을 이용하며, 도파관에 의해서 급전되는 경우에는 소형 전자 혼(feed horn)이나 slot 형태의 안테나를 이용한다.

파라볼라 안테나의 이득은

$$G = \left(\frac{\pi D}{\lambda}\right)^2 \cdot \eta_a$$

이며, 여기서 D는 직경을 나타낸다. 파라볼라 안테나에서 직경이 커지면 이득은 커지며 효율은 변화가 없다. 파라볼라 안테나에서 파장이 짧을수록 즉, 주파수가 클수록 이득은 크게 된다.

- 광대역 임피던스 정합이 어렵다.
- 비교적 소형이고 구조가 간단하다.
- 지향성이 예민하고 이득이 높다.
- 부엽(side lobe)이 많다.

35 카세그레인(cassegrain) 안테나에 대해서 간단히 설명하여라.

해설 위성통신에 사용 안테나 중에서 지구국에서 수신용으로 카세그레인 안테나를 이용한다. 이와 같은 카세그레인 안테나는 1차 방사기를 주 반사기 측에 설치하고, 부 반사기를 설치하며, 안테나가 천체를 향하고 있으므로 대지에서의 잡음 방사가 없는 저 잡음 안테나를 주로 위성 통신에 이용한다. 그리고 초점 거리가 짧고, 이득이 높으며, 부엽(side-lobe)이 매우 적다.

- 1차 방사기와 송신기가 직결되므로 급전계 전송 손실이 적다.
- 현재 위성 통신의 지구국용 안테나로 사용한다.
- 2개의 반사경과 1개의 1차 방사기로 구성 된다.

전기자기학

인쇄 2015년 2월 15일
발행 2015년 2월 20일

저 자 조종덕 · 김경식 공저

발행인 임 영 철

발행처 도서출판 신화전산기획

주소 / 서울특별시 성동구 행당동 19-55

전화 / (02) 833-5145~6

팩스 / (02) 848-2498

등록 / 301-2010-034

홈페이지 / www.shj.co.kr

값 25,000원 ISBN 978-89-5534-166-9 93560